Sichern

Sind Sie sicher? **Prüfen Sie Ihr neues Fundament** mit den **Testaufgaben**. Vergleichen Sie Ihre Ergebnisse mit den Lösungen im Anhang und schätzen Sie Ihre Leistung selbstständig ein.

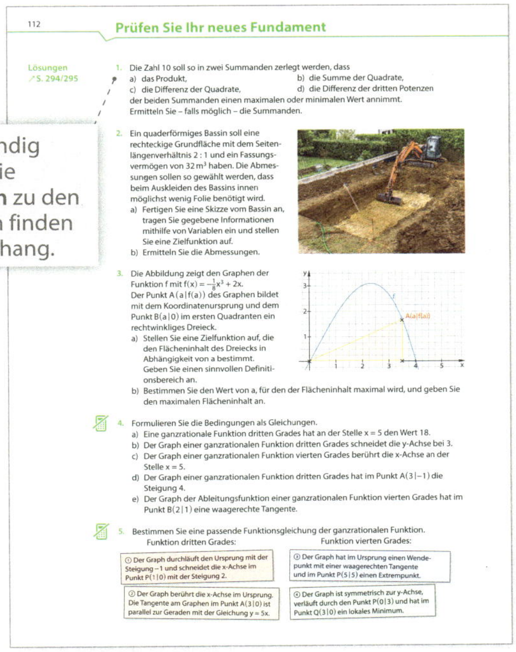
112

Prüfen Sie Ihr neues Fundament

Lösungen ↗ S. 294/295

1. Die Zahl 10 soll so in zwei Summanden zerlegt werden, dass
a) das Produkt, b) die Summe der Quadrate,
c) die Differenz der Quadrate, d) die Differenz der dritten Potenzen
der beiden Summanden einen maximalen oder minimalen Wert annimmt. Ermitteln Sie – falls möglich – die Summanden.

2. Ein quaderförmiges Bassin soll eine rechteckige Grundfläche mit dem Seitenlängenverhältnis 2 : 1 und ein Fassungsvermögen von 32 m³ haben. Die Abmessungen sollen so gewählt werden, dass beim Auskleiden des Bassins innen möglichst wenig Folie benötigt wird.
a) Fertigen Sie eine Skizze vom Bassin an, tragen Sie gegebene Informationen mithilfe von Variablen ein und stellen Sie eine Zielfunktion auf.
b) Ermitteln Sie die Abmessungen.

3. Die Abbildung zeigt den Graphen der Funktion f mit $f(x) = -\frac{1}{8}x^3 + 2x$. Der Punkt A(a | f(a)) des Graphen bildet mit dem Koordinatenursprung und dem Punkt B(a | 0) im ersten Quadranten ein rechtwinkliges Dreieck.
a) Stellen Sie eine Zielfunktion auf, die den Flächeninhalt des Dreiecks in Abhängigkeit von a bestimmt. Geben Sie einen sinnvollen Definitionsbereich an.
b) Bestimmen Sie den Wert von a, für den der Flächeninhalt maximal wird, und geben Sie den maximalen Flächeninhalt an.

4. Formulieren Sie die Bedingungen als Gleichungen.
a) Eine ganzrationale Funktion dritten Grades hat an der Stelle x = 5 den Wert 18.
b) Der Graph einer ganzrationalen Funktion dritten Grades schneidet die y-Achse bei 3.
c) Der Graph einer ganzrationalen Funktion vierten Grades berührt die x-Achse an der Stelle x = 5.
d) Der Graph einer ganzrationalen Funktion dritten Grades hat im Punkt A(3 | −1) die Steigung 4.
e) Der Graph der Ableitungsfunktion einer ganzrationalen Funktion vierten Grades hat im Punkt B(2 | 1) eine waagerechte Tangente.

5. Bestimmen Sie eine passende Funktionsgleichung der ganzrationalen Funktion.
Funktion dritten Grades: Der Graph durchläuft den Ursprung mit der Steigung −1 und schneidet die x-Achse im Punkt P(1 | 0) mit der Steigung 2. / Der Graph berührt die x-Achse im Ursprung. Die Tangente am Graphen im Punkt A(3 | 0) ist parallel zur Geraden mit der Gleichung y = 5x.
Funktion vierten Grades: Der Graph hat im Ursprung einen Wendepunkt mit einer waagerechten Tangente und im Punkt P(5 | 5) einen Extrempunkt. / Der Graph ist symmetrisch zur y-Achse, verläuft durch den Punkt P(0 | 3) und hat im Punkt Q(3 | 0) ein lokales Minimum.

Selbstständig prüfen: Die **Lösungen** zu den Aufgaben finden Sie im Anhang.

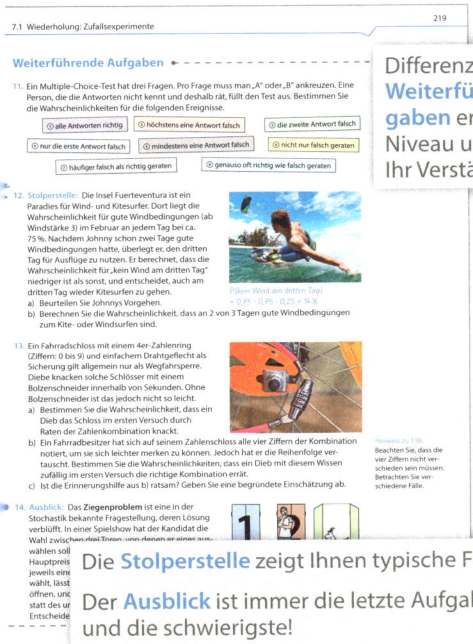
7.1 Wiederholung: Zufallsexperimente 219

Weiterführende Aufgaben

11. Ein Multiple-Choice-Test hat drei Fragen. Pro Frage muss man „A" oder „B" ankreuzen. Eine Person, die die Antworten nicht kennt und deshalb rät, füllt den Test aus. Bestimmen Sie die Wahrscheinlichkeiten für die folgenden Ereignisse.
alle Antworten richtig · höchstens eine Antwort falsch · die zweite Antwort falsch · nur die erste Antwort falsch · mindestens eine Antwort falsch · nicht nur falsch geraten · häufiger falsch als richtig geraten · genauso oft richtig wie falsch geraten

12. Stolperstelle: Die Insel Fuerteventura ist ein Paradies für Wind- und Kitesurfer. Dort liegt die Wahrscheinlichkeit für gute Windbedingungen (ab Windstärke 3) im Februar an jedem Tag bei ca. 75 %. Nachdem Johnny schon zwei Tage gute Windbedingungen hatte, überlegt er, den dritten Tag für Ausflüge zu nutzen. Er berechnet, dass die Wahrscheinlichkeit für „kein Wind am dritten Tag" niedriger ist als sonst, und entscheidet, auch am dritten Tag wieder Kitesurfen zu gehen.
a) Beurteilen Sie Johnnys Vorgehen.
b) Berechnen Sie die Wahrscheinlichkeit, dass an 2 von 3 Tagen gute Windbedingungen zum Kite- oder Windsurfen sind.
P(kein Wind am dritten Tag) = 0,75 · 0,75 · 0,25 ≈ 14 %

13. Ein Fahrradschloss mit einem 4er-Zahlenring (Ziffern: 0 bis 9) und einfachem Drahtgeflecht als Sicherung gilt allgemein nur als Wegfahrsperre. Diebe knacken solche Schlösser mit einem Bolzenschneider innerhalb von Sekunden. Ohne Bolzenschneider ist das jedoch nicht so leicht.
a) Bestimmen Sie die Wahrscheinlichkeit, dass ein Dieb das Schloss im ersten Versuch durch Raten der Zahlenkombination knackt.
b) Ein Fahrradbesitzer hat sich auf seinem Zahlenschloss alle vier Ziffern der Kombination notiert, um sie sich leichter merken zu können. Jedoch hat er die Reihenfolge vertauscht. Bestimmen Sie die Wahrscheinlichkeiten, dass ein Dieb mit diesem Wissen zufällig im ersten Versuch die richtige Kombination errät.
c) Ist die Erinnerungshilfe aus b) ratsam? Geben Sie eine begründete Einschätzung ab.
Hinweis zu 13b: Beachten Sie, dass die vier Ziffern nicht verschieden sein müssen. Betrachten Sie verschiedene Fälle.

14. Ausblick: Das Ziegenproblem ist eine in der Stochastik bekannte Fragestellung, deren Lösung verblüfft. In einer Spielshow hat der Kandidat die Wahl zwischen drei Toren ...

Differenziert vertiefen: **Weiterführende Aufgaben** erhöhen das Niveau und vertiefen Ihr Verständnis.

Die **Stolperstelle** zeigt Ihnen typische Fehler.

Der **Ausblick** ist immer die letzte Aufgabe – und die schwierigste!

Schwerere Aufgaben sind mit einem Kreis ● gekennzeichnet.

Zu einigen Aufgaben gibt es Lösungen in der Randspalte. Diese enthalten auch einen zusätzlichen falschen Wert.

Weitere Symbole:

Aufgabe ohne Hilfsmittel

CAS Computeralgebrasystem notwendig

Partner- oder Gruppenarbeit

Wissen kompakt

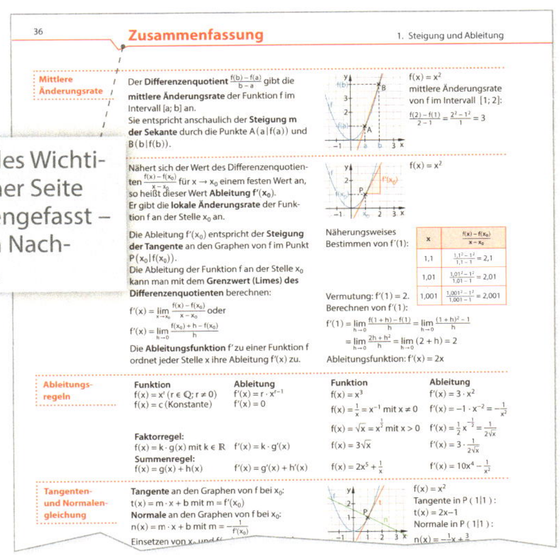
36 Zusammenfassung 1. Steigung und Ableitung

Mittlere Änderungsrate: Der Differenzenquotient $\frac{f(b)-f(a)}{b-a}$ gibt die mittlere Änderungsrate der Funktion f im Intervall [a; b] an. Sie entspricht anschaulich der Steigung m der Sekante durch die Punkte A(a | f(a)) und B(b | f(b)).
$f(x) = x^2$; mittlere Änderungsrate von f im Intervall [1; 2]: $\frac{f(2)-f(1)}{2-1} = \frac{2^2-1^2}{1} = 3$

Nähert sich der Wert des Differenzenquotienten $\frac{f(x)-f(x_0)}{x-x_0}$ für $x \to x_0$ einem festen Wert an, so heißt dieser Wert Ableitung $f'(x_0)$. Er gibt die lokale Änderungsrate der Funktion f an der Stelle x_0 an.
Die Ableitung $f'(x_0)$ entspricht der Steigung der Tangente an den Graphen von f im Punkt $P(x_0 | f(x_0))$.
Die Ableitung der Funktion f an der Stelle x_0 kann man mit dem Grenzwert (Limes) des Differenzenquotienten berechnen:
$f'(x) = \lim_{x \to x_0} \frac{f(x)-f(x_0)}{x-x_0}$ oder $f'(x) = \lim_{h \to 0} \frac{f(x_0+h)-f(x_0)}{h}$
Die Ableitungsfunktion f' zu einer Funktion f ordnet jeder Stelle x ihre Ableitung f'(x) zu.
$f(x) = x^2$; Näherungsweises Bestimmen von f'(1): Vermutung: f'(1) = 2.
$f'(1) = \lim_{h \to 0} \frac{f(1+h)-f(1)}{h} = \lim_{h \to 0} \frac{2h+h^2}{h} = \lim_{h \to 0}(2+h) = 2$
Ableitungsfunktion: f'(x) = 2x

Ableitungsregeln: $f(x) = x^r$ ($r \in \mathbb{Q}; r \neq 0$): $f'(x) = r \cdot x^{r-1}$; f(x) = c (Konstante): f'(x) = 0
Faktorregel: $f(x) = k \cdot g(x)$ mit $k \in \mathbb{R}$: $f'(x) = k \cdot g'(x)$
Summenregel: f(x) = g(x) + h(x): f'(x) = g'(x) + h'(x)

Tangenten und Normalengleichung: Tangente an den Graphen von f bei x_0: $t(x) = m \cdot x + b$ mit $m = f'(x_0)$. Normale an den Graphen von f bei x_0: $n(x) = m \cdot x + b$ mit $m = -\frac{1}{f'(x_0)}$
$f(x) = x^2$; Tangente in P(1 | 1): t(x) = 2x − 1

Hier ist alles Wichtige auf einer Seite zusammengefasst – ideal zum Nachschlagen.

Fundamente
der Mathematik

Ausgabe B

Gymnasium • Klasse 11

Grundkurs

Cornelsen

Inhaltsverzeichnis

Farbig hinterlegte Abschnitte sind auch in Band 12 enthalten

Vorwort

Liebe Lehrerin, lieber Lehrer,
hier finden Sie Hinweise zur Nutzung des Lehrwerks und zur Stoffverteilungsplanung.

Stoffverteilung in der Qualifikationsphase

Mit dem Ziel, Flexibilität in der Unterrichtsplanung zu gewährleisten, wurden ausgewählte Inhalte dieses Buches auch in Band 12 abgedruckt. Dies sind Kapitel 6 (Zusammengesetzte Funktionen) und Kapitel 8 (Binomialverteilung). Daraus ergeben sich zwei mögliche Unterrichtsszenarien für die Qualifikationsphase:

Unterrichtsszenario (A)
Die Analysis wird in Q2 vollständig abgeschlossen, die Binomialverteilung wird erst in Q4 unterrichtet. Das gedoppelte Kapitel 6 der Analysis kann in Q4 zur vertieften Wiederholung vor der Abiturprüfung genutzt werden.

Unterrichtsszenario (B)
Die Analysis wird in Q2 nur bis zur Integralrechnung (Kap. 5) unterrichtet, die Binomialverteilung wird dafür bereits am Ende von Q2 behandelt. Die fehlenden Lerninhalte der Analysis (Kap. 6) werden in Q4 mit Blick auf die bevorstehende Abiturprüfung eingeführt. Das gedoppelte Kapitel zur Binomialverteilung kann zu Beginn von Q4 als Wiederholung genutzt werden.

Q1	Q2	Q3	Q4
Differenzialrechnung (Kap. 1-4)	Integralrechnung (Kap. 5)	Analytische Geometrie**	**(A)** Binomialverteilung (Kap. 8)*
	(A) Zusammengesetzte Funktionen (Kap. 6)*		Prognosen mit sigma-Regeln**
	Grundbegriffe der Wahrscheinlichkeitsrechnung (Kap. 7)		Wiederholung Analysis**
	(B) Binomialverteilung (Kap. 8)*		**(B)** Zusammengesetzte Funktionen (Kap. 6)*

*in Band 11 und 12 enthalten
**nur in Band 12 enthalten

1. Kurshalbjahr (Q1)

Kapitel	**Geschätzter Zeitaufwand**
Kap. 1 Steigung und Ableitung	12 Unterrichtsstunden
Kap. 2 Untersuchung ganzrationaler Funktionen	15 Unterrichtsstunden
Kap. 3 Anwendungen der Differenzialrechnung	9 Unterrichtsstunden
Kap. 4 Exponentialfunktionen und Wachstum	9 Unterrichtsstunden

2. Kurshalbjahr (Q2)

Kapitel	**Geschätzter Zeitaufwand**
Kap. 5 Integralrechnung	21 Unterrichtsstunden
Kap. 6 Zusammengesetzte Funktionen	12(A)/0(B) Unterrichtsstunden
Kap. 7 Grundbegriffe der Wahrscheinlichkeitsrechnung	12 Unterrichtsstunden
Kap. 8 Binomialverteilung	0(A)/12(B) Unterrichtsstunden

1. Steigung und Ableitung

Beim Bergsteigen müssen Strecken mit flachen, aber auch sehr steilen Anstiegen überwunden werden. Auch bei Funktionsgraphen treten häufig verschiedene Anstiege auf. Diese können mithilfe der Ableitung beschrieben und berechnet werden.

Nach dem Kapitel können Sie …
- lokale Änderungsraten aus mittleren Änderungsraten entwickeln,
- Tangentensteigungen als Grenzwerte von Sekantensteigungen beschreiben und interpretieren,
- Funktionen grafisch und rechnerisch ableiten,
- Gleichungen von Tangenten und Normalen bestimmen,
- Steigungs- und Schnittwinkel von Graphen berechnen.

Lösungen ↗ S. 288

Terme umformen

1. Berechnen Sie den Termwert.

a) $\frac{2}{3} - \frac{1}{6}$ b) $\frac{5}{6} - 2$ c) $0{,}5 - \frac{2}{5}$ d) $\frac{2}{3} - \frac{2}{5}$ e) $\frac{1}{4} - \frac{2}{3}$

f) $\frac{2 \cdot 3^2 - 2 \cdot 2^2}{3 - 2}$ g) $\frac{\frac{1}{2} \cdot 6^2 - \frac{1}{2} \cdot 4^2}{6 - 4}$ h) $\frac{-3 \cdot 2^2 - (-3 \cdot 1^2)}{2 - 1}$ i) $\frac{-\frac{1}{2} \cdot 2^2 - \left(-\frac{1}{2} \cdot 4^2\right)}{2 - 4}$ j) $\frac{2^2 - 5^2}{2 - 5}$

2. Formen Sie den Term so um, dass x im Zähler steht.

a) $\frac{2}{3x^2}$ b) $\frac{a}{bx^{-3}}$ c) $\frac{2x^2}{4x^4}$ d) $\frac{x^{-2}}{3x^2}$ e) $\frac{ax^3}{a^2x^7}$

3. Schreiben Sie den Term als Potenz.

a) $\sqrt{x}$ b) $\sqrt[3]{x}$ c) $\sqrt[6]{a^3}$ d) $\sqrt[3]{b^2}$ e) $\frac{1}{\sqrt[3]{y^2}}$

4. Begründen Sie, dass die Terme richtig umgeformt wurden.

a) $\frac{x^2 - y^2}{x - y} = x + y (x \neq y)$ b) $\frac{(u + 3)^2 - 9}{u} = u + 6 (u \neq 0)$ c) $\frac{(\sqrt{x} - 2)^2 - 2^2}{\sqrt{x}} = \sqrt{x} - 4 (x > 0)$

5. Überprüfen Sie, ob die Termumformung korrekt ist. Begründen Sie Ihre Entscheidung und korrigieren Sie falsche Umformungen.

a) $\frac{(2 + x)^2 - 4}{x} = x + 4$ b) $\frac{(1 + x)^2 - 1}{1 + x} = x$ c) $\frac{-4a^2 - (-4 \cdot 2^2)}{a - 2} = -4 \cdot (a + 2)$

Gleichungen lösen

6. Bestimmen Sie alle Lösungen der Gleichungen.

a) $x - 6 = 3x$ b) $x^2 + 3x = 4$ c) $(x - 2)(x + 2) = 5$ d) $(x - 1)^2 = 3 - x$

e) $x^2 + 3 = 4x - 1$ f) $x^2 - 1 = x - x^2$ g) $3x^2 + 4x = 3 - x^2$ h) $2x^4 - 8 = 24$

7. Lösen Sie die Gleichungen und machen Sie eine Probe.

a) $2x^3 + 5 = 3$ b) $\frac{1}{x^2} = 4$ c) $\sqrt{x + 3} = x + 1$ d) $\frac{4}{x} = x + 3$

Lineare Funktionen

8. Die Abbildung zeigt die Graphen von drei linearen Funktionen.
Ermitteln Sie die zugehörigen Funktionsgleichungen und geben Sie jeweils die Nullstelle der Funktion an.

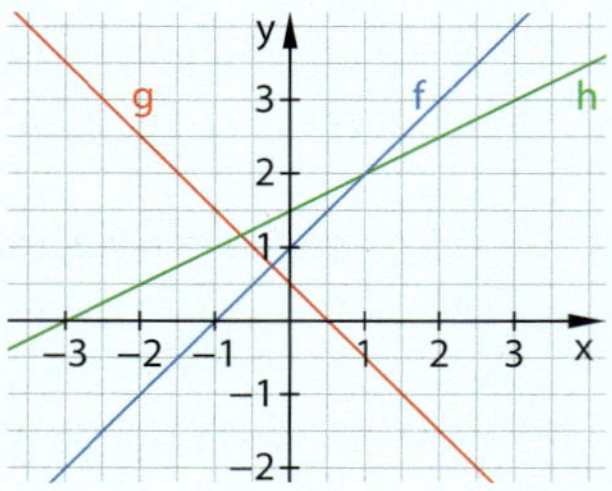

9. Von dem Graphen einer linearen Funktion f sind die Punkte A und B gegeben. Bestimmen Sie die Funktionsgleichung von f.

a) $A(2|-1)$; $B(3|-0{,}5)$ b) $A(-3|1)$; $B(3|-5)$

c) $A(-2|-2{,}5)$; $B(4|-1)$ d) $A(0|0{,}5)$; $B(1|2{,}5)$

10. Von einer linearen Funktion f sind die Nullstelle x_0 und ein Punkt des Graphen bekannt. Ermitteln Sie die Funktionsgleichung von f.

a) $x_0 = 1$ und $(2|1)$ b) $x_0 = 0$ und $(-2|2)$ c) $x_0 = 0{,}5$ und $(3|5)$

d) $x_0 = -3$ und $(-1|2)$ e) $x_0 = 10$ und $(0|-5)$ f) $x_0 = -7$ und $(2|-3)$

Quadratische Funktionen

Lösungen
↗ S. 288/289

11. Geben Sie zu jeder der abgebildeten Parabeln eine Funktionsgleichung sowie alle Nullstellen an.

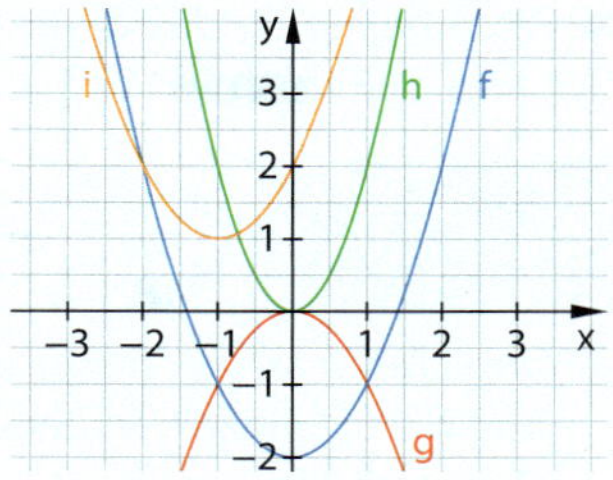

12. Gegeben ist die Funktion f mit $f(x) = x^2 - 2x - 3$.
a) Bestimmen Sie die Schnittpunkte von f mit den Koordinatenachsen.
b) Bestimmen Sie alle Schnittpunkte von f und g mit $g(x) = -x^2 - 4x + 1$.

13. Beschreiben Sie die Veränderung des Graphen von g gegenüber dem Graphen von f mit $f(x) = x^2$. Geben Sie den Wertebereich, alle Nullstellen und – falls möglich – den größten (kleinsten) Funktionswert von g an.
a) $g(x) = 0{,}5x^2$ b) $g(x) = -3x^2$ c) $g(x) = -x^2 - 1$
d) $g(x) = (x-2)^2$ e) $g(x) = (x+2)^2 - 9$ f) $g(x) = x^2 - 4x + 3$

Vermischtes

14. Sara läuft zum 4 km entfernten Nachbarort. Der Weg führt bergauf, da der Nachbarort 80 Meter höher liegt.
a) Berechnen Sie die durchschnittliche Steigung des Weges.
b) Geben Sie die durchschnittliche Steigung für den Rückweg vom Nachbarort zum Ausgangsort an.

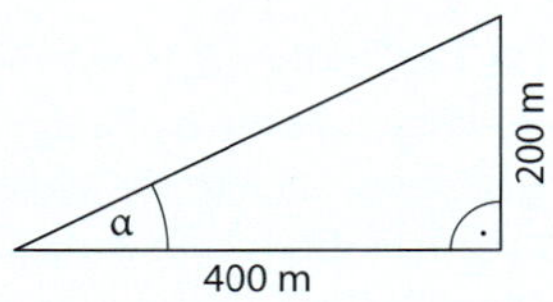

15. Berechnen Sie im abgebildeten Dreieck mithilfe des Tangens die Steigung in Prozent und den Steigungswinkel.

16. Die Abbildung zeigt eine Gerade.
a) Stellen Sie eine passende Geradengleichung auf.
b) Berechnen Sie den Steigungswinkel und die Steigung in Prozent.

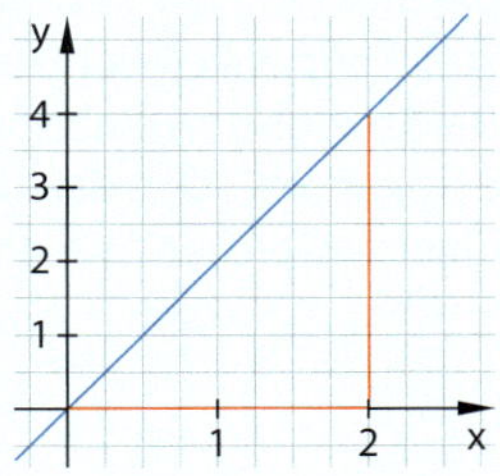

17. Frank hat die 24 km bis zum Freibad „ADRIA“ in $1\frac{1}{4}$ h mit dem Fahrrad zurückgelegt. Berechnen Sie die Durchschnittsgeschwindigkeit für die gesamte Strecke.

18. a) Zeichnen Sie in ein Koordinatensystem einen Kreis mit dem Mittelpunkt $M(0|0)$ und mit dem Durchmesser 6 LE. Zeichnen Sie die Sekante durch die Punkte $A(0|3)$ und $B(3|0)$ und geben Sie eine Gleichung für diese Sekante an.
b) Zeichnen Sie eine Tangente an den Kreis, die parallel zu dieser Sekante verläuft, und geben Sie ihre Steigung an.

19. Zeichnen Sie die Parabel zur Funktion f mit $f(x) = x^2$ und die Gerade g mit $g(x) = 2x - 1$ in ein gemeinsames Koordinatensystem. Erläutern Sie, dass man hier analog zur Kreistangente von einer Tangente an die Parabel sprechen kann.

20. Bestimmen Sie, gegen welchen Wert der Term strebt, wenn x immer größer wird.
a) $3 + \frac{2}{x}$ b) $\frac{4x+1}{x}$ c) $\frac{2x^2+1}{x}$ d) $\frac{x-x^2}{x^3}$ e) $\frac{3x+x^2}{x^2}$

1.1 Änderungsraten – Ableitung

■ Die Tabelle zeigt Messwerte der 20. Etappe der Tour de France 2015.

Zeit (in h)	0,5	2	2,5	2,75	3,5
Strecke (in km)	24	56	84,5	96	110

a) Berechnen Sie für die gesamte Strecke und für die einzelnen Zeitabschnitte die Durchschnittsgeschwindigkeit in km/h.

b) Erläutern Sie die berechneten Geschwindigkeiten. ■

Die Tabelle zeigt die Höhen einer Wanderstrecke. Die erste Etappe hat eine horizontale Entfernung von 2 km = 2000 m.
Die (vertikale) Höhendifferenz ist
1260 m – 860 m = 400 m.
Aus diesen Werten kann nun die durchschnittliche Steigung
$m = \frac{y_2 - y_1}{x_2 - x_1} = \frac{400}{2000}$ berechnet werden.

Erinnerung:
Steigung einer Geraden durch 2 Punkte:
$m = \frac{\text{y–Unterschied}}{\text{x–Unterschied}}$

horizontale Distanz (in km)	0	2	4	6
Höhe (in m)	860	1260	1870	870

Abschnitt	**Durchschnittliche Steigung**
1. Etappe	$m = \frac{1260 - 860}{2000 - 0} = \frac{400}{2000} = 0{,}2$
2. Etappe	$m = \frac{1870 - 1260}{4000 - 2000} = \frac{610}{2000} = 0{,}305$
3. Etappe	$m = \frac{870 - 1870}{6000 - 4000} = \frac{-1000}{2000} = -0{,}5$

Die horizontale Entfernung ist auf der x-Achse und die Höhe auf der y-Achse eingetragen. Die Punkte wurden geradlinig zu einem Höhenprofil verbunden.
Die durchschnittliche Steigung entspricht der Steigung der **Sekante** vom Anfangs- bis zum Endpunkt jeder Etappe.
Die Steigung an einzelnen Stellen innerhalb der Etappen kann davon mal mehr, mal weniger abweichen, wie das tatsächliche Höhenprofil zeigt.

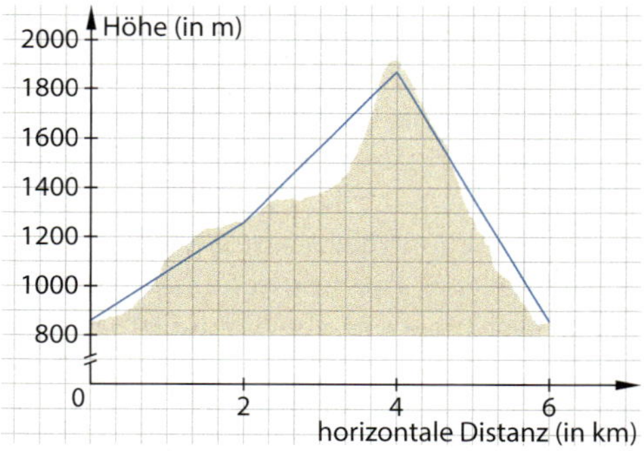

Erinnerung:
Sekante am Kreis

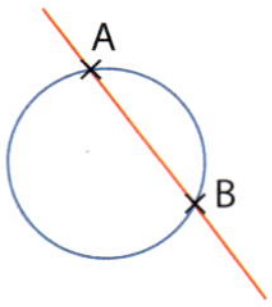

Wissen: Mittlere Änderungsrate

Der **Differenzenquotient** $\frac{f(b) - f(a)}{b - a}$ gibt die **mittlere Änderungsrate** der Funktion f im Intervall [a; b] an.

Sie entspricht anschaulich der **Steigung** der **Sekante** durch die Punkte $A(a\,|\,f(a))$ und $B(b\,|\,f(b))$.

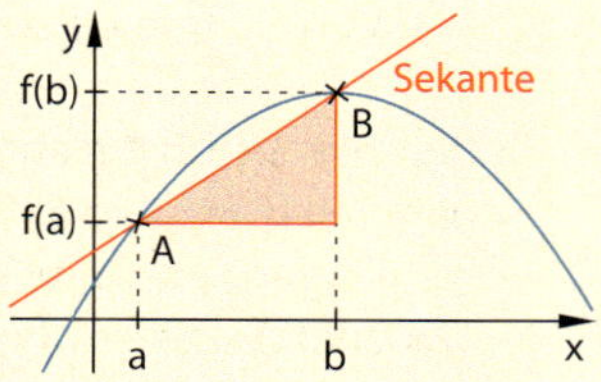

Beispiel 1: Berechnen Sie die mittlere Änderungsrate zu $f(x) = 3x^2 - x$ im Intervall [−1; 2].

Lösung:
Setzen Sie die Intervallgrenzen $a = -1$ und $b = 2$ in den Differenzenquotienten $m = \frac{f(b) - f(a)}{b - a}$ ein.

$$m = \frac{f(2) - f(-1)}{2 - (-1)}$$
$$= \frac{(3 \cdot 2^2 - 2) - (3 \cdot (-1)^2 - (-1))}{3} = \frac{10 - 4}{3} = 2$$

Basisaufgaben

Lösungen zu 1:

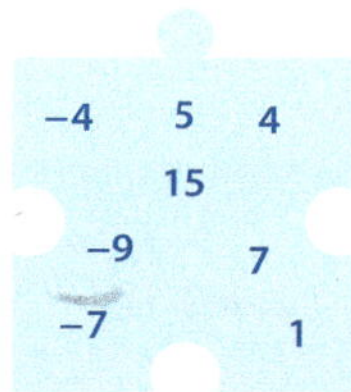

1. Berechnen Sie für die Funktion f die mittlere Änderungsrate in den Intervallen $I = [1; 3]$, $J = [-3; -1]$ und $K = [-1; 2]$.
a) $f(x) = x^2$ b) $f(x) = x^3 + 2x$ c) $f(x) = 2x^2 - x$

2. Gegeben ist die Funktion f mit $f(x) = 2^x$.
a) Zeichnen Sie den Graphen von f für $-2 \le x \le 3$.
b) Zeichnen Sie die Sekanten für $[-1; 1]$ und $[-1; 2]$ ein und lesen Sie ihre Steigung ab.

3. Bestimmen Sie zu den Funktionen f und g die Steigung der Sekante im Intervall $[-1; 2]$.

a)

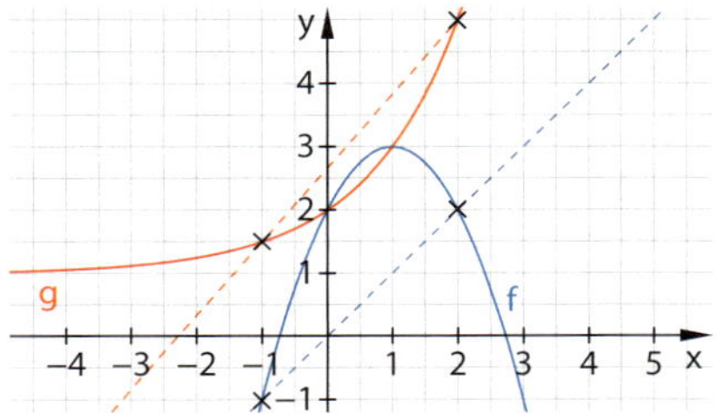

b)

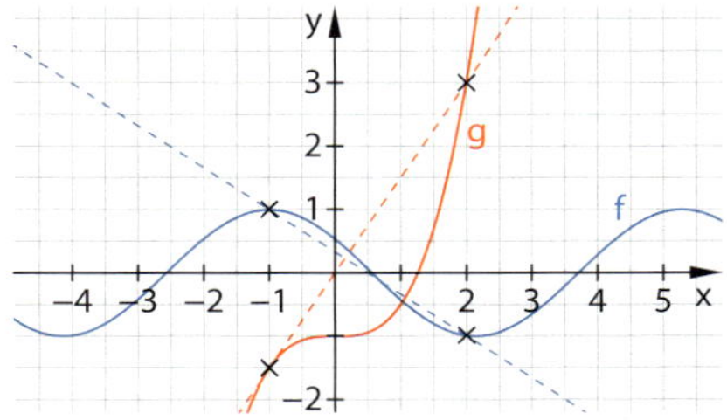

c) Vergleichen Sie Ihr Vorgehen mit dem Ihres Nachbarn. Diskutieren Sie, ob es verschiedene Lösungswege gibt.

4. a) Betrachten Sie $f(x) = 2x - 3$ und $g(x) = \frac{1}{2}x + 1$. Berechnen Sie zu f und g die Sekantensteigung im Intervall $[2; 6]$. Vergleichen Sie mit den Funktionstermen von f und g.
b) Erklären Sie das Ergebnis aus a), indem Sie die Graphen von f und g skizzieren. Erläutern Sie, dass das Ergebnis aus a) auch für beliebige Intervalle zutrifft.

5. Die Tabelle zeigt die Entwicklung der Arbeitslosenzahlen in Deutschland.

Jahr	2001	2005	2008	2009	2012	2014	2016	2019
Anzahl in Mio.	3,85	4,86	3,26	3,41	2,9	2,9	2,77	2,31

a) Berechnen Sie die mittlere Änderungsrate der Arbeitslosenzahlen für den Zeitabschnitt 2009 bis 2012 und interpretieren Sie das Ergebnis im Sachzusammenhang.
b) Berechnen Sie die mittleren Änderungsraten für die übrigen Zeitabschnitte. Wann nahm die Zahl der Arbeitslosen am schnellsten zu bzw. am schnellsten ab?
c) Tragen Sie die Arbeitslosenzahlen in ein Koordinatensystem ein (2001 bei $x = 0$). Erklären Sie, wie sich die Fragestellung aus b) damit lösen lässt.

6. Bestimmen Sie für die angegebene Funktion die Einheit der mittleren Änderungsrate. Geben Sie an, was die mittlere Änderungsrate beschreibt.
a) vergangene Zeit in s → zurückgelegter Weg in m beim Laufen
b) horizontale Entfernung in m → Höhe in m beim Fahrradfahren
c) Zeit in Tagen → Anzahl der Infizierten bei einer Epidemie
d) Höhe in km → Luftdruck in hPa (Hektopascal)

7. **Durchschnittsgeschwindigkeit:** Bei zwei Autobahnfahrten las der Beifahrer die angegebenen Werte ab. Ermitteln Sie für jede Fahrt, auf welchem Abschnitt die Durchschnittsgeschwindigkeit am größten war. Begründen Sie, weshalb dies bei ② besonders leicht ist.

①

h	0	1,4	3,8	4,7	6,8
km	0	150	400	520	750

②

h	0	1,5	3	4,5	6
km	0	120	330	480	660

Lokale Änderungsrate – Ableitung

Mit der mittleren Änderungsrate kann man die Durchschnittsgeschwindigkeit in einem Zeitintervall berechnen. Nun soll die Momentangeschwindigkeit zu einem Zeitpunkt bestimmt werden.

Ein startendes Auto legt in t Sekunden die Strecke $s(t) = 2t^2$ im Meter zurück. Die mittlere Änderungsrate im Intervall [1; 2] ist die Durchschnittsgeschwindigkeit im m/s zwischen der ersten und der zweiten Sekunde und beträgt $\frac{s(2) - s(1)}{2 - 1} = \frac{8 - 2}{1} = 6$.

Die **Momentangeschwindigkeit** des Autos genau zum Zeitpunkt $t = 1$ kann nicht mit dem Differenzenquotienten berechnet werden, da man durch Null dividieren müsste. Jedoch lassen sich mithilfe immer kleiner werdender Zeitintervalle Näherungswerte bestimmen.

t	$\frac{s(t) - s(1)}{t - 1}$
2	6
1,5	5
1,1	4,2
1,01	4,02
1,0001	4,0002

Die **Näherungstabelle** zeigt, dass sich die Durchschnittsgeschwindigkeit in $\frac{m}{s}$ dem Wert 4 annähert. Man kann also vermuten, dass die Momentangeschwindigkeit $4\,\frac{m}{s}$ beträgt.
Die mittlere Änderungsrate entspricht der Steigung der Sekante durch die Punkte P und Q. Wählt man das Intervall für die mittlere Änderungsrate immer kleiner, so bedeutet dies am Graphen, dass der Punkt Q immer näher an den Punkt P heranwandert.
Die Sekanten (grün) nähern sich einer **Tangente** (rot) an. Die Steigung der Tangente entspricht der Steigung des Graphen im Berührpunkt P und der lokalen Änderungsrate der Funktion.

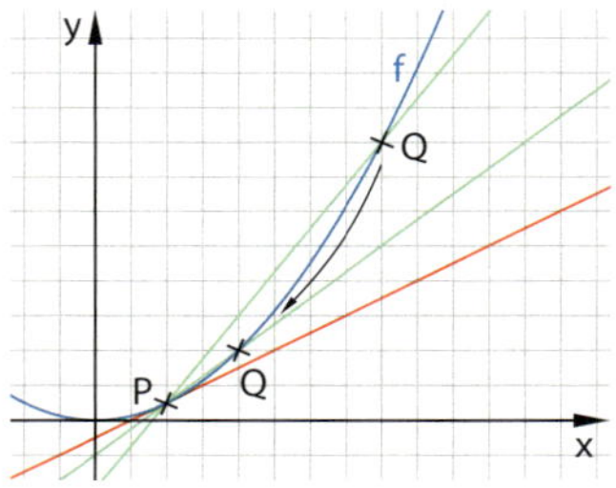

Erinnerung:
Tangente am Kreis:

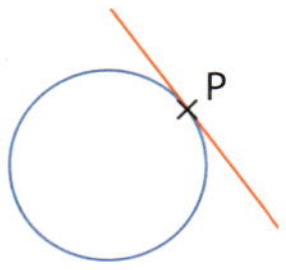

Hinweis:
Die Schreibweise $x \to x_0$ bedeutet, dass x sich immer stärker x_0 annähert.

Definition: Lokale Änderungsrate – Ableitung

Wenn sich der Wert des Differenzenquotienten $\frac{f(x) - f(x_0)}{x - x_0}$ für $x \to x_0$ einem festen Wert annähert, so heißt dieser Wert **Ableitung $f'(x_0)$**. Er gibt die **lokale Änderungsrate** der Funktion f an der Stelle x_0 an.

Die Ableitung $f'(x_0)$ entspricht der **Steigung der Tangente** an den Graphen von f im Punkt $P(x_0 | f(x_0))$.

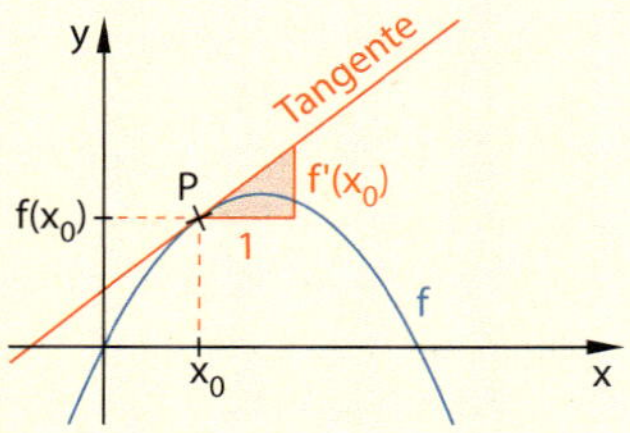

Beispiel 2: Bestimmen Sie näherungsweise die Ableitung der Funktion $f(x) = x^2$ an der Stelle $x_0 = 4$.

Lösung:
Erstellen Sie eine Näherungstabelle. Wenn Sie in den Differenzenquotienten Werte für x einsetzen, die immer näher bei 4 liegen, so erkennen Sie, dass sich die Werte des Differenzenquotienten immer stärker 8 annähern.

Also gilt vermutlich $f'(4) = 8$.

x	$\frac{f(x) - f(x_0)}{x - x_0}$
5	$\frac{5^2 - 4^2}{5 - 4} = 9$
4,1	$\frac{4{,}1^2 - 4^2}{4{,}1 - 4} = 8{,}1$
4,01	$\frac{4{,}01^2 - 4^2}{4{,}01 - 4} = 8{,}01$
4,001	$\frac{4{,}001^2 - 4^2}{4{,}001 - 4} = 8{,}001$

Basisaufgaben

8. Bestimmen Sie näherungsweise die Ableitung an der Stelle $x_0 = 1$. Stellen Sie dazu eine Näherungstabelle für den Differenzenquotienten mit x-Werten 3; 2; 1,5; 1,1; 1,01; 1,001 auf.
a) $f(x) = x^2$ b) $f(x) = x^3$ c) $f(x) = x^2 + 3$ d) $f(x) = 2x^3 - 1$

9. Bestimmen Sie die Ableitung der Funktion f an der Stelle x_0 mithilfe der Steigung der eingezeichneten Tangente.

a) $x_0 = 0$

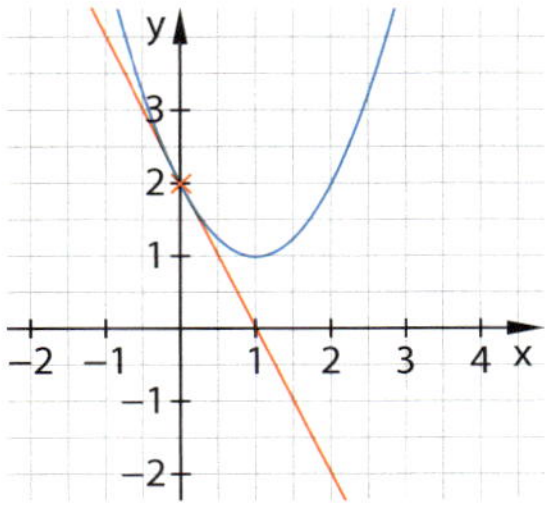

b) $x_0 = 1$

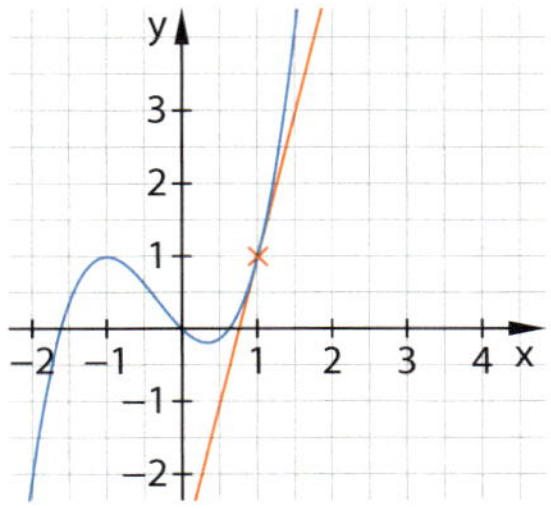

c) $x_0 = \frac{\pi}{2}$

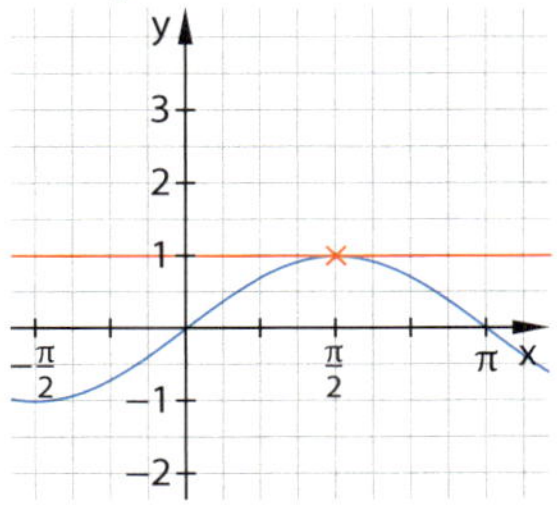

10. a) Zeichnen Sie den Graphen der Funktion f mit $f(x) = -\frac{1}{4}x^2 + 2$ für $0 \le x \le 4$. Zeichnen Sie möglichst exakt die Tangente an der Stelle 1 ein. Lesen Sie ihre Steigung ab.
b) Überprüfen Sie Ihr Ergebnis aus a) mit einer Näherungstabelle.

11. Die Ableitung einer Funktion an einer Stelle ist 0. Erläutern Sie, wie die Tangente an dieser Stelle aussieht.

12. Die Bewegung eines Schlittens wird durch die Funktion s mit $s(t) = \frac{1}{2}t^2$ ($t \ge 0$ in Sekunden, $s(t)$ in Meter) beschrieben.

a) Berechnen Sie die Durchschnittsgeschwindigkeit des Schlittens während der ersten 5 Sekunden und für die Intervalle [4; 5], [4,9; 5] und [4,99; 5].
b) Geben Sie einen Wert für die Momentangeschwindigkeit nach 5 Sekunden an.
c) Bestimmen Sie wie in a) und b) einen Näherungswert für die Momentangeschwindigkeit nach 2 Sekunden und nach 3 Sekunden.

13. Nehmen Sie Stellung zum Dialog.

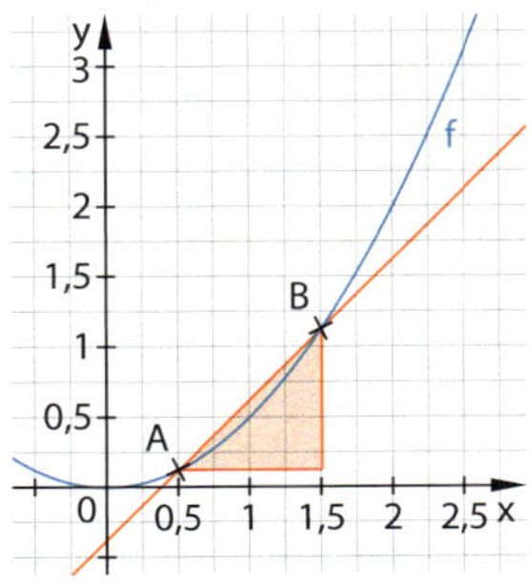

Paul: „Laut Steigungsdreieck ist die Steigung zwischen 0,5 und 1,5 gleich 1."
Lisa: „Aber bei A ist sie flacher und bei B steiler als 1. Wie groß ist denn die Steigung in den beiden Punkten?"
Paul: „In einem Punkt kann ich kein Steigungsdreieck zeichnen. Überhaupt: Innerhalb eines Punkts steigt doch gar nichts! Eine Steigung in einem Punkt gibt es doch gar nicht."
Lisa: „Aber man sieht doch, dass die Steigung in jedem Punkt anders ist!"

14. Skizzieren Sie einen Funktionsgraphen im Intervall [−4; 4], dessen Steigung ist für $x < 1$ negativ, für $x = 1$ null und für $x > 1$ positiv ist.

Ableitung an einer Stelle berechnen

Hinweis:
Streben Zähler und Nenner für $x \to x_0$ gegen 0, lässt sich keine Aussage über das Verhalten des Bruchs treffen.

Bisher wurde die Ableitung als Grenzwert der Sekantensteigungen näherungsweise ermittelt. Die Ableitung lässt sich exakt berechnen, wenn der Differenzenquotient $\frac{f(x) - f(x_0)}{x - x_0}$ nach Kürzen mit $x - x_0$ kein Bruchterm mehr ist.

Das Kürzen gelingt leichter, wenn man $x - x_0 = h$ setzt (**h-Methode**), also statt $[x_0; x]$ die Intervalle $[x_0; x_0 + h]$ betrachtet.
Dann gilt mit $x = x_0 + h$:

$$\frac{f(x) - f(x_0)}{x - x_0} = \frac{f(x_0 + h) - f(x_0)}{h}$$

Zur exakten Berechnung der Ableitung an der Stelle x_0 muss man dann den Grenzwert für $h \to 0$ statt für $x \to x_0$ bestimmen.

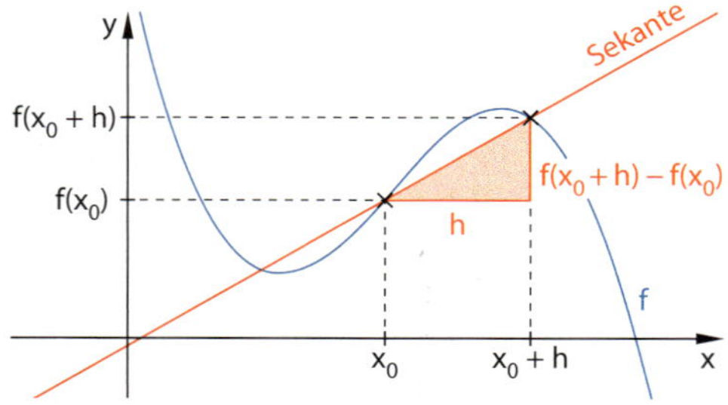

Hinweis:
Da bei der h-Methode nicht zwischen x_0 und x unterschieden wird, kann man auch für die Ableitung an der Stelle x schreiben:
$f'(x) = \lim\limits_{h \to 0} \frac{f(x+h) - f(x)}{h}$.

Definition: Ableitung an einer Stelle
Die Ableitung der Funktion f an der Stelle x_0 kann man mit dem **Grenzwert (Limes) des Differenzenquotienten** berechnen. Schreibweise:

$$f'(x_0) = \lim_{x \to x_0} \frac{f(x) - f(x_0)}{x - x_0} \quad \text{oder} \quad f'(x_0) = \lim_{h \to 0} \frac{f(x_0 + h) - f(x_0)}{h}$$

(„Limes für x gegen x_0" bzw. „Limes für h gegen 0")
Existiert die Ableitung $f'(x_0)$, so nennt man die Funktion f an dieser Stelle **differenzierbar**.

Beispiel 3: Berechnen Sie die Ableitung der Funktion f mit $f(x) = x^2$ an der Stelle $x_0 = 4$.

Lösung:
Setzen Sie $x_0 = 4$ in den Differenzenquotienten mit h ein und formen Sie ihn für $f(x) = x^2$ so lange um, bis h aus dem Nenner gekürzt werden kann.

$$\frac{f(x_0 + h) - f(x_0)}{h} = \frac{f(4 + h) - f(4)}{h} = \frac{(4 + h)^2 - 4^2}{h}$$
$$= \frac{16 + 8h + h^2 - 16}{h} = \frac{8h + h^2}{h} = \frac{h(8 + h)}{h}$$
$$= 8 + h$$

Dann lässt sich der Grenzwert für $h \to 0$ ablesen. Dieser Wert entspricht dem in Beispiel 2 vermuteten Grenzwert.

$$f'(4) = \lim_{h \to 0} \frac{f(4 + h) - f(4)}{h} = \lim_{h \to 0} (8 + h) = 8$$

Die Ableitung von f an der Stelle 4 ist 8.

Basisaufgaben

Lösungen zu 15:
4 −8 12 −4 −0.8

15. Berechnen Sie die Ableitung der Funktion an der Stelle $x_0 = 2$.
a) $f(x) = x^2$
b) $f(x) = 3x^2$
c) $f(x) = -x^2$
d) $f(x) = -\frac{1}{5}x^2 + 1$

16. Gegeben ist die Funktion f mit $f(x) = 3x-4$.
a) Berechnen Sie die Ableitung der Funktion f an den Stellen 2; −2 und 0.
b) Erläutern Sie den Zusammenhang der Ergebnisse aus a) mit der Funktionsgleichung und dem Graphen von f

17. Vervollständigen Sie die Tabelle im Heft.

Bezeichnung des Terms	grafische Interpretation	Anwendung	Art der Geschwindigkeit
Differenzenquotient	Sekantensteigung		
↓	↓ $\lim\limits_{h \to 0}$	↓	↓
Ableitung		lokale Änderungsrate	

Weiterführende Aufgaben

18. Der Graph gibt im Intervall [0; 19] in etwa das Profil einer Mountainbiketour wieder.

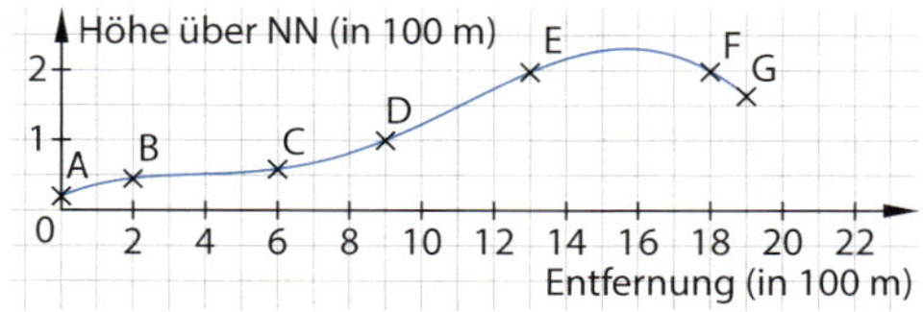

a) Lesen Sie die Koordinaten der Punkte A-G ab und berechnen Sie die durchschnittliche Steigung zwischen je zwei benachbarten Punkten.
b) Geben Sie an, in welchem Abschnitt die Strecke am steilsten ist.
c) Geben Sie die Bedeutung des Vorzeichens der Steigung für den Fall an, dass das Profil von links nach rechts durchfahren wird.
d) Begründen Sie, in welchem Abschnitt die durchschnittliche Steigung das Profil besonders schlecht wiedergibt.

19. Die Funktion f mit $f(t) = 5t^2$ beschreibt näherungsweise, welche Strecke ein Körper im freien Fall zurücklegt, wenn er zum Zeitpunkt $t = 0$ losgelassen wird ($f(t)$ in m; t in s). Berechnen Sie die durchschnittliche Geschwindigkeit des Körpers
a) für die ersten zwei, drei und vier Sekunden des Fallvorgangs,
b) innerhalb der ersten, zweiten, dritten und vierten Sekunde des Fallvorgangs.

20. Stolperstelle: Bei der Berechnung der Sekantensteigung der Funktion f mit $f(x) = x^2$ im Intervall [2; 5] sind die Schüler unterschiedlich vorgegangen.
Pierre: $m = \frac{f(2) - f(5)}{5 - 2}$ Marlene: $m = \frac{f(2) - f(5)}{2 - 5}$ Oskar: $m = \frac{f(5) - f(2)}{2 - 5}$
a) Prüfen Sie, bei welchem der drei Ansätze sich das richtige Ergebnis ergibt.
b) Geben Sie an, wie sich die falschen Ergebnisse zum richtigen Ergebnis verhalten.
c) Erläutern Sie, worauf es beim Aufstellen des Differenzenquotienten ankommt.

21. Skizzieren Sie einen Funktionsgraphen im Intervall [–4; 4], dessen Steigung überall negativ ist und für zunehmendes x größer wird.

22. Bestimmen Sie rechnerisch die Ableitung von f mit $f(x) = x^3$ an der Stelle $x_0 = 2$.

Hinweis zu 22:
$(a + b)^3 = a^3 + 3a^2b + 3ab^2 + b^3$

23. Es ist möglich, dass in einem Intervall die Sekantensteigung 0 ist, obwohl der Graph der Funktion in diesem Intervall nicht horizontal verläuft.
a) Prüfen Sie dies bei der Funktion f mit $f(x) = (x + 1)^2 - 2$ im Intervall [–3; 1] durch eine Skizze des Graphen und Berechnung der Sekantensteigung.
b) Geben Sie zur Funktion f mit $f(x) = (x - 3)^2$ ein Intervall mit der Sekantensteigung 0 an.

Erinnerung:
$f(x) = a(x - d)^2 + e$ ist die **Scheitelpunktform** einer quadratischen Funktion mit dem **Streckfaktor** a und dem **Scheitelpunkt** $S(d|e)$.

● **24.** Herr Müller wurde an einer Baustelle mit 120 km/h geblitzt. „Das kann nicht sein", meint er, „ich habe für die 90 km Autobahn 54 Minuten gebraucht!"
Erläutern Sie, was Herr Müller meint, und erklären Sie seinen Denkfehler.

● **25. Ausblick:** Bestimmen Sie den Grenzwert des Differenzenquotienten der Betragsfunktion f mit $f(x) = |x|$ an der Stelle $x_0 = 0$ mithilfe einer Näherungstabelle. Setzen Sie dabei Werte für $x > 0$ und $x < 0$ ein, um sich der Stelle $x_0 = 0$ von links und von rechts zu nähern. Beschreiben Sie Ihre Beobachtung und erläutern Sie sie am Graphen.

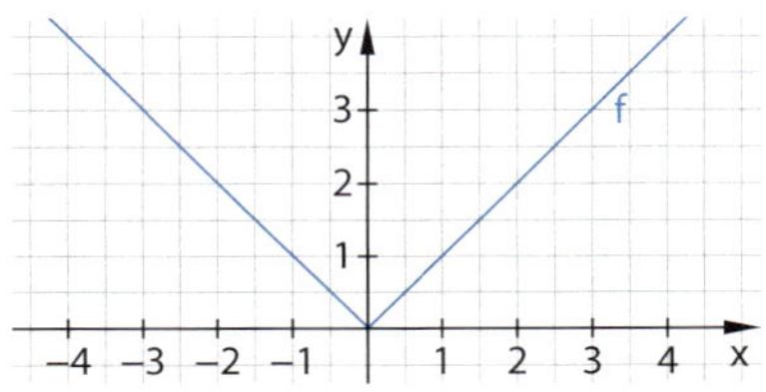

1.2 Grafisches Ableiten

■ Prüfen Sie anhand der abgebildeten Graphen von f und g, ob die Funktion g die Ableitung der Funktion f sein kann. Notieren Sie die Zusammenhänge, auf die Sie dabei achten. ■

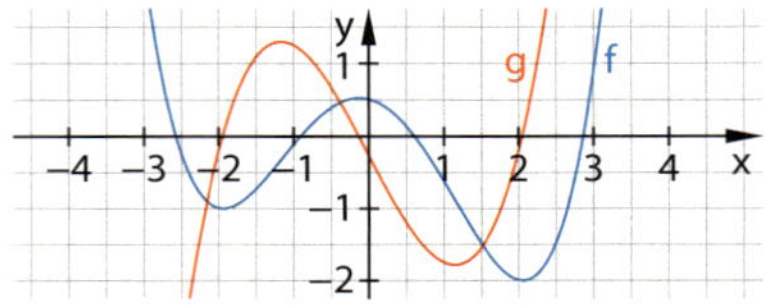

Bildet man den Grenzwert des Differenzenquotienten einer Funktion f an einer beliebigen Stelle x, so ergibt sich ein allgemeiner Term für die Ableitung $f'(x)$.

Hinweis:
Das Berechnen der Ableitungsfunktion nennt man **Ableiten**. Spricht man von „**Ableitung**" ohne Angabe einer Stelle, so ist damit die Ableitungsfunktion gemeint.
Das rechnerische Ableiten mithilfe des Differenzenquotienten wird im Streifzug auf Seite 17 behandelt.

Definition: Ableitungsfunktion
Die **Ableitungsfunktion f'** zu einer Funktion f ordnet jeder Stelle x ihre Ableitung $f'(x)$ zu.

Der Graph der Ableitungsfunktion lässt sich aus dem Graphen der Funktion herleiten.

Der Funktionswert der Ableitungsfunktion f' an einer Stelle x entspricht der Steigung des Graphen von f an dieser Stelle.

In den Intervallen, in denen der Graph von f steigt (bzw. fällt), in denen also die Steigung positiv (bzw. negativ) ist, verläuft der Graph von f' oberhalb (bzw. unterhalb) der x-Achse.

An den Hoch- und Tiefpunkten (hier bei $x = -1$ und $x = 3$) hat der Graph von f eine waagerechte Tangente. Die Steigung ist 0, f' hat eine Nullstelle.

Ab $x = 3$ wird der Graph von f immer steiler, die Funktionswerte von f' also immer größer. Der Graph von f fällt bei $x = 1$ am steilsten ab. An dieser Stelle hat der Graph von f' einen Tiefpunkt.

Die Tangente bei $x = 4$ hat die Steigung 1,25. Der Graph von f' verläuft durch den Punkt $L(4 \mid 1{,}25)$.

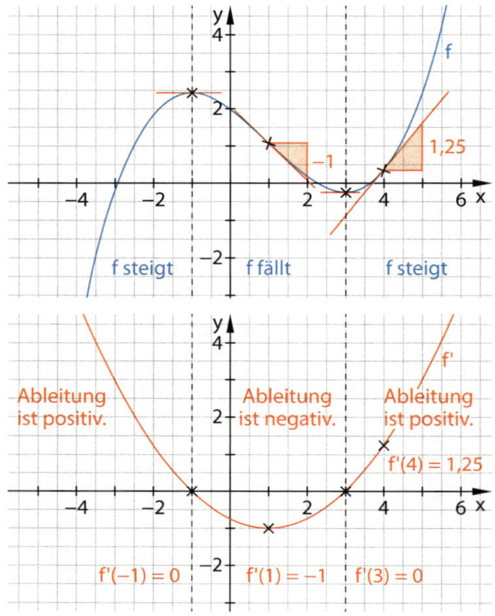

Beispiel: Skizzieren Sie zum abgebildeten Graphen von f den Graphen der Ableitungsfunktion f'.
Markieren Sie die Nullstellen von f' sowie die Intervalle, in denen die Ableitung positiv bzw. negativ ist.

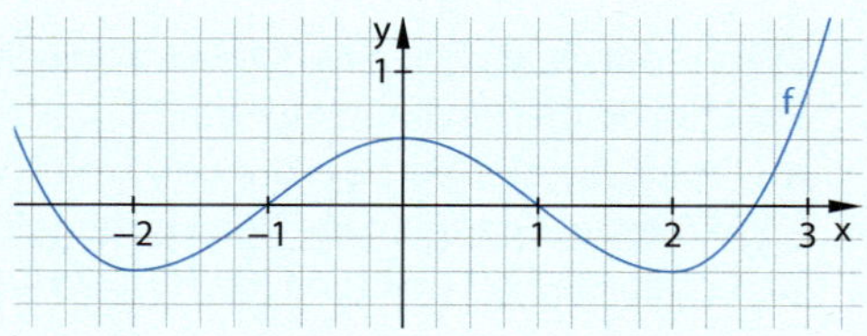

Lösung:
Der Graph von f hat Tiefpunkte bei $x = -2$ und $x = 2$ sowie einen Hochpunkt bei $x = 0$. An diesen Stellen hat f' daher Nullstellen.

In den Bereichen $x < -2$ und $0 < x < 2$ fällt der Graph von f, hier ist $f'(x)$ negativ.
In den Bereichen $-2 < x < 0$ und $x > 2$ steigt der Graph von f, hier ist $f'(x)$ positiv.

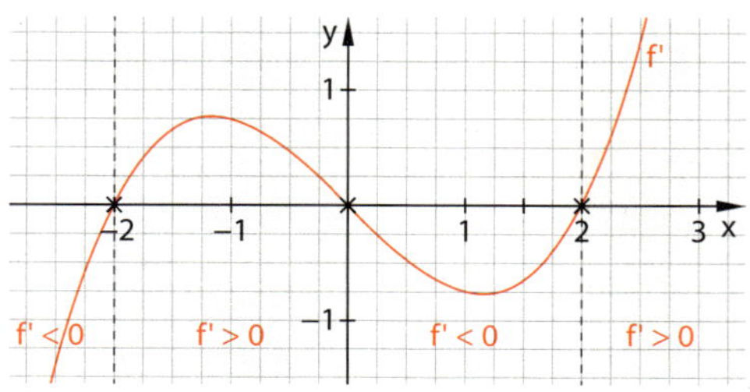

Hinweis:
$f' < 0$ ist die Kurzschreibweise für $f'(x) < 0$ für alle x im betrachteten Intervall.

Basisaufgaben

1. a) Notieren Sie möglichst viele Zusammenhänge, die zwischen dem Graphen einer Funktion f und dem ihrer Ableitungsfunktion f′ bestehen.

b) Überprüfen Sie die Graphen von f und g auf die Zusammenhänge aus a) und entscheiden Sie so, ob g die Ableitungsfunktion von f sein kann.

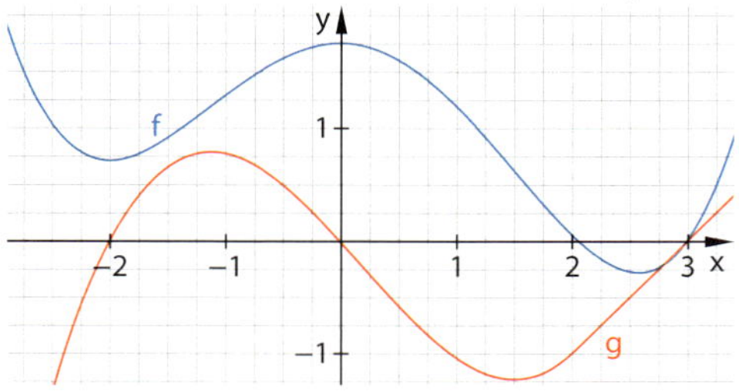

2. Skizzieren Sie die Graphen zu f und f′ und erläutern Sie die Zusammenhänge.

a) $f(x) = x^2 - 4;\quad f'(x) = 2x$
b) $f(x) = x^3 - 4x;\quad f'(x) = 3x^2 - 4$

3. Schätzen Sie die Tangentensteigungen an den Punkten A bis K. Tragen Sie die diesen Steigungen entsprechenden Punkte des Graphen der Ableitung f′ in ein Koordinatensystem ein und skizzieren Sie so den Graphen der Ableitung von f.

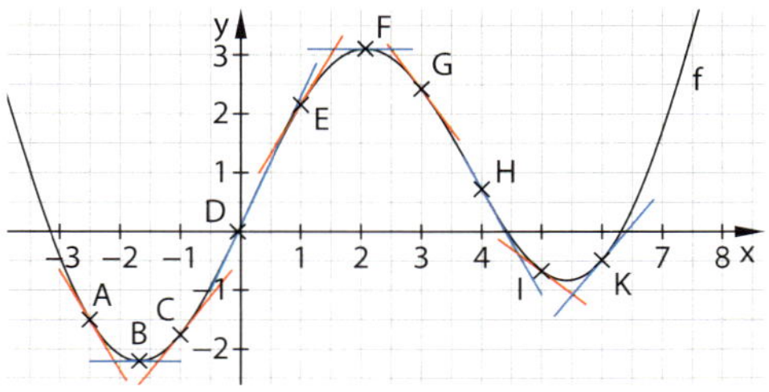

4. Skizzieren Sie den Graphen von f′ zum abgebildeten Graphen von f.

a)

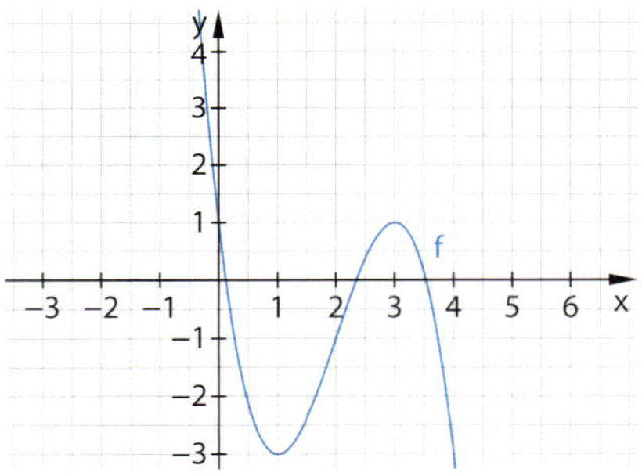

b)

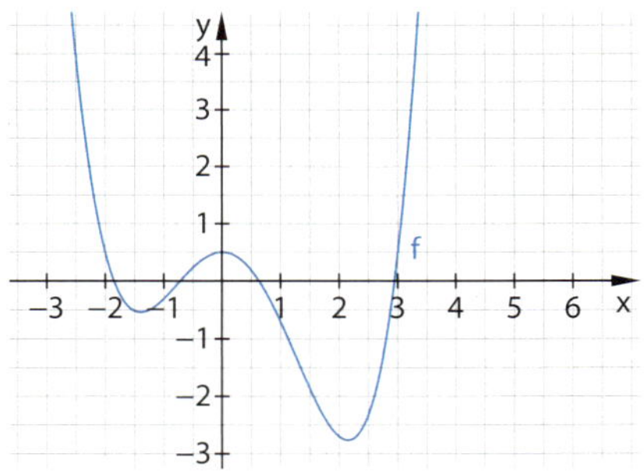

5. Finden Sie heraus, welche der Funktionen $g_1, \ldots, g_5$ Ableitung zu welcher der Funktionen $f_1, \ldots, f_5$ ist. Begründen Sie Ihre Zuordnung.

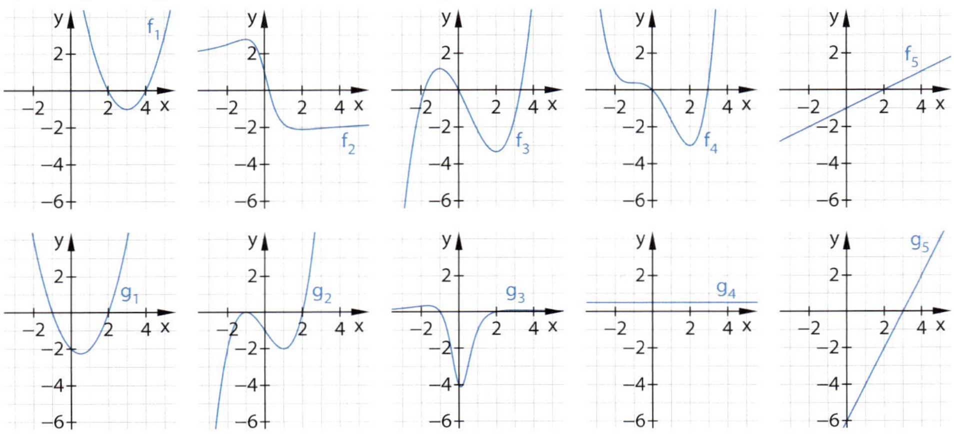

Weiterführende Aufgaben

6. Ordnen Sie jeder Eigenschaft des Graphen einer Funktion die zugehörige Eigenschaft des Graphen der Ableitung zu. Legen Sie dazu eine Tabelle an.

Graph der Funktion

- fallend
- steilster Anstieg
- Gerade
- Hoch- oder Tiefpunkt
- Parallele zur x-Achse
- steilster Abfall
- steigend

Graph der Ableitung

- unterhalb der x-Achse
- Parallele zur x-Achse
- Tiefpunkt
- Schnittpunkt mit der x-Achse
- oberhalb der x-Achse
- Hochpunkt
- x-Achse

7. Abgebildet ist der Graph von f. Prüfen Sie, ob die Aussage über die Ableitungsfunktion f′ wahr oder falsch ist.

a) f′ hat die Nullstelle $x = -2$.
b) f′ hat die Nullstelle $x = -3{,}19$.
c) Der Graph von f′ hat bei $x = -0{,}04$ einen Hochpunkt.
d) $f'(x)$ ist für $x > 2{,}14$ negativ.
e) Der Graph von f′ hat bei $x = 2{,}14$ einen Tiefpunkt.
f) $f'(-2) < 0$

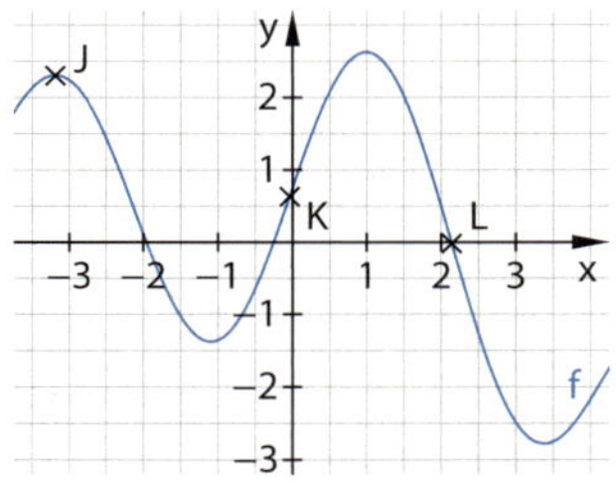

8. **Stolperstelle:** Erläutern Sie den Fehler beim Skizzieren von f′ und korrigieren Sie ihn.

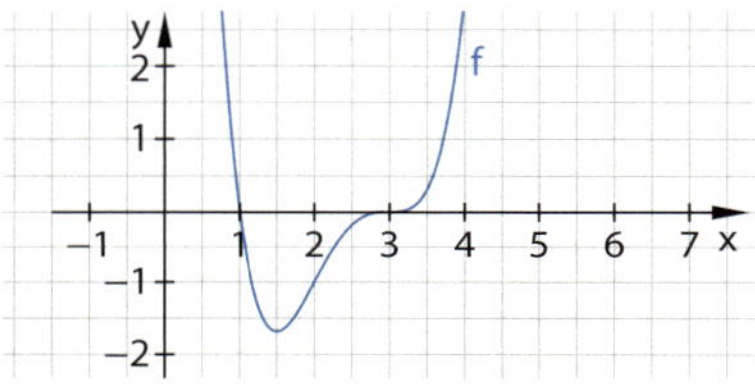

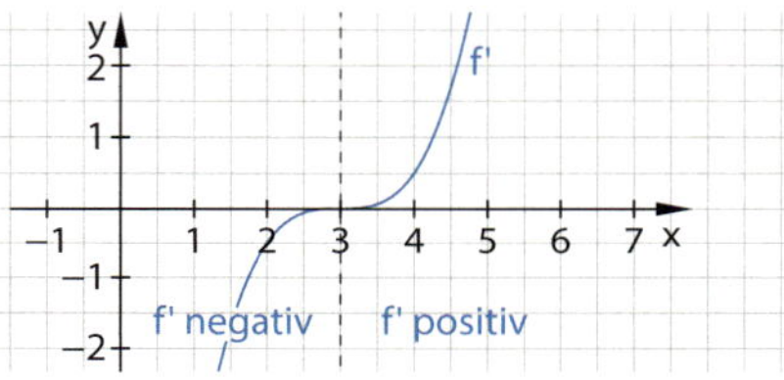

9. Die Funktion f gebe für einen Zeitraum von 8 Tagen die Höhe des Wasserstandes im Ausgleichsbecken einer Kanalisation wieder.

a) Skizzieren Sie den Graphen der Ableitung f′.
b) Es gilt $f'(3) = -0{,}45$. Erklären Sie die Bedeutung dieser Zahl im Sachzusammenhang.
c) Beschreiben Sie den Verlauf des Graphen von f′ im Sachzusammenhang.

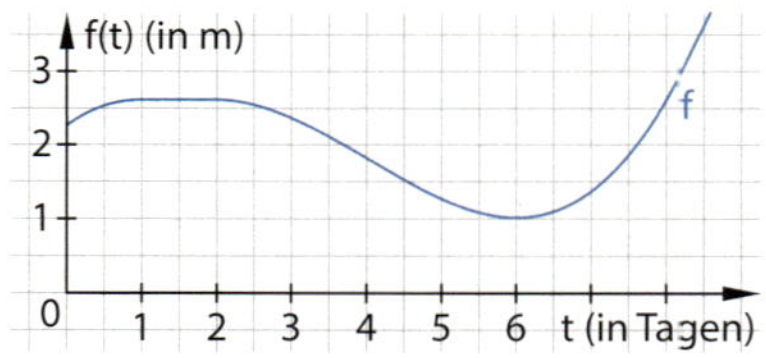

10. Der Graph von f stellt die Anzahl der Infizierten (in 100) während einer Epidemie dar.

a) Geben Sie an, nach wie vielen Wochen die Epidemie ihren Höhepunkt erreichte und wann sie beendet war.
b) Skizzieren Sie den Graphen der Ableitung und beschreiben Sie den Verlauf der Infektionsrate.

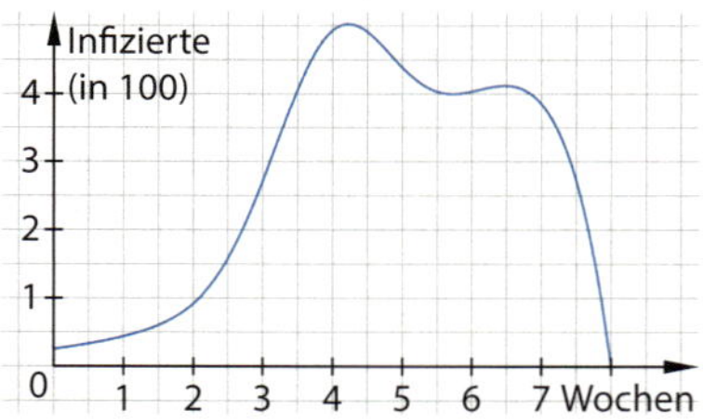

● **11.** **Ausblick:** Die Abbildung zeigt die Graphen einer Funktion f und ihrer Ableitungsfunktion f′.
Benennen Sie die Besonderheit des Graphen von f′ an den Punkten A, B und C und erläutern Sie ihre Bedeutung für den Graphen von f.

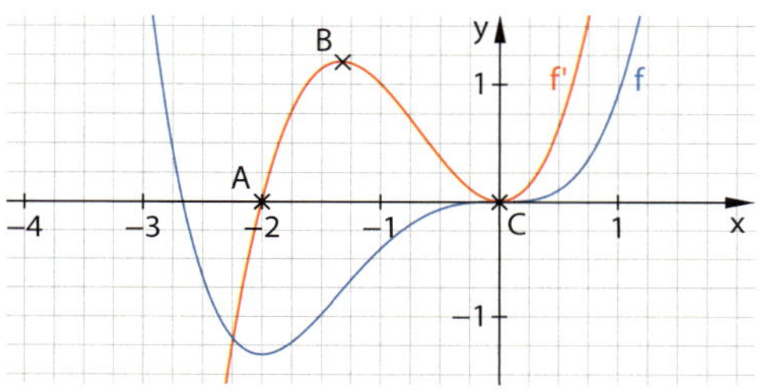

Ableitung mit dem Differenzenquotienten

■ Eine Sprungschanze wird im gekrümmten Teil durch den Graphen der Funktion f mit $f(x) = \frac{1}{4}x^2$ beschrieben. (1 LE entspricht 10 m.)

a) Bestimmen Sie die Steigung der Rampe an den Stellen −1; 0,5; 1 und 1,5.

b) Geben Sie eine Vermutung für die Steigung von f an einer beliebigen Stelle x an. ■

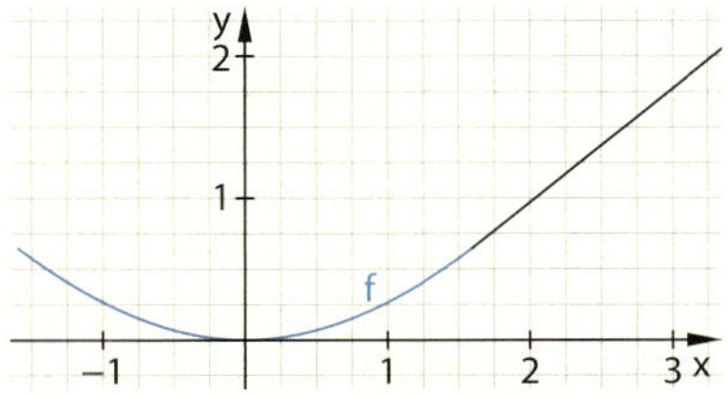

Um den Funktionsterm der Ableitungsfunktion f′ einer Funktion f zu erhalten, muss der Grenzwert des Differenzenquotienten an einer beliebigen Stelle x gebildet werden.

Hinweis:
Die Ableitungsfunktion f′ existiert an allen Stellen x, an denen f differenzierbar ist.

Beispiel: Gegeben ist die Funktion f mit $f(x) = x^2 + 4$.

a) Bestimmen Sie die Ableitungsfunktion f′ mit dem Grenzwert des Differenzenquotienten.

b) Berechnen Sie $f'(3)$ sowie die Steigung der Tangente im Punkt $(-5 \mid f(-5))$ mithilfe der Ableitungsfunktion.

c) Berechnen Sie die Stellen, an denen der Graph von f die Steigung 7 hat.

Lösung:

a) Bilden und vereinfachen Sie den Differenzenquotienten. Verwenden Sie dafür die erste binomische Formel. Bestimmen Sie den Grenzwert des vereinfachten Differenzenquotienten.

$$\frac{f(x+h)-f(x)}{h} = \frac{(x+h)^2+4-(x^2+4)}{h}$$
$$= \frac{x^2+2xh+h^2+4-x^2-4}{h} = \frac{2xh+h^2}{h} = \frac{h(2x+h)}{h}$$
$$= 2x + h$$
$$f'(x) = \lim_{h \to 0} \frac{f(x+h)-f(x)}{h} = \lim_{h \to 0} (2x+h) = 2x$$

b) Setzen Sie x = 3 bzw. x = −5 in die Gleichung von f′ ein.

$f'(3) = 2 \cdot 3 = 6$

Tangentensteigung: $f'(-5) = 2 \cdot (-5) = -10$

c) Setzen Sie $f'(x) = 7$ und lösen Sie nach x auf.

$f'(x) = 7$

$2x = 7$ also $x = 3{,}5$

Aufgaben

1. Bestimmen Sie die Funktionsgleichung der Ableitungsfunktion mit dem Grenzwert des Differenzenquotienten.

a) $f(x) = 0{,}5x$ b) $f(x) = 2x + 3$ c) $f(x) = x^2 + 5$

d) $f(x) = 3x^2$ e) $f(x) = -x^2 + 7x$ f) $f(x) = 3x^2 - 2x + 4$

2. Bestimmen Sie die Ableitungsfunktion als Grenzwert des Differenzenquotienten von f mit $f(x) = mx + b$. Die Ableitung beschreibt die Steigung des Graphen. Stellen Sie einen Zusammenhang her mit dem Steigungsparameter m einer Geraden.

3. a) Bestimmen Sie die Ableitung zu $f(x) = -2x^2 + 4x$.

b) Berechnen Sie $f'(0)$ und geben Sie die Steigung der Tangente im Punkt $P(2 \mid 0)$ an.

c) Ermitteln Sie die x-Werte, für die gilt: $f'(x) = -2$.

4. Auch die Ableitung konstanter Funktionen lässt sich mit Differenzenquotienten ermitteln.

a) Zeichnen Sie den Graphen der konstanten Funktion f mit $f(x) = 3$.

b) Geben Sie die Funktionswerte $f(4)$, $f(-7)$ und $f(1000)$ an.

c) Vereinfachen Sie für allgemeines x den Differenzenquotienten von f soweit es geht.

d) Bilden Sie den Grenzwert des Differenzenquotienten und erklären Sie das Ergebnis.

5. In 14,80 m Höhe lässt Annika eine Kugel aus dem Fenster fallen. Drei Etagen tiefer versucht Jörg, die Kugel aufzufangen, verfehlt sie aber. Die Höhe der Kugel zum Zeitpunkt t ist näherungsweise gegeben durch $s(t) = 14{,}8 - 5t^2$ (s in Meter, t in Sekunden).
   a) Bestimmen Sie die Funktionsgleichung für die Momentangeschwindigkeit $v(t) = s'(t)$ der Kugel. Begründen Sie, warum $s'(t)$ die Momentangeschwindigkeit beschreibt.
   b) Geben Sie an, wie schnell die Kugel nach 1,4 Sekunden bei Jörg ist.
   c) Berechnen Sie, wann und mit welcher Geschwindigkeit die Kugel am Boden aufprallt.

6. Der Start eines Airbus A320 kann bis zum Abheben von der Rollbahn (ohne Luftwiderstand) durch die Zeit-Weg-Funktion s mit $s(t) = 1{,}5t^2$ modelliert werden (s in Meter, t in Sekunden).
   a) Berechnen Sie die Funktionsgleichung der Momentangeschwindigkeit $v(t) = s'(t)$.
   b) Geben Sie die Momentangeschwindigkeit nach 10 und nach 20 Sekunden an.
   c) Bei einer Geschwindigkeit von ca. 72 m/s hebt der A320 ab. Berechnen Sie, nach wie vielen Sekunden das Flugzeug diese Abhebgeschwindigkeit erreicht.
   d) Ermitteln Sie, welche Strecke das Flugzeug bis zum Abheben zurücklegt.

Hinweis zu 7:
$(a + b)^3 = a^3 + 3a^2b + 3ab^2 + b^3$

● 7. Bestimmen Sie die Ableitungsfunktion der Funktion f mit $f(x) = x^3$ mit dem Grenzwert des Differenzenquotienten.

8. Die Funktion f beschreibt die von einem Windrad bis zum Zeitpunkt t (in h) erzeugte Energiemenge in Kilowattstunden (kWh). Die Änderungsrate f' mit $f'(t) = 6t^2 - 72t + 216$ beschreibt für $0 \le t \le 12$ die Leistung (in kW), die das Windrad zum Zeitpunkt t bereitstellt.
   a) Skizzieren Sie den Graphen von f'.
   b) Beschreiben Sie den Verlauf der Ableitungsfunktion im Sachzusammenhang.
   c) Bestimmen Sie die Werte $f'(2)$, $f'(4)$ und $f'(10)$ und geben Sie ihre Bedeutung jeweils im Sachzusammenhang an. Interpretieren Sie auch den Wert $f'(6)$ im Sachzusammenhang.

9. Diese Rechnung zur Bestimmung der Ableitung von f mit $f(x) = x^2 - 2x$ ist fehlerhaft:

$$\frac{f(x+h) - f(x)}{h} = \frac{(x+h)^2 - 2(x+h) - x^2 - 2x}{h} = \frac{x^2 + 2xh + h^2 - 2x - 2h - x^2 - 2x}{h} = \frac{2xh + h^2 - 2h - 4x}{h}$$

   a) Begründen Sie, weshalb sich im letzten Term dieser Rechnung das h nicht kürzen lässt.
   b) Korrigieren Sie den Fehler und berechnen Sie die Ableitung von f.
   c) Formulieren Sie, welches Ziel beim Umformen des Differenzenquotienten verfolgt wird.

10. Gegeben ist die Funktion f mit $f(x) = \frac{1}{2}x^2 + 6$.
   a) Bestimmen Sie die Ableitung als Grenzwert des Differenzenquotienten.
   b) Zeichnen Sie die Graphen von f und f' im Bereich $-3 < x < 3$ in ein Koordinatensystem.
   c) Zeichnen Sie an den Stellen −2; 0 und 1,5 mithilfe von f' Tangenten an den Graphen ein.

● 11. a) Berechnen Sie für allgemeines $a, b, c \in \mathbb{R}$ die Ableitung von f mit $f(x) = ax^2 + bx + c$.
   b) Prüfen Sie, ob Ihre früheren Ergebnisse beim Ableiten quadratischer Funktionen dem Ergebnis aus a) entsprechen.

1.3 Ableitung von Potenzfunktionen

■ Die Tabelle zeigt die Terme einiger Funktionen und ihrer Ableitungen.

a) Vermuten Sie aufgrund der Ableitungen zu $f(x) = x^2$ und $f(x) = x^3$ eine Regel für die Ableitung zu $f(x) = x^n$ für beliebiges $n \in \mathbb{N}$.

b) Prüfen Sie, ob die Ableitungen zu $f(x) = x$, $f(x) = \frac{1}{x}$ und $f(x) = \sqrt{x}$ dieser Regel entsprechen. ■

$f(x)$	$f'(x)$
x	1
x^2	$2x$
x^3	$3x^2$
$\frac{1}{x}$	$-\frac{1}{x^2}$
$\sqrt{x}$	$\frac{1}{2\sqrt{x}}$

Potenzregel für natürliche Exponenten

Es gibt Regeln, die das Ableiten erheblich vereinfachen.
Beim Ableiten von $f(x) = x^3$ oder $f(x) = x^2$ wird der Exponent von $f(x)$ zum Vorfaktor von $f'(x)$. Außerdem verkleinert sich der Exponent um 1. Dies gilt allgemein für alle Potenzfunktionen mit natürlichen Exponenten.

$f(x) = x^3$
$f'(x) = 3x^2$
$f(x) = x^2$
$f'(x) = 2x^1 = 2x$

Satz: Potenzregel für Potenzen mit natürlichen Exponenten
Die Funktion f mit $f(x) = x^n$ und $n \in \mathbb{N}$, $n > 1$ hat die Ableitung $f'(x) = n \cdot x^{n-1}$.

Hinweis:
Für $f(x) = x$ gilt $f'(x) = 1$.
Für $f(x) = 1$ gilt $f'(x) = 0$.

Auch die Ableitungen zu $f(x) = x$ und $f(x) = 1$ entsprechen für $x \neq 0$ dieser Regel, wie die Rechnungen zeigen.
Für den Fall $x = 0$ lässt sich die Ableitung mithilfe des Differenzenquotienten bestimmen.

$f(x) = x = x^1$
$f'(x) = 1 \cdot x^{1-1} = 1 \cdot x^0 = 1$
$f(x) = 1 = x^0$
$f'(x) = 0 \cdot x^{0-1} = 0 \cdot x^{-1} = 0$

Erinnerung:
$x^1 = x$
$x^0 = 1$ für $x \neq 0$

Beispiel 1: Berechnen Sie $f'(-2)$ für die Funktion f mit $f(x) = x^6$.

Lösung:
Beim Ableiten von f wird der Exponent 6 zum Vorfaktor, der Exponent in f' um 1 verkleinert. — $f(x) = x^6$, $f'(x) = 6x^5$

Setzen Sie $x = -2$ in $f'(x)$ ein. — $f'(-2) = 6 \cdot (-2)^5 = 6 \cdot (-32) = -192$

Basisaufgaben

1. Bestimmen Sie zu der Funktion die Ableitung.
   a) $f(x) = x^7$ b) $f(x) = x^9$ c) $h(x) = x^{100}$
   d) $f(x) = x^{m+1}$ e) $g(x) = x^{2n}$ f) $v(t) = t^2$

2. Bestimmen Sie die Ableitung der Funktion an der Stelle x_0.
   a) $f(x) = x^5$; $x_0 = 2$ b) $f(x) = x^2$; $x_0 = -3$ c) $f(x) = x^3$; $x_0 = 4$
   d) $f(x) = x^4$; $x_0 = -2$ e) $f(x) = x^7$; $x_0 = -1$ f) $f(x) = x$; $x_0 = 9$

Lösungen zu 2:
80 −6 1 0 48 7 −32

3. Begründen Sie, warum die Potenzregel für die Funktionen f und g mit $f(x) = x^1 = x$ und $g(x) = x^0 = 1$ an der Stelle $x = 0$ nicht angewendet werden kann. Weisen Sie mithilfe des Differenzenquotienten nach, dass dennoch $f'(x) = 1$ und $g'(x) = 0$ für alle $x \in \mathbb{R}$ gilt.

4. Untersuchen Sie mithilfe der Ableitung der Potenzfunktion f mit $f(x) = x^n$ und $n \in \mathbb{N}$, $n \geq 2$, für welche x die Steigung des Graphen positiv, negativ oder null ist. Unterscheiden Sie die Fälle, ob n ungerade oder n gerade ist.

Potenzregel für rationale Exponenten

Hinweis:
Es ist oft praktisch, den Ableitungsstrich direkt an den Term zu schreiben:
$\left[\frac{1}{x}\right]'$ bezeichnet die Ableitung von $\frac{1}{x}$.

Die **Ableitung zu f(x)** $= \frac{1}{x}$ erhält man mit der Potenzregel, wenn man $\frac{1}{x}$ unter Verwendung der Potenzgesetze als x^{-1} schreibt.

$$\left[\frac{1}{x}\right]' = [x^{-1}]' = (-1)\cdot x^{-1-1} = -x^{-2} = -\frac{1}{x^2}$$

Auch die **Ableitung der Wurzelfunktion** mit $f(x) = \sqrt{x}$ lässt sich durch Umschreiben von $\sqrt{x}$ in $x^{\frac{1}{2}}$ auf diese Weise ermitteln.

$$[\sqrt{x}]' = \left[x^{\frac{1}{2}}\right]' = \frac{1}{2}\cdot x^{\frac{1}{2}-1} = \frac{1}{2}\cdot x^{-\frac{1}{2}} = \frac{1}{2}\cdot\frac{1}{\sqrt{x}} = \frac{1}{2\sqrt{x}}$$

Die Potenzregel kann also auch auf rationale Exponenten erweitert werden.

Satz: Potenzregel für Potenzen mit rationalen Exponenten
Die Funktion f mit $f(x) = x^r$ und $r \in \mathbb{Q}$, $r \neq 0$, hat die Ableitung $f'(x) = r\cdot x^{r-1}$.

Für $r = -1$ ergibt sich: $f(x) = \frac{1}{x}$
$f'(x) = -\frac{1}{x^2}$ für $x \neq 0$

Für $r = \frac{1}{2}$ ergibt sich: $f(x) = \sqrt{x}$
$f'(x) = \frac{1}{2\sqrt{x}}$ für $x > 0$

Jede Funktion, deren Funktionsterm sich als Potenz schreiben lässt, kann mit der Potenzregel abgeleitet werden. Für das Umschreiben in eine Potenz werden die Potenzgesetze verwendet.

Erinnerung:
Potenzgesetze
$\frac{1}{a^n} = a^{-n}$; $\frac{1}{a} = a^{-1}$
$\sqrt[n]{a} = a^{\frac{1}{n}}$; $\sqrt{a} = a^{\frac{1}{2}}$
$\sqrt[n]{a^m} = a^{\frac{m}{n}}$
$(m, n \in \mathbb{N}, m, n \geq 1)$

Beispiel 2: Bestimmen Sie die Ableitung der Funktion f.
a) $f(x) = x^{-3}$ b) $f(x) = \frac{1}{x^2}$ c) $f(x) = \sqrt[3]{x^2}$ d) $f(x) = \frac{1}{\sqrt{x}}$

Lösung:
Schreiben Sie den Funktionsterm von f mithilfe der Potenzgesetze in eine Potenz um und wenden Sie die Potenzregel an. Achten Sie dabei auf das Vorzeichen.

a) $f(x) = x^{-3}$
$f'(x) = (-3)\cdot x^{-3-1} = -3x^{-4} = -\frac{3}{x^4}$

b) $f(x) = \frac{1}{x^2} = x^{-2}$
$f'(x) = (-2)\cdot x^{-2-1} = -2x^{-3} = -\frac{2}{x^3}$

c) $f(x) = \sqrt[3]{x^2} = x^{\frac{2}{3}}$
$f'(x) = \frac{2}{3}\cdot x^{\frac{2}{3}-1} = \frac{2}{3}\cdot x^{-\frac{1}{3}} = \frac{2}{3\sqrt[3]{x}}$

d) $f(x) = \frac{1}{\sqrt{x}} = x^{-\frac{1}{2}}$
$f'(x) = -\frac{1}{2}\cdot x^{-\frac{1}{2}-1} = -\frac{1}{2}\cdot x^{-\frac{3}{2}} = -\frac{1}{2\sqrt{x^3}}$

Basisaufgaben

5. Leiten Sie mithilfe der Potenzregel ab.
a) $f(x) = x^{-4}$ b) $f(x) = x^{-1}$ c) $g(x) = x^{-2}$ d) $h(x) = x^{\frac{1}{2}}$ e) $g(x) = x^{\frac{1}{3}}$

6. Formen Sie den Funktionsterm so um, dass x im Zähler steht. Bestimmen Sie dann die Ableitung.
a) $f(x) = \frac{1}{x^2}$ b) $f(x) = \frac{1}{x^5}$ c) $h(x) = \frac{1}{x}$ d) $f(x) = \frac{1}{x^7}$ e) $g(x) = \frac{1}{x^9}$

7. Schreiben Sie den Funktionsterm als Potenz mit der Basis x. Bestimmen Sie dann die Ableitung.
a) $f(x) = \sqrt{x}$ b) $f(x) = \sqrt[3]{x}$ c) $f(x) = \sqrt[4]{x}$ d) $f(x) = \sqrt[5]{x^2}$ e) $f(x) = \frac{1}{\sqrt{x^3}}$

Lösungen zu 8:
-4; $\frac{1}{2\sqrt{2}}$; $\frac{1}{8}$; $\frac{3}{8}$; $-\frac{1}{4}$; 6; $-\sqrt{2}$

8. Bestimmen Sie die Ableitung der Funktion an der Stelle x_0.
a) $f(x) = \frac{1}{x^4}$; $x_0 = -2$ b) $f(x) = \sqrt{x}$; $x_0 = 2$ c) $h(x) = \frac{1}{x}$; $x_0 = \frac{1}{2}$
d) $g(x) = \frac{1}{x^6}$; $x_0 = -1$ e) $f(x) = \sqrt[4]{x^3}$; $x_0 = 16$ f) $f(x) = x^{-\frac{1}{4}}$; $x_0 = 1$

Weiterführende Aufgaben

9. Bestimmen Sie alle Stellen, an denen der Graph der Funktion f die Steigung m hat.

Beispiel: $f(x) = x^4$; $m = 32$
$f'(x) = 4x^3$ $4x^3 = 32 \Rightarrow x^3 = 8$, also $x = 2$

a) $f(x) = x^3$; $m = 27$ b) $f(x) = x^7$; $m = 7$ c) $f(x) = \sqrt{x}$; $m = \frac{1}{8}$
d) $f(x) = \frac{1}{x}$; $m = -4$ e) $f(x) = \frac{1}{x^2}$; $m = \frac{1}{4}$ f) $f(x) = \sqrt[3]{x^2}$; $m = \frac{1}{3}$

10. Bestimmen Sie alle Stellen, an denen die Graphen der Funktionen f und g dieselbe Steigung haben, also diejenigen Stellen, an denen ihre Tangenten parallel verlaufen.

Beispiel: $f(x) = x^3$; $g(x) = x^2$
$f'(x) = 3x^2$; $g'(x) = 2x$ $3x^2 = 2x \Rightarrow x(3x - 2) = 0$, also $x_1 = 0$, $x_2 = \frac{2}{3}$

a) $f(x) = x$; $g(x) = x^3$ b) $f(x) = x^2$; $g(x) = x^4$ c) $f(x) = x^2$; $g(x) = \frac{1}{x}$
d) $f(x) = x$; $g(x) = \sqrt{x}$ e) $f(x) = \frac{1}{x}$; $g(x) = \frac{1}{x^3}$ f) $f(x) = \frac{1}{x}$; $g(x) = x^3$

Erinnerung:
$a^m \cdot a^n = a^{m+n}$

11. Stolperstelle: Finden Sie den Fehler beim Ableiten von $f(x) = \frac{1}{x^5}$ und verbessern Sie ihn.
$f'(x) = [x^{-5}]' = -5 \cdot x^{-4} = -\frac{5}{x^4}$

12. Abgebildet ist der Graph von f mit $f(x) = \frac{1}{x}$, die Sekante durch $(0{,}5 \mid f(0{,}5))$ und $(4 \mid f(4))$ sowie eine Tangente an den Graphen von f.
Erläutern Sie den in der Abbildung dargestellten Sachverhalt und weisen Sie ihn rechnerisch nach.
Geben Sie die Koordinaten von P an.

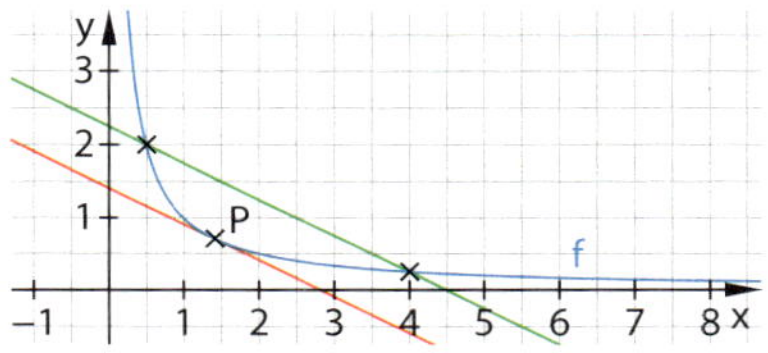

13. Es sei f eine Potenzfunktion mit $f(x) = x^n$ und $n \in \mathbb{N}$, $n \geq 1$. Zeigen Sie:
a) Für jedes $n \geq 2$ hat f genau eine Stelle mit waagerechter Tangente.
b) Ist n ungerade, so gibt es zu jeder Tangente an den Graphen von f mit Steigung $m > 0$ eine parallele Tangente. Erläutern Sie, welcher besondere Fall sich für $n = 1$ ergibt.

14. Es sei $f(x) = \frac{1}{x}$ und $g(x) = \frac{1}{x^2}$. Zeigen Sie:
a) Es gibt zwei Stellen, an denen der Graph von f die Steigung $m = -1$ hat.
b) Es gibt nur eine Stelle, an der der Graph von g die Steigung $m = -2$ hat.
c) Für jedes $a < 0$ gibt es zwei Stellen, an denen f′ den Funktionswert a hat.
d) Für jedes $a \neq 0$ gibt es genau eine Stelle, an der g′ den Funktionswert a hat.
e) Skizzieren Sie die Graphen von f und g und veranschaulichen Sie daran die Resultate.

15. Ausblick: Der Graph der Funktion f entsteht durch Zusammensetzen einzelner Stücke der Graphen der Funktionen f_1 und f_2 mit $f_1(x) = \frac{1}{x^2}$ und $f_2(x) = -x^2 + 2$.
a) Formulieren Sie eine Funktionsvorschrift für f.
b) Stellen Sie Bedingungen dafür auf, dass die zusammengesetzte Kurve an den Anschlusspunkten A und B keinen Knick hat. Überprüfen Sie, ob die Bedingungen erfüllt sind.

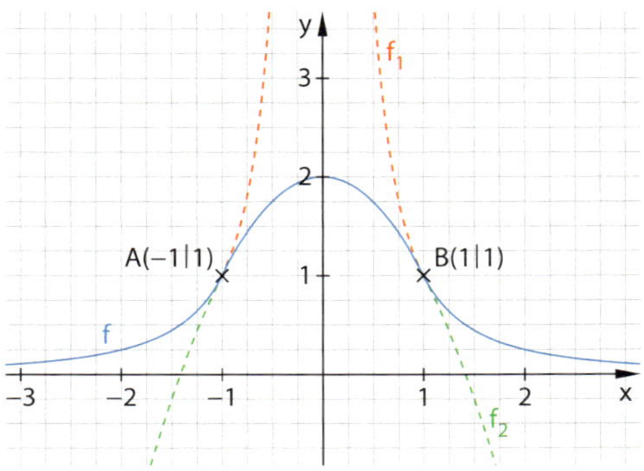

1.4 Faktor- und Summenregel

■ Die Tabelle zeigt Ableitungen, die mit dem Differenzenquotienten ermittelt wurden.
Die Funktionsterme enthalten Potenzfunktionen. Beschreiben Sie, wie man die Ableitungen dieser Funktionen direkt aus den Ableitungen der jeweiligen Potenzfunktionen erhalten kann. ■

f(x)	f'(x)
$2x^2$	$4x$
x^2+4	$2x$
$-x^2+7x$	$-2x+7$
$3x^2-2x+4$	$6x-2$

Faktorregel

Der Graph von f mit $f(x) = 3x^3$ entsteht aus dem Graphen von g mit $g(x) = x^3$ durch eine Streckung in y-Richtung mit dem **konstanten Faktor** 3.

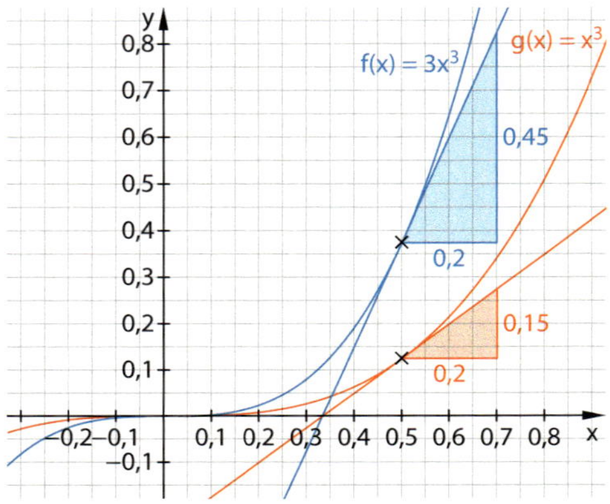

Bei der Streckung des Graphen wird jede beliebige Tangente dreimal so steil, wie man am gestreckten Steigungsdreieck erkennt.
Es gilt: $f'(x) = 3 \cdot g'(x)$.

Allgemeine Begründung:
Es sei g eine beliebige Funktion, k eine reelle Zahl und $f(x) = k \cdot g(x)$ für alle $x \in D$.
Dann gilt für die Sekantensteigung m_f von f:

$$m_f = \frac{f(x+h)-f(x)}{h} = \frac{k \cdot g(x+h) - k \cdot g(x)}{h} = k \cdot \frac{g(x+h)-g(x)}{h} = k \cdot m_g$$

Die Ableitung ist der Grenzwert der Sekantensteigungen:

$$\begin{array}{ll} m_f & = k \cdot m_g \\ \downarrow h \to 0 & \downarrow h \to 0 \\ f'(x) & = k \cdot g'(x) \end{array}$$

Merkregel:
Ein konstanter Faktor bleibt beim Ableiten erhalten.

Satz: Faktorregel
Für die Funktion f mit $f(x) = k \cdot g(x)$ und der Konstanten $k \in \mathbb{R}$ gilt: $f'(x) = k \cdot g'(x)$

Beispiel 1: Bestimmen Sie die Ableitung zu f, g und h mit $f(x) = -6x^3$, $g(x) = \frac{5}{x}$ und $h(x) = \frac{\sqrt{x}}{5}$.

Lösung:
Schreiben Sie bei g und h den Funktionsterm so um, dass ein konstanter Faktor entsteht.
Leiten Sie den Term ab, der x enthält und fassen Sie die Faktoren zusammen.

$f'(x) = [-6x^3]' = -6 \cdot [x^3]' = -6 \cdot 3x^2 = -18x^2$

$g'(x) = \left[\frac{5}{x}\right]' = \left[5 \cdot \frac{1}{x}\right]' = 5 \cdot \left[\frac{1}{x}\right]' = 5 \cdot \left(-\frac{1}{x^2}\right) = -\frac{5}{x^2}$

$h'(x) = \left[\frac{\sqrt{x}}{5}\right]' = \left[\frac{1}{5} \cdot \sqrt{x}\right]' = \frac{1}{5} \cdot [\sqrt{x}]' = \frac{1}{5} \cdot \frac{1}{2\sqrt{x}} = \frac{1}{10\sqrt{x}}$

Basisaufgaben

Erinnerung:
Wichtige Ableitungen:

f(x)	f'(x)
x^n	$n \cdot x^{n-1}$
$\frac{1}{x}$	$-\frac{1}{x^2}$
$\sqrt{x}$	$\frac{1}{2\sqrt{x}}$

1. Bestimmen Sie zu der Funktion die Ableitungsfunktion.
a) $f(x) = 3x^4$
b) $f(x) = 2\sqrt{x}$
c) $f(x) = \frac{1}{3}x^3$
d) $f(x) = \frac{1}{4}\sqrt{x}$
e) $f(x) = -2 \cdot \frac{1}{x}$
f) $f(x) = \frac{1}{4} \cdot \frac{1}{x^2}$

2. Schreiben Sie den Funktionsterm so um, dass ein konstanter Faktor entsteht, und leiten Sie dann ab.
a) $f(x) = \frac{x^4}{2}$
b) $f(x) = \frac{7}{x}$
c) $f(x) = -\frac{3}{x^2}$
d) $f(x) = \frac{5}{3x^3}$
e) $f(x) = (3x)^3$
f) $f(x) = \sqrt{9x}$

3. Bestimmen Sie die Ableitung der Funktion an der Stelle x_0.

a) $f(x) = -4x^2$; $x_0 = -3$
b) $f(x) = 3\sqrt{x}$; $x_0 = 9$
c) $f(x) = \frac{3}{x}$; $x_0 = 6$
d) $f(x) = \frac{1}{3x}$; $x_0 = 2$
e) $f(x) = 8$; $x_0 = 2$
f) $f(x) = 5x$; $x_0 = -9$

Lösungen zu 3:

24 $\frac{1}{2}$ $\frac{1}{12}$ 5 $-\frac{1}{12}$

4. Bestimmen Sie zu der Funktion die Ableitungsfunktion.

a) $f(x) = ax^2$
b) $g(y) = -2y^3$
c) $h(t) = vt$
d) $f(a) = 5ab$
e) $f(x) = k^2$
f) $s(t) = \frac{3}{a\sqrt{t}}$

5. Bestimmen Sie alle Stellen, an denen die Funktion die Steigung m hat.

Beispiel: $f(x) = 4x^3$; $m = 48$
$f'(x) = 12x^2$ $\quad 12x^2 = 48 \quad \Rightarrow \quad x^2 = 4$, also $x_1 = 2$; $x_2 = -2$

a) $f(x) = 2x^3$; $m = 6$
b) $f(x) = \frac{3x^4}{2}$; $m = 48$
c) $f(x) = \frac{-4}{x}$; $m = \frac{1}{9}$
d) $f(x) = \frac{x^2}{5}$; $m = 10$
e) $f(x) = 3x$; $m = 3$
f) $f(x) = 5x$; $m = 3$
g) $f(x) = 3\sqrt{x}$; $m = 6$
h) $f(x) = \frac{2}{x^2}$; $m = \frac{1}{2}$
i) $f(x) = \frac{9}{x^3}$; $m = -\frac{1}{3}$

Summenregel

Um für f mit $f(x) = \frac{1}{3}x^2 + \frac{1}{2}x$ die Steigung der Tangente bei $x = 2$ zu ermitteln, kann man f als **Summe** der Funktionen g und k mit $g(x) = \frac{1}{3}x^2$ und $k(x) = \frac{1}{2}x$ auffassen:
$f(x) = g(x) + k(x)$

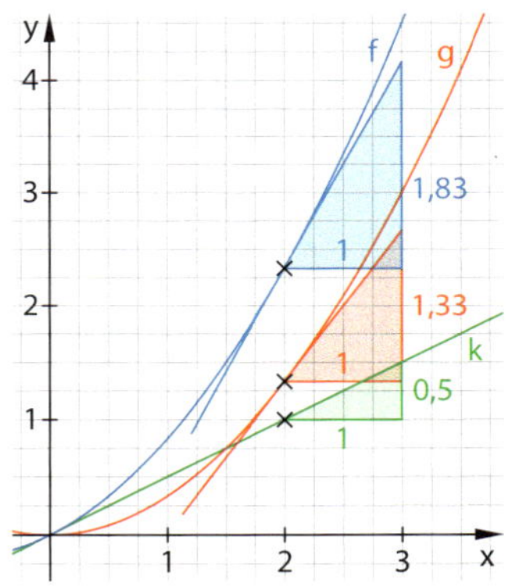

Mit der Faktor- und Potenzregel erhält man $g'(x) = \frac{2}{3}x$ und $k'(x) = \frac{1}{2}$, also $g'(2) = \frac{4}{3} \approx 1{,}33$ und $k'(2) = \frac{1}{2} = 0{,}5$.

Die Abbildung zeigt, dass $f'(2) = g'(2) + k'(2)$ gilt.

Allgemeine Begründung:
Es seien f, g und k Funktionen mit $f(x) = g(x) + k(x)$ für alle $x \in D$. Dann gilt für die Sekantensteigung m_f von f:

$$m_f = \frac{f(x+h) - f(x)}{h} = \frac{[g(x+h) + k(x+h)] - [g(x) + k(x)]}{h} = \frac{g(x+h) - g(x) + k(x+h) - k(x)}{h}$$

$$= \frac{g(x+h) - g(x)}{h} + \frac{k(x+h) - k(x)}{h} = m_g + m_k$$

$$m_f = m_g + m_k$$
$$\downarrow h \to 0 \quad \downarrow h \to 0 \quad \downarrow h \to 0$$

Grenzwerte dürfen summandenweise gebildet werden: $f'(x) = g'(x) + k'(x)$

Satz: Summenregel
Für die Funktion f mit $f(x) = g(x) + k(x)$ gilt: $f'(x) = g'(x) + k'(x)$

Beispiel 2: Bestimmen Sie die Ableitungsfunktion.
a) $f(x) = x^3 + 7x$
b) $g(x) = 1 + x^2 - \sqrt{x}$

Lösung:
Leiten Sie jeweils summandenweise ab.

a) $f(x) = x^3 + 7x$
$f'(x) = 3x^2 + 7$

b) $g(x) = 1 + x^2 - \sqrt{x}$
$g'(x) = 0 + 2x - \frac{1}{2\sqrt{x}} = 2x - \frac{1}{2\sqrt{x}}$

Basisaufgaben

6. Bestimmen Sie die Ableitung.

a) $f(x) = x^3 + x^2$ b) $f(x) = x^4 - x^3 + 5$ c) $f(x) = x + \sqrt{x}$

d) $f(x) = x^2 - \frac{1}{x} - 5$ e) $f(x) = 5 + x^4 - \sqrt{x}$ f) $f(x) = x^{-6} + x^{-2}$

7. Bestimmen Sie die Ableitung. Geben Sie die Ableitungsregeln an, die Sie verwenden.

a) $f(x) = 7x^3 - 5x^2 + 9x - 2$ b) $f(x) = 5 - 6x^3$ c) $f(x) = \frac{1}{8}x^4 - \frac{1}{6}x^3 + 5\sqrt{x}$

d) $f(x) = \frac{x^3}{4} - \frac{x^2}{6}$ e) $f(x) = \frac{4}{x} + \frac{3}{x^2}$ f) $f(x) = 3\sqrt{x} - \frac{1}{2x^3}$

Lösungen zu 8:

−18 2 $7\frac{1}{4}$ 11 5,5 1 $\frac{3}{2}$

8. Bestimmen Sie die Ableitung der Funktion an der Stelle x_0.

a) $f(x) = 3x^4 - 2x^3;\quad x_0 = -1$ b) $f(x) = 2x - 6;\quad x_0 = 8$ c) $f(x) = \frac{3}{x} + 2x^2;\quad x_0 = 2$

d) $f(x) = \frac{5}{6}x + \frac{2}{3x^2};\quad x_0 = -2$ e) $f(x) = \frac{3x^2}{4} - 2\sqrt{x};\quad x_0 = 4$ f) $f(x) = \frac{3}{4}\left(x^3 - \frac{1}{2}x^2\right);\quad x_0 = 1$

9. Multiplizieren Sie den Funktionsterm aus und bestimmen Sie die Ableitungsfunktion.

a) $f(x) = x(x^2 - 3)$ b) $f(x) = (x - 2)(x + 4)$ c) $f(x) = (x - 3)(x + 3)$

d) $f(x) = 2(x - 9)^2$ e) $f(x) = 4(x^2 + 1)^2(x^2 - 1)$ f) $f(x) = \frac{x^2 + 3}{4} \cdot \frac{8\sqrt{x}}{x^2 + 3}$

Weiterführende Aufgaben

10. Ordnen Sie jedem Funktionsterm A bis G den passenden Ableitungsterm ① bis ⑦ zu.

A $\frac{x^3 + x^6}{3}$ B $\frac{x^2 + x}{x}$ C $\frac{x^2 + x}{x^2}$ D $5x - 2$ E $\frac{2\sqrt{x}}{x}$ F $\frac{4\sqrt{x}}{3}$ G $\sqrt{9x}$

① 5 ② $x^2 + 2x^5$ ③ $\frac{2}{3\sqrt{x}}$ ④ $\frac{3}{2\sqrt{x}}$ ⑤ $-\frac{1}{x^2}$ ⑥ 1 ⑦ $-\frac{1}{\sqrt{x^3}}$

11. Gegeben sind die linearen Funktionen g und k mit $g(x) = 3x + 6$ und $k(x) = 4x - 9$ sowie die Summenfunktion f mit $f(x) = g(x) + k(x)$. Bestimmen Sie $f'(x)$, ohne abzuleiten. Berechnen Sie zur Kontrolle $f'(x)$ mit der Summenregel.

12. Stolperstelle: Beschreiben und korrigieren Sie die Fehler.

a) $f(x) = x^2 - 6$
$f'(x) = 2x - 6$

b) $f(x) = a^2 + x$
$f'(x) = 2a + 1$

c) $f(x) = x^2(3x - 1)$
$f'(x) = 2x \cdot 3$

13. Bestimmen Sie die Ableitung und erläutern Sie Ihren Rechenweg.

a) $f(x) = \frac{1}{10}(3x^7 - 5x^2 + 2)$ b) $f(x) = \frac{x^3 + x^2}{3}$

c) $f(x) = \frac{3 - 2x + 2x^2 - x^3}{x},\ x \neq 0$ d) $f(x) = \frac{x^3 - 5x^2 + x - 1}{3x^2},\ x \neq 0$

14. Tom hat Merkregeln aufgeschrieben. Überprüfen und korrigieren Sie sie, falls nötig.

a) Die Streckung der Funktion mit dem Faktor a in y-Richtung ändert die Ableitung nicht.
b) Die Verschiebung des Graphen in y-Richtung verändert die Ableitung nicht.
c) Die Ableitung einer Summe erhält man durch Ableiten der Summanden.
d) Die Ableitung einer ganzrationalen Funktion mit Grad n hat den Grad (n − 1).
e) Der Graph der Ableitung einer quadratischen Funktion ist eine Gerade. Ihre Steigung ist so groß wie der Vorfaktor von x^2.

15. Begründen Sie mithilfe der Summenregel: Zwei Funktionen, die sich nur um einen konstanten Summanden unterscheiden, haben die gleiche Ableitungsfunktion.

16. Prüfen Sie am Beispiel $f(x) = x^2 \cdot x^3$, ob die Ableitung eines Produktes zweier Funktionen das Produkt der Ableitungen der beiden Funktionen ist.

17. Bestimmen Sie zu der Funktion die Ableitung.

a) $f(s) = s^2 - 3sy - 2$
b) $f(x) = ax^3 + bx^2$
c) $f(t) = k - t$
d) $t(x) = mx + b$
e) $s(t) = \frac{g}{2}t^2 - 0{,}3t + 2$
f) $f(x) = ax^4 + bx^3 + cx^2 + dx + e$

● **18.** Gegeben ist die Funktion f mit $f(x) = ax^3 - x^2$. Bestimmen Sie den Wert des Parameters a, sodass die angegebene Bedingung erfüllt ist.

a) Der Graph von f hat an der Stelle $x_0 = -1$ die Steigung -4.
b) Der Graph von f hat an der Stelle $x_0 = \frac{1}{2}$ eine waagerechte Tangente.
c) Der Graph von f verläuft an der Stelle $x_0 = -2$ parallel zur Normalparabel.

Wissen: Höhere Ableitungen

Leitet man die Ableitungsfunktion f′ einer Funktion f erneut ab, erhält man die **zweite Ableitung f″**. Die Ableitung der zweiten Ableitung heißt **dritte Ableitung f‴**.

Beispiel: Funktion: $f(x) = x^4$ — erste Ableitung: $f'(x) = 4x^3$
zweite Ableitung: $f''(x) = 12x^2$ — dritte Ableitung: $f'''(x) = 24x$

Leitet man eine Funktion f n-mal ab, erhält man die **n-te Ableitung $f^{(n)}$**.

Hinweis:
Sprechweise:
f″ – „f zwei Strich“
f‴ – „f drei Strich“
Für $n \geq 4$ schreibt man $f^{(n)}$.

19. Bestimmen Sie die ersten drei Ableitungen der Funktion f.

a) $f(x) = 3x^4 - 2x^3 + x^2 - 5x - 3$
b) $f(x) = x^2 - 3x + 1$
c) $f(x) = \frac{1}{x}$
d) $f(x) = \sqrt{x}$

● **20.** Die Funktion f mit $f(t) = 5t^3 - 30t^2 + 60t$ gibt die seit Freitag 0 Uhr gefallene Niederschlagsmenge (in mm) an einem verregneten Wochenende wieder (t in Tagen).

a) Berechnen Sie die Niederschlagsmenge für das Ende des ersten, zweiten und dritten Tages.
b) Berechnen Sie f′(1) und geben Sie die Bedeutung dieser Zahl im Sachkontext an.
c) Weisen Sie rechnerisch nach, dass es am Ende des zweiten Tages eine (sehr kurze) Regenpause gab.
d) Entnehmen Sie der Grafik den Zeitpunkt t mit $0 \leq t \leq 3$, an welchem es am stärksten geregnet hat, und berechnen Sie die Stärke dieses Regens.

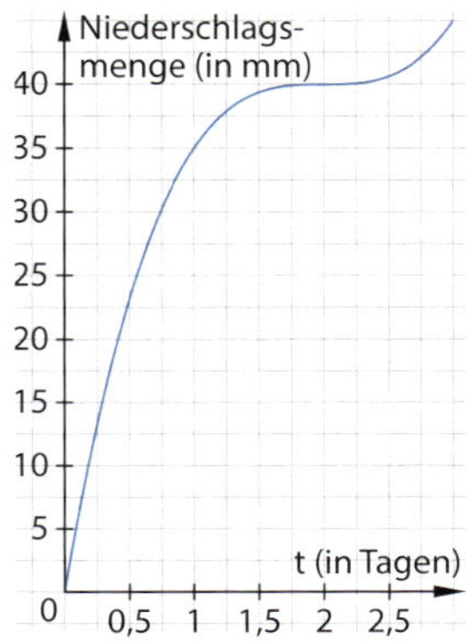

● **21. Ausblick: Ableiten von Produkten**

Die Ableitung der Funktion f mit $f(x) = x^2 \cdot \sqrt{x}$ entspricht der Funktion g mit $g(x) = 2x \cdot \sqrt{x} + x^2 \cdot \frac{1}{2\sqrt{x}}$.

a) Schreiben Sie den Funktionsterm von f als Potenz und leiten Sie ihn mit der Potenzregel ab. Zeigen Sie mithilfe der Potenzgesetze, dass $f'(x) = g(x)$ gilt.
b) Stellen Sie anhand der Gleichung $f'(x) = g(x)$ eine Regel für das Ableiten von Produkten der Form $f(x) = s(x) \cdot r(x)$ auf.
c) Überprüfen Sie die Regel aus b) am Beispiel der Funktion f mit $f(x) = x^2 \cdot x^3$ aus Aufgabe 16.

Ableitung der Sinus- und Kosinusfunktion

■ Die Auslenkung einer periodischen Schaukelbewegung lässt sich durch eine Sinusfunktion beschreiben. Beim Durchgang durch die Ruhelage ist die Auslenkung Null.

a) Skizzieren Sie einen möglichen zeitlichen Verlauf einer solchen Auslenkung.

b) Auch die Geschwindigkeit dieser Bewegungen wird durch eine periodische Funktion beschrieben. Finden Sie markante Punkte dieses Funktionsgraphen und skizzieren Sie ihn. ■

Erinnerung:
Die x-Werte sind im **Bogenmaß** angegeben.

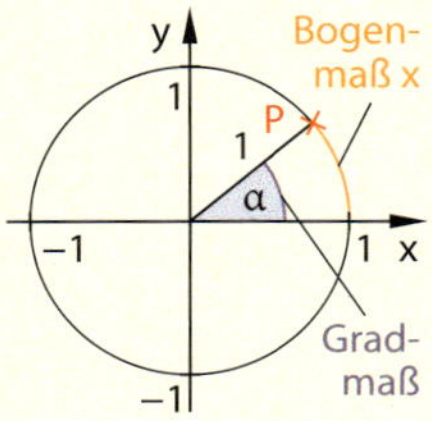

Leitet man die Sinusfunktion f mit $f(x) = \sin(x)$ grafisch ab, so ergeben sich mithilfe der eingezeichneten Tangenten folgende Werte:

x	$-\frac{3}{2}\pi$	$-\pi$	$-\frac{1}{2}\pi$	0	$\frac{1}{2}\pi$	π	$\frac{3}{2}\pi$	2π	$\frac{5}{2}\pi$
f′(x)	0	−1	0	1	0	−1	0	1	0

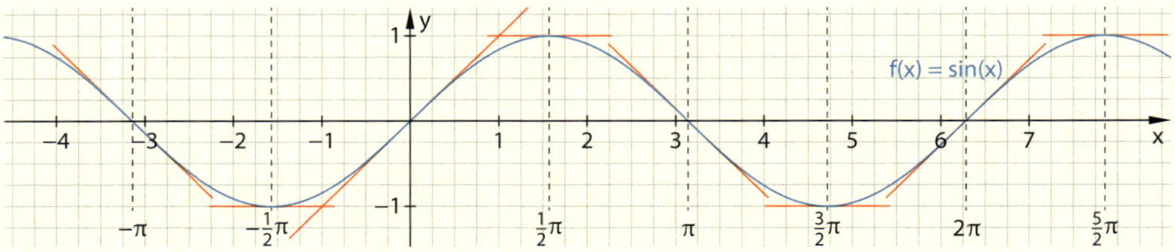

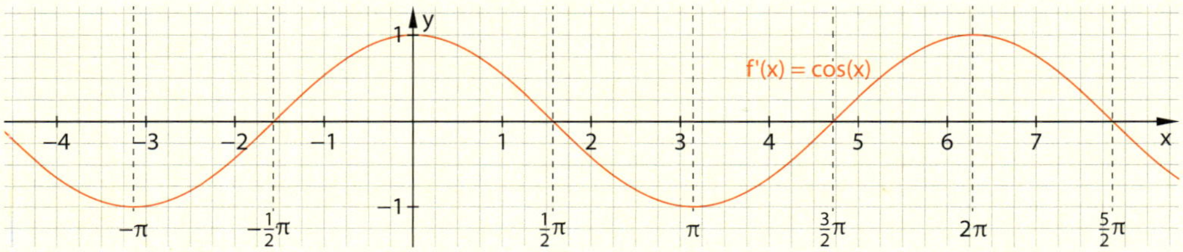

Die Punkte der Ableitung liegen auf dem Graphen der Kosinusfunktion. Tatsächlich gilt:

Satz: Ableitung von Sinus- und Kosinusfunktion
Die **Sinusfunktion** f mit $f(x) = \sin(x)$ hat die Ableitung $f'(x) = \cos(x)$.
Die **Kosinusfunktion** f mit $f(x) = \cos(x)$ hat die Ableitung $f'(x) = -\sin(x)$.

Aufgaben

Hinweis zu 1:
Stellen Sie Ihren Taschenrechner auf das Bogenmaß ein.

1. Bestimmen Sie die Ableitung der Sinus- sowie Kosinusfunktion an der angegebenen Stelle.
a) $x = \frac{\pi}{2}$ b) $x = \pi$ c) $x = 0{,}8$ d) $x = -4$ e) $x = 10$ f) $x = 90$

2. Geben Sie alle Intervalle an, in denen die Steigung des Graphen der Sinusfunktion positiv bzw. negativ ist. Begründen Sie mithilfe des Graphen der Kosinusfunktion.

● **3.** An einem Riesenrad hängt im Punkt B eine Gondel. Der Einfachheit halber sei der Radius des Rades 1 und der Drehwinkel (im Bogenmaß) entspreche der Zeit t.

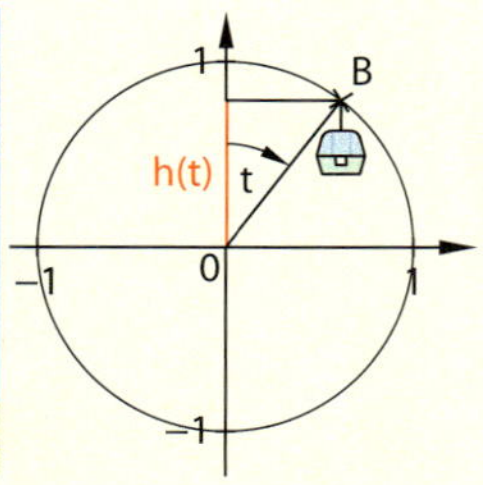

a) Begründen Sie, dass die Höhe von B durch $h(t) = \cos(t)$ gegeben ist.

b) Geben Sie die Ableitungsfunktion $h'(t)$ an und erläutern Sie ihre Bedeutung. Beschreiben Sie das Vorzeichenverhalten von $h'(t)$ im Sachzusammenhang.

1.5 Tangente, Steigungs- und Schnittwinkel

■ Gegeben sind die Funktion f mit $f(x) = -\frac{1}{8}x^2 + 3$ sowie drei Geraden:
① $y = -0{,}5x + 3$ ② $y = -0{,}25x + 3$
③ $y = -0{,}5x + 3{,}5$
Untersuchen Sie, welche dieser Geraden die Tangente an den Graphen von f an der Stelle $x = 2$ ist. ■

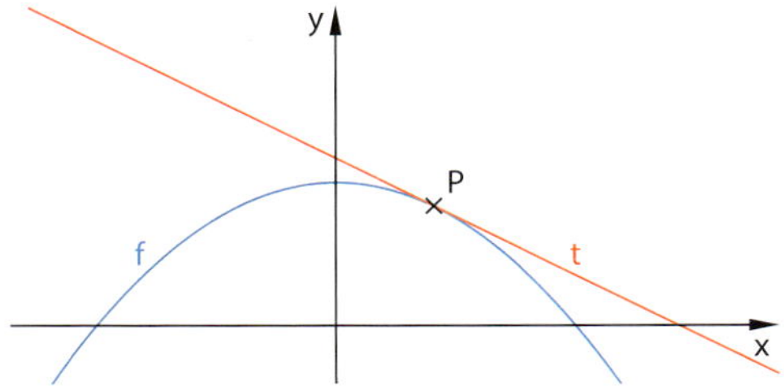

Die Tangente an den Graphen im Punkt $P(x_0 | f(x_0))$ hat die Steigung $m = f'(x_0)$. Mithilfe des Punktes und der Steigung lässt sich die Geradengleichung $t(x) = mx + b$ der Tangente bestimmen.

Wissen: Tangentengleichung aufstellen
Bestimmen der Gleichung $t(x) = mx + b$ der Tangente t an den Graphen von f im Punkt $P(x_0 | f(x_0))$:
① Steigung $m = f'(x_0)$ berechnen.
② Einsetzen der Koordinaten von P in die Tangentengleichung ergibt $f(x_0) = m \cdot x_0 + b$. Diese Gleichung nach b auflösen und b berechnen.

Beispiel 1: Gegeben ist die Funktion f mit $f(x) = -x^3 + 2x^2 + 4$.
a) Bestimmen Sie die Gleichung der Tangente an den Graphen von f an der Stelle $x_0 = 2$.
b) Bestimmen Sie die Stelle, an der die Tangente die x-Achse schneidet.

Lösung:
a) Bestimmen Sie die Ableitung f'. Die Ableitung an der Stelle $x_0 = 2$ ergibt die Steigung m der Tangente. Berechnen Sie den Funktionswert an der Stelle $x_0 = 2$. Setzen Sie den x-Wert 2, den Funktionswert 4 und $m = -4$ in den Ansatz $t(x) = mx + b$ ein und lösen Sie die Gleichung nach b auf.

Ansatz: $t(x) = mx + b$
① $f'(x) = -3x^2 + 4x$
$m = f'(2) = -4$
② $f(2) = 4$
$4 = -4 \cdot 2 + b$ also $b = 12$

Tangentengleichung: $t(x) = -4x + 12$

b) Die gesuchte Stelle ist die Nullstelle von t. Setzen Sie t(x) gleich null und lösen Sie nach x auf.

$-4x + 12 = 0$ also $x = 3$

Die Tangente schneidet die x-Achse bei $x = 3$.

Basisaufgaben

1. Gegeben ist die Funktion f mit $f(x) = \frac{1}{2}x^2 - 3x + 1$. Bestimmen Sie die Gleichung der Tangente an den Graphen von f im Punkt P.
a) $P(4 | -3)$ b) $P(1 | -1{,}5)$ c) $P(-4 | 21)$ d) $P(0 | 1)$

2. Bestimmen Sie die Gleichung der Tangente an den Graphen der Funktion f im Punkt $P(x_0 | f(x_0))$.
a) $f(x) = 2x^3 - 1$; $x_0 = -1$
b) $f(x) = -x^4 + x^2 + 2$; $x_0 = 1$
c) $f(x) = -\frac{1}{3}x^2 + x$; $x_0 = -3$
d) $f(x) = \frac{2}{x^2}$; $x_0 = 2$

3. Bestimmen Sie die Tangente an den Graphen der gegebenen Funktion an der Stelle x_0 und die Schnittpunkte der Tangente mit den Koordinatenachsen.

a) $f(x) = -\frac{1}{2}x^2 + \frac{3}{2}$; $x_0 = 1$

b) $g(x) = x^2 - 2x + 1$; $x_0 = 0$

c) $h(x) = x^3 - 4x$; $x_0 = 1$

d) $k(x) = (x + 2)^2$; $x_0 = -5$

4. Gegeben ist die Funktion f mit $f(x) = x^3 + 3x$.

a) Bestimmen Sie die Gleichung der Tangente t an den Graphen von f bei $x = -2$.

b) Ermitteln Sie die Gleichung einer zweiten Tangente, welche zu t parallel ist.

5. a) Zeichnen Sie den Graphen von f mit $f(x) = \frac{1}{2}x^2 - 2x$ und die Sekante durch die Punkte $A(0\,|\,f(0))$ und $B(6\,|\,f(6))$.

b) Bestimmen Sie die Steigung der Sekante.

c) Berechnen Sie die Ableitungsfunktion von f.

d) Bestimmen Sie einen Punkt C des Graphen von f, in welchem die Tangente parallel zur Sekante AB verläuft. Ermitteln Sie die Gleichung der Tangente und zeichnen Sie sie.

6. Gegeben ist die Funktion f mit $f(x) = \frac{1}{3}x^3 - \frac{3}{2}x^2$.

a) Bestimmen Sie diejenigen Punkte des Graphen von f, an denen die Tangente von f waagerecht verläuft.

b) Bestimmen Sie die Gleichungen derjenigen Tangenten an den Graphen von f, die parallel zur Geraden g mit $g(x) = -2x + 5$ verlaufen.

c) Eine Tangente an den Graphen von f verläuft durch die Punkte $P\left(0\,\middle|\,\frac{9}{8}\right)$ und $N\left(\frac{1}{2}\,\middle|\,0\right)$. Bestimmen Sie den Berührpunkt der Tangente mit dem Graphen von f, und geben Sie die Gleichung der Tangente an.

Steigungs- und Schnittwinkel

Der **Steigungswinkel** einer Funktion f an der Stelle x_0 entspricht dem Steigungswinkel der zugehörigen Tangente im Punkt $(x_0\,|\,f(x_0))$.

Im abgebildeten Steigungsdreieck ist der Tangens des Steigungswinkels α der Quotient aus der Gegenkathete der Länge $m = f'(x_0)$ und der Ankathete der Länge 1:

$$\tan(\alpha) = \frac{m}{1} = f'(x_0).$$

Den Winkel α erhält man durch Anwendung der Umkehrtaste $\tan^{-1}$ des Taschenrechners auf den Wert $f'(x_0)$.

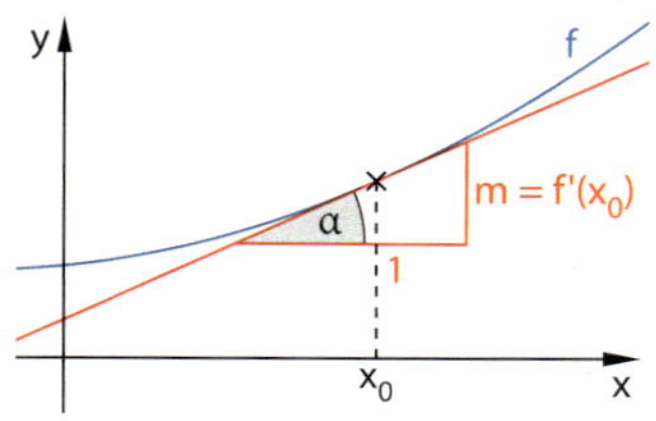

Wissen: Steigungswinkel

Für den **Steigungswinkel** α einer Funktion f an der Stelle x_0 gilt: $\alpha = \tan^{-1}(f'(x_0))$

Beispiel 2: Steigung und Steigungswinkel

Gegeben ist die Funktion f mit $f(x) = -\frac{1}{4}x^2 + 5x + 1$.
Bestimmen Sie die Steigung sowie den Steigungswinkel von f an der Stelle $x_0 = 2$.

Lösung:

Bestimmen Sie die Ableitung von f und setzen Sie die Stelle 2 ein. — $f'(x) = -\frac{1}{2}x + 5$, $f'(2) = 4$

$\tan^{-1}(f'(2)) = \tan^{-1}(4) \approx 75{,}96°$

Wenden Sie die Umkehrtaste $\tan^{-1}$ Ihres Taschenrechners auf den Wert $f'(2) = 4$ an. — f hat an der Stelle $x_0 = 2$ die Steigung 4 und den Steigungswinkel $\alpha \approx 75{,}96°$.

Hinweis:
Achten Sie darauf, dass Ihr Taschenrechner auf das Gradmaß (DEG) eingestellt ist.

Schneiden sich die Graphen zweier Funktionen f und g, so entspricht ihr Schnittwinkel dem Schnittwinkel ihrer Tangenten an dieser Stelle.
Beim Schnitt der Tangenten entstehen zwei Winkel γ und δ, die zusammen 180° ergeben. Der kleinere der beiden Winkel (hier γ) wird als **Schnittwinkel** bezeichnet.

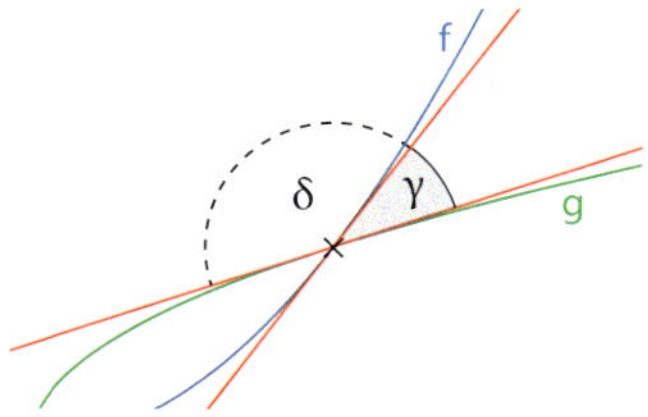

Hinweis:
Für den Schnittwinkel γ gilt: $0 \le \gamma \le 90°$.

Der Schnittwinkel γ ist die Differenz aus den Steigungswinkeln α und β von f und g an dieser Stelle. Da Schnittwinkel (im Gegensatz zu Steigungswinkeln) stets positiv sein müssen, folgt: $\gamma = |\alpha - \beta|$.

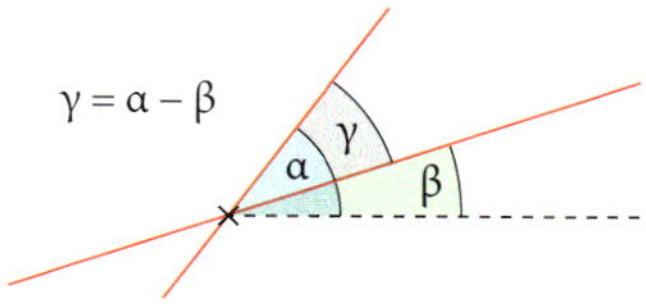

Wissen: Schnittwinkel zweier Graphen
Seien f und g Funktionen, deren Graphen sich an der Stelle x_0 schneiden.
Sind α und β die Steigungswinkel von f und g an der Stelle x_0, so ist der **Schnittwinkel** von f und g der kleinere der beiden Winkel $|\alpha - \beta|$ und $180° - |\alpha - \beta|$.

Beispiel 3: Schnittstelle und Schnittwinkel
Gegeben seien die Funktionen f und g mit $f(x) = x^2 + x - 5$ und $g(x) = 3x - 2$.
Bestimmen Sie den Schnittwinkel von f und g an der linken Schnittstelle.

Lösung:

Setzen Sie die Funktionsterme von f und g gleich und lösen Sie die Gleichung. Wählen Sie die kleinere der beiden Lösungen.	$x^2 + x - 5 = 3x - 2$ also $x^2 - 2x - 3 = 0$ p-q-Formel: $x_{1/2} = 1 \pm \sqrt{1+3} = 1 \pm 2$ Linke Schnittstelle: -1
Bestimmen Sie die Steigung von f und g an der Stelle -1 und berechnen Sie die zugehörigen Steigungswinkel.	$f'(x) = 2x + 1$; $f'(-1) = -1$ $g'(x) = 3$; $g'(-1) = 3$ $\alpha = \tan^{-1}(-1) = -45°$; $\beta = \tan^{-1}(3) \approx 71{,}57°$
Bilden sie den Betrag der Differenz von α und β und prüfen Sie, ob dieser größer als 90° ist. Ziehen Sie den Winkel von 180° ab.	$|-45° - 71{,}57°| = |-116{,}57°| = 116{,}57° > 90°$ Der gesuchte Schnittwinkel beträgt $\gamma \approx 180° - 116{,}57° = 63{,}43°$

Basisaufgaben

7. Bestimmen Sie die Steigung und den Steigungswinkel der Funktion f an der Stelle x_0.
a) $f(x) = 2x^3$; $x_0 = -1$ b) $f(x) = -2\sqrt{x}$; $x_0 = 3$ c) $f(x) = -x^2 - 5x$; $x_0 = 0$
d) $f(x) = -\frac{4}{x}$; $x_0 = -2$ e) $f(x) = (2x+1)^2$; $x_0 = -\frac{1}{2}$ f) $f(x) = \frac{1}{2x^2}$; $x_0 = -3$

8. Bestimmen Sie alle Schnittstellen und zugehörigen Schnittwinkel der Graphen von f und g.
a) $f(x) = x^3 + 2x + 2$, $g(x) = 2 - x^3$
b) $f(x) = -\frac{1}{2}x^2 - 3x + 1$, $g(x) = 2x + 1$
c) $f(x) = \frac{3}{x}$, $g(x) = -1{,}5x + 4{,}5$

9. Gegeben sei die Funktion f mit $f(x) = x^2 + 2x - 3$.
a) Bestimmen Sie die Winkel, unter denen der Graph von f die x-Achse schneidet.
b) Bestimmen Sie den Winkel, unter dem der Graph von f die y-Achse schneidet.
c) Ermitteln Sie die Stelle x_0, an der der Graph von f einen Steigungswinkel von 45° hat.

Weiterführende Aufgaben

10. Untersuchen Sie, welche der Geraden in der Abbildung Tangenten an den Graphen von f mit $f(x) = -\frac{1}{4}x^2 + x$ sind.

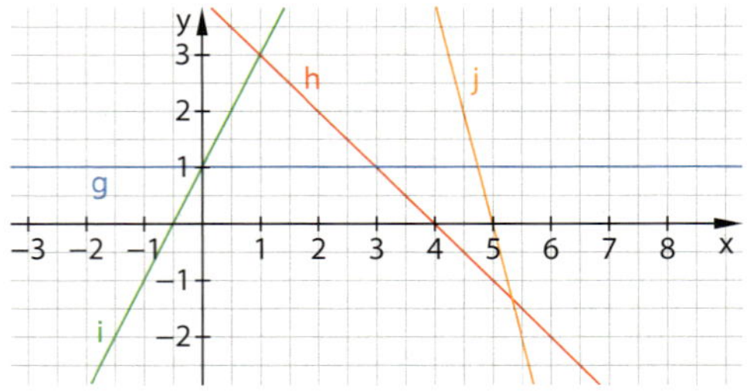

11. Der Verlauf einer Kaimauer ist zwischen den Punkten A und B gegeben durch den Graphen zu $f(x) = x^3 - 3x^2 + 4$, zwischen A und N_1 durch die Tangente g_1 an den Graphen von f im Punkt $A\left(-\frac{1}{2} \middle| f\left(-\frac{1}{2}\right)\right)$, und zwischen B und N_2 durch die Tangente g_2 im Punkt B.

a) Ermitteln Sie die Steigung und die Gleichung von g_1.

b) Die Gerade g_2 hat die Steigung $m_2 = -3$. Berechnen Sie die Koordinaten von B und die Gleichung von g_2.

c) N_1 und N_2 sind die Schnittpunkte der beiden Tangenten mit der x-Achse. Berechnen Sie die Koordinaten dieser Punkte.

d) Berechnen Sie den Schnittpunkt S der beiden Tangenten und den Flächeninhalt des Dreiecks N_1N_2S. Sie erhalten damit einen Näherungswert für den Flächeninhalt der Figur.

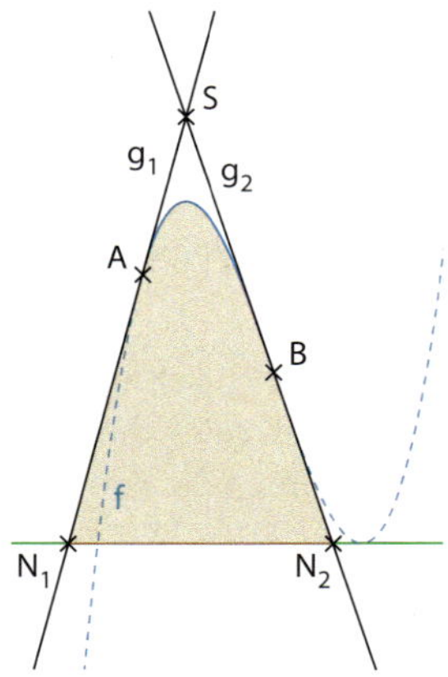

12. Formel für Tangentengleichung: Zur Bestimmung der Tangentengleichung t an den Graphen der Funktion f im Punkt $(a \mid f(a))$ gibt es die Formel $t(x) = f'(a) \cdot (x - a) + f(a)$. Weisen Sie die Gültigkeit der Formel nach, indem Sie den Punkt und die Steigung der Tangente in die allgemeine Form der Geradengleichung einsetzen und nach dem y-Achsenabschnitt b auflösen.

Wissen: Normale

Die Gerade, die senkrecht zur Tangente an den Graphen einer Funktion f im Punkt $P(x_0 \mid f(x_0))$ verläuft, heißt **Normale** an den Graphen von f im Punkt P.

Für die Steigung der Normalen gilt: $m = -\frac{1}{f'(x_0)}$

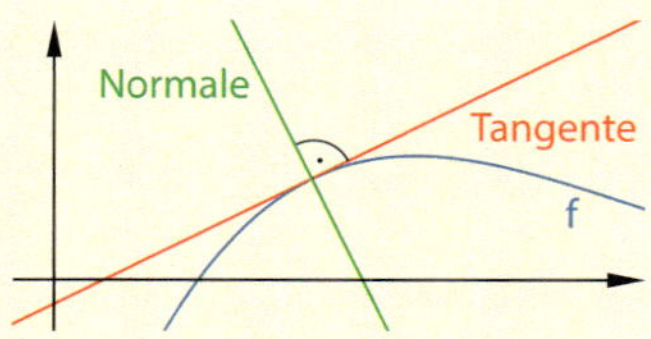

13. Bestimmen Sie die Gleichung der Tangente und der Normalen an der Stelle x_0.

a) $f(x) = x^3 - 2x + 6$; $x_0 = 1$ b) $f(x) = 2x^2 + 6x$; $x_0 = -2$ c) $f(x) = \frac{1}{x} - 6x$; $x_0 = -0{,}5$

14. Stolperstelle: Heike möchte mit $f(2) = -3$ und $f'(2) = 4$ die Gleichung der Tangente und der Normalen an den Graphen von f an der Stelle 2 aufstellen. Beschreiben Sie die Fehler.

t: $2 = 4 \cdot (-3) + b$ *n:* $-3 = \frac{1}{4} \cdot 2 + b$

15. Formel für Normalengleichung: Zur Bestimmung der Normalengleichung an den Graphen der Funktion f im Punkt $P(a \mid f(a))$ gibt es die Formel $n(x) = -\frac{1}{f'(a)} \cdot (x - a) + f(a)$.

a) Stellen Sie mithilfe der Formel die Gleichungen der Normalen aus Aufgabe 13 auf.

b) Weisen Sie die Gültigkeit der Formel allgemein nach.

16. Gegeben ist der parabelförmige Graph der Ableitungsfunktion f'. Entscheiden Sie begründet, ob die folgende Aussage wahr oder falsch ist:
„Zu jeder Tangente t an den Graphen von f gibt es eine weitere Tangente an den Graphen von f, die parallel zu t verläuft."

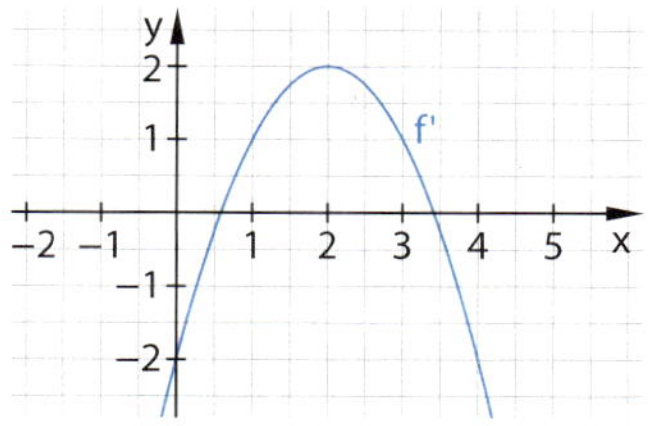

17. Tim möchte seinen ferngesteuerten Rennwagen den abgebildeten Hügel vom linken Fußpunkt aus hinauffahren lassen. Der Wagen hat eine Steigfähigkeit von höchstens 45°. Die Profilkurve des Hügels wird durch die Funktion h mit $h(x) = -\frac{1}{4}x^2 + 3x - 6$ näherungsweise beschrieben (x und h(x) in Meter).

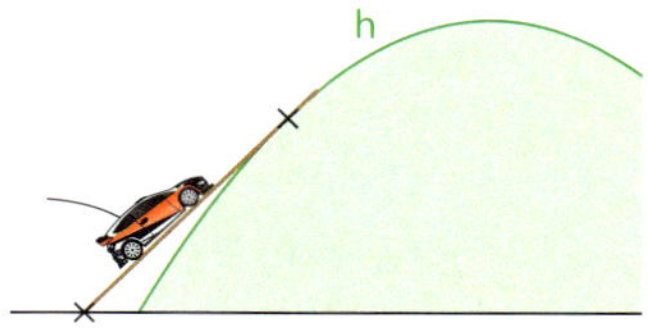

a) Weisen Sie nach, dass der Hügel zu steil für den Rennwagen ist.
b) Tim lehnt ein Brett als Rampe an, so dass dieses den Hügel in 1,5 Meter Höhe vom Boden aus berührt. Prüfen Sie, ob der Wagen es schafft die Rampe hochzufahren.

18. Die Abbildung zeigt den Graphen von f mit $f(x) = \frac{1}{x^2}$.
Für a > 0 seien $A(-a\,|\,f(-a))$ und $B(a\,|\,f(a))$ Punkte des Graphen mit den Tangenten AS und BS.
a) Berechnen Sie für a = 1 und für a = 0,5 den Flächeninhalt des Dreiecks CDS und den des Dreiecks ABS.
b) Zeigen Sie, dass das Verhältnis der Flächeninhalte aus a) in beiden Fällen 9 : 4 beträgt.
c) Zeigen Sie allgemein für a > 0, dass das Verhältnis des Flächeninhalts von CDS zu ABS 9 : 4 beträgt.

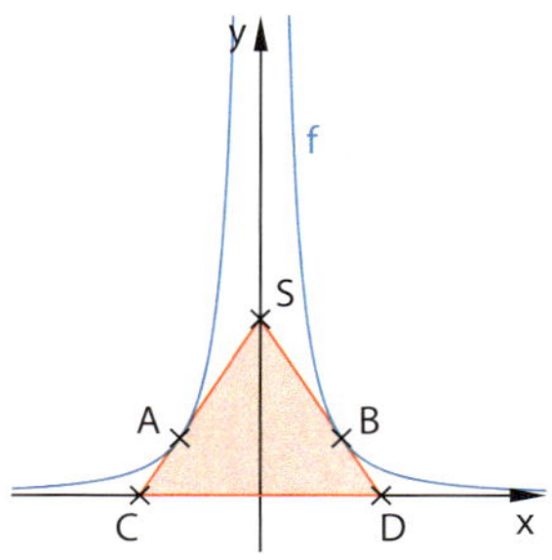

Hinweis zu 18:
Das Verhältnis einer Größe x zur Größe y beträgt a : b, wenn gilt: $\frac{x}{y} = \frac{a}{b}$

19. Eine Skisprungschanze steht an einem Hang, dessen Profil durch den Graphen von h mit
$h(x) = -\frac{2}{5}x^3 + \frac{6}{5}x^2 - \frac{359}{250}x + \frac{9}{10}$
(in 100 m) gegeben ist.
Die Schanze entspricht dem Graphen von s mit
$s(x) = -\frac{5}{8}x^5 + \frac{3}{4}x^4 + \frac{1}{2}x^3 - \frac{3}{2}x + \frac{6}{5}$.

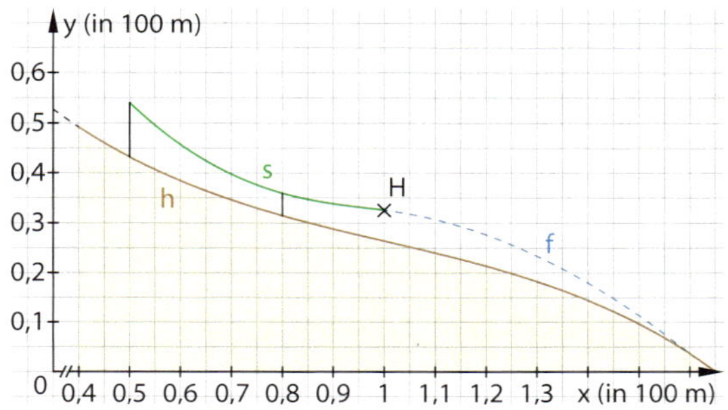

a) Zeigen Sie, dass bei x = 0,8 die Schanze genau so steil ist wie der Hang.
b) Eine Kugel, welche die Schanze herunterrollt, würde ohne Erdanziehung ab dem Punkt $H(1\,|\,0{,}325)$ geradlinig weiterfliegen. Ermitteln Sie die Gleichung dieser Geraden.
c) Zeigen Sie, dass der Graph von f mit $f(x) = -\frac{3}{5}x^2 + \frac{43}{40}x - \frac{3}{20}$ eine mögliche Flugbahn eines Skispringers beschreibt, indem Sie nachweisen, dass der Graph von f im Punkt H knickfrei an den Graphen von s anschließt.
d) Ermitteln Sie die Steigung sowie den Steigungswinkel der Schanze an ihrem höchsten Punkt bei x = 0,5.

Hinweis zu 19c:
Die Graphen zweier Funktionen f und g gehen an einer Stelle x_0 **knickfrei** ineinander über, wenn $f(x_0) = g(x_0)$ und $f'(x_0) = g'(x_0)$ gilt.

20. **Ausblick:** Beschreiben Sie, wie dieses Bild entstanden ist, und erzeugen Sie selbst ähnliche Bilder.

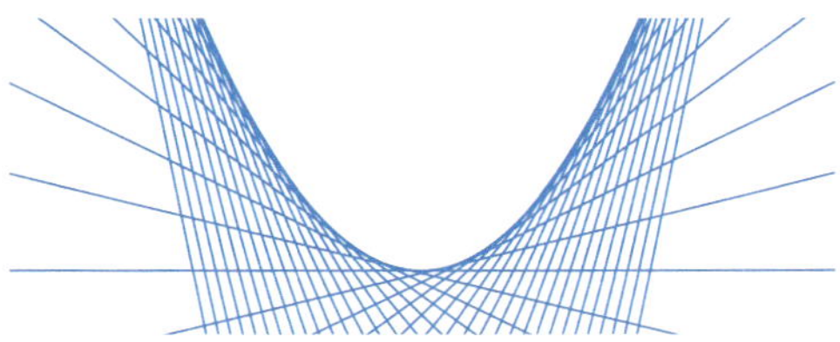

1.6 Klausur- und Abiturtraining

Aufgaben ohne Hilfsmittel

1. Die Abbildung zeigt den Graphen einer Funktion f sowie den Graphen der Ableitungsfunktion f′.
a) Geben Sie an, welcher der beiden Graphen die Ableitungsfunktion f′ darstellt. Erläutern Sie Ihre Entscheidung.
b) Geben Sie alle Stellen an, an denen der Graph von f einen Steigungswinkel von 45° hat. Begründen Sie Ihre Wahl.

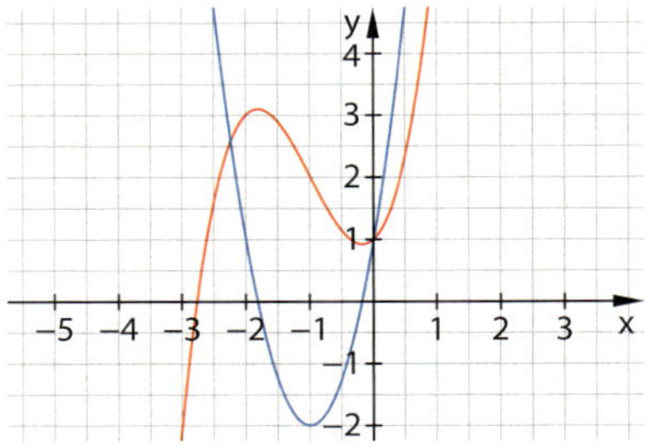

2. Gegeben ist die Funktion f mit $f(x) = x^3 - 3x^2 - x + 2$.
a) Bestimmen Sie den lokalen Anstieg des Graphen von f an der Stelle $x = \frac{1}{3}$.
b) Ermitteln Sie, wie viele Tangenten es an den Graphen von f mit der Steigung −1 gibt. Geben Sie die zugehörigen Tangentengleichungen an.
c) Bestimmen Sie den y-Achsenabschnitt der Gerade g mit $g(x) = -4x + b$ so, dass g eine Tangenten an den Graphen von f ist.

3. Die Funktion s mit $s(t) = \frac{1}{6}t^3 + \frac{1}{2}t^2$ (t in s, s(t) in m) beschreibt die Bewegung eines Objekts.
a) Berechnen Sie die mittlere Geschwindigkeit innerhalb der ersten 3 Sekunden.
b) Bestimmen Sie die Momentangeschwindigkeit nach 3 Sekunden.
c) Erläutern Sie den Unterschied zwischen den beiden Werten aus a) und b).

4. Abgebildet sind die Graphen einer Funktion f und ihrer Ableitungsfunktion f′.
a) Berechnen Sie die Steigung der Sekante durch die Punkte $(-3\,|\,f(-3))$ und $(0\,|\,f(0))$.
b) Ermitteln Sie alle Stellen, an denen die Tangente an den Graphen von f parallel zu der Sekante aus a) verläuft. Erläutern Sie dabei Ihr Vorgehen.

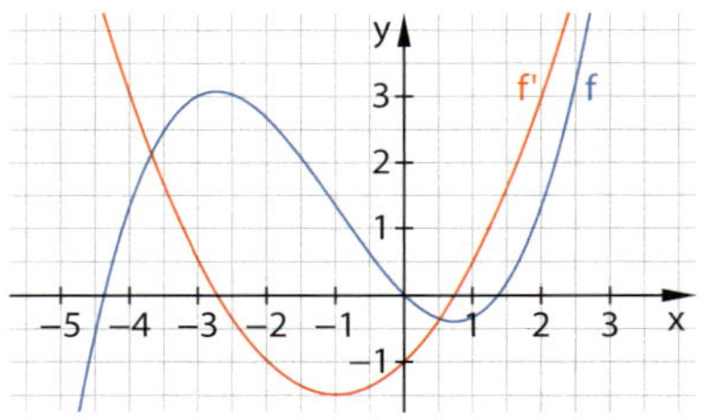

5. Gegeben sind die Funktionen f mit $f(x) = x^2$ und g mit $g(x) = \sqrt{x}$.
a) Bestimmen Sie für beide Funktionen die Stellen, an denen die Ableitung den Wert 50 bzw. 500 hat.
b) Begründen Sie: Sowohl für f als auch für g wird der Wert der Ableitung beliebig groß. Erläutern Sie, welche Bedeutung das Verhalten der Ableitungswerte für den Graphen von f bzw. g hat.
c) Die Graphen der Funktionen f und g schneiden sich im Punkt S(1 | 1). Erklären Sie die Bedeutung der folgenden Terme.
I: $f'(1)$ II: $\tan^{-1}(f'(1))$ III: $\left|\tan^{-1}(f'(1)) - \tan^{-1}(g'(1))\right|$

6. Die Funktion f mit $f(r) = \pi \cdot r^2$ beschreibt den Zusammenhang zwischen dem Radius und dem Flächeninhalt eines Kreises (r in cm; f(r) in cm^2).
a) Berechnen Sie die mittlere Änderungsrate von f, wenn der Radius von 2 cm auf 5 cm vergrößert wird.
b) Bestimmen Sie die lokale Änderungsrate von f an der Stelle r = 0,5.

Aufgaben mit Hilfsmitteln

7. Die bayerische Zugspitzbahn ist eine Zahnradbahn, die von Garmisch-Partenkirchen (705 m über NN) bis auf das Zugspitzplatt (2588 m über NN) führt. Der Gipfel der Zugspitze hat eine Höhe von 2962 m über NN.

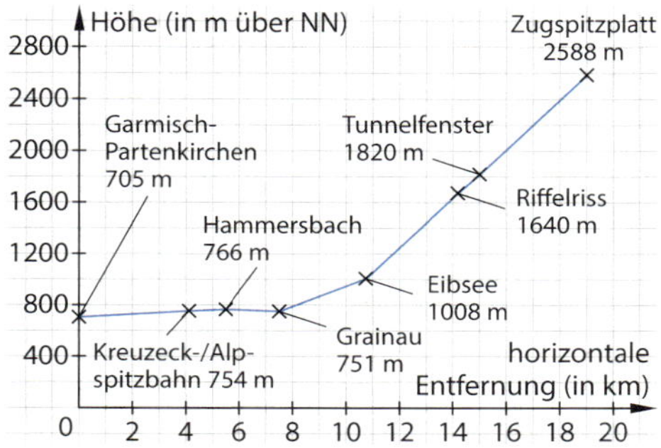

a) Ermitteln Sie die durchschnittliche Steigung der Zugspitzbahn zwischen Garmisch-Partenkirchen und Zugspitzplatt in Prozent.
b) Die eigentliche Bergstrecke beginnt im Bahnhof Grainau (751 m über NN). Bestimmen Sie die durchschnittliche Steigung von hier bis zum Zugspitzplatt in Prozent.
c) Die maximal überwundene Steigung beträgt 25 %. Ermitteln Sie, wie lang eine Strecke mit dem gleichen Gesamthöhenunterschied wäre, wenn die Bahn durchgehend diese Steigung überwinden würde.

8. Ein Baumarkt plant ein neues, ungewöhnliches Kinderspielhaus. Die Abbildung zeigt einen Querschnitt des Hauses. Der linke Dachteil kann durch den Graphen der Funktion f mit $f(x) = \frac{2}{3}x^2 + 2x + 3$ im Intervall $\left[-\frac{3}{2}; 0\right]$ beschrieben werden. Für den rechten Teil des Dachs wird der Graph der Funktion g mit $g(x) = \frac{192}{125}x^3 - \frac{72}{25}x^2 + 3$ im Intervall $\left[0; \frac{3}{2}\right]$ verwendet (x, f(x), g(x) in m).

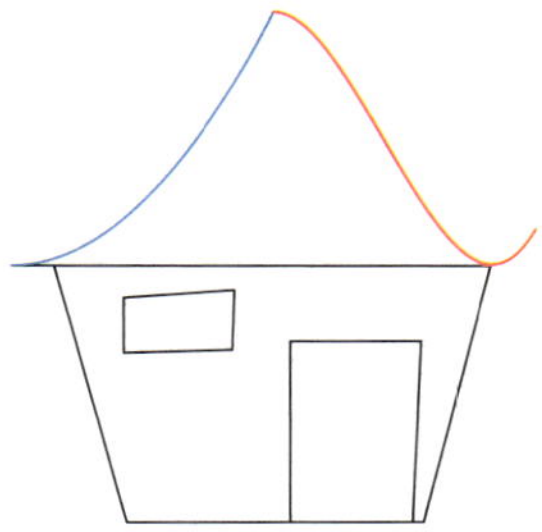

a) Weisen Sie nach, dass der linke Dachteil waagerecht beginnt. Der rechte Dachteil verläuft an seiner tiefsten Stelle waagerecht. Bestimmen Sie die Höhe h des Dachs über dem Erdboden an dieser Stelle.
b) Berechnen Sie den Winkel, unter dem sich beide Dachteile am First treffen.
c) Das Gefälle eines Dachs ist entscheidend dafür, wie schnell Wasser abfließen kann. Berechnen Sie das mittlere Gefälle des linken und des rechten Dachteils.

9. Die Ränder einer Mathematik-Station einer Minigolfbahn werden beschrieben durch die Graphen der Funktionen f und g mit $f(x) = x^3 + x$ und $g(x) = -(x-4)^3 - (x-4)$.

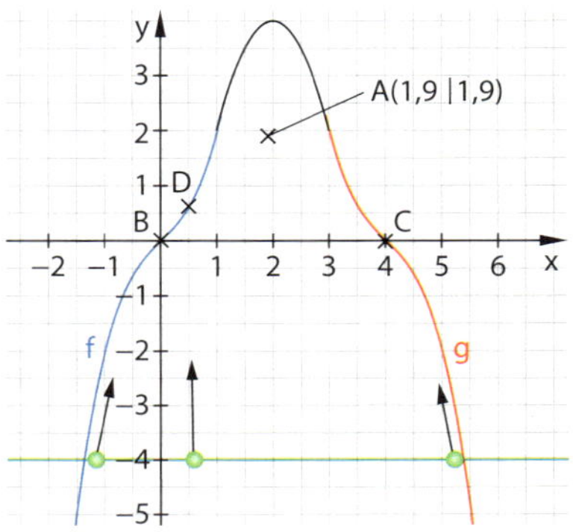

a) Ermitteln Sie die Gleichung der Parabel, die das Mittelstück im Intervall [1; 3] beschreibt.
b) Der erste Spieler hat den Ball so geschlagen, dass er am linken Rand am Graphen von f entlang läuft und dann vom Punkt B aus geradlinig weiterrollt. Zeigen Sie, dass der Ball das Loch im Punkt A trifft.
c) Der Ball eines zweiten Spielers rollt am rechten Hang am Graphen von g entlang und vom Punkt C aus geradlinig weiter. Untersuchen Sie, ob dieser Spieler das Loch im Punkt A trifft.

Prüfen Sie Ihr neues Fundament

Lösungen
↗ S. 289

1. Die Bevölkerungszahl der Erde betrug im Jahr 1700 etwa 600 Millionen, im Jahr 1800 etwa 900 Millionen, im Jahr 1900 etwa 1,6 Milliarden Menschen und im Jahr 2000 ca. 6 Milliarden Menschen. Für das Jahr 2100 wird die Erdbevölkerung auf etwa 10 Milliarden Menschen geschätzt.

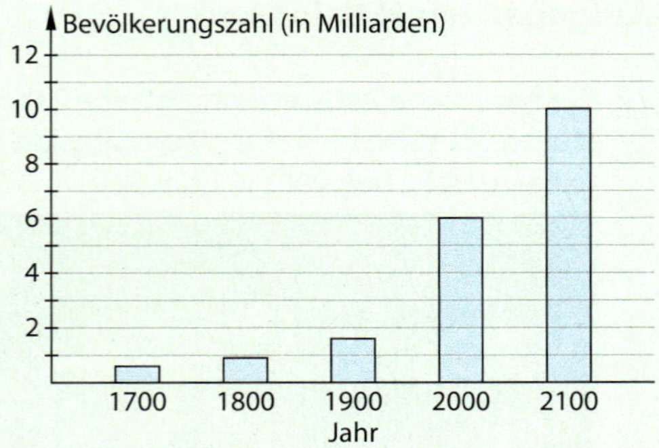

a) Berechnen Sie die mittlere Zuwachsrate der Erdbevölkerung während des gesamten Zeitraums.
b) Ermitteln Sie, in welchem der vier Zeitintervalle die Erdbevölkerung am stärksten (am wenigsten) wuchs.

2. a) Zeichnen Sie den Graphen der Funktion f mit $f(x) = x - x^2$ für $-1 \le x \le 2$.
b) Zeichnen Sie die Sekante zum Differenzenquotienten $\frac{f(1) - f(-1)}{1 - (-1)}$ und geben Sie eine Gleichung dieser Sekante an.
c) Ermitteln Sie die Steigung von f an der Stelle $x_0 = 1$ mithilfe einer Näherungstabelle für den Differenzenquotienten.
d) Geben Sie die Gleichung der Tangente an den Graphen von f an der Stelle $x_0 = 1$ an.

3. Bestimmen Sie $f'(-0{,}5)$ mithilfe der eingezeichneten Tangente t.
Berechnen Sie den Steigungswinkel von f an der Stelle $x_0 = -0{,}5$.

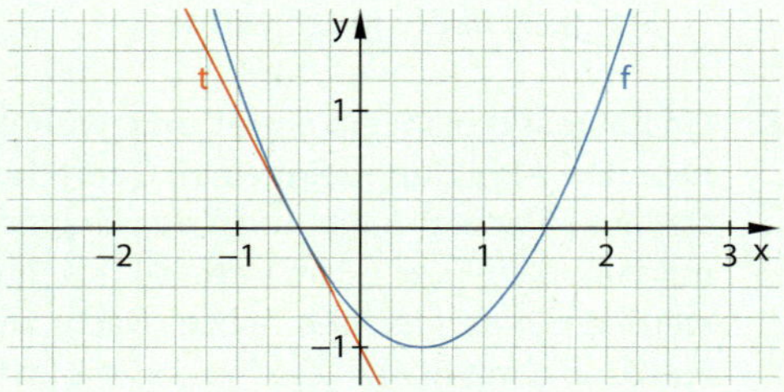

4. Geben Sie zwei verschiedene Funktionen f mit der Ableitungsfunktion $f'(x) = 5$ an.

5. Ermitteln Sie zur Funktion f die Ableitung f′. Alle Exponenten sind natürliche Zahlen.

a) $f(x) = x^3$ b) $f(x) = 2x$ c) $f(t) = 3t^2$ d) $f(x) = \frac{1}{3}x^3$
e) $f(x) = \frac{1}{3}x^n$ f) $f(u) = 2u^0$ g) $f(a) = a \cdot \sin\left(\frac{\pi}{2}\right)$ h) $f(x) = 3^2$
i) $f(x) = x^{n+2}$ j) $f(p) = p^{n-1}$ k) $f(t) = 0{,}5t^{2n}$ l) $f(v) = a^n v^{n+1}$

6. Bestimmen Sie – falls möglich – die Steigung der Funktion f an der Stelle x_0.

a) $f(x) = x^2$; $x_0 = 5$ b) $f(x) = x^3$; $x_0 = \sqrt{2}$ c) $f(x) = \frac{1}{x^2}$; $x_0 = -2$ d) $f(x) = 2\sqrt{x}$; $x_0 = 0$

7. Ordnen Sie den Graphen ① – ③ den Graphen ihrer Ableitungsfunktion Ⓐ – Ⓒ zu.

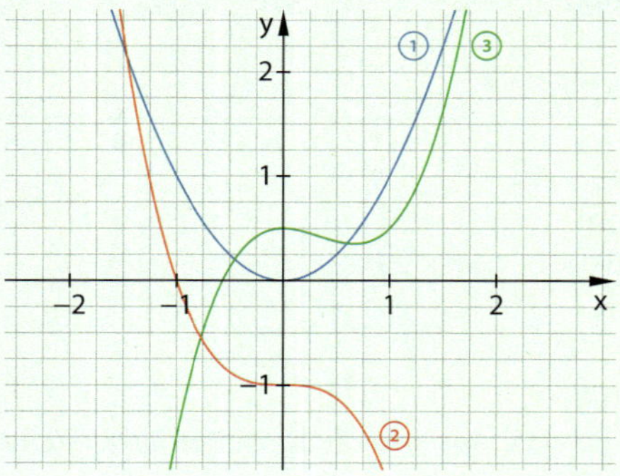

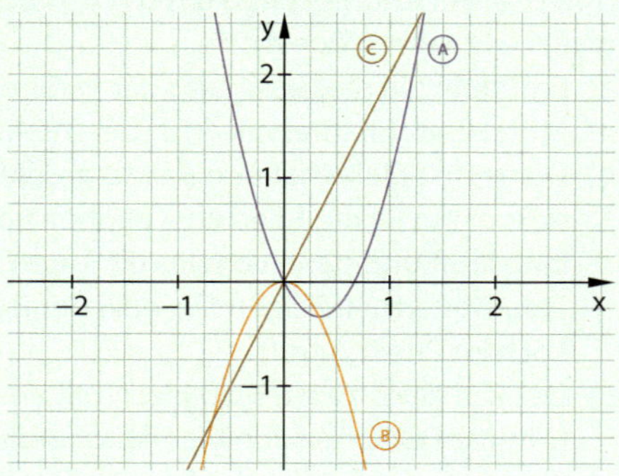

Lösungen
↗ **S. 289/290**

8. Der zurückgelegte Weg eines Turmspringers vom 10-m-Brett (freier Fall) lässt sich mit der Funktion s mit $s(t) = 5t^2$ berechnen. Dabei gibt t die Zeit in Sekunden und s den Weg in Metern an.

a) Ermitteln Sie die Momentangeschwindigkeit des Turmspringers nach einer halben Sekunde und nach einer Sekunde.

b) Berechnen Sie die Geschwindigkeit, mit der ein Turmspringer in das Wasser eintaucht.

9. Bestimmen Sie die Ableitung der Funktion f.

a) $f(x) = x^{-3}$ b) $f(x) = \frac{-2}{x^2}$ c) $f(t) = \frac{2}{t}$ d) $f(v) = \frac{3}{4v^2}$

e) $f(x) = 3x^3 + 2x^2$ f) $f(x) = \sqrt{x}$ g) $f(t) = t^4 - t + 1$ h) $f(x) = 4x - 2\sqrt{x}$

i) $f(x) = \frac{x^4 - x^{-4}}{4}$ j) $f(x) = \frac{1}{x} + \frac{1}{5x^5}$ k) $f(x) = (3 + x)(3 - x)$ l) $f(x) = -(x-2)(x+2)$

m) $f(x) = 3x^2 - 4a^2$ n) $f(a) = 3x^2 - 4a^2$ o) $f(x) = 2(x - a)^2$ p) $f(x) = \frac{2(x^2 - 1)}{4x - 4}$

10. Ermitteln Sie, an welchen Stellen die Tangente an den Graphen der Funktion f mit $f(x) = 0{,}2x^3 - 0{,}3x^2 - 3{,}6x + 2$ parallel zur x-Achse verläuft.

11. Bestimmen Sie alle Stellen, an denen die Funktion f die angegebene Steigung m hat. Ermitteln Sie weiterhin alle Stellen, an denen die Graphen von f und g parallel verlaufen.

a) $f(x) = 3x^2 - 4x$; $m = -1$
$g(x) = -\frac{1}{3}x^3 + 2x^2 - x$

b) $f(x) = x - \frac{4}{x}$; $m = 2$
$g(x) = \frac{2}{x} + 7x$

c) $f(x) = 1 - 2\sqrt{x}$; $m = -\frac{1}{2}$
$g(x) = -\frac{1}{3}x + 4$

12. Bestimmen Sie die Größe der beiden Winkel, unter denen sich die Graphen der Funktionen f und g mit $f(x) = x^2 - 2x - 3$ und $g(x) = -2x + 1$ schneiden.

13. a) Stellen Sie eine Funktionsgleichung für den Flächeninhalt eines Kreises in Abhängigkeit vom Radius auf.

b) Weisen Sie nach, dass die lokale Änderungsrate des Flächeninhalts eines Kreises in Abhängigkeit vom Radius den Umfang des Kreises angibt.

14. Gegeben sei die Funktion f mit $f(x) = 2x^3 - 2x$.

a) Ermitteln Sie die Ableitung an den Stellen $x_1 = -1$, $x_2 = 0$ und $x_3 = 1$.

b) Bestimmen Sie die Gleichungen der Tangenten und der Normalen an den Graphen von f an den Stellen x_1, x_2 und x_3.

c) Begründen Sie, welche der Tangenten aus b) sich schneiden und welche nicht.

d) Erläutern Sie, was aus dem Schnitt zweier Tangenten für die Normalen folgt.

15. Gegeben ist die Funktion f mit $f(x) = \frac{1}{x}$.

a) Berechnen Sie die Steigung der Sekante durch die Punkte $A(0{,}25 \mid f(0{,}25))$ und $B(4 \mid f(4))$.

b) Ermitteln Sie die Punkte des Graphen von f, in denen die Steigung der Tangente mit der berechneten Sekantensteigung übereinstimmt, und bestimmen Sie jeweils die Gleichung der Tangente.

16. Das Profil einer Rutsche kann durch die Funktion f mit $f(x) = 0{,}1x^3 - 0{,}6x^2 + 3{,}2$ für $0 \le x \le 4$ näherungsweise beschrieben werden.

a) Berechnen Sie ihr durchschnittliches Gefälle.

b) Bestimmen Sie, an welcher Stelle das Gefälle der Rutsche am größten ist. Berechnen Sie ihren dortigen Neigungswinkel gegenüber der Horizontalen.

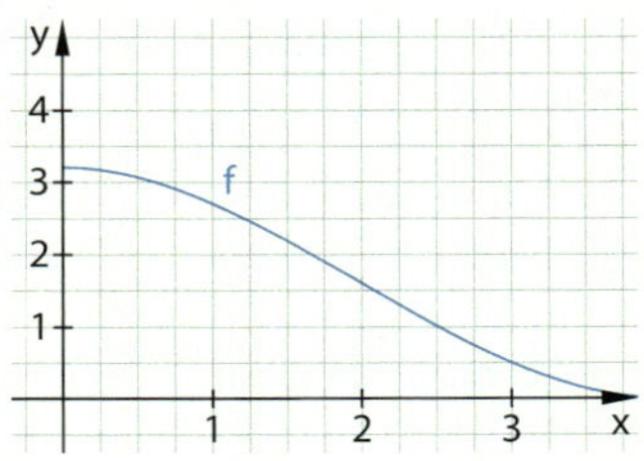

Mittlere Änderungsrate

Der **Differenzenquotient** $\frac{f(b) - f(a)}{b - a}$ gibt die **mittlere Änderungsrate** der Funktion f im Intervall [a; b] an.
Sie entspricht anschaulich der **Steigung m der Sekante** durch die Punkte $A(a \mid f(a))$ und $B(b \mid f(b))$.

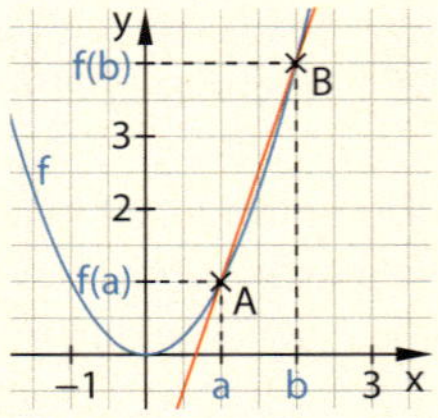

$f(x) = x^2$
mittlere Änderungsrate von f im Intervall [1; 2]:
$\frac{f(2) - f(1)}{2 - 1} = \frac{2^2 - 1^2}{1} = 3$

Lokale Änderungsrate und Steigung

Nähert sich der Wert des Differenzenquotienten $\frac{f(x) - f(x_0)}{x - x_0}$ für $x \to x_0$ einem festen Wert an, so heißt dieser Wert **Ableitung** $\mathbf{f'(x_0)}$.
Er gibt die **lokale Änderungsrate** der Funktion f an der Stelle x_0 an.

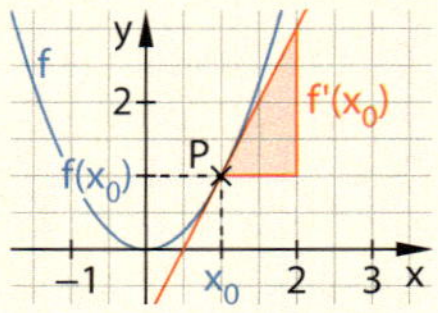

$f(x) = x^2$

Die Ableitung $f'(x_0)$ entspricht der **Steigung der Tangente** an den Graphen von f im Punkt $P(x_0 \mid f(x_0))$.
Die Ableitung der Funktion f an der Stelle x_0 kann man mit dem **Grenzwert (Limes) des Differenzenquotienten** berechnen:

$f'(x) = \lim\limits_{x \to x_0} \frac{f(x) - f(x_0)}{x - x_0}$ oder

$f'(x) = \lim\limits_{h \to 0} \frac{f(x_0 + h) - f(x_0)}{h}$

Die **Ableitungsfunktion** f' zu einer Funktion f ordnet jeder Stelle x ihre Ableitung f'(x) zu.

Näherungsweises Bestimmen von f´(1):

x	$\frac{f(x) - f(x_0)}{x - x_0}$
1,1	$\frac{1{,}1^2 - 1^2}{1{,}1 - 1} = 2{,}1$
1,01	$\frac{1{,}01^2 - 1^2}{1{,}01 - 1} = 2{,}01$
1,001	$\frac{1{,}001^2 - 1^2}{1{,}001 - 1} = 2{,}001$

Vermutung: $f'(1) = 2$.
Berechnen von f'(1):

$f'(1) = \lim\limits_{h \to 0} \frac{f(1 + h) - f(1)}{h} = \lim\limits_{h \to 0} \frac{(1 + h)^2 - 1}{h}$

$= \lim\limits_{h \to 0} \frac{2h + h^2}{h} = \lim\limits_{h \to 0} (2 + h) = 2$

Ableitungsfunktion: $f'(x) = 2x$

Ableitungsregeln

Funktion	Ableitung
$f(x) = x^r$ $(r \in \mathbb{Q};\ r \neq 0)$	$f'(x) = r \cdot x^{r-1}$
$f(x) = c$ (Konstante)	$f'(x) = 0$

Faktorregel:

$f(x) = k \cdot g(x)$ mit $k \in \mathbb{R}$	$f'(x) = k \cdot g'(x)$

Summenregel:

$f(x) = g(x) + h(x)$	$f'(x) = g'(x) + h'(x)$

Funktion	Ableitung
$f(x) = x^3$	$f'(x) = 3 \cdot x^2$
$f(x) = \frac{1}{x} = x^{-1}$ mit $x \neq 0$	$f'(x) = -1 \cdot x^{-2} = -\frac{1}{x^2}$
$f(x) = \sqrt{x} = x^{\frac{1}{2}}$ mit $x > 0$	$f'(x) = \frac{1}{2} x^{-\frac{1}{2}} = \frac{1}{2\sqrt{x}}$
$f(x) = 3\sqrt{x}$	$f'(x) = 3 \cdot \frac{1}{2\sqrt{x}}$
$f(x) = 2x^5 + \frac{1}{x}$	$f'(x) = 10x^4 - \frac{1}{x^2}$

Tangenten- und Normalengleichung

Tangente an den Graphen von f bei x_0:
$t(x) = m \cdot x + b$ mit $m = f'(x_0)$
Normale an den Graphen von f bei x_0:
$n(x) = m \cdot x + b$ mit $m = -\frac{1}{f'(x_0)}$
Einsetzen von x_0 und $f(x_0)$ ergibt jeweils b.

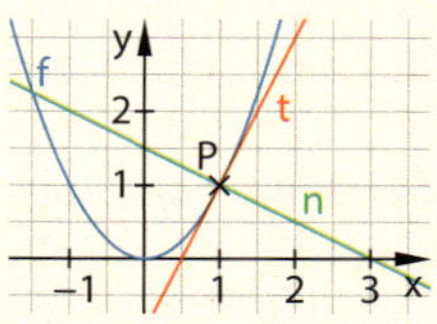

$f(x) = x^2$
Tangente in P (1|1):
$t(x) = 2x - 1$
Normale in P (1|1):
$n(x) = -\frac{1}{2}x + \frac{3}{2}$

Steigung, Steigungs- und Schnittwinkel

Die **Steigung** von f an der Stelle x_0 ist gegeben durch $f'(x_0)$.
Für den **Steigungswinkel α** von f an der Stelle x_0 gilt: $\alpha = \tan^{-1}(f'(x_0))$.

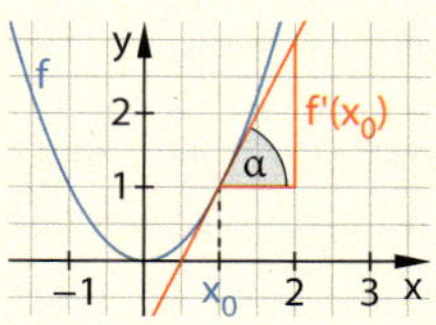

$f(x) = x^2$
Steigung in $x_0 = 1$:
$f'(1) = 2$
Steigungswinkel:
$\alpha = \tan^{-1}(f'(1)) = 63{,}43°$

Der **Schnittwinkel** von f und g an der Stelle x_0 ist der kleinere der beiden Winkel $|\alpha - \beta|$ oder $180° - |\alpha - \beta|$, wobei β der Steigungswinkel von g in x_0 ist.

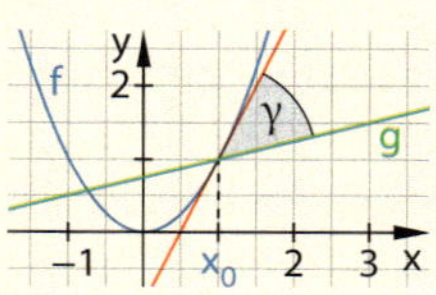

Steigungswinkel von g:
$\beta = \tan^{-1}(g'(1)) = 14{,}04°$
Schnittwinkel f und g:
$\gamma = |\alpha - \beta| = 49{,}39°$

2. Untersuchung ganzrationaler Funktionen

Achterbahnfahren ist für viele Menschen ein großer Spaß, für Konstrukteure jedoch eine echte Herausforderung. Bei der Planung der Linienführung wird unter anderem darauf geachtet, dass an Übergängen zwischen Geraden und Kurven die Steigungen identisch sind.

Nach dem Kapitel können Sie …

- Funktionsgraphen auf Globalverhalten, Symmetrie und Nullstellen untersuchen,
- das Monotonie- und das Krümmungsverhalten von Funktionsgraphen beschreiben,
- Hoch-, Tief- und Wendepunkte berechnen,
- globale Extrema auf Intervallen bestimmen.

Lösungen
↗ S. 290/291

Steigen und Fallen von Graphen

1. Beschreiben Sie das Verhalten des Funktionsgraphen, indem Sie die Bereiche angeben, in denen der Graph steigt bzw. fällt.

a) 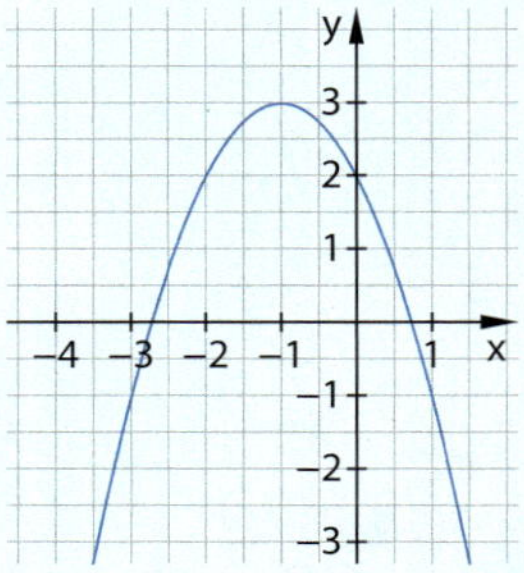

b) 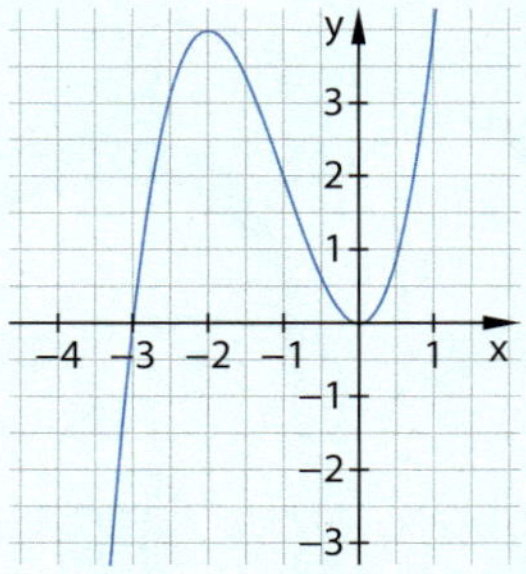

c) 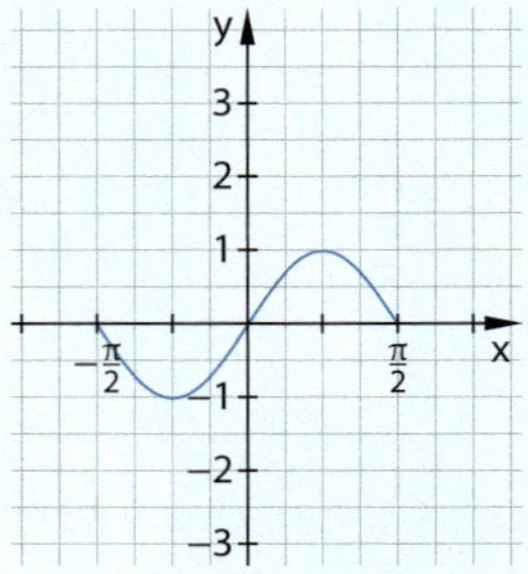

Hinweis zu 2:
Wenn nicht anders angegeben, dann ist jeweils der größtmögliche Definitionsbereich gemeint.

2. Geben Sie an, in welchen Bereichen des Definitionsbereichs der Graph der Funktion f fallend bzw. steigend ist.

a) $f(x) = -\frac{1}{3}x + 3$ b) $f(x) = (x+3)^2 - \pi$ c) $f(x) = -2(x-1)^2 + 4$
d) $f(x) = |x + 1|$ e) $f(x) = \frac{1}{x}$ f) $f(x) = -\frac{1}{x^2}$

3. Geben Sie die Gleichung einer linearen Funktion an, deren Nullstelle bei $x = 1$ liegt und deren Graph von links nach rechts fällt.

4. Zeichnen Sie die Graphen zweier quadratischer Funktionen, die für $x \le 2$ von links nach rechts fallen und für $x > 2$ von links nach rechts steigen. Geben Sie jeweils eine passende Funktionsgleichung an.

Größte und kleinste Funktionswerte

5. Geben Sie – falls möglich – den größten und den kleinsten Funktionswert der Funktion f an.

a) $f(x) = x^2 - 2$ b) $f(x) = -x^2 - 3$ c) $f(x) = x^3$ d) $f(x) = |x - 1|$

6. Lesen Sie den größten und den kleinsten Funktionswert sowie die zugehörigen x-Werte des dargestellten Funktionsgraphen in den angegebenen Intervallen ab.

a) 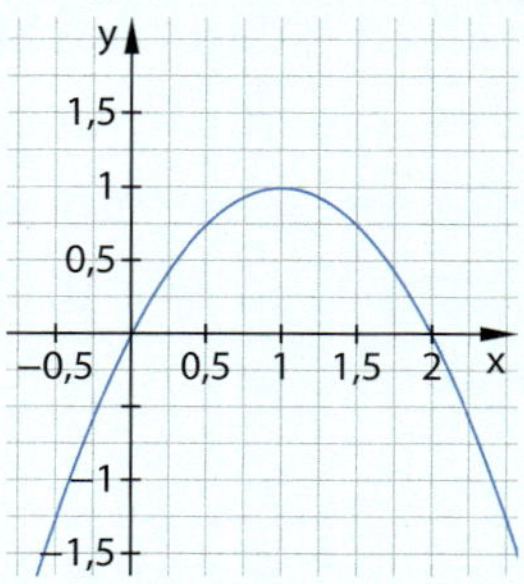

① $0 \le x \le 1{,}5$
② $0 \le x \le 2$

b) 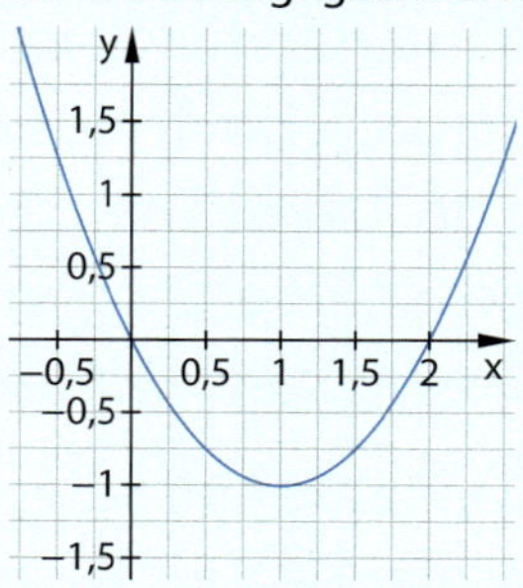

① $-0{,}5 \le x \le 2$
② $0 \le x \le 1$

c) 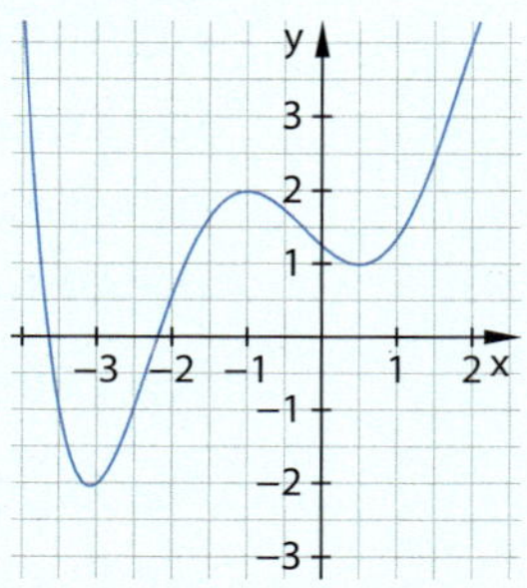

① $-3 \le x \le 2$
② $-1{,}5 \le x \le 1$

7. Ermitteln Sie den größten und den kleinsten Funktionswert sowie die zugehörigen x-Werte der Funktion f im angegebenen Intervall.

a) $f(x) = -3x - 5;\ 0 \le x \le 2$ b) $f(x) = -x^2 + 4;\ -2 \le x \le 1$ c) $f(x) = x^2 - 4;\ -2 \le x \le -1$

Gleichungen lösen und Nullstellen ermitteln

Lösungen
↗ S. 291

8. Lösen Sie die Gleichung.
a) $3x - 4 = 2x + 1$ b) $x^2 + 4{,}2x = 0$ c) $2x^2 = 0{,}18$
d) $x(x^2 - 1) = 0$ e) $(a - 3) \cdot (a + 3) \cdot a = 0$ f) $z^2 + 2 = 1$
g) $(k + 4)^2 = 0$ h) $2t + 4 = 2(t + 2)$ i) $2x^2 - 6 = 4x$

9. Ermitteln Sie die Nullstellen der Funktion f.
a) $f(x) = 3(x - 1) + 2$ b) $f(x) = x^4$ c) $f(x) = x^2 + 2$
d) $f(x) = (x + 2)^2 - 4$ e) $f(x) = (x - 2)(x + 5)$ f) $f(x) = -0{,}5x^2 - 2x - 6$
g) $f(x) = x^3 - 8$ h) $f(x) = x^{-2} - 4$ i) $f(x) = x^2 + x + \frac{1}{4}$

10. Geben Sie eine quadratische Gleichung an, die die angegebenen Lösungen hat.
a) $-5; 5$ b) $0; 5$ c) $-6; 2$
d) 8 e) keine Lösung f) $\sqrt{2}$

11. Gegeben ist die Funktion f mit $f(x) = -x^4 + b$. Geben Sie an, für welche b die Funktion f
a) genau zwei Nullstellen, b) genau eine Nullstelle, c) keine Nullstelle hat.

Funktionswerte untersuchen

12. Geben Sie alle x-Werte an, für die die Funktionswerte positiv, negativ bzw. null sind.
a) $f(x) = 2x - 5$ b) $f(x) = 2x + 1$ c) $f(x) = x^2 - 1$ d) $f(x) = x^3 + 1$

13. Eine Funktion und ihre Nullstelle(n) sind gegeben. Geben Sie die Bereiche an, in denen die Funktionswerte positiv bzw. negativ sind.
a) $f(x) = 4x - 3;\ x_0 = 0{,}75$ b) $f(x) = -2x - 3;\ x_0 = -1{,}5$ c) $f(x) = 4 - x^2;\ x_1 = 2;\ x_2 = -2$

14. Ermitteln Sie alle x-Werte, sodass für die Funktion f Folgendes gilt.
a) $f(x) = 0{,}5x + 3 < 0$ b) $f(x) = 0{,}5x^2 - 8 < 0$ c) $f(x) = x^3 - x^2 > 0$

15. Berechnen Sie die Koordinaten der Schnittpunkte des Graphen von f mit den Koordinatenachsen.
a) $f(x) = 3 - 7x$ b) $f(x) = x^2 + 3x + 4$ c) $f(x) = 2x^3 - 2x^2 + x$

Vermischtes

16. Schreiben Sie die Summe als Produkt.
a) $x^2 - 2x$ b) $y^2 - 4xy + 4x^2$ c) $4z^2 - \frac{1}{4}x^2$ d) $2n^3 + 4n^2$

17. Gegeben ist die Funktion f mit $f(x) = -x^2 - 4x - 2$. Lösen Sie die Gleichungen $f(x) = 0$, $f(0) = y$ sowie $f(x) = -2$ und interpretieren Sie jeweils das Ergebnis.

18. Bestimmen Sie eine Gleichung der quadratischen Funktion f, die die angegebenen Bedingungen erfüllt. Geben Sie sie auch in der allgemeinen Form $f(x) = ax^2 + bx + c$ an.
a) f hat die Nullstellen $x_1 = 2$ und $x_2 = -1$, der Graph von f enthält den Punkt $A(0|6)$.
b) f hat die Nullstellen $x_1 = 0$ und $x_2 = 4$, der Graph von f enthält den Punkt $A(5|10)$.
c) f hat die Nullstellen $x_1 = -3$ und $x_2 = -5$, der Graph von f enthält den Punkt $A(-1|-4)$.

Hinweis zu 18:
Die Funktionsgleichung einer quadratischen Funktion f mit den Nullstellen x_1 und x_2 kann in der Form $f(x) = a \cdot (x - x_1)(x - x_2)$ dargestellt werden.

2.1 Wiederholung: Ganzrationale Funktionen

■ Das Bild zeigt die Graphen der Funktionen g und h mit $g(x) = x^3$ und $h(x) = x^2$ und einer Funktion f.
Erläutern Sie, wie der Graph von f aus den Graphen von g und h entsteht, und geben Sie die Funktionsgleichung von f an. ■

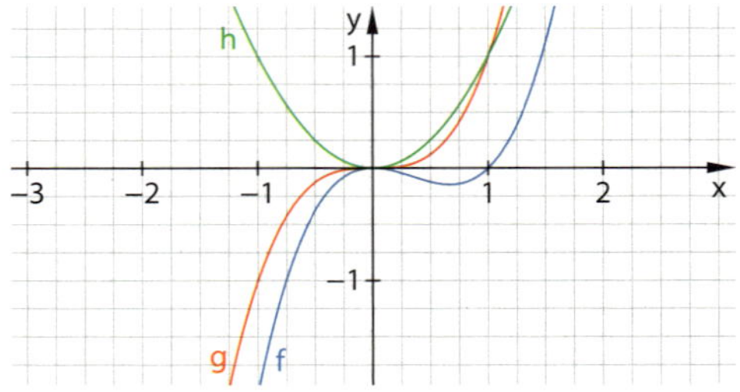

Potenzfunktionen lassen sich addieren oder subtrahieren.
Aus den Funktionen g und h mit $g(x) = x^3$ und $h(x) = x$ lässt sich beispielsweise die Funktion f mit $f(x) = x^3 + x$ bilden, indem für jedes x die zugehörigen y-Werte von g und h addiert werden. Es gilt also: $f(x) = g(x) + h(x)$.

Durch Addition oder Subtraktion von Potenzfunktionen entsteht eine neue Funktionsklasse, die **ganzrationalen Funktionen**.

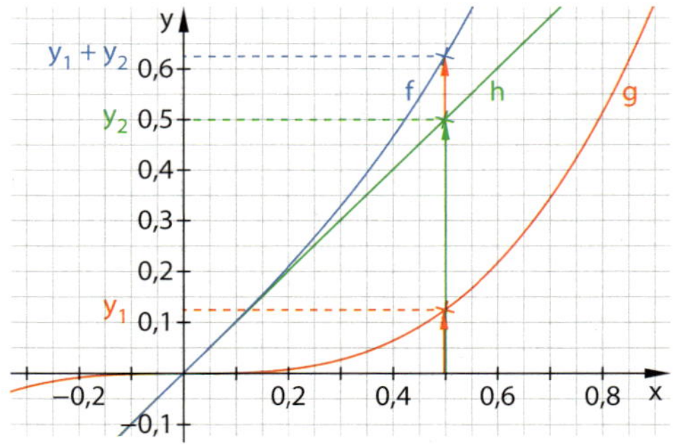

Hinweis:
Den Funktionsterm von f nennt man auch **Polynom**.
Sind alle Koeffizienten gleich null, so spricht man vom Nullpolynom.

Definition: Ganzrationale Funktion, Koeffizient, Grad
Eine Funktion f mit der Gleichung $f(x) = a_n x^n + a_{n-1} x^{n-1} + \ldots + a_2 x^2 + a_1 x + a_0$ (mit $n \in \mathbb{N}$, $a_0, \ldots, a_n \in \mathbb{R}$) heißt **ganzrationale Funktion**.
Der höchste Exponent n mit $a_n \neq 0$ heißt **Grad** von f; a_0 bis a_n sind die **Koeffizienten**.

Jede Potenzfunktion mit natürlichen Exponenten ist ebenfalls eine ganzrationale Funktion.

Hinweis:
Die ganzrationalen Funktionen mit Grad 0 sind konstante Funktionen, die mit Grad 1 nicht konstante lineare Funktionen und die mit Grad 2 quadratische Funktionen.

Beispiel: Geben Sie den Grad und die Koeffizienten der Funktion f mit $f(x) = x^3 - x^2 - 4x + 5$ an. Zeichnen Sie auch den Graphen von f.

Lösung:
Der Grad ist der Exponent der höchsten Potenz von x.

$f(x) = x^3 - x^2 - 4x + 5$
Grad: 3

Die Koeffizienten sind die Vorfaktoren der Potenzen. Achten Sie auf das Vorzeichen. Eine Potenz ohne sichtbaren Vorfaktor hat den Koeffizienten 1 oder −1.

Koeffizienten:
$a_3 = 1$; $a_2 = -1$;
$a_1 = -4$; $a_0 = 5$

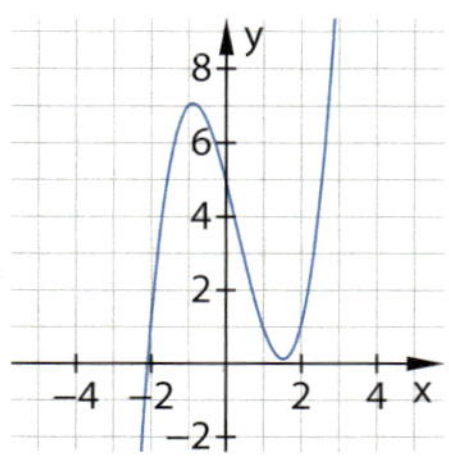

Basisaufgaben

1. Geben Sie den Grad und die Koeffizienten der ganzrationalen Funktion an. Lösen Sie, wenn vorhanden, erst die Klammern auf.
   a) $f(x) = -4x^4 + 7x^2$ b) $f(x) = 4x - 2{,}5x^3$ c) $f(x) = 1 + x + x^2$
   d) $f(x) = 1 - x$ e) $f(x) = 2x(x^2 - 3)$ f) $f(x) = (2x - 1)(x^3 + 2)$

2. Entscheiden und begründen Sie, ob die Funktion ganzrational ist.
   a) $f(x) = 3x^4 - 5x$ b) $f(x) = x^2$ c) $f(x) = \sqrt{x}$ d) $f(x) = 2x^5(1 + x^3)$

3. Prüfen Sie, ob der Punkt P auf dem Graphen von f mit $f(x) = 2x^3 + 3x^2$ liegt. Falls nicht, geben Sie an, ob P oberhalb oder unterhalb des Graphen von f liegt.
a) $P(1|5)$ b) $P(-2|3)$ c) $P(4|2)$ d) $P(10|2300)$

4. Bestimmen Sie alle möglichen fehlenden Koordinaten so, dass die Punkte auf dem Graphen der Funktion f mit $f(x) = x^2 - 2x$ liegen.
a) $P(4|\ \ )$ b) $Q(-4|\ \ )$ c) $R(\ \ |-1)$ d) $S(\ \ |48)$

5. Gegeben sind die Funktionen f, g und h mit $f(x) = 2x^3$, $g(x) = 4x$ und $h(x) = -2x^2$. Geben Sie die Funktionsgleichung der ganzrationalen Funktion, die aus f, g und h entsteht, an.
a) $i(x) = f(x) + g(x)$ b) $j(x) = f(x) - g(x)$
c) $k(x) = f(x) + h(x)$ d) $l(x) = f(x) - h(x)$
e) $m(x) = f(x) + g(x) - h(x)$ f) $n(x) = 4 \cdot f(x) - 2 \cdot (g(x) - h(x))$

6. Der abgebildete Graph ist aus dem Graphen der Funktion f mit $f(x) = x^3$ durch Verschiebung um eine Einheit nach rechts und vier Einheiten nach unten entstanden. Geben Sie die zugehörige Funktionsgleichung in ausmultiplizierter Form an.

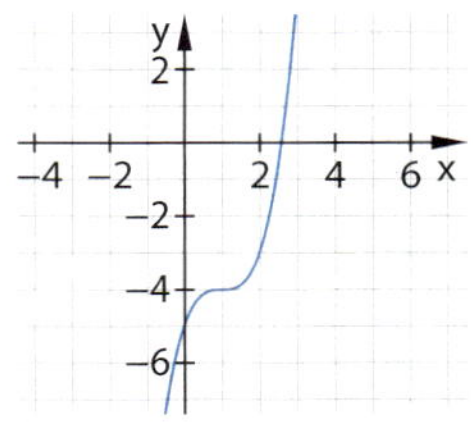

7. a) Der Graph von g geht aus dem Graphen von f mit $f(x) = x^2$ durch Verschiebung um zwei Einheiten nach rechts und eine Einheit nach unten hervor. Geben Sie die Funktionsgleichung von g an und stellen Sie sie ohne Klammern dar. Skizzieren Sie den Graphen von g.
b) Begründen Sie anhand dieses Beispiels, warum Funktionen, deren Graphen durch Verschiebung von Potenzfunktionen entstanden sind, keine Potenzfunktionen mehr sind, sondern ganzrationale Funktionen.

8. Überprüfen Sie, ob die Aussage wahr oder falsch ist. Begründen Sie Ihre Antwort oder geben Sie ein Gegenbeispiel an.
a) Jede Potenzfunktion ist eine ganzrationale Funktion.
b) Alle linearen und quadratischen Funktionen sind ganzrationale Funktionen.
c) Sämtliche Additionen, Subtraktionen, Multiplikationen und Divisionen von Potenzfunktionen mit natürlichen Exponenten führen zu ganzrationalen Funktionen.
d) Additionen und Subtraktionen von ganzrationalen Funktionen ergeben ebenfalls ganzrationale Funktionen.
e) Jede Potenzfunktion, die entlang der x-Achse verschoben wird, ist keine Potenzfunktion mehr, aber eine ganzrationale Funktion.

9. Der Graph von g geht aus Verschiebungen des abgebildeten Graphen von f hervor. Es gilt $g(x) = f(x - d) + e$. Geben Sie Werte für die Parameter d und e an, sodass der Graph von g
a) genau einen Schnitt- und einen Berührpunkt mit der x-Achse hat,
b) durch den Koordinatenursprung verläuft,
c) die y-Achse in $y = 3$ schneidet,
d) die x-Achse an der Stelle $x = 2$ schneidet,
e) durch den Punkt $P(-2|1)$ verläuft.

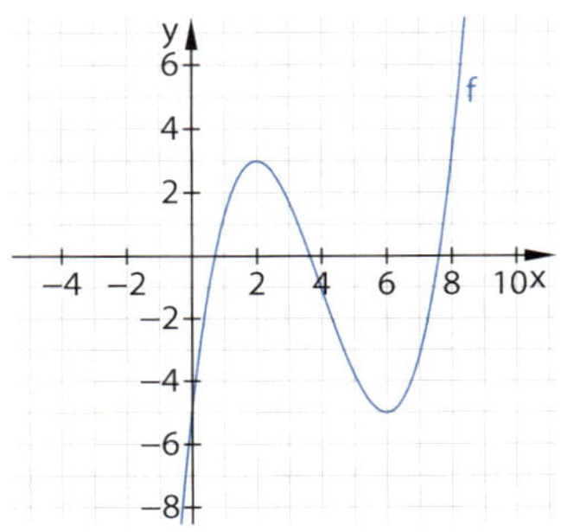

Hinweis zu 9a:
Bei einem Berührpunkt berührt der Graph die x-Achse, ohne sie zu schneiden.

Weiterführende Aufgaben

10. Gegeben sind die Potenzfunktionen f, g und h mit $f(x) = x$, $g(x) = x^2$ und $h(x) = x^3$. Erläutern Sie, wie die Funktion k in ②, ③ und ④ durch Addition oder Subtraktion aus f, g und h entstanden ist.
Beispiel: ① k ist die Summe aus f und g, was man durch Betrachtung der y-Werte erkennen kann. $k(x) = f(x) + g(x) = x + x^2$.

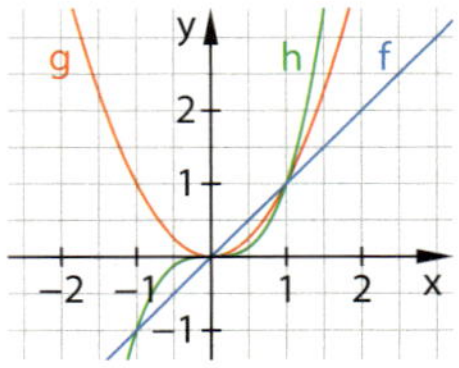

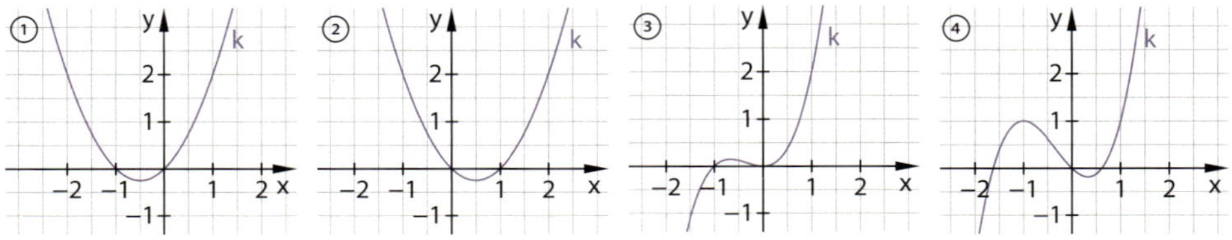

11. Stolperstelle: Timo sagt: *„Der Grad von $f(x) = 2x^3 - 8x^5 + 5x$ ist 3, weil der erste Exponent 3 ist."*
Nehmen Sie Stellung.

Hinweis zu 12:
Der Umsatz bezeichnet die Einnahmen und die Kosten die Ausgaben eines Unternehmens.

12. Abgebildet sind die Graphen der Umsatzfunktion U und der Kostenfunktion K eines Herstellers von Spielekonsolen.

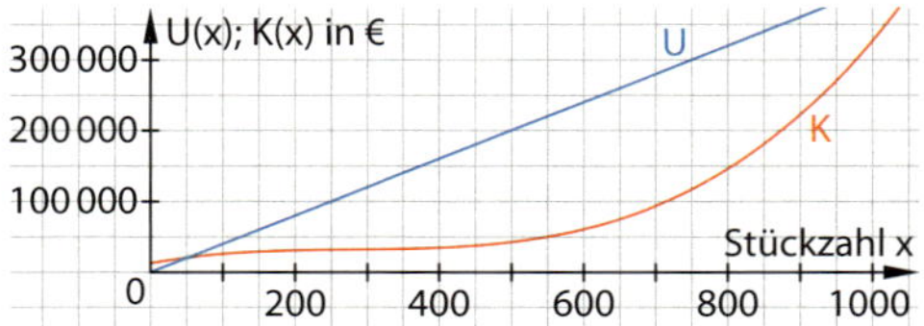

a) Ermitteln Sie, zu welchem Preis der Hersteller die Konsole verkauft.
b) Zeichnen Sie im Heft den Graphen der Gewinnfunktion $G(x) = U(x) - K(x)$ als Überlagerung der Funktionen U und K und bestimmen Sie, ab welcher Stückzahl das Unternehmen einen Gewinn macht.
c) Bestimmen Sie näherungsweise, wie viele Konsolen der Hersteller verkaufen muss, um sein Gewinnziel von 150 000 € zu erreichen.

13. Der Streichholzkarton soll zusammengefaltet werden. Dazu werden an den Ecken Quadrate der Länge x herausgeschnitten.

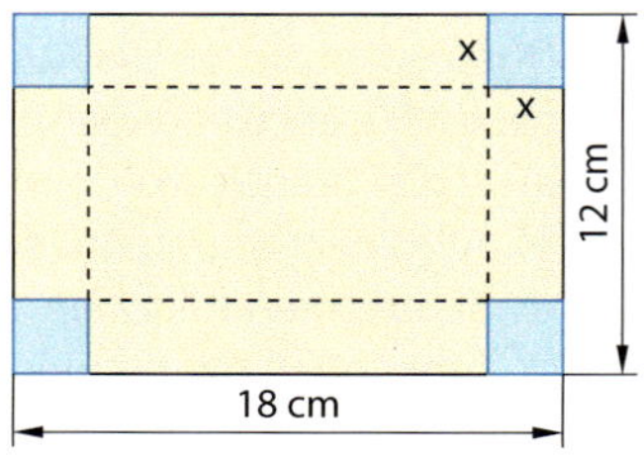

a) Geben Sie den Funktionsterm an, der das Volumen der Schachtel beschreibt. Begründen Sie, dass es sich um eine ganzrationale Funktion handelt.
b) Ermitteln Sie das Volumen der Schachtel für eine Schachtelhöhe von 3 cm.

14. Ein Quader der Breite 2x, der Höhe x und der Tiefe x hat ein Loch der Breite x und der Höhe 1 LE.

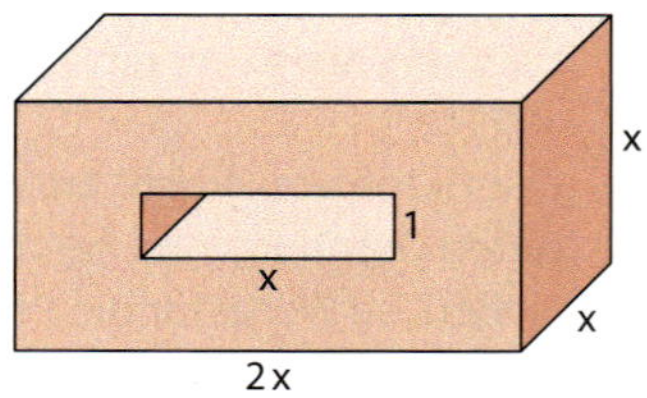

a) Stellen Sie einen Term zur Berechnung des Volumens des Körpers auf
b) Berechnen Sie das Volumen des Körpers für $x = 2$, $x = 6$ und $x = 9$.

● **15. Ausblick:** Die Flugbahn einer Kugel beim Kugelstoßen verläuft parabelförmig und kann durch eine ganzrationale Funktion zweiten Grades beschrieben werden.
a) Ermitteln Sie die Funktionsgleichung der Flugbahn, wenn die Abwurfhöhe des Athleten 1,60 m, die Wurfweite 8 m beträgt und die Kugel nach einer horizontalen Entfernung von 2 m eine Höhe von 2,40 m erreicht.
b) Bestimmen Sie die maximale Höhe der Kugel.

2.2 Globalverhalten und Symmetrie

■ Der Graph der Funktion f mit $f(x) = -\frac{1}{2}x^4 - \frac{2}{3}x^3 + 2x^2$ beschreibt näherungsweise das Höhenprofil einer Vulkaninsel. Die x-Achse stellt dabei den Meeresspiegel dar (1 LE im Koordinatensystem entspricht 100 m).

a) Geben Sie an, an welcher Stelle x der höchste Berg der Insel steht. Ermitteln Sie seine Höhe.

b) Geben Sie den tiefsten Punkt der Insel an.

c) Erläutern Sie, wie sich der Graph für sehr große oder sehr kleine x verhält und wieso die Modellierung der Landschaft durch f nur auf einem Intervall sinnvoll ist. ■

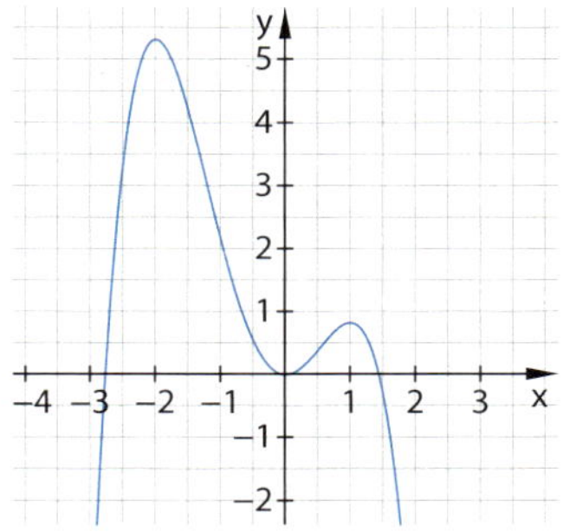

Globalverhalten

Unter dem **Globalverhalten** einer Funktion versteht man das Verhalten ihres Graphen im Unendlichen. Es wird untersucht, wie sich die Funktionswerte für beliebig große oder beliebig kleine x-Werte verhalten (man schreibt: für $x \to \infty$ bzw. $x \to -\infty$).

Bei Potenzfunktionen mit natürlichen Exponenten hängt das Globalverhalten davon ab, ob der Exponent gerade oder ungerade ist.

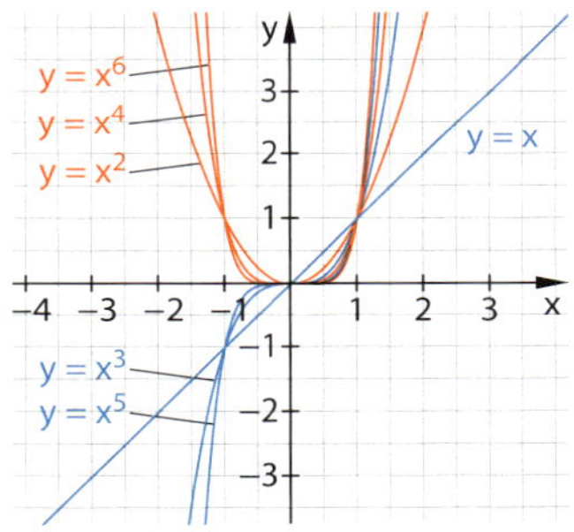

Ist der **Exponent ungerade** (wie bei $x = x^1$, x^3 und x^5), so werden die Funktionswerte für sehr große x-Werte sehr groß und für sehr kleine x-Werte sehr klein.
Es gilt: $f(x) \to \infty$ für $x \to \infty$ und $f(x) \to -\infty$ für $x \to -\infty$.

Ist der **Exponent gerade** (wie bei x^2, x^4 und x^6), so werden die Funktionswerte sowohl für sehr große als auch für sehr kleine x-Werte sehr groß.
Es gilt: $f(x) \to \infty$ für $x \to \pm\infty$.

Hinweis:
$x \to \pm\infty$ bedeutet: für $x \to \infty$ und für $x \to -\infty$.

Bei ganzrationalen Funktionen hängt das Globalverhalten nur von dem Summanden mit der höchsten Potenz ab.

Abgebildet sind die Graphen von f und g mit $f(x) = -\frac{1}{2}x^4 - \frac{1}{3}x^3 + 2x^2 + x - 1$ und $g(x) = -x^4$.
Man sieht, dass beide Graphen für $x \to \pm\infty$ gegen $-\infty$ streben. Die zusätzlichen Summanden und der Faktor $\frac{1}{2}$ bei f wirken sich also nicht auf das Globalverhalten aus.

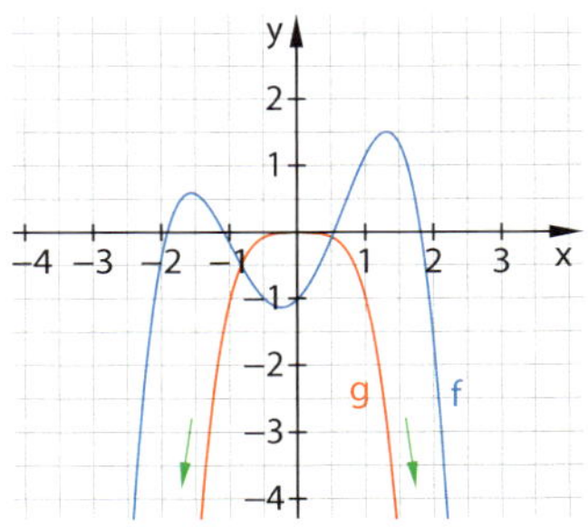

Allgemein gilt:

$$f(x) = a_n x^n + a_{n-1}x^{n-1} + \ldots + a_1 x + a_0 = a_n x^n\left(1 + \frac{a_{n-1}}{a_n x} + \ldots + \frac{a_1}{a_n x^{n-1}} + \frac{a_0}{a_n x^n}\right).$$

Die Bruchterme $\frac{a_{n-1}}{a_n x}, \ldots, \frac{a_1}{a_n x^{n-1}}$ und $\frac{a_0}{a_n x^n}$ haben alle im Nenner eine Potenz von x. Wenn nun x betragsmäßig sehr groß wird, nähern sich diese Terme dem Wert 0 an.

Für $x \to \pm\infty$ gilt daher: $f(x) \approx a_n x^n \cdot 1 = a_n x^n$

Erinnerung:
Je größer der Betrag des Nenners ist, desto näher ist der Wert eines Bruchs bei 0.

Satz: Globalverhalten ganzrationaler Funktionen
Der Graph einer ganzrationalen Funktion f mit $f(x) = a_n x^n + a_{n-1}x^{n-1} + \ldots + a_1 x + a_0$ mit $a_n \neq 0$ verhält sich für $x \to \pm\infty$ wie der Graph von g mit $g(x) = a_n x^n$.

Beispiel 1: Gegeben ist die Funktion f mit $f(x) = -2x^5 + 3x^2 - 2$.
Untersuchen Sie rechnerisch das Globalverhalten der Funktion.

Lösung:

Betrachten Sie im Funktionsterm $-2x^5 + 3x^2 - 2$ den Summanden mit der höchsten Potenz.

Summand mit der höchsten Potenz: $-2x^5$

Der Graph von f verhält sich für $x \to \pm\infty$ wie der Graph von g mit $g(x) = -2x^5$.
Für $x \to \infty$ gilt: $x^5 \to \infty$
Für $x \to -\infty$ gilt: $x^5 \to -\infty$

Der negative Vorfaktor –2 ändert das Vorzeichen der Funktionswerte.

Somit hat f das Globalverhalten:
Für $x \to \infty$ gilt: $f(x) \to -\infty$
Für $x \to -\infty$ gilt: $f(x) \to \infty$

Basisaufgaben

1. Geben Sie die Funktion g mit $g(x) = a_n x^n$ an, die das gleiche Globalverhalten hat wie f.
   a) $f(x) = -3x^2 + 7x$
   b) $f(x) = 1 - x + x^3$
   c) $f(x) = x^2(3x^4 + x)$
   d) $f(x) = 1 + x^3$

2. Geben Sie das Verhalten der Funktion für $x \to \pm\infty$ an.
   a) $f(x) = 2x^2 + 5x$
   b) $f(x) = 2x^3 - 9x + 1$
   c) $f(x) = -x^4 + \frac{4}{3}x$
   d) $f(x) = -6x^2 + 5x$
   e) $g(x) = -3 + 5x^4$
   f) $f(x) = 2x(-x + x^2)$

3. Geben Sie, ohne zu rechnen, das Vorzeichen von f(10 000) und f(–10 000) an.
   a) $f(x) = -0{,}125x^3 + 1{,}025x + 1$
   b) $f(x) = \frac{125}{7}x^5 - \frac{8}{913}x^2 - \frac{12}{25}$
   c) $f(x) = -12{,}875x^6$
   d) $f(t) = 832t^2 + 999t - 834$

4. Geben Sie bei der Funktion f mit $f(x) = a \cdot x^n$ Werte für a und n so an, dass die Bedingungen erfüllt werden.
   a) Für $x \to \infty$ gilt $f(x) \to \infty$, für $x \to -\infty$ gilt $f(x) \to \infty$.
   b) Für $x \to \infty$ gilt $f(x) \to -\infty$, für $x \to -\infty$ gilt $f(x) \to \infty$.
   c) Für $x \to \infty$ gilt $f(x) \to \infty$, für $x \to -\infty$ gilt $f(x) \to -\infty$.
   d) Für $x \to \infty$ gilt $f(x) \to -\infty$, für $x \to -\infty$ gilt $f(x) \to -\infty$.

5. Ordnen Sie jeder Funktion den passenden Graphen zu. Argumentieren Sie dabei mit dem Verhalten im Unendlichen.
   $f(x) = -0{,}5x^3 + 2x^2 - x$
   $g(x) = x^4 - 9x^2$
   $h(x) = -x^3(x - 3)$
   $i(x) = 3x^5 - 10x^3 - 1$

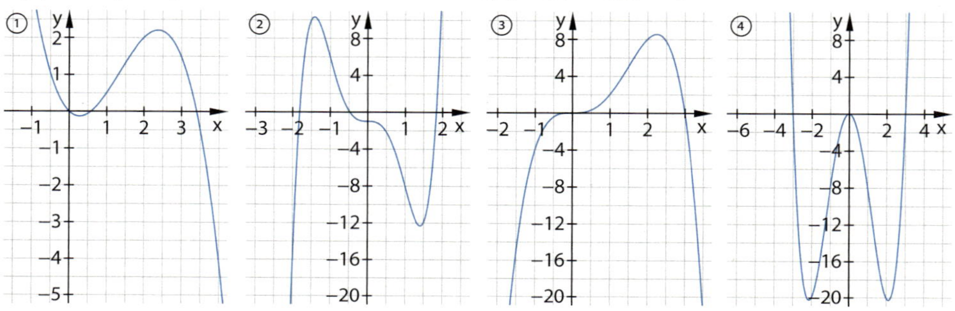

Symmetrie

Der Graph einer Funktion kann achsensymmetrisch zur y-Achse, punktsymmetrisch zum Ursprung oder keines von beidem sein. Die Symmetrie wird rechnerisch mithilfe der Funktionsgleichung untersucht. Die Gleichungen, die hierzu überprüft werden müssen, lassen sich am Graphen veranschaulichen:

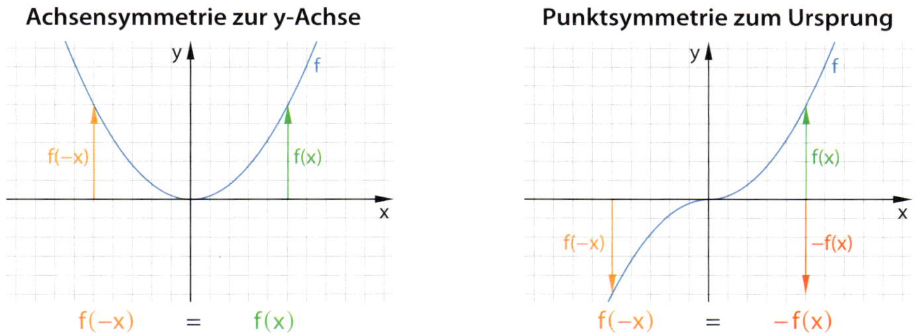

Satz: Achsensymmetrie zur y-Achse und Punktsymmetrie zum Ursprung

Der Graph einer Funktion f ist **achsensymmetrisch zur y-Achse**, wenn für alle x aus dem Definitionsbereich gilt: $\mathbf{f(-x) = f(x)}$

Der Graph einer Funktion f ist **punktsymmetrisch zum Ursprung**, wenn für alle x aus dem Definitionsbereich gilt: $\mathbf{f(-x) = -f(x)}$

Bei ganzrationalen Funktionen lässt sich die Symmetrie direkt am Funktionsterm ablesen:

Da $(-x)^n = x^n$ nur für gerade Exponenten gilt, kann für eine ganzrationale Funktion f nur dann $f(-x) = f(x)$ gelten, wenn der Funktionsterm von f nur Potenzen von x mit geraden Exponenten hat. Solche Funktionen heißen **gerade Funktionen**.

Analog gilt $(-x)^n = -x^n$ nur für ungerade Exponenten. Daher kann $f(-x) = -f(x)$ nur dann gelten, wenn der Funktionsterm von f nur Potenzen von x mit ungeraden Exponenten hat. Solche Funktionen heißen **ungerade Funktionen**.

Satz: Symmetrie bei ganzrationalen Funktionen

– Der Graph einer ganzrationalen Funktion f ist genau dann **achsensymmetrisch zur y-Achse**, wenn der Funktionsterm von f nur **gerade Exponenten** hat.
– Der Graph einer ganzrationalen Funktion f ist genau dann **punktsymmetrisch zum Ursprung**, wenn der Funktionsterm von f nur **ungerade Exponenten** hat.

Hinweis:
Die Aussage des Satzes bezieht sich auf Funktionsterme in ausmultiplizierter Form.

Beispiel 2: Achsensymmetrie zur y-Achse

Untersuchen Sie, ob der Graph der Funktion achsensymmetrisch zur y-Achse ist.

a) $f(x) = 8x^4 - x^2 - 1$
b) $g(x) = -2x^2 + \frac{1}{2}x^3 + 2$
c) $h(x) = \frac{1}{x^4 + 2x^2}$

Lösung:

a) $f(x) = 8x^4 - x^2 - 1$ hat wegen $-1 = -1x^0$ nur gerade Exponenten.
Der Graph ist achsensymmetrisch zur y-Achse.

b) $g(x) = -2x^2 + \frac{1}{2}x^3 + 2$ hat sowohl gerade, als auch ungerade Exponenten.
Der Graph ist nicht achsensymmetrisch zur y-Achse.

c) h ist nicht ganzrational.
$h(-x) = \frac{1}{(-x)^4 + 2(-x)^2}$
$= \frac{1}{x^4 + 2x^2} = h(x)$
Der Graph ist achsensymmetrisch zur y-Achse.

Hinweis:
$f(x) = 5x + 3$ hat z. B. einen ungeraden Exponenten wegen $5x = 5x^1$ und einen geraden Exponenten wegen $3 = 3x^0$.

Beispiel 3: Punktsymmetrie zum Ursprung

Untersuchen Sie, ob der Graph der Funktion punktsymmetrisch zum Ursprung ist.

a) $f(x) = x^5 - 6x$ b) $g(x) = x^3 + 2x + 7$ c) $h(x) = \frac{1}{2x^5}$

Lösung:

a) $f(x) = x^5 - 6x$ hat wegen $6x = 6x^1$ nur ungerade Exponenten.
Der Graph ist punktsymmetrisch zum Ursprung.

b) $g(x) = x^3 + 2x + 7$ hat wegen $7 = 7x^0$ einen geraden und sonst nur ungerade Exponenten.
Der Graph ist nicht punktsymmetrisch zum Ursprung.

c) h ist nicht ganzrational.
$h(-x) = \frac{1}{2(-x)^5} = \frac{1}{-2x^5}$
$= -\frac{1}{2x^5} = -h(x)$
Der Graph ist punktsymmetrisch zum Ursprung.

Basisaufgaben

6. Untersuchen Sie, ob der Graph der Funktion achsensymmetrisch zur y-Achse ist.

a) $f(x) = 1 + 2x + 3x^2$ b) $f(x) = -\frac{1}{3}x^6 + \frac{2}{7}x^2 - 1$ c) $f(x) = 10x^2$
d) $f(x) = -3x^4 + 8$ e) $f(x) = 2x - x^2 + x^4$ f) $f(x) = 1$
g) $f(x) = x^{-8}$ h) $f(x) = \sqrt{x^2 + 1}$ i) $f(x) = \frac{1}{3x^2 + x}$

7. Untersuchen Sie, ob der Graph der Funktion punktsymmetrisch zum Ursprung ist.

a) $f(x) = -x^7 - x^3$ b) $f(x) = -x^4$ c) $f(x) = x$
d) $f(x) = 2x + 3$ e) $f(x) = 3$ f) $f(x) = x^3 + 2x^5 + 8x^4$
g) $f(x) = \frac{1}{x}$ h) $f(x) = \frac{1}{x^5 + 2x}$ i) $f(x) = \sqrt{x}$

8. Entscheiden Sie, ob die ganzrationalen Funktionsterme, die zu den abgebildeten Graphen gehören, nur gerade oder nur ungerade Exponenten haben.

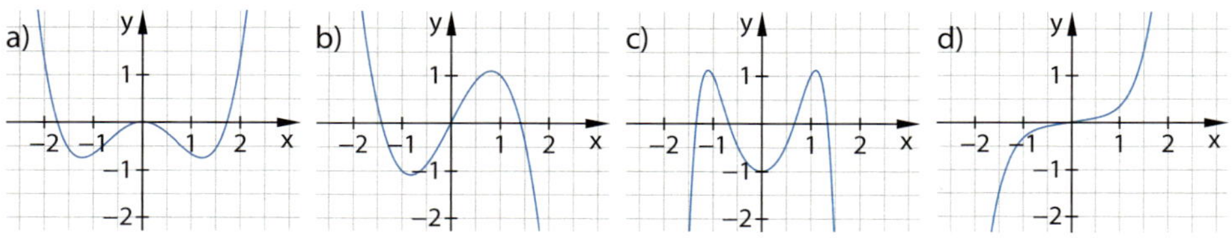

9. Vervollständigen Sie die Wertetabelle im Heft für den Fall, dass der Graph von f
a) achsensymmetrisch zur y-Achse,
b) punktsymmetrisch zum Ursprung ist.

x	−3	−2	−1	0	1	2	3
f(x)		1			−4		5

10. Entscheiden Sie, ob der Graph von f achsensymmetrisch zur y-Achse, punktsymmetrisch zum Ursprung oder keines von beidem ist. Formen Sie zunächst den Funktionsterm um.

a) $f(x) = 2x(3 + x^2)$ b) $f(x) = -2(x^2 + x)$
c) $f(x) = \left(x^3 + \frac{1}{2}x^{-1}\right) \cdot x$ d) $f(x) = (x^2)^3$
e) $f(t) = 4t + 11t^9$ f) $f(x) = r^3x^2 - r(x^4 + x^6)$ mit $r \neq 0$

11. Prüfen Sie rechnerisch, ob der Graph von f achsensymmetrisch zur y-Achse oder punktsymmetrisch zum Ursprung ist, indem Sie $f(-x)$ mit $f(x)$ bzw. $-f(x)$ vergleichen.

a) $f(x) = x(-3x) + 7$ b) $f(x) = (2x^4 - 7)x^2 + 11x^2$
c) $f(x) = 2x + 10x^3$ d) $f(x) = x^3\left(-\frac{2}{7} - 8x^2\right)$
e) $f(x) = x^3(x^3 - 7x)$ f) $f(x) = ax^4 + bx^2 + c$ mit $a \neq 0$

Weiterführende Aufgaben

12. In der Tabelle ist der grafische Verlauf von f mit $f(x) = a_n x^n + a_{n-1} x^{n-1} + \ldots + a_1 x + a_0$ und $a_n \neq 0, n \geq 2$ für $x \to \infty$ und $x \to -\infty$ angedeutet. Übertragen Sie die Tabelle in Ihr Heft und ergänzen Sie in der oberen Zeile die fehlenden Eigenschaften für n und a_n.

n gerade, $a_n > 0$			
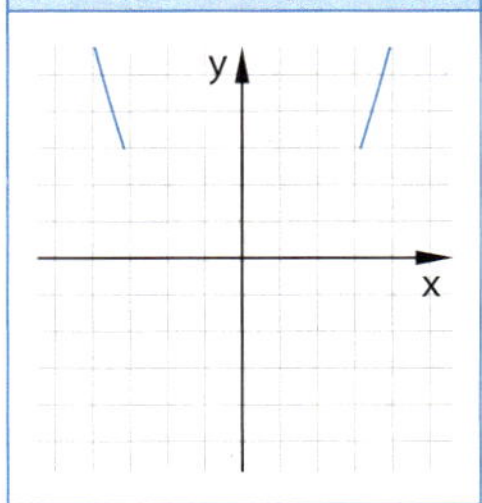	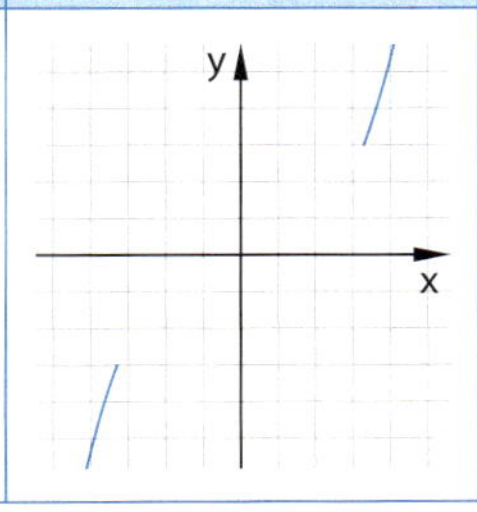	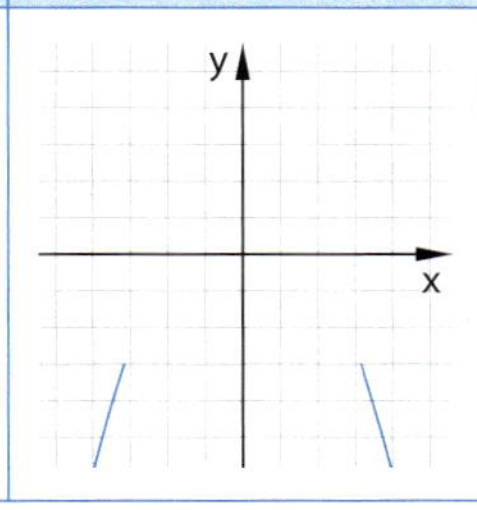	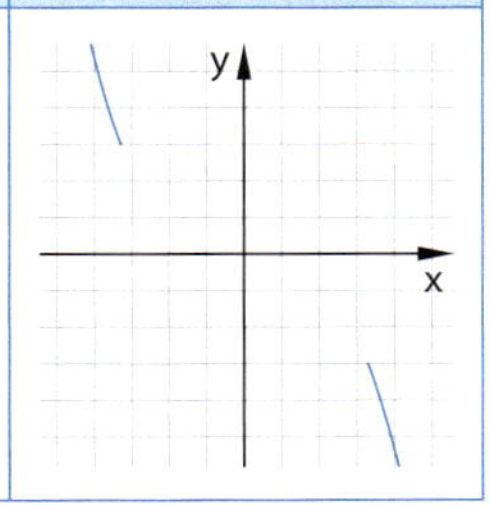

13. Stolperstelle: Leonie sagt: *„Der Graph zu $f(x) = 5x^5 - 7x^3 + 2x - 1$ ist punktsymmetrisch zum Ursprung, da alle Exponenten ungerade sind."*
Tim sagt: *„Der Graph zu $f(x) = 3x^3 - 10x^2 + 15x + 10$ muss punktsymmetrisch zum Ursprung sein, da er die Punkte $P(1|18)$ und $Q(-1|-18)$ enthält."*
Nehmen Sie zu beiden Aussagen Stellung.

14. Für eine Funktion f gelte: Für $x \to \infty$ gilt $f(x) \to -\infty$ und für $x \to -\infty$ gilt $f(x) \to \infty$.
Geben Sie begründet das Globalverhalten der Funktion g an.
a) $g(x) = 3 \cdot f(x)$ b) $g(x) = -\frac{1}{2} \cdot f(x)$ c) $g(x) = f(x) - 2000$ d) $g(x) = (f(x))^2$

15. Entscheiden und begründen Sie, ob die Aussage über ganzrationale Funktionen stimmt.
a) Um das Globalverhalten anzugeben, betrachtet man immer den ersten Summanden im Funktionsterm.
b) Funktionen mit ungeradem Grad haben für $x \to \infty$ und für $x \to -\infty$ das gleiche Globalverhalten.
c) Wenn eine Funktion dritten Grades für $x \to \infty$ gegen $-\infty$ strebt, dann strebt sie für $x \to -\infty$ gegen ∞.

16. Ordnen Sie die Graphen den Funktionsgleichungen zu, indem Sie das Symmetrieverhalten und das Globalverhalten analysieren.
$f(x) = 4x^3 - 11x$ $g(x) = -x^4 + 7x^2 - 6x$ $h(x) = -x^4 + 3x^2$ $i(x) = 2x^6 - 4x^4 + x^2$

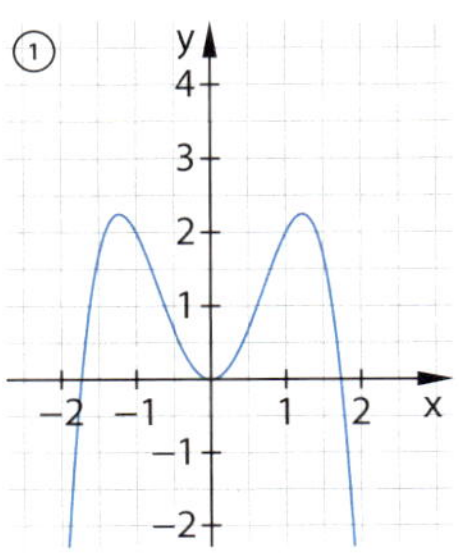

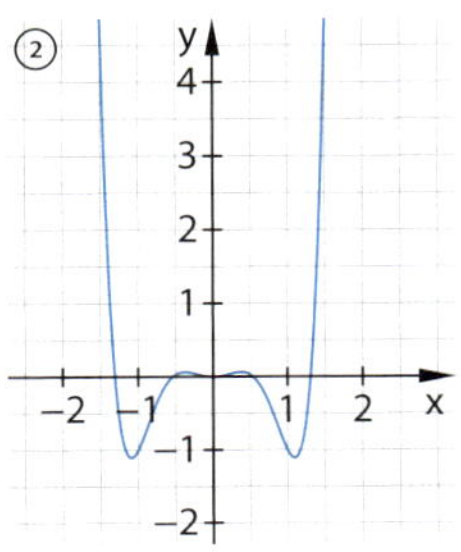

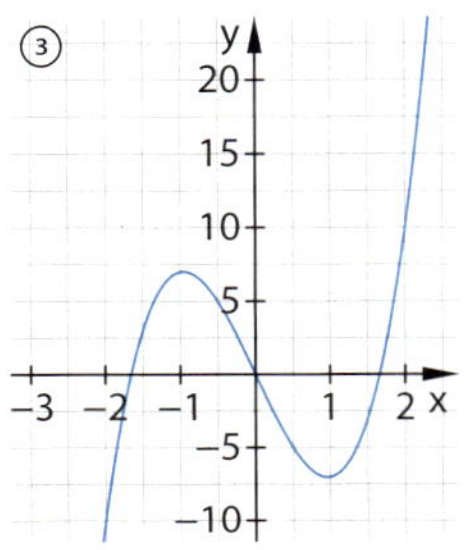

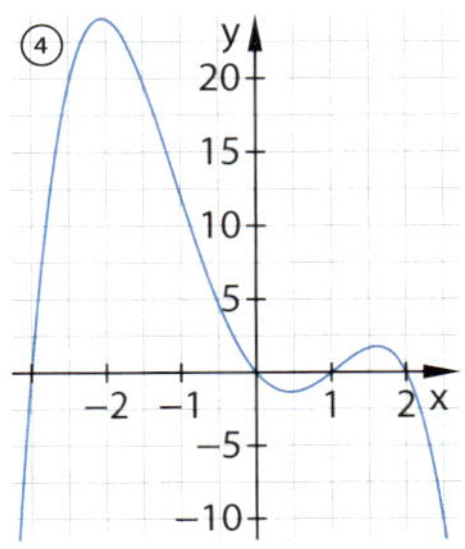

17. Überprüfen Sie, welche Behauptungen über ganzrationale Funktionen vom Grad $n \geq 1$ wahr sind und welche falsch. Korrigieren Sie die falschen Aussagen.
a) Die Koeffizienten haben einen Einfluss auf das Symmetrieverhalten des Graphen.
b) Achsensymmetrische Funktionen haben für $x \to \pm\infty$ das gleiche Globalverhalten.
c) Ist der Graph punktsymmetrisch zum Ursprung, so verläuft er durch den Ursprung.

Hinweis zu 18:
Eine gerade bzw. ungerade Zahl n kann man schreiben als $n = 2k$ bzw. $n = 2k + 1$ mit einer ganzen Zahl k.

18. Zeigen Sie, dass für alle Potenzfunktionen f mit $f(x) = x^n$ und $n \neq 0$ gilt:
a) Ist n gerade, so ist der Graph von f achsensymmetrisch zur y-Achse.
b) Ist n ungerade, so ist der Graph von f punktsymmetrisch zum Ursprung.

19. Untersuchen Sie rechnerisch, ob der Graph der Funktion achsensymmetrisch zur y-Achse, punktsymmetrisch zum Ursprung oder keines von beidem ist.
a) $f(x) = -|x| + 2$ b) $f(x) = \sqrt{1 - x^2}$ c) $f(x) = 2^x$ d) $f(x) = 0$
e) $f(x) = \frac{1}{x^2} + 1$ f) $f(x) = \frac{1}{x} + \frac{1}{x^4}$ g) $f(t) = \sin(t)$ h) $g(x) = \sqrt{x^4 - 2x^6}$

20. Wird der Funktionsterm f(x) eines zur y-Achse symmetrischen Graphen mit x multipliziert, ergibt sich der Funktionsterm eines zum Ursprung punktsymmetrischen Graphen.
a) Zeigen Sie, dass die Aussage für Potenzfunktionen mit natürlichen Exponenten gilt.
b) Beweisen Sie die Aussage für beliebige Funktionen, deren Graphen zur y-Achse symmetrisch sind.
c) Untersuchen Sie, ob umgekehrt auch gilt: Multiplizieren des Funktionsterms eines zum Ursprung punktsymmetrischen Graphen mit x führt zu einem zur y-Achse symmetrischen Graphen.

21. Die Flugkurve eines Hochspringers wird vereinfacht dargestellt durch f mit $f(x) = -0{,}6x^2 + 1{,}4x + 1$. Hierbei ist x die horizontale und f(x) die vertikale Entfernung des Körperschwerpunkts vom Absprungpunkt.

a) Bestimmen Sie, in welcher Entfernung zur Latte der Springer abspringen sollte.
b) Ermitteln Sie näherungsweise, welche maximale Höhe überquert werden kann.

Hinweis zu 21a:
Die Aufgabe kann mithilfe von Symmetrieüberlegungen mit wenig Rechenaufwand gelöst werden.

22. Funktionsgraphen können auch zu einer beliebigen, zur y-Achse parallelen Achse $x = a$ mit $a \in \mathbb{R}$ achsensymmetrisch sein.
a) Skizzieren Sie den Graphen von f mit $f(x) = (x - 1)^2$. Veranschaulichen Sie daran die Aussage und geben Sie an, zu welcher Achse der Graph symmetrisch ist.
b) Geben Sie ein weiteres Beispiel für eine Funktion an, deren Graph achsensymmetrisch zu einer zur y-Achse parallelen Achse ist.
c) Bestimmen Sie mithilfe der Beispiele, wie die Gleichung $f(-x) = f(x)$ verändert werden muss, um damit die Symmetrie zu einer Achse $x = a$ mit $a \in \mathbb{R}$ untersuchen zu können.

23. Der Graph der Funktion f mit $f(x) = x^2 + 22x + 129$ geht durch Verschiebung in x-Richtung aus dem Graphen einer Funktion g hervor, die achsensymmetrisch zur y-Achse ist.
a) Bestimmen Sie die Funktionsgleichung von g.
b) Bestimmen Sie, zu welcher Achse der Graph von f symmetrisch ist.

24. Gegeben sind die Funktionen f, g und h mit den Funktionsgleichungen:
$f(x) = \frac{3}{2}x^5 + \frac{1}{x^2}$, $g(x) = 1 - \frac{1}{x} + \frac{1}{x^2}$ und $h(x) = -2 + \frac{3}{x^4} + \frac{1}{7x^2}$.
a) Geben Sie den Definitionsbereich der Funktionen an.
b) Bestimmen Sie das Verhalten der Funktionen für $x \to \infty$ und $x \to -\infty$.

25. Ausblick: Sind g und h ganzrational, dann heißt f mit $f(x) = \frac{g(x)}{h(x)}$ **gebrochen-rational.**
a) Untersuchen Sie, ob die gebrochen-rationale Funktion f mit $f(x) = \frac{x}{x^2 - 1}$ punktsymmetrisch zum Ursprung oder achsensymmetrisch zur y-Achse ist.
Vergleichen Sie mit den Symmetrieregeln für ganzrationale Funktionen.
b) Finden Sie eine Regel für punktsymmetrische gebrochen-rationale Funktionen.

2.3 Nullstellen

■ Ein junger Delfin springt 1 m weit aus dem Wasser. Nach dem Eintauchen schwimmt er 2 m und springt erneut 1 m weit. Erläutern Sie, warum man den Schwimmverlauf durch f mit $f(x) = -0{,}25x(x-1)(x-3)(x-4)$ modellieren könnte. Erläutern Sie die Bedeutung der x-Achse im Sachzusammenhang und schränken Sie f auf einen geeigneten Definitionsbereich ein. ■

Nullstellen bestimmen

Die Nullstellen einer Funktion f sind die Schnittstellen ihres Graphen mit der x-Achse. Sie können am Graphen abgelesen oder rechnerisch durch Lösen der Gleichung $f(x) = 0$ bestimmt werden.
Methoden zum Lösen von $f(x) = 0$ sind bereits für lineare und quadratische Funktionen f bekannt. Für ganzrationale Funktionen höheren Grades werden hier nun einige häufig auftretende Fälle untersucht.

Ist der Funktionsterm wie in $f(x) = (x-3)(x-1)(x+1)$ ein Produkt, so entsprechen die Nullstellen von f nach der Regel vom Nullprodukt den Nullstellen der einzelnen Faktoren.
Handelt es sich bei den Faktoren um **Linearfaktoren**, also um Terme der Form **(x − a)**, so können deren Nullstellen direkt am Funktionsterm abgelesen werden.
Bei f erhält man so die Nullstellen 3; 1 und −1.

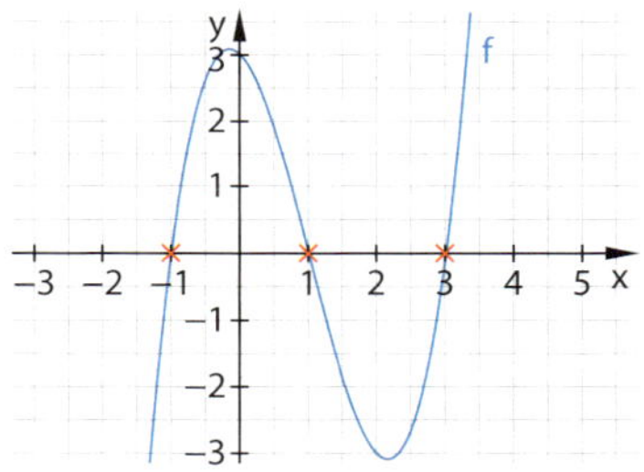

Erinnerung:
Regel vom Nullprodukt:
Ein Produkt ist genau dann 0, wenn einer seiner Faktoren 0 ist.

Beispiel 1: Ablesen an der faktorisierten Form
Bestimmen Sie die Nullstellen von f mit $f(x) = \frac{1}{2}(x-2)(x+3)(x^2+10)$.

Lösung:

Wenden Sie die Regel vom Nullprodukt an.	$\frac{1}{2}(x-2)(x+3)(x^2+10) = 0$
Lesen Sie die Nullstellen direkt an den	$(x-2)$ ergibt die Nullstelle $x = 2$.
Linearfaktoren ab. Setzen Sie die übrigen	$(x+3)$ ergibt die Nullstelle $x = -3$.
Faktoren gleich null und lösen Sie die	$x^2 + 10 = 0$ hat keine Lösung.
Gleichung.	Nullstellen: $x_1 = 2$; $x_2 = -3$

Kommt in jedem Summanden eines Funktionsterms die Variable x vor, so kann x ausgeklammert und die Regel von Nullprodukt angewendet werden. Auf dieselbe Weise kann mit höheren Potenzen von x verfahren werden.

Beispiel 2: Ausklammern von Potenzen von x
Bestimmen Sie die Nullstellen von f mit $f(x) = 2x^4 + 4x^3 - 6x^2$.

Lösung:

Klammern Sie x^2 aus.	$2x^4 + 4x^3 - 6x^2 = 0$
Nach der Regel vom Nullprodukt muss	$x^2(2x^2 + 4x - 6) = 0$
dann x^2 oder der Term in der Klammer null	$x^2 = 0$ oder $2x^2 + 4x - 6 = 0 \quad \vert :2$
sein. x^2 ist null für $x = 0$.	$x = 0$ oder $x^2 + 2x - 3 = 0$
Teilen Sie die quadratische Gleichung	Nullstellen: $x_1 = 0$; $x_2 = 1$; $x_3 = -3$
durch 2 und wenden Sie die p-q-Formel an.	

Erinnerung:
p-q-Formel:
$x^2 + px + q = 0$
$x_{1/2} = -\frac{p}{2} \pm \sqrt{\left(\frac{p}{2}\right)^2 - q}$

Hinweis:
Eine Gleichung der Form $ax^4 + bx^2 + c = 0$ heißt **biquadratische Gleichung**.

Die Nullstellen einer ganzrationalen Funktion der Form $f(x) = ax^4 + bx^2 + c$ können bestimmt werden, indem man x^2 durch die Variable u (**Substitution** $u = x^2$) ersetzt.
Dadurch entsteht die quadratische Gleichung $au^2 + bu + c = 0$, die z. B. mithilfe der p-q-Formel gelöst werden kann. Ersetzt man in den Lösungen nun wieder u durch x^2 (**Resubstitution**) und zieht die Wurzel, so erhält man die Nullstellen von f.

Beispiel 3: Ersetzen von Variablen (Substitution)
Ermitteln Sie die Nullstellen von f mit $f(x) = -x^4 - 2x^2 + 8$ durch Substitution.

Lösung:

Ersetzen Sie x^2 durch u und x^4 durch u^2.	Substitution: $u = x^2$ also $-u^2 - 2u + 8 = 0$
Es entsteht eine quadratische Gleichung.	$-u^2 - 2u + 8 = 0 \quad \vert :(-1)$
Teilen Sie die Gleichung durch –1.	$u^2 + 2u - 8 = 0$
Wenden Sie die p-q-Formel an.	$u_{1/2} = -1 \pm \sqrt{(-1)^2 - (-8)}$ $\quad u_1 = 2;\ u_2 = -4$
Ersetzen Sie in den Lösungen u wieder durch x^2 (Resubstitution) und ziehen Sie die positive und negative Wurzel, falls dies möglich ist.	$u_1 = x^2 = 2$ ergibt $x = \sqrt{2}$ oder $x = -\sqrt{2}$. $u_2 = x^2 = -4$ hat keine Lösung. Nullstellen: $x_1 = \sqrt{2};\ x_2 = -\sqrt{2}$

Basisaufgaben

Erinnerung:
Zur Kontrolle Ihrer Lösungen können Sie eine Probe machen, indem Sie diese wieder in die Gleichung einsetzen.

1. Bestimmen Sie die Nullstellen der Funktion f mithilfe der Regel vom Nullprodukt.
a) $f(x) = (x-4)(x+5)$ b) $f(x) = (x-1)x$ c) $f(x) = (x-1)(x+5)(x-6)$
d) $f(x) = -4x(x-1)$ e) $f(x) = (2x-1)(3x+1)$ f) $f(x) = (2x^2+9)(3x^2-75x)$

2. Bestimmen Sie die Nullstellen der Funktion durch Ausklammern.
a) $f(x) = 2x^2 - 8x$ b) $f(x) = x^4 + x^3 - 6x^2$ c) $f(x) = 3x^4 + 4x^3$
d) $f(x) = 4x^3 + 6x^2 + 2x$ e) $f(x) = 3x^4 - 27x^2$ f) $f(x) = x^3 + 12x^2 + 11x$

3. Bestimmen Sie die Nullstellen der Funktion mittels Substitution.
a) $f(x) = x^4 - 5x^2 + 4$ b) $f(x) = -3x^4 + 30x^2 - 27$ c) $f(x) = 2x^4 - 4x^2 - 30$
d) $f(x) = -4x^4 + 18x^2 - 8$ e) $f(x) = x^4 - 6x^2 - 27$ f) $f(x) = -5x^4 - 30x^2 - 25$

4. Berechnen Sie die Nullstellen der Funktion.
a) $f(x) = 2x^3(5x-1)^2$ b) $f(x) = x^7 - x^4$ c) $f(x) = -2x^4 - 9x^3 + 5x^2$
d) $f(t) = (-t^4+16)(3t^2+14)$ e) $f(x) = 3x^4 + \frac{4}{15}x^2 - \frac{1}{15}$ f) $f(t) = t^6 - 13t^4 + 36t^2$
g) $f(x) = -2x^5 + 10x^3 - 12x$ h) $f(t) = t^5 - \frac{1}{2}t^4 - \frac{3}{16}t^3$ i) $f(x) = (x+1)^3x(2x^3-16)$

Lösungen zu 5:
Lösungsmengen a)–c)

{3; 4}
{–3; 0; 5}
{–4; –3; 3; 4}
{ }

5. Lösen Sie die Gleichung.
a) $0{,}5x^4 - 12{,}5x^2 + 72 = 0$ b) $2x^3 = x^4 - 15x^2$ c) $10x^4 = -50x^2 - 60$
d) $96x = -4x^5 + 40x^3$ e) $3y^3 - 2y = 5y^2$ f) $-4x^3 - x^2 = 3x(3x-2)$

6. Ermitteln Sie rechnerisch alle Punkte mit den angegebenen Koordinaten, die auf dem Graphen der Funktion f mit $f(x) = x^4 - 29x^2 + 10$ liegen.
a) P(1|) b) Q(–2|) c) S(|–170) d) T(|262)

7. Bestimmen Sie die Nullstellen der Funktion.
a) $f(x) = (x^8 - x^7)(x^5 + x^2)$ b) $f(x) = (4x^2-1)^3(2x^4 - x^6)$
c) $g(x) = (5x^2+2)(-2x^4 - 6x^2 - 6)$ d) $h(a) = -3(a^4-16)(a^5 - 2a^3 + 4a)$

Linearfaktoren und Anzahl von Nullstellen

Kann ein Funktionsterm als Produkt von Linearfaktoren dargestellt werden, so hat dies den Vorteil, dass daran die Nullstellen der Funktion direkt abgelesen werden können. Es stellt sich die Frage, wie man zu so einer Darstellung kommt.

Kennt man eine Nullstelle x_N der Funktion f, so kann der **zugehörige Linearfaktor** $(\mathbf{x} - \mathbf{x_N})$ aus dem Funktionsterm von f abgespalten werden.

$f(x) = 2x^3 - 4x^2 - 2x + 4$

Nullstelle $x_1 = 1$
Abspalten von $(x - 1)$:
$f(x) = (x - 1)(2x^2 - 2x - 4)$

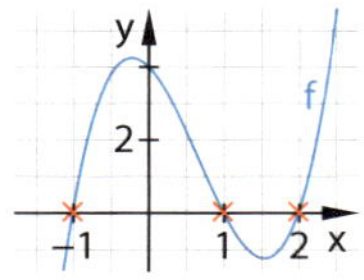

Hierbei entsteht ein ganzrationaler Restterm, dessen Grad um eins niedriger ist als der Grad von f. Kennt man eine Nullstelle dieses Restterms, kann das Verfahren so lange wiederholt werden, bis der Restterm keine Nullstellen mehr hat.

Restterm: $2x^2 - 2x - 4$ Nullstelle $x_2 = -1$
Abspalten von $(x + 1)$:
$f(x) = (x - 1)(x + 1)(2x - 4)$
Restterm: $2x - 4$ Nullstelle $x_3 = 2$
Abspalten von $(x - 2)$:
$f(x) = 2(x - 1)(x + 1)(x - 2)$

Hinweis:
Eine Methode zum Bestimmen des Restterms ist die Polynomdivision (siehe Seite 54).

Das Ergebnis ist eine **faktorisierte Form** der Funktionsgleichung von f. Besteht sie wie oben ausschließlich aus Linearfaktoren und einem konstanten Faktor, so heißt sie **Linearfaktordarstellung** von f. Die Funktion f heißt in diesem Fall **vollständig zerlegbar**.

Wissen: Zerlegung in Linearfaktoren
Ist x_N eine Nullstelle einer ganzrationalen Funktion f, so lässt sich der **zugehörige Linearfaktor** $(\mathbf{x} - \mathbf{x_N})$ aus dem Funktionsterm von f abspalten: $f(x) = (x - x_N) \cdot r(x)$
Dabei ist r eine ganzrationale Funktion, deren Grad um eins niedriger ist als der Grad von f.

Da sich beim Abspalten von Linearfaktoren der Grad stets um eins verringert, kann eine ganzrationale Funktion vom Grad n höchstens n Linearfaktoren und n Nullstellen haben.

Satz: Anzahl von Nullstellen
Eine ganzrationale Funktion f vom Grad n hat höchstens n Nullstellen.

Beispielsweise hat die Funktion f mit $f(x) = 3x^3 + x$ den Grad 3, aber nur eine Nullstelle, da der Funktionsterm nicht vollständig in Linearfaktoren zerlegbar ist. Die **faktorisierte Form** ist $f(x) = 3x(x^2 + 1)$. Der Term $(x^2 + 1) > 0$ lässt sich nicht weiter in Linearfaktoren zerlegen.

Mithilfe der Linearfaktordarstellung kann die Funktionsgleichung einer ganzrationalen Funktion anhand ihrer Nullstellen rekonstruiert werden.

Beispiel 4: Bestimmen Sie eine ganzrationale Funktion f mit möglichst niedrigem Grad, die die Nullstellen $x_1 = 4$, $x_2 = -3$ und $x_3 = 0$ hat und deren Graph den Punkt $P(1\,|\,24)$ enthält.

Lösung:
Die Nullstellen ergeben die Linearfaktoren $(x - 4), (x + 3)$ und $(x - 0)$. Zusätzlich kann der Funktionsterm einen Faktor a enthalten, da er die Nullstellen nicht verändert. Ermitteln Sie den Wert von a durch Einsetzen der Koordinaten von P.

$f(x) = a(x - 4)(x + 3)(x - 0)$
$\quad = ax(x - 4)(x + 3)$

$f(1) = a \cdot 1 \cdot (1 - 4) \cdot (1 + 3) = 24$
Es folgt: $a = -2$
$f(x) = -2x(x - 4)(x + 3)$

Basisaufgaben

8. Ordnen Sie die Graphen ① bis ④ den Funktionsgleichungen zu.

$f(x) = x(x-2)(x+1)$ $\qquad$ $g(x) = -3x(x-1)(x-3)$

$h(x) = 2(x-1)(x+1)\left(x-\frac{1}{4}\right)\left(x-\frac{3}{2}\right)$ $\qquad$ $i(x) = -2x(x-2)(x+1)$

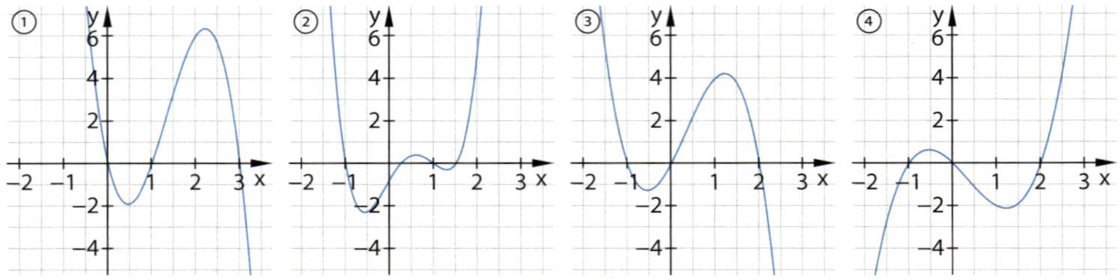

9. Ordnen Sie den Funktionsgleichungen ① bis ③ ihre Linearfaktordarstellung zu. Erläutern Sie Ihr Vorgehen.

① $f(x) = x^3 + 3x^2 - 13x - 15$	② $f(x) = x^3 + 3x^2 - 4x - 12$	③ $f(x) = x^3 + 5x^2 + 2x - 8$
Ⓐ $f(x) = (x-1)(x+2)(x+4)$	Ⓑ $f(x) = (x-3)(x+1)(x+5)$	Ⓒ $f(x) = (x+2)(x-2)(x+3)$

10. a) Ordnen Sie die Graphen ① bis ③ den Funktionsgleichungen von f, g und h zu.

$f(x) = x(x+0{,}5)(x+2)$

$g(x) = 2x(x+0{,}5)(x+2)$

$h(x) = 0{,}5x(x+0{,}5)(x+2)$

b) Erläutern Sie, warum eine ganzrationale Funktion durch ihre Nullstellen nicht eindeutig bestimmt ist.

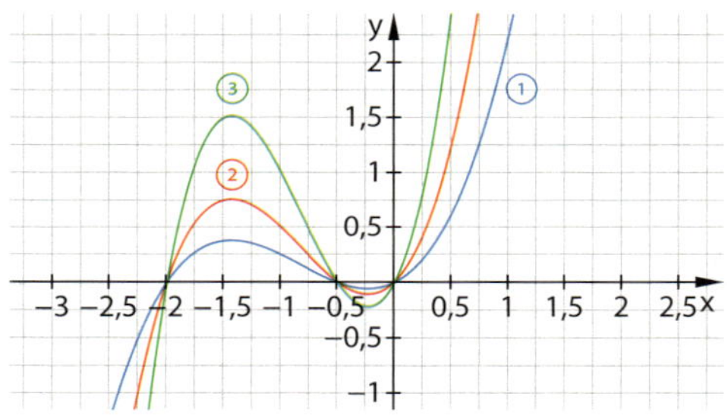

11. Geben Sie eine ganzrationale Funktion mit einem möglichst niedrigen positiven Grad an, sodass die Funktion alle angegebenen Nullstellen hat.

a) $-2; 5$ b) 6 c) $-2; 2$ d) $2; 3; 4$ e) $0; \sqrt{10}$ f) keine

12. Begründen Sie die Aussage oder geben Sie ein geeignetes Gegenbeispiel an.

a) Ist die Funktion f beliebig und $g(x) = 3 \cdot f(x)$, so haben f und g die gleichen Nullstellen.

b) Ganzrationale Funktionen vierten Grades haben immer mehr Nullstellen als ganzrationale Funktionen dritten Grades.

c) Hat eine ganzrationale Funktion n-ten Grades n verschiedene Nullstellen, so ist ihr Funktionsterm vollständig zerlegbar.

13. Ermitteln Sie die Gleichung einer ganzrationalen Funktion mit möglichst niedrigem Grad, die die angegebenen Eigenschaften hat.

a) Nullstellen bei $x_1 = 1, x_2 = \frac{4}{5}$ und $x_3 = 2{,}5$; Koeffizient 0,7 bei der höchsten Potenz

b) Nullstellen bei $x_1 = -3$ und $x_2 = 1$; Schnittpunkt mit der y-Achse bei $y = 3$

c) Nullstellen bei $x_1 = 6, x_2 = -4$ und $x_3 = 3$; Graph verläuft durch den Punkt $P(2|3)$

Lösungen zu 14:
Nullstellen a)–c)

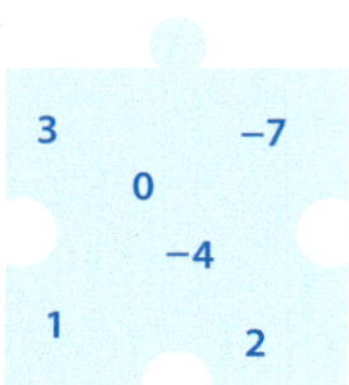

14. Bestimmen Sie alle Nullstellen der Funktion und faktorisieren Sie den Funktionsterm so weit wie möglich.

a) $f(x) = x^2 + 3x - 4$ b) $f(x) = -2x^3 - 8x^2 + 42x$ c) $f(x) = 6x^2 + 24$

d) $f(x) = 4x^4 - 40x^2 + 36$ e) $f(x) = 5x^3 + 5x$ f) $f(x) = (x-1)(2x^2 + 12x - 14)$

Weiterführende Aufgaben

15. Ermitteln Sie die Koordinaten aller Schnittpunkte der Funktionen f und g.
a) $f(x) = 4x^4 + x^3 + 2x^2$
$g(x) = x^3 - x^2 + 1$
b) $f(x) = x^2(4x - 10)$
$g(x) = 2x^4 + 20x^2$
c) $f(x) = x^4 + x^3 - 4x^2 + 4$
$g(x) = (x^2 - 3)^2 - 5$

16. **Stolperstelle:** Joshua löst die Gleichung $(x - 3)(x + 1)(x - 1) = 3$, indem er jede Klammer einzeln gleich 3 setzt, und erhält die Lösungen 6; 2 und 4. Erklären Sie seinen Denkfehler und korrigieren Sie die Lösungen.

17. Die Anzahl der Besucher eines Kaufhauses wird in einem bestimmten Intervall durch die Funktion f mit $f(x) = -0{,}5x^3 + 14x^2 - 80x$ näherungsweise beschrieben (x: Uhrzeit in Stunden).
Erläutern Sie, in welchem Zeitraum die Funktion den Sachverhalt beschreiben kann, und ermitteln Sie die Öffnungszeiten des Kaufhauses.

18. Untersuchen Sie die Funktion f auf Nullstellen, auf Symmetrie zur y-Achse und zum Ursprung sowie auf das Verhalten im Unendlichen. Erläutern Sie dabei, weshalb bei Funktionen mit Linearfaktordarstellung das Ausmultiplizieren des Funktionsterms bei der Symmetrieuntersuchung notwendig ist, bei der Untersuchung des Verhaltens im Unendlichen aber nicht unbedingt.
a) $f(x) = 2x^2 - 8x - 10$
b) $f(x) = -4x^3 + 24x^2 - 20x$
c) $f(x) = 2(x - 7)(x + 8)$
d) $f(x) = -x(x - 5)(x - 6)$

19. Ermitteln Sie die Nullstellen von f mit $f(x) = 2x^6 - 18x^3 + 16$ mithilfe einer geeigneten Substitution.

20. Die Flugbahn des Fußballs bei einem Freistoß kann beschrieben werden durch die Funktion f mit $f(x) = -\frac{1}{268}x^3 + \frac{1}{16}x^2$ (x: Entfernung vom Freistoßpunkt in Meter, f(x): Höhe in Meter).
a) Ermitteln Sie, ob der Ball die 2 m hohe Abwehrmauer in einer Entfernung von 9,15 m vom Freistoßschützen überfliegen kann.
b) Bestimmen Sie, ob der Ball das vom Schützen 12 m entfernte und 2,44 m hohe Tor trifft.
c) Berechnen Sie, in welcher Entfernung vom Freistoßpunkt der Ball wieder auf dem Boden aufkommt.

21. **Ausblick:**
a) Zeigen Sie am Beispiel der Funktion f mit $f(x) = (x - a)(x - b)(x - c)$: Hat eine ganzrationale Funktion nur ganzzahlige Nullstellen, so sind diese Teiler des Absolutglieds der ausmultiplizierten Form.
b) Nutzen Sie die Aussage aus a), um durch Probieren Nullstellen der Funktion f mit $f(x) = x^3 - 4x^2 - 11x + 30$ zu finden.
c) Untersuchen Sie, inwieweit man die Aussage aus a) auch auf Funktionen der Form $f(x) = s \cdot (x - a)(x - b)(x - c)$ mit $s \neq 0$ verallgemeinern kann.

Hinweis:
Das **Absolutglied** ist der Summand ohne x.

Polynomdivision

■ Die Abbildung zeigt die Graphen von f und g mit $f(x) = x^3 - 2{,}5x^2 + 0{,}96x + 0{,}54$ und $g(x) = x^2 - 1{,}5x - 0{,}54$.
Beschreiben Sie die Gemeinsamkeiten der Graphen. Multiplizieren Sie den Funktionsterm von g mit $(x - 1)$ und erläutern Sie, was Ihnen auffällt. ■

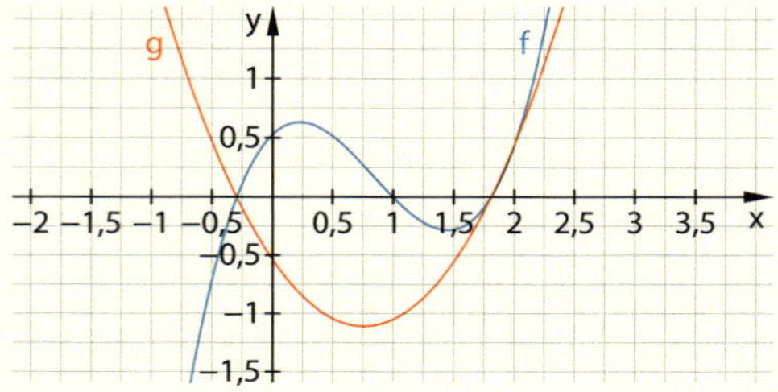

Hinweis:
Es gibt allgemeine Lösungsformeln für Gleichungen 3. und 4. Grades, diese sind aber sehr kompliziert. Der Norweger Niels Henrik Abel (1802–1829) hat bewiesen, dass es für Gleichungen vom Grad 5 und höher keine allgemeine Lösungsformel geben kann.

Es ist bereits bekannt, dass sich Nullstellen quadratischer Funktionen mithilfe der p-q-Formel berechnen lassen. Wie aber kann man die Nullstellen von Polynomen dritten oder höheren Grades rechnerisch bestimmen?

In der **Linearfaktordarstellung** (1) kann man die Nullstellen von f direkt ablesen.
Ist die Gleichung in ausmultiplizierter Form (3) gegeben und kennt man eine Nullstelle x_1, so wird durch die Division $f(x) : (x - x_1)$ ein Restterm erzeugt, mit dem man die fehlenden Nullstellen berechnen kann.

(1) $f(x) = (x - 1)(x + 2)(x - 3)$
(2) $f(x) = (x^2 + x + 2)(x - 3)$
(3) $f(x) = x^3 - 2x^2 - 5x + 6$

Wegen
$(x^2 + x + 2) \cdot (x - 3) = x^3 - 2x^2 - 5x + 6$
gilt:
$(x^3 - 2x^2 - 5x + 6) : (x - 3) = x^2 + x + 2$

Wissen: Polynomdivision
Bei der **Polynomdivision** werden zwei Polynome f und g dividiert. Ist dabei $g(x) = (x - x_N)$ ein Linearfaktor von f, so ergibt die Division $f(x) : (x - x_N)$ ein Polynom r, dessen Grad um 1 niedriger ist als der von f. Es gilt: $f(x) = (x - x_N) \cdot r(x)$

Beispiel: Ermitteln Sie die Nullstellen von f mit $f(x) = 3x^3 - 12x^2 - 33x + 90$ mithilfe der Polynomdivision.

Lösung:
Ermitteln Sie eine Nullstelle von f durch systematisches Probieren: 0; 1; −1; 2; −2 …

$f(0) = 90 \neq 0$; $f(1) = 48 \neq 0$;
$f(-1) = 108 \neq 0$; $f(2) = 0$

Bilden Sie den zu dieser Nullstelle gehörenden Linearfaktor.

Nullstelle: $x_1 = 2$ Linearfaktor: $(x - 2)$

Dividieren Sie f(x) durch den Linearfaktor: Teilen Sie den Term $3x^3$ durch x. Es ergibt sich $3x^2$. Multiplizieren Sie dies zurück mit dem Linearfaktor $(x - 2)$. Es ergibt sich $3x^3 - 6x^2$. Subtrahieren Sie diesen Term von $3x^3 - 12x^2$ und ergänzen Sie im Ergebnis den nächsten Summanden von f(x). Setzen Sie das Verfahren mit dem Term $-6x^2 - 33x$ fort.

$$
\begin{array}{l}
(3x^3 - 12x^2 - 33x + 90) : (x - 2) = 3x^2 - 6x - 45 \\
\underline{-(3x^3 - 6x^2)} \\
\quad -6x^2 - 33x \\
\quad \underline{-(-6x^2 + 12x)} \\
\qquad -45x + 90 \\
\qquad \underline{-(-45x + 90)} \\
\qquad\qquad 0
\end{array}
$$

Setzen Sie den Restterm gleich null und lösen Sie die quadratische Gleichung.
Die Nullstellen von f lauten $x_1 = 2$, $x_2 = -3$ und $x_3 = 5$.

$3x^2 - 6x - 45 = 0$ | : 3
$x^2 - 2x - 15 = 0$ | p-q-Formel
$x_2 = -3, x_3 = 5$

Aufgaben

1. Führen Sie eine Polynomdivision durch.
Tipp: Falls beim linken Term der Summand mit x^2 oder x fehlt, kann man zur besseren Übersicht $0x^2$ bzw. 0x ergänzen.

a) $(x^3 + 6x^2 + 3x - 10) : (x + 5)$
b) $(2x^3 - 20x^2 - 18x + 180) : (x - 3)$
c) $(x^3 - 12x + 16) : (x + 4)$
d) $(-3x^3 - 9x^2 - 9x + 496{,}125) : (x - 4{,}5)$
e) $(x^4 - 1) : (x - 1)$
f) $(2x^3 - 5x^2 - 11x - 4) : \left(x + \frac{1}{2}\right)$

2. Es ist eine Nullstelle des Polynoms gegeben. Ermitteln Sie durch Polynomdivision alle Nullstellen von f. Geben Sie, falls möglich, die Funktionsgleichung von f als Produkt von Linearfaktoren an.

a) $f(x) = x^3 + 6x^2 - 7x - 60;\quad x_1 = -5$
b) $f(x) = 2x^3 - 38x^2 + 208x - 280;\quad x_1 = 10$
c) $f(x) = -x^3 + 5x^2 + 13x + 7;\quad x_1 = -1$
d) $f(x) = -2x^3 + 8x^2 - 18x + 72;\quad x_1 = 4$

3. Ermitteln Sie durch Probieren eine Nullstelle von f und berechnen Sie anschließend mit Polynomdivision die restlichen Nullstellen.

a) $f(x) = 2x^3 - 14x^2 + 30x - 18$
b) $f(x) = x^3 - 13x + 12$
c) $f(x) = 0{,}5x^3 - 3{,}5x^2 - 76{,}5x + 247{,}5$
d) $f(x) = x^3 - 7x^2 + 36$
e) $f(x) = x^4 - 6x^3 + 13x^2 - 12x + 4$
f) $f(x) = x^4 - 5x^3 - x^2 + 5x$

Hinweis:
Liegt eine Funktion vierten Grades vor, müssen in der Regel zwei Polynomdivisionen durchgeführt werden.

4. a) Beschreiben Sie, wie Sie die Nullstellen des abgebildeten Graphen von f mit der Gleichung $f(x) = -x^3 + 3{,}1x^2 + 0{,}2x - 4{,}08$ ermitteln würden.

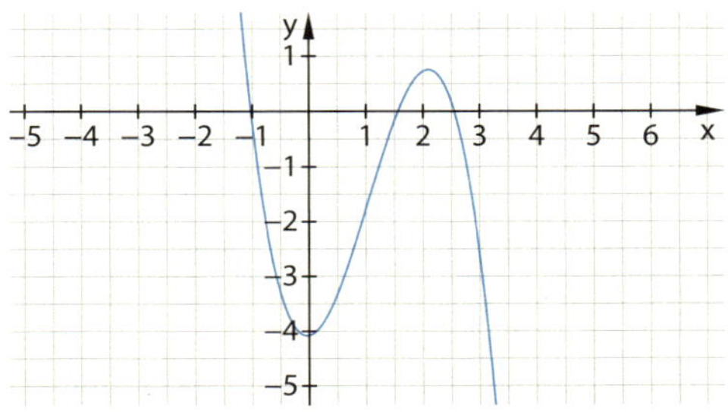

b) Führen Sie die Polynomdivision durch. Beschreiben Sie, was Ihnen auffällt, und versuchen Sie, eine Erklärung zu finden.

CAS c) Ermitteln Sie die Nullstellen von f mit dem CAS und erläutern Sie Ihr Ergebnis aus b).

● **5.** Der abgebildete Graph zu $f(x) = -\frac{1}{4}x^4 + \frac{27}{4}x^3 - 55x^2 + 128x$ gibt im Intervall [0; 12] näherungsweise die Beschleunigung in km/h² eines Motorradfahrers in Abhängigkeit der gefahrenen Kilometer an. 4 km nach Beobachtungsbeginn beträgt die Beschleunigung 0.

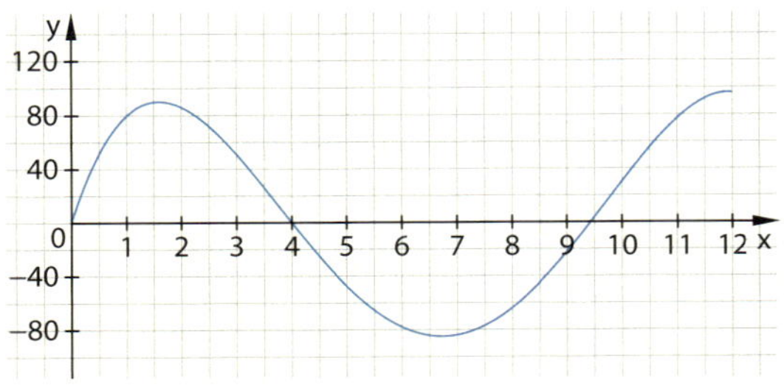

a) Beschreiben Sie die Bedeutung von negativen Funktionswerten im Sachkontext.
b) Erläutern Sie, wie das Fahrverhalten des Motorradfahrers bei den Nullstellen des Funktionsgraphen ist, und ermitteln Sie die Nullstellen.
c) Stellen Sie eine Vermutung auf, nach wie vielen Kilometern der Motorradfahrer die größte Geschwindigkeit erreicht. Begründen Sie Ihre Vermutung.

6. Beschreiben Sie, bei welcher Art von Gleichungen und auf welche Weise Polynomdivision beim Lösen von Gleichungen hilfreich ist. Zeigen Sie dies an Beispielen.

2.4 Monotonie

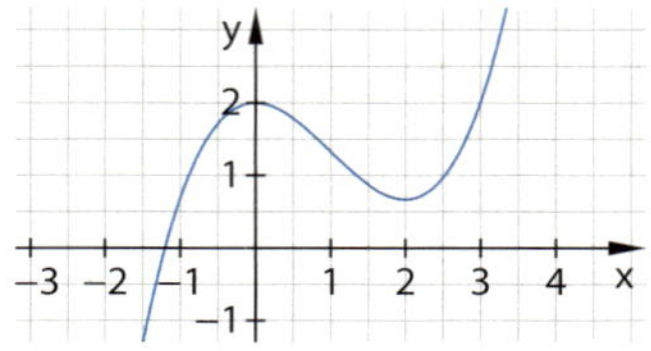

■ Gegeben ist der Graph von f mit $f(x) = \frac{1}{3}x^3 - x^2 + 2$.

a) Geben Sie die Bereiche an, in denen die Funktionswerte von f immer größer bzw. immer kleiner werden.

b) Untersuchen Sie die Ableitungsfunktion f' in diesen Bereichen. Beschreiben Sie Ihre Beobachtungen. ■

Steigt der Graph einer Funktion von links nach rechts, so wachsen die Funktionswerte in diesem Bereich. Fällt der Graph, so werden die Funktionswerte für zunehmende x-Werte kleiner.

Definition: Monotonie

Gegeben sind eine Funktion f und ein Intervall I.

- f heißt **streng monoton steigend** auf I, wenn für alle x_1 und x_2 aus I mit $x_1 < x_2$ gilt $f(x_1) < f(x_2)$.
- f heißt **streng monoton fallend** auf I, wenn für alle x_1 und x_2 aus I mit $x_1 < x_2$ gilt $f(x_1) > f(x_2)$.

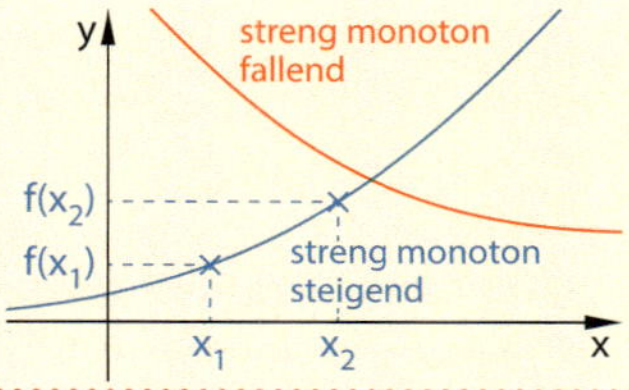

Da die Ableitungsfunktion f' die Steigung des Graphen der Funktion f beschreibt, kann man das Monotonieverhalten von f mithilfe von f' untersuchen.
In den Bereichen, in denen die Ableitung f' positiv ist, ist die Funktion f streng monoton steigend, dort, wo f' negativ ist, ist die Funktion f streng monoton fallend.

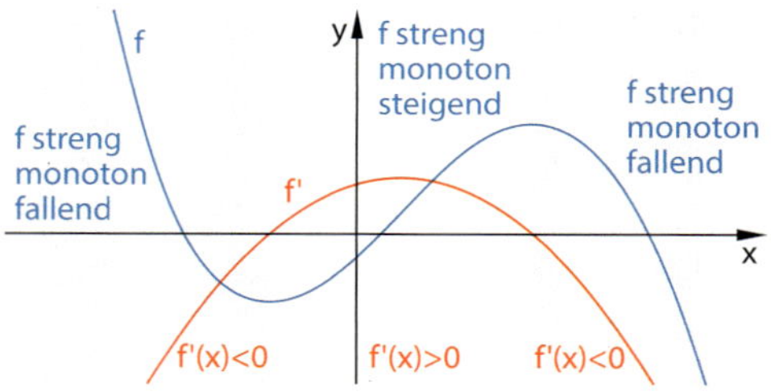

Satz: Monotoniekriterium

- Gilt $\mathbf{f'(x) > 0}$ für alle x aus dem Intervall I, ist die Funktion f **streng monoton steigend** auf I.
- Gilt $\mathbf{f'(x) < 0}$ für alle x aus dem Intervall I, ist die Funktion f **streng monoton fallend** auf I.

Die Nullstellen der Ableitungsfunktion f' teilen den Definitionsbereich von f in **Monotonieintervalle** auf. Nur an diesen Nullstellen kann sich das Monotonieverhalten von f ändern. Das Monotonieverhalten auf einem dieser Intervalle lässt sich bestimmen, indem man eine beliebige Teststelle aus dem Inneren dieses Intervalls in f' einsetzt.

Beispiel: Untersuchen Sie die Funktion f mit $f(x) = \frac{1}{3}x^3 - 2x^2 + 3x$ mithilfe ihrer Ableitung auf Monotonie.

Lösung:

Bilden Sie die Ableitung.

$f(x) = \frac{1}{3}x^3 - 2x^2 + 3x$
$f'(x) = x^2 - 4x + 3$

Berechnen Sie die Nullstellen von f'.

$x^2 - 4x + 3 = 0$ also $x_1 = 1$ und $x_2 = 3$

f' hat zwei Nullstellen. Diese teilen den Definitionsbereich von f in drei Monotonieintervalle auf.
Aus jedem Intervall wird eine Teststelle (0, 2 und 5) in f'(x) eingesetzt.
Das Vorzeichen des Ergebnisses gibt das Monotonieverhalten von f an.

$x < 1$: $f'(0) = 0^2 - 4 \cdot 0 + 3 = 3 > 0$
f ist streng monoton steigend für $x < 1$.

$1 < x < 3$: $f'(2) = 2^2 - 4 \cdot 2 + 3 = -1 < 0$
f ist streng monoton fallend für $1 < x < 3$.

$x > 3$: $f'(5) = 5^2 - 4 \cdot 5 + 3 = 8 > 0$
f ist streng monoton steigend für $x > 3$.

Basisaufgaben

1. Geben Sie an, auf welchen Intervallen die dargestellte Funktion streng monoton steigend bzw. streng monoton fallend ist.
Geben Sie auch das Vorzeichen der Ableitung im Inneren dieser Intervalle an.

a)
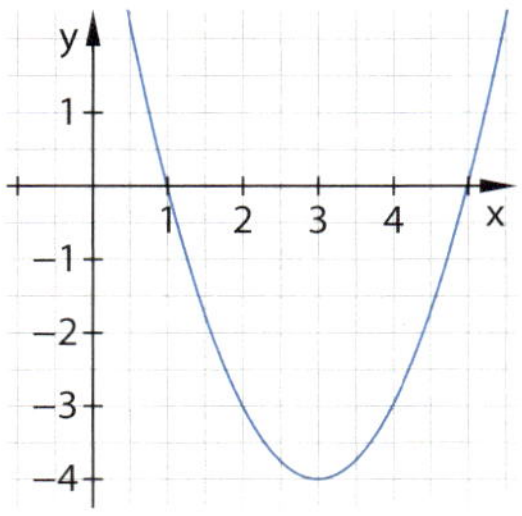

b)
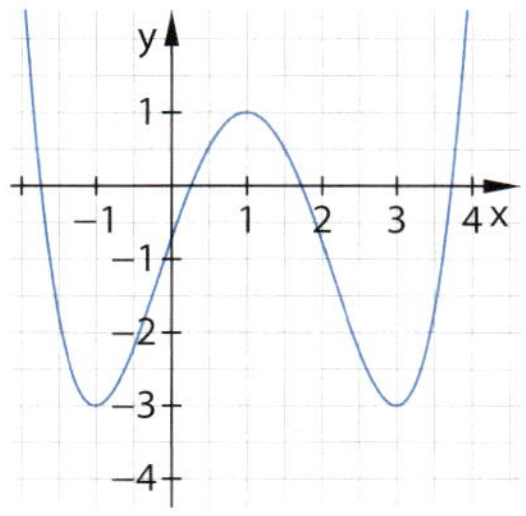

c)
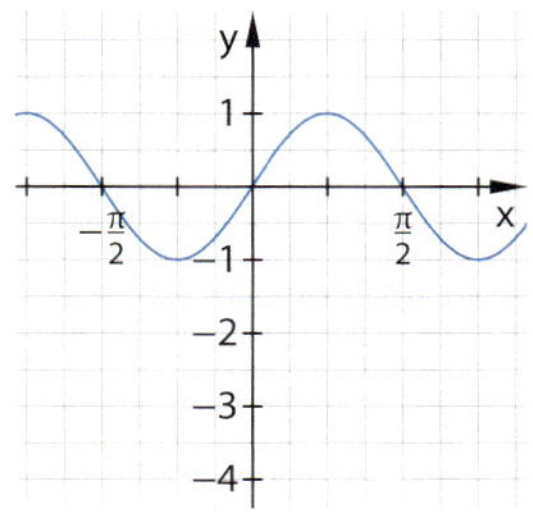

2. Skizzieren Sie den Graphen einer Funktion, die
a) für $x < -2$ streng monoton steigend und für $x > -2$ streng monoton fallend ist,
b) für $x < -2$ und $x > 3$ streng monoton fallend und für $-2 < x < 3$ steigend ist.

3. Die Abbildungen zeigen den Graphen der Ableitung einer Funktion f.

①
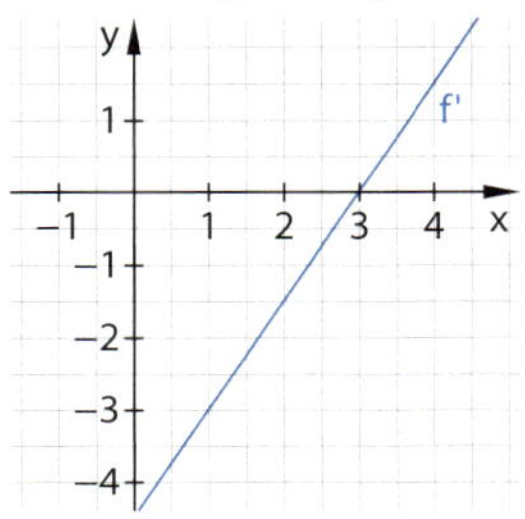

②
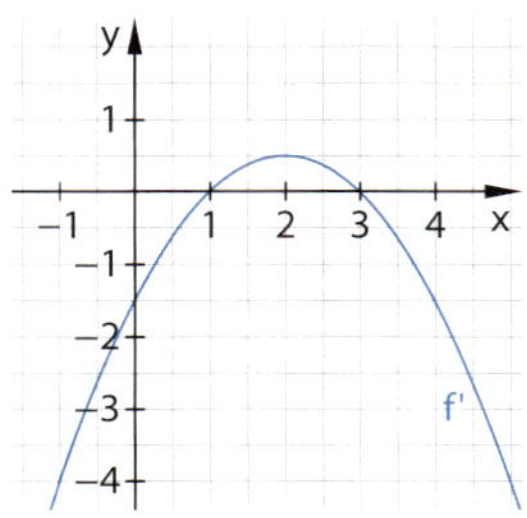

③
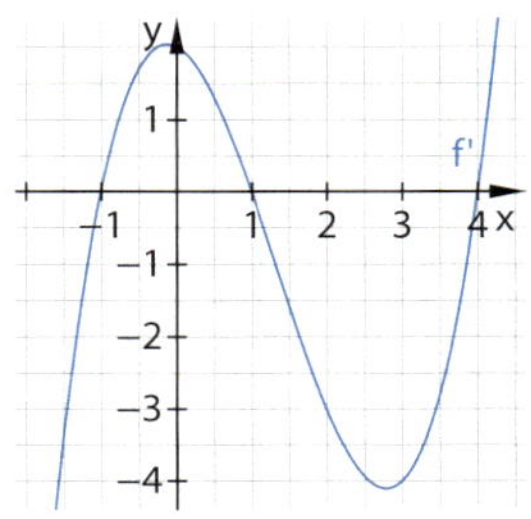

a) Geben Sie an, auf welchen Intervallen f streng monoton steigend bzw. fallend ist.
b) Skizzieren Sie einen möglichen Verlauf des Graphen von f.

4. Untersuchen Sie die Funktion mithilfe der Ableitung auf Monotonie.
a) $f(x) = 3x^2 - 4$
b) $f(x) = x^3 - 3x^2 - 24x + 6$
c) $f(x) = x^3 + 2x$
d) $f(x) = -5x$
e) $f(x) = -x^3 + 6x - 12$
f) $f(x) = \frac{1}{9}x^3 - \frac{1}{3}x^2 - \frac{8}{3}x + \frac{26}{9}$

Lösungen zu 4:
Monotonieintervalle a)–c)

$x < 0$ $x < -2$ $\mathbb{R}$ $x > 0$ $-2 < x < 4$ $x < 4$ $x > 4$

5. Geben Sie eine geeignete Funktion zum angegebenen Monotonieverhalten an. Untersuchen Sie diese Funktion mithilfe ihrer Ableitung auf Monotonie und bestätigen Sie so das Monotonieverhalten.
a) linear und streng monoton steigend auf ganz $\mathbb{R}$
b) für $x < 3$ streng monoton fallend und für $x > 3$ streng monoton steigend
c) für $x < -1$ streng monoton steigend und für $x > -1$ streng monoton fallend

6. Der Graph einer Funktion f ist streng monoton fallend auf $\mathbb{R}$ und verläuft durch die Punkte $P(1\,|\,5), Q(3\,|\,2)$ und $R(5\,|\,0)$. Zudem gilt $f'(3) = 0$. Skizzieren Sie einen passenden Graphen.

7. Von einer ganzrationalen Funktion f dritten Grades ist bekannt, dass sie nur eine Nullstelle hat und dass f' für $x < 2$ und für $x > 5$ positiv ist. Außerdem existiert ein Intervall, auf dem f streng monoton fallend ist. Skizzieren Sie einen möglichen Graphen von f.

8. Die Funktion f ist streng monoton steigend (streng monoton fallend) auf $\mathbb{R}$.
a) Begründen Sie, dass f höchstens eine Nullstelle hat.
b) Geben Sie eine Beispielfunktion für f an, die keine Nullstelle hat.

Weiterführende Aufgaben

9. Gegeben ist der Graph der Ableitung einer Funktion f. Beurteilen Sie begründet, ob die Aussage wahr oder falsch ist. Achtung: Nicht alle Aussagen sind entscheidbar!

a) An der Stelle 0 steigt der Graph von f.

b) An der Stelle 2 steigt der Graph von f.

c) f hat eine Nullstelle zwischen −2 und −1.

d) Der Graph von f fällt zwischen −1 und 0,5.

e) $f'(2) > 0$

f) $f(2) > 0$

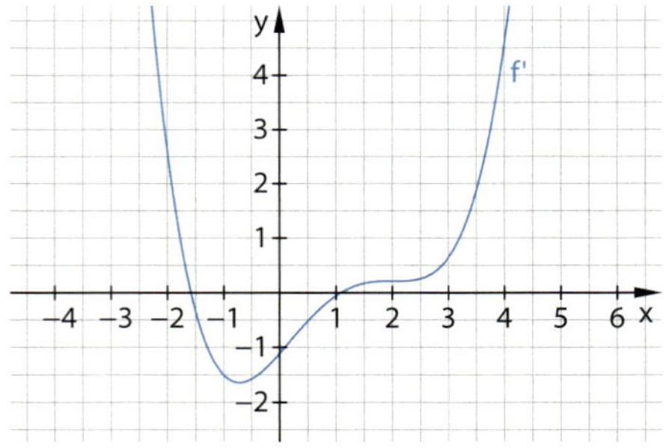

10. Stolperstelle: Die Abbildung zeigt den Graphen einer Ableitungsfunktion f'.
Ein Schüler sagt: *„f ist streng monoton fallend für x < 0 und streng monoton steigend für x > 0."*
Beurteilen Sie seine Aussage.

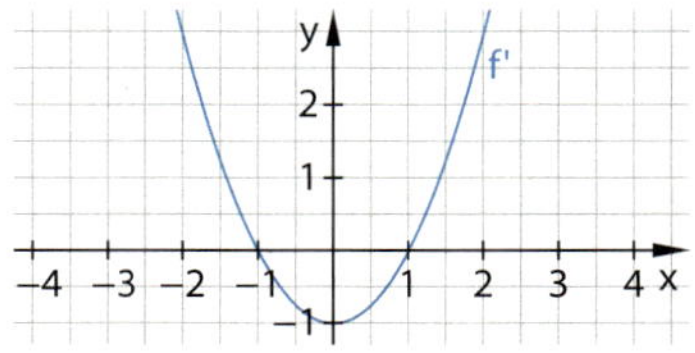

11. Wenn die Ableitung einer Funktion f auf ganz ℝ negativ ist, dann ist f streng monoton fallend. Zeigen Sie anhand der Funktion f mit $f(x) = -x^3$, dass die Umkehrung des Satzes nicht gilt.

12. Gegeben sei eine Funktion f. Die Funktionsgleichung ihrer Ableitungsfunktion f' hat die Linearfaktordarstellung $f'(x) = 5(x+3)(x-7)$.

	x < −3	−3 < x < 7	x > 7
x + 3	−	+	+
x − 7	−	−	+
f'(x)	+	−	+
Graph	↗	↘	↗

a) Erläutern Sie die Herleitung des Monotonieverhaltens von f mithilfe der Tabelle.

b) Ermitteln Sie analog das Monotonieverhalten der Funktionen g und h, wenn g' und h' gegeben sind: $g'(x) = (x+1)(x-2)$ und $h'(x) = (x-4)(x-6)^2(x-8)$

● **13.** Die Funktion f mit $f(x) = 0{,}002x^3 - 0{,}09x^2 + 1{,}35x + 7{,}65$ beschreibt für $0 \le x \le 24$ das Höhenprofil einer Bergetappe bei einem Radrennen. Die Werte auf der x-Achse beschreiben hierbei die horizontale Entfernung vom Start in km, die auf der y-Achse die Höhe über dem Meeresspiegel in 100 m.

a) Berechnen Sie die Steigung, die beim Start zu überwinden ist, in Prozent.

b) Geben Sie an, in welchen Abschnitten des Rennens es bergauf bzw. bergab geht.

c) Ermitteln Sie, welche Höhe man im Ziel erreichen würde, wenn ab einer horizontalen Entfernung von 10 km vom Start die Steigung konstant bliebe.

● **14. Ausblick: Monotonie und Definitionslücken**
Konstantin behauptet: *„Die Funktion f mit $f(x) = \frac{1}{x}$ ist streng monoton fallend auf ℝ, da f'(x) immer kleiner als 0 ist."* Widerlegen Sie die Behauptung mit einem Gegenbeispiel.
Erläutern Sie, wie es zu dieser Fehlannahme kommen könnte.

2.5 Lokale Extrempunkte und Sattelpunkte

■ Die Flugbahn einer Kugel wird näherungsweise durch die Funktion f mit $f(x) = -\frac{1}{20}x^2 + x + 1{,}8$ beschrieben.

a) Zeichnen Sie den Graphen von f für $0 \leq x \leq 22$. Lesen Sie den höchsten Punkt der Flugbahn ab.

b) Entwickeln Sie eine Methode, den höchsten Punkt der Flugbahn mithilfe der Ableitung zu berechnen. Überlegen Sie dazu, wie sich das Monotonieverhalten von f am höchsten Punkt ändert. ■

Der unten abgebildete Graph von f ist streng monoton fallend auf den Intervallen $x < -1$ und $1 < x < 2$ und streng monoton steigend auf den Intervallen $-1 < x < 1$ und $x > 2$.

An den Übergangsstellen $x = -1, x = 1$ und $x = 2$ liegen die **Hoch- und Tiefpunkte** des Graphen.

Bei $T_1(-1|-1)$ und $T_2(2|0{,}69)$ hat der Graph zwei Tiefpunkte, bei $H(1|1)$ hat er einen Hochpunkt.

Die **lokalen Minima** sind die y-Koordinaten der Tiefpunkte (hier −1 und 0,69), das **lokale Maximum** ist die y-Koordinate des Hochpunkts (hier 1).

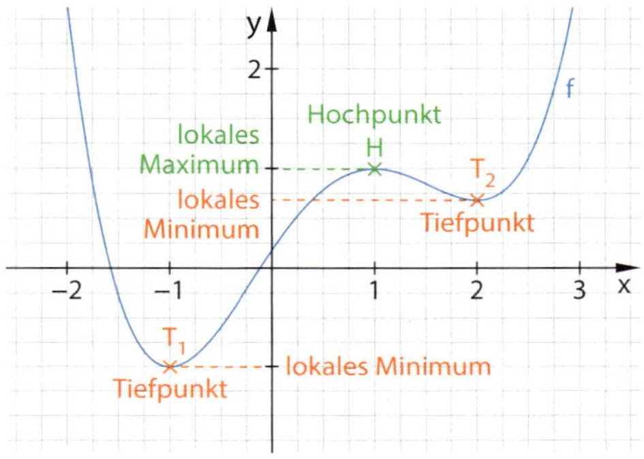

Hinweis:
Ändert eine Funktion ihr Verhalten von streng monoton steigend auf streng monoton fallend, liegt an dieser Stelle ein Hochpunkt. Im umgekehrten Fall liegt dort ein Tiefpunkt.

Definition: Hoch- und Tiefpunkt; lokales Maximum und Minimum
Der Graph einer Funktion f hat an der Stelle x_E einen **Hochpunkt** bzw. **Tiefpunkt**, wenn $f(x_E)$ in einer Umgebung von x_E der größte bzw. kleinste Funktionswert von f ist. Den Funktionswert $f(x_E)$ nennt man **lokales Maximum** bzw. **lokales Minimum**.

Hoch- und Tiefpunkte bezeichnet man als **lokale Extrempunkte**, ihre x-Werte als **lokale Extremstellen** und ihre y-Werte als **lokale Extrema**.

Beispiel 1: Hoch- und Tiefpunkte am Graphen ablesen
Lesen Sie die Koordinaten der Hoch- und Tiefpunkte sowie die lokalen Minima und Maxima der abgebildeten Funktion f ab.

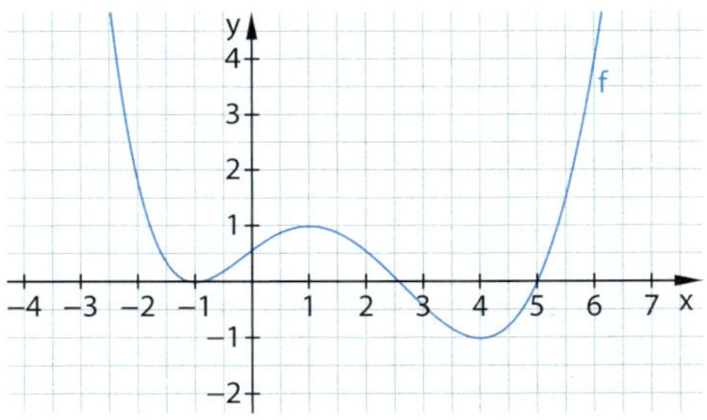

Lösung:
Bei Hoch- bzw. Tiefpunkten hat f den größten bzw. kleinsten Funktionswert in einer Umgebung (lokal).

Hochpunkt: $H(1|1)$
Tiefpunkte: $T_1(-1|0)$ und $T_2(4|-1)$

Die lokalen Minima und Maxima sind die y-Werte der Hoch- und Tiefpunkte.

lokales Maximum: $f(1) = 1$
lokale Minima: $f(-1) = 0$ und $f(4) = -1$

Hinweis:
Eine Funktion heißt **differenzierbar**, wenn ihre Ableitung existiert.

Bei einer differenzierbaren Funktion f hat der Graph von f in den lokalen Extrempunkten immer eine waagerechte Tangente.
Aber nicht jede waagerechte Tangente liegt an einer Extremstelle. Mit den Nullstellen der Ableitungsfunktion f′ erhält man alle Stellen, an denen lokale Extrempunkte vorliegen könnten.

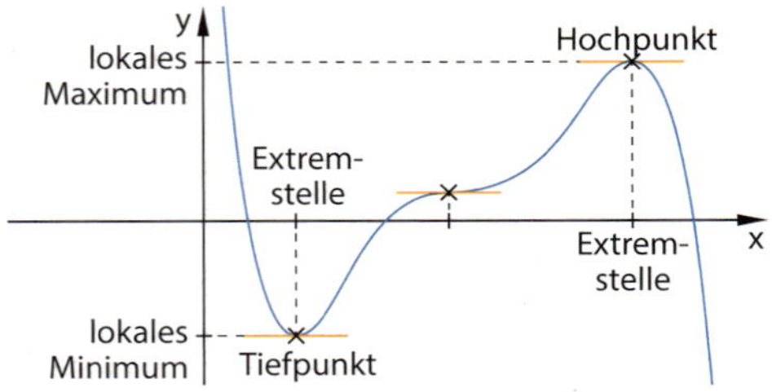

Hinweis:
Notwendige Bedingung bedeutet:
Ist diese Bedingung nicht erfüllt, so liegt kein lokaler Extrempunkt vor.

Satz: Notwendige Bedingung für lokale Extrempunkte
Wenn der Graph einer differenzierbaren Funktion f an der Stelle x_E einen **Hochpunkt** oder **Tiefpunkt** hat, dann gilt $\mathbf{f'(x_E) = 0}$.

Nur an den Nullstellen der Ableitungsfunktion f′ kann es lokale Extrempunkte geben. Ob es sich bei diesen „Kandidaten" wirklich um Extremstellen handelt und ob die zugehörigen Extrempunkte Hoch- oder Tiefpunkte sind, hängt vom Monotonieverhalten des Graphen von f ab.

Die Bilder zeigen, dass die Steigung links von einem Hochpunkt positiv und rechts von ihm negativ ist. An einem Tiefpunkt ist es umgekehrt.

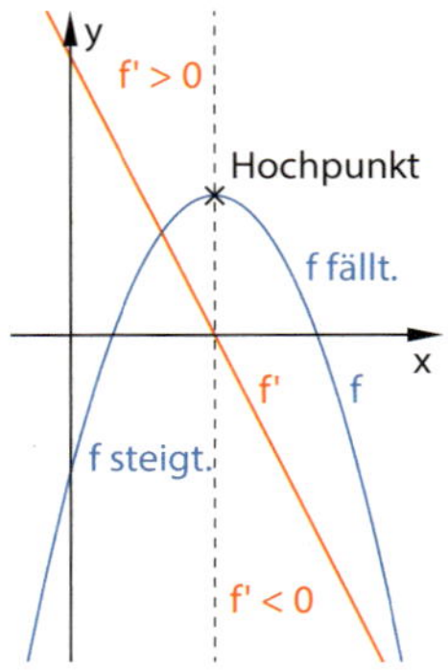

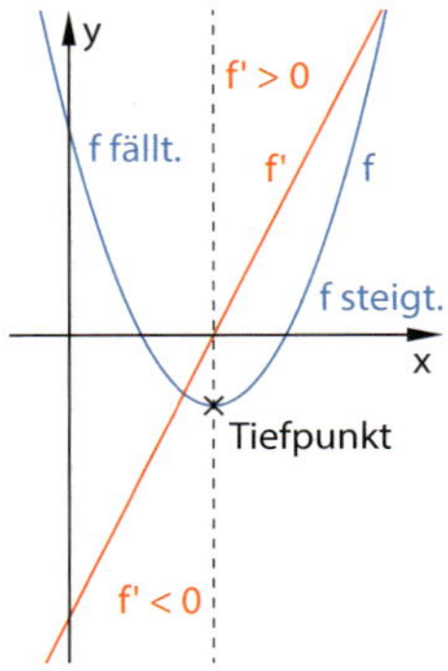

Hinweis:
Hinreichende Bedingung bedeutet:
Ist diese Bedingung erfüllt, so liegt immer ein lokaler Extrempunkt vor.

Satz: Hinreichende Bedingung für lokale Extrempunkte (Vorzeichenwechselkriterium)
- Wenn $\mathbf{f'(x_E) = 0}$ gilt und das **Vorzeichen von f′** an der Stelle x_E **von + nach –** wechselt, dann hat der Graph der Funktion f an der Stelle x_E einen **Hochpunkt**.
- Wenn $\mathbf{f'(x_E) = 0}$ gilt und das **Vorzeichen von f′** an der Stelle x_E **von – nach +** wechselt, dann hat der Graph der Funktion f an der Stelle x_E einen **Tiefpunkt**.

Beispiel 2: Bestimmen von Hoch- und Tiefpunkten mit dem VZW-Kriterium
Bestimmen Sie die Hoch- und Tiefpunkte des Graphen der Funktion f mit $f(x) = -x^3 - 3x^2 + 1$.

Lösung:
Bilden Sie die Ableitung.

$f(x) = -x^3 - 3x^2 + 1$
$f'(x) = -3x^2 - 6x$

Die Nullstellen von f′ liefern die „Kandidaten" $x_1 = -2$ und $x_2 = 0$ für mögliche Extremstellen.

$-3x^2 - 6x = 0$ also $x_1 = -2$ und $x_2 = 0$

Prüfen Sie mit einer Wertetabelle auf einen VZW an den möglichen Extremstellen. Setzen Sie Teststellen aus den Intervallen ein, die von den möglichen Extremstellen gebildet werden. An der Stelle $x = -2$ liegt ein Tief- und an der Stelle $x = 0$ ein Hochpunkt vor.

	$x < -2$	-2	$-2 < x < 0$	0	$x > 0$
Teststelle	-3		-1		1
f′(x)	–	0	+	0	–
Graph von f	↘	→	↗	→	↘

Die y-Koordinaten des Tiefpunkts T und des Hochpunkts H ergeben sich durch Einsetzen der Extremstellen in f(x).

$x = -2$: VZW von – auf +, also Tiefpunkt
$f(-2) = -(-8) - 3 \cdot 4 + 1 = -3$ $\quad T(-2\,|\,-3)$

$x = 0$: VZW von + auf –, also Hochpunkt
$f(0) = 1$ $\quad H(0\,|\,1)$

Basisaufgaben

1. Lesen Sie die Koordinaten der Hoch- und Tiefpunkte des Graphen ab. Geben Sie an, welche Art von Vorzeichenwechsel die Ableitungsfunktion an diesen Stellen hat.

a)
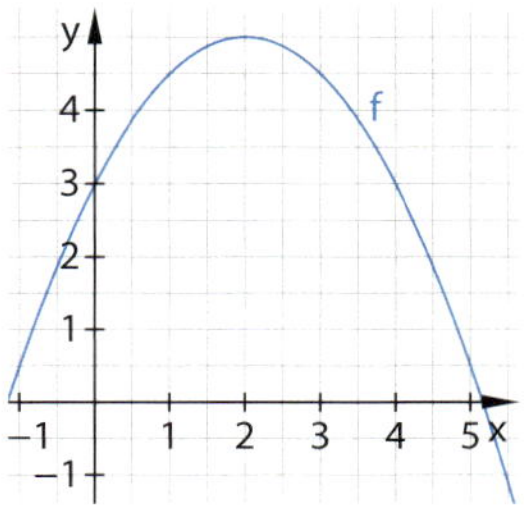

b)
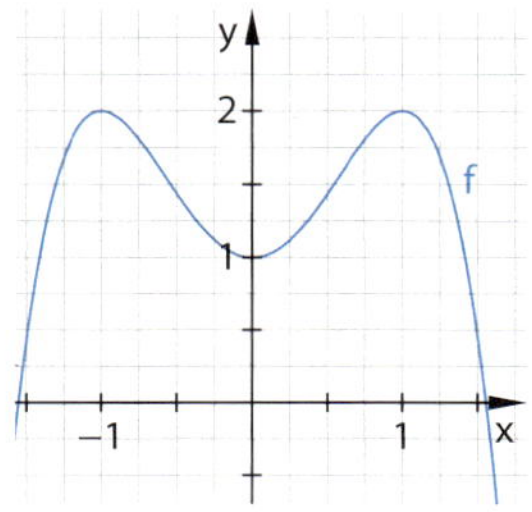

c)
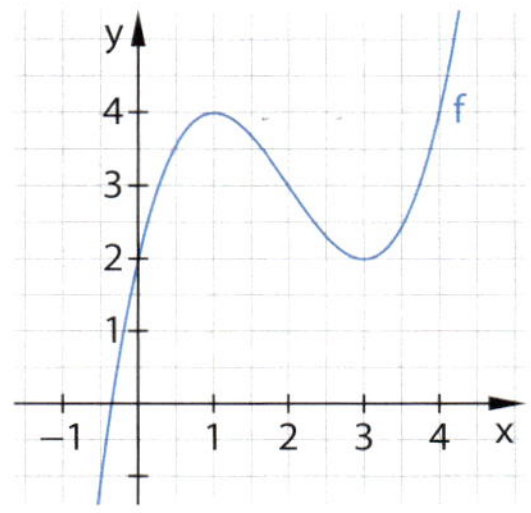

2. Skizzieren Sie den Graphen einer Funktion f mit den angegebenen Hochpunkten H und Tiefpunkten T. Geben Sie an, in welchen Intervallen f streng monoton steigend bzw. streng monoton fallend ist. Geben Sie auch an, welches Vorzeichen die Ableitung f′ jeweils hat.

a) $H(1|2), T(4|-1)$ b) $T(2|-3), H(5|1)$ c) $H_1(-2|2), T(1|1), H_2(4|6)$

3. Gegeben ist der Graph der Ableitung einer Funktion f. Bestimmen Sie die Stellen, an denen der Graph von f Hoch- oder Tiefpunkte hat.

a)
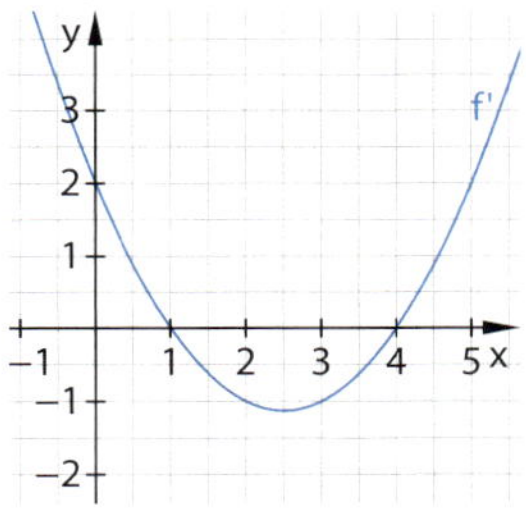

b)
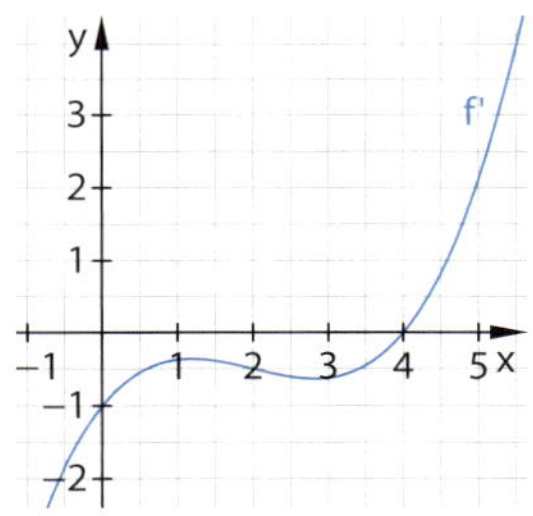

c)
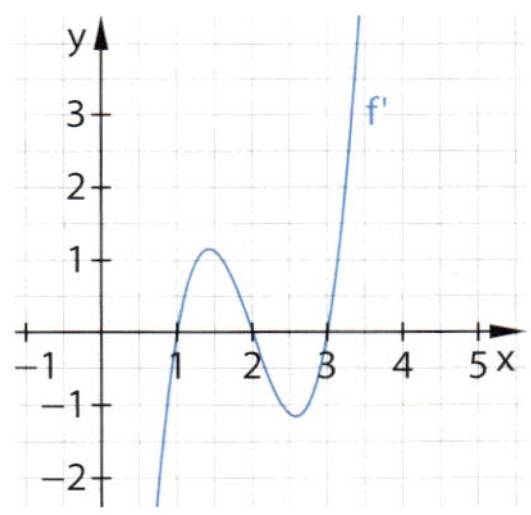

4. Bestimmen Sie die Ableitung der Funktion f und berechnen Sie mit $f'(x) = 0$ die möglichen Extremstellen von f. Überprüfen Sie anschließend mithilfe des Vorzeichenwechselkriteriums, ob an diesen Stellen ein lokales Maximum oder Minimum vorliegt.

a) $f(x) = x^2 - 8x + 15$ b) $f(x) = 2x^3 - 3x^2 - 12x + 4$

5. Bestimmen Sie die Koordinaten der Hoch- und Tiefpunkte des Graphen von f.

a) $f(x) = 3x^2 + 2$ b) $f(x) = 4x^3 - 6x^2 + 5$
c) $f(x) = x^3 - 9x^2 + 24x - 16$ d) $f(x) = -\frac{1}{2}x^3 + 6x^2 - \frac{45}{2}x + 25$

Lösungen zu 5:
Nullstellen von f′

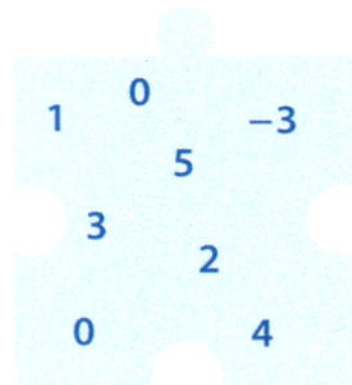

6. Bestimmen Sie die Extremstellen der Funktion sowie die zugehörigen lokalen Extrema.

a) $f(x) = x^4 - \frac{9}{2}x^2 + 3$ b) $f(x) = -x^3 - x^2 + x + 1$
c) $f(x) = \frac{1}{9}x^4 - \frac{4}{3}x^3 + 4x^2 - 4$ d) $f(x) = x - \sqrt{x}$

7. Zeigen Sie, dass der Graph der Funktion f an der Stelle $x_E = 1$ einen lokalen Extrempunkt hat. Untersuchen Sie, ob es sich um einen Hoch- oder Tiefpunkt handelt.

a) $f(x) = x^3 - 3x + 1$ b) $f(x) = -\frac{3}{2}x^4 + 2x^3 - 5$

8. Entscheiden Sie, ob der erste Sachverhalt jeweils eine notwendige, hinreichende oder keine Bedingung für den zweiten Sachverhalt ist.

a) Zur Bushaltestelle gehen/Busfahren b) Volljährigkeit/Wahlrecht
c) Regen/nasse Straße d) Licht/Pflanzenwachstum

Sattelpunkte

Hinweis:
Eine auf einem Intervall streng monoton steigende bzw. fallende Funktion kann im Intervall eine Sattelstelle (waagerechte Tangente) enthalten. So ist z. B. die Funktion f mit $f(x) = x^3$ streng monoton steigend auf $\mathbb{R}$.

Wenn f an einer Stelle zwar eine waagerechte Tangente hat ($f'(x) = 0$), sich aber das Monotonieverhalten von f nicht ändert (kein Vorzeichenwechsel von f'), so liegt an dieser Stelle kein Extrempunkt, sondern ein **Sattelpunkt**. Die x-Koordinate eines Sattelpunkts heißt **Sattelstelle**.

Bei einer Sattelstelle von f berührt der Graph der Ableitungsfunktion f' die x-Achse, schneidet sie aber nicht.

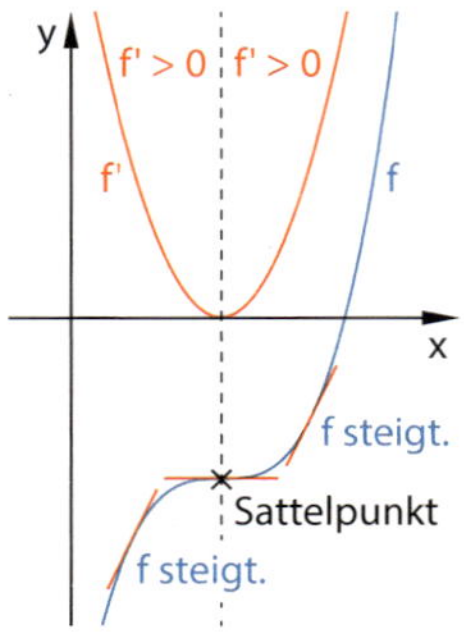

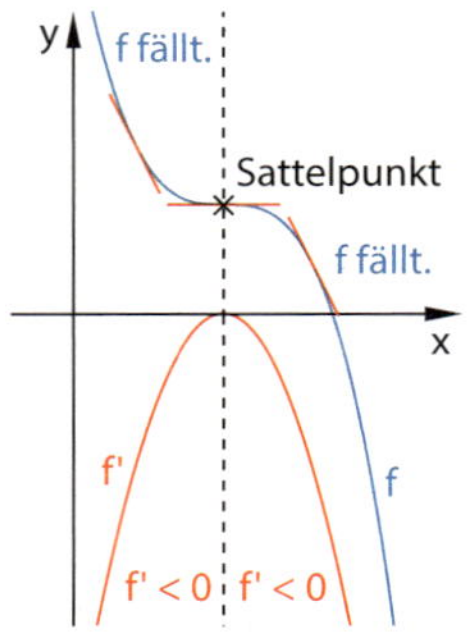

Satz: Hinreichende Bedingung für Sattelpunkte
Wenn $\mathbf{f'(x_S) = 0}$ gilt und das **Vorzeichen von f'** an der Stelle x_S **nicht** wechselt, dann hat der Graph der Funktion f an der Stelle x_S einen **Sattelpunkt**.

Beispiel 3: Untersuchen Sie die Funktion f mit $f(x) = -x^3 + 3x^2 - 3x + 3$ auf Extrem- und Sattelpunkte.

Lösung:

Bilden Sie die Ableitung.

$f(x) = -x^3 + 3x^2 - 3x + 3$
$f'(x) = -3x^2 + 6x - 3$

Die Nullstelle von f' liefert den „Kandidaten" x = 1 als mögliche Extrem- oder Sattelstelle.

$-3x^2 + 6x - 3 = 0$ also $x = 1$

Die Wertetabelle zeigt, dass bei x = 1 kein VZW stattfindet. Deshalb liegt an dieser Stelle ein Sattelpunkt vor.
Es gibt keine Extrempunkte.

	$x < 1$	1	$x > 1$
Teststelle	0		2
f'(x)	–	0	–
Graph von f	↘	→	↘

x = 1: kein VZW, also Sattelpunkt

Setzen Sie x = 1 in f(x) ein und geben Sie die Koordinaten des Sattelpunkts S an.

$f(1) = 2$ $S(1\,|\,2)$

Basisaufgaben

9. Geben Sie die Stellen an, an denen der Graph eine waagerechte Tangente hat. Geben Sie auch das Vorzeichen der Ableitung links und rechts von diesen Stellen an. Entscheiden Sie, ob sich an diesen Stellen ein Hochpunkt, Tiefpunkt oder Sattelpunkt befindet.

a)
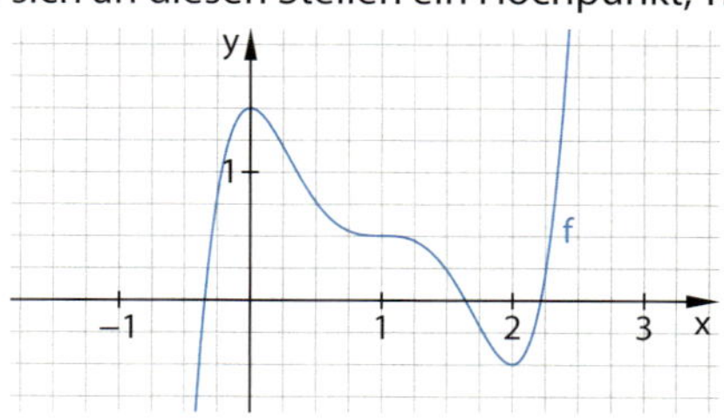

b)
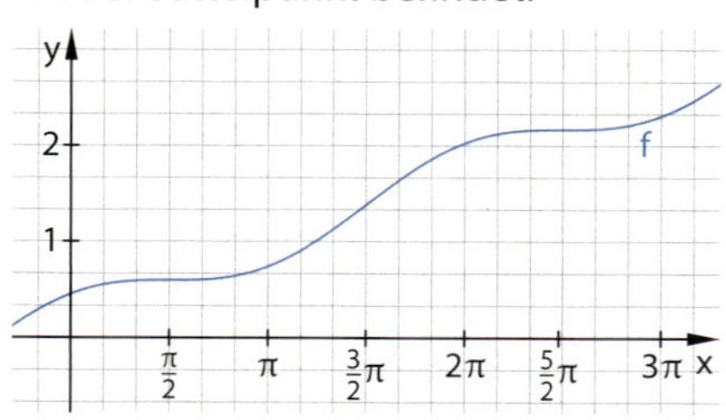

10. Skizzieren Sie den Graphen einer Funktion f mit einem Sattelpunkt bei $S(3\,|\,2)$. Geben Sie $f'(3)$ sowie das Vorzeichen der Ableitung in der Umgebung von x = 3 an.

a) f ist streng monoton steigend auf $\mathbb{R}$.
b) f ist streng monoton fallend auf $\mathbb{R}$.

11. Untersuchen Sie die Funktion auf Extrem- und Sattelstellen.

a) $f(x) = x^2 - 4$
b) $f(x) = \frac{1}{3}x^3 - 2x^2 + 4x$
c) $f(x) = x^3 + 3x^2 + 1$
d) $f(x) = \frac{1}{9}x^3 - x^2 + 3x$
e) $f(t) = t^4 - 2t^2$
f) $f(a) = -a^3 + 2{,}5a^2 + 3{,}5$
g) $f(x) = x^5 - 15x^3 - 30$
h) $f(x) = -3x^4 + 4x^3 + 8$

Lösungen zu 11:
Extrem- und Sattelstellen

0 0 3 2 3
−3 0 1
2 −1 $\frac{5}{3}$
−2 0 0
6
0

12. Bestimmen Sie die Hoch-, Tief- und Sattelpunkte des Graphen der Funktion.

a) $f(x) = \frac{1}{5}x^5 - \frac{4}{3}x^3 + 2$
b) $f(x) = 2x^3 - 6x^2 + 6x + 4$
c) $f(x) = x^3 - 6x^2 + 9x - 4$
d) $f(x) = 5x^4 - 40x^2 + 15$
e) $f(x) = 0{,}25x^3 + 15x - 1$
f) $f(x) = -\frac{1}{20}x^5 + \frac{3}{4}x^3 - 7$

13. Zeigen Sie, dass der Graph der Funktion f an der Stelle x_S einen Sattelpunkt hat. Geben Sie die Koordinaten des Sattelpunkts an.

a) $f(x) = x^3 - 3x^2 + 3x + 2; \quad x_S = 1$
b) $f(x) = 2x^7 - 4x^5 + 1; \quad x_S = 0$

14. Erläutern Sie, welches Monotonieverhalten eine Funktion links und rechts ihrer Hoch-, Tief- und Sattelpunkte hat. Erstellen Sie dazu eine Übersichtstabelle.

Weiterführende Aufgaben

15. Die Funktion g mit $g(x) = -20x^3 + 240x^2 - 420x - 760$ gibt den täglichen Gewinn eines Unternehmens in Euro an, wenn ihr Produkt in der Stückzahl x produziert wird.

a) Berechnen Sie den monatlichen Gewinn des Unternehmens, wenn täglich eine Stückzahl von $x = 5$ hergestellt wird.
b) Berechnen Sie die Stückzahl x, für die das Unternehmen maximalen Gewinn erreicht. Geben Sie den maximalen Gewinn an.

16. Gegeben ist der Graph einer Ableitungsfunktion von f. Geben Sie an, an welchen Stellen f Hoch-, Tief- bzw. Sattelpunkte hat. Übertragen Sie den Graphen von f' in ein Koordinatensystem und skizzieren Sie dort einen möglichen Graphen einer Ausgangsfunktion f.

a)
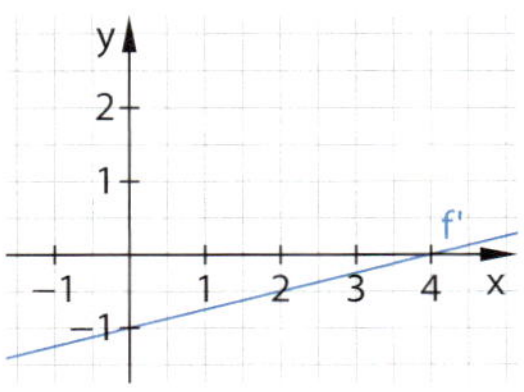

b)
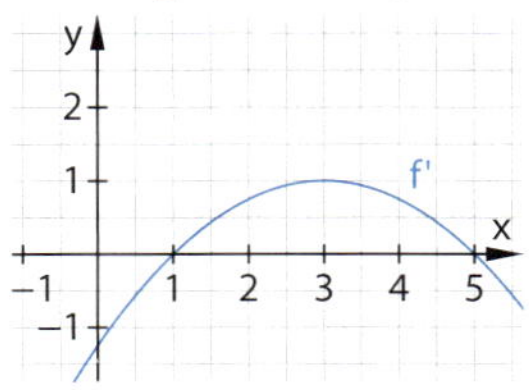

c)
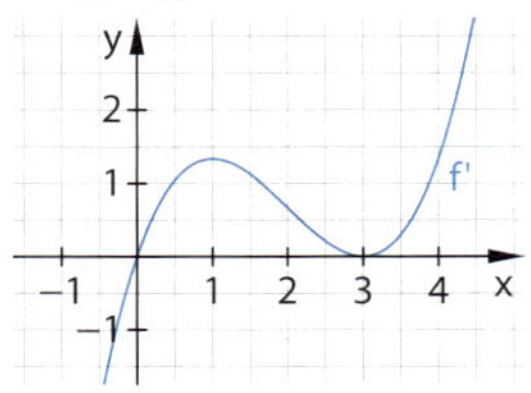

17. Begründen Sie anschaulich, dass eine ganzrationale Funktion keine zwei Hochpunkte haben kann, ohne dass dazwischen ein Tiefpunkt liegt, und umgekehrt.

18. **Stolperstelle:** Entscheiden Sie, ob die Aussage wahr oder falsch ist. Begründen Sie sie, falls die Aussage wahr ist, und geben Sie ein Gegenbeispiel an, falls sie falsch ist.

a) Wenn $f'(a) = 0$ ist, dann ist a lokale Extremstelle von f.
b) Bei einem Sattelpunkt hat der Funktionsgraph eine waagerechte Tangente.
c) Die Ableitungsfunktion f' hat Nullstellen an den lokalen Extremstellen von f.
d) Wenn die Funktion f keine Extremstellen hat, dann hat f' keine Nullstellen.
e) An den Stellen mit waagerechter Tangente hat der Graph Sattelpunkte.
f) Wenn a lokale Extremstelle von f ist, dann ist $f'(a) = 0$.

19. Das Bild zeigt den Graphen von f mit $f(x) = -0{,}5x^5 + 2x^4 + 0{,}5x^3 - 8x^2 + 6x - 2$.
Nina sagt: *„Die Punkte A, B und C sind die Hoch-und Tiefpunkte des Graphen."*
Marielle antwortet: *„Da fehlt noch mindestens ein lokaler Extrempunkt."*
Begründen Sie, weshalb Marielle recht hat, und erklären Sie, ob ein Hoch- oder Tiefpunkt fehlt.

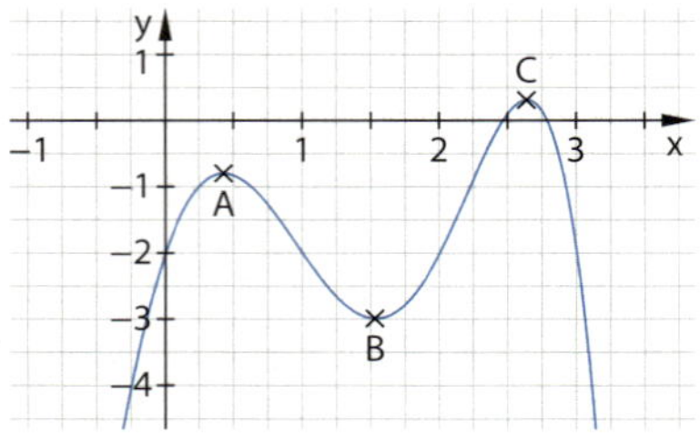

20. Skizzieren Sie einen passenden Graphen einer ganzrationalen Funktion. Überlegen Sie, welchen Einfluss der Grad auf das Verhalten des Graphen für $x \to \pm\infty$ hat.
a) Grad 3, Tiefpunkt bei $T(0|0)$, Hochpunkt bei $H(4|1)$
b) Grad 3, lokales Minimum -3 bei $x = 2$
c) Grad 4, Hochpunkt bei $H(2|6)$, lokales Minimum bei $x = 4$

21. Weisen Sie rechnerisch nach, dass die Funktionen f und g mit $f(x) = \sqrt{x}$ und $g(x) = \frac{1}{x}$ weder lokale Extrempunkte noch Sattelpunkte haben. Skizzieren Sie zur Kontrolle die Graphen.

Hinweis zu 22:
Beim Ableiten werden die Parameter a und b wie Konstanten behandelt.

22. Gegeben ist die Funktion f mit $f(x) = x^4 - 4ax^3 + 6a^2x^2 - 4a^3x + a^4 + b$. Weisen Sie nach, dass der Graph von f den Tiefpunkt $T(a|b)$ hat.

23. Begründen Sie die Gültigkeit der Aussage für eine ganzrationale Funktion n-ten Grades.
a) Die Funktion hat höchstens $n - 1$ lokale Extremstellen.
b) Die Funktion hat höchstens eine Nullstelle mehr als lokale Extremstellen.

24. Gegeben sind die beiden Funktionen f mit $f(x) = 2x^3 - 4x^2 + x + 8$ und g mit $g(x) = 2x^3 - x^2 - 2x + 2$.
a) Berechnen Sie die Schnittpunkte der beiden Funktionsgraphen.
● b) Berechnen Sie, an welcher Stelle zwischen den beiden Schnittpunkten der vertikale Abstand der Funktionsgraphen am größten ist.

Hinweis zu 24b:
Stellen Sie zuerst eine Funktion auf, die den vertikalen Abstand an einer beliebigen Stelle x beschreibt.

25. Die Kosten für die tägliche Herstellung der Menge x eines Produktes lassen sich durch die Funktion k mit $k(x) = \frac{1}{1500}x^3 - \frac{7}{500}x^2 + \frac{1006}{125}x + 400$ beschreiben. Auf der x-Achse bedeutet dabei eine Einheit 200 hergestellte Stücke, auf der y-Achse ist die Einheit €.
a) Bestimmen Sie die Fixkosten.
b) In der Firma können täglich maximal 40 000 Teile hergestellt werden. Geben Sie den zugehörigen Definitionsbereich für x an.
c) 200 Teile werden jeweils als Einheit für 50 € verkauft. Geben Sie eine Funktion e(x) an, mit der sich die täglichen Einnahmen berechnen lassen.
d) Der Gewinn der Firma berechnet sich aus der Differenz von Einnahmen und Kosten. Geben Sie eine Funktion g(x) an, mit der sich der tägliche Gewinn berechnen lässt.
e) Bestimmen Sie, bei welcher Produktionsmenge der Gewinn maximal ist. Geben Sie den maximalen Gewinn an.

● **26.** Ein Architekt plant ein Gewächshaus, dessen parabelförmige Bögen aus Stahl die Form des Funktionsgraphen von f mit $f(x) = -0{,}3x^2 + \frac{8}{3}x$ haben, wenn die x-Achse den Erdboden beschreibt.
a) Berechnen Sie die Höhe des Gewächshauses.
b) Berechnen Sie den Winkel, den die Stahlbögen mit dem Erdboden bilden.

CAS **27.** Die elektrische Leitfähigkeit f der Schwefelsäure in einer Autobatterie ist von der Konzentration abhängig. Bei einer Temperatur von 18 °C gilt für die Konzentration x in $\frac{\text{mol}}{\ell}$ zwischen 0 und 0,6:
$f(x) = -4{,}6x^4 + 13{,}75x^3 - 15{,}2x^2 + 5{,}9x$

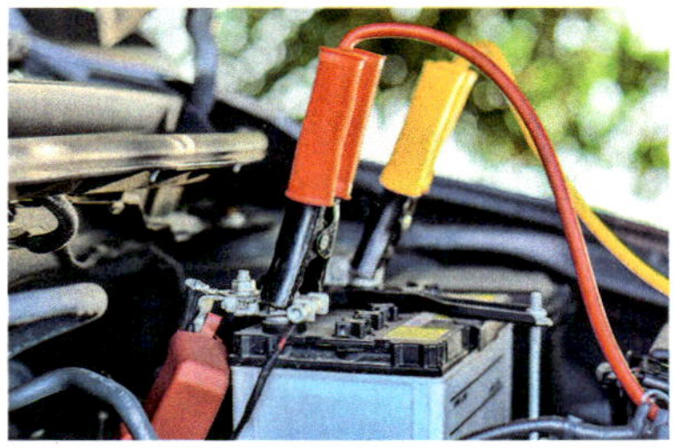

a) Stellen Sie den Graphen der Funktion mit dem CAS dar und geben Sie an, bei welcher Konzentration die Leitfähigkeit am größten ist.
b) Setzen Sie den Wert, den Sie als Extremstelle in a) notiert haben, in die Ableitung von f ein. Erläutern Sie, warum das Ergebnis nicht exakt 0 ist.

● **28.** Lena nimmt um 8 Uhr morgens ein Vitamin-D-Präparat ein. Die Vitamin-D-Konzentration im Blut nach Einnahme dieses Präparats wird durch die Funktion $f(t) = \frac{7}{36}t^3 - \frac{7}{2}t^2 + \frac{63}{4}t + c$ beschrieben (t in Stunden, f(t) in µg/ℓ).

a) Der Vitamin-D-Spiegel zu Einnahmebeginn beträgt 18 µg/ℓ. Bestimmen Sie den Parameter c in der Funktionsgleichung von f so, dass diese den Verlauf von Lenas Vitamin-D-Spiegel beschreibt.
b) Bestimmen Sie, wie lange es dauert, bis das Präparat seine maximale Wirkung erreicht. Geben Sie die Höhe der maximalen Vitamin-D-Konzentration an.
c) Ermitteln Sie, nach wie vielen Stunden der Vitamin-D-Spiegel in Lenas Blut wieder auf seinen anfänglichen Wert gesunken ist. Leiten Sie daraus eine sinnvolle Angabe für den Definitionsbereich von f ab.
d) Anna nimmt dasselbe Präparat um 10 Uhr morgens ein. Ihr Vitamin-D-Spiegel ist zu Einnahmebeginn um 25 % höher als Lenas. Bestimmen Sie eine geeignete Funktion g, die die Vitamin-D-Konzentration in Annas Blut beschreibt.
Wiederholen Sie die Berechnungen aus b) und c) für Annas Vitamin-D-Spiegel.
e) Skizzieren Sie die Graphen von f und g in einem sinnvollen Bereich in ein gemeinsames Koordinatensystem. Beschreiben Sie, wie der Graph von g aus dem Graphen von f hervorgeht, und begründen Sie dies im Sachzusammenhang.

● **29.** Beurteilen Sie folgende Aussage: „Der Graph einer auf ganz ℝ streng monoton steigenden Funktion kann keine Sattelstelle haben."

● **30.** Überprüfen Sie die folgende Aussage: Eine ganzrationale Funktion, deren Graph achsensymmetrisch zur y-Achse ist, hat an der Stelle x = 0 ein lokales Extremum. Begründen Sie dies, falls die Aussage stimmt, oder geben Sie ein Gegenbeispiel an, falls sie nicht stimmt.

● **31. Ausblick: Parameteraufgaben**

a) Gegeben ist die Funktion f mit $f(x) = x^3 + 3x^2 - bx + c$.
① Bestimmen Sie b so, dass $x = 1$ und $x = -3$ Extremstellen sind.
② Bestimmen Sie anschließend c so, dass der Tiefpunkt die y-Koordinate −8 hat.
③ Geben Sie an, für welche Werte von b die Funktion f keine Extremstellen hat.
b) Die Funktion f hat die Funktionsgleichung $f(x) = \frac{1}{4}x^4 - \frac{a}{3}x^3 + \frac{1}{2}x^2$ mit $a \in \mathbb{R}$.
① Untersuchen Sie die Funktion f für $a = -2$ auf Extrem- und Sattelstellen.
② Bestimmen Sie a so, dass die Funktion f genau eine Extremstelle hat.
③ Bestimmen Sie a so, dass f die größtmögliche Anzahl von Extremstellen hat.

2.6 Globale Extrema

■ Die Funktion h mit $h(t) = \frac{1}{18}t^3 - \frac{1}{3}t^2 + \frac{1}{2}t + 3$ beschreibt den Wasserstand in einem Regenbecken in der Zeit von 0 bis 5 Uhr (t: Uhrzeit in Stunden; h(t): Wasserhöhe in Meter).
a) Bestimmen Sie die lokalen Extrema von h.
b) Berechnen Sie f(0) und f(5).
c) Nutzen Sie die Ergebnisse von a) und b), um den höchsten und den niedrigsten Wasserstand im Zeitraum von 0 bis 5 Uhr anzugeben. ■

Extremstellen, die man über die Nullstellenbestimmung der ersten Ableitung einer Funktion f findet, liefern lokale Maxima bzw. Minima, in deren unmittelbarer Umgebung keine größeren bzw. kleineren Funktionswerte auftreten. Der größte bzw. kleinste Funktionswert von f im gesamten Definitionsbereich wird als **globales Maximum** bzw. **globales Minimum** von f bezeichnet.

Definition: Globales Maximum und Minimum
Ist f(x) der größte bzw. kleinste Funktionswert im Definitionsbereich einer Funktion f, so ist f(x) das **globale Maximum** bzw. **globale Minimum** von f.

Erinnerung:
Eine Funktion heißt **differenzierbar**, wenn ihre Ableitung existiert.

Ist die Funktion auf ganz $\mathbb{R}$ definiert, so hängt die Existenz des globalen Maximums bzw. Minimums vom Globalverhalten der Funktion ab. Eine auf einem Intervall [a; b] definierte differenzierbare Funktion hingegen hat stets ein globales Maximum und Minimum – es ist entweder das größte lokale Maximum bzw. das kleinste lokale Minimum oder wird am Intervallrand angenommen (**Randextremum**).

Erinnerung:
Das **Intervall** [a; b] mit $a < b$ ist die Menge aller reellen Zahlen x mit $a \le x \le b$.

Definitionsbereich: $\mathbb{R}$

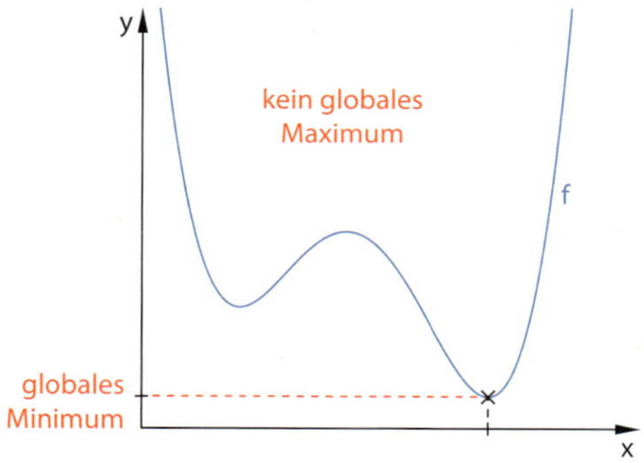

Das globale Minimum entspricht dem kleinsten lokalen Minimum von f.
Das globale Maximum existiert nicht, da f wegen $f(x) \to \infty$ für $x \to \pm\infty$ keinen größten Funktionswert hat.

Definitionsbereich: [a; b]

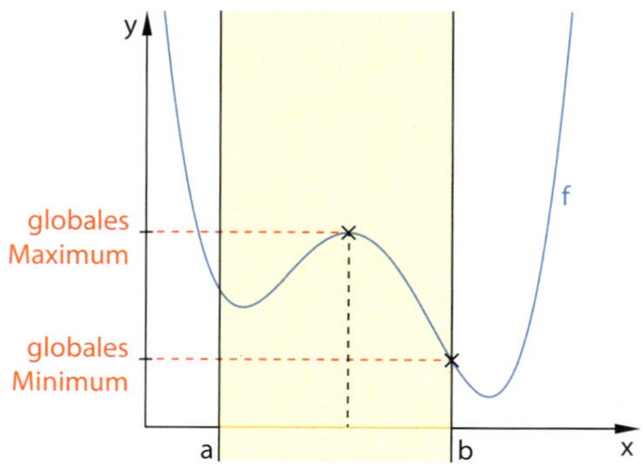

Das globale Minimum wird am Intervallrand b angenommen, da f dort den kleinsten Funktionswert auf [a; b] hat.
Das globale Maximum entspricht dem lokalen Maximum von f.

Satz: Globale Extrema auf Intervallen
Ist die Funktion f auf einem Intervall [a; b] differenzierbar, dann existieren ein **globales Maximum** und ein **globales Minimum** von f auf [a; b]. Die globalen Extrema von f auf [a; b] sind entweder lokale Extrema von f oder Randextrema.

Beispiel: Gegeben ist die Funktion f mit
$f(x) = \frac{1}{4}x^4 - \frac{5}{3}x^3 + 3x^2$.

a) Bestimmen Sie alle lokalen Maxima und Minima von f.
b) Erläutern Sie, ob die Funktion f ein globales Maximum oder Minimum auf $\mathbb{R}$ hat. Falls ja, geben Sie es an.

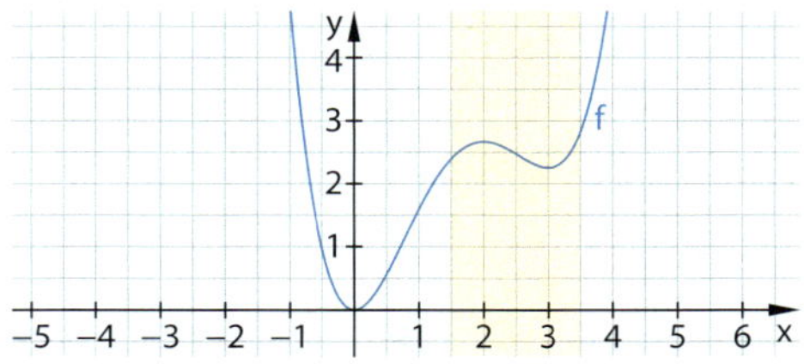

c) Bestimmen Sie das globale Maximum und Minimum von f auf dem Intervall $I = [1{,}5; 3{,}5]$.

Lösung:

a) Bestimmen Sie mithilfe der Nullstellen der ersten Ableitung und dem VZW-Kriterium die lokalen Extremstellen von f.

$f'(x) = x^3 - 5x^2 + 3x$
$f'(x) = 0$ ergibt $x_1 = 0$, $x_2 = 2$ und $x_3 = 3$.
Einsetzen von Teststellen ergibt
$x_1 = 0$: VZW von – auf +, also Tiefpunkt
$x_2 = 2$: VZW von + auf –, also Hochpunkt
$x_3 = 3$: VZW von – auf +, also Tiefpunkt

Die lokalen Maxima und Minima sind die Funktionswerte der Extremstellen.

lokales Maximum: $f(2) \approx 2{,}67$
lokale Minima: $f(0) = 0$ und $f(3) \approx 2{,}25$

b) Aufgrund des Globalverhaltens hat f keinen größten Funktionswert auf $\mathbb{R}$.
Das globale Minimum von f ist das kleinere lokale Minimum.

Das globale Maximum existiert nicht, da $f(x) \to \infty$ für $x \to \pm\infty$.
globales Minimum: 0

c) Bestimmen Sie die Funktionswerte an den Intervallrändern und vergleichen Sie diese mit den lokalen Maxima und Minima, deren x-Werte innerhalb des Intervalls liegen.

Randwerte: $f(1{,}5) = 2{,}39$ $f(3{,}5) = 2{,}81$
$2{,}81 > 2{,}67 > 2{,}39 > 2{,}25$
globales Maximum: 2,81 (Randextremum)
globales Minimum: 2,25 (lokales Minimum)

Basisaufgaben

1. Lesen Sie alle Hoch- und Tiefpunkte ab und geben Sie das globale Maximum oder Minimum an, falls es existiert. Geben Sie weiterhin das globale Maximum und Minimum mit den zugehörigen x-Werten auf dem Intervall I an.

a) $I = [-2; 5]$

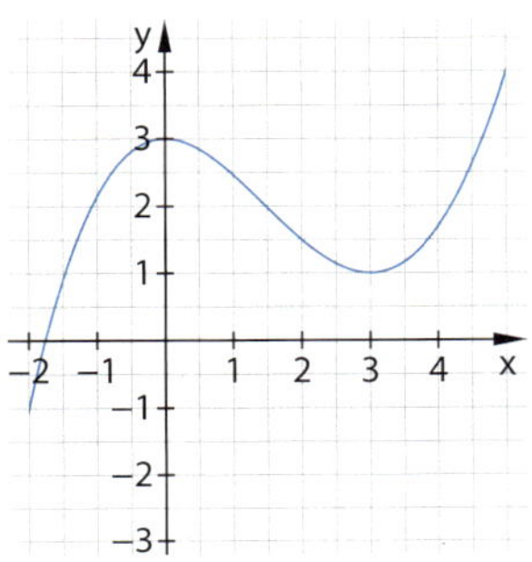

b) $I = [-4{,}2; 3]$

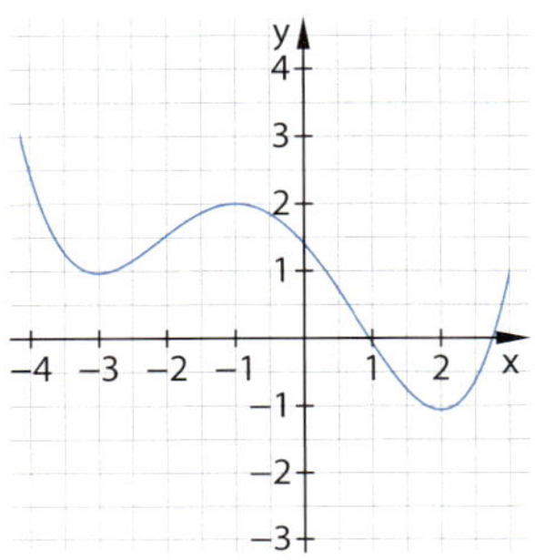

c) $I = [-5; 1]$

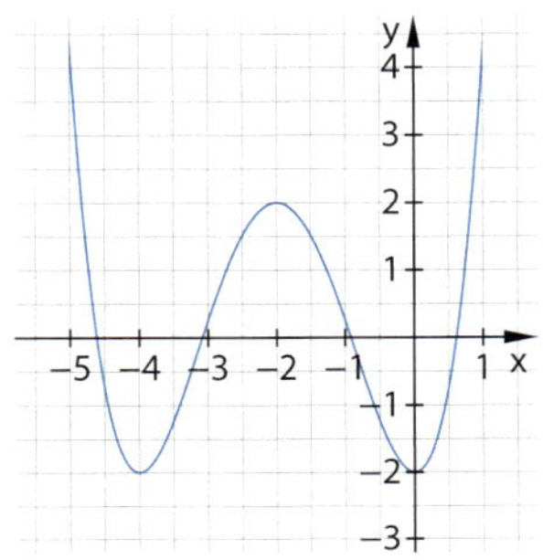

2. Gegeben ist die Funktion f mit $f(x) = x^3 - 3x + 2$
Bestimmen Sie erst die lokalen und dann die globalen Extrema von f auf dem Intervall [0; 2]. Geben Sie auch die zugehörigen x-Werte an..

3. Skizzieren Sie einen passenden Graphen einer ganzrationalen Funktion. Überlegen Sie, welchen Einfluss der Grad auf das Verhalten des Graphen für $x \to \pm\infty$ hat.

a) Grad 2, globales Maximum 5 bei $x = -1$
b) Grad 3, lokales Minimum -3 bei $x = 2$
c) Grad 4, Tiefpunkt bei $T(3\,|\,0)$, lokales Maximum 3 und globales Maximum 5

4. Gegeben ist die Funktion f mit $f(x) = -x^3 + 9x^2 - 24x + 22$.

a) Bestimmen Sie alle lokalen Maxima und Minima von f.
b) Begründen Sie, dass f kein globales Maximum oder Minimum auf $\mathbb{R}$ hat.
c) Ermitteln Sie die globalen Maxima und Minima von f auf den Intervallen.
① $[0; 6]$ ② $[1; 6]$ ③ $[1{,}5; 4{,}5]$ ④ $[2{,}5; 3{,}5]$

Lösungen zu 5:

−3 1 16
2 −16 −7
−12 5
1 3 −16
−4 11

5. Bestimmen Sie das globale Maximum und Minimum von f auf dem Intervall I.

a) $f(x) = x^2 - 2x + 2$ $I = [0; 3]$
b) $f(x) = x^2 - 2x + 2$ $I = [1; 2]$
c) $f(x) = -x^2 + 4x - 7$ $I = [1; 4]$
d) $f(x) = -x^2 + 4x - 7$ $I = [3; 5]$
e) $f(x) = x^3 - 12x$ $I = [-1; 3]$
f) $f(x) = x^3 - 12x$ $I = [-4; 3]$

6. Skizzieren Sie einen Funktionsgraphen mit den angegebenen Eigenschaften im Intervall $[-1; 6]$. Vergleichen Sie Ihre Ergebnisse mit Ihrem Nachbarn und benennen Sie gegebenenfalls weitere besonderen Punkte.

a) globales Maximum an der Stelle 0, globales Minimum an der Stelle 4
b) lokale Maxima an den Stellen 1 und 4, globales Maximum an der Stelle 6
c) globales Minimum am Rand des Intervalls, globales Maximum bei $x = 2$ und Schnitt mit der x-Achse bei 1
d) Tiefpunkt bei $T(1\,|\,3)$, globales Maximum 4 und globales Minimum -1

7. Geben Sie für die angegebenen globalen Extrema der abgebildeten Funktion mindestens ein passendes Intervall an.

	globales Maximum	globales Minimum
a)	2	−0,5
b)	1	−0,5
c)	1	−1,5
d)	5	2

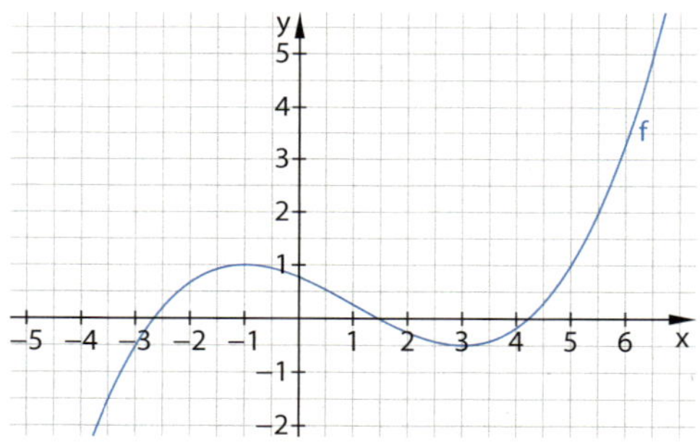

Weiterführende Aufgaben

8. **Stolperstelle:** Der Graph der Funktion f mit $f(x) = -0{,}5x^5 + 2x^4 + 0{,}5x^3 - 8x^2 + 6x - 2$ wurde mit dem CAS analysiert. Nehmen Sie Stellung zu den Schüleraussagen.

a) Marie: *„Bei x = 0,425 hat f ein globales Maximum."*
b) Gina: *„Das globale Minimum von f auf dem Intervall [0; 4] ist −2,99."*
c) Rudi: *Auf jedem Intervall, das x = 2,64 enthält, hat f das globale Maximum 0,314."*

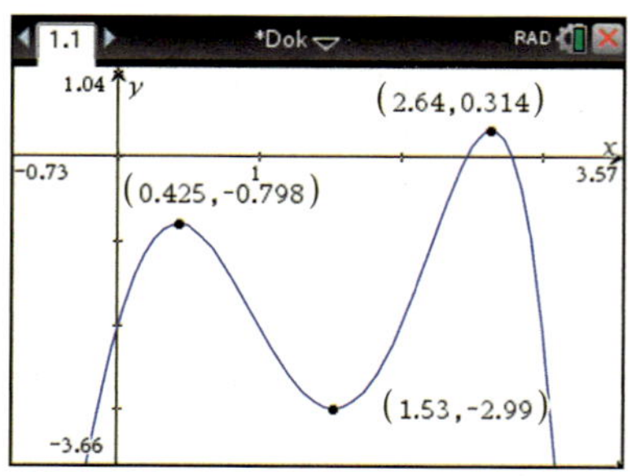

CAS **9.** Zeichnen Sie den Graphen der Funktion f mit $f(x) = -x^4 + \frac{21}{2}x^2 + \frac{1}{2}x$ mit dem CAS.
a) Bestimmen Sie mithilfe des CAS die Hoch- und Tiefpunkte.
b) Geben Sie zwei verschiedene Intervalle mit jeweils unterschiedlichen globalen Maxima und Minima an.

10. Skizzieren Sie den Graphen einer Funktion f und geben Sie ein Intervall [a; b] mit $a, b \in \mathbb{R}$ an, sodass f auf dem Intervall die angegebenen Eigenschaften hat.
a) Der Graph von f hat einen Hoch- und einen Tiefpunkt. Das globale Minimum und das globale Maximum werden auf den Intervallrändern a und b angenommen.
b) Der Graph von f hat einen Sattelpunkt, an beiden Intervallrändern liegen globale Minima vor.
c) Der Graph von f hat genau zwei lokale Extrempunkte. Das globale Minimum und das globale Maximum werden nicht auf den Intervallrändern angenommen.
d) Der Graph von f hat genau einen lokalen Extrempunkt im Intervall [a; b], das globale Maximum liegt auf einem Intervallrand, das globale Minimum nicht.
e) Es ist möglich, einen gemeinsamen Graphen zu a) bis d) zu finden. Skizzieren Sie einen solchen Graphen und geben Sie zu jeder Teilaufgabe a) bis d) ein Intervall an, sodass die angegebenen Eigenschaften erfüllt werden.

● **11.** Aus schmalen parallel zum Ufer verlegten Holzlatten soll ein Steg gebaut werden, der eine geschwungene Form aufweist und 1,5 m weit auf das Wasser ragt. Die krummlinigen Ränder des Stegs werden beschrieben durch die Funktionen f und g mit $f(x) = \frac{5}{2}x^3 - 4x^2 + x + 5$ und $g(x) = 2x^3 - 7x^2 + \frac{17}{2}x$. Bestimmen Sie die maximale und minimale Länge der Holzlatten, wenn beim Verlegen der Latten nicht gestückelt werden soll.

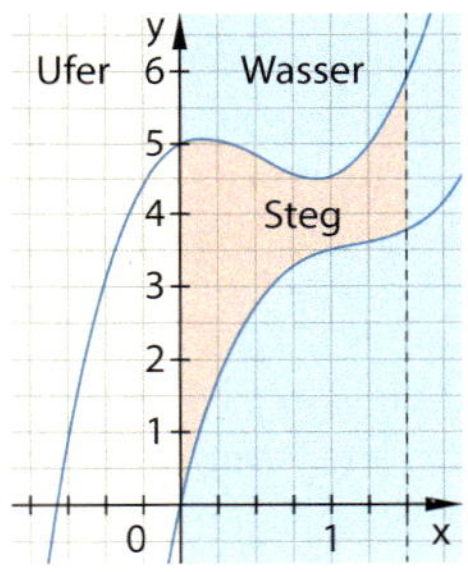

12. Bei der Produktion von Zahnrädern wird der prognostizierte tägliche Gewinn durch die Funktion f mit $f(x) = x^3 - 16{,}5x^2 + 84x - 100$ beschrieben. Hierbei ist x die Warenmenge in 100 Kartons à 20 Zahnrädern und f(x) gibt den täglichen Gewinn in 100 € an. Die maximale Produktionskapazität der Firma beträgt 18 000 Zahnräder pro Tag.
a) Geben Sie f(0) an und beschreiben Sie die Bedeutung im Sachzusammenhang.
b) Berechnen Sie die lokalen Extrema von f in dem betrachteten Bereich.
c) Bestimmen Sie den maximalen Gewinn, der pro Tag erreicht werden kann.

13. Existenz eines globalen Maximums und Minimums auf $\mathbb{R}$:
a) Begründen Sie, dass es keine ganzrationale Funktion mit Grad $n \geq 1$ gibt, die auf $\mathbb{R}$ sowohl ein globales Maximum als auch ein globales Minimum hat.
b) Erläutern Sie, weshalb ganzrationale Funktionen mit geradem Grad auf $\mathbb{R}$ mindestens ein globales Maximum oder Minimum haben müssen.
c) Geben Sie je zwei Beispiele ganzrationaler Funktionen mit folgender Eigenschaft an.
① Es gibt auf $\mathbb{R}$ ein globales Minimum, aber kein globales Maximum.
② Es gibt auf $\mathbb{R}$ ein globales Maximum, aber kein globales Minimum.
③ Es gibt auf $\mathbb{R}$ weder ein globales Minimum noch ein globales Maximum.

● **14. Ausblick:** Ermitteln Sie die Koordinaten derjenigen Punkte $P(x \mid f(x))$ des Graphen der Funktion f, die von dem vorgegebenen Punkt $Q(a \mid b)$ den kleinsten Abstand haben. Nutzen Sie hierfür die **Abstandsfunktion** d mit $d(x) = \sqrt{(x-a)^2 + (f(x) - b)^2}$.
a) $Q(0 \mid 0)$; $f(x) = -\frac{1}{2}x + 3$ b) $Q(4 \mid 3)$; $f(x) = -\frac{1}{2}x + 3$ c) $Q(1 \mid 0)$; $f(x) = 2x$

Hinweis zu 14:
Die Abstandsfunktion d wird an denselben Stellen extremal wie die Funktion $D = d^2$.

2.7 Krümmung

■ Der Graph der Funktion f mit der Funktionsgleichung $f(x) = -\frac{1}{20}(x^3 - 9x^2 + 17x - 27)$ stellt den Verlauf einer Straße aus der Vogelperspektive dar. Ermitteln Sie die Bereiche, in denen der Fahrradfahrer eine Links- bzw. Rechtskurve durchfährt.
Beschreiben Sie auch den Graphen der Ableitungsfunktion f′ in diesen Bereichen. ■

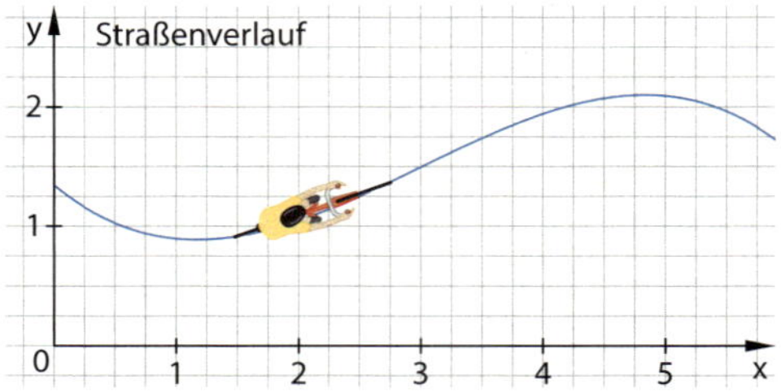

Nimmt in einem Intervall die Steigung eines Graphen von f stetig zu, so stellt man fest, dass der Graph von f dort eine Linkskrümmung hat.
Umgekehrt ist ein Graph, dessen Steigung kleiner wird, rechtsgekrümmt.

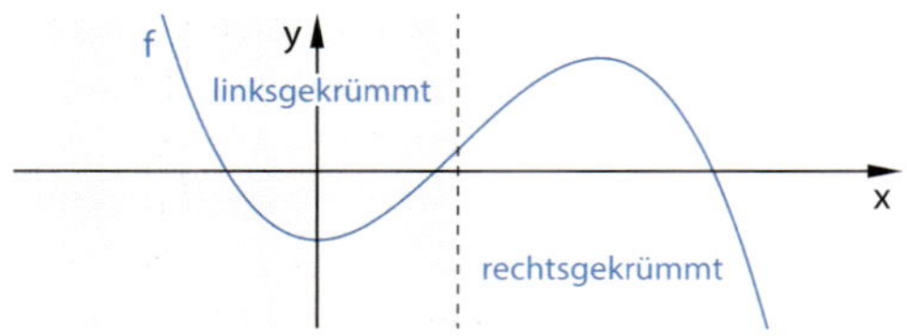

Die Steigung wird durch die Ableitung f′ beschrieben. Bei einer Linkskrümmung des Graphen von f ist die Ableitung f′ streng monoton steigend.
Ist der Graph von f hingegen rechtsgekrümmt, so ist f′ streng monoton fallend.

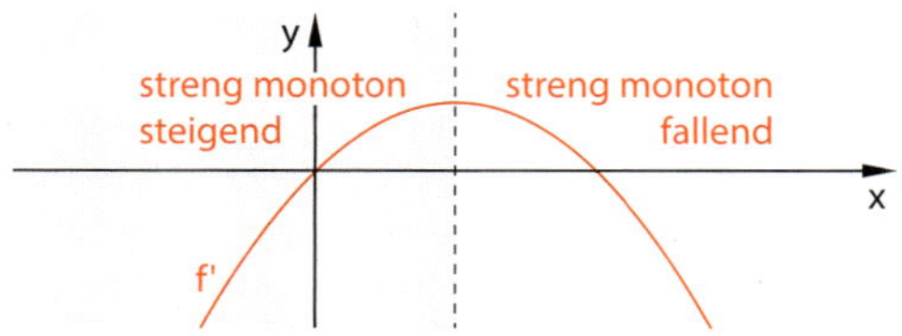

Die Änderung der Steigung wird durch die Ableitung von f′ beschrieben. Sie heißt **zweite Ableitung f″**.
f′ ist streng monoton steigend bzw. fallend, wenn die Ableitung von f′, also f″, größer als 0 bzw. kleiner als 0 ist.

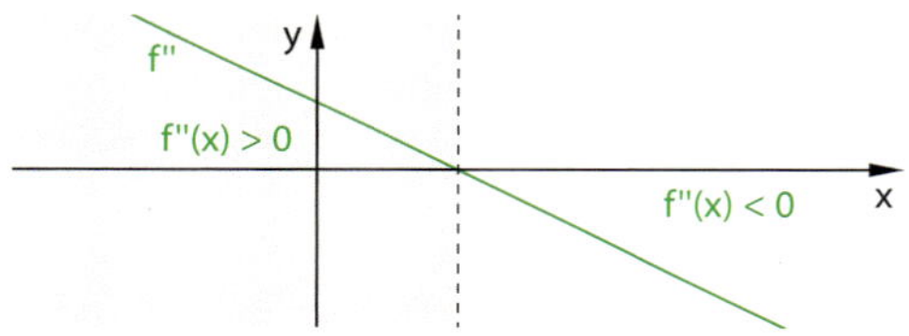

Satz: Krümmungsverhalten
- Gilt $f''(x) > 0$ für alle x aus dem Intervall I, so ist der Graph der Funktion f auf I **linksgekrümmt**, er beschreibt eine **Linkskurve**.
- Gilt $f''(x) < 0$ für alle x aus dem Intervall I, so ist der Graph der Funktion f auf I **rechtsgekrümmt**, er beschreibt eine **Rechtskurve**.

Beispiel 1: Untersuchen Sie die Funktion f mit $f(x) = x^3 - 3x^2$ mithilfe der zweiten Ableitung auf ihr Krümmungsverhalten.

Lösung:

Bilden Sie die erste und die zweite Ableitung von f.	$f(x) = x^3 - 3x^2$ $f'(x) = 3x^2 - 6x$ $\quad f''(x) = 6x - 6$
Berechnen Sie die Nullstelle von f″.	$6x - 6 = 0$ also $x = 1$
Die Nullstelle von f″ teilt den Definitionsbereich von f in zwei Krümmungsintervalle auf.	$x < 1$: $f''(0) = 6 \cdot 0 - 6 = -6 < 0$ Der Graph ist für $x < 1$ rechtsgekrümmt.
Aus jedem Intervall wird eine Teststelle (0 und 4) in $f''(x)$ eingesetzt. Das Vorzeichen gibt das Krümmungsverhalten von f an.	$x > 1$: $f''(4) = 6 \cdot 4 - 6 = 18 > 0$ Der Graph ist für $x > 1$ linksgekrümmt.

Hinweis:
Die Ableitung f′ einer Funktion f wird auch als erste Ableitung bezeichnet.

Basisaufgaben

1. Geben Sie an, auf welchen Intervallen der Graph der Funktion f linksgekrümmt bzw. rechtsgekrümmt ist.

a) 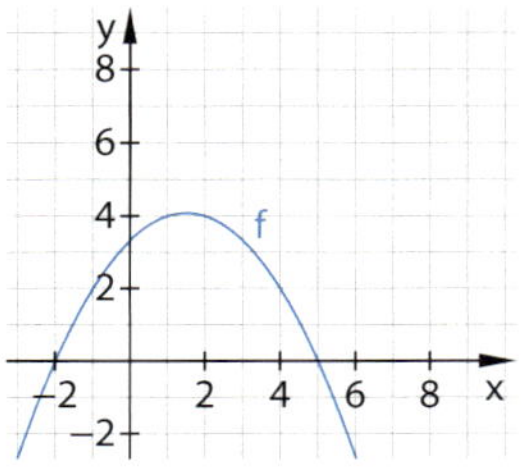

b) 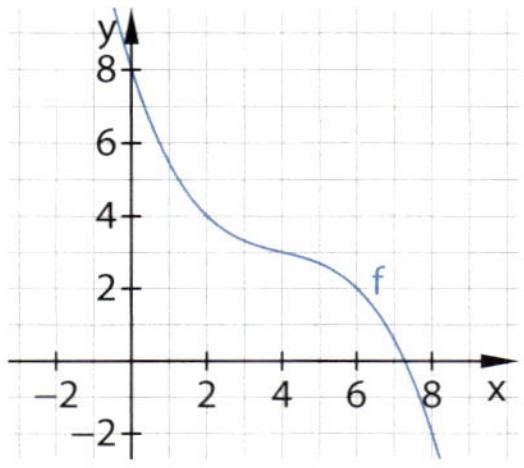

c) 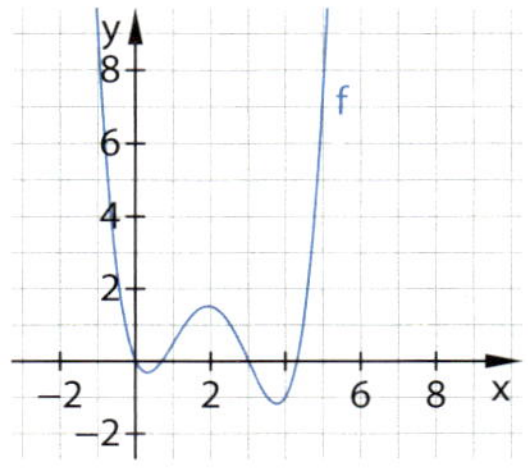

2. Zeichnen Sie einen Funktionsgraphen, der für $x < -4$ sowie $x > 1$ linksgekrümmt und für $-4 < x < 1$ rechtsgekrümmt ist.

3. Die Abbildung zeigt den Graphen der zweiten Ableitung der Funktion f. Geben Sie an, auf welchen Intervallen der Graph von f linksgekrümmt bzw. rechtsgekrümmt ist.

a) 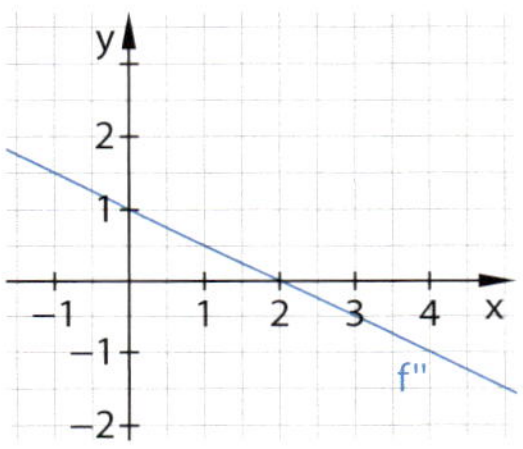

b) 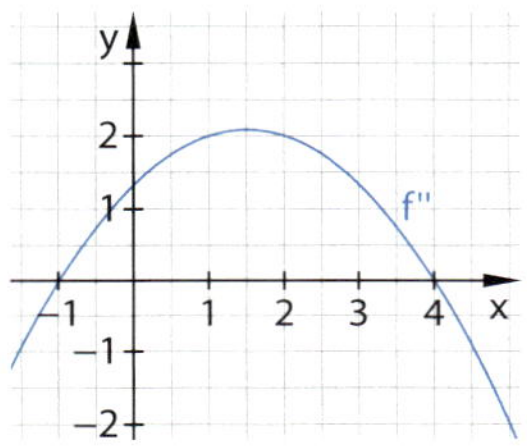

c) 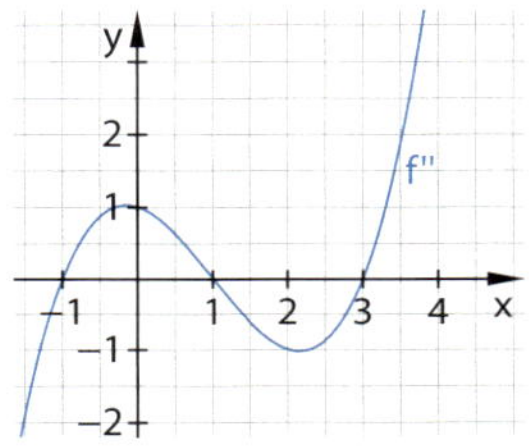

4. Bestimmen Sie die erste und zweite Ableitung der Funktion f.

a) $f(x) = x^3 - 2x^2 + 5x - 1$ b) $f(x) = -x^4 - 2x^3 + 8x$ c) $f(x) = \frac{1}{x}$

5. Berechnen Sie die Nullstellen der zweiten Ableitung und bestimmen Sie das Krümmungsverhalten des Graphen von f.

a) $f(x) = \frac{1}{2}x^3 - 3x^2 + 3x - 6$ b) $f(x) = -\frac{1}{2}x^2 + 7x - 18$ c) $f(x) = \frac{1}{3}x^4 - 2x^2 + 4x$

d) $f(x) = 0{,}25x^5 + 10x - 1$ e) $f(x) = x^4 - 6x$ f) $f(x) = \frac{1}{3}x^3 - 2x^2 - 5x + 2$

6. Untersuchen Sie die Funktion mithilfe der zweiten Ableitung auf ihr Krümmungsverhalten.

a) $f(x) = -x^2 + 2x + 1$ b) $f(x) = x^3 - 7x^2 + 15x - 9$ c) $f(x) = -\frac{1}{12}x^4 + \frac{1}{3}x^3 + x$

d) $f(x) = -\frac{1}{12}x^4 - \frac{1}{3}x^3 - x^2$ e) $f(x) = x^4 + 3x^3 + 3x^2 + x$ f) $f(x) = \frac{1}{4}x^4 - \frac{2}{3}x^3 + \frac{1}{2}x^2 - 1$

7. Gegeben sind die Graphen von Funktionen und deren erster und zweiter Ableitung. Ordnen Sie begründet zu und erläutern Sie den Zusammenhang zwischen dem Krümmungsverhalten von f, dem Monotonieverhalten von f′ und dem Graphen von f″.

Graphen von f

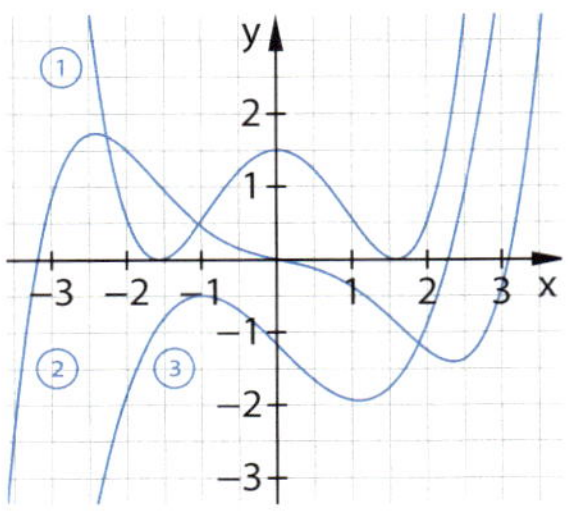

Graphen von f′

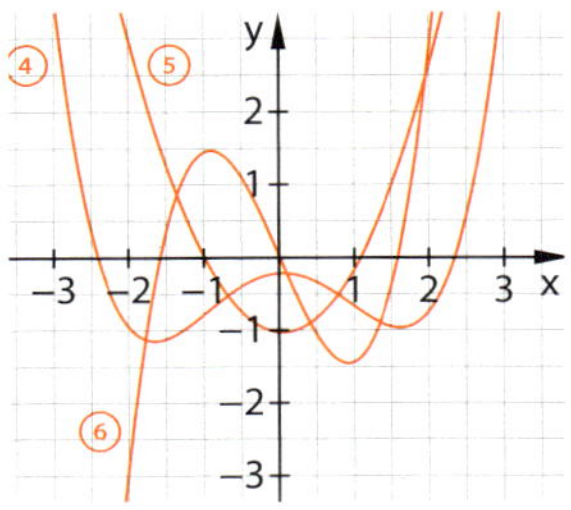

Graphen von f″

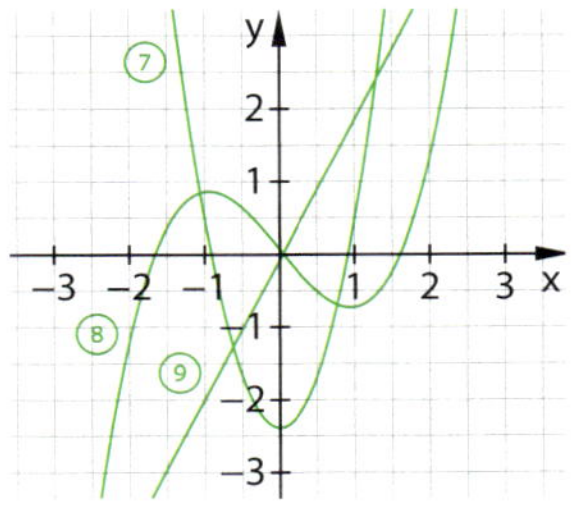

Überprüfen von lokalen Extrempunkten mithilfe der zweiten Ableitung

Im Hochpunkt eines Graphen von f liegt immer eine Rechtskrümmung und im Tiefpunkt immer eine Linkskrümmung vor. Anstatt einen Vorzeichenwechsel von f′ zu überprüfen, ist es möglich, mithilfe der zweiten Ableitung f″ zu prüfen, ob der Graph an den potentiellen Extremstellen von f eine Linkskrümmung ($f''(x) > 0$) oder eine Rechtskrümmung ($f''(x) < 0$) ausweist.

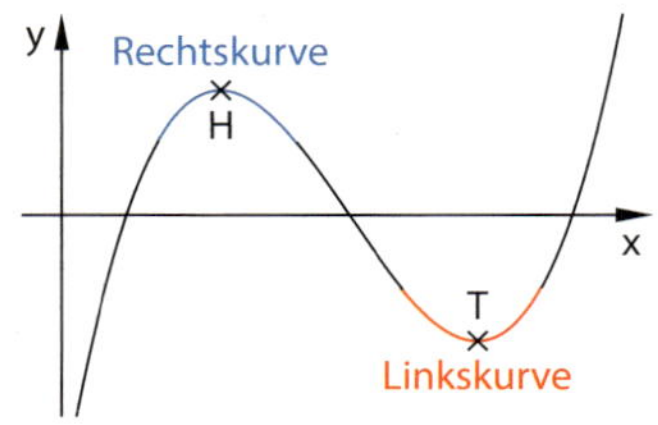

Satz: Hinreichende Bedingung für lokale Extrempunkte mit der zweiten Ableitung

- Wenn $\mathbf{f'(x_E) = 0}$ und $\mathbf{f''(x_E) < 0}$ gilt, dann hat der Graph der Funktion f an der Stelle x_E einen **Hochpunkt**.
- Wenn $\mathbf{f'(x_E) = 0}$ und $\mathbf{f''(x_E) > 0}$, gilt, dann hat der Graph der Funktion f an der Stelle x_E einen **Tiefpunkt**.

Hinweis:
Für Fälle mit $f'(x_E) = 0$ und $f''(x_E) = 0$ siehe Aufgaben 9, 14–18.

Ist $f'(x_E) = 0$ und $f''(x_E) = 0$, so lässt sich daraus nicht folgern, dass dort keine lokale Extremstelle vorliegt. In diesem Fall zieht man das Vorzeichenwechselkriterium (VZW) hinzu.

Beispiel 2: Bestimmen Sie die Hoch- und Tiefpunkte des Graphen der Funktion f mit $f(x) = x^3 - 9x^2 + 24x - 18$ mithilfe der zweiten Ableitung.

Lösung:

Bilden Sie die die erste und die zweite Ableitung von f.	$f(x) = x^3 - 9x^2 + 24x - 18$ $f'(x) = 3x^2 - 18x + 24$ $f''(x) = 6x - 18$
Berechnen Sie die Nullstellen von f′. $x_1 = 2$ und $x_2 = 4$ sind die möglichen Extremstellen. Setzen Sie diese Stellen in die zweite Ableitung f″(x) ein. Das Ergebnis ist jeweils ungleich 0. Das Vorzeichen gibt an, ob dort ein Hoch- oder Tiefpunkt liegt.	$3x^2 - 18x + 24 = 0$ also $x_1 = 2$ und $x_2 = 4$ $f''(2) = 6 \cdot 2 - 18 = -6 < 0$ Bei 2 liegt ein Hochpunkt. $f''(4) = 6 \cdot 4 - 18 = 6 > 0$ Bei 4 liegt ein Tiefpunkt.
Die y-Koordinaten des Hochpunkts H und des Tiefpunkts T ergeben sich durch Einsetzen der Extremstellen in f(x).	$f(2) = 2^3 - 9 \cdot 2^2 + 24 \cdot 2 - 18 = 2$ $f(4) = 4^3 - 9 \cdot 4^2 + 24 \cdot 4 - 18 = -2$ $H(2\mid 2)$ $T(4\mid -2)$

Basisaufgaben

Lösungen zu 8:
(1|4) (4|−6) (0|2) (4|−2) (2|2) $(0\mid\frac{12}{5})$ (−2|−4) (−2|6) (2|4) (2|−4) (0|0) (−2|−2) (6|0)

8. Bestimmen Sie die Hoch- und Tiefpunkte des Graphen mithilfe der ersten und zweiten Ableitung von f.

a) $f(x) = -4x^2 + 8x$

b) $f(x) = \frac{1}{8}x^3 - \frac{3}{4}x^2 + 2$

c) $f(x) = \frac{1}{10}x^3 - \frac{3}{10}x^2 + \frac{12}{5}$

d) $f(x) = \frac{1}{8}x^3 - \frac{3}{2}x^2 + \frac{9}{2}x$

e) $f(x) = \frac{1}{9}x^3 - \frac{1}{3}x^2 - \frac{8}{3}x + \frac{26}{9}$

f) $f(x) = \frac{1}{4}x^4 - 2x^2$

9. Gegeben ist die Funktion f mit $f(x) = \frac{1}{2}x^4 - 2x^3 + 8x$.

a) Zeigen Sie, dass der Graph von f im Punkt $(-1\mid -5{,}5)$ einen Tiefpunkt hat.

b) Untersuchen Sie das Verhalten der Graphen von f′ und f″ an der Stelle $x = 2$.

c) Begründen Sie, dass der Graph der Funktion f an der Stelle $x = 2$ einen Sattelpunkt hat, und berechnen Sie die fehlende Koordinate.

Weiterführende Aufgaben

10. Ordnen Sie begründet die drei Graphen den Funktionen f, f′ und f″ zu.

a)

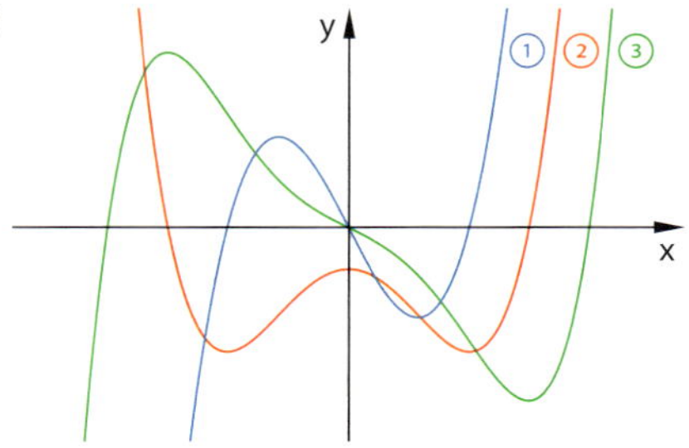

b)

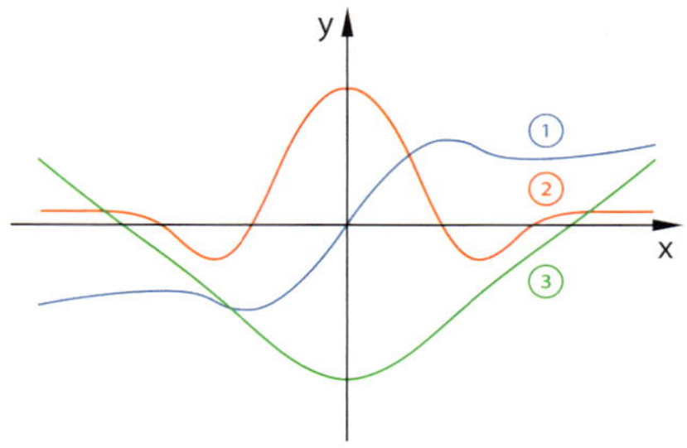

11. Skizzieren Sie einen möglichen Graphen von f.
a) Der Graph von f ist rechtsgekrümmt und hat den Hochpunkt $H(2|4)$.
b) Der Graph von f hat im Punkt $P(-3|2)$ eine waagerechte Tangente und geht in diesem Punkt von einer Links- in eine Rechtskrümmung über.
c) Der Graph von f hat zwei Stellen mit waagerechter Tangente und wechselt nur an einer dieser Stellen seine Krümmung.
d) Der Graph von f ist linksgekrümmt und hat keine Extremstellen.
e) Es gilt $f'(x) < 0$ und $f''(x) > 0$ für alle x.

12. Die Funktion h mit $h(t) = -0{,}03t^3 + 0{,}9t^2 + 4$ beschreibt für $0 \le t \le 20$ die Wuchshöhe einer Pflanze. Dabei bezeichnet t die Anzahl der Tage nach Beobachtungsbeginn und $h(t)$ die Höhe der Pflanze in cm.
a) Berechnen Sie die Pflanzenhöhe nach 5 und nach 15 Tagen.
b) Weisen Sie rechnerisch nach, dass die Wachstumsgeschwindigkeit innerhalb der ersten 10 Tage ständig steigt.
c) Für $t > 10$ gilt $h''(t) < 0$. Erläutern Sie dies im Sachzusammenhang.
d) Zeigen Sie, dass die minimale und maximale Pflanzenhöhe zu Beginn und am Ende der Beobachtung angenommen werden.

13. Ableitungen in der Physik: In der Physik werden Bewegungen durch die Größen s (Weg), v (Geschwindigkeit) und a (Beschleunigung) beschrieben. Die Geschwindigkeit ist die zeitliche Veränderung des Wegs, die Beschleunigung ist die zeitliche Veränderung der Geschwindigkeit. Es gilt also $s''(t) = v'(t) = a(t)$ und $s'(t) = v(t)$.
a) Erläutern Sie die Bedeutung einer positiven/negativen Beschleunigung für die Geschwindigkeit und den Weg in diesem Sachzusammenhang.
b) Auch die Schwingung eines Federpendels wird durch die Größen s, v und a beschrieben. In der Abbildung sind diese drei Größen dargestellt (T ist die Schwingdauer). Geben Sie begründet an, welcher Graph zu welcher Größe der Schwingung gehört.

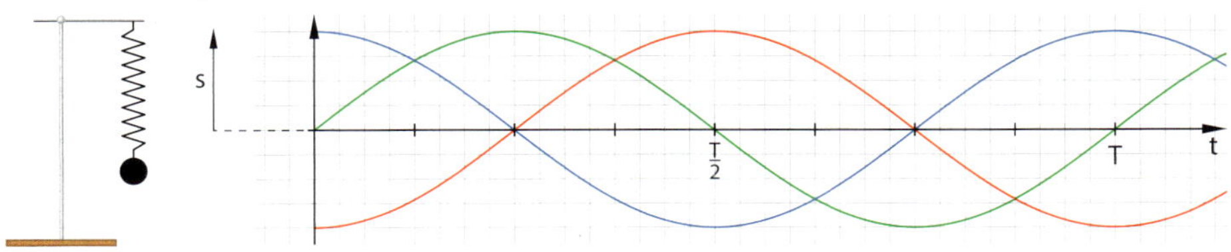

14. Stolperstelle: Max untersucht die Funktion f mit $f(x) = x^4 - 8x^3 + 24x^2 - 32x + 15$.
Er sagt: *„Zwar ist $f'(2) = 0$, aber weil $f''(2) = 0$ ist, ist 2 keine Extremstelle von f."*
Nehmen Sie Stellung.

15. „Die notwendige Bedingung ist nicht hinreichend, die hinreichende ist nicht notwendig." Erläutern Sie diese Aussage, indem Sie die Extremstellen zu $f(x) = x^2$, $g(x) = x^3$ und $h(x) = x^4$ untersuchen.

16. Untersuchen Sie die Funktion auf Hoch- und Tiefpunkte. Verwenden Sie, falls nötig, das Vorzeichenwechselkriterium. Geben Sie auch die Sattelpunkte an.

a) $f(x) = \frac{1}{4}x^4 + x^3 - \frac{11}{4}$
b) $f(x) = 3x^5 - 5x^3$

17. Bestimmen Sie die Punkte des Graphen mit waagerechter Tangente. Untersuchen Sie, ob diese Punkte Extrempunkte sind.

a) $f(x) = x^4 - 4x^3 + 4x^2$
b) $f(x) = \frac{1}{4}x^3 - \frac{3}{2}x^2 + 8$
c) $f(x) = -\frac{1}{8}x^3 + \frac{3}{2}x$
d) $f(x) = 3x^3 - 27x^2 + 81x - 84$
e) $f(x) = \frac{3}{8}x^5 - \frac{5}{4}x^3 + \frac{15}{8}x$
f) $f(x) = -\frac{3}{8}x^4 + 2x^3 - 3x^2$

18. Vergleich der hinreichenden Bedingungen für Extrempunkte:
Bestimmen Sie in Partnerarbeit die Extrempunkte der folgenden Funktionen. Einer nutzt als hinreichende Bedingung die zweite Ableitung und der andere das Vorzeichenwechselkriterium.

$f(x) = \frac{1}{6}x^3 - \frac{3}{4}x^2 - 2x + 3$ $\quad g(x) = \frac{1}{3}x^3 - 2x^2 + 4x$ $\quad h(x) = x^6 - \frac{3}{2}x^4$

Vergleichen Sie anschließend die Rechenwege. Stellen Sie Vor- und Nachteile der beiden hinreichenden Bedingungen gegenüber.

19. Beim Bau von Straßen, Bahngleisen oder Achterbahnen wird bei der Berechnung der Linienführung immer darauf geachtet, dass Richtungswechsel möglichst kräftearm verlaufen, um eine ruckfreie Fahrdynamik zu erreichen. Hierbei reicht es nicht, dass beim Übergang von z. B. Geraden zu Kurven und umgekehrt die Steigungen identisch sind, d. h. keine „Knicke" auftreten. Damit sich auch die Richtungsänderung nicht abrupt ändert, ist zudem zu fordern, dass auch die Krümmungen der Linien in den Übergangspunkten übereinstimmen.

Als Beispiel hierzu sollen zwei gerade Straßenenden durch eine Kurve verbunden werden. Die Straßenenden seien gegeben durch die Geraden $y = 2$ für $x \leq 0$ und $y = -2x + 9$ für $x \geq 4$.

a) Zeigen Sie, dass die Kurve 1, beschrieben durch den Graphen der Funktion f mit $f(x) = -\frac{3}{32}x^3 + \frac{5}{16}x^2 + 2$ für $0 < x < 4$, an den Anschlussstellen zwar keinen Knick aufweist, die Krümmung sich aber abrupt ändert.

b) Gegeben ist eine zweite Funktion g mit $g(x) = a \cdot x^5 - \frac{41}{256}x^4 + \frac{11}{32}x^3 + 2$ für $0 < x < 4$. Bestimmen Sie den Koeffizienten a so, dass die Funktion g die geforderten Eigenschaften erfüllt, und weisen Sie diese nach.

20. Ausblick: Der Graph einer ganzrationalen Funktion f dritten Grades hat im Koordinatenursprung einen Tiefpunkt und ist für $x < 1$ linksgekrümmt sowie für $x > 1$ rechtsgekrümmt.

a) Bestimmen Sie einen möglichen Funktionsterm von f und zeichnen Sie den zugehörigen Graphen.

b) Geben Sie die allgemeine Funktionsgleichung aller Lösungen an.

2.8 Wendepunkte

■ Der Graph von f stellt links das Höhenprofil einer Straße und rechts die Draufsicht einer anderen Straße dar. Welche Bedeutung hat die Stelle x = 3 für den Radfahrer in der jeweiligen Situation? Stellen Sie einen Zusammenhang zwischen diesen beiden Bedeutungen her. Erläutern Sie, wie man diese Stelle bei gegebener Funktionsgleichung berechnen könnte. ■

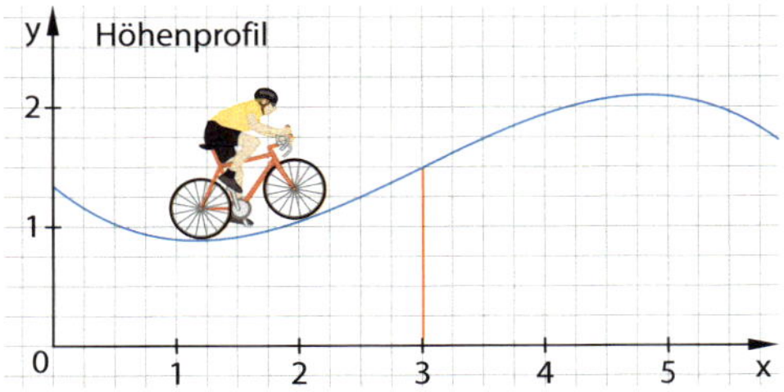

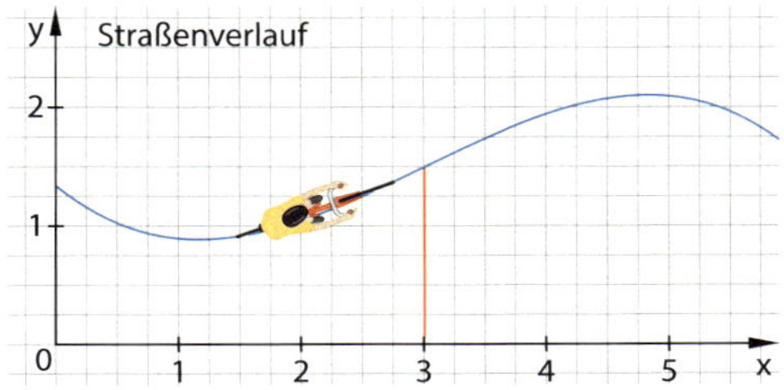

Die Grafik zeigt die Zusammenhänge zwischen den Graphen einer Funktion f und ihren ersten beiden Ableitungsfunktionen f' und f''.

Die Stellen, an denen sich das Krümmungsverhalten des Graphen ändert, heißen **Wendestellen**.
An diesen Stellen ist die **Steigung des Graphen maximal** (beim Wechsel von Links- zu Rechtskrümmung) bzw. **minimal** (beim Wechsel von Rechts- zu Linkskrümmung).

Eine Wendestelle ist folglich eine lokale Extremstelle der ersten Ableitungsfunktion und damit eine Nullstelle der zweiten Ableitungsfunktion.

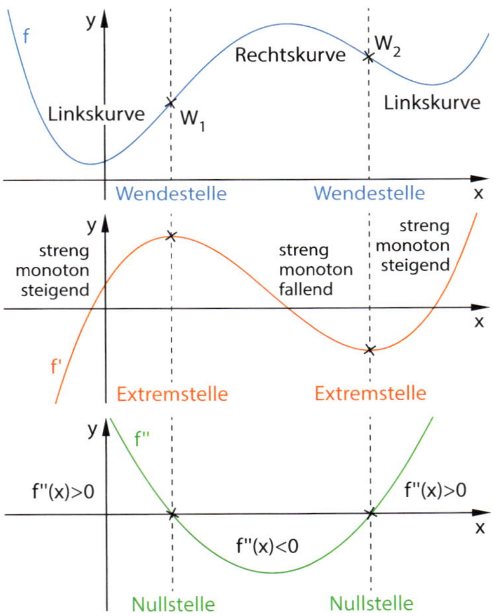

Definition: Wendepunkt
Der Graph einer Funktion f hat an der Stelle x_W einen **Wendepunkt**, wenn dort der Graph von einer Linkskrümmung in eine Rechtskrümmung übergeht oder umgekehrt.
Ein **Sattelpunkt** ist ein Wendepunkt mit einer waagerechten Tangente.

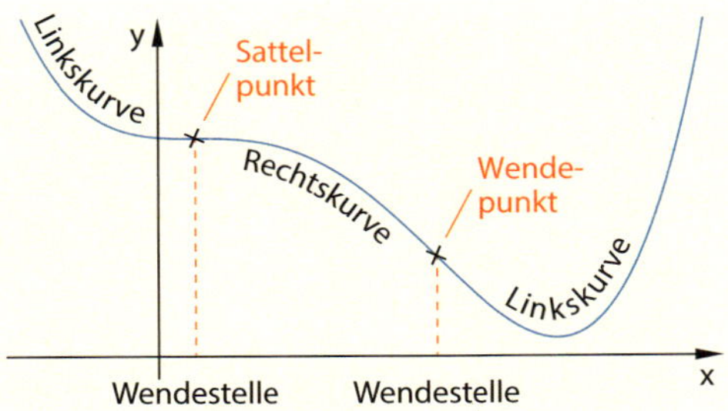

Da eine Wendestelle von f eine lokale Extremstelle der ersten Ableitung f' ist, ist eine notwendige Bedingung, dass dort die Ableitung von f', also die zweite Ableitung f'', den Wert 0 hat.

Satz: Notwendige Bedingung für Wendepunkte
Hat der Graph einer Funktion f an der Stelle x_W einen **Wendepunkt**, dann gilt $\mathbf{f''(x_W) = 0}$.

Da Wendestellen von f lokale Extremstellen von f' sind, lassen sich die hinreichenden Bedingungen für lokale Extremstellen auf Wendestellen übertragen.

Hinweis:
Liegt kein VZW bei f'' vor, befindet sich an der Stelle x_W kein Wendepunkt.

Satz: Hinreichende Bedingung für Wendepunkte mit VZW der zweiten Ableitung
Wenn $\mathbf{f''(x_W) = 0}$ gilt und das **Vorzeichen von f''** an der Stelle x_W wechselt, dann hat der Graph der Funktion f an der Stelle x_W einen **Wendepunkt**.

Bei einem Vorzeichenwechsel von + nach – geht der Graph von einer Links- in eine Rechtskurve über, bei einem Wechsel von – nach + von einer Rechts- in eine Linkskurve.

Hinweis:
Die Ableitung der zweiten Ableitung f'' wird als dritte Ableitung f''' bezeichnet.

Satz: Hinreichende Bedingung für Wendepunkte mit der dritten Ableitung
Wenn $\mathbf{f''(x_W) = 0}$ und $\mathbf{f'''(x_W) \neq 0}$ gilt, dann hat der Graph der Funktion f an der Stelle x_W einen **Wendepunkt**.

Beispiel: Bestimmen Sie rechnerisch die Wendepunkte des Graphen der Funktion f mit $f(x) = -\frac{1}{16}x^4 + \frac{1}{4}x^3$. Prüfen Sie, ob die Wendepunkte auch Sattelpunkte sind.

Lösung:

Bilden Sie die ersten drei Ableitungen von f.

$f(x) = -\frac{1}{16}x^4 + \frac{1}{4}x^3$ $\quad f'(x) = -\frac{1}{4}x^3 + \frac{3}{4}x^2$

$f''(x) = -\frac{3}{4}x^2 + \frac{3}{2}x$

$f'''(x) = -\frac{3}{2}x + \frac{3}{2}$

Die Nullstellen von f'' liefern die „Kandidaten" für mögliche Wendestellen.

$-\frac{3}{4}x^2 + \frac{3}{2}x = 0$ also $x_1 = 0$ und $x_2 = 2$.

Es gibt zwei Möglichkeiten, diese „Kandidaten" zu untersuchen.
1. Prüfen Sie mit einer Wertetabelle auf einen VZW an den möglichen Wendestellen. Setzen Sie dazu geeignete Teststellen ein.
2. Setzen Sie die potentiellen Wendestellen in f'''(x) ein. Prüfen Sie, ob die Ergebnisse ungleich 0 sind.

1. Möglichkeit: VZW-Kriterium

	$x < 0$	0	$0 < x < 2$	2	$x > 2$
Teststelle	–1		1		3
f''(x)	–	0	+	0	–

VZW, also Wendepunkt

2. Möglichkeit: Einsetzen in f'''

$f'''(0) = \frac{3}{2} \neq 0$ Bei 0 liegt ein Wendepunkt.

$f'''(2) = -\frac{3}{2} \neq 0$ Bei 2 liegt ein Wendepunkt.

Einsetzen der Wendestellen in f(x) liefert die y-Koordinaten der Wendepunkte W_1 und W_2.

$f(0) = 0$ $\quad W_1(0|0)$

$f(2) = 1$ $\quad W_2(2|1)$

Einsetzen der Wendestellen in f'(x) zeigt, ob die Wendepunkte Sattelpunkte sind.

$f'(0) = 0$ $\quad W_1$ ist Sattelpunkt.

$f'(2) = 1 \neq 0$ $\quad W_2$ ist kein Sattelpunkt.

Basisaufgaben

1. Gegeben sind die Graphen der zweiten Ableitung einer Funktion. Treffen Sie Aussagen über die Existenz von Wendestellen sowie über das Krümmungsverhalten von f.

a) 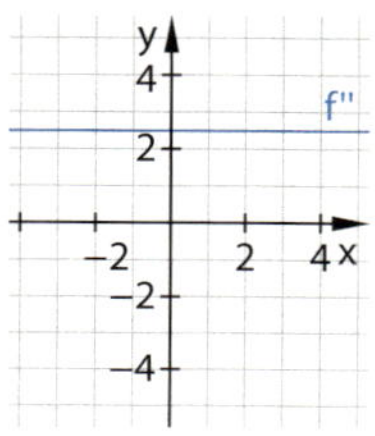

b) 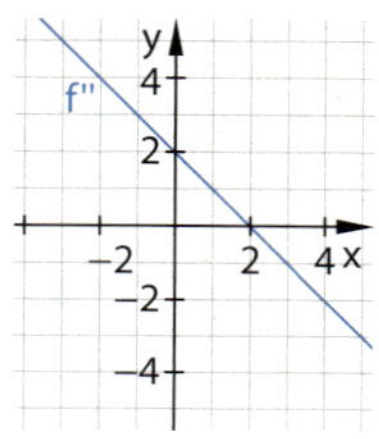

c) 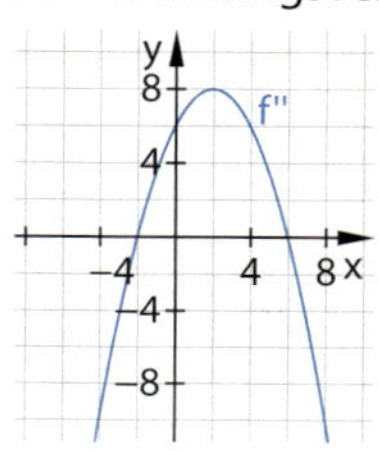

d) 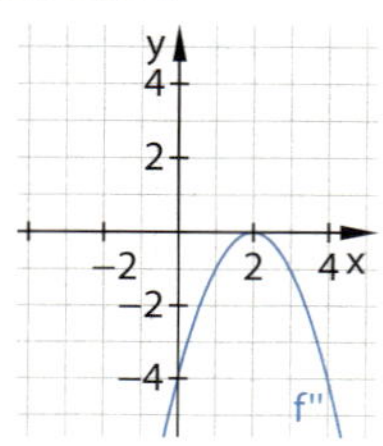

2. Lesen Sie die Koordinaten der Wendepunkte ab. Geben Sie jeweils an, ob es sich um einen Wendepunkt mit lokal minimaler oder lokal maximaler Steigung handelt und ob ein Sattelpunkt vorliegt.

a)
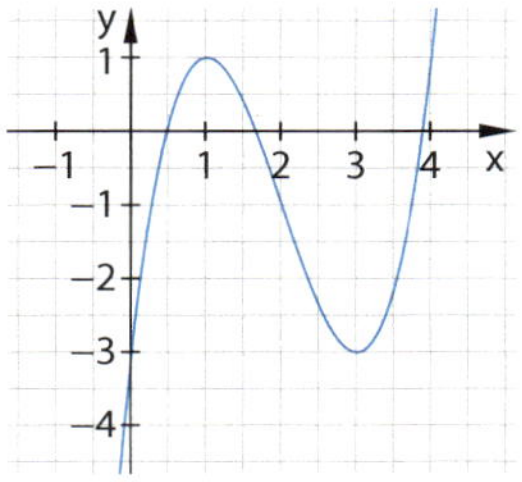

b)
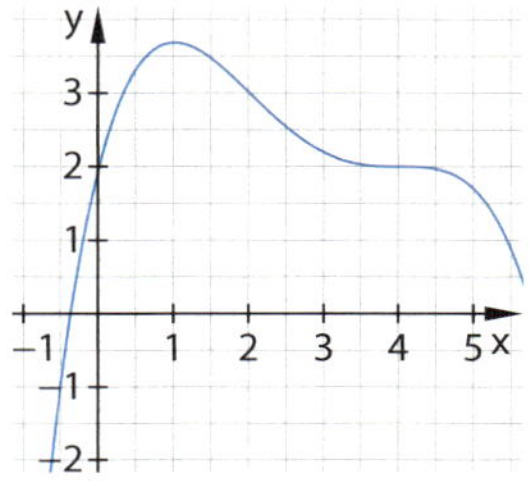

c)
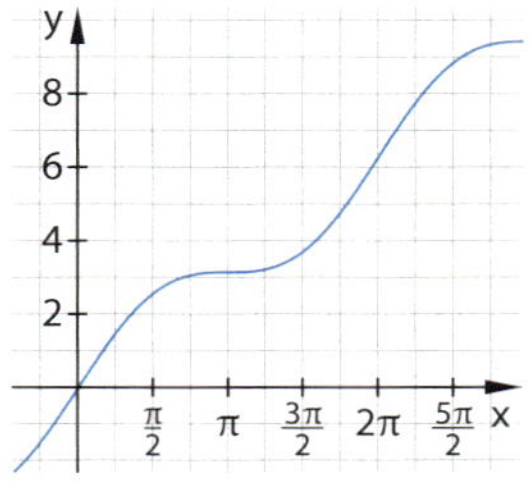

3. Gegeben ist der Graph von f'. Lesen Sie die Wendestellen von f ab und geben Sie an, welcher Krümmungswechsel beim Graphen von f an diesen Stellen vorliegt.

a)
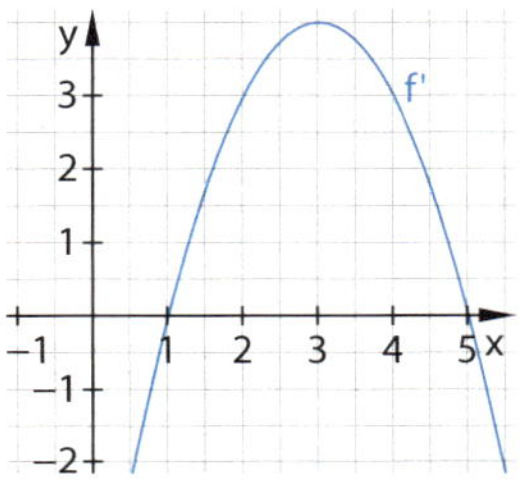

b)
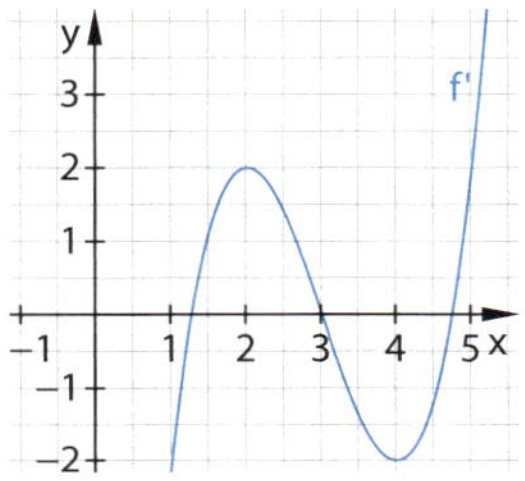

c)
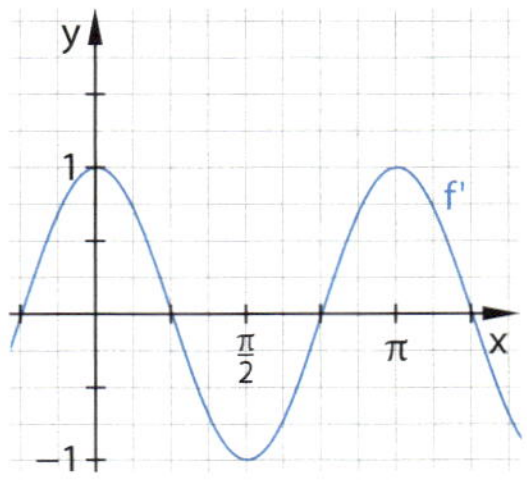

4. Bestimmen Sie, falls vorhanden, die Wendestellen des Graphen der Funktion. Beschreiben Sie, wie sich das Krümmungsverhalten des Graphen an den Wendestellen ändert.

a) $f(x) = x^3 - 3x^2$ b) $f(x) = x^4 - 24x^2 + 8x$ c) $f(x) = x^4 + 24x^2 + 8x$

d) $f(x) = \frac{1}{12}x^4 + \frac{1}{6}x^3 - x^2 + 5x$ e) $f(x) = x^4 - 12x^2 + 4x$ f) $f(x) = 6x^5 - 15x^4 + 10x^3$

5. Gegeben sind die Funktionen f, g, h und k mit den angegebenen Funktionsgleichungen.

$f(x) = x^3 - 6x^2 + 12x + 2$ $g(x) = \frac{1}{2}x^3 + \frac{3}{2}x^2 + \frac{7}{2}x + \frac{3}{2}$

$h(x) = 4x^5 - \frac{10}{3}x^4 - \frac{20}{3}x^3$ $k(x) = x^4 - 8x^3 + 30x^2 + 7$

a) Bestimmen Sie die Wendepunkte der Graphen der Funktionen. Geben Sie jeweils an, ob es sich um Punkte mit maximaler oder minimaler Steigung handelt.

b) Prüfen Sie, ob die in a) bestimmten Wendepunkte auch Sattelpunkte sind.

6. Die Funktion f mit $f(t) = -0{,}32t^3 + 4{,}8t^2 + 18{,}4$ beschreibt den Temperaturverlauf eines Backofens für die ersten 10 Minuten nach dem Einschalten. Hierbei wird t in Minuten und f(t) in Grad Celsius angegeben.

a) Bestimmen Sie den Zeitpunkt, an dem sich die Temperatur am stärksten ändert.

b) Bestimmen Sie für den ermittelten Zeitpunkt die erreichte Temperatur und die Geschwindigkeit, mit der sich die Temperatur ändert.

c) Beschreiben Sie im Sachzusammenhang die Bedeutung des Krümmungsverhaltens vor und nach diesem Zeitpunkt.

7. Gegeben ist die Funktion f mit $f(x) = 5x^7 - 7x^5 + 2$. Diese Funktion hat drei Wendestellen, von denen eine Wendestelle eine Sattelstelle ist. Zeigen Sie, dass zum Nachweis dieser drei Wendestellen mindestens einmal das VZW-Kriterium genutzt werden muss.

Weiterführende Aufgaben

8. a) Begründen Sie, wie viele Wendepunkte eine ganzrationale Funktion fünften Grades haben kann.
b) Eine ganzrationale Funktion ändert viermal ihr Krümmungsverhalten. Erklären Sie, welchen Grad diese Funktion mindestens haben muss.

9. Berechnen Sie die Schnittpunkte des Graphen von f mit den Koordinatenachsen sowie die Koordinaten der Extrem- und Wendepunkte.
a) $f(x) = x^3 + 6x^2 + 9x$
b) $f(x) = x^4 - 8x^3 + 18x^2$
c) $f(x) = 3x^4 - 16x^3 + 24x^2$
d) $f(x) = x^3 + 3x^2$
e) $f(x) = \frac{1}{4}x^4 + 2x^3 + \frac{9}{2}x^2$
f) $f(x) = -\frac{3}{8}x^4 + 2x^3 - 3x^2$

10. **Stolperstelle:** Für eine Funktion f gilt: $f'(5) = 0$, $f''(5) = 0$, $f'''(5) = -4$. Beurteilen Sie die folgenden Aussagen.
Max sagt: *„Um zu prüfen, ob bei x = 5 ein Extremum vorliegt, muss man f' dort auf einen Vorzeichenwechsel untersuchen, da die 2. Ableitung 0 ist."*
Farina sagt: *„Das ist nicht nötig. Da die 2. Ableitung 0 und die 3. Ableitung ungleich 0 ist, liegt bei x = 5 ein Wendepunkt und somit kein Extremum."*
Yusuf sagt: *„Man sieht sofort, dass bei x = 5 ein Sattelpunkt liegt."*

11. Ein Kinosaal wird 35 Minuten vor Filmbeginn geöffnet. Die Funktion B mit $B(t) = \frac{3}{102\,400}t^5 - \frac{3}{1024}t^4 + \frac{5}{64}t^3$, $0 \le t \le 35$, beschreibt die Anzahl der Besucher im Kinosaal t Minuten nach der Öffnung. Bestimmen Sie, wann der Andrang am größten ist.

Wissen: Wendetangente
Eine Tangente t durch einen Wendepunkt eines Graphen von f heißt **Wendetangente**.

12. Bestimmen Sie die Gleichung der Wendetangente an den Graphen von f.
a) $f(x) = x^3 - 3x$
b) $f(x) = 2x^3 - 6x^2 + 10x$
c) $f(x) = x^3 + 4x + 2$
d) $f(x) = x^3 - 3x^2 + 3x - 5$

13. Bestimmen Sie die Wende- und Sattelpunkte des Graphen von f sowie die Gleichungen aller Wendetangenten.
a) $f(x) = 7x^5$
b) $f(x) = 2x^8$
c) $f(x) = \frac{1}{4}x^4 - x^3 + 3$
d) $f(x) = \frac{3}{4}x^5 + \frac{15}{4}x^4 + 5x^3$

14. Der Graph der Funktion f mit $f(x) = \frac{1}{9}x^3 - \frac{1}{2}x^2 + \frac{3}{2}$ beschreibt für $0 \le x \le 3$ den Verlauf einer Rutschbahn. Die Einheiten der Achsen sind m.
a) Skizzieren Sie den Graphen und bestimmen Sie die Stelle, an der die Rutschbahn das größte Gefälle aufweist.
b) Geben Sie das maximale Gefälle der Rutschbahn in Grad an.
c) Luisa schlägt vor, die Rutsche so zu verändern, dass sie ab dem Wendepunkt geradlinig zum Boden verläuft. Ermitteln Sie den Punkt, an dem die Rutsche dann auf den Boden trifft.

Erinnerung:
Steigungswinkel:

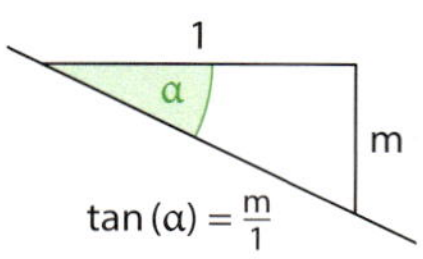

15. Die Funktion r mit $r(x) = \frac{1}{480}x^4 - \frac{1}{15}x^3 + \frac{3}{4}x^2$ gibt für 8 Stunden ab Mitternacht die gefallene Niederschlagsmenge (in mm/m²) an.

a) Geben Sie an, wie viel Regen bis 2 Uhr (4 Uhr; 8 Uhr) gefallen ist.

b) Ermitteln Sie, wann der Regen im betrachteten Zeitraum am stärksten war.

c) Berechnen Sie, wie viel mm/m² Niederschlag registriert worden wäre, wenn es ab 1 Uhr für 5 Stunden konstant weitergeregnet hätte.

16. f sei eine ungerade ganzrationale Funktion n-ten Grades.

a) Zeigen Sie, dass der Graph von f für n = 5 den Wendepunkt W(0 | 0) hat.

● b) Untersuchen Sie, für welche n der Graph von f den Wendepunkt W(0 | 0) hat.

Hinweis zu 16:
Der Funktionsterm von f hat nur ungerade Exponenten.

● **17.** Die Funktion f mit $f(x) = \frac{1}{9}x^3 - x^2 + \frac{8}{3}x$ beschreibt das Höhenprofil (in 100 m) einer 6 km langen Radtour. Die Variable x ist die horizontale Entfernung vom Startpunkt in Kilometer.

a) Bestimmen Sie die durchschnittliche Steigung der Strecke, bevor es bergab geht.

b) Ermitteln Sie, um wie viel Prozent die größte Steigung auf diesem ersten Bergauf-Abschnitt größer ist als die durchschnittliche Steigung.

c) Geben Sie an, über welche horizontale Entfernung die Tour bergab verläuft.

d) Geben Sie an, welcher Höhenunterschied hierbei absolviert wird.

e) Ermitteln Sie, an welcher Stelle der Strecke es am steilsten bergab geht.

f) Berechnen Sie, an welchen Stellen der Strecke die Steigung am größten ist.

● **18.** Gegeben ist die Funktion f mit $f(x) = ax^5 + bx^3$, $a \neq 0$, $b \neq 0$.

a) Zeigen Sie, dass der Graph der Funktion f entweder einen oder drei Wendepunkte hat.

b) Geben Sie an, welche Beziehung zwischen den Koeffizienten a und b vorliegen muss, damit es drei Wendepunkte gibt.

● **19.** **Ausblick:** In einem Funktionsterm können außer der Variablen x noch Parameter wie z. B. a auftreten. Für jeden Wert von a gibt es die zugehörige Funktion f_a. Alle diese Funktionen bilden eine sogenannte **Funktionenschar**.
Gegeben ist die Funktionenschar f_a mit

$f_a(x) = -\frac{1}{a^2} \cdot x^3 + \frac{3}{a} \cdot x^2$ und $a > 0$.

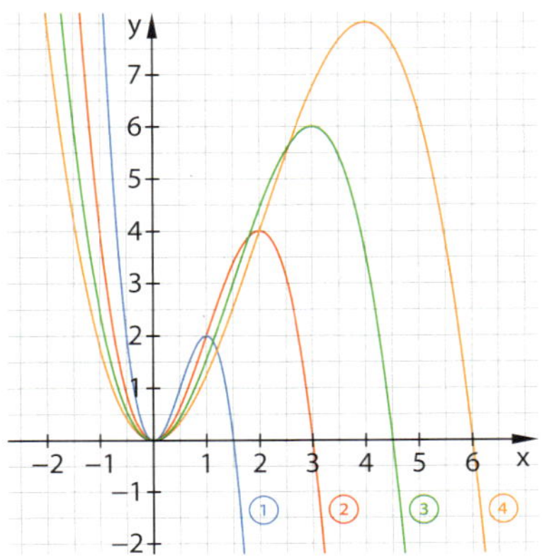

a) Geben Sie f_2 und f_3 an.

b) Berechnen Sie die Nullstellen von f_a.

c) Begründen Sie damit, welcher der abgebildeten Graphen zu f_2 gehört. Geben Sie anschließend den Parameter a der übrigen Graphen an.

d) Bestimmen Sie f_a', f_a'' und f_a'''.

e) Bestimmen Sie die Extrem- und Wendepunkte des Graphen von f_a.

f) Zeigen Sie, dass alle Wendepunkte auf einer Geraden liegen.

2.9 Klausur- und Abiturtraining

Aufgaben ohne Hilfsmittel

1. Die Abbildung zeigt die Graphen zweier Ableitungsfunktionen f′ und g′.

a) Beschreiben Sie das Monotonieverhalten der Graphen von f und g.

b) Geben Sie die Art und die Lage der Extremstellen des Graphen von f an.

c) Erläutern Sie, welche Aussagen sich über den Graphen von g anhand der Extremstellen des Graphen von g′ treffen lassen.

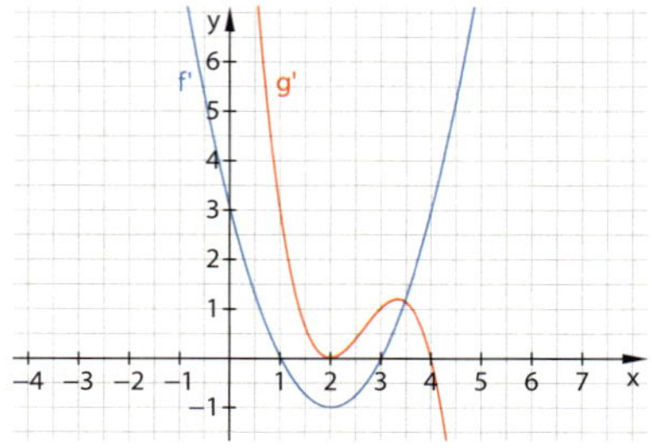

d) Einer der Graphen I, II und III gehört zur Funktion f. Geben Sie diesen an und begründen Sie, warum die anderen nicht infrage kommen.

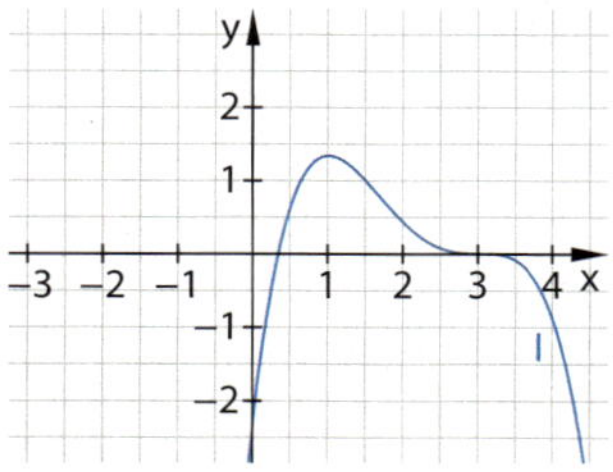

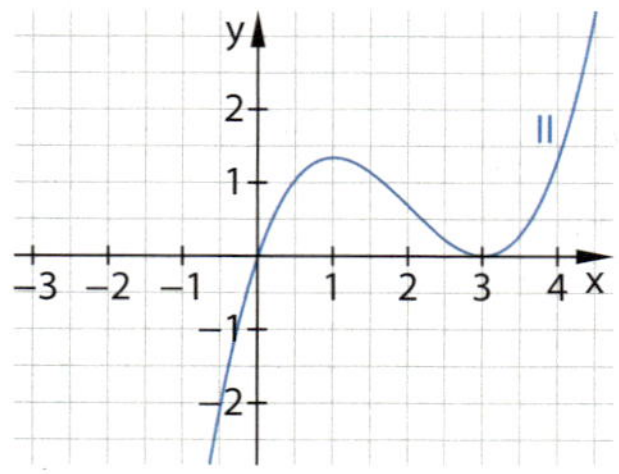

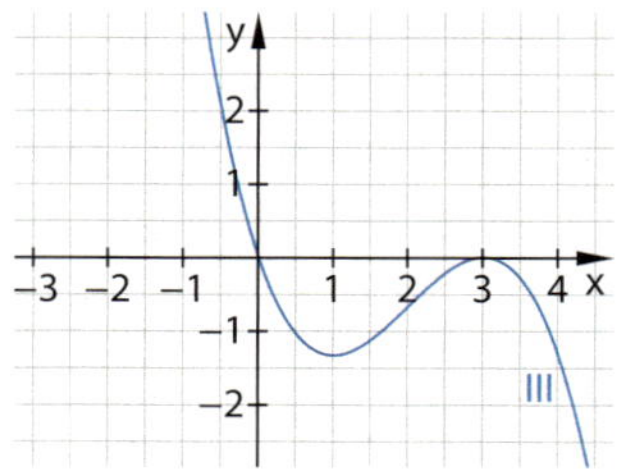

2. Gegeben ist die Funktion f mit $f(x) = (x^2 - 4)(x^2 - 9)$.

a) Geben Sie ohne weitere Rechnung die Nullstellen von f an.

b) Untersuchen Sie das Symmetrie- und Globalverhalten des Graphen von f.

c) Begründen Sie ohne weitere Rechnung, dass der Graph von f zwei Tiefpunkte und einen Hochpunkt hat. Geben Sie die Koordinaten des Hochpunkts an.

d) Begründen Sie, dass der Graph von f zwei Wendepunkte hat.

3. Gegeben ist die Funktion f mit $f(x) = x^3 - 3x^2 - 9x$.

a) Geben Sie die Funktionswerte $f(-2)$, $f(0)$, $f(4)$ und $f(6)$ an.

b) Berechnen Sie die Koordinaten des Hoch- und des Tiefpunkts des Graphen von f.

c) Ermitteln Sie ohne weitere Rechnung jeweils das globale Maximum und das globale Minimum von f auf den Intervallen I–IV.

I: $[-2; 4]$ II: $[0; 4]$ III: $[-2; 0]$ IV: $[-2; 6]$

4. Die Abbildung zeigt den Graphen der Funktion f mit $f(x) = \frac{1}{5}x^4 - \frac{4}{5}x^3 + \frac{3}{5}$.

a) Geben Sie die Ableitungen f′ und f″ an.

b) Weisen Sie rechnerisch nach, dass der Graph von f an der Stelle $x = 3$ einen Tiefpunkt hat.

c) Begründen Sie mithilfe des Graphen von f, dass nicht an jeder Stelle mit waagerechter Tangente Extrema existieren müssen.

d) Bestimmen Sie die Gleichung der Tangente an den Graphen von f im Punkt $P(1 \mid f(1))$.

e) Bestimmen Sie die Stelle im Intervall $[1; 4]$, an der der Graph von f am stärksten fällt.

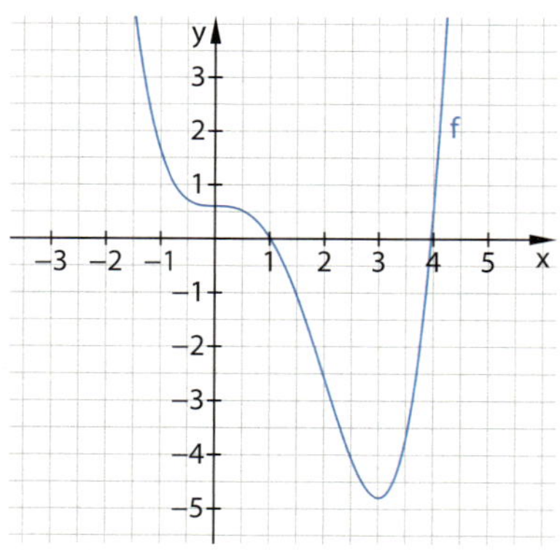

Aufgaben mit Hilfsmitteln

5. Gegeben ist die Funktion f mit $f(x) = -\frac{1}{6}x^3 + \frac{1}{2}x^2 + \frac{3}{2}x$.
a) Bestimmen Sie die Nullstellen von f und untersuchen Sie den Globalverlauf.
b) Ermitteln Sie die Koordinaten der Extrem- und Wendepunkte des Graphen von f.
c) Bestimmen Sie die Gleichung der Wendetangente.
d) Skizzieren Sie den Graphen von f. Zeichnen Sie auch die Wendetangente ein.

6. Die Abbildung zeigt den Graphen einer ganzrationalen Funktion f.

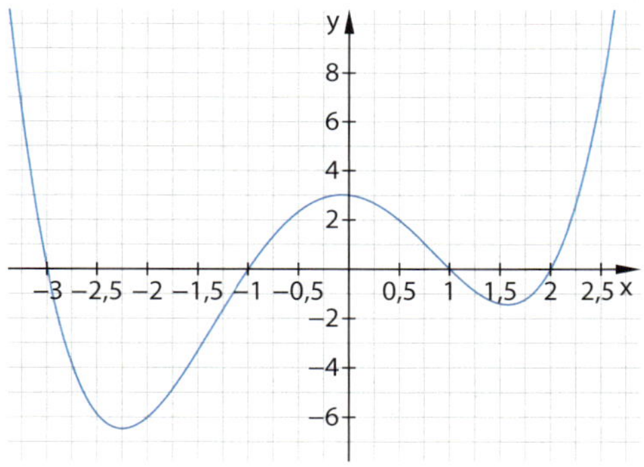

a) Lesen Sie die Nullstellen von f ab. Begründen Sie, dass der Grad von f mindestens 4 ist.
b) f ist eine Funktion vierten Grades und der y-Achsenabschnitt ist ganzzahlig. Ermitteln Sie die Funktionsgleichung in ausmultiplizierter Form. [Kontrollergebnis: $f(x) = \frac{1}{2}x^4 + \frac{1}{2}x^3 - \frac{7}{2}x^2 - \frac{1}{2}x + 3$]
c) Begründen Sie, dass der Schnittpunkt S des Graphen von f mit der y-Achse kein Hochpunkt ist.
d) Bestimmen Sie die Gleichung der Tangente t an den Graphen von f im Punkt S. Ermitteln Sie alle Stellen x, für die die Tangente an den Graphen von f im Punkt $(x \mid f(x))$ parallel zur Tangente t verläuft.

7. Der Graph der Funktion f mit $f(x) = -\frac{1}{24}x^4 - \frac{1}{12}x^3 + \frac{15}{16}x^2$ beschreibt für $-6 \leq x \leq 4$ das Bodenprofil (Längeneinheit: 10 m) und der Graph von g mit $g(x) = h$ den Meeresspiegel.
Eine wanderfreudige Schildkröte will ohne Umwege geradeaus über die Insel laufen, um auf der anderen Seite das offene Meer zu erreichen. Beim Bergauflaufen ist sie jedoch nur in der Lage, einen Steigungswinkel von maximal 60° zu überwinden.

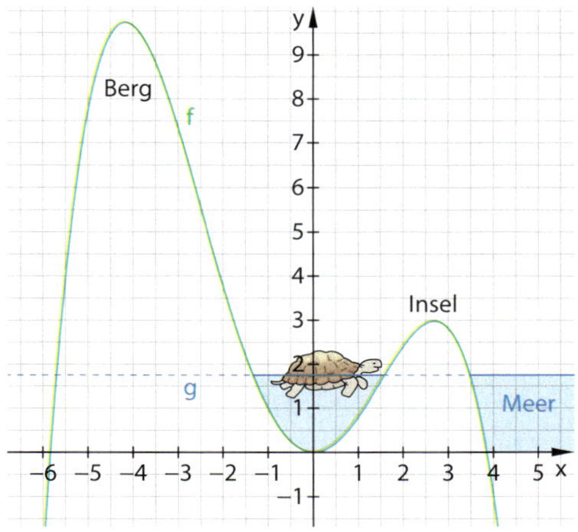

a) Weisen Sie nach, dass die Schildkröte unabhängig von der Höhe des Meeresspiegels in der Lage ist, über die Insel zu laufen. Zeigen Sie hierzu, dass das Bodenprofil an der Stelle $x = 1{,}5$ die größte Steigung hat.
b) Ermitteln Sie, welche Höhe h der Meeresspiegel mindestens haben müsste, damit sie die steilste Stelle des Bodenprofils schwimmend überwinden kann.
c) Bestimmen Sie den Höhenunterschied zwischen dem Berggipfel und der Inselkuppe.
d) Vom Gipfel des Bergs aus kann die Schildkröte geradeaus über die Insel hinweg das offene Meer sehen. Beim Bergablaufen ist dies ab einem bestimmten Punkt P nicht mehr möglich.
Bestimmen Sie das globale Maximum der Funktion f auf den Intervallen I, II und III
I: $[-2; 4]$ II: $[-1{,}7\overline{6}; 4]$ III: $[-1; 4]$
Ermitteln Sie damit die Koordinaten des Punktes P.

Prüfen Sie Ihr neues Fundament

Lösungen
↗ S. 291/292

1. Untersuchen Sie das Globalverhalten der Funktion f.

a) $f(x) = 2x^3 - 3x^2 + 2{,}5$
b) $f(x) = -x^4 + x^3 - 6x$
c) $f(x) = 5 - x + x^2 - x^5$
d) $f(a) = a^2 + 2a - x$
e) $f(x) = x(x-1)(x+1)$
f) $f(x) = ax^3 - 2x^2 + b - 1 \, (a < 0)$

2. Untersuchen Sie anhand der Funktionsgleichung, ob der Graph der Funktion f achsensymmetrisch zur y-Achse bzw. punktsymmetrisch zum Ursprung ist.

a) $f(x) = \frac{1}{2}x^3 - 2x$
b) $f(x) = x^2 - x^4$
c) $f(x) = -x^6 + 2x^4 - \sqrt{5}$
d) $f(x) = x$
e) $f(x) = x(x+1)(x-1)$
f) $f(x) = (x^3 + x)(x^3 - x)$

3. Zu jedem der Graphen ① bis ④ gehört genau eine der Funktionsgleichungen. Ordnen Sie die Graphen den Funktionsgleichungen zu. Begründen Sie die Zuordnung allein

a) mithilfe des Verhaltens der Funktion im Unendlichen,
b) mithilfe des Symmetrieverhaltens und weiterer Eigenschaften.

$f(x) = x^6 + 3x^4 - 5x^2$ | $g(x) = -x^5 + x^3 + x$ | $h(x) = -x^6 - x^2 + x$ | $i(x) = x^3 - 4x^2 + 3x$

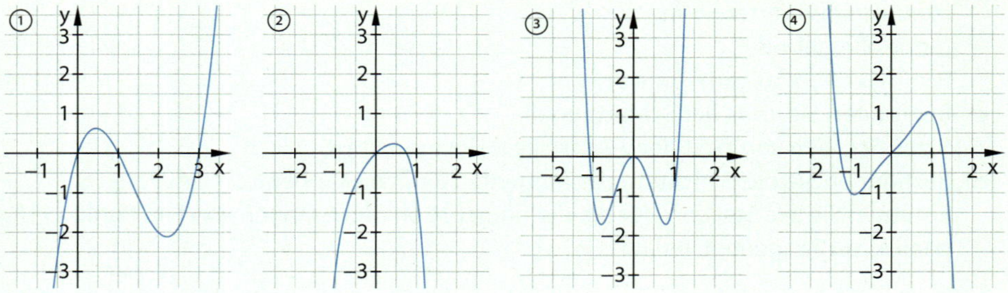

4. Berechnen Sie die Nullstellen der Funktion f.

a) $f(x) = (x^2 - 5) \cdot x$
b) $f(x) = 2x^4 - 3x^3 + 2x^2$
c) $f(x) = x(x+1) + x(x+1)$
d) $f(x) = x^3 - 3x^2 + 2x$
e) $f(x) = -x^4 + 5x^2 - 4$
f) $f(x) = x^5 + 8x^3 - 9x$

5. Gegeben ist die ganzrationale Funktion f mit der Gleichung $f(x) = x^3 - 3x^2 + 3x$. Ermitteln Sie die Koordinaten der Schnittpunkte des Graphen von f mit den Koordinatenachsen und geben Sie das Globalverhalten und das Symmetrieverhalten von f an.

6. a) Geben Sie die Intervalle an, auf denen die abgebildete ganzrationale Funktion 4. Grades streng monoton steigend bzw. fallend ist.
b) Lesen Sie näherungsweise die Hoch- und Tiefpunkte sowie die lokalen Maxima und Minima ab.
c) Erläutern Sie, ob ein globales Maximum oder Minimum existiert. Falls ja, geben Sie es an.

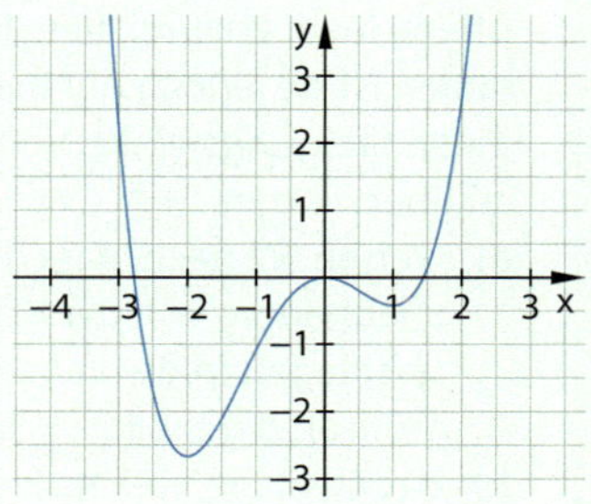

7. Untersuchen Sie die Funktion f mithilfe der Ableitung auf Monotonie.

a) $f(x) = 4x - 0{,}5x^2$
b) $f(x) = x^3 - 3x^2$
c) $f(x) = 2x^4 + 4x^2$

8. Berechnen Sie die lokalen Extremstellen sowie die zugehörigen lokalen Extrema der Funktion f. Ermitteln Sie dann die globalen Extrema sowie die zugehörigen x-Werte in den angegebenen Intervallen.

a) $f(x) = x^3 + 4x^2 - 3x - 8$ $\quad I_1: -4 \le x \le 1 \quad I_2: -2 \le x \le 0 \quad I_3: -4 \le x \le 3$
b) $f(x) = -\frac{1}{10}x^3 + \frac{3}{4}x^2$ $\quad I_1: -2 \le x \le 8 \quad I_2: -3 \le x \le 7 \quad I_3: 0 \le x \le 3$

9. Gegeben ist der Graph der Ableitungsfunktion f'. Beschreiben Sie das Monotonieverhalten von f und geben Sie die x-Werte an, an denen der Graph von f einen Hochpunkt, Tiefpunkt bzw. Sattelpunkt hat.

Lösungen ↗ S. 292/293

a)

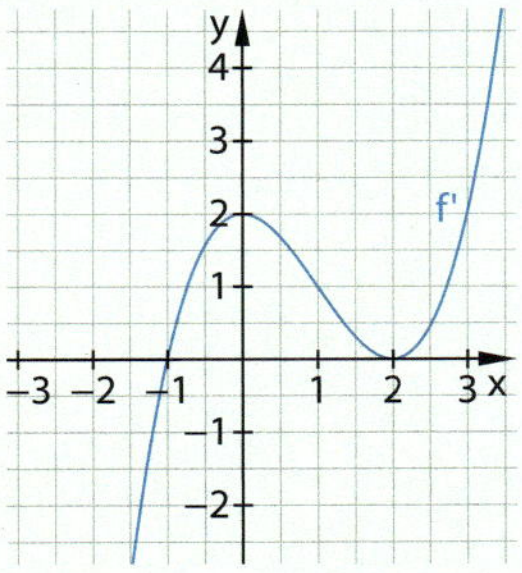

b)

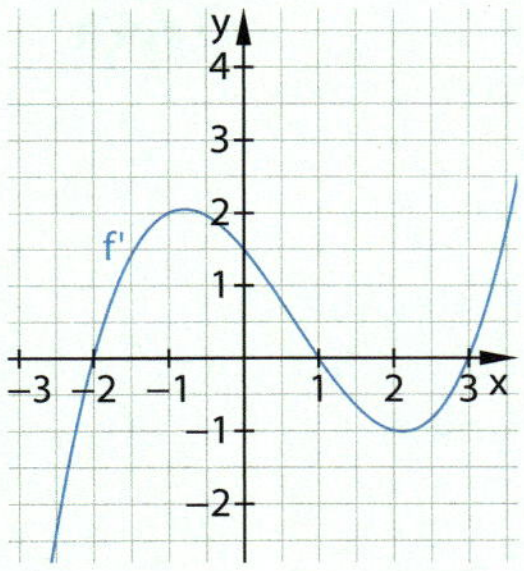

c)

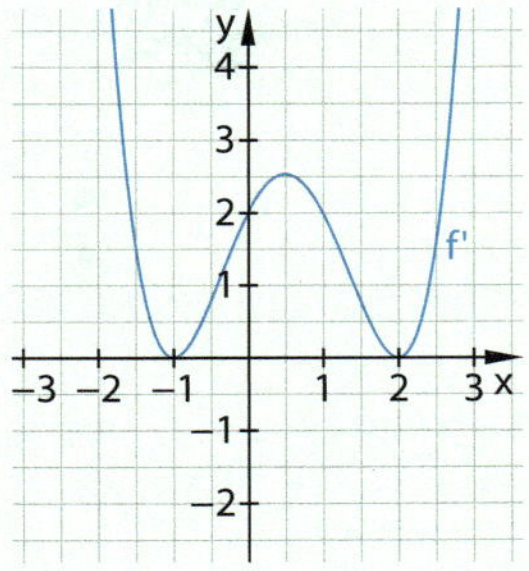

10. Bestimmen Sie rechnerisch die Koordinaten der Hoch- und Tiefpunkte sowie der Wende- und Sattelpunkte des Graphen von f. Ermitteln Sie außerdem die Gleichungen aller Wendetangenten und skizzieren Sie den Verlauf des Graphen von f.

a) $f(x) = x^3 - 3x^2$ b) $f(x) = \frac{1}{4}x^4 - x^3 + 3$ c) $f(x) = \frac{1}{3}x^3 - 2x^2 + 3x$

d) $f(x) = \frac{1}{5}x^5 - x^3 - 6$ e) $f(x) = \frac{1}{8}x^3 + \frac{3}{2}x^2 + 6x + 8$ f) $f(x) = x^6 - \frac{1}{2}x + 7$

11. Untersuchen Sie, ob es eine Stelle gibt, an der sich die Funktionswerte der Funktionen f und g am wenigsten unterscheiden.

a) $f(x) = x^2 + 2$; $g(x) = -x^2 + 6x - 9$ b) $f(x) = \frac{1}{x}$; $g(x) = -x^2$ für $x > 0$

12. Untersuchen Sie den Graphen der Funktion f auf sein Krümmungsverhalten.

a) $f(x) = -x^4 + 6x^2$ b) $f(x) = x^4 - 8x^3 + 24x^2 + 12x$ c) $f(x) = -x^6 + x + 3$

13. Nebenstehend ist der Graph der zweiten Ableitungsfunktion f'' einer Funktion f dargestellt. Außerdem gilt: $f'(-4) = 1$. Formulieren Sie davon ausgehend Aussagen über

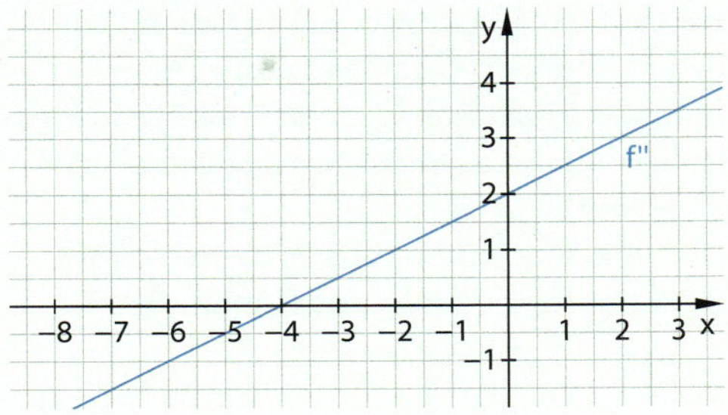

a) lokale Extremstellen der ersten Ableitungsfunktion f' von f,

b) Wendestellen der Funktion f,

c) das Monotonieverhalten von f.

14. Während starker Regenfälle steigt das Wasser in einem Fluss an. Die Wasserhöhe wird durch die Funktion h mit $h(t) = -0{,}0005t^4 + 0{,}05t^2 + 2{,}5$ beschrieben (t: Zeit in Stunden nach Regenbeginn, h(t): Wasserhöhe in m).

a) Geben Sie die Höhe des normalen (anfänglichen) Wasserstands an und berechnen Sie, wie hoch er nach 6 Stunden ist.

b) Bestimmen Sie, wie lange es dauert, bis der Fluss wieder seine normale Wasserhöhe erreicht. Geben Sie einen sinnvollen Definitionsbereich für h an.

c) Zum Schutz vor Überschwemmungen wurde der Fluss durch eine Mauer begrenzt, die ihn bei normalem Wasserstand um 1,5 Meter überragt. Ermitteln Sie, ob es aufgrund der Regenfälle zu einer Überschwemmung kommt.

d) Bestimmen Sie wie lange es dauert, bis das Wasser seinen Höchststand erreicht hat, und geben Sie diesen an.

e) Berechnen Sie den stärksten Anstieg des Wassers und geben Sie ihn in cm/min an.

Zusammenfassung

Symmetrieverhalten

Der Graph einer ganzrationalen Funktion f ist genau dann **achsensymmetrisch zur y-Achse** bzw. **punktsymmetrisch zum Ursprung**, wenn der Funktionsterm von f nur **gerade** bzw. nur **ungerade** Exponenten hat.

$f(x) = 0{,}5x^4 - x^2 + 0{,}5$ $\quad 0{,}5 = 0{,}5x^0$
hat nur gerade Exponenten, der Graph ist achsensymmetrisch zur y-Achse.

$g(x) = -0{,}5x^5 + 1{,}5x^3 + 2x$ $\quad 2x = 2x^1$
hat nur ungerade Exponenten, der Graph ist punktsymmetrisch zum Ursprung.

Monotonie

Die Funktion f ist **streng monoton steigend** bzw. **streng monoton fallend** auf dem Intervall I, wenn für alle x_1 und x_2 aus I mit $x_1 < x_2$ gilt: $f(x_1) < f(x_2)$ bzw. $f(x_1) > f(x_2)$.

Gilt $f'(x) > 0$ bzw. $f'(x) < 0$ für alle x aus dem Intervall I, so ist die Funktion f **streng monoton steigend** bzw. **fallend** auf I.

$f(x) = x^2 - 3x + 1$
$f'(x) = 2x - 3$
$f'(x) = 0$ für $x = 1{,}5$
Für $x < 1{,}5$ ist $f'(x) < 0$ und f streng monoton fallend.
Für $x > 1{,}5$ ist $f'(x) > 0$ und f streng monoton steigend.

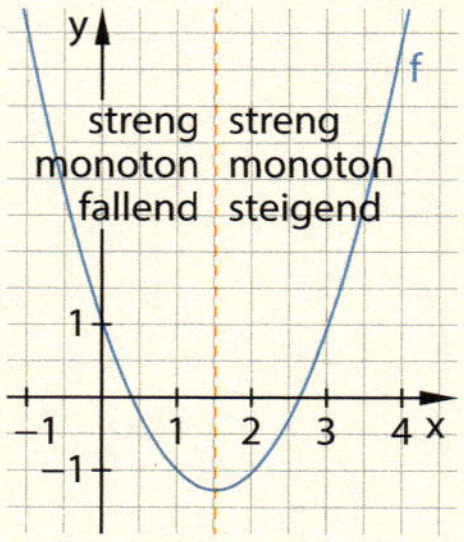

Lokale Extrempunkte

Wenn der Graph einer Funktion f an der Stelle x_E einen **lokalen Extrempunkt** hat, dann gilt $\mathbf{f'(x_E) = 0}$.

Wenn $f'(x_E) = 0$ und $f''(x_E) \neq 0$, so ist x_E eine **lokale Extremstelle** der Funktion f.
Für $f''(x_E) > 0$ bzw. $f''(x_E) < 0$ ist x_E eine lokale **Minimumstelle** bzw. **Maximumstelle**.

$f(x) = -1{,}5x^4 + 4x^3 - 3x^2$
$f'(x) = -6x^3 + 12x^2 - 6x = -6x(x-1)^2$
$f'(x) = 0$ $\quad$ also $x_1 = 0$ und $x_2 = 1$

$f''(x) = -18x^2 + 24x - 6$
$f'(0) = 0$ und $f''(0) = -6 < 0$: Hochpunkt bei x_1
$f'(1) = 0$ und $f''(1) = 0$: keine Aussage bei x_2

Globale Extrema

Existiert die Ableitung einer Funktion f auf einem Intervall [a; b], dann gibt es ein **globales Maximum** (größter Funktionswert) und ein **globales Minimum** (kleinster Funktionswert) von f auf [a; b].
Die globalen Extrema auf [a; b] sind **lokale Extrema** von f oder **Randextrema**.

$f(x) = -1{,}5x^4 + 4x^3 - 3x^2$ $\quad$ Intervall: $[-1; 2]$
lokales Maximum: $f(0) = 0$ (siehe oben)
Randwerte: $f(-1) = -8{,}5$; $\quad f(2) = -4$
$0 > -4 > -8{,}5$
globales Maximum: 0
globales Minimum: −8,5 (Randextremum)

Krümmung, Wendepunkte und Sattelpunkte

Wenn $f''(x) > 0$ bzw. $f''(x) < 0$ für alle $x \in I$, so ist der Graph der Funktion f in dem Intervall I **linksgekrümmt** bzw. **rechtsgekrümmt**.

Der Graph einer Funktion f hat an der Stelle x_W einen **Wendepunkt**, wenn sich die Krümmung des Graphen ändert (Linkskrümmung ↔ Rechtskrümmung).
Ein **Sattelpunkt** ist ein Wendepunkt mit einer waagerechten Tangente.

Wenn der Graph einer Funktion f an der Stelle x_W einen **Wendepunkt** hat, dann gilt $\mathbf{f''(x_W) = 0}$.

Wenn $f''(x_W) = 0$ und $f'''(x_W) \neq 0$ gilt, dann ist $(x_W \mid f(x_W))$ ein **Wendepunkt** des Graphen von f.

$f(x) = -1{,}5x^4 + 4x^3 - 3x^2$
$f''(x) = -18x^2 + 24x - 6 = -18\left(x - \frac{1}{3}\right)(x-1)$
$f''(x) = 0$ also $x_1 = \frac{1}{3}$ und $x_2 = 1$
$x < \frac{1}{3}$ und $x > 1$: rechtsgekrümmt ($f''(x) < 0$)
$\frac{1}{3} < x < 1$: linksgekrümmt ($f''(x) > 0$)

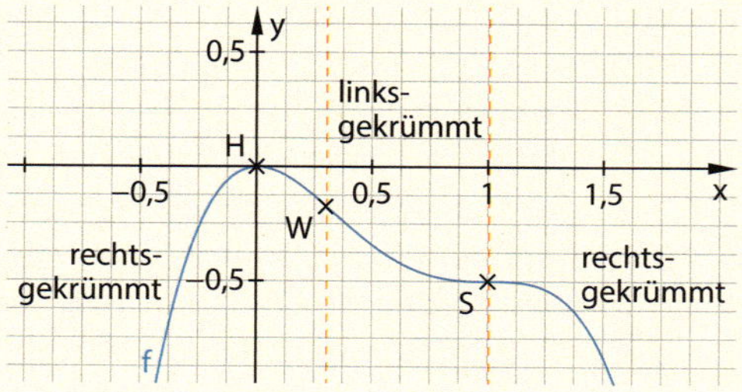

$f'''(x) = -36x + 24$
$f'''\left(\frac{1}{3}\right) = 12 \neq 0$: Wendepunkt bei x_1
$f'''(1) = -12 \neq 0$ und $f'(1) = 0$:
Sattelpunkt bei x_2

3. Anwendungen der Differenzialrechnung

Beim Skispringen ist für den perfekten Sprung eine ideale Flugbahn entscheidend. Um diese zu erreichen, kann der Verlauf der Sprungschanze mithilfe von ganzrationalen Funktionen beschrieben und durch Anpassung der Parameter optimiert werden.

Nach diesem Kapitel können Sie …

- Extremalprobleme mithilfe der Ableitung lösen,
- aus Eigenschaften in Sachkontexten Bedingungen an Funktionen formulieren und daraus Terme ermitteln,
- Funktionenscharen untersuchen.

Lösungen ↗ S. 293/294

Lineare Gleichungssysteme

1. Lösen Sie das lineare Gleichungssystem grafisch. Geben Sie die Lösungsmenge an.

a) $\left| \begin{array}{l} y = x - 1 \\ y = -3x + 3 \end{array} \right|$ b) $\left| \begin{array}{l} y = -x + 7 \\ y = 3x - 3 \end{array} \right|$ c) $\left| \begin{array}{r} 1{,}5x + y = 5{,}5 \\ 2x + y = 2 \end{array} \right|$ d) $\left| \begin{array}{l} 1 = \frac{1}{2} - y \\ 3 = x - y \end{array} \right|$

2. Lösen Sie das Gleichungssystem mit dem Gleichsetzungsverfahren.

a) $\left| \begin{array}{l} x + y = 10 \\ x - y = 0 \end{array} \right|$ b) $\left| \begin{array}{l} 8p = 4q - 1 \\ 4p = -4p + 2q \end{array} \right|$ c) $\left| \begin{array}{l} y = 3x + 7 \\ 6x - 2 = y \end{array} \right|$ d) $\left| \begin{array}{l} 9x = 5 + y \\ 9x = 4 + y \end{array} \right|$

3. Stellen Sie eine der Gleichungen um und lösen Sie mit dem Einsetzungsverfahren.

a) $\left| \begin{array}{r} a + b = 5 \\ -2a - 3b = -5 \end{array} \right|$ b) $\left| \begin{array}{l} 8x = 4y - 2 \\ 6y = 3x - 30 \end{array} \right|$ c) $\left| \begin{array}{l} 3y = 6x + 30 \\ 2y = 14x - 10 \end{array} \right|$ d) $\left| \begin{array}{r} 3x + 2y = 6 \\ 3y = 6x + 16 \end{array} \right|$

4. Formen Sie eine Gleichung um und lösen Sie das Gleichungssystem mit dem Additionsverfahren.

a) $\left| \begin{array}{r} 3x - 3y = 18 \\ -9x + 6y = 0 \end{array} \right|$ b) $\left| \begin{array}{l} 2x + 5y = -1 \\ 2x + 4y = 1 \end{array} \right|$ c) $\left| \begin{array}{l} 6p - 3q = 30 \\ 2p - 1{,}5q = 10 \end{array} \right|$ d) $\left| \begin{array}{r} 3a - 2b = 8 \\ 2a - b = 6 \end{array} \right|$

5. Geben Sie möglichst ohne viele Umformungsschritte an, wie viele Lösungen es gibt.

a) $\left| \begin{array}{l} 8y - 4x = 15 \\ 4y - 2x = 7{,}5 \end{array} \right|$ b) $\left| \begin{array}{l} 9x - 2y = 0 \\ 9x = 2y \end{array} \right|$ c) $\left| \begin{array}{l} 3x + y = 7 \\ y = -4x + 8 \end{array} \right|$ d) $\left| \begin{array}{l} 5x + \frac{1}{2}y = 3 \\ y = 7 - 10x \end{array} \right|$

6. Lösen Sie das Zahlenrätsel.

a) Die Summe zweier Zahlen ist 50, ihre Differenz ist 42.
b) Addiert man zum Produkt zweier Zahlen 14, so erhält man 150. Das 39-Fache der ersten Zahl minus 12 ist 300.
c) Das 3-Fache der Summe zweier Zahlen ist 69. Das Quadrat der Summe der beiden Zahlen ist 529.

7. Familie Krauses Stromrechnung betrug in diesem Monat 39,16 € bei einem Verbrauch von 203 kWh. Im letzten Monat waren es 49,40 € bei 267 kWh.
Berechnen Sie die Grundgebühr und den Preis pro kWh.

Ganzrationale Funktionen

8. Geben Sie den Grad und die Koeffizienten der ganzrationalen Funktion f an. Überprüfen Sie, ob die Punkte P und Q auf dem Graphen der Funktion liegen.

a) $f(x) = -x^3 + 5x^2 + 4x + 1$
$P(1\,|\,9)$, $Q(-1\,|\,3)$

b) $f(x) = 2x^5 - x^2 + 7x - 5$
$P(1\,|\,4)$, $Q(-1\,|\,-9)$

c) $f(x) = 6x^3 - 4ax^2 + x + 4a$
$P(1\,|\,-7)$, $Q(-1\,|\,-7)$

9. Beschreiben Sie ohne weitere Rechnung den Globalverlauf des Graphen von f.
Geben Sie an, ob der Graph von f punktsymmetrisch zum Ursprung oder achsensymmetrisch zur y-Achse ist.

a) $f(x) = 3x^3 - 7x$ b) $f(x) = -x^5 + 7x^4 - 2x + 3$ c) $f(x) = 2x^4 - 5x^2 + 12$

10. Bestimmen Sie die Nullstellen der Funktion f.

a) $f(x) = (x - 4)(x + 5)$ b) $f(x) = -x(x + 1)(2x - 1)$ c) $f(x) = (x^2 + 9)(2x^2 - x)$
d) $f(x) = 2x^2 - 8x$ e) $f(x) = x^4 + x^3 - 6x^2$ f) $f(x) = 3x^4 + 4x^3$
g) $f(x) = x^4 - 5x^2 + 4$ h) $f(x) = -3x^4 + 30x^2 - 27$ i) $f(x) = 2x^4 - 4x^2 - 30$

Lösungen ↗ S. 294

11. a) Stellen Sie jeweils die Funktionsgleichung der verschobenen Normalparabel auf.
① Verschiebung der Normalparabel um 4 Einheiten nach unten und um 7 Einheiten nach links
② Der Scheitelpunkt liegt bei $S(-1{,}5\,|\,3{,}5)$.
③ Der Graph enthält die Punkte $P(-2\,|\,-5{,}25)$, $Q(-1\,|\,-6{,}25)$ und $R(0\,|\,-5{,}25)$.
b) Berechnen Sie die Nullstellen der Funktionen aus a).

12. Auf dem Graphen einer quadratischen Funktion liegen der Scheitelpunkt S und Punkt P. Berechnen Sie die Nullstellen der Funktion.
a) $S(0\,|\,-2)$ und $P(2\,|\,0)$ b) $S(3\,|\,-2)$ und $P(7\,|\,0)$ c) $S(2\,|\,12)$ und $P(1\,|\,9)$

13. Der Brückenbogen mit den gegebenen Maßen hat die Form einer Parabel.
a) Stellen Sie eine Funktionsgleichung der Parabel auf, wenn der Koordinatenursprung ① im Scheitelpunkt, ② links unten am Beginn des Bogens liegt.
b) Berechnen Sie für den Fall ① die Länge der Stützen, die 29 m vom Scheitelpunkt entfernt beginnen.

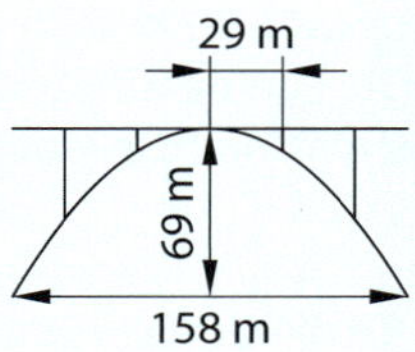

14. Geben Sie an, in welcher Form die Funktionsgleichung angegeben ist. Wandeln Sie sie in die fehlenden beiden Formen um.
a) $f(x) = 2(x-1)^2 - 18$ b) $g(x) = x^2 - 14x + 45$ c) $h(x) = -3(x+4)(x-2)$

15. Die Funktion f mit $f(x) = -0{,}002x^2 + 0{,}6x$ beschreibt die Flugbahn eines Golfballs.
a) Berechnen Sie, wie weit der Golfball fliegt.
b) Berechnen Sie die maximale Höhe des Golfballs während des Flugs.

Figuren und Körper

16. Berechnen Sie den Umfang und den Flächeninhalt der angegebenen Figur.
a) gleichschenkliges Dreieck ABC mit $a = b = 4\,\text{cm}$; $c = 2\,\text{cm}$
b) rechtwinkliges Dreieck ABC mit $\gamma = 90°$; $b = 6\,\text{cm}$; $a = 8\,\text{cm}$
c) Parallelogramm ABCD mit $\alpha = 60°$; $a = 60\,\text{mm}$; $h_a = 25\,\text{mm}$
d) Kreis mit $r = 24\,\text{mm}$

17. Eine Zuckerpackung hat die Form einer quadratischen Pyramide mit einer Grundkantenlänge von 8 cm und einer Höhe von 15 cm. $1\,\text{cm}^3$ Zucker wiegt 1,6 g.
a) Berechnen Sie das Volumen der Verpackung.
b) Berechnen Sie die in der Packung maximal enthaltene Masse Zucker.

18. Berechnen Sie das Volumen und den Oberflächeninhalt des zusammengesetzten Körpers. (Alle Angaben in cm.)

a)
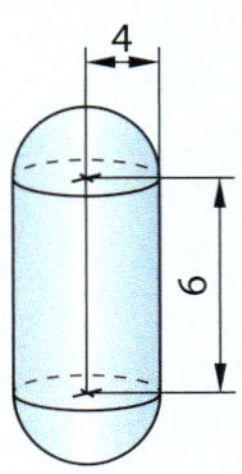

b)
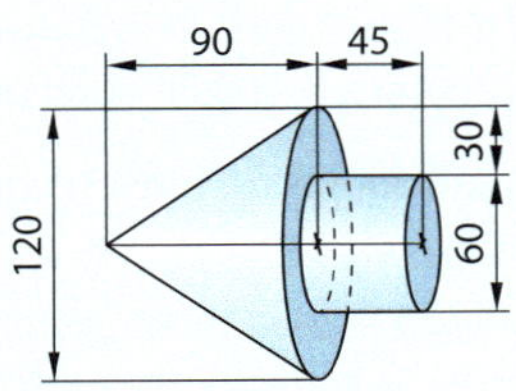

c)
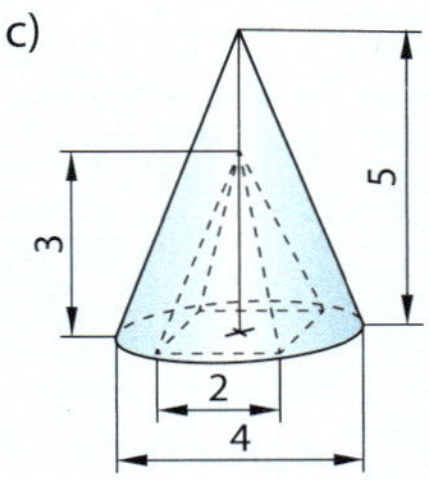

d)
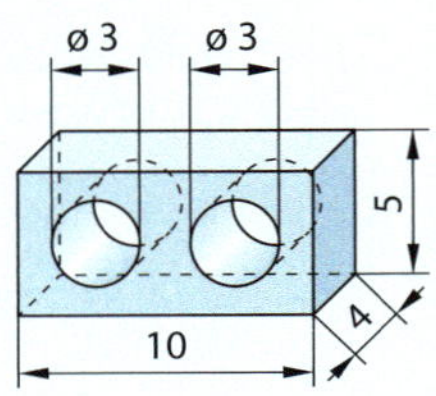

3.1 Extremalprobleme

■ Aus einem rechteckigen Stück Pappe von der Größe einer DIN-A4-Seite (21 cm × 29,7 cm) soll eine offene Schachtel werden.

a) Stellen Sie eine Funktionsgleichung für das Volumen in Abhängigkeit von x auf.

b) Geben Sie das lokale Maximum der Funktion aus a) an. Erläutern Sie seine Bedeutung im Sachzusammenhang. ■

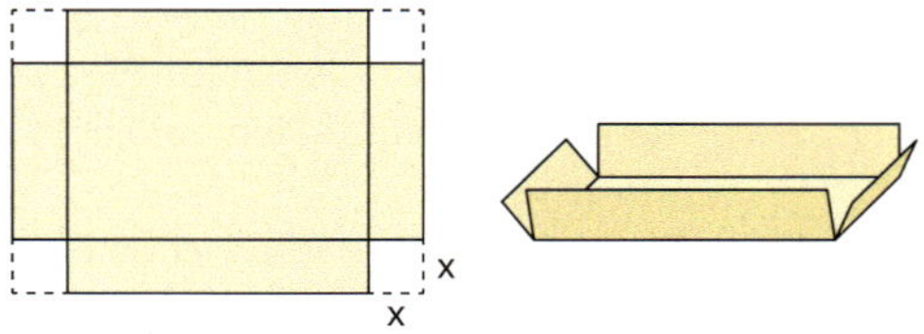

Bei einem Extremalproblem wird der kleinst- oder größtmögliche Wert einer Größe in einem bestimmten Bereich gesucht. Für die Größe wird eine Funktion (**Zielfunktion**) aufgestellt und ihr globales Minimum oder Maximum in einem bestimmten Intervall bestimmt.

Wissen: Lösungsstrategie für Extremalprobleme

1. Gleichung aufstellen für die **Größe**, die **maximal/minimal** werden soll.
2. **Nebenbedingungen** finden, wenn die Größe von mehreren Variablen abhängt.
3. **Zielfunktion** (mit nur einer Variablen) für die Größe mithilfe der Nebenbedingungen aufstellen und den **Definitionsbereich** angeben.
4. **Lokale Maxima/Minima** der Zielfunktion im Definitionsbereich mithilfe der Ableitungen ermitteln.
5. **Globales Maximum/Minimum** ermitteln. Dazu prüfen, ob die Zielfunktion an den Rändern des Definitionsbereichs größere bzw. kleinere Funktionswerte annimmt.
6. Lösung im **Sachzusammenhang** interpretieren.

Beispiel 1: Ein rechteckiges Spielfeld mit Länge x und Breite y soll von einer 400 m langen, an den kurzen Rechtecksseiten halbkreisförmigen Laufbahn umgeben sein. Bestimmen Sie die Abmessungen, für die das Spielfeld einen maximalen Flächeninhalt hat.

Lösung:

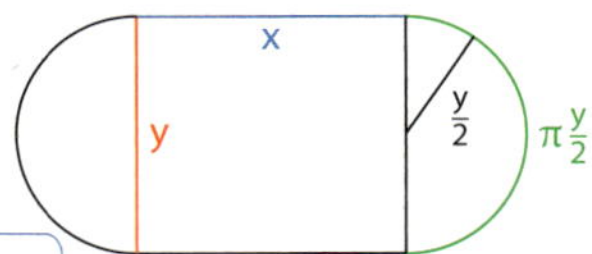

1. Gleichung: (Flächeninhalt des Spielfelds) $A = x \cdot y$ (x und y in m)

2. Aufstellen der Nebenbedingung: Nebenbedingung (NB):
$u = 2x + \pi y = 400$ (Umfang der Laufbahn)
$y = \frac{400}{\pi} - \frac{2}{\pi}x$

3. Zielfunktion und Definitionsbereich: (NB in Formel einsetzen)
$A(x) = x \cdot \left(\frac{400}{\pi} - \frac{2}{\pi}x\right) = \frac{400}{\pi}x - \frac{2}{\pi}x^2$ mit $0 \leq x \leq 200$

4. Bestimmung des lokalen Maximums:
Ableitungen bestimmen: $A'(x) = \frac{400}{\pi} - \frac{4}{\pi}x$ und $A''(x) = -\frac{4}{\pi}$
Nullstelle von A′ bestimmen: $\frac{400}{\pi} - \frac{4}{\pi}x = 0$ liefert $x = 100$.
Wegen $A''(100) = -\frac{4}{\pi} < 0$ liegt ein lokales Maximum vor.
$A(100) = \frac{400}{\pi} \cdot 100^2 - \frac{2}{\pi} \cdot 100^2 \approx 6366{,}2$

5. Randwerte prüfen, globales Maximum:
$A(0) = A(200) = 0 < 6366{,}2$, also kein Randmaximum
Das lokale Maximum bei $x = 100$ ist auch globales Maximum.

6. Interpretation:
$x = 100$ in die Nebenbedingung einsetzen:
$y = \frac{400}{\pi} - \frac{2}{\pi} \cdot 100 \approx 63{,}7$
Für eine Länge von 100 m und einer Breite von 63,7 m wird der Flächeninhalt des Spielfelds mit $A \approx 6366{,}2\ m^2$ maximal.

Basisaufgaben

1. Stellen Sie Zielfunktionen mithilfe von Nebenbedingungen auf.

a) Ein Rechteck hat einen Umfang von 28 cm. Drücken Sie seinen Flächeninhalt in Abhängigkeit von einer Seitenlänge x aus.

b) Bei einem Rechteck ist die Seite x doppelt so lang wie die andere Seite y. Drücken Sie den Flächeninhalt in Abhängigkeit von x aus.

c) Geben Sie für einen Würfel das Volumen V in Abhängigkeit von der Gesamtkantenlänge K an und auch umgekehrt K in Abhängigkeit von V.

d) Für das Volumen eines Quaders mit den Kantenlängen a, b und c gilt $a = 2b$ und $b = 2c$. Geben Sie für jede Variable a, b und c eine Formel zur Berechnung des Quadervolumens an, die nur von dieser Variablen abhängt. Also: $V(a) = \ldots, V(b) = \ldots, V(c) = \ldots$

2. Das Produkt zweier nichtnegativer Zahlen soll maximal werden. Es gilt die Nebenbedingung, dass die Summe der beiden Zahlen 20 ist.

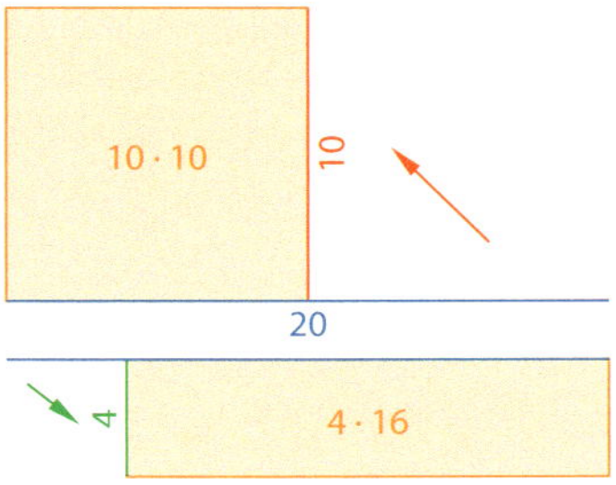

a) Geben Sie einen Term für das Produkt an, das maximal sein soll.

b) Stellen Sie eine Nebenbedingung auf und formen Sie sie nach einer der Variablen um.

c) Ersetzen Sie im Term von a) eine Variable mithilfe der Gleichung aus b). Geben Sie die Zielfunktion und ihren Definitionsbereich an.

d) Bestimmen Sie das lokale Extremum der Zielfunktion im Definitionsbereich mithilfe der Ableitungen. Zeigen Sie, dass es sich um ein lokales Maximum handelt.

e) Prüfen Sie das Verhalten der Zielfunktion an den Rändern des Definitionsbereichs und geben Sie das globale Maximum der Zielfunktion im Definitionsbereich an.

f) Geben Sie die beiden gesuchten Zahlen und den Wert des maximalen Produkts an.

3. Bestimmen Sie die Abmessungen eines Rechtecks mit dem Umfang 1 m, das einen möglichst großen Flächeninhalt hat.

4. Ein Bauer will für seine Kühe an einem Kanal eine möglichst große rechteckige Weide mit einem 200 m langen Zaun abstecken. Das Ufer des Kanals soll dabei eine der Rechtecksseiten sein und braucht nicht mit einem Zaun versehen zu werden.

a) Stellen Sie eine Zielfunktion für den Flächeninhalt der Weide auf.

b) Bestimmen Sie das Maximum der Zielfunktion mithilfe der Ableitungen.

c) Bestimmen Sie das Maximum der Zielfunktion, indem Sie die Lage des Scheitelpunkts der Parabel ohne die Verwendung von Ableitungen ermitteln.

d) Vergleichen Sie den Rechenaufwand der beiden Methoden aus b) und c).

e) Geben Sie die Maße der Weide an, die den Tieren möglichst viel Platz bietet.

Hinweis zu 4c:
Die Koordinaten des Scheitelpunkts können Sie durch quadratische Ergänzung oder durch seine Lage bzgl. der Nullstellen ermitteln.

5. Die Größe G hängt von den beiden Variablen a und b ab und berechnet sich mit der Formel $G = 2a^2b + 20$. Zwischen a und b gilt zudem die Bedingung $2a - b = 4$.

a) Stellen Sie die Zielfunktion $G(a)$ auf.

b) Bestimmen Sie die lokalen Maxima und Minima.

c) Bestimmen Sie die globalen Extrema auf dem Intervall $[0; 1]$.

Figuren unter Funktionsgraphen

Extremalprobleme können sich auch im Zusammenhang mit Figuren unter Funktionsgraphen ergeben. Bei solchen Extremalproblemen liegt ein Punkt (oder mehrere Punkte) einer Figur auf dem Graphen einer Funktion. Gesucht werden nun die Koordinaten des Punkts (oder mehrerer Punkte), sodass sich zum Beispiel ein maximaler Flächeninhalt der Figur ergibt.

Beispiel 2: Gegeben ist der Graph der Funktion f mit $f(x) = -\frac{1}{3}x^2 + 3$. Der Punkt $C(a \mid f(a))$ wandert auf dem Graphen der Funktion f im ersten Quadranten. Die Punkte A, B, C und D bilden dabei ein Rechteck.

a) Stellen Sie eine Zielfunktion für den Flächeninhalt des Rechtecks auf und geben Sie einen sinnvollen Definitionsbereich an.

b) Bestimmen Sie den Wert für a so, dass der Flächeninhalt des Rechtecks maximal wird, und geben Sie den maximalen Flächeninhalt an.

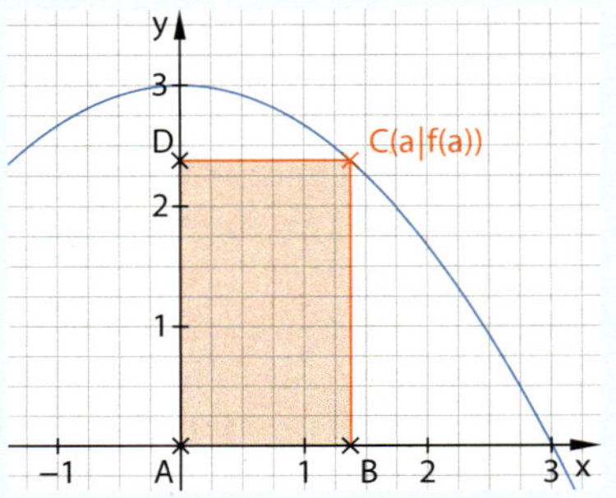

Lösung:

a) 1. Gleichung: $A = b \cdot h$ — Flächeninhalt Rechteck: Breite mal Höhe

2. Nebenbedingungen: $b = a$ und $h = f(a)$ — Punkt C liegt auf dem Graphen.

3. Zielfunktion und Definitionsbereich:

$A(a) = a \cdot f(a) = a \cdot \left(-\frac{1}{3}a^2 + 3\right) = -\frac{1}{3}a^3 + 3a$

a liegt zwischen der y-Achse und der positiven Nullstelle von f.
$f(x) = -\frac{1}{3}x^2 + 3 = 0$ ergibt $x^2 = 9$
Nullstellen von f: $x_1 = 3$; $x_2 = -3$
Definitionsbereich: $0 \le a \le 3$

b) 4. Lokale Extrema der Zielfunktion:

$A'(a) = -a^2 + 3, \quad A''(a) = -2a$
Nullstellen von A': $-a^2 + 3 = 0$
$a^2 = 3$, also $a_1 = \sqrt{3}$, $a_2 = -\sqrt{3}$ — nicht im Definitionsbereich
$A''(\sqrt{3}) = -2\sqrt{3} < 0$, also lokales Maximum bei $\sqrt{3}$
$A(\sqrt{3}) \approx 3{,}464$

5. Randwerte prüfen, globales Maximum:

$A(0) = 0$ und $A(3) = 0$, also kein Randmaximum
Das lokale Maximum 3,464 ist auch das globale Maximum.

6. Interpretation: Für $a = \sqrt{3} \approx 1{,}7$ wird der Flächeninhalt mit $A \approx 3{,}5$ FE maximal.

Basisaufgaben

6. Gegeben ist der Graph der Funktion f mit $f(x) = -0{,}5x^3 + 2x$.
Die Punkte A, B und C mit den Koordinaten $A(0 \mid 0)$, $B(a \mid 0)$ und $C(a \mid f(a))$ bilden im ersten Quadranten des Koordinatensystems ein rechtwinkliges Dreieck.

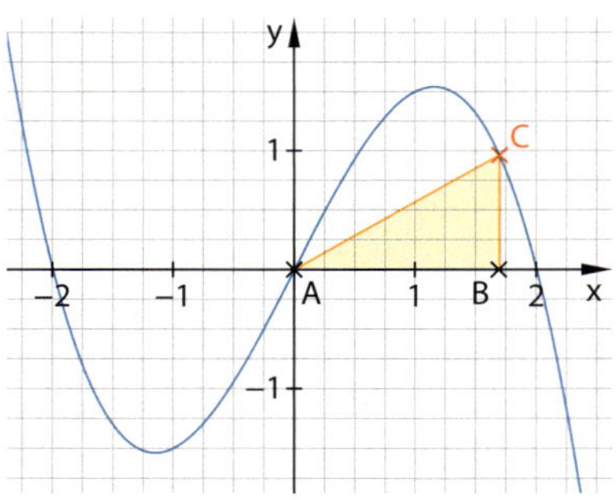

a) Stellen Sie eine Zielfunktion für den Flächeninhalt des Dreiecks auf und geben Sie einen sinnvollen Definitionsbereich an.

b) Ermitteln Sie, für welchen Wert von a der Flächeninhalt des Dreiecks maximal wird, und geben Sie den maximalen Flächeninhalt an.

7. Dem Graphen der Funktion f mit $f(x) = -\frac{1}{2}x^2 + 6$ wird ein gleichschenkliges Dreieck wie in der Abbildung einbeschrieben. Bestimmen Sie den maximalen Flächeninhalt des Dreiecks.

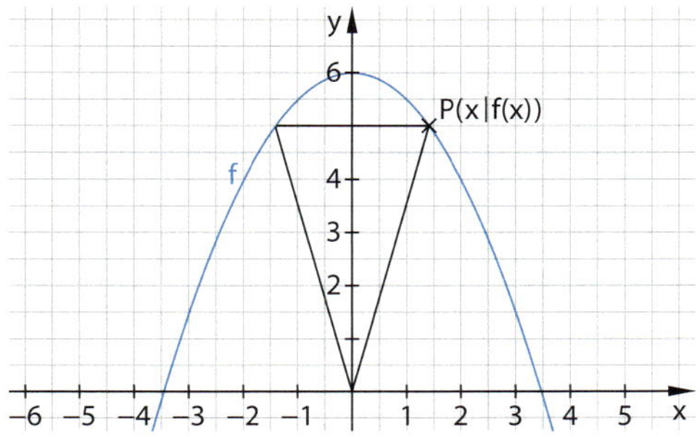

8. Dem Graphen der Funktion f mit $f(x) = -\frac{1}{2}x^2 + 6$ wird ein Rechteck oberhalb der x-Achse einbeschrieben.

a) Fertigen Sie eine Skizze an und stellen Sie einen Term für den Flächeninhalt auf.

b) Bestimmen Sie den maximalen Flächeninhalt des Rechtecks.

9. Dem Graphen der Funktion f mit $f(x) = -\frac{1}{2}x^2 + 2$ wird ein symmetrisches Trapez wie in der Abbildung einbeschrieben. Bestimmen Sie den größtmöglichen Flächeninhalt des Trapezes.

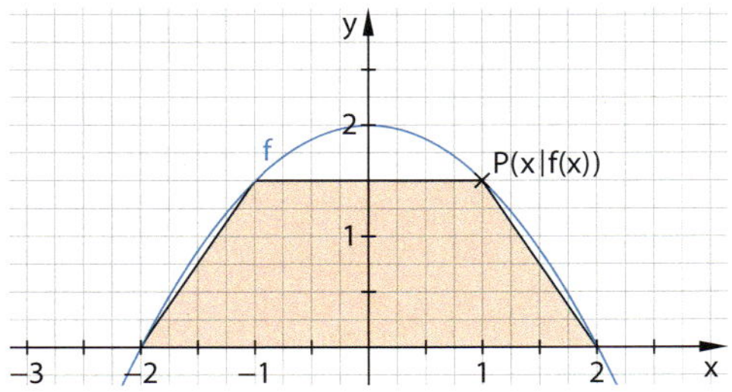

Erinnerung:
Flächeninhalt eines Trapezes

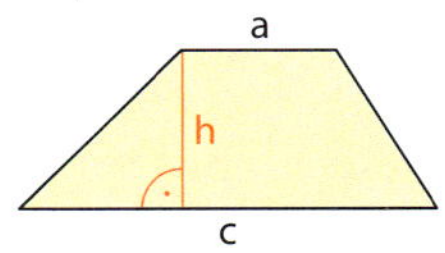

$A_{Trapez} = \frac{a+c}{2} \cdot h$

Weiterführende Aufgaben

10. Begründen Sie: Wenn die Zielfunktion eine quadratische Funktion ist und sich die Extremstelle des lokalen Maximums (Minimums) im Definitionsbereich befindet, dann ist das lokale Maximum (Minimum) auch das globale Maximum (Minimum) im Definitionsbereich.

11. Betrachten Sie alle Rechtecke mit dem Flächeninhalt 1 m^2.

a) Bestimmen Sie, bei welcher Seitenlänge der Umfang minimal ist.

b) Untersuchen Sie, ob es unter den Rechtecken eines mit maximalem Umfang gibt.

12. Für ein öffentliches Kunstwerk soll aus 36 m Stahlrohr das Kantenmodell eines Quaders mit quadratischer Grundfläche hergestellt werden.

a) Bestimmen Sie die Abmessungen des Quaders so, dass sein Volumen maximal wird.

b) Bestimmen Sie das maximale Volumen, wenn die Kantenlänge der Grundfläche nicht größer als 2,5 m sein darf.

c) Bestimmen Sie das maximale Volumen, wenn die Höhe auf maximal 2 m beschränkt ist.

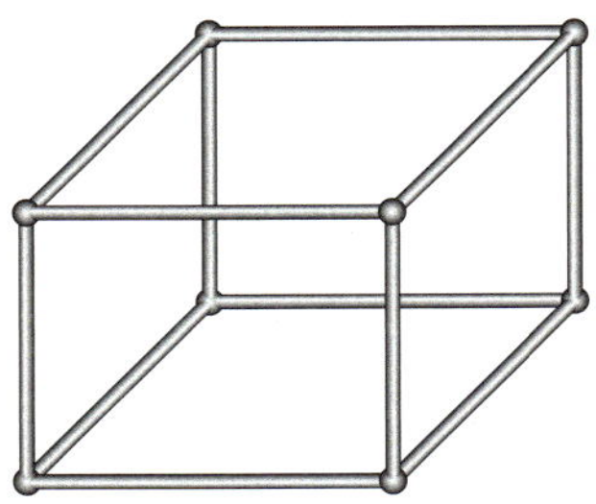

13. Typische Konservendosen können modellhaft als Zylinder mit einem Volumen von 750 mℓ aufgefasst werden.

a) Bestimmen Sie die Abmessungen einer Dose, die bei diesem vorgegebenen Volumen eine minimale Oberfläche (also einen möglichst geringen Materialverbrauch) aufweist.

b) Erläutern Sie, welche Gründe es in der Praxis geben kann, von diesen Abmessungen abzuweichen.

14. Stolperstelle: Gegeben sind die Funktionen f und g mit $f(x) = -\frac{1}{3}x^3 + x^2 + 3x + 3$ und $g(x) = -\frac{1}{3}x^3 + x^2 + 3x$.
Den Graphen beider Funktionen soll wie abgebildet im 1. Quadranten ein Dreieck mit maximalem Flächeninhalt einbeschrieben werden.

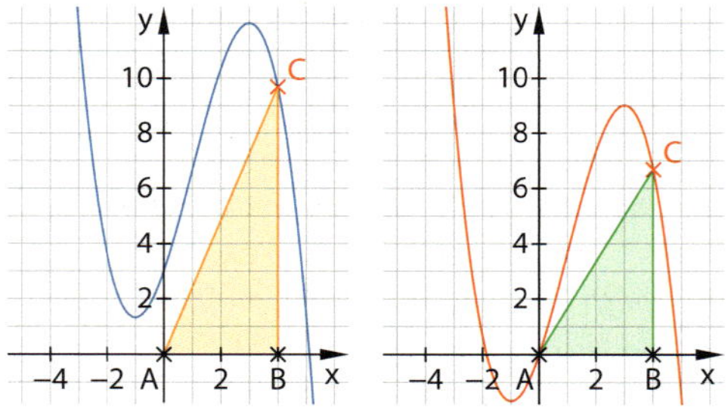

Max meint: *„Der eine Graph ist ja nur um 3 Einheiten verschoben. Dann wird der maximale Flächeninhalt beim rechten Dreieck an der gleichen Stelle vorliegen, wie beim linken Dreieck. Nur der maximale Flächeninhalt wird links natürlich größer sein als rechts."*
Nehmen Sie begründet Stellung zu der Aussage.

15. Gegeben ist der Graph der Funktion f mit $f(x) = -0{,}1(x + 1)^2 + 5$. Die Punkte $A(4\,|\,0)$, $B(4\,|\,2{,}5)$, $C(a\,|\,f(a))$ und $D(a\,|\,0)$ für $a \leq 4$ bilden oberhalb der x-Achse ein Trapez.
Ermitteln Sie, für welchen Wert von a der Flächeninhalt des Trapezes maximal wird.

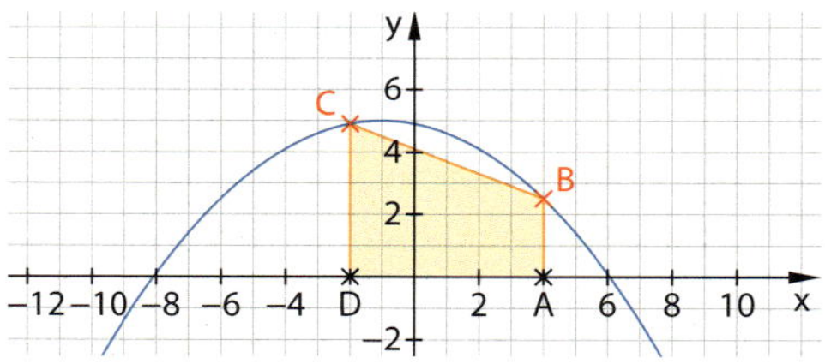

16. Aus einem rechteckigen Blechstück mit den Abmessungen 20 cm × 15 cm soll eine oben offene, zylindrische Blechdose hergestellt werden, die ein möglichst großes Volumen hat.

a) Tom erhält mit der Skizze V mit $V(r) = -2\pi r^3 + 20\pi r^2$ als Zielfunktion und ihr lokales Maximum bei $r \approx 6{,}67$ cm. Erläutern Sie, wie Tom zu seinen Ergebnissen kommt.

b) Erklären Sie, warum die Dose mit r = 6,67 cm nicht hergestellt werden kann.

● c) Ermitteln Sie das größtmögliche Volumen der Dose.

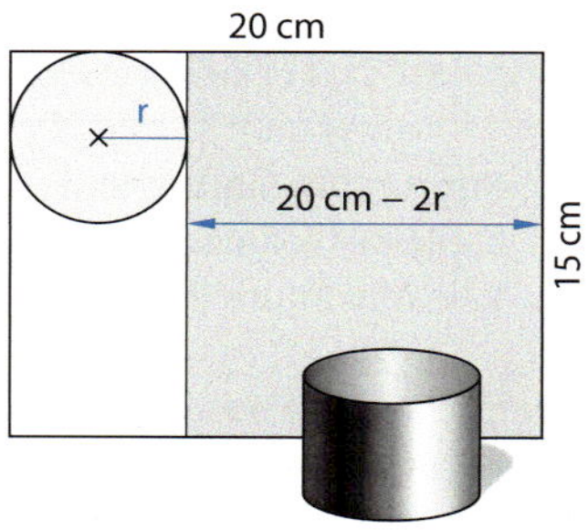

17. Ein Pralinenhersteller möchte eine neue prismenförmige Verpackung für seine Pralinen entwickeln. Die Grundfläche der Verpackung soll die eines gleichseitigen Dreiecks sein.

a) Berechnen Sie den minimalen Materialverbrauch für die Verpackung, wenn die Schachtel ein Volumen von 400 cm^3 haben soll.

b) Der Hersteller hat die Möglichkeit, die Verpackungen aus Pappstücken der Größe 600 cm^2 herzustellen.
Bestimmen Sie die Maße einer Verpackung mit größtmöglichem Volumen, die sich aus jeweils einem Stück Pappe herstellen lässt. Bewerten Sie Ihr gefundenes Ergebnis.

18. In ein gleichschenkliges Dreieck mit Basis g = 3 cm und Höhe h = 7 cm soll ein Rechteck einbeschrieben werden.

a) Berechnen Sie die Maße des Rechtecks mit maximalem Flächeninhalt.

● b) Nun soll in eine quadratische Pyramide mit der Grundseite g = 3 cm und Höhe h = 7 cm ein Quader mit maximalem Volumen einbeschrieben werden. Bestimmen Sie die Maße und das Volumen dieses Quaders.

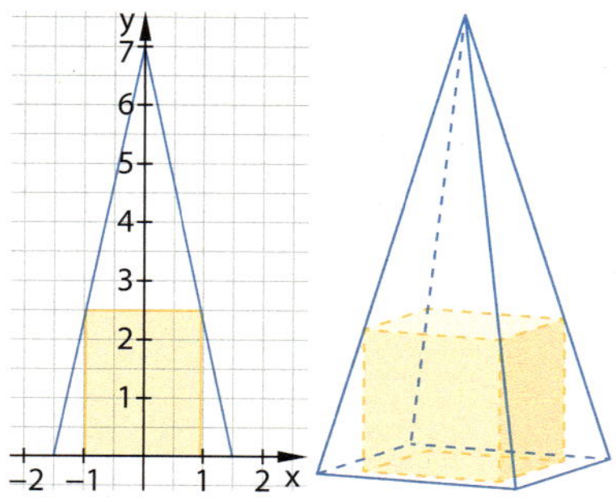

19. Die Tragfähigkeit eines Balkens ist proportional zu seiner Breite b und zum Quadrat seiner Höhe h. Seine Tragfähigkeit T kann deshalb mit der Formel $T = b \cdot h^2$ beschrieben werden.

Bestimmen Sie die optimalen Maße eines Balkens, der aus einem Rundholz mit dem Durchmesser 30 cm geschnitten werden soll und eine möglichst große Tragfähigkeit hat.

20. Eine Firma produziert Schoko-Osterhasen. Hasen aus Edelschokolade werden für 3,50 € pro 100 g verkauft, Hasen aus billiger Schokolade für 0,49 € pro 100 g. Bei der Produktion können beide Schokoladensorten gemischt werden. Der Verkaufspreis richtet sich dann nach den Anteilen beider Sorten.

a) Berechnen Sie, wie teuer ein 100-g-Schokohase mit einem Anteil von 65 % Edelschokolade ist.

b) In den letzten Jahren wurde festgestellt: Erhöht man den Anteil der Edelschokolade, dann werden wegen des steigenden Preises weniger Schokohasen gekauft. Allerdings bleibt die Nachfrage ab einem Anteil von 40 % Edelschokolade konstant, obwohl der Preis steigt. Die Nachfrage n kann mit der folgenden Funktion beschrieben werden:

$n(x) = \begin{cases} -165x + 8000, & 0 \le x < 40 \\ 1400, & 40 \le x \le 100 \end{cases}$, wobei x den Prozentanteil von Edelschokolade und n(x) die verkaufte Anzahl an Schokohasen angibt.

Berechnen Sie, wie viel Umsatz die Firma macht, wenn sie Schokohasen mit einem Anteil von 65 % Edelschokolade herstellt.

c) Ermitteln Sie, wie hoch der Anteil der Edelschokolade bei den Schokohasen sein sollte, damit der Umsatz der Firma maximal wird.

21. Abgebildet ist der Graph der Funktion f mit $f(x) = -x^2 + 3$. Der Punkt B liegt auf dem Graphen der Funktion f im 1. Quadranten.
Berechnen Sie die Koordinaten des Punktes B, sodass der Abstand d(A, B) zwischen den Punkten A(0 | 1) und B minimal wird.
Geben Sie den minimalen Abstand an.

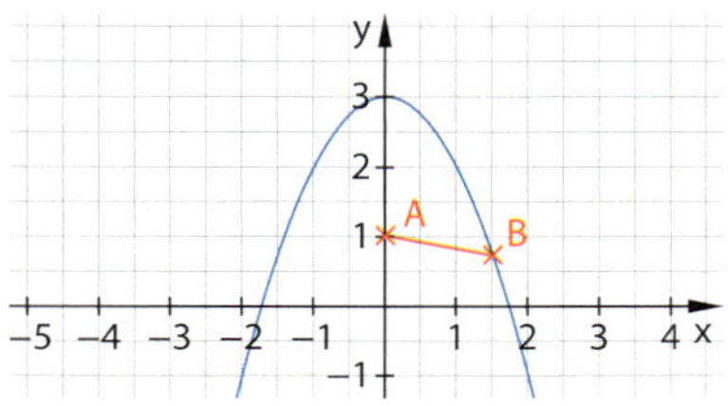

Erinnerung:
Für den Abstand zwischen zwei Punkten $P(x_1|y_1)$ und $Q(x_2|y_2)$ gilt:
$d = \sqrt{(x_2 - x_1)^2 + (y_2 - y_1)^2}$

22. Ausblick: Ein Spielautomat ist so eingestellt, dass Spieler im Durchschnitt in 1% der Fälle das 10-fache ihres Einsatzes ausbezahlt bekommen und in 10% der Fälle ihren Einsatz zurückbekommen. Der Einsatz pro Spiel beträgt 50 Cent. Im Durchschnitt werden an einem Tag 200 Spiele durchgeführt.

a) Begründen Sie, dass der Term $200 \cdot (-4{,}5 \cdot 0{,}01 + 0 \cdot 0{,}1 + 0{,}5 \cdot 0{,}89)$ den im Mittel zu erwartenden Tagesgewinn des Automaten angibt. Berechnen Sie diesen.

b) Der Automaten lässt sich so einstellen, dass die Wahrscheinlichkeit p für die Erstattung des Einsatzes verändert wird. Erklären Sie die Bedeutung der Funktion f mit $f(x, p) = x \cdot (-4{,}5 \cdot 0{,}01 + 0 \cdot p + 0{,}5 \cdot (0{,}99 - p))$.

c) Aus Erfahrung ist bekannt: Erhöht man die Wahrscheinlichkeit p um jeweils 1%, so erhöht sich die Anzahl der Spiele pro Tag um jeweils 15. Berechnen Sie die optimale Einstellung des Automaten, um den Tagesgewinn zu maximieren.

3.2 Rekonstruktion von Funktionstermen

■ Von der Flugbahn eines Balls sind die Punkte A(0|0) und B(4|4) bekannt. Die Flugbahn soll mit einer quadratischen Funktion f mit $f(x) = ax^2 + bx + c$ modelliert werden.

a) Erklären Sie, warum mit diesen Informationen keine eindeutige Lösung bestimmt werden kann.

b) Es ist zusätzlich bekannt, dass B der höchste Punkt der Flugbahn ist.
Ermitteln Sie mithilfe dieser Information die Stelle, an der der Ball auf dem Boden aufkommt. ■

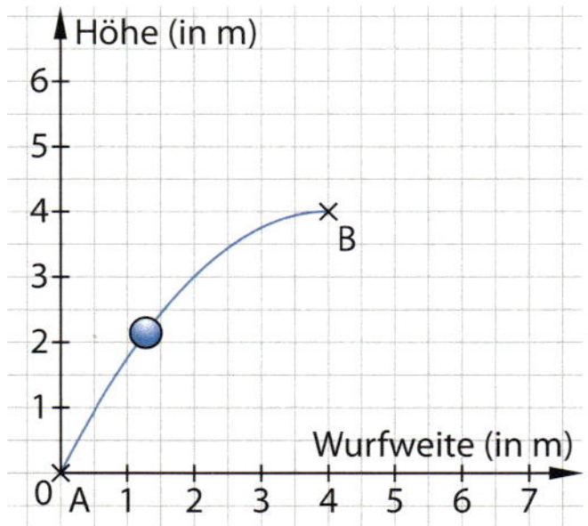

Die Funktionsgleichung einer ganzrationalen Funktion kann aus Informationen über den Graphen bestimmt werden. Dazu werden diese Informationen in Gleichungen übersetzt. Diese Gleichungen bilden ein lineares Gleichungssystem, dessen Lösung die Parameter der gesuchten Funktionsgleichung liefert.

Wissen: Schritte beim Bestimmen von ganzrationalen Funktionen

① Eigenschaften des Graphen in Bedingungen an die Funktion/Ableitungen übersetzen.
② In die allgemeine Form einsetzen und ein lineares Gleichungssystem aufstellen.
③ Das lineare Gleichungssystem lösen und den ermittelten Funktionsterm angeben.
④ Überprüfen, ob der Funktionsterm die geforderten Eigenschaften erfüllt.

Eigenschaften in Gleichungen übersetzen

Aus charakteristischen Punkten des Graphen einer Funktion f lassen sich Bedingungen an die Funktionsgleichung von f und deren Ableitungen formulieren. Mithilfe eines allgemeinen Ansatzes für ganzrationale Funktionen ergeben sich daraus Gleichungen.

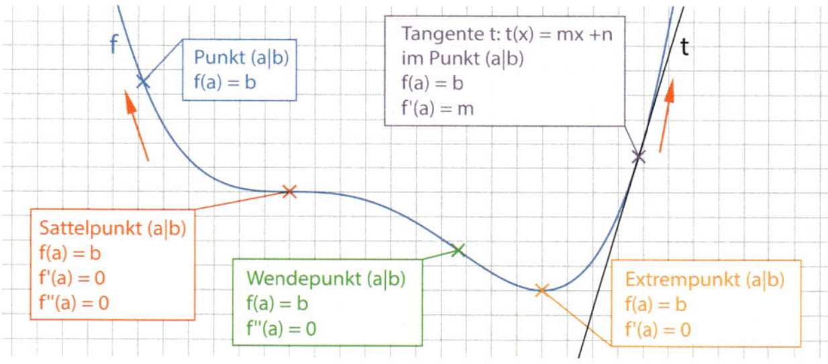

Beispiel 1: Der Graph einer quadratischen Funktion f schneidet die y-Achse bei y = 2. Der Graph der Funktion f verläuft durch den Punkt P(2|6) und hat an der Stelle x = 3 einen lokalen Extrempunkt. Formulieren Sie die Eigenschaften als Gleichungen.

Lösung:

① Formulieren Sie die Eigenschaften als Bedingungen an die Funktionsgleichung von f und ihrer Ableitung f′.

(A) verläuft durch P(2|6) $\Rightarrow f(2) = 6$
(B) Schnitt der y-Achse bei 2 $\Rightarrow f(0) = 2$
(C) Extremum bei x = 3 $\Rightarrow f'(3) = 0$

② Stellen Sie als Ansatz die allgemeine Form der Funktionsgleichung von f und ihrer Ableitung f′ auf.

Ansatz: $f(x) = ax^2 + bx + c$
$f'(x) = 2ax + b$

Setzen Sie die Bedingungen aus ① in die jeweils passende allgemeine Form ein und stellen Sie so ein Gleichungssystem auf.

(A) $f(2) = 6 \quad \Rightarrow \quad a \cdot 2^2 + b \cdot 2 + c = 6$
(B) $f(0) = 2 \quad \Rightarrow$
(C) $f'(3) = 0 \quad \Rightarrow$

$$\left| \begin{array}{r} 4a + 2b + c = 6 \\ c = 2 \\ 6a + b = 0 \end{array} \right|$$

Basisaufgaben

1. Bilden Sie von den ganzrationalen Funktionen 1., 2., 3. und 4. Grades in allgemeiner Darstellung die erste, zweite und dritte Ableitung.

2. Formulieren Sie die Eigenschaft des Graphen als Bedingung an die Funktionsgleichung oder deren Ableitungen.
   a) Der Graph einer Funktion f verläuft durch den Punkt $P(7|8)$.
   b) Eine Funktion g hat an der Stelle $x = 6$ den Funktionswert -3.
   c) Der Graph einer Funktion h hat an der Stelle $x = 2$ einen Hochpunkt.
   d) Der Graph einer Funktion i schneidet an der Stelle $x = 4$ die x-Achse.
   e) Der Graph einer Funktion j berührt an der Stelle $x = 4$ die x-Achse.
   f) Der Graph einer Funktion k hat im Ursprung eine waagerechte Tangente.
   g) An der Stelle $x = 7$ hat der Graph einer Funktion m einen Sattelpunkt.

3. Formulieren Sie die Eigenschaften des Graphen von f in Textform.

① $f(7) = 0$ ② $f(-3) = 56$ ③ $f'(5) = 3$ ④ $f'(8) = 0$ ⑤ $f(3) = 0; f'(3) = 0$ ⑥ $f(1) = 1; f'(1) = -1$

⑦ $f(0) = f'(0) = f''(0) = 0$ ⑧ $f(2) = 7; f'(2) = 0; f''(2) = 0$ ⑨ $f(2) = 8; f'(2) = 0; f'(1) = 2$

4. Die Tabelle bezieht sich auf eine ganzrationale Funktion f mit $f(x) = ax^4 + bx^3 + cx^2 + dx + e$. Vervollständigen Sie die Tabelle.

Eigenschaft	**Bedingung**	**Gleichung**
Graph verläuft durch $P(0\|-1)$	$f(0) = -1$	$e = -1$
$x = 2$ ist Extremstelle	$f'(2) = 0$	$32a + 12b + 4c + d = 0$
	$f(3) = 1$	
		$a + b + c + d + e = 4$
$x = 3$ ist Nullstelle		
	$f''(3) = 0$	
		$12a + 6b + 2c = 0$
	$f'(1) = 2$	

5. Formulieren Sie die angegebenen Eigenschaften des Graphen als Gleichungssystem.
   a) Eine ganzrationale Funktion 3. Grades hat an der Stelle $x = 5$ den Funktionswert 18.
   b) Der Graph einer ganzrationalen Funktion 2. Grades verläuft durch $P(-3|4)$.
   c) Eine ganzrationale Funktion 4. Grades hat an der Stelle $x = -3$ ein Extremum.
   d) Der Graph einer ganzrationalen Funktion 3. Grades verläuft durch den Ursprung und die Stellen $x = -7$ und $x = 7$ sind Extremstellen der Funktion.
   e) Der Graph einer ganzrationalen Funktion 4. Grades hat den Hochpunkt $H(-2|7)$.
   f) Der Graph einer ganzrationalen Funktion 3. Grades verläuft durch den Punkt $P(5|3)$ und ist punktsymmetrisch zum Ursprung.

6. Geben Sie die zu dem Gleichungssystem zugehörigen Eigenschaften des Graphen an.

a) $\left| \begin{array}{rcl} a + b + c &=& 8 \\ 4a + 2b + c &=& 12 \\ 12a + b &=& 0 \end{array} \right|$

b) $\left| \begin{array}{rcl} a + b + c &=& 0 \\ 9a + 3b + c &=& 0 \\ 25a + 5b + c &=& 4 \end{array} \right|$

c) $\left| \begin{array}{rcl} -125a + 25b - 5c + d &=& 4 \\ 12a + 4b + c &=& 0 \\ 18a + 2b &=& 0 \\ d &=& -17 \end{array} \right|$

Funktionsgleichung bestimmen

Die allgemeine Funktionsgleichung einer ganzrationalen Funktion mit Grad n hat n + 1 Parameter. Also müssen mindestens n + 1 Bedingungen in Gleichungen übersetzt werden. Bei symmetrischen Graphen ist diese Zahl geringer.

Funktionsgleichungen zu achsensymmetrischen (bzw. punktsymmetrischen) Graphen haben ausschließlich gerade (bzw. ungerade) Exponenten.

Grad 4 und Achsensymmetrie:
$f(x) = ax^4 + bx^2 + c$

Grad 5 und Punktsymmetrie:
$f(x) = ax^5 + bx^3 + cx$

Beispiel 2: Der Graph einer ganzrationalen Funktion vierten Grades ist achsensymmetrisch und hat einen Wendepunkt bei $x = 1$. Die Gleichung der zugehörigen Wendetangente lautet $y = -4x + 3{,}5$. Bestimmen Sie die Funktionsgleichung.

Lösung:

① Setzen Sie die Wendestelle in die Tangentengleichung ein und ermitteln Sie die y-Koordinate des Wendepunkts W. Der Graph verläuft durch W (A). Lesen Sie die Steigung im Wendepunkt an der Tangentengleichung ab (B). Für W gilt die notwendige Bedingung (C).

Eigenschaften übersetzen:
Wendepunkt $W(1 \mid y_w)$:
$y_w = -4 \cdot 1 + 3{,}5 = -0{,}5$
(A) Punkt $W(1 \mid -0{,}5)$: $f(1) = -0{,}5$
(B) Steigung bei $x = 1$: $f'(1) = -4$
(C) Wendestelle $x = 1$: $f''(1) = 0$

② Stellen Sie die allgemeine Form der Funktionsgleichung von f auf. Aufgrund der Symmetrie fallen hier alle ungeraden Exponenten weg. Bilden Sie f′(x) und f″(x).

In allgemeine Form einsetzen:
$f(x) = ax^4 + bx^2 + c$
$f'(x) = 4ax^3 + 2bx$
$f''(x) = 12ax^2 + 2b$

Setzen Sie die Bedingungen aus ① ein und stellen Sie das lineare Gleichungssystem auf.

(A) $f(1) = -0{,}5$
(B) $f'(1) = -4$
(C) $f''(1) = 0$

$$\Rightarrow \left|\begin{array}{rcr} a + b + c & = & -0{,}5 \\ 4a + 2b & = & -4 \\ 12a + 2b & = & 0 \end{array}\right|$$

③ Stellen Sie die zweite Gleichung nach einer der Variablen um (hier b). Setzen Sie den Term für b in (C) ein und ermitteln Sie so a. Durch Rückeinsetzen von a erhalten Sie b. Setzen Sie nun die Werte für a und b in (A) ein und bestimmen Sie den Wert für c. Setzen Sie die Lösung in die allgemeine Form der Funktionsgleichung ein.

Gleichungssystem lösen:
umstellen von (B) $b = -2a - 2$
einsetzen in (C): $12a + 2(-2a - 2) = 0$
$8a - 4 = 0$
$\Rightarrow a = 0{,}5$
rückeinsetzen: $b = -2 \cdot 0{,}5 - 2 = -3$
einsetzen in (A): $0{,}5 + (-3) + c = -0{,}5$
$\Rightarrow c = 2$
Lösung: $a = 0{,}5;\ b = -3;\ c = 2$
$f(x) = 0{,}5x^4 - 3x^2 + 2$

④ Untersuchen Sie mithilfe von f‴, ob auch die hinreichende Bedingung für die Wendestelle erfüllt ist.

Eigenschaften überprüfen
$f'''(x) = 12x$
$f'''(1) = 12 \neq 0 \Rightarrow$ Wendepunkt liegt vor.
f erfüllt alle geforderten Eigenschaften.

Basisaufgaben

7. Der Graph einer quadratischen Funktion f schneidet die y-Achse bei $y = 2$. Der Graph von f verläuft durch den Punkt $P(2 \mid 6)$ und hat an der Stelle $x = 3$ einen lokalen Extrempunkt. Ermitteln Sie die Funktionsgleichung.

8. Der Graph einer ganzrationalen Funktion dritten Grades verläuft durch den Ursprung und hat an der Stelle $x = -1$ eine Wendestelle. Die Gleichung der zugehörigen Wendetangente lautet $y = -5x - 1$. Bestimmen Sie die Funktionsgleichung.

9. Untersuchen Sie rechnerisch, ob es eine ganzrationale Funktion dritten Grades mit den folgenden Eigenschaften gibt. Falls möglich, geben Sie die Funktionsgleichung an und skizzieren Sie ihren Graphen.

a) Der Graph verläuft durch den Ursprung mit der Steigung -1 und schneidet die x-Achse im Punkt $P(1|0)$ mit der Steigung 2.

b) Der Graph hat im Punkt $P(0|4)$ ein lokales Minimum. An der Stelle $x = 1$ beträgt die Steigung des Graphen -24 und bei $x = 2{,}5$ liegt eine Wendestelle.

c) Der Graph berührt die x-Achse an der Stelle $x = 2$ und hat einen Wendepunkt $W(0|4)$.

d) Der Graph verläuft durch den Punkt $P(1|1{,}5)$ und hat dort eine Steigung von $-13{,}5$. Zudem hat der Graph an der Stelle $x = 0$ ein lokales Minimum und bei $x = 5$ eine Wendestelle.

10. Der Steckbrief beschreibt den Graphen einer ganzrationalen Funktion vierten Grades.

a) Bestimmen Sie die passende Funktionsgleichung.

b) Berechnen Sie die Wendepunkte des Graphen dieser Funktion.

11. Der Graph einer ganzrationalen Funktion f fünften Grades ist punktsymmetrisch zum Ursprung. Der Graph hat an der Stelle $x = -2$ eine Nullstelle und verläuft durch den Punkt $P(1|24)$. Die Steigung des Graphen an der Stelle $x = 0$ beträgt 36.
Bestimmen Sie die Funktionsgleichung von f.

12. Der Steckbrief beschreibt den Graphen einer ganzrationalen Funktion f dritten Grades.

a) Stellen Sie anhand der Stichpunkte ein lineares Gleichungssystem auf und bestimmen Sie eine passende Funktionsgleichung.

b) Untersuchen Sie die Extremstellen von f und begründen Sie, warum die Skizze auf dem Steckbrief nicht zur Lösung passt.

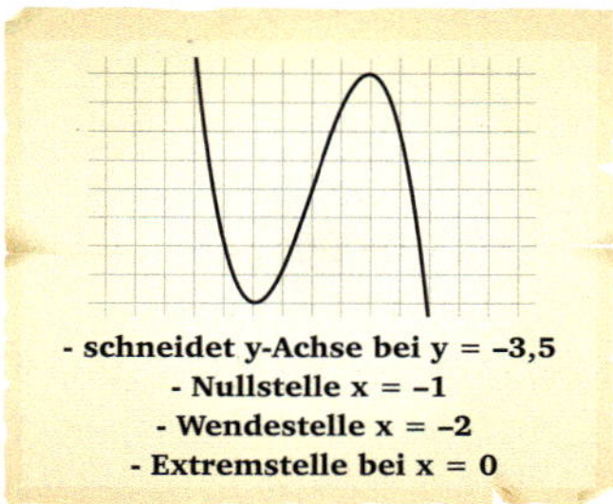

13. Die Abbildung zeigt den Graphen der ganzrationalen Funktion f dritten Grades.
Wählen Sie aus den angegebenen Gleichungen eine ausreichende Anzahl an Gleichungen aus, um die Funktionsgleichung von f zu bestimmen. Stellen Sie das entsprechende lineare Gleichungssystem auf und lösen Sie es. Erläutern Sie, welche Mindestanforderung das Gleichungssystem aufweisen muss.

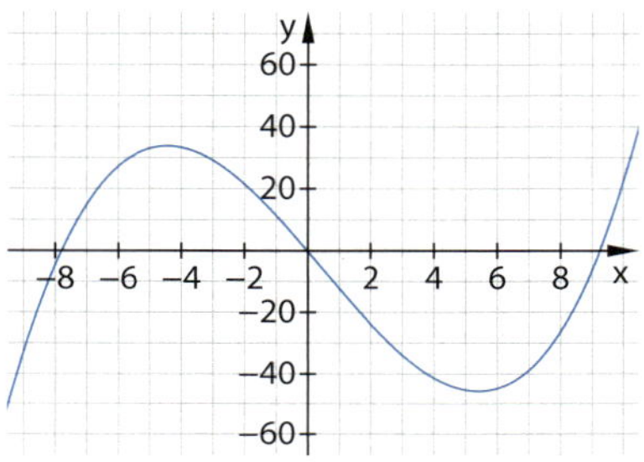

$f(4) = -41{,}25$ $f'(0{,}5) = -12{,}125$ $f'(4) = 0$ $f(-3) = \frac{88}{3}$

$f(1) = -12$ $f(0) = \frac{1}{12}$ $f'(-3) = 0$ $f''(0{,}5) = 0$ $f'(1) = 12$

Weiterführende Aufgaben

14. Zum abgebildeten Graphen der Funktion f soll ein Funktionsterm gefunden werden.

a) Begründen Sie, warum die Funktion f mindestens vom Grad vier sein muss.

b) Formulieren Sie eine Steckbriefaufgabe.

c) Bestimmen Sie den Funktionsterm.

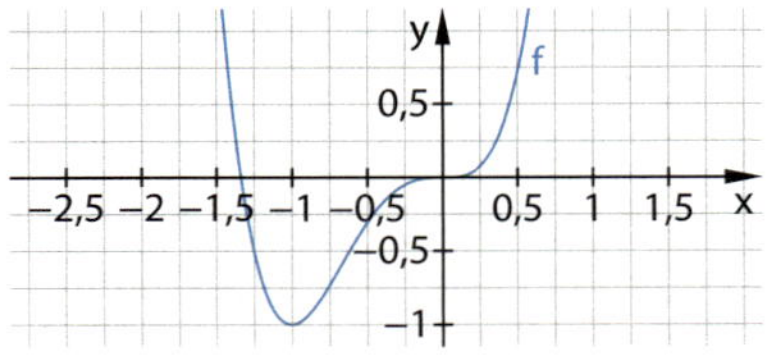

15. Bestimmen Sie eine Funktionsgleichung, die zum Graphen passt.

a)

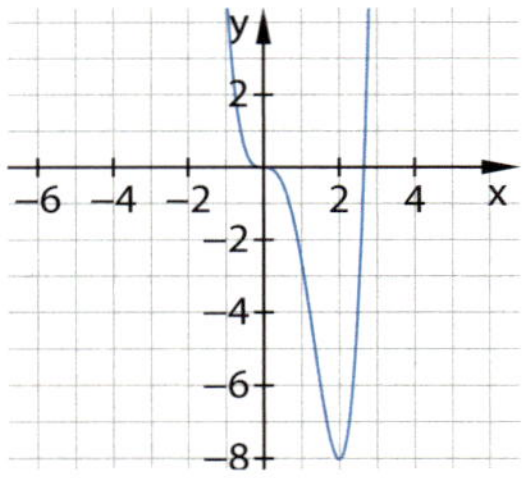

b)

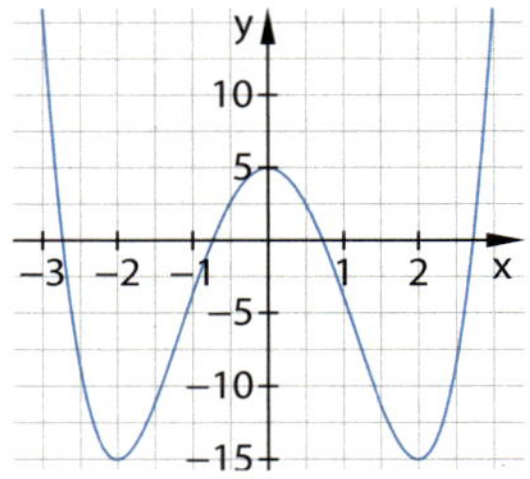

c)

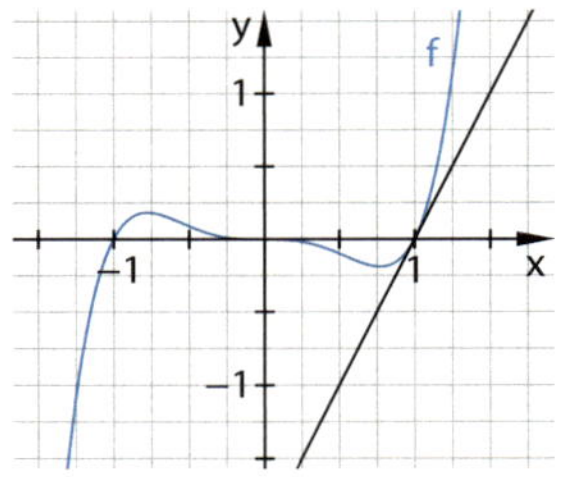

16. Stolperstelle: Tina und Joe untersuchen, ob es eine ganzrationale Funktion dritten Grades gibt, deren Graph die y-Achse bei 6 schneidet, einen Wendepunkt W(2 | 4) und einen Tiefpunkt bei x = 3 hat. Überprüfen Sie ihre Ergebnisse.

a) Tina: *„Drei Punkte reichen nicht aus, um eine Funktion zu bestimmen."*

b) Joe stellt vier Bedingungen auf und erhält f mit $f(x) = -x^3 + 6x^2 - 9x + 6$.

17. Gesucht ist eine ganzrationale Funktion fünften Grades.

a) Zeigen Sie, dass die folgenden Bedingungen an den Graphen nicht ausreichen, um die Funktion eindeutig festzulegen.

punktsymmetrisch zum Ursprung

waagerechte Tangente im Ursprung

Wendepunkt bei x = 3

Tiefpunkt bei $x = 3\sqrt{2}$

b) Ändern Sie die Bedingungen so, dass eine Funktion eindeutig bestimmt werden kann.

18. Gegeben ist die Funktion f mit $f(x) = x^4 - 8x^3 + 18x^2$.

a) Formulieren Sie einen Steckbrief, mit dem die Funktion f aus den gegebenen Bedingungen bestimmt werden kann.

b) Formulieren Sie zur Bestimmung der Funktion f einen Steckbrief, der die Funktionsgleichungen der Tangenten in den Wendepunkten enthält.

c) Beschreiben Sie, wie der Steckbrief aus a) oder b) so variiert werden kann, dass sich die Funktion nicht oder nicht eindeutig bestimmen lässt.

● **19.** Formulieren Sie selbst eine Steckbriefaufgabe, die die angegebene Lösung hat, und stellen Sie die Aufgabe Ihrem Nachbarn.

a) Genau eine Funktion zweiten Grades.

b) Unendlich viele Funktionen zweiten Grades.

c) Genau eine Funktion dritten Grades.

● **20. Ausblick:** Der Graph einer ganzrationalen Funktion f dritten Grades schneidet die x-Achse an den Stellen x = −6, x = −1 und x = 2. Darüber hinaus schneidet der Graph die y-Achse bei −6. Stellen Sie das zugehörige Gleichungssystem auf und bestimmen Sie die Funktionsgleichung von f.

3.3 Rekonstruktion in Anwendungen

■ Interpretieren Sie die Bedeutung der eingezeichneten Punkte des Graphen im angegebenen Kontext.

a) Die Funktion f modelliert die Fahrt eines Autos $\left(\text{t: Zeit in Minuten, f(t): Geschwindigkeit in } \frac{\text{km}}{\text{h}}\right)$.

b) Die Funktion f modelliert die Anzahl der Kunden in einem Supermarkt (t: Zeit in Stunden nach Ladenöffnung, f(t): Anzahl der Kunden). ■

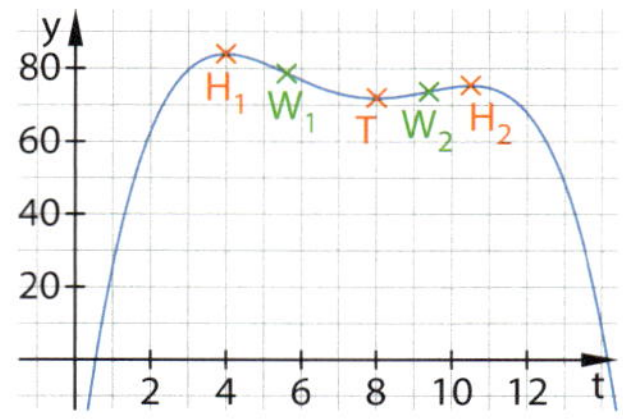

Häufig werden reale Sachverhalte mit ganzrationalen Funktionen modelliert. Je nach Sachkontext haben dabei besondere Punkte der Graphen verschiedene Bedeutungen.

Prozesse modellieren

Wird ein zeitabhängiger Vorgang (hier Prozess) durch eine Funktion f beschrieben, so steht f′ für die Geschwindigkeit und f″ für die Beschleunigung.

Beispiel 1: Eine ganzrationale Funktion dritten Grades beschreibt die Höhe eines Heißluftballons. Der Ballon startet vom Boden mit einer Geschwindigkeit von 192 Meter pro Minute nach oben. Nach 8 Minuten erreicht der Ballon seine Maximalhöhe und sinkt danach wieder. Nach 16 Minuten ist die Geschwindigkeit während des Sinkflugs maximal.

a) Bestimmen Sie eine passende Funktionsgleichung.

b) Zeigen Sie, dass der Ballon nach 24 Minuten auf dem Boden landet. Begründen Sie anhand des Graphen, dass die Landung sanft verläuft.

Lösung:

a) Wählen Sie geeignete Einheiten für t und h(t). Da t in Minuten angegeben wird, entspricht h′(t) der Geschwindigkeit in Meter pro Minute. Übersetzen Sie die Daten des Flugs in Bedingungen an die Funktion.
Der Flug startet zum Zeitpunkt t = 0 auf dem Boden (A). Die Geschwindigkeit beim Start entspricht h′(0) (B).
Nach 8 Minuten liegt eine Extremstelle (Maximum) vor, da der Ballon bis dahin steigt und danach wieder sinkt (C).
Nach 16 Minuten liegt eine Wendestelle vor, da die Geschwindigkeit und damit h′(t) extremal ist (D).
Stellen Sie damit ein Gleichungssystem auf und bestimmen Sie die Funktion h.

Ansatz:
$h(t) = at^3 + bt^2 + ct + d$
t: Zeit in Minuten h(t): Höhe in Metern

Bedingungen:

(A) Startpunkt P(0|0):	$h(0) = 0$
(B) Startgeschwindigkeit:	$h'(0) = 192$
(C) Extremstelle t = 8:	$h'(8) = 0$
(D) Wendestelle t = 16:	$h''(16) = 0$

Gleichungssystem:

$$\left|\begin{array}{rl} d = & 0 \\ c = & 192 \\ 192a + 16b + c = & 0 \\ 96a + 2b \quad = & 0 \end{array}\right| \Rightarrow \begin{array}{l} a = \frac{1}{3};\ b = -16; \\ c = 192;\ d = 0 \end{array}$$

Lösung: $h(t) = \frac{1}{3}t^3 - 16t^2 + 192t$

b) Setzen Sie 24 für t in die Funktionsgleichung aus a) ein und zeigen Sie, dass eine Nullstelle vorliegt. Der Ballon landet somit auf dem Boden. Damit die Landung sanft verläuft, muss sich die Geschwindigkeit möglichst auf null verringern. Bestimmen Sie h′ und zeigen Sie, dass h′(24) = 0 ist.

$h(24) = 8 \cdot 24^3 - 16 \cdot 24^2 + 192 \cdot 24 = 0$
$h'(t) = t^2 - 32t + 192$
$h'(24) = 24^2 - 32 \cdot 24 + 192 = 0$
Bei der Landung verringert sich die Geschwindigkeit bis auf null. Die Landung verläuft sanft.

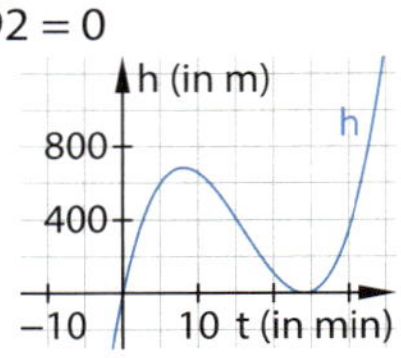

Basisaufgaben

1. An einem Sommertag beträgt die Temperatur um 6 Uhr 22 °C und um 16 Uhr wird die Tageshöchsttemperatur von 32 °C erreicht. Stellen Sie eine geeignete Funktionsgleichung auf und berechnen Sie die Temperatur bei Sonnenuntergang um 22 Uhr.

2. Eine ganzrationale Funktion f dritten Grades beschreibt zu jedem Zeitpunkt die Gesamtmenge an Sauerstoff, die von einer Pflanze seit 6 Uhr produziert worden ist. Um 6 Uhr betragen die Produktion 0 ℓ und die Produktionsrate 0 ℓ/h. Um 14 Uhr wird mit 64 ℓ/h die höchste Produktionsrate erreicht.
   a) Bestimmen Sie eine Funktionsgleichung der Funktion f.
   b) Berechnen Sie die Sauerstoffmenge, die im Zeitraum von 6 bis 20 Uhr insgesamt produziert wird.
   c) Berechnen Sie, in welchen Zeiträumen die Produktionsrate unter 10 ℓ/h liegt.

3. Übertragen Sie die Tabelle in Ihr Heft und ergänzen Sie die inhaltlichen Beschreibungen der jeweiligen Sachsituation.

Zugeordnete Größen	**$f(t)$**	**$f'(t)$**	**Hochpunkt/Tiefpunkt**	**Wendepunkt**
Minute → Zurückgelegter Weg				
Minute → Geschwindigkeit				
Jahr → Bevölkerung einer Stadt				
Tag → Anzahl Grippeerkrankter				
Uhrzeit → Pegelstand eines Flusses				

4. Tom hat auf seiner Fahrradtour zu verschiedenen Zeitpunkten seine Geschwindigkeit auf dem Fahrradcomputer abgelesen.

Zeit in Minuten	0	1	5	8
Geschwindigkeit in $\frac{km}{h}$	0	9,8	11	5,6

   a) Ermitteln Sie aus den angegebenen Daten eine ganzrationale Funktion dritten Grades, die die Geschwindigkeit von Tom zum Zeitpunkt t modelliert.
   b) Berechnen Sie die durchschnittliche Beschleunigung innerhalb der ersten zwei Minuten der Fahrradtour.
   c) Begründen Sie, dass die Funktion aus a) für die Modellierung der Geschwindigkeit während der Fahrradtour nur für einen kleinen Zeitraum geeignet ist.

5. Ein Ufo wurde für einige Minuten von der Luftraumüberwachung verfolgt. Zu Beginn der Beobachtung befand es sich in 4 km Höhe. Es begann zu steigen und wurde dabei immer schneller. Nach 1 Minute und 40 Sekunden wurde das Ufo wieder langsamer und beendete nach 4 Minuten seinen Steigflug. Danach begann es zu sinken.
   a) Bestimmen Sie in der Funktionsgleichung von f mit $f(t) = at^4 - \frac{23}{60}t^3 + bt^2 + c$ die fehlenden Parameter a, b und c, sodass die Funktion den Flug des Ufos modelliert.
   b) Nach 6 Minuten verschwand das Ufo vom Radar. Überprüfen Sie anhand der Funktion f, ob das Ufo abgestürzt ist.

Randkurven beschreiben

In manchen Fällen sollen Randkurven von Objekten mit dem Graphen einer ganzrationalen Funktion mit vorgegebenem Grad beschrieben werden.

Beispiel 2: Beschreiben Sie die obere Randkurven des abgebildeten Logos mit einer ganzrationalen Funktion vierten Grades. Wählen Sie hierzu eine günstige Lage des Koordinatensystems und lesen Sie geeignete Eigenschaften des Graphen ab.

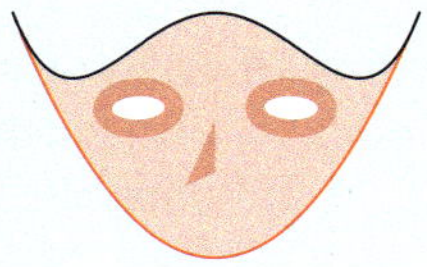

Lösung:

Das Logo ist symmetrisch. Legen Sie die y-Achse in die Mitte, um dies zu nutzen. Legen Sie den Ursprung in den Mittelpunkt der oberen Kurve, um möglichst einfache Bedingungen zu erhalten. Lesen Sie die markanten Punkte ab.

Hochpunkt: $H(0|0)$
Nullstellen: $x_{1/2} = \pm 4$; $x_3 = 0$
Tiefpunkte: T_1, T_2

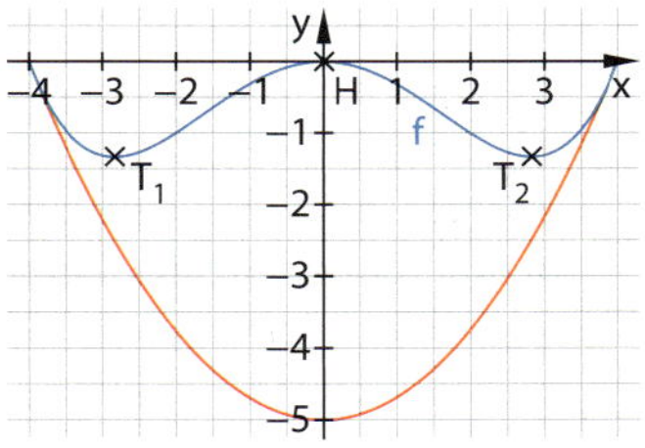

Die obere Randkurve hat drei Extrempunkte. Aufgrund der Achsensymmetrie müssen nur drei Parameter bestimmt werden. Der Hochpunkt und die Nullstellen liefern nur zwei Bedingungen. Eine dritte Bedingung ergibt sich durch Ablesen eines weiteren Punktes (hier $P(2|-1)$). Stellen Sie ein lineares Gleichungssystem auf und ermitteln Sie die Parameter.

Der Graph von f ist achsensymmetrisch
Ansatz: $f(x) = ax^4 + bx^2 + c$

$H(0|0)$ $\quad f(0) = 0 \Leftrightarrow c = 0$
$\quad f'(0) = 0 \Leftrightarrow 0 = 0$ (nicht hilfreich)
$N_1(-4|0)$ $\quad f(-4) = 256a + 16b = 0$
$N_2(4|0)$ $\quad f(4) = 256a + 16b = 0$ (identisch)
$P(2|-1)$ $\quad f(2) = 16a + 4b = -1$

$$\left| \begin{array}{l} 256a + 16b = 0 \\ 16a + 4b = -1 \end{array} \right| \Rightarrow a = \tfrac{1}{48};\ b = -\tfrac{1}{3}$$

$f(x) = \frac{1}{48}x^4 - \frac{1}{3}x^2$

Basisaufgaben

6. Für einen Skaterpark soll eine neue Rampe konstruiert werden. Die Rampe soll 3 Meter hoch sein und im höchsten Punkt waagerecht verlaufen. In der Mitte der Rampe soll das Gefälle der Rampe am größten sein.

a) Ermitteln Sie eine ganzrationale Funktion dritten Grades, deren Graph den Verlauf der Rampe modelliert.

b) Zeigen Sie, dass die Rampe waagerecht am Boden abschließt.

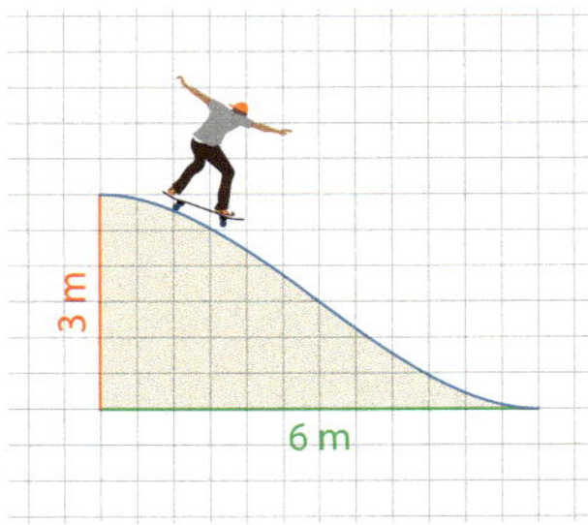

7. Das rosa gefärbte Kunststoffteil der Rutsche soll mit dem Graphen einer Funktion beschrieben werden. Die Rutsche beginnt und endet jeweils waagerecht.

a) Bestimmen Sie eine geeignete ganzrationale Funktion dritten Grades.

b) Berechnen Sie mit dem Ergebnis aus a) die Stelle, an der die Rutsche am steilsten ist, und geben Sie diese Steigung an.

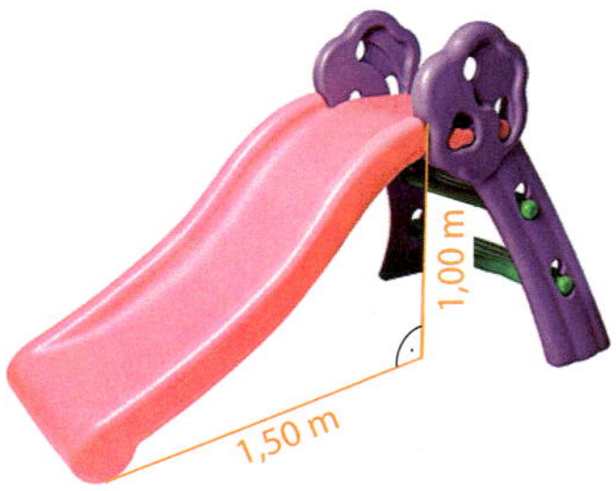

Weiterführende Aufgaben

8. Die AOV-AG hat ein neues Logo entwerfen lassen. Ein Kreis mit dem Radius 2, der den Buchstaben O bildet, wird von den Graphen der Funktionen f und g umschlossen. Die Funktion f, deren Graph den Buchstaben V bildet, ist gegeben durch $f(x) = \frac{2}{9}x^2 - 2$.

a) Ermitteln Sie die ganzrationale Funktion vierten Grades g, deren Graph den Buchstaben A bildet.

b) Durch die Wendepunkte von g soll eine waagerechte Strecke verlaufen. Berechnen Sie die Länge der Strecke.

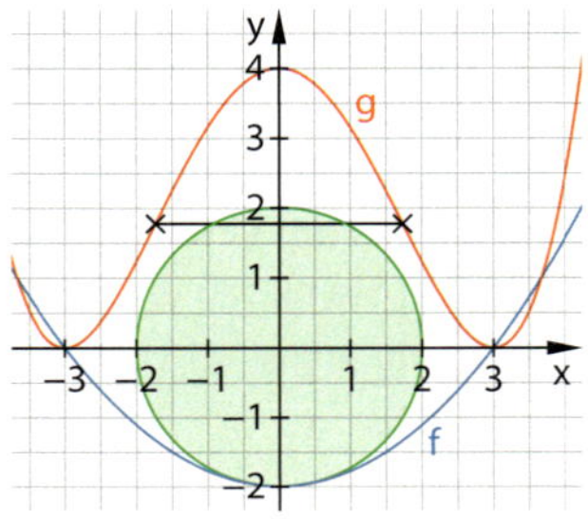

9. Bei einer Wurfparabel wird die maximale Wurfweite immer bei einem Abwurfwinkel von 45° erreicht. Zudem hängt die maximale Wurfweite von der Anfangsgeschwindigkeit der Kugel, also von der Kraft des Sportlers, ab.
Ein Kugelstoßer stößt aus einer Höhe von 2 m und unter einem Winkel von 45° die Kugel 12 m (15 m; 18 m) weit. Berechnen Sie jeweils die maximale Höhe der Flugbahn.

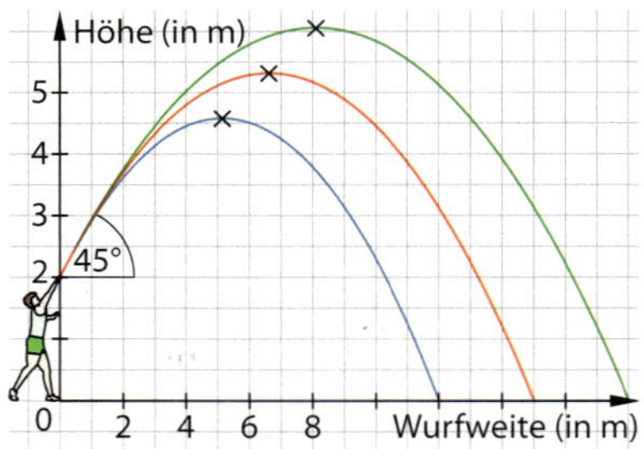

10. Stolperstelle: Der Pegelstand eines Flusses soll an einem Tag zwischen 8 Uhr und 19 Uhr mit einer ganzrationalen Funktion 3. Grades modelliert werden. Bis um 10 Uhr sank der Pegel auf 1,8 m und stieg von da an. Um 12:40 Uhr wurde ein maximaler Anstieg des Wassers mit 0,2 m/h beobachtet. Nehmen Sie Stellung zu den Lösungsansätzen.

Marie

Bedingungen:

$f(0) = 1{,}8 \quad f'(0) = 0$

$f''\left(\frac{8}{3}\right) = 0 \quad f'\left(\frac{8}{3}\right) = 0{,}2$

Gleichungssystem:

$$\left|\begin{aligned} d &= 1{,}8 \\ c &= 0 \\ 6 \cdot \tfrac{8}{3}a + 2b &= 0 \\ 3 \cdot \left(\tfrac{8}{3}\right)^2 a + 2 \cdot \tfrac{8}{3}b + c &= 0{,}2 \end{aligned}\right|$$

Lucy

Bedingungen:

$f(10) = 1{,}8 \quad f'(10) = 0$

$f''(12{,}4) = 0 \quad f'(12{,}4) = 0{,}2$

Gleichungssystem:

$$\left|\begin{aligned} 10^3a + 10^2b + 10c + d &= 1{,}8 \\ 3 \cdot 10^2a + 2 \cdot 10 \cdot b + c &= 0 \\ 6 \cdot 12{,}4a + 2b &= 0 \\ 3 \cdot 12{,}4^2a + 2 \cdot 12{,}4 \cdot b + c &= 0{,}2 \end{aligned}\right|$$

11. Die Hamburger Elbphilharmonie ist seit ihrer Fertigstellung eine bedeutende Touristenattraktion der Stadt. Das Foto zeigt den seitlichen Blick auf das Gebäude. Die Punkte A und B liegen auf einer Höhe von 81,22 Meter. Der Punkt C befindet sich 17 Meter vom linken Gebäuderand auf einer Höhe von 70 Meter.

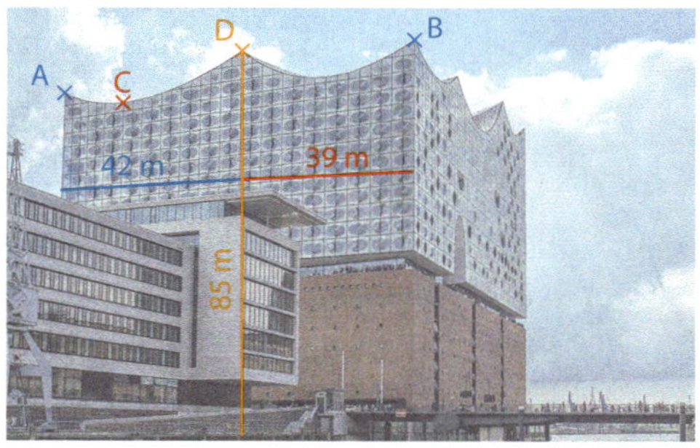

a) Ermitteln Sie die Funktionsgleichung der linken Parabel, durch A, C und D.

b) Der tiefste Punkt der rechten Dachlinie befindet sich auf einer Höhe von 77 Meter. Ermitteln Sie die Funktionsgleichung der rechten Parabel.

12. Das Höhenprofil einer 6 km langen Wanderstrecke lässt sich durch eine ganzrationale Funktion dritten Grades beschreiben (Einheiten auf den Achsen: x-Achse 1 km, y-Achse 100 m). Nach 2 km geht es auf einer Strecke von 2 km nur noch bergab und ausgehend von einer Höhe von 222 m wird ein Höhenunterschied von 44 m überwunden. Anschließend führt die Tour wieder bergauf.

a) Formulieren Sie möglichst viele Bedingungen an Funktionen, deren Graphen das Höhenprofil wiedergeben.

b) Zeigen Sie, dass eine Lösung des sich aus den Bedingungen ergebenden Gleichungssystems auf die Gleichung $f(x) = 0{,}11x^3 - 0{,}99x^2 + 2{,}64x + 0{,}02$ führt.

c) Untersuchen Sie, ob auch die Funktion g mit $g(x) = \frac{1}{9}x^3 - x^2 + \frac{8}{3}x$ zur Beschreibung des Sachverhalts geeignet ist.

d) Bestimmen Sie, auf welchen Streckenabschnitten die Steigung bzw. das Gefälle durchschnittlich am größten ist, wenn zur Modellierung die Funktion g aus c) verwendet wird und jeweils ansteigende bzw. absteigende Streckenabschnitte betrachtet werden.

e) Untersuchen Sie, für welche Werte von a die Funktion g_a mit $g_a(x) = ax^3 - x^2 + \frac{8}{3}x$ genau zwei Extremstellen hat.

● **13.** Im Jahr 2000 ergab eine Zählung, dass in China 1,26 Milliarden Menschen lebten. In jenem Jahr betrug die Wachstumsrate 7,5 Millionen Menschen pro Jahr. Experten gehen davon aus, dass Chinas Bevölkerungszahl bis zum Jahr 2050 schätzungsweise noch auf 1,4 Milliarden Menschen ansteigen und erst dann ein Maximum erreichen wird.

a) Bestimmen Sie eine ganzrationale Funktion dritten Grades, mit der näherungsweise die Entwicklung der Bevölkerungszahl (in Mrd.) modelliert werden kann.

Hinweis zu 13a:
Wählen Sie für das Jahr 2000 $t = 0$.

b) Begründen Sie, dass sich die ermittelte Funktion nicht dazu eignet, die Bevölkerungszahl über das Jahr 2050 hinaus zu modellieren.

c) Indien ist ebenfalls ein bevölkerungsreiches Land. Die Funktion g mit $g(t) = \frac{1}{1000} \cdot (0{,}00076t^3 - 0{,}15t^2 + 16t + 1050)$ mit $0 \le t \le 55$ beschreibt die Bevölkerungsentwicklung Indiens (in Mrd.). Berechnen Sie, wann Indiens Bevölkerung größer als die Chinas ist.

● **14. Ausblick:** Um das Wachstumsverhalten einer Nutzpflanze zu untersuchen, wurde eine Pflanze über einen Zeitraum von 17 Wochen nach ihrer Pflanzung beobachtet. Die Tabelle enthält die Messwerte.

Woche seit Pflanzung	0	3	17
Pflanzenhöhe in cm	$\frac{101}{21}$	$\frac{44}{3}$	$\frac{386}{3}$

a) Bestimmen Sie mithilfe des Datenmaterials eine quadratische Funktion f, die die Höhe der Pflanze zum Zeitpunkt t modelliert.

b) Nach 8 Wochen und 4,6 Tagen $\left(\text{also bei } t = \frac{26}{3}\right)$ wurde beobachtet, dass die Pflanze am schnellsten gewachsen ist. Begründen Sie, dass die in a) ermittelte Funktion diese Eigenschaft nicht aufweisen kann.
Ermitteln Sie mit der zusätzlichen Information eine ganzrationale Funktion g, die die Höhe der Pflanze zum Zeitpunkt t modelliert.

c) Ermitteln Sie rechnerisch sowohl für die Funktion aus a) als auch aus b), mit welcher Pflanzenhöhe nach einem halben Jahr zu rechnen ist.

d) Begründen Sie, dass beide Modellierungen für eine langfristige Prognose des Pflanzenwachstums ungeeignet sind.

Trassierung

■ Das Bild zeigt zwei Abschnitte von Funktionsgraphen, die im Punkt A ineinander übergehen. In A stimmen ihre Funktionswerte überein, da sonst ein Sprung entstehen würde.

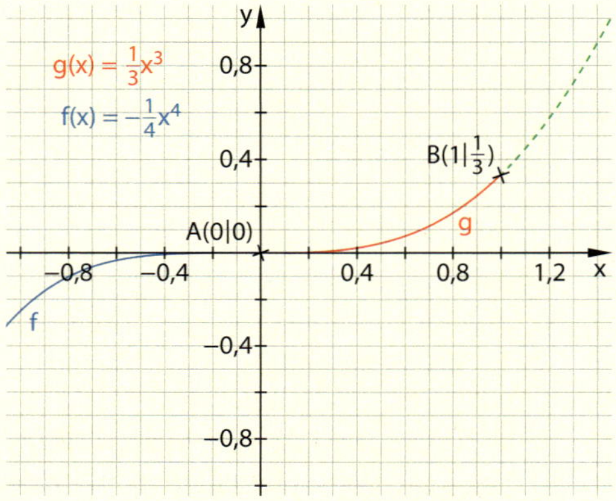

a) Begründen Sie mithilfe der ersten und zweiten Ableitungen, dass die beiden Funktionsgraphen ohne Knick und ohne Krümmungsruck ineinander übergehen.

b) Im Punkt B soll sich eine quadratische Funktion h sprung-, knick- und ruckfrei anschließen. Bestimmen Sie die Funktionsgleichung von h.

c) Erläutern Sie, warum solche Übergänge günstig sind, wenn durch die Graphen der Funktionen Straßen- oder Gleisverläufe modelliert werden. ■

Die Eigenschaft, dass die Graphen von f und g an einer Stelle x = a sprung-, knick- und ruckfrei ineinander übergehen, lässt sich wie folgt als Gleichung formulieren.

sprungfrei (stetig):	$f(a) = g(a)$
knickfrei (differenzierbar):	$f(a) = g(a)$ und $f'(a) = g'(a)$
ruckfrei:	$f(a) = g(a)$ und $f'(a) = g'(a)$ und $f''(a) = g''(a)$

Beispiel:

Bestimmen Sie eine ganzrationale Funktion dritten Grades, deren Graph die beiden Geraden in der Abbildung knickfrei verbindet. Prüfen Sie, ob die Übergänge auch krümmungsruckfrei sind.

Lösung:

Stellen Sie die allgemeine Funktionsgleichung auf und bilden Sie die Ableitungen.

$f(x) = ax^3 + bx^2 + cx + d$

$f'(x) = 3ax^2 + 2bx + c, \quad f''(x) = 6ax + 2b$

Stellen Sie sämtliche Bedingungen auf. Aus den Verbindungspunkten A(0|0) und $B\left(2\,\middle|\,\frac{2}{3}\right)$ ergeben sich zwei Bedingungen.

sprungfrei:

$f(0) = 0$: $\quad d = 0$

$f(2) = \frac{2}{3}$: $\quad 8a + 4b + 2c = \frac{2}{3}$

Ermitteln Sie die Steigungen der beiden Geraden und setzen Sie diese mit f′(0) bzw. f′(2) gleich. Somit sind die Übergänge knickfrei.

knickfrei:

$f'(0) = 0$: $\quad c = 0$

$f'(2) = 1$: $\quad 12a + 4b = 1$

Berechnen Sie die Parameter und stellen Sie die Funktionsgleichung auf.

$$\left|\begin{array}{r} 8a + 4b = \frac{2}{3} \\ 12a + 4b = 1 \end{array}\right| \Rightarrow \quad a = \frac{1}{12};\ b = 0$$

$f(x) = \frac{1}{12}x^3$

Prüfen Sie, ob auch die Werte der zweiten Ableitungen an den Verbindungsstellen übereinstimmen.

krümmungsruckfrei:

$f''(0) = 0$, d. h. im Ursprung ruckfrei.

$f''(2) = 1 \neq 0$, d. h. im Punkt B nicht ruckfrei.

Aufgaben

1. Durch das Zentrum eines kleinen Orts im Punkt $(0|1)$ verläuft eine Bundesstraße mit starkem Verkehr. Um die Bevölkerung des Orts von Lärm und Abgasen zu entlasten, soll eine Umgehungsstraße gebaut werden, die in den Punkten A und B von der Bundesstraße abzweigt. Dabei darf im Punkt A kein Knick entstehen, während der Anschluss in B unter einem beliebigen Winkel erfolgen kann. Aus Gründen der Geländebeschaffenheit muss die Umgehungsstraße durch den Punkt C verlaufen.

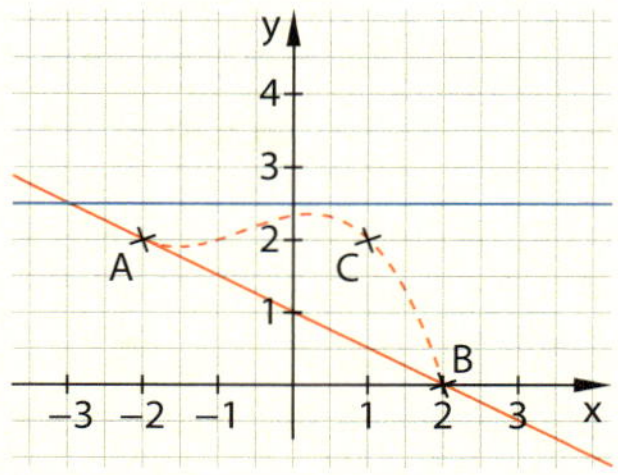

   a) Stellen Sie Funktionsgleichungen auf, die den Verlauf der Bundesstraße sowie den der Umgehungsstraße beschreiben. Wählen Sie für die Umgehungsstraße eine ganzrationale Funktion dritten Grades.
   b) Die Brücke bei $(-3|2{,}5)$ führt die Bundesstraße über einen Kanal (in der Abbildung blau). Die Uferwiesen dienen Erholungszwecken, weshalb die Umgehungsstraße zum Kanal einen Abstand von 0,1 nicht unterschreiten soll.
   Prüfen Sie, ob der Graph der für die Umgehungsstraße ermittelten Funktion aus a) diese Anforderung erfüllt.

2. Die Rutsche zwischen den Punkten A und B soll durch eine ganzrationale Funktion dritten Grades so modelliert werden, dass sie in A und B waagerecht verläuft.
   a) Wählen Sie ein geeignetes Koordinatensystem und bestimmen Sie eine Funktionsgleichung.
   b) Die Rutsche soll zwischen A und C so erweitert werden, dass im Punkt A kein Knick entsteht. Bestimmen Sie eine geeignete quadratische Funktion.

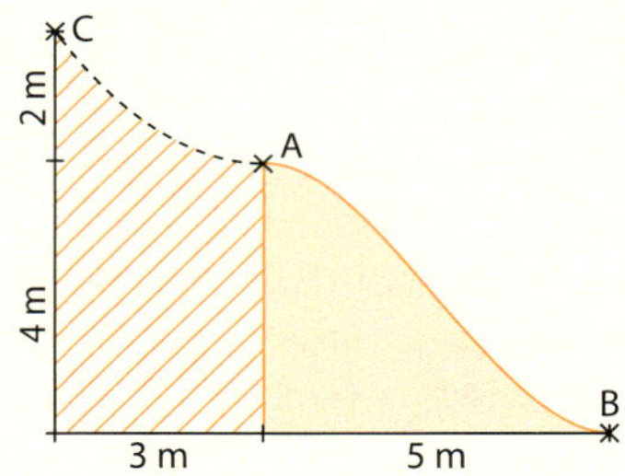

3. Die beiden Gleise sollen durch den Graphen einer quadratischen Funktion f miteinander verbunden werden.
   a) Bestimmen Sie die Gleichung der quadratischen Funktion f, deren Graph am waagerechten Gleis knickfrei anschließt und zum oberen Gleis führt. Prüfen Sie, ob beide Übergänge knickfrei sind.
   b) Überprüfen Sie, ob sich das obere Gleis vertikal so verschieben lässt, dass beide Übergänge knickfrei sind. Bestimmen Sie die notwendigen Maße.
   c) Bestimmen Sie eine ganzrationale Funktion g vom Grad 3, deren Graph die Gleise ohne eine Verschiebung knickfrei miteinander verbindet.

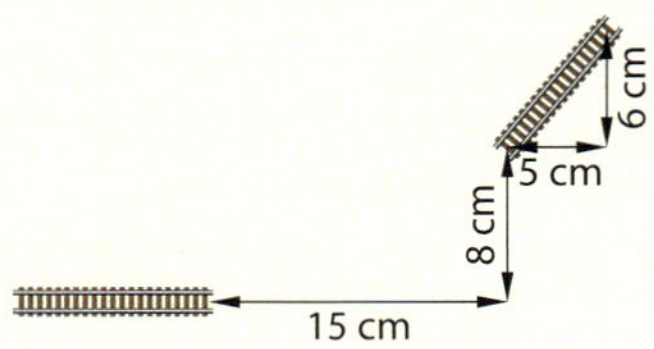

4. Gesucht ist ein Wert des Parameters a, sodass ein knickfreier Übergang zwischen den Graphen von f und g mit $f(x) = x^2$ und $g(x) = x^3 + a$ im Punkt S entsteht.
   a) Bestimmen Sie zunächst die Stelle mit gleicher Steigung. Ermitteln Sie a so, dass diese Stelle gleicher Steigung auch Schnittstelle der beiden Graphen ist. Geben Sie S an.
   b) Verfahren Sie ebenso mit den Funktionen
   ① $f(x) = x^3$ und $g(x) = x^4$,
   ② $f(x) = x^n$ und $g(x) = x^{n+1}$.

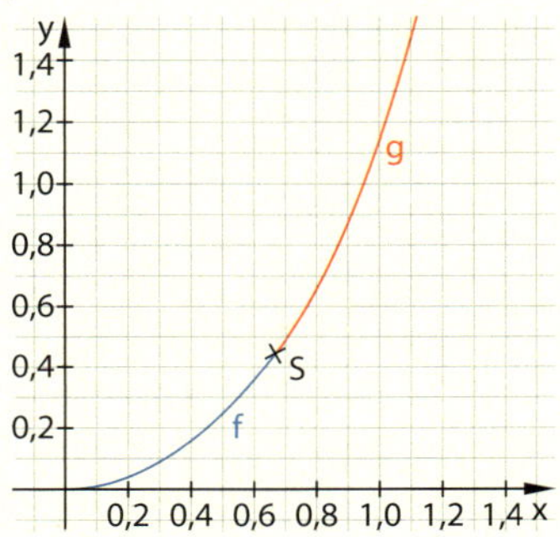

3.4 Funktionenscharen

■ Ein Basketballspieler versucht den Korb in 3m Höhe und 5m Entfernung zu treffen. Die Wurfhöhe des Balls beträgt 2m.

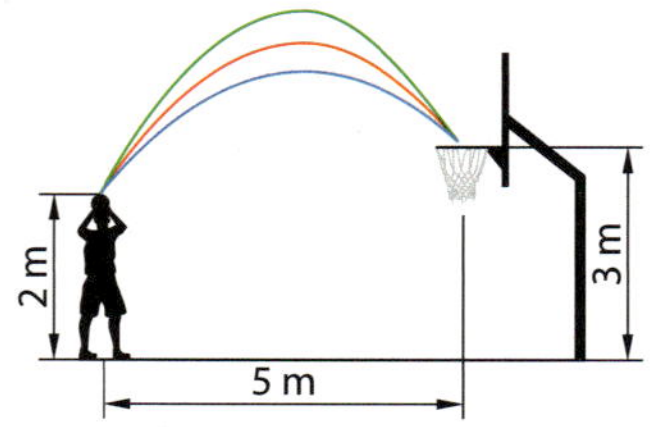

a) Bestimmen Sie mit diesen Informationen verschiedene Funktionsgleichungen, die eine mögliche Wurfbahn beschreiben.
b) Nicht alle in a) ermittelten Parabeln sind sinnvolle Wurfbahnen. Geben Sie einschränkende Bedingungen an.
c) Wenn der Abwurf unter einem Winkel von 45° erfolgt, so ist die Wurfbahn eindeutig festgelegt. Bestimmen Sie die Gleichung dieser quadratischen Funktion. ■

Der „Berliner Bogen" in Hamburg hat eine parabelförmige, 70 m breite Fassade. Um sie zu modellieren, wird ein Koordinatensystem über ein Foto der Fassade gelegt. Aus den Punkten P(0 | 0) und Q(70 | 0) ergibt sich ein unterbestimmtes lineares Gleichungssystem. Wählt man a als freien Parameter, so ergibt sich $b = -70a$ und damit die Funktionsgleichung. Man erhält also für jeden Wert von a eine neue Funktion.
Variiert man den Parameter a, so lassen sich die entstehenden Graphen von f_a zur Modellierung nutzen. Für $a = -0{,}03$ beschreibt die Parabel zum Beispiel gut den oberen Fassadebogen des Gebäudes.

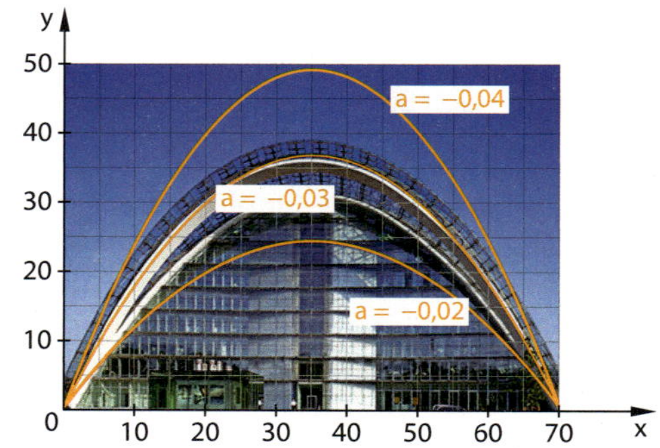

Ansatz: $f(x) = ax^2 + bx + c$

$$\begin{array}{l|r|} \text{P}(0|0): & c = 0 \\ \text{Q}(70|0): & 4900a + 70b + c = 0 \end{array}$$

Lösung: $f_a(x) = ax^2 - 70ax$

Definition: Funktionenschar
Ein Funktionsterm kann neben der Variablen x auch einen **Parameter a** enthalten. In diesem Fall ergibt sich für jeden Wert von a eine eigene Funktion. Die Menge all dieser Funktionen heißt **Funktionenschar f_a**.
Beim Ableiten wird der Parameter a wie eine konstante Zahl behandelt.

Beispiel 1: Gegeben ist die Funktionenschar f_a mit $f_a(x) = x^3 - 3ax^2$.
Zeichnen Sie die Graphen von f_a für $a = -1$, $a = -0{,}5$, $a = 0$, $a = 0{,}5$ und $a = 1$.
Beschreiben Sie den Einfluss des Parameters a auf den Verlauf des Graphen von f_a.

Lösung:
Ersetzen Sie in der Funktionsgleichung a durch die Werte –1; –0,5; 0; 0,5; 1 und zeichnen Sie jeweils den Graphen. Alle Graphen verlaufen durch den Punkt P(0 | 0).
Für $a = 0$ ist P Sattelpunkt, für $a < 0$ Tiefpunkt und für $a > 0$ Hochpunkt des Graphen. Mit größer werdendem a wandern die Extrem- und Wendestellen nach rechts.
Für $a < 0$ gibt es einen Hochpunkt und einen Wendepunkt im II. Quadranten, für $a > 0$ einen Tiefpunkt und einen Wendepunkt im IV. Quadranten.

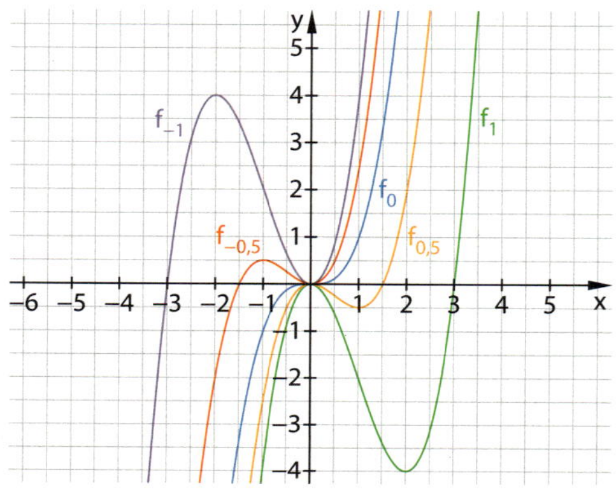

Beispiel 2: Gegeben sind die Funktionen f_a mit $f_a(x) = x^3 - 3ax^2$.

a) Untersuchen Sie, ob es einen Wert von a gibt, sodass der Graph von f_a einen Hochpunkt an der Stelle $x = 4$ hat.

b) Bestimmen Sie einen Wert von a so, dass der Wendepunkt des Graphen von f_a die y-Koordinate 54 hat.

Lösung:

a) Bestimmen Sie die erste und die zweite Ableitung von f_a.

$f_a(x) = x^3 - 3ax^2$

$f_a'(x) = 3x^2 - 6ax$

$f_a''(x) = 6x - 6a$

Bestimmen Sie die möglichen Extremstellen von f_a.

$f_a'(x) = 0 \Leftrightarrow 3x^2 - 6ax = 3x(x - 2a) = 0$

$\Leftrightarrow x = 0 \quad \text{oder} \quad x = 2a$

Formulieren Sie die Bedingung der Aufgabe als Gleichung und lösen Sie diese nach a auf. Es ergibt sich $a = 2$.

$2a = 4 \Leftrightarrow a = 2$

Überprüfen Sie mit der zweiten Ableitung, ob tatsächlich ein Hochpunkt vorliegt. Dies ist nicht so, also gibt es keine solche Funktion.

$f_2''(4) = 6 \cdot 4 - 6 \cdot 2 = 12 > 0$

Der Graph von f_2 hat einen Tiefpunkt bei $x = 4$. Es gibt keinen Wert von a, sodass der Graph von f_a bei $x = 4$ einen Hochpunkt hat.

b) Bestimmen Sie die möglichen Wendestellen. Sie erhalten $x = a$.

$f_a''(x) = 0 \Leftrightarrow 6x - 6a = 0 \Leftrightarrow x = a$

$f_a'''(x) = 6 \neq 0$ also $x = a$ Wendestelle

Berechnen Sie die y-Koordinate des allgemeinen Wendepunkts.

$f_a(a) = a^3 - 3a \cdot a^2 = -2a^3$

$W(a\,|\,-2a^3)$ Wendepunkt von f_a

Formulieren Sie die Bedingung der Aufgabe als Gleichung und lösen Sie nach a auf.

$f_a(a) = 54{:}\quad -2a^3 = 54$

$a^3 = -27 \Leftrightarrow a = -3$

$W(-3\,|\,54)$ Wendepunkt von f_{-3}

Basisaufgaben

1. Gegeben sind die Funktionen f_a mit $f_a(x) = -ax^3 - 2a^2x + 1$. Bestimmen Sie für gegebenes a den Funktionswert an der Stelle x_0.

a) $a = 2, x_0 = 1$ b) $a = 0, x_0 = 2$ c) $a = -1, x_0 = 1$ d) $a = 3, x_0 = -2$

2. Gegeben ist die Funktionenschar f_a mit $f_a(x) = -x^2 + \frac{x}{a}$ und $a \neq 0$. Bestimmen Sie, für welchen Wert von a der Punkt P auf dem Graphen von f_a liegt.

a) $P(1\,|\,0)$ b) $P(2\,|\,-3)$ c) $P(-3\,|\,-7)$ d) $P(2\,|\,-4)$

3. Gegeben sind die Funktionen f_t mit $f_t(x) = -tx^2 + 2x$. Bestimmen Sie anhand des Graphen den Wert des Parameters t.

a)
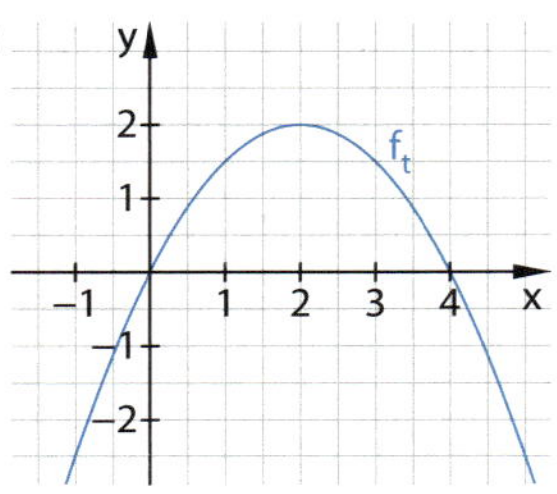

b)
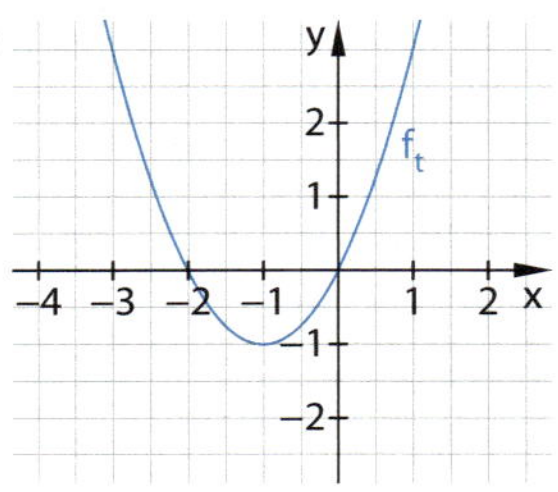

c)
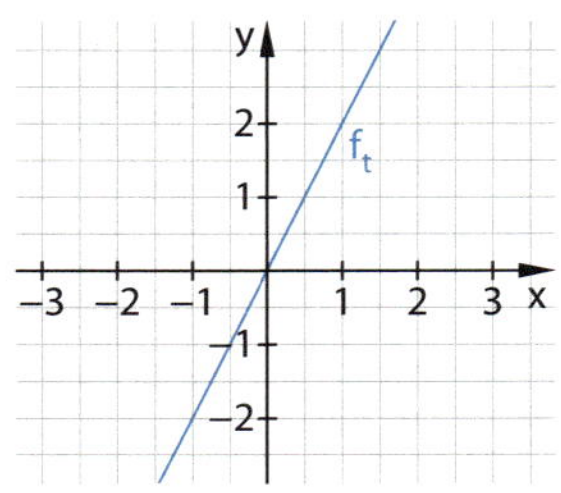

4. Bestimmen Sie die Steigung der Graphen von f_a an der Stelle x_0.

a) $f_a(x) = ax^2 + 3ax + a^2$; $x_0 = -1$ b) $f_a(x) = (a - 2)x^2 + a^2x$; $x_0 = 3$

c) $f_a(x) = \frac{1}{2}ax^4 + a^2x + 2a$; $x_0 = -2$ d) $f_a(x) = 2a^2x^3 + \frac{x}{a}\ (a \neq 0)$; $x_0 = 2$

5. Untersuchen Sie die Funktionenschar f_a auf Nullstellen, Extrem- und Wendepunkte.

a) $f_a(x) = \frac{1}{4}x^3 - \frac{3}{4}ax^2$ b) $f_a(x) = 2a^2x^3 - 3a^3x^2$

c) $f_a(x) = \frac{1}{4}x^4 - \frac{1}{2}a^2x^2$ d) $f_a(x) = a^2x^4 + 2x^2 - \frac{3}{a^2}$ $(a \neq 0)$

6. Bestimmen Sie den Wert für den Parameter a so, dass der Graph der Funktionenschar f_a an der Stelle x_0 die Steigung m hat.

a) $f_a(x) = -2ax^2 + a^2x - a$ $m = 5$ an der Stelle $x_0 = 1$

b) $f_a(x) = x^3 + 6ax^2 + 12a^2x$ $m = \frac{1}{3}$ an der Stelle $x_0 = a$

c) $f_a(x) = \frac{a^2}{x^2}$ $m = -\frac{1}{2}$ an der Stelle $x_0 = 1$

7. Bestimmen Sie Werte von a so, dass der Graph der Funktion f_a mit $f_a(x) = x^3 - 2ax^2 + a^2x$

a) den Punkt $P(2|2)$ enthält, b) einen Tiefpunkt an der Stelle $x = -1$ hat,

c) an der Stelle $x = 2$ die Steigung 5 hat, d) an der Stelle $x = 6$ einen Wendepunkt hat,

e) einen Sattelpunkt hat, f) die Nullstellen $x_1 = 0$ und $x_2 = 4$ hat.

Weiterführende Aufgaben

8. **Stolperstelle:** Gegeben ist die Funktionenschar f_a mit $f_a(x) = x^3 - ax^2 + 2x$.
Anabell, Paul und Marie suchen einen Wert für a, sodass der Graph von f_a im Punkt $H(2|-2)$ einen Hochpunkt hat. Bewerten Sie die Aussagen der drei Schüler.
Anabell: *„Dann muss doch nur die Ableitung an der Stelle x = 2 gleich null sein, also a = 3,5."*
Paul: *„Nein, du musst auch prüfen, ob der Hochpunkt die y-Koordinate −2 hat. Aber das stimmt."*
Marie: *„Diese Aufgabe hat überhaupt keine Lösung."*

9. Gegeben ist die Funktionenschar f_a mit $f_a(x) = -\frac{x^3 - 3ax^2}{144}$. Für bestimmte Werte von a beschreiben die Graphen von f_a zwischen ihren Nullstellen den Querschnitt eines Deichs.

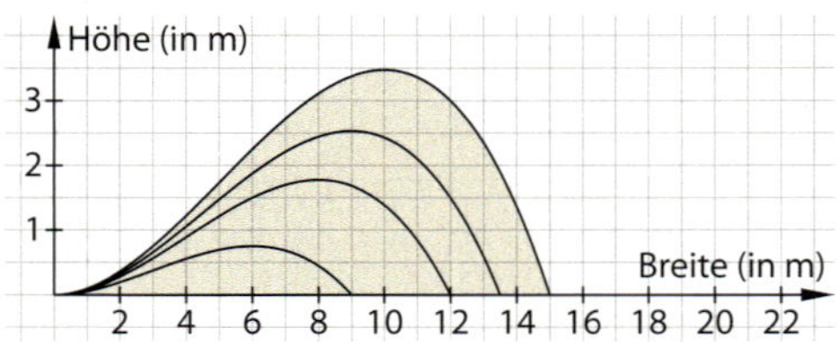

a) Bestimmen Sie den Wert von a so, dass der Deich 15 m breit ist.

b) Bestimmen Sie den Wert von a so, dass die Böschung an der rechten Seite mit 45° auf die Horizontale trifft.

c) Bestimmen Sie den Wert von a so, dass der Deich 6 m hoch ist.

d) Bestimmen Sie die maximale Breite des Deichs, für die der steilste Anstieg des Deichs maximal 30° beträgt.

● e) Zeigen Sie, dass alle Extrempunkte von f_a auf dem Graphen der Funktion g mit $g(x) = -\frac{1}{288}x^3$ liegen.

10. Ermitteln Sie, für welche Werte von m die Ursprungsgerade zu $y = mx$ den Graphen der Funktion f mit $f(x) = -\frac{1}{4}x^2 + \frac{5}{2}x - 4$ berührt. Veranschaulichen Sie die Situation zunächst mit einer Skizze.

CAS **11.** Mit einem CAS können Funktionen auch mit Parametern definiert und untersucht werden. Untersuchen Sie die Funktionenschar f_a mit $f_a(x) = \frac{x^3}{a^3} - 4ax^2$ mit dem CAS auf Nullstellen, Extrem- und Wendepunkte.

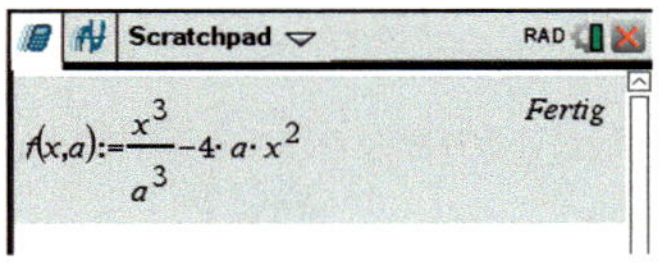

12. Die Funktionenschar f_a mit $f_a(x) = 2x^3 - (24 + 0{,}6a)x^2 + (90 + 3{,}6a)x + 35$ modelliert für $0 \leq x \leq 9$ die Besucherzahl in einem Sportstudio zwischen 8 Uhr und 17 Uhr. Der Parameter a gibt im Intervall [0; 20] die an diesem Tag gemessene Höchsttemperatur in °C an.

a) Geben Sie die Funktionsgleichung für f_{20} an und berechnen Sie, wie viele Besucher sich an einem Tag mit maximal 20 °C um 10 Uhr im Fitnessstudio befinden.

b) Geben Sie einen Term an, mit dem man in Abhängigkeit von a die Anzahl der Besucher um 10 Uhr berechnet.

c) Weisen Sie nach, dass jeder Graph der Funktionenschar f_a an der Stelle $x = 3$ einen Hochpunkt hat. Deuten Sie diese Erkenntnis im Sachzusammenhang.

d) Bestimmen Sie die Koordinaten des lokalen Tiefpunkts von f_a.

e) Nehmen Sie Stellung zu der Aussage „Je wärmer es draußen wird, desto weniger Leute trainieren im Sportstudio.“

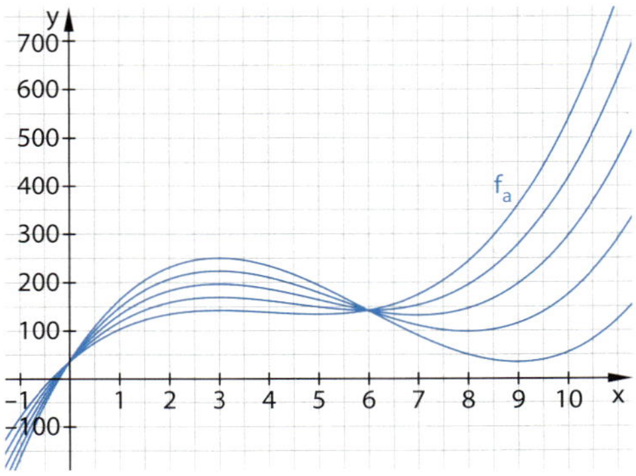

● **13.** An einen parabelförmigen Wall soll ein Brett angelehnt werden. Der Querschnitt des Walls wird beschrieben durch den Graphen der Funktion f mit $f(x) = -\frac{1}{10}x^2 + 0{,}9$. Das Brett wird in einem Abstand von 2 m vom Fuß des Walls aufgesetzt und auf den Wall gelegt. Das Brett verläuft auf einer der Geraden g_k mit $g_k(x) = kx - 5k$.

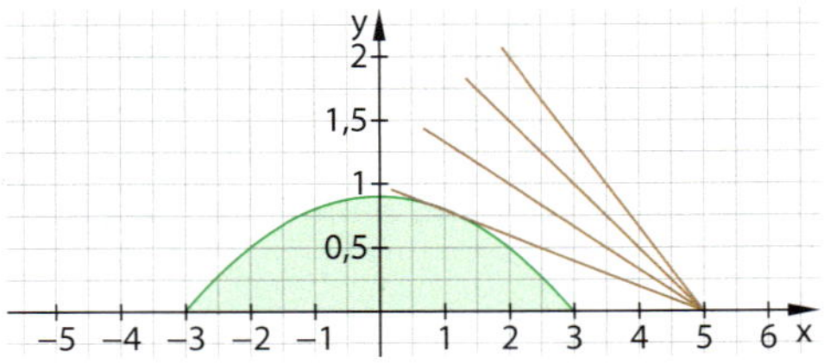

a) Bestimmen Sie den Wert des Parameters k, für den das Brett aufliegt.

b) Geben Sie die Koordinaten des Auflagepunkts an.

● **14.** Der Wert des Parameters a kann Einfluss auf die Anzahl der Extrempunkte der Graphen von f_a haben. Betrachten Sie die Funktionenschar f_a mit $f_a(x) = \frac{1}{4}x^4 - \frac{a}{3}x^3 + \frac{1}{2}x^2$.

a) Bestimmen Sie a so, dass der Graph von f_a einen oder zwei Extrempunkte hat.

b) Bestimmen Sie a so, dass der Graph von f_a die Maximalanzahl an Extrempunkten hat.

● **15. Ausblick:** Gegeben ist die Funktionenschar f_t mit $f_t(x) = -\frac{1}{t^2}x^3 + \frac{3}{t}x^2$ für $t > 0$.

a) Berechnen Sie die Nullstellen von f_t. Bestimmen Sie f_t', f_t'' und f_t'''.

b) Bestimmen Sie die Extrem- und Wendepunkte der Graphen zu f_t. Beschreiben Sie deren Lage in Abhängigkeit vom Wert des Parameters t.

c) Zeigen Sie, dass alle Extrem- und Wendepunkte auf einer Geraden liegen.

3.5 Klausur- und Abiturtraining

Aufgaben ohne Hilfsmittel

1. Der Graph einer quadratischen Funktion f hat an der Stelle $x = 2$ die gleiche Steigung wie die Gerade g mit $g(x) = -6x + 5$. Der Punkt $H(-1\,|\,2)$ ist ein Hochpunkt des Graphen von f. Beim Ermitteln einer Funktionsgleichung ergibt sich das lineare Gleichungssystem:

$$\left|\begin{array}{rl} a - b + c = & 2 \\ -2a + b = & 0 \\ 4a + b = & -6 \end{array}\right|$$

   a) Erläutern Sie, wie sich das lineare Gleichungssystem aus den Eigenschaften des Graphen von f ergibt.
   b) Lösen Sie das Gleichungssystem und bestimmen Sie eine Funktionsgleichung von f.

2. Der Graph einer achsensymmetrischen Funktion vierten Grades soll bei $x = 2$ eine Wendestelle haben. Ermitteln Sie, welche Beziehung in diesem Fall zwischen den Parametern a und b in der Funktionsgleichung $f(x) = ax^4 + bx^2 + c$ gelten muss.

3. Gesucht ist eine ganzrationale Funktion vierten Grades. Der Graph der gesuchten Funktion ist achsensymmetrisch zur y-Achse. Der Graph besitzt den lokalen Tiefpunkt $T(2\,|\,8)$. Zudem schneidet der Graph die y-Achse im Punkt $P(0\,|\,16)$.
   a) Skizzieren Sie den Graphen in ein geeignetes Koordinatensystem.
   b) Ermitteln Sie die Funktionsgleichung zum Graphen der Funktion.
   c) Weisen Sie rechnerisch nach, dass die Funktion keine Nullstellen hat.

4. Die Abbildung zeigt die Flugbahn eines Flugzeugs nach dem Start. Das Koordinatensystem wurde dabei so gelegt, dass der Startpunkt des Flugzeugs im Ursprung liegt. Nach 50 km hat das Flugzeug seine Reiseflughöhe von zehn Kilometer erreicht und geht tangential in den Horizontalflug über.

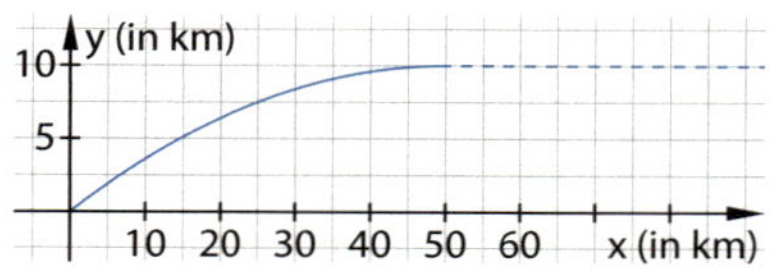

   a) Modellieren Sie den Steigflug des Flugzeugs mithilfe einer quadratischen Funktion.
   b) Passagierflugzeuge haben eine maximale Steigfähigkeit von 20° $(\approx \tan^{-1}(0{,}36))$. Begründen Sie, warum das Modell für ein Passagierflugzeug ungeeignet ist.

5. Für $a > 0$ ist die Funktionenschar f_a mit $f_a(x) = -ax^2 + 4ax - 4a + 1$ gegeben.
   a) Begründen Sie, dass alle Funktionen der Schar zwei verschiedene Nullstellen haben.
   b) Zeigen Sie, dass alle Graphen von f_a einen gemeinsamen Hochpunkt haben. Bestimmen Sie seine Koordinaten.
   c) Bestimmen Sie einen Wert von a so, dass die Tangente an den Graphen von f_a im Punkt $(1\,|\,f_a(1))$ die Steigung 3 hat.

6. Der Graph einer ganzrationalen Funktion dritten Gerades hat im Ursprung einen lokalen Tiefpunkt. Der Wendepunkt des Graphen liegt im Punkt $P(-5\,|\,250)$.
   a) Bestimmen Sie die Funktionsgleichung.
   b) Der Graph gehört zur Funktionenschar f_a mit $f_a(x) = x^3 + (12 - 0{,}75a)x^2 - (60 + 15a)x$. Bestimmen Sie den Scharparameter a zur Funktionsgleichung aus a).
   c) Bestimmen Sie, für welches a der Graph von f_a punktsymmetrisch zum Ursprung ist.
   d) Weisen Sie nach, dass alle Graphen der Funktionenschar f_a an der Stelle $x = -10$ eine waagerechte Tangente haben.

Aufgaben mit Hilfsmitteln

7. Auf einer Messe für Kinderspielzeug wird eine modulare Murmelbahn präsentiert. In einem Bauteil durchläuft die Kugel eine Tal-Berg-Fahrt. Wählt man als eine Längeneinheit 10 cm, kann die Profillinie des Bauteils im Längsschnitt mit dem Graphen einer ganzrationalen Funktion dritten Grades für $0 \leq x \leq 4$ beschrieben werden. Die Kugel startet im Punkt A in einer Höhe von 30 cm und rollt zunächst bergab. Nach einer horizontalen Entfernung von 20 cm erreicht sie den Punkt B, den tiefsten Punkt des Tals. Von dort geht es leicht bergauf über einen Hügel. Im Punkt $C(3\,|\,1)$ ist der Anstieg des Hügels am stärksten.

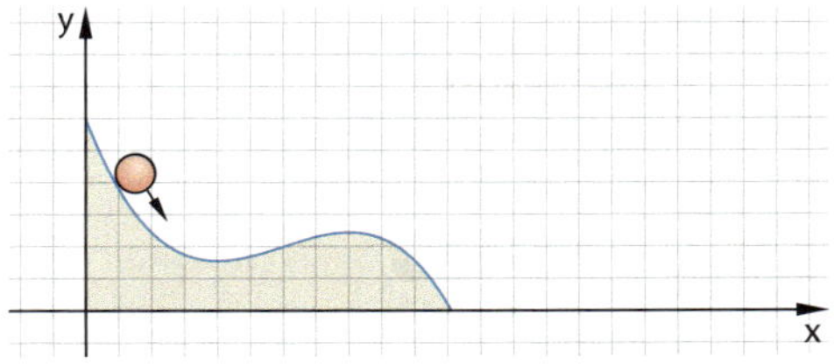

a) Bestimmen Sie eine passende Funktionsgleichung.
b) Ermitteln Sie den höchsten Punkt des Hügels. Geben Sie die horizontale Entfernung dieses Punktes zum Punkt A an.

Das Bauteil wird ans Ende einer Bahn auf den Boden gestellt. Die Kugel kommt also mit einer bestimmten Geschwindigkeit im Punkt A an. Ist diese Geschwindigkeit zu hoch, verlässt sie im Punkt C die Bahn und geht tangential in eine parabelförmige Flugbahn über.

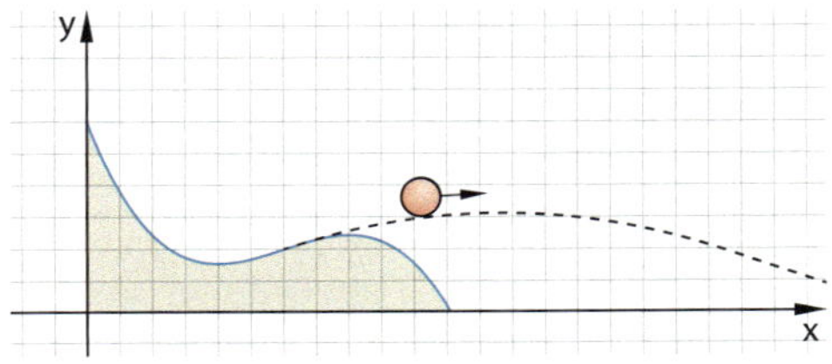

c) Die Flugbahn kann mit einer quadratischen Funktion beschrieben werden, deren Graph durch den Punkt C mit derselben Steigung wie der Graph von f verläuft. Bestimmen Sie eine passende Funktionsgleichung, wenn an der Stelle $x = \frac{19}{3}$ die maximale Höhe der Flugbahn erreicht wird.
d) Ermitteln Sie, an welcher Stelle die Kugel auf dem Boden auftritt.

8. Ein Hersteller von Getränkedosen möchte seine Kosten senken indem er den Materialverbrauch der Dosen minimiert. Die Dosen sollen einen Inhalt von 330 mℓ fassen können. Das Netz einer solchen Dose ist rechts unten abgebildet.
a) Erläutern Sie, warum die lange Rechtecksseite im abgebildeten Netz die Länge $2\pi r$ hat.
b) Stellen Sie eine Zielfunktion auf, die den Materialbedarf der Dose in Abhängigkeit vom Radius r bestimmt. Geben Sie einen sinnvollen Definitionsbereich an.
c) Ermitteln Sie, für welche Werte von r und h der Materialverbrauch unter der vorgegebenen Nebenbedingung am geringsten ist. Geben Sie die minimale Oberfläche an.
d) Beim Materialzuschnitt bleiben Reststücke der Größe $200\,\text{cm}^2$ übrig. Der Hersteller überlegt, daraus weitere Dosen zu formen. Ermitteln Sie das maximale Fassungsvermögen einer solchen Dose.

Hinweis:
$1\,\text{m}\ell = 1\,\text{cm}^3$

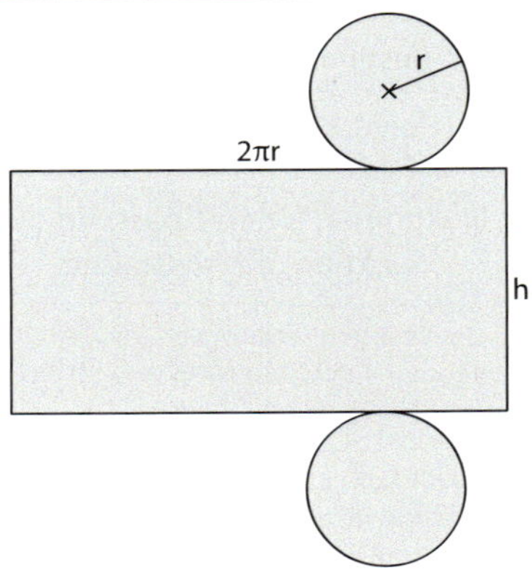

Erinnerung:
Volumen eines Zylinders mit Radius r und Höhe h: $V = \pi r^2 h$

Prüfen Sie Ihr neues Fundament

Lösungen
↗ S. 294/295

1. Die Zahl 10 soll so in zwei Summanden zerlegt werden, dass
a) das Produkt,
b) die Summe der Quadrate,
c) die Differenz der Quadrate,
d) die Differenz der dritten Potenzen

der beiden Summanden einen maximalen oder minimalen Wert annimmt.
Ermitteln Sie – falls möglich – die Summanden.

2. Ein quaderförmiges Bassin soll eine rechteckige Grundfläche mit dem Seitenlängenverhältnis 2 : 1 und ein Fassungsvermögen von $32\,m^3$ haben. Die Abmessungen sollen so gewählt werden, dass beim Auskleiden des Bassins innen möglichst wenig Folie benötigt wird.

a) Fertigen Sie eine Skizze vom Bassin an, tragen Sie gegebene Informationen mithilfe von Variablen ein und stellen Sie eine Zielfunktion auf.
b) Ermitteln Sie die Abmessungen.

3. Die Abbildung zeigt den Graphen der Funktion f mit $f(x) = -\frac{1}{8}x^3 + 2x$.
Der Punkt $A(a\,|\,f(a))$ des Graphen bildet mit dem Koordinatenursprung und dem Punkt $B(a\,|\,0)$ im ersten Quadranten ein rechtwinkliges Dreieck.

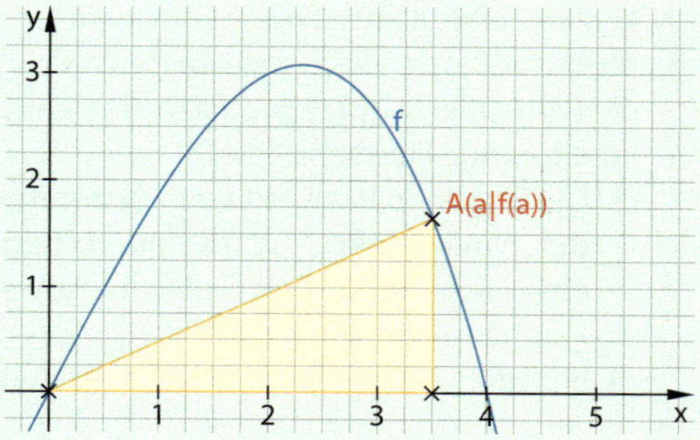

a) Stellen Sie eine Zielfunktion auf, die den Flächeninhalt des Dreiecks in Abhängigkeit von a bestimmt.
Geben Sie einen sinnvollen Definitionsbereich an.
b) Bestimmen Sie den Wert von a, für den der Flächeninhalt maximal wird, und geben Sie den maximalen Flächeninhalt an.

4. Formulieren Sie die Bedingungen als Gleichungen.
a) Eine ganzrationale Funktion dritten Grades hat an der Stelle $x = 5$ den Wert 18.
b) Der Graph einer ganzrationalen Funktion dritten Grades schneidet die y-Achse bei 3.
c) Der Graph einer ganzrationalen Funktion vierten Grades berührt die x-Achse an der Stelle $x = 5$.
d) Der Graph einer ganzrationalen Funktion dritten Grades hat im Punkt $A(3\,|\,-1)$ die Steigung 4.
e) Der Graph der Ableitungsfunktion einer ganzrationalen Funktion vierten Grades hat im Punkt $B(2\,|\,1)$ eine waagerechte Tangente.

5. Bestimmen Sie eine passende Funktionsgleichung der ganzrationalen Funktion.

Funktion dritten Grades:

① Der Graph durchläuft den Ursprung mit der Steigung −1 und schneidet die x-Achse im Punkt $P(1\,|\,0)$ mit der Steigung 2.

② Der Graph berührt die x-Achse im Ursprung. Die Tangente am Graphen im Punkt $A(3\,|\,0)$ ist parallel zur Geraden mit der Gleichung $y = 5x$.

Funktion vierten Grades:

③ Der Graph hat im Ursprung einen Wendepunkt mit einer waagerechten Tangente und im Punkt $P(5\,|\,5)$ einen Extrempunkt.

④ Der Graph ist symmetrisch zur y-Achse, verläuft durch den Punkt $P(0\,|\,3)$ und hat im Punkt $Q(3\,|\,0)$ ein lokales Minimum.

Lösungen
↗ **S. 295**

6. Bei einem Indoor-Leichtathletikwettkampf wird eine Kugel aus einer Höhe von 2,20 m unter einem Winkel von 45° abgeworfen und landet 20,52 m entfernt. Modellieren Sie die Flugbahn mit einer quadratischen Funktion. Bestimmen Sie die minimale Höhe der Halle.

7. Bestimmen Sie Werte des Parameters a so, dass der Graph der Funktionenschar f_a mit $f_a(x) = x^3 + 3ax^2 - ax + a$ und $a \in \mathbb{R}$ die angegebene Eigenschaft hat.

① enthält Punkt $P(3\,|\,1)$
② Tiefpunkt an der Stelle $x = 1$
③ an der Stelle $x = 2$ die Steigung 5
④ an der Stelle $x = 3$ eine Wendestelle
⑤ einen Sattelpunkt
⑥ keine Nullstelle

8. Eine ganzrationale Funktion dritten Grades soll in $W(0\,|\,4)$ einen Wendepunkt und an der Stelle $x = 1$ einen Extrempunkt haben. Gesucht ist eine passende Funktionsgleichung.

a) Geben Sie alle Lösungen mithilfe einer Funktionsgleichung mit einem Parameter an.

b) Geben Sie eine weitere Bedingung an, sodass eine eindeutige Lösung entsteht.

c) Als zusätzliche Bedingung wird gefordert, dass sich ein weiterer Extrempunkt der Funktion an der Stelle $x = -2$ befindet. Ermitteln Sie, ob es hierfür eine Lösung gibt.

9. Die Abbildung lässt vermuten, dass alle Graphen der Funktionenschar f_a mit $f_a(x) = \frac{1}{3}x^3 + \frac{2a-1}{2}x^2 - 2ax$ an der Stelle $x = 1$ einen Tiefpunkt haben.

a) Überprüfen Sie, ob diese Behauptung stimmt.

b) Zeigen Sie, dass sich alle Graphen von f_a in den Punkten $(0\,|\,0)$ und $\left(2\,|\,\frac{2}{3}\right)$ schneiden.

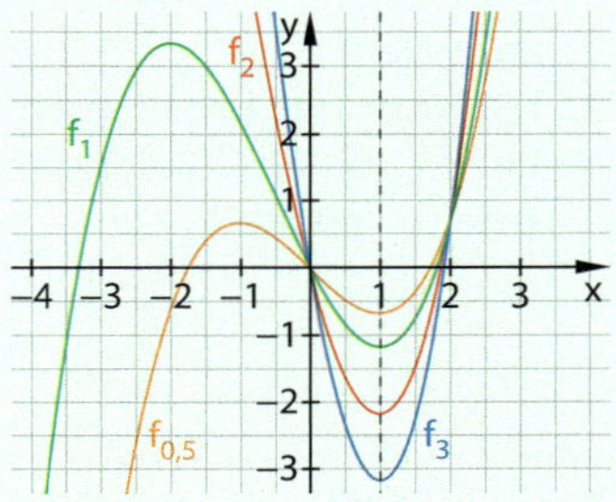

10. Zeigen Sie, dass die Tiefpunkte der Funktionen f_a mit $f_a(x) = \frac{x^3}{2a^3} - \frac{3x^2}{2a^2}$ alle die y-Koordinate –2 haben.

11. Bestimmen Sie eine ganzrationale Funktion dritten Grades, deren Graph durch den Punkt $P(0\,|\,5)$ verläuft, dort die Steigung 2 und im Punkt $Q(1\,|\,11)$ einen Wendepunkt hat. Untersuchen Sie die Funktion anschließend auf Extrem- und weitere Wendepunkte.

12. Ein Unternehmen verkauft neue Modelle seiner beliebten Bluetooth-Kopfhörer. Bei den letzten Modellen wurde beobachtet, dass die Anzahl der Bestellungen im Online-Shop stark vom Verkaufspreis abhängt. Bei einem Verkaufspreis von 20 € war die Anzahl der Bestellungen minimal. Bei einem Preis von 65 € war die Zunahme der Bestellungen am höchsten.

a) Ermitteln Sie b und c, damit die Funktion f mit $f(x) = -\frac{1}{60}x^3 + bx^2 + cx + \frac{3601}{3}$ die Anzahl der Bestellungen im Online-Shop in Abhängigkeit vom Verkaufspreis im Intervall [20; 150] modelliert.

b) Berechnen Sie, bei welchem Preis x die Anzahl der Bestellungen am größten ist. Geben Sie die maximale Anzahl an Bestellungen an.

13. Das Copan-Gebäude in São Paulo gilt als eines der größten Wohngebäude der Welt. Die Abbildung zeigt ein grobes Modell seines wellenförmigen Grundrisses.

a) Ermitteln Sie eine ganzrationale Funktion dritten Grades f, die die untere Begrenzungslinie beschreibt.

b) Das Gebäude ist ca. 12 Meter breit. Begründen Sie, dass die Funktion g mit $g(x) = f(x) + 12$ zur Beschreibung der oberen Begrenzungslinie im Modell ungeeignet ist.

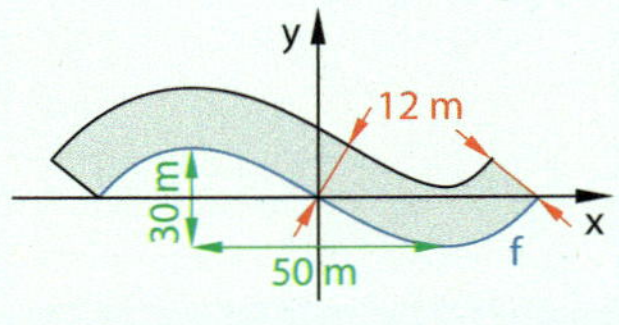

Extremalprobleme

Lösungsstrategie:.
1. Gleichung für die Größe aufstellen
2. Nebenbedingungen finden
3. Zielfunktion aufstellen und Definitionsbereich angeben
4. Lokale Extrema der Zielfunktion im Definitionsbereich bestimmen
5. Globale Extrema der Zielfunktion ermitteln
6. Lösung im Kontext interpretieren

$f(x) = -\frac{1}{3}x^2 + 3$

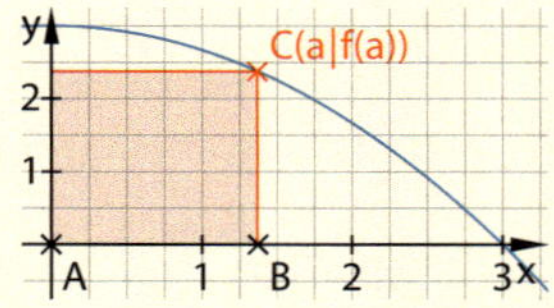

Gesucht ist a, sodass der Flächeninhalt des Rechtecks ABCD mit Eckpunkt $C(a\,|\,f(a))$ maximal wird.
1. $A = b \cdot h$ (Breite · Höhe)
2. $b = a$; $h = f(a)$
3. $A(a) = a \cdot f(a) = -\frac{1}{3}a^3 + 3a$; $0 \le a \le 3$
4. Lokales Maximum von A bei $a = \sqrt{3}$
5. Randwerte: $A(0) = A(3) = 0 < A(\sqrt{3})$
6. Flächeninhalt ist maximal für $a = \sqrt{3}$

Rekonstruktion von Funktionstermen

Schritte zur Bestimmung der ganzrationalen Funktion:
1. Eigenschaften in Bedingungen an die Funktion/Ableitung übersetzen
2. Einsetzen in die allgemeine Form und LGS aufstellen
3. LGS lösen und Funktionsterm angeben
4. Prüfen, ob der Funktionsterm die Eigenschaften erfüllt

Gesucht ist die quadratische Funktion f mit y-Achsenabschnitt 2 und lokalem Extremum bei x = 3, deren Graph den Punkt (2|6) enthält.
1. $f(0) = 2$; $f(2) = 6$; $f'(3) = 0$
2. $f(x) = ax^2 + bx + c$; $f'(x) = 2ax + b$
   $f(0) = 2 \Rightarrow c = 2$
   $f(2) = 6 \Rightarrow 4a + 2b + c = 6$
   $f'(3) = 0 \Rightarrow 6a + b = 0$
3. Lösung: $a = -0{,}5$; $b = 3$; $c = 2$
   $f(x) = -0{,}5x^2 + 3x + 2$
4. $f''(3) = -1 \neq 0 \Rightarrow$ lok. Extremum bei 3

Funktionenscharen

Ein Funktionsterm kann neben der Variablen x auch einen **Parameter a** enthalten. In diesem Fall ergibt sich für jeden Wert von a eine eigene Funktion.
Die Menge aller dieser Funktionen heißt **Funktionenschar f_a**.
Beim Ableiten wird der Parameter a wie eine konstante Zahl behandelt.

$f_a(x) = \frac{1}{2}x^4 - ax^2$ für $a > 0$
$f_a'(x) = 2x^3 - 2ax$
$f_a''(x) = 6x^2 - 2a$

Nullstellen:
$f_a(x) = x^2\left(\frac{1}{4}x^2 - a\right) = 0$
$x_{1/2} = 0$; $x_{3/4} = \pm 2\sqrt{a}$

Extrempunkte:
$f_a'(x) = 2x(x^2 - a) = 0$
$x_1 = 0$; $x_{2/3} = \pm\sqrt{a}$
$f_a''(0) = -2a < 0$; $f_a''(\pm\sqrt{a}) = 4a > 0$
$f_a(0) = 0$; $f_a(\pm\sqrt{a}) = -\frac{a^2}{2}$

Hochpunkt $H(0\,|\,0)$

Tiefpunkte $T_{1/2}\left(\pm\sqrt{a}\,\middle|\,-\frac{a^2}{2}\right)$

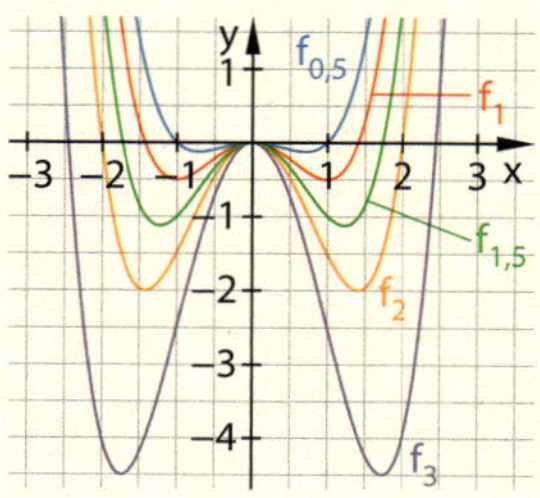

4. Exponentialfunktionen und Wachstum

Bei der Radiokarbonmethode wird der noch vorhandene Gehalt an radioaktivem Karbon in Fossilien gemessen und mithilfe der Halbwertszeit das Alter eines Präparats bestimmt. Da radioaktiver Zerfall exponentiell verläuft, werden zur Berechnung Exponentialfunktionen genutzt.

Nach diesem Kapitel können Sie …

- Eigenschaften der Exponentialfunktion zur Basis e beschreiben und diese ableiten,
- Exponentialgleichungen lösen,
- Wachstums- und Zerfallsprozesse mithilfe von Exponentialfunktionen beschreiben und untersuchen.

Lösungen
↗ S. 296

Exponentielles Wachstum erkennen und beschreiben

1. Die Tabellen beschreiben einen exponentiellen Vorgang. Ergänzen Sie fehlende Werte.

a)

n	0	1	2	3	5
B(n)	2	6	18		

b)

n	0	1	3	5	7
B(n)	800	400			

2. Prüfen Sie, ob lineares oder exponentielles Wachstum vorliegt.

a)

n	1	2	3	5	7
B(n)	2	4	6	10	14

b)

n	1	2	3	4	6
B(n)	$\frac{1}{2}$	$\frac{1}{4}$	$\frac{1}{8}$	$\frac{1}{16}$	$\frac{1}{64}$

3. Entscheiden Sie, ob exponentielles Wachstum vorliegt, und geben Sie gegebenenfalls den Wachstumsfaktor an.
a) Der Wert eines Autos nimmt jährlich um 20 % des Vorjahreswertes ab.
b) Johanna spart monatlich 50 €.
c) Eine Nachricht wird von jedem Empfänger an 7 weitere Personen geschickt.
d) Eine spezielle Algenkultur (15 g) verdoppelt ihre Masse alle zwei Tage.

4. 1980 lebten 4,4 Milliarden Menschen auf der Erde und es wurde eine jährliche Bevölkerungszunahme von ca. 1,7 % prognostiziert.
a) Berechnen Sie die prognostizierte Bevölkerung für die Jahre 2000, 2017 und 2018.
b) Tatsächlich lebten 2000 6,1 Milliarden, 2017 7,5 Milliarden und 2018 7,6 Milliarden Menschen. Vergleichen Sie die Angabe mit der Prognose.
c) Geben Sie die prozentuale Bevölkerungszunahme von 2017 zu 2018 an.

Exponentialfunktionen und Exponentialgleichungen

5. Ordnen Sie jedem Funktionsgraphen die passende Funktionsgleichung zu.
$f(x) = 2^x$ $g(x) = 3{,}1^x$ $h(x) = 1{,}3^x$
$j(x) = 0{,}2^x$ $k(x) = \left(\frac{1}{2}\right)^x$ $l(x) = \left(\frac{3}{4}\right)^x$

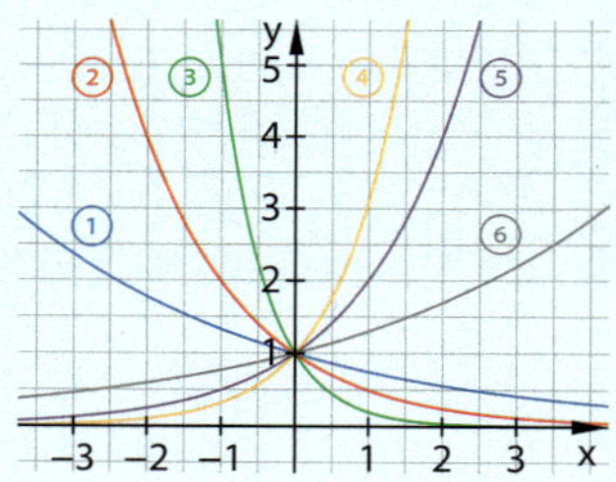

6. Lesen Sie an der Funktionsgleichung ab, ob der Graph von f steigend oder fallend ist. Geben Sie den Schnittpunkt mit der y-Achse an.
a) $f(x) = 2 \cdot 3^x$ b) $f(x) = 4 \cdot 0{,}7^x$ c) $f(x) = (-3) \cdot 2^x$ d) $f(x) = (-0{,}2) \cdot \left(\frac{1}{3}\right)^x$

7. Ermitteln Sie den Logarithmus ohne Hilfsmittel.
a) $\log_2(32)$ b) $\lg(1000)$ c) $\log_7(1)$ d) $\log_4\left(\frac{1}{16}\right)$

8. Lösen Sie die Exponentialgleichung. Runden Sie das Ergebnis auf Hundertstel.
a) $2^x = 128$ b) $10^x = 350$ c) $1{,}1^x - 150 = 70$ d) $4 + 0{,}9^x = 25$
e) $3 \cdot 1{,}2^x = 270$ f) $\frac{12}{2^x} = 4$ g) $5 : 2{,}2^x = 1$ h) $3^x = -2$

Hinweis zu 9b:
Bringen Sie die exponentiellen Terme auf eine Seite der Gleichung und wenden Sie die Potenzgesetze an.

9. Gegeben sind die zwei Exponentialfunktionen f und g mit $f(x) = 1{,}5^x$ und $g(x) = 0{,}5 \cdot 2^x$.
a) Zeichnen Sie beide Graphen und lesen Sie die Koordinaten des Schnittpunkts ab.
b) Bestimmen Sie rechnerisch die Koordinaten des Schnittpunkts der Graphen von f und g und vergleichen Sie mit a).

10. Der Graph von g ergibt sich durch eine Spiegelung des Graphen von f an der y-Achse. Geben Sie eine Funktionsgleichung von g an.

a) $f(x) = 3^x$ b) $f(x) = \left(\frac{1}{5}\right)^x$ c) $f(x) = 0{,}25^x$ d) $f(x) = 1{,}5^x$

Lösungen
↗ S. 296/297

Exponentielle Bestandsfunktionen bestimmen

11. Ermitteln Sie eine exponentielle Bestandsfunktion zum Anfangswert a, deren Graph durch den Punkt P verläuft.

a) $a = 1500$; $P(1\,|\,750)$ b) $a = 1{,}6$; $P(5\,|\,4{,}8)$
c) $a = 32$; $P(3\,|\,4)$ d) $a = 2{,}4$; $P(0{,}5\,|\,3{,}6)$

12. Ermitteln Sie rechnerisch den Funktionsterm der Exponentialfunktion $f(x) = a \cdot b^x$, deren Graph durch die folgenden Punkte verläuft.

a) $A(0\,|\,5)$ und $B(1\,|\,7{,}5)$
b) $A(2\,|\,75)$ und $B(6\,|\,46875)$
c) $A(-3\,|\,16)$ und $B(2\,|\,0{,}5)$

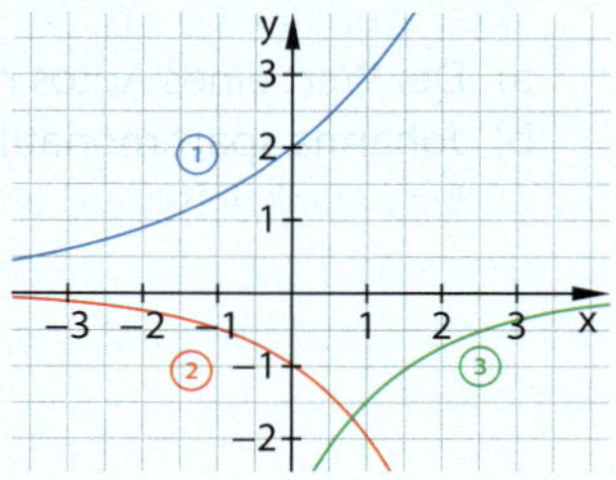

13. Die Abbildung zeigt Graphen zu Exponentialfunktionen der Form $f(x) = a \cdot b^x$. Bestimmen Sie passende Funktionsgleichungen.

14. Entscheiden Sie, ob die Wertetabelle zu einer Exponentialfunktion f der Form $f(x) = a \cdot b^x$ gehört. Wenn ja, geben Sie eine Funktionsgleichung an.

a)

x	−3	1	3	7
f(x)	0,5	8	32	512

b)

x	0	1	2	5
f(x)	2	3	4	7

c)

x	−4	−1	1	3
f(x)	6250	50	2	0,08

15. Radioaktive Strahlung kann man durch Bleiplatten abschirmen. Bei solchen Platten wird die Intensität von Gammastrahlen pro 15 mm Dicke um 50 % reduziert. Ermitteln Sie, auf welchen Teil ihres ursprünglichen Wertes die Strahlungsintensität nach Durchgang durch eine 60 mm starke Bleiplatte sinkt.

16. Eine Bakterienkultur besteht anfangs aus 150 Bakterien. Unter Laborbedingungen wächst die Kultur exponentiell um 20 % pro Stunde. Stellen Sie eine Funktionsgleichung auf, die den Wachstumsprozess in Abhängigkeit von der Zeiteinheit t beschreibt.

a) t in Stunden b) t in Minuten c) t in Tagen

Vermischtes

17. Lösen Sie die Gleichung.

a) $\frac{1}{2}x + 3 = \frac{7}{2x}$ b) $\frac{3}{x-2} = \frac{4}{x+3}$ c) $x^3 + 6x^2 = -9x$ d) $|x + 1| = \frac{1}{4}$

18. Stellen Sie die Gleichung nach den angegebenen Variablen um.

a) $v = \frac{s}{t}$ (s; t) b) $V = \pi r^2 h$ (r mit $r > 0$) c) $\frac{B}{G} = \frac{b-f}{f}$ (B; b) d) $A = \frac{a+c}{2} \cdot h$ (a; h)

19. Formulieren Sie für folgenden Sachverhalt eine Zielfunktion mit nur einer Variablen:
Die Zahl 8 soll so in zwei Summanden zerlegt werden, dass das Produkt der Summanden (die Summe der Quadrate der Summanden) einen Extremwert annimmt.

4.1 Natürliche Exponentialfunktion

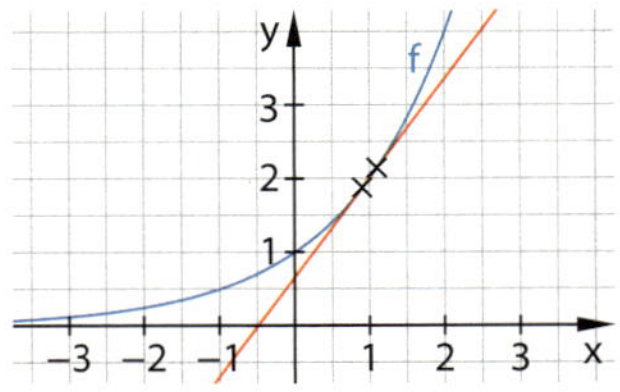

■ Abgebildet ist der Graph von f mit $f(x) = 2^x$. Die Steigung an der Stelle x = 1 kann durch die Steigung der Sekante im Intervall [0,9; 1,1] angenähert werden.

a) Bestimmen Sie $\frac{f(1,1) - f(0,9)}{0,2}$ und führen Sie entsprechende Rechnungen für x = −3, −2, −1, 0, 2, 3 durch.

b) Skizzieren Sie mithilfe der Werte aus a) näherungsweise den Verlauf des Graphen von f′. Was fällt Ihnen auf, wenn Sie ihn mit dem Graphen von f vergleichen? ■

Mit Exponentialfunktionen kann man exponentielles Wachstum beschreiben. Die Funktion f mit $f(x) = 2^x$ gibt zum Beispiel die Anzahl von Bakterien zum Zeitpunkt x Tage an, wenn sich der Bestand täglich verdoppelt. Mit der Ableitung von f kann die momentane Geschwindigkeit des Wachstums zu einem beliebigen Zeitpunkt bestimmt werden.

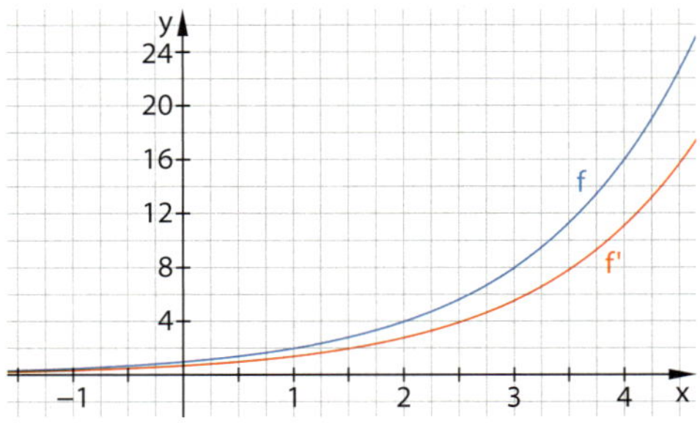

Um eine Regel zur Ableitung von Exponentialfunktionen wie $f(x) = 2^x$ zu finden, werden sowohl f als auch f′ grafisch dargestellt.

Die Graphen lassen vermuten, dass die Ableitung einer Exponentialfunktion ebenfalls eine Exponentialfunktion ist.

Der nebenstehenden Tabelle kann man auch entnehmen, dass das Verhältnis von f′(x) und f(x) stets konstant ist und der Ableitung an der Stelle 0 entspricht.

x	f(x)	f′(x)	$\frac{f'(x)}{f(x)}$
−1	0,5	0,3466	0,693
0	1	0,693	0,693
1	2	1,386	0,693
2	4	2,773	0,693
4	16	11,088	0,693

Es gilt also $f'(x) = k \cdot 2^x$ mit $k = f'(0) \approx 0,693$.

Die momentane Wachstumsgeschwindigkeit ist proportional zum Bestand der Bakterien.

Erinnerung:
$f'(x) = \lim\limits_{h \to 0} \frac{f(x+h) - f(x)}{h}$

Mithilfe des Differenzenquotienten kann man allgemein für $f(x) = b^x$ mit b > 0 zeigen:

$$f'(0) = \lim_{h \to 0} \frac{b^{0+h} - b^0}{h} = \lim_{h \to 0} \frac{b^h - 1}{h}$$

$$f'(x) = \lim_{h \to 0} \frac{b^{x+h} - b^x}{h} = \lim_{h \to 0} \frac{b^x \cdot b^h - b^x}{h} = \lim_{h \to 0} \frac{b^x(b^h - 1)}{h} = b^x \cdot \lim_{h \to 0} \frac{b^h - 1}{h} = b^x \cdot f'(0)$$

Bestimmt man für verschiedene Basen b näherungsweise $f'(0) = \lim\limits_{h \to 0} \frac{b^h - 1}{h}$, so lassen die Angaben in der Tabelle vermuten, dass es eine Basis b zwischen 2,71 und 2,72 gibt, für die f′(0) = 1 ist und somit f′(x) = f(x) für alle x gilt. Eine solche Basis existiert tatsächlich. Man nennt sie die **Euler´sche Zahl e**.

Info:
Leonhard Euler, 1707–1783, Schweizer Mathematiker

$f(x) = b^x$	$f'(x) = f'(0) \cdot b^x$
2^x	$0,693 \cdot 2^x$
$2,7^x$	$0,993 \cdot 2,7^x$
$2,71^x$	$0,9969 \cdot 2,71^x$
$2,72^x$	$1,0006 \cdot 2,72^x$
$2,8^x$	$1,030 \cdot 2,8^x$
3^x	$1,099 \cdot 3^x$

Für e gilt: $f'(0) = \lim\limits_{h \to 0} \frac{e^h - 1}{h} = 1$.

e ist eine irrationale Zahl, also eine unendlich lange Dezimalzahl, die nicht periodisch ist. Näherungsweise gilt $e \approx 2,71828$.

Wissen: Euler´sche Zahl e und natürliche Exponentialfunktion

Die Funktion f mit $f(x) = e^x$ heißt **natürliche Exponentialfunktion** (oder **e-Funktion**). Für ihre Ableitung gilt $f'(x) = e^x$.
Die Basis $e \approx 2{,}71828$ heißt **Euler´sche Zahl**.

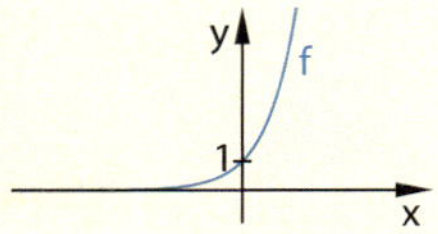

Hinweis:
Es gilt:
$e = \lim\limits_{n \to \infty} \left(1 + \frac{1}{n}\right)^n$

Beim Graphen zu $f(x) = e^x$ stimmt an jeder Stelle die Steigung mit dem Funktionswert überein. Der Graph nähert sich für $x \to -\infty$ asymptotisch der x-Achse, ohne diese zu berühren.

Basisaufgaben

1. Die Zeichnung zeigt den Graphen der natürlichen Exponentialfunktion f mit $f(x) = e^x$.
   a) Berechnen Sie die Funktionswerte von f für $x = 2$, $x = 1$, $x = 0$, $x = -1$ und $x = -2$ mit dem Taschenrechner.
   b) Geben Sie den Definitions- und Wertebereich an. Beschreiben Sie das Verhalten der Funktionswerte für $x \to -\infty$ und $x \to \infty$.
   c) Geben Sie das Monotonie- und Krümmungsverhalten des Graphen von f an.

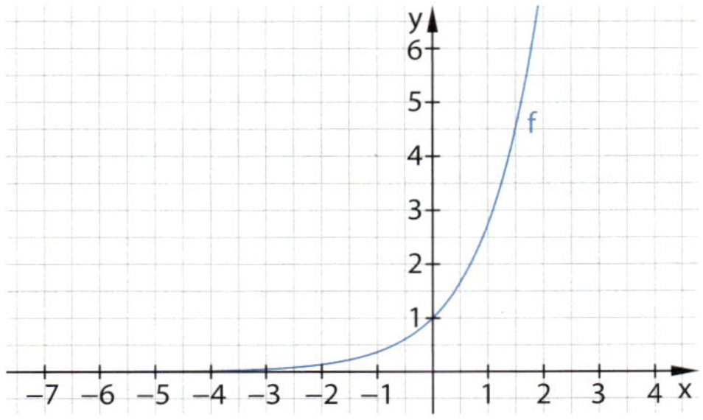

Hinweis:
Zur Berechnung von Werten von e^x gibt es auf vielen Taschenrechnern eine Taste, meist e^x oder $e^\blacksquare$.

2. Gegeben ist die Funktion f mit $f(x) = e^x$.
   a) Begründen Sie mithilfe der Ableitungen das Monotonie- und Krümmungsverhalten des Graphen von f.
   b) Begründen Sie mithilfe der Ableitungen, dass der Graph von f keine lokalen Extrempunkte und keine Wendepunkte hat.

3. Bestimmen Sie die erste und zweite Ableitung der Funktion f.
   a) $f(x) = 5e^x$
   b) $f(x) = e^x + 7$
   c) $f(t) = -3e^t$
   d) $f(x) = 8 - e^x$
   e) $f(x) = 3e^x - 8x^2 + 2e^x - 4x$
   f) $f(x) = -\frac{1}{4}\left(e^x - \frac{3}{x}\right)$

4. Gegeben ist die natürliche Exponentialfunktion f mit $f(x) = e^x$.
   a) Begründen Sie, dass an jeder Stelle die Tangentensteigung des Graphen gleich dem Funktionswert ist.
   b) Bestimmen Sie die Gleichung der Tangente bei $x = 0$ und $x = 1$.
   c) Ermitteln Sie die Gleichung der Normalen bei $x = 1$ (im Bild grün).

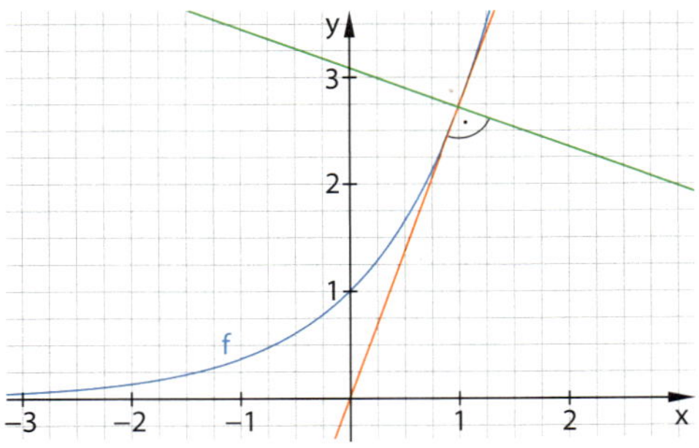

Erinnerung:
Die Gerade mit der Steigung m und die Gerade mit der Steigung $-\frac{1}{m}$ stehen senkrecht zueinander.

5. Skizzieren Sie in ein Koordinatensystem die e-Funktion sowie eine an der x-Achse und eine an der y-Achse gespiegelte e-Funktion. Geben Sie auch die Funktionsvorschrift der gespiegelten Graphen an.

6. Gegeben sind die Funktionen $f(x) = e^x$, $g(x) = e^{-x}$, $h(x) = -e^x$ und $i(x) = -e^{-x}$.
   a) Skizzieren Sie die Graphen in ein Koordinatensystem.
   b) Bestimmen Sie anhand der Zeichnung gemeinsame Punkte. Weisen Sie diese auch rechnerisch nach.
   c) Geben Sie für jede Funktion ihre Asymptote an.

Weiterführende Aufgaben

7. Ordnen Sie die Graphen ① bis ⑤ den Funktionsgleichungen zu.

$f(x) = e^x$ $g(x) = -0{,}5e^{1{,}5x}$ $h(x) = 2e^{-x}$ $i(x) = -0{,}5e^{3x}$ $j(x) = -0{,}5e^{-x}$

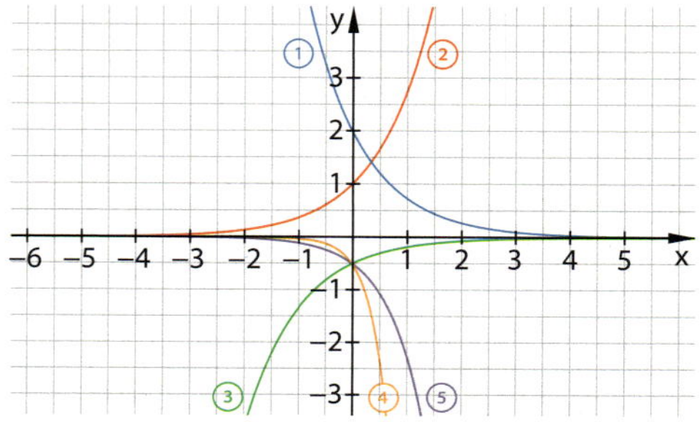

8. Stolperstelle: Jan und Eva haben die Ableitung der Funktion f mit $f(x) = e^{-x}$ gebildet. Skizzieren Sie den Graphen von f und begründen Sie damit, welche Ableitung richtig gebildet wurde.

Jan: $f'(x) = e^{-x}$ Eva: $f'(x) = -e^{-x}$

9. Der Verlauf einer Straße wird durch die Funktion f mit $f(x) = e^x$ beschrieben. Die Straße endet bisher im Dorf P mit den Koordinaten $P(1\,|\,e)$. Es soll nun der weitere Verlauf der Straße geplant werden. Der neue Straßenabschnitt soll durch eine ganzrationale Funktion zweiten Grades modelliert werden. Diese Funktion schließt an die bisherige Straße knickfrei an. An der Stelle $x = 4$ hat der Straßenabschnitt seinen nördlichsten Punkt erreicht.
Ermitteln Sie die Funktionsgleichung, welche den neuen Straßenabschnitt modelliert.

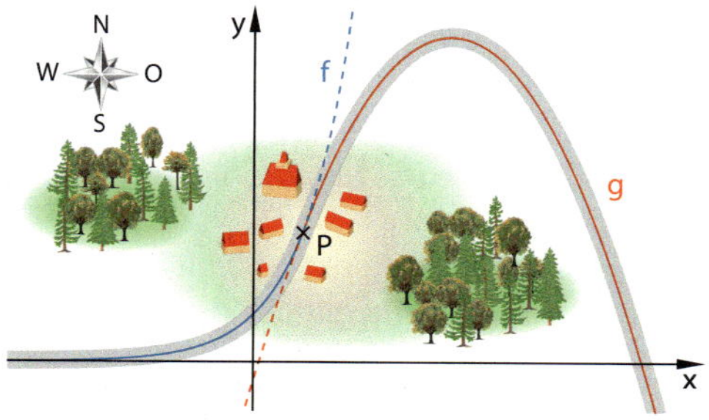

10. Gegeben ist die Funktion f mit $f(x) = e^x$.

a) Formulieren Sie Aussagen über die Existenz von Nullstellen sowie Extrem- und Wendepunkten. Begründen Sie Ihre Aussagen.

b) Prüfen Sie, welche der Aussagen aus a) sich auf alle Funktionen der Form $g(x) = c \cdot e^x$ mit $c \neq 0$ verallgemeinern lassen.

● **11.** Geben Sie für die Funktion f mit $f(x) = c \cdot e^{ax}$ in Abhängigkeit von den Parametern a und c jeweils den Definitions- und Wertebereich, das Monotonieverhalten sowie das Verhalten der Funktionswerte für $x \to -\infty$ und $x \to \infty$ an.

● **12.** Erläutern Sie, wie der Graph der Funktion f mit $f(x) = c \cdot e^{ax+b} + d$ $(a, c \neq 0)$ aus dem Graphen der natürlichen Exponentialfunktion hervorgeht.

● **13. Ausblick:**

a) Es gilt $e = \lim\limits_{n \to \infty} \left(1 + \frac{1}{n}\right)^n$, d. h. für große $n \in \mathbb{N}$ nähert sich der Term der Euler´schen Zahl $e \approx 2{,}71828$ an. Weisen Sie dies mithilfe einer Näherungstabelle nach.

b) Gleichungen, in denen eine Funktion und ihre Ableitungen vorkommen, nennt man **Differenzialgleichungen.** Zeigen Sie, dass alle Funktionen der Form $f(x) = c \cdot e^x$ mit $c \in \mathbb{R}$ die Differenzialgleichung $f'(x) = f(x)$ erfüllen.

c) Ermitteln Sie eine Funktion f, die die Differenzialgleichung $f'(x) = f(x)$ erfüllt und deren Graph die y-Achse im Punkt $(0\,|\,-3)$ schneidet.

4.2 Lineare Kettenregel

■ Lara hat rechts die Ableitung der Funktion f mit $f(x) = (2 - x)^3$ bestimmt.

a) Erläutern Sie Laras Vorgehen.

b) Überprüfen Sie Laras Ergebnis, indem Sie den Term von f ausmultiplizieren und ableiten. ■

> $f(x) = (2 - x)^3$
> $f'(x) = 3(2 - x)^2$

Die Ableitung der natürlichen Exponentialfunktion f mit $f(x) = e^x$ ist bekannt. Die Funktion g mit $g(x) = e^{x-2}$ ergibt sich durch Verschiebung und die Funktion h mit $h(x) = e^{2x}$ durch Stauchung des Graphen von f in x-Richtung. Die Ableitungen von g und h lassen sich allerdings nicht ohne Weiteres bestimmen.

Beim Verschieben eines Funktionsgraphen in x-Richtung verändert sich die Steigung der eingezeichneten Tangente nicht, weil diese ebenfalls nur verschoben wird.
Es gilt also $g'(x) = f'(x - 2)$.

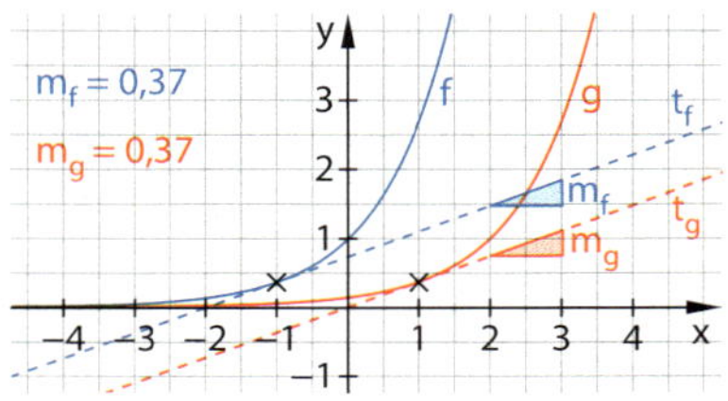

Anders ist es beim Stauchen und Strecken.
Der Graph von h entsteht aus dem Graphen von f durch Stauchung in x-Richtung. Die Steigung jeder Tangente wird dabei um den Faktor 2 erhöht. Die Steigung von h an der Stelle x ist doppelt so groß wie die von f an der Stelle 2x.
Es gilt also $h'(x) = 2 \cdot f'(2x)$.

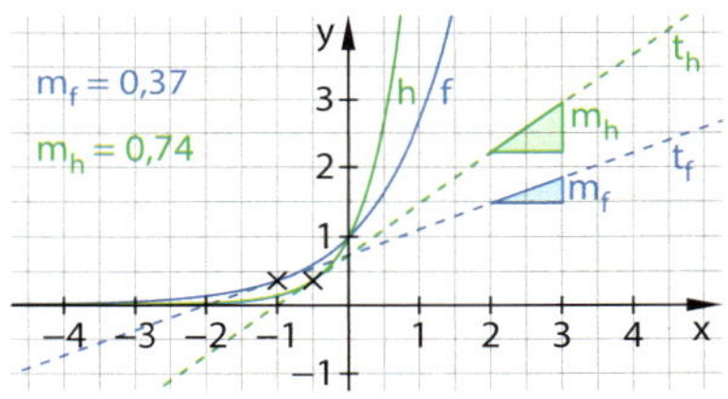

Satz: Lineare Kettenregel
Hat die Funktion g die Ableitung g′ und sind $a, b \in \mathbb{R}$, dann hat die Funktion f mit $f(x) = g(ax + b)$ die Ableitung $f'(x) = a \cdot g'(ax + b)$.
Für Funktionen der Form $f(x) = e^{ax+b}$ gilt insbesondere: $f'(x) = a \cdot e^{ax+b}$.

Beispiel: Bestimmen Sie die Ableitung der Funktion f.

a) $f(x) = e^{-2x+4}$ b) $f(x) = (3x - 9)^6$ c) $f(x) = \sqrt{-x + 7}$

Lösung:

a) Wenden Sie die Formel der linearen Kettenregel für Exponentialfunktionen an.

$f(x) = e^{-2x+4}$
$f'(x) = -2 \cdot e^{-2x+4}$

b) Ersetzen Sie im Funktionsterm den linearen Term 3x − 9 durch z, um g(z) zu erhalten. Bestimmen Sie g′(z) und wenden Sie die lineare Kettenregel an.

$f(x) = (3x - 9)^6$ $g(z) = z^6$
$z = 3x - 9$ $g'(z) = 6 \cdot z^5$
$f'(x) = 3 \cdot g'(3x - 9) = 3 \cdot 6 \cdot (3x - 9)^5$
$= 18 \cdot (3x - 9)^5$

c) Ersetzen Sie im Funktionsterm den Term −x + 7 durch z und bilden Sie g(z) sowie g′(z). Wenden Sie die lineare Kettenregel an. Setzen Sie in g′(z) wieder −x + 7 für z ein und multiplizieren Sie mit a = −1.

$f(x) = \sqrt{-x + 7}$ $g(z) = \sqrt{z}$
$z = -x + 7$ $g'(z) = \frac{1}{2\sqrt{z}}$
$f'(x) = (-1) \cdot g'(-x + 7) = (-1) \cdot \frac{1}{2\sqrt{-x + 7}}$
$= -\frac{1}{2\sqrt{-x + 7}}$

Basisaufgaben

1. Übertragen Sie die Tabelle in Ihr Heft und vervollständigen Sie sie.

$f(x) = g(ax + b)$	$z = ax + b$	$g(z)$	$g'(z)$	$f'(x) = a \cdot g'(ax + b)$
$(4x - 2)^3$	$4x - 2$	z^3	$3z^2$	$4 \cdot 3(4x - 2)^2$
$(-7x + 5)^4$				
$\sqrt{8x + 3}$				
e^{-x}				
$(2x + 3)^{-1}$				
$(9 - x)^5$				
$e^{5x - 3}$				
$(x + 3)^{-2}$				

2. Bestimmen Sie die Ableitung und vereinfachen Sie das Ergebnis.

a) $f(x) = e^{6x}$
b) $f(x) = (0{,}5x - 7)^4$
c) $f(x) = \sqrt{3x + 1}$
d) $f(x) = e^{4x - 1}$
e) $f(x) = (-5x + 12)^7$
f) $f(x) = \sqrt{4 - 2x}$
g) $f(x) = (x - 8)^{-2}$
h) $f(x) = \frac{1}{2}e^{3 + 4x} - 2$
i) $f(x) = x - e^{-2x}$

3. Bestimmen Sie die Ableitungsfunktion von f. Schreiben Sie den Quotienten als Potenz mit negativem Exponenten und wenden Sie anschließend die Kettenregel an.

Erinnerung:
Es gilt: $\frac{1}{x^n} = x^{-n}$

Beispiel: $f(x) = \frac{1}{(2x - 3)^4} = (2x - 3)^{-4}$

$f'(x) = 2 \cdot (-4) \cdot (2x - 3)^{-5} = -\frac{8}{(2x - 3)^5}$

a) $f(x) = \frac{1}{(5x + 1)^2}$
b) $f(x) = \frac{1}{x - 3}$
c) $f(x) = \frac{1}{\sqrt{1 - x}}$
d) $f(x) = \frac{2}{(-4x + 11)^6}$
e) $f(x) = \frac{1}{e^x}$
f) $f(x) = -\frac{3}{e^{4x + 5}}$

Weiterführende Aufgaben

4. Gegeben ist die Funktion f mit $f(x) = (6 - 5x)^2$.

a) Bestimmen Sie die Ableitung von f sowohl mit der linearen Kettenregel als auch durch Ausmultiplizieren und Ableiten der Summanden.

b) Wählen Sie begründet eine Methode aus, um die Funktion g mit $g(x) = (6 - 5x)^4$ abzuleiten.

5. **Stolperstelle:** Beim Ableiten wurden Fehler gemacht. Finden und korrigieren Sie diese.

a) $f(x) = (4x - 1)^2$
$f'(x) = 2(4x - 1)$

b) $f(x) = \sqrt{3x - 2}$
$f'(x) = 3\sqrt{3x - 2}$

c) $f(x) = \frac{1}{(2x - 1)^2}$
$f'(x) = 2 \cdot \frac{-2}{x^3}$

6. Bestimmen Sie die Ableitung der Funktion f mit $f(x) = (-2x + 1)^6$. Ermitteln Sie die Art und Lage des Extrempunkts des Graphen von f mit dem Vorzeichenwechselkriterium.

7. Gegeben ist die Funktion f mit $f(x) = e^{ax + b}$ $(a \neq 0, b \in \mathbb{R})$.
Zeigen Sie, dass der Graph von f weder Nullstellen, noch Extrem- oder Wendepunkte hat.

Wissen: Quadratische Kettenregel
Hat die Funktion g die Ableitung g' und sind $a, b, c \in \mathbb{R}$, dann hat die Funktion f mit $f(x) = g(ax^2 + bx + c)$ die Ableitung $f'(x) = (2ax + b) \cdot g'(ax^2 + bx + c)$.
Für Funktionen der Form $f(x) = e^{ax^2 + bx + c}$ gilt insbesondere: $f'(x) = (2ax + b) \cdot e^{ax^2 + bx + c}$.

8. Bestimmen Sie die Ableitung der Funktion f.
a) $f(x) = (3x^2 - 2)^5$ b) $f(x) = \sqrt{2x - 5x^2}$ c) $f(x) = e^{-x^2}$
d) $f(x) = e^{2x^2 - 3x + 1}$ e) $f(x) = \frac{1}{x^2 - 6x + 4}$ f) $f(x) = \frac{1}{e^{3x^2 - 1}}$

9. Bestimmen Sie die Gleichungen der Tangente an den Graphen der Funktion f und der zugehörigen Normalen an der Stelle x_0.
a) $f(x) = \left(\frac{1}{2}x - 1\right)^3$; $x_0 = 4$ b) $f(x) = \left(\frac{1}{4}x + 2\right)^4$; $x_0 = -12$
c) $f(x) = 3\sqrt{x - 2}$; $x_0 = 6$ d) $f(x) = e^{x^2+1}$; $x_0 = -1$

10. Gegeben ist die Funktion f mit $f(x) = -e^{-4x^2}$. Bestimmen Sie mithilfe des Vorzeichenwechselkriteriums die Art und Lage des Extrempunkts des Graphen von f.

11. Bestimmen Sie die Ableitung der Funktion.
a) $f(t) = (at^2 + 6)^2$ b) $g(a) = (at^2 + 6)^2$ c) $h(t) = -e^{-\omega t + \varphi}$

12. Fast überall in der Welt – bis auf die USA – wird zur Temperaturmessung die Celsius-Skala verwendet, in der 100 °C der Siedepunkt von Wasser ist. Die US-Amerikaner verwenden die Fahrenheitskala, in der 100 °F der Körpertemperatur eines gesunden Menschen entsprechen.
Zur Umrechnung dient die Formel: $T_C = \frac{5}{9} \cdot (T_F - 32)$
T_C: Temperatur in °C; T_F: Temperatur in °F
Die Funktion f mit $f(T_C) = 1000 - 0{,}007 \cdot (T_C - 4)^2$ beschreibt die Dichte von Wasser in kg/m^3 in Abhängigkeit von der Temperatur in °C.

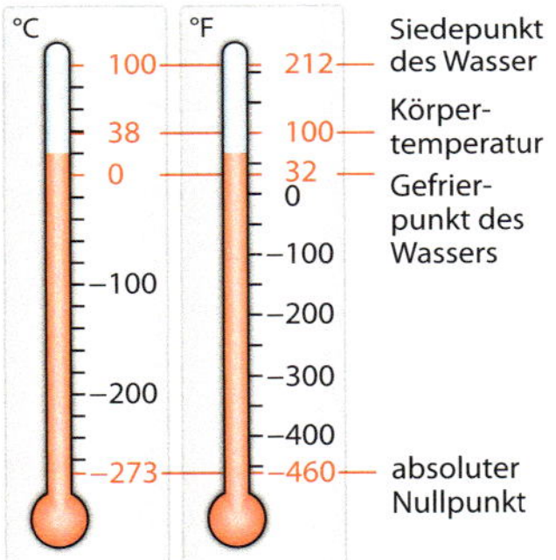

Info:
Wissenschaft und Technik bedienen sich der Kelvin-Skala, die ihren Nullpunkt bei der tiefsten theoretisch denkbaren Temperatur, dem absoluten Nullpunkt −273,15 °C, hat.

a) Geben Sie eine Funktion g an, welche die Dichte von Wasser in Abhängigkeit von der Temperatur in °F beschreibt.
b) Bestimmen Sie mit der Funktion f die Temperatur in °C, bei der Wasser die größte Dichte hat und mit der Funktion g die gleiche Temperatur in °F.
c) Bestimmen Sie die momentane Änderungsrate der Wasserdichte für die Temperaturen −5 °C und 23 °F.
● d) Zeigen Sie, dass die Temperaturen von −5 °C und 23 °F gleich sind. Erläutern Sie, warum die Zahlenwerte der Änderungsraten in c) jedoch verschieden sind.

● **13.** Gegeben sind die Funktionen f_a mit $f_a(x) = (ax - 1)^4$ sowie die Gerade g mit $g(x) = -x + 1$.
a) Zeigen Sie, dass die Graphen von f_a für alle a durch den Punkt $P(0\,|\,1)$ verlaufen.
b) Bestimmen Sie a so, dass die Gerade g Tangente im Punkt P am Graphen von f_a ist.

● **14. Ausblick:** Gegeben ist die Funktionenschar f_a mit $f_a(x) = e^{a^2 x} - e^a$ $(a \neq 0)$.
a) Geben Sie den Schnittpunkt der Graphen von f_a mit der y-Achse an.
b) Zeigen Sie, dass $x = \frac{1}{a}$ Nullstelle von f_a ist.
c) Geben Sie die ersten beiden Ableitungen f_a' und f_a'' an.
d) Begründen Sie, dass kein Graph von f_a einen Extrem- oder Wendepunkt hat.
e) Bestimmen Sie die Gleichung der Tangente an den Graphen von f_a an der Stelle $x = \frac{1}{a^2}$.

Allgemeine Kettenregel

■ Gegeben ist die Funktion f mit $f(x) = (5x^3 + 1)^2$. Die Funktion lässt sich als Verkettung $f(x) = u(v(x))$ der Funktionen u mit $u(x) = x^2$ und v mit $v(x) = 5x^3 + 1$ auffassen. Gesucht ist eine Ableitungsregel für verkettete Funktionen.
Multiplizieren Sie hierzu den Term der Funktion f aus und leiten Sie f ab. Bestimmen Sie $u'(5x^3 + 1)$ und finden Sie einen Zusammenhang von f' mit u', v' und v. ■

Verkettung von Funktionen

Bei der Funktion f mit $f(x) = e^{3x}$ wird der x-Wert zuerst verdreifacht und anschließend die e-Funktion angewendet. Entsprechend kann ein Funktionswert f(x) durch Hintereinanderausführung der Funktionen v mit $v(x) = 3x$ und u mit $u(x) = e^x$ gebildet werden.

$$x \xrightarrow{\text{① verdreifachen}} v(x) = 3x \xrightarrow{\text{② in } e^x \text{ einsetzen}} u(3x) = e^{3x}$$

Hinweis:
Entgegen der Leserichtung wird zunächst die innere Funktion v und dann die äußere Funktion u ausgeführt.

Die Funktion v, die zuerst ausgeführt wird, bezeichnet man auch als **innere Funktion**. Die Funktion u, die zum Schluss/als Zweites ausgeführt wird, bezeichnet man als **äußere Funktion**.

$$f(x) = u(v(x)) = u(3x) = e^{3x}$$

f bezeichnet man als **Verkettung** der Funktionen u und v.

Beim **Verketten** (Hintereinanderausführen) zweier Funktionen ist die Reihenfolge meist nicht vertauschbar. Die Verkettung g von v und u mit $g(x) = v(u(x))$ ergibt eine andere Funktion als f.

$$g(x) = v(u(x)) = v(e^x) = 3e^x \quad (\neq f(x))$$

Hinweis:
Für die verkettete Funktion f mit $f(x) = u(v(x))$ schreibt man auch $f = u \circ v$.

Definition: Verkettung von Funktionen
Die Funktion f mit $f(x) = u(v(x))$ heißt die **Verkettung** der Funktionen u und v.

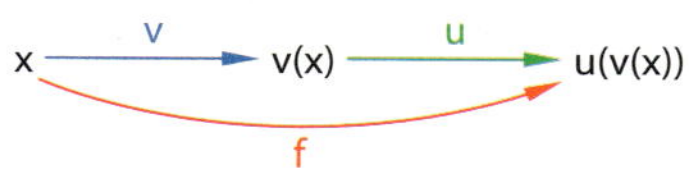

Beispiel 1: Funktionen verketten
Gegeben sind die Funktionen u und v mit $u(x) = \sqrt{x}$ und $v(x) = x^3 + 1$.
Bilden Sie die Verkettungen f mit $f(x) = u(v(x))$ und g mit $g(x) = v(u(x))$.

Lösung:
Setzen Sie für v(x) den Term $x^3 + 1$ als Argument in u(x) ein und geben Sie den Funktionswert von u an der Stelle $x^3 + 1$ an.

$$f(x) = u(v(x)) = u(x^3 + 1) = \sqrt{x^3 + 1}$$

Setzen Sie bei v(u(x)) umgekehrt für u(x) den Term $\sqrt{x}$ als Argument in v(x) ein.

$$g(x) = v(u(x)) = v(\sqrt{x}) = \sqrt{x}^3 + 1$$

Hinweis:
Die Wahl von u und v ist nicht eindeutig. Möglich ist z. B. auch: $v(x) = 5x$, $u(x) = e^{x-2}$

Beispiel 2: Funktion als Verkettung darstellen
Bestimmen Sie zur Funktion f mit $f(x) = e^{5x-2}$ Funktionen u und v so, dass $f(x) = u(v(x))$ gilt.

Lösung:
Bei e^{5x-2} wird erst der Term $5x - 2$ berechnet und dann als Exponent von e eingesetzt. Also kann man zu $5x - 2$ die innere Funktion v und zum Einsetzen in die e-Funktion die äußere Funktion u wählen.

$v(x) = 5x - 2;\quad u(x) = e^x$

Dann gilt: $f(x) = u(v(x)) = u(5x - 2) = e^{5x-2}$

Aufgaben

1. Bilden Sie die Verkettungen f mit $f(x) = u(v(x))$ und g mit $g(x) = v(u(x))$.

a) $u(x) = x - 4$ $\quad v(x) = x^2$ $\qquad$ b) $u(x) = e^x$ $\quad v(x) = x + 9$
c) $u(x) = \sqrt{x}$ $\quad v(x) = 3 - x^4$ $\qquad$ d) $u(x) = x^{-4}$ $\quad v(x) = 3x^2 + 7$
e) $u(x) = \frac{1}{x}$ $\quad v(x) = e^x$ $\qquad$ f) $u(x) = e^x$ $\quad v(x) = \frac{3}{x^2}$

2. Gegeben sind Funktionen u, v und eine Stelle x_0. Bestimmen Sie $u(v(x_0))$ und $v(u(x_0))$.

a) $u(x) = x + 1$; $v(x) = x^2$; $x_0 = 3$ $\qquad$ b) $u(x) = \frac{1}{x}$; $v(x) = x + 1$; $x_0 = \frac{1}{2}$
c) $u(x) = \sqrt{x}$; $v(x) = x - 7$; $x_0 = 16$ $\qquad$ d) $u(x) = -3e^{-x}$; $v(x) = 3x^2 - 4$; $x_0 = 5$

3. Bestimmen Sie Funktionen u und v so, dass $f(x) = u(v(x))$ gilt.

a) $f(x) = (x + 5)^3$ $\qquad$ b) $f(x) = e^{(x^2)}$ $\qquad$ c) $f(x) = \frac{1}{4x - 1}$ $\qquad$ d) $f(x) = 2\sqrt{x + 1}$

4. Gegeben sind die Funktionen u und v mit $u(x) = 2x - 1$ und $v(x) = \frac{1}{2}x + \frac{1}{2}$.

a) Zeigen Sie, dass $u(v(x)) = x$ ist.
b) Geben Sie vier weitere Funktionspaare mit dieser Eigenschaft an.
c) Untersuchen Sie für die Funktionspaare aus b), was sich für $v(u(x))$ ergibt.

Kettenregel

Um die Ableitung einer verketteten Funktion f mit $f(x) = u(v(x))$ zu bestimmen, wird der Grenzwert des Differenzenquotienten gebildet. Es gilt:

$$\frac{f(x+h) - f(x)}{h} = \frac{u(v(x+h)) - u(v(x))}{h}$$

$$= \frac{u(v(x+h)) - u(v(x))}{v(x+h) - v(x)} \cdot \frac{v(x+h) - v(x)}{h}$$

Erweitern mit $d = v(x+h) - v(x)$, also $v(x+h) = v(x) + d$ (vorausgesetzt, dass $v(x+h) - v(x) \neq 0$ gilt).

$$= \frac{u(v(x) + d) - u(v(x))}{d} \cdot \frac{v(x+h) - v(x)}{h}$$

Für den Grenzwert $h \to 0$ gilt $d = v(x+h) - v(x) \to 0$, wenn v' existiert.

$h \to 0$: $\qquad$ ($h \to 0$, $d \to 0$) $\qquad$ ($h \to 0$)

$$f'(x) = u'(v(x)) \cdot v'(x)$$

Hinweis: Die Kettenregel lässt sich auch ohne die Voraussetzung $v(x+h) - v(x) \neq 0$ zeigen.

Satz: Allgemeine Kettenregel
Haben die Funktionen u und v die Ableitungen u' und v', dann hat die Verkettung f mit $f(x) = u(v(x))$ die Ableitung $f'(x) = u'(v(x)) \cdot v'(x)$.
Für verkettete Funktionen der Form $f(x) = e^{v(x)}$ gilt insbesondere: $f'(x) = v'(x) \cdot e^{v(x)}$.

Merkhilfe:
$[u(■)]' = u'(■) \cdot ■'$
„äußere Ableitung mal innere Ableitung"

Beispiel 3: Berechnen Sie die Ableitung von f. a) $f(x) = (x^3 - 9x)^6$ $\qquad$ b) $f(x) = e^{x^4 - x^2}$

Lösung:

a) Der Term $(x^3 - 9x)^6$ ist eine Potenz von $x^3 - 9x$. Wählen Sie die Funktion zu $x^3 - 9x$ als innere Funktion v und die Potenzfunktion als äußere Funktion u. Bestimmen Sie ihre Ableitungen und wenden Sie die Kettenregel an.

$v(x) = x^3 - 9x \qquad u(x) = x^6$
$v'(x) = 3x^2 - 9 \qquad u'(x) = 6x^5$

$$\begin{aligned} f'(x) &= u'(v(x)) \cdot v'(x) \\ &= u'(x^3 - 9x) \cdot (3x^2 - 9) \\ &= 6(x^3 - 9x)^5 \cdot (3x^2 - 9) \end{aligned}$$

b) Multiplizieren Sie $e^{x^4 - x^2}$ mit der Ableitung des Exponenten $x^4 - x^2$.

$v(x) = x^4 - x^2 \qquad v'(x) = 4x^3 - 2x$
$f'(x) = v'(x) \cdot e^{v(x)} = (4x^3 - 2x) \cdot e^{x^4 - x^2}$

Aufgaben

5. Übertragen Sie die Tabelle in Ihr Heft und vervollständigen Sie sie.

$f(x) = u(v(x))$	$v(x)$	$u(x)$	$v'(x)$	$u'(x)$	$f'(x) = u'(v(x)) \cdot v'(x)$
$(4x^4 - 2)^3$	$4x^4 - 2$	x^3	$16x^3$	$3x^2$	$3(4x^4 - 2)^2 \cdot 16x^3$
$(-7x^3 + 5)^4$					
$\sqrt{2x^5 - 4x}$					
$e^{-x^3 + 2x^2}$					

6. Geben Sie die äußere und die innere Funktion an und bestimmen Sie die Ableitung.
a) $f(x) = 2e^{\sqrt{x}}$ b) $f(x) = \sqrt{3x + x^4}$ c) $f(x) = (x^3 + x^2 + x)^4$
d) $f(t) = e^{4t^6 - 5t^4 + t - 2}$ e) $f(x) = \sqrt{e^x}$ f) $f(x) = 5\sqrt{2 - 3x^4}$

7. Die Funktion f mit $f(x) = (x^4 + x^2)^3$ soll abgeleitet werden.
Beschreiben Sie, welche Fehler in den Beispielen gemacht wurden und korrigieren Sie sie.

① $f'(x) = 3(x^4 + x^2)^2$ ② $f'(x) = 3(4x^3 + 2x)^2$ ③ $f'(x) = 3(x^4 + x^2)^2 \cdot 4x^3 + 2x$

8. Bestimmen Sie die Ableitung und vereinfachen Sie das Ergebnis.
a) $f(x) = (3x^4 - x)^5$ b) $f(x) = \sqrt{3 - 2x^3}$ c) $f(t) = \sqrt{2e^t + 1}$
d) $f(x) = \left(\frac{1}{2}x^3 - 2x^2 + 5x\right)^3$ e) $f(x) = \left(5x^2 - 3\sqrt{x}\right)^4$ f) $f(x) = \left(7 - \sqrt{x}\right)^3$

9. Bestimmen Sie Funktionen u und v so, dass $f(x) = u(v(x))$ gilt. Geben Sie jeweils zwei verschiedene Möglichkeiten dafür an. Bestimmen Sie auch die Ableitung von f.
a) $f(x) = \frac{7}{x^2 + 3}$ b) $f(x) = \frac{7}{x^2} + 3$ c) $f(x) = \sqrt[3]{x^2 + 5}$
d) $f(x) = \sqrt[3]{x^2} + 5$ e) $f(x) = (3e^{7x} + 7x)^2$ f) $f(x) = \frac{3}{2e^x} + 1$

10. Lineare und quadratische Kettenregel: Gegeben sei eine Funktion f und a, b, c $\in \mathbb{R}$.
Weisen Sie die Behauptungen mithilfe der allgemeinen Kettenregel nach.
a) Für die Funktion g mit $g(x) = f(ax + b)$ gilt: $g'(x) = a \cdot f'(ax + b)$
b) Für die Funktion h mit $h(x) = f(ax^2 + bx + c)$ gilt: $h'(x) = (2ax + b) \cdot f'(ax^2 + bx + c)$

● **11.** a) Gegeben sei eine Funktion k. Zeigen Sie mithilfe der Kettenregel, dass die Funktion f mit $f(x) = \frac{1}{k(x)}$ die Ableitung $f'(x) = -\frac{k'(x)}{(k(x))^2}$ hat.
b) Bestimmen Sie mithilfe der Formel aus a) die Ableitung der Funktion f.
① $f(x) = \frac{1}{2x^4 - 4x}$ ② $f(x) = \frac{1}{\sqrt{x}}$ ③ $f(x) = \frac{1}{e^x + x^2}$

12. Bestimmen Sie die Gleichungen der Tangente an den Graphen der Funktion f und der zugehörigen Normalen an der Stelle x_0.
a) $f(x) = \sqrt{x^3 + 3}$ $x_0 = 1$ b) $f(x) = 2e^{8x^3 + 3x}$ $x_0 = 0$
c) $f(x) = e^{-x^3}$ $x_0 = -1$ d) $f(x) = \left(\frac{1}{8}x^2 + \frac{1}{2}x\right)^2$ $x_0 = -2$

● **13.** a) Zeigen Sie, dass für Funktionen f mit $f(x) = u(v(w(x)))$ gilt:
$f'(x) = u'(v(w(x))) \cdot v'(w(x)) \cdot w'(x)$
b) Bestimmen Sie mit der Formel aus a) die Ableitung der Funktion f.
① $f(x) = e^{\sqrt{x^3 + 1}}$ ② $f(x) = \sqrt{(e^{x+1})^2 - 4}$ ③ $f(x) = \left(\sqrt{e^{2x}} + 1\right)^3$

4.3 Natürlicher Logarithmus

■ Abgebildet sind die Funktionsgraphen von f und g mit $f(x) = e^x$ und $g(x) = 3$.

a) Berechnen Sie die Lösungen der Gleichungen $2^x = 3$ und $3^x = 3$.

b) Bestimmen Sie durch Probieren eine Lösung der Gleichung $e^x = 3$. Bewerten Sie die Lösung mithilfe der Grafik. ■

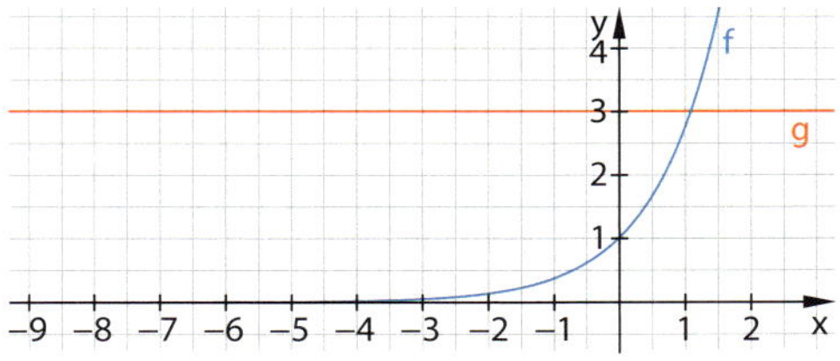

Das Logarithmieren mit der Basis b kehrt das Potenzieren mit der Basis b um.

Gleichung: $10^x = 1000$
Lösung: $x = \log_{10}(1000) = 3$

Auch zur Basis e gibt es einen Logarithmus, der das Potenzieren mit der Basis e umkehrt.

Gleichung: $e^x = 8$
Lösung: $x = \log_e(8) \approx 2{,}08$

Wissen: Der natürliche Logarithmus
Der **natürliche Logarithmus** ist der Logarithmus zur Basis e. Für $\log_e(a)$ mit $a > 0$ schreibt man $\ln(a)$. Dabei gibt $x = \ln(a)$ die Lösung der Gleichung $e^x = a$ an.
Das Anwenden des natürlichen Logarithmus kehrt das Potenzieren mit der Basis e um.
Es gilt $e^{\ln(a)} = a$ und $\ln(e^a) = a$.

Hinweis:
ln steht für logarithmus naturalis. Wichtige Eigenschaften sind:
$\ln(e) = 1$
$\ln(1) = 0$
$\ln(x)$ ist nicht definiert für $x \le 0$.

Aus den Potenzgesetzen folgen die **Rechenregeln** für den ln. Für alle $a, c, r \in \mathbb{R}$ mit $a, c > 0$ gilt:

① $\ln(a \cdot c) = \ln(a) + \ln(c)$ ② $\ln\left(\frac{a}{c}\right) = \ln(a) - \ln(c)$ ③ $\ln(a^r) = r \cdot \ln(a)$

Beispiel 1: Vereinfachen Sie. a) $\ln\left(\frac{1}{e}\right)$ b) $e^{2 \cdot \ln(6)}$ c) $\ln\left(\sqrt{e} \cdot e^x\right)$

Lösung:

a) Wenden Sie das Logarithmusgesetz für Brüche an. $\ln(e)$ ist die Lösung zu $e^x = e$.

$\ln\left(\frac{1}{e}\right) = \ln(1) - \ln(e)$
$= 0 - 1 = -1$

b) Wenden Sie das Potenzgesetz für Produkte und $e^{\ln(a)} = a$ an.

$e^{2 \cdot \ln(6)} = \left(e^{\ln(6)}\right)^2 = 6^2 = 36$

c) Wenden Sie das Logarithmusgesetz für Produkte an. Schreiben Sie die Wurzel als Potenz. ln und e heben sich gegenseitig auf.

$\ln\left(\sqrt{e} \cdot e^x\right) = \ln\left(\sqrt{e}\right) + \ln(e^x)$
$= \ln\left(e^{\frac{1}{2}}\right) + \ln(e^x)$
$= \frac{1}{2} + x$

Basisaufgaben

1. Schreiben Sie mithilfe des natürlichen Logarithmus. Beispiel: $e^3 \approx 20{,}1$ $\ln(20{,}1) \approx 3$

a) $e^1 \approx 2{,}718$ b) $e^0 = 1$ c) $e^{-1} \approx 0{,}37$ d) $0{,}82 \approx e^{-0{,}2}$ e) $e^{\frac{3}{4}} \approx 2{,}12$

2. Entscheiden Sie begründet, ob der Term definiert ist. Falls ja, berechnen Sie den Wert mit dem Taschenrechner.

a) $\ln(2)$ b) $\ln(0)$ c) $\ln(-1)$ d) $e^{3 \cdot \ln(0{,}5)}$ e) $\ln\left(\frac{\sqrt{e}}{e}\right)$

3. Vereinfachen Sie den Term.

a) $e^{\ln(1)}$ b) $\ln(e)$ c) $\ln(e^5)$ d) $e^{2 \cdot \ln(4)}$ e) $3e^{-\ln(2)}$

f) $\ln(e^2 \cdot e^3)$ g) $\ln\left(\frac{1}{e^2}\right)$ h) $\ln\left(\sqrt[3]{e}\right)$ i) $-2e^{\ln(3)+1}$ j) $-\ln\left(\frac{1}{5}\right)$

Lösungen zu 3:

8 1 −2 16 1,5 1 5 $\frac{1}{3}$ −6e 5 ln(5)

Basiswechsel – Exponentialfunktionen mit allgemeiner Basis ableiten

Um Exponentialfunktionen mit beliebigen Basen ableiten zu können, werden diese mit Potenzen zur Basis e beschrieben.

Man schreibt die Basis (hier 2) mithilfe des natürlichen Logarithmus und der e-Funktion um. Anschließend wendet man das Gesetz für das Potenzieren von Potenzen an.

$$2^x = \left(e^{\ln(2)}\right)^x = e^{\ln(2)\cdot x} \qquad \left(\text{denn } 2 = e^{\ln(2)}\right)$$

Satz: Exponentialfunktionen mit Basis e darstellen
Jede Exponentialfunktion mit beliebiger Basis lässt sich als eine Exponentialfunktion mit der Basis e schreiben: $f(x) = b^x = e^{\ln(b)\cdot x}$

Wendet man die lineare Kettenregel auf die Darstellung mit der Basis e an, so ergibt sich eine Ableitungsregel für Exponentialfunktionen mit beliebiger Basis.

$$f(x) = b^x = e^{\ln(b)\cdot x}$$
$$f'(x) = \ln(b)\cdot e^{\ln(b)\cdot x} = \ln(b)\cdot b^x$$

Satz: Ableitung der Funktion f mit $f(x) = b^x$
Die Funktion f mit $f(x) = b^x$ und $b \in \mathbb{R}$, $b > 0$ hat die Ableitung $f'(x) = \ln(b)\cdot b^x$.

Beispiel 2: Gegeben ist die Funktion f mit $f(x) = 3\cdot 5^x$
a) Bestimmen Sie die Ableitung der Funktion f.
b) Stellen Sie die Funktionsgleichung von f mit der Basis e dar.
c) Bestimmen Sie die Ableitung von f mit der Darstellung aus b) und überprüfen Sie das Ergebnis von a).

Lösung:
a) Schreiben Sie den Term ab und multiplizieren Sie ihn mit dem ln der Basis.

$$f(x) = 3\cdot 5^x$$
$$f'(x) = \ln(5)\cdot 3\cdot 5^x \approx 4{,}83\cdot 5^x$$

b) Ersetzen Sie 5 durch $e^{\ln(5)}$ und wenden Sie das Potenzgesetz an.

$$f(x) = 3\cdot\left(e^{\ln(5)}\right)^x = 3\cdot e^{\ln(5)\cdot x}$$

c) Wenden Sie die lineare Kettenregel an. ln(5) wird als Faktor vorgezogen. Mit b) ergibt sich die Ableitung aus a).

$$f'(x) = \ln(5)\cdot 3\cdot e^{\ln(5)\cdot x} = \underbrace{\ln(5)\cdot 3}_{\approx 4{,}83}\cdot 5^x$$

Basisaufgaben

4. Bestimmen Sie die Ableitung der Funktion.
a) $f(x) = 2^x$ b) $f(x) = -3^x$ c) $f(x) = -0{,}5^x$ d) $f(x) = -4\cdot 3{,}2^x$
e) $f(x) = \left(\frac{1}{2}\right)^x$ f) $f(x) = 4\cdot\left(\frac{1}{3}\right)^x$ g) $f(x) = \frac{1}{7}\cdot 3^x + 13$ h) $f(x) = -\frac{6}{5}\cdot 0{,}25^x$

5. Schreiben Sie die Exponentialfunktion als Funktion mit der Basis e. Leiten Sie sie anschließend mithilfe der linearen Kettenregel ab.
a) $f(x) = 2^x$ b) $f(x) = 2\cdot 6^x$ c) $f(x) = 3^{2x}$ d) $f(x) = 1{,}5\cdot 2^{4x-3}$

6. Gegeben ist die Exponentialfunktion f mit $f(x) = 2{,}5^x$. Bestimmen Sie die Gleichung der Tangente an den Graphen von f an der gegebenen Stelle bzw. im gegebenen Punkt.
a) $x = -4$ b) $P(1\,|\,2{,}5)$ c) $Q(4\,|\,f(4))$ d) $R(-2\,|\,f(-2))$

Exponentialgleichung

Um die nebenstehende Exponentialgleichung zu lösen, wendet man zuerst auf beiden Seiten den natürlichen Logarithmus an. Anschließend lässt sich die Gleichung nach x umstellen.

$$\begin{aligned} e^{2x} &= 5 \quad &&|\ln \\ \ln(e^{2x}) &= \ln(5) \\ 2x &= \ln(5) \quad &&|:2 \\ x &= \frac{\ln(5)}{2} \approx 0{,}8 \end{aligned}$$

Beispiel 3: Lösen Sie die Gleichung.

a) $2e^{3x-2} - 4 = 6$ b) $e^{2x}(x^2 - 4) = 0$ c) $xe^{-x} + e^{-x} = 0$

Lösung:

a) Stellen Sie die Gleichung nach dem Exponentialterm um. Wenden Sie auf beiden Seiten den natürlichen Logarithmus an und lösen Sie nach x auf.

$$\begin{aligned} 2e^{3x-2} - 4 &= 6 \quad &&|+4 \quad |:2 \\ e^{3x-2} &= 5 \quad &&|\ln \\ 3x - 2 &= \ln(5) \quad &&|+2 \quad |:3 \end{aligned}$$

Lösung: $x = \frac{\ln(5) + 2}{3} \approx 1{,}2$

b) Setzen Sie jeden Faktor einzeln gleich 0. Für $e^{2x} = 0$ gibt es keine Lösung. Der Graph der e-Funktion nähert sich der x-Achse an, berührt diese aber nie. Die Gleichung $x^2 - 4 = 0$ liefert zwei Lösungen.

$e^{2x}(x^2 - 4) = 0$

$e^{2x} = 0$ hat keine Lösung

$$\begin{aligned} x^2 - 4 &= 0 \quad &&|+4 \\ x^2 &= 4 \quad &&|\sqrt{\ } \end{aligned}$$

Lösungen: $x_1 = 2,\ x_2 = -2$

Erinnerung:
Regel vom Nullprodukt: Ein Produkt ist genau dann 0, wenn einer der Faktoren 0 ist.

c) Klammern Sie den Exponentialterm aus. Setzen Sie jeden Faktor gleich 0. Für $e^{-x} = 0$ gibt es keine Lösung. Die Gleichung $x + 1 = 0$ liefert eine Lösung.

$$\begin{aligned} xe^{-x} + e^{-x} &= 0 \\ e^{-x}(x + 1) &= 0 \quad &&|e^{-x} \neq 0 \\ x + 1 &= 0 \quad &&|-1 \end{aligned}$$

Lösung: $x = -1$

Basisaufgaben

7. Lösen Sie die Gleichung. Geben Sie die Lösung mithilfe des ln an.

a) $e^x = 7$ b) $4e^x = 8$ c) $2e^x - 6 = 0$ d) $3e^t - 8 = 4$
e) $4e^{-x} - 2 = 2$ f) $e^{2x-4} = 5$ g) $3e^{2x-7} = 6$ h) $3e^{4x-5} - 3 = 6$
i) $5e^{3x+2} - 5 = 10$ j) $11e^{-8x+4} = 22$ k) $e^8 + e^x = 142$ l) $e^4 \cdot e^x = e^8$

8. Entscheiden Sie, ob die Exponentialgleichung lösbar ist.

a) $5e^{5x} - 2 = 0$ b) $6e^{4x} = -3$ c) $-3e^{2x} = -10$ d) $(10e^{-5x} + 10) = 0$

9. Lösen Sie die Gleichung mit der Regel vom Nullprodukt. Klammern Sie aus, falls nötig.

a) $xe^x = 0$ b) $e^{3x}(x^2 - 9) = 0$ c) $e^{-2x}(x^3 + 1) = 0$ d) $-2(e^{2x} - 6)x^3 = 0$
e) $x^2(5 - e^{3x}) = 0$ f) $xe^x - e^x = 0$ g) $x - xe^x = 0$ h) $4e^{-3x} - x^2e^{-3x} = 0$

Lösungen zu 9:
2; −1; 3; 0; $\frac{\ln(5)}{3}$; −3; 0; ln(4); $\frac{\ln(6)}{2}$; 1; −2; 0; 0

10. Bestimmen Sie die Lösungsmenge der Gleichung.

a) $e^{x-4} = e^{2x}$ b) $e^{2x} + 3e^{2x} = 12$ c) $5e^{-3x} = 3e^{-3x} + 8$ d) $(e^{2x} - 1)(x^4 - 1) = 0$
e) $-e^{-x-1} + 2 = 0$ f) $4e^{-x} + 2 = -2$ g) $3e^{2x-7} = -3e^{2x-7}$ h) $2e^{5x-3} = e^{5x-3} + 4$

11. Geben Sie eine Exponentialgleichung an, die

a) keine Lösung hat, b) (genau) eine Lösung hat, c) drei Lösungen hat.

12. Ordnen Sie die Gleichungen den Lösungen zu, ohne schriftlich zu rechnen.

① $e^x = e$ ② $-3e^x = 0$ ③ $x \cdot e^{4x} = 0$

(A) keine Lösung (B) $x = 0$ (C) $x = 1$

Weiterführende Aufgaben

13. Bestimmen Sie, für welche x die Ungleichung gilt. Schätzen Sie zunächst.
a) $e^x > 1\,000\,000$ b) $e^x < \frac{1}{1\,000\,000}$

14. Auf der Karte rechts sehen Sie den Nachweis einer Rechenregel für den Logarithmus.
a) Beschreiben Sie das Vorgehen.
b) Weisen Sie nun auf ähnliche Weise die zwei anderen Regeln $\ln\left(\frac{a}{b}\right) = \ln(a) - \ln(b)$ und $\ln(a^r) = r \cdot \ln(a)$ nach.

$$\ln(a \cdot b) = \ln\left(e^{\ln(a)} \cdot e^{\ln(b)}\right) = \ln\left(e^{\ln(a) + \ln(b)}\right) = \ln(a) + \ln(b)$$

15. Bestätigen Sie mithilfe der Ableitungsformel $f'(x) = \ln(b) \cdot b^x$ für $f(x) = b^x$, dass für die Ableitung von $f(x) = e^x$ gilt: $f'(x) = e^x$. Überprüfen Sie außerdem, ob es andere Exponentialfunktionen der Form $f(x) = b^x$ gibt, die abgeleitet wieder sich selbst ergeben.

16. Exponentialgleichungen mit allgemeiner Basis:
a) Erläutern Sie, wie die Gleichung $2^x = 10$ rechts gelöst wird.
b) Lösen Sie ebenso die angegebene Gleichung.
① $3^x = 8$ ② $0{,}9^x = 0{,}5$ ③ $5 \cdot 2^t = 3$ ④ $1 = 4 - 6^{2x}$
c) Diskutieren Sie mögliche Wege, die Gleichung aus a) zu lösen.

$$2^x = 10$$
$$\ln(2^x) = \ln(10)$$
$$x \cdot \ln(2) = \ln(10)$$
$$x = \frac{\ln(10)}{\ln(2)} \approx 3{,}32$$

17. In Abschnitt 4.1 wurde für die Ableitung der Funktion f mit $f(x) = b^x$, $b > 0$, die Formel $f'(x) = f'(0) \cdot b^x$ angegeben.
a) Beweisen Sie, dass diese Formel mit der Formel $f'(x) = \ln(b) \cdot b^x$ identisch ist.
b) Geben Sie an, durch welche der beiden Ableitungsformeln man die Ableitung von $f(x) = b^x$ explizit angeben kann.

18. Stolperstelle: Erläutern Sie, an welchen Stellen Amira, Bruno und Carla Fehler gemacht haben, und korrigieren Sie diese.

Amira:
$\ln(e^3 \cdot e^x) = \ln(e^3) \cdot \ln(e^x)$
$= 3x$

Bruno:
$5 + e^x = 8 \quad | \ln$
$\ln(5) + \ln(e^x) = \ln(8) \quad | -\ln(5)$
$x = \ln(8) - \ln(5)$

Carla:
$f(x) = 5^x$
$f'(x) = x \cdot 5^{x-1}$

19. Substitution: Gesucht ist die Lösungsmenge der Gleichung $e^{4x} - 3e^{2x} - 4 = 0$.
a) Bringen Sie den Term auf der linken Seite in die Form $(e^u)^2 + be^u + c$
b) Substituieren Sie e^u mit z und ermitteln Sie mit der p-q-Formel alle Lösungen für z.
c) Beim Rücksubstituieren ergeben sich zwei Exponentialgleichungen der Form $e^{2x} = z_1$ und $e^{2x} = z_2$. Lösen Sie diese mit dem natürlichen Logarithmus nach x auf.
d) Schreiben Sie alle ermittelten Lösungen als Menge auf.

20. Bestimmen Sie die Lösungsmenge der Gleichung. Häufig ist eine Substitution hilfreich.
a) $e^{2x} - 9e^x + 20 = 0$ b) $-e^{2x} = 4e^x - 21$ c) $\sqrt{6e^{2x} - e^{4x}} = 3$
d) $(e^{4x} - 2)^2 = e^{8x}$ e) $\sqrt{e^{4x}} = -4e^x + 12$ f) $\ln(x - 2) = 5$
g) $-3 \cdot \ln(2x + 1) = 0$ h) $-3e^{6x} + 12e^x = 36e^x + 36$ i) $e^x \cdot e^{x+2} = e^6$

21. Gegeben ist die Funktion f mit $f(x) = e^{2x} - 5e^x + 6$.
a) Berechnen Sie die Nullstellen von f.
b) Bestimmen Sie die Koordinaten des Extrempunktes der Funktion.
c) Skizzieren Sie den Graphen der Funktion f.

22. Der Landeanflug eines Flugzeugs wird annähernd durch den Graphen der Funktion f mit $f(x) = 10 \cdot e^{-0{,}02x} - a$ beschrieben (x und f(x) in 100 m).

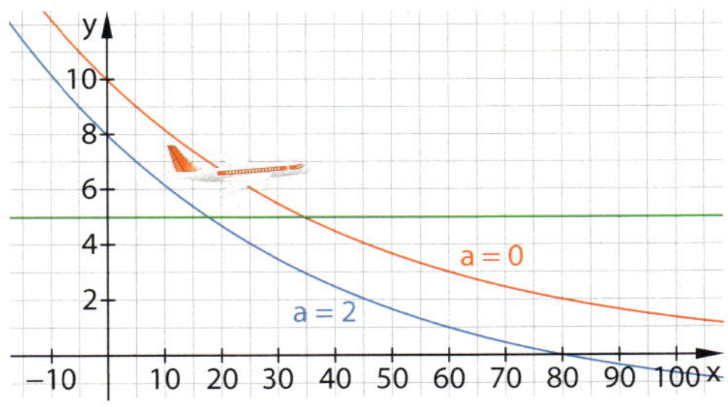

a) Spätestens beim Erreichen der Höhe von 500 m muss das Fahrwerk ausgefahren werden. Geben Sie für a = 0 die Koordinaten des Punktes an, an dem dies geschehen muss.

b) Der ideale Landewinkel eines Flugzeugs beträgt 3° zum Boden. Bestimmen Sie die Stelle, an der das Flugzeug demnach den Boden berühren sollte.

c) Bestimmen Sie a so, dass das Flugzeug an der in b) ermittelten Stelle landet.

23. Ein Superheld und sein Erzrivale liefern sich ein finales Duell. Der Held fliegt von einem Dach herunter und feuert an der günstigsten Stelle seine Betäubungswaffe ab. Die Flugbahn des Helden kann durch den Graphen der Funktion f mit $f(x) = 30e^{-0{,}1x} + 52$ beschrieben werden. Der Schurke befindet sich im Punkt P(30 | 52).

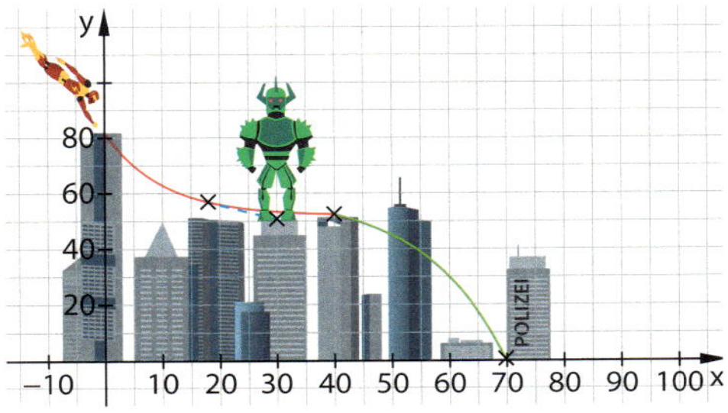

a) Das Projektil der Waffe wird entlang der Flugrichtung des Helden abgefeuert und fliegt geradlinig weiter. Stellen Sie zum Weg des Projektils eine Funktionsgleichung auf.

b) Zeigen Sie, dass der Held seine Waffe in einer Höhe von 56,06 m betätigen sollte.

c) Der Schurke konnte dem Schuss ausweichen. Der Held kann den Schurken jedoch im Flug fangen und landet mit ihm auf einer Turmspitze im Punkt Q(40 | 52,55). Von dort fliegen beide ins Polizeirevier im Punkt R(70 | 0). Bestimmen Sie eine Funktionsgleichung vom Typ $g(x) = a \cdot b^x + 60$, die den Weg beschreibt.

Erinnerung:
Tangente an den Graphen von f an der Stelle u:
$t(x) = f'(u) \cdot (x - u) + f(u)$

24. E-Coli Bakterien teilen sich unter optimalen Bedingungen alle 20 Minuten. In einer Bakterienkultur befinden sich zu Beginn 100 Bakterien.

a) Stellen Sie eine Funktionsgleichung auf, die die Anzahl der Bakterien t Stunden nach Beobachtungsbeginn modelliert.

b) Weisen Sie nach, dass auch die Funktion g mit $g(t) = 100 \cdot e^{\ln(8) \cdot t}$ die Anzahl der Bakterien t Stunden nach Beobachtungsbeginn modelliert.

c) Ermitteln Sie rechnerisch den Zeitpunkt seit Beobachtungsbeginn, an dem die Bakterienkultur aus 100 000 000 Bakterien besteht.

25. Ausblick: Da die Funktionswerte bei Exponentialfunktionen schnell wachsen, werden zur Darstellung auch Koordinatensystemen mit logarithmischer Skalierung verwendet. In der Abbildung weist die y-Achse eine logarithmische Skalierung auf. Bei dieser besonderen Skalierung entspricht der Wert k bei der normalen Skalierung dem Wert 10^k in der logarithmischen Skalierung.

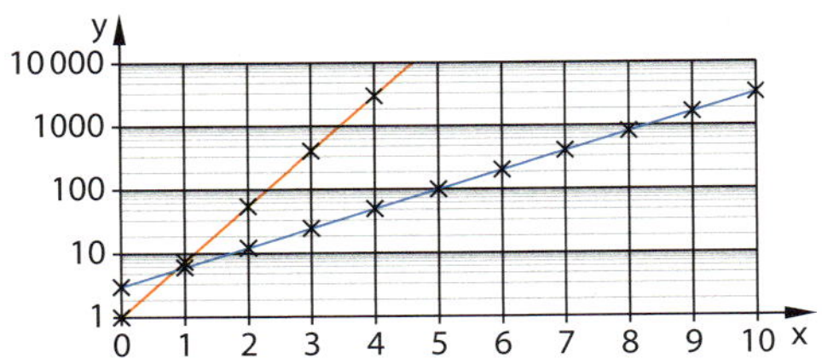

Hinweis zu 25:
1 in der normalen Skalierung entspricht $10^1 = 10$; 2 entspricht $10^2 = 100$; 3 entspricht $10^3 = 1000$ usw.

a) Bestimmen Sie jeweils die Funktion f mit $f(x) = c \cdot a^x$ zu den abgebildeten Graphen.

b) Begründen Sie, dass jede Funktion der Form $f(x) = c \cdot a^x$ als Gerade in einem Koordinatensystem mit logarithmisch skalierter y-Achse dargestellt wird.

4.4 Exponentielles Wachstum

■ Die Karten ① bis ⑨ beschreiben drei verschiedene Wachstumsprozesse auf unterschiedliche Weisen. Finden Sie die zueinander passenden Beschreibungen und erklären Sie Ihre Zuordnungen. ■

① Eine Bakterienkultur mit 1000 Bakterien verdoppelt sich jede Woche.

② Ein Guthaben von 1000 € nimmt jedes Jahr um 2,5 % zu.

③ Eine Tierpopulation von 1000 Tieren vermehrt sich jedes Jahr um 25 %.

④ $f(t) = 1000 \cdot 2^t$

⑤ $f(t) = 1000 \cdot e^{0{,}0247 \cdot t}$

⑧ $f(t) = 1000 \cdot e^{0{,}223 \cdot t}$

⑥ $f(t) = 1000 \cdot e^{0{,}693 \cdot t}$

⑦ $f(t) = 1000 \cdot 1{,}25^t$

⑨ $f(t) = 1000 \cdot 1{,}025^t$

Viele Wachstumsvorgänge im Alltag lassen sich durch Exponentialfunktionen beschreiben. Dabei ist es auch möglich, den Wachstumsprozess zur Basis e zu beschreiben, da man auf diese Weise die Wachstumsgeschwindigkeiten einfacher berechnen, beschreiben und vergleichen kann.
Beim exponentiellen Wachstum nimmt der Bestand in gleichen Zeitabständen um den gleichen Faktor zu bzw. ab. Ein Insektenvolk mit 2 Mio. Insekten vermehrt sich beispielsweise jede Woche um 40 %, also um den Faktor 1,4.

Wachstumsfaktor: $b = 1{,}4$
Anfangsbestand: $a = f(0) = 2$
Wachstumsfunktion: $f(t) = 2 \cdot 1{,}4^t$

Übergang zu Basis e:
$$f(t) = 2 \cdot 1{,}4^t = 2 \cdot \left(e^{\ln(1{,}4)}\right)^t = 2 \cdot e^{\ln(1{,}4) \cdot t} \approx 2 \cdot e^{0{,}3365t}$$

t: Zeit in Wochen   f(t): Insektenzahl in Mio.

t	0	1	2	3	4
f(t)	2	2,8	3,92	5,49	7,68

·1,4 ·1,4 ·1,4 ·1,4

Allgemein ergibt sich für exponentielle Wachstumsprozesse mit dem Wachstumsfaktor b analog $f(t) = a \cdot b^t = a \cdot e^{k \cdot t}$. Aus $b = e^k$ folgt $k = \ln(b)$.

Eine besondere Eigenschaft von exponentiellem Wachstum ist die **Verdopplungszeit T_V**.
In jedem Zeitintervall der Länge T_V verdoppelt sich der Bestand, also auch im Intervall $[0; T_V]$.
Es gilt $f(T_V) = 2 \cdot f(0) = 2 \cdot a$. Mit $f(T_V) = a \cdot e^{k \cdot T_V} = 2a$ ergibt sich $T_V = \frac{\ln(2)}{k}$.

Hinweis:
Die Halbwertszeit T_H gibt an, wie lange es dauert, bis sich der Bestand halbiert hat.

Auch bei Vorgängen mit exponentieller Abnahme ($b < 1$ und $k = \ln(b) < 0$) spricht man von exponentiellem Wachstum, für die **Halbwertszeit** erhält man analog $T_H = \frac{\ln\left(\frac{1}{2}\right)}{k}$.

Wissen: Exponentielles Wachstum
Die Funktion f mit $f(t) = a \cdot e^{k \cdot t}$ und $k \neq 0$ beschreibt einen exponentiellen Wachstumsprozess eines Bestands. $a = f(0)$ ist der **Anfangsbestand** zum Zeitpunkt $t = 0$ und k die **Wachstumskonstante**.

exponentielle Zunahme: k > 0

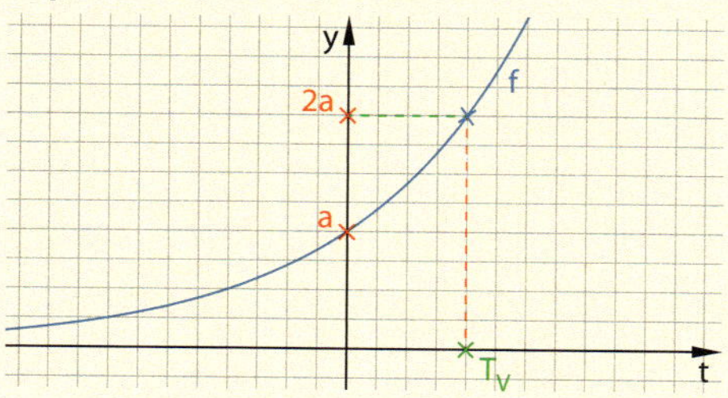

Verdopplungszeit: $T_V = \frac{\ln(2)}{k}$

exponentielle Abnahme: k < 0

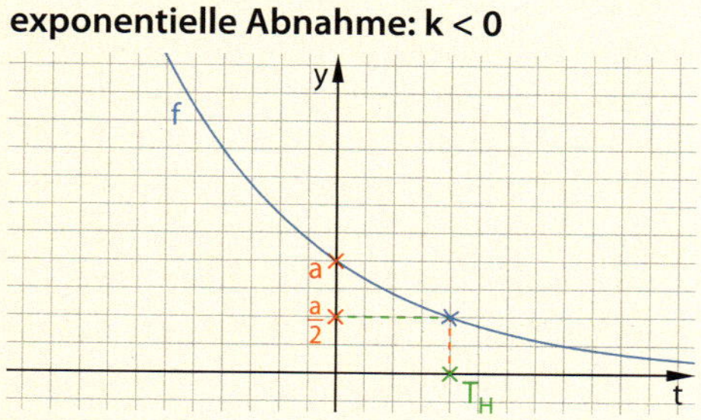

Halbwertszeit: $T_H = \frac{\ln\left(\frac{1}{2}\right)}{k}$

Hinweis:
Mit den Logarithmusgesetzen ergibt sich: $T_H = -\frac{\ln(2)}{k}$.

Beispiel 1: Werte bestimmen

Auf einer Insel leben 1000 Tiere, die sich exponentiell vermehren. Die Anzahl der Tiere in Abhängigkeit zur Zeit t in Jahren kann durch die Funktion f mit $f(t) = 1000 \cdot e^{0,14t}$ beschrieben werden.

a) Bestimmen Sie den Bestand nach 3 Jahren und nach 7 Monaten.
b) Bestimmen Sie den Zeitpunkt t, zu dem der Bestand von 5000 Tieren erreicht wird.
c) Berechnen Sie die Verdopplungszeit und erklären Sie die Bedeutung im Sachzusammenhang.

Lösung:

a) Setzen Sie die Zeiten in f(t) ein. Wandeln Sie 7 Monate in $\frac{7}{12}$ Jahre um.

$f(3) = 1000 \cdot e^{0,14 \cdot 3} \approx 1522$

$f\left(\frac{7}{12}\right) = 1000 \cdot e^{0,14 \cdot \frac{7}{12}} \approx 1085$

b) Setzen Sie in der Funktionsgleichung 5000 für f(t) ein und lösen Sie die Gleichung nach t auf.

$5000 = 1000 \cdot e^{0,14t} \quad | :1000$

$5 = e^{0,14t} \quad | \ln$

$\ln(5) = 0,14t \quad | :0,14$

$t = \frac{\ln(5)}{0,14} \approx 11,5$

Nach etwa 11,5 Jahren sind es 5000 Tiere.

c) Setzen Sie den Wachstumsfaktor k = 0,14 in die Formel für die Verdopplungszeit ein.

$T_V = \frac{\ln(2)}{k} = \frac{\ln(2)}{0,14} \approx 4,95$

Alle 4,95 Jahre verdoppelt sich die Anzahl der Tiere auf der Insel.

Beispiel 2: Wachstumsfunktion aufstellen

Einem Patienten werden 5 mg eines Medikaments verabreicht. Das Medikament wird vom Körper exponentiell abgebaut. Stellen Sie eine Funktionsgleichung mit der Basis e auf, die die Menge des Medikaments im Blut des Patienten beschreibt, wenn

a) die Menge des Medikamentes im Blut pro Stunde um 15 % abnimmt,
b) nach 2 Stunden noch 3,2 mg im Blut sind,
c) die Halbwertszeit 5 Stunden ist.

Lösung:

Allgemein gilt für eine exponentielle Abnahme $f(t) = a \cdot e^{k \cdot t}$ mit $k < 0$. Hier gibt t die Zeit in Stunden und f(t) die Menge in mg an. Für den Anfangsbestand gilt $a = f(0) = 5$.

a) Bestimmen Sie aus der prozentualen Abnahme den Wachstumsfaktor b und aus diesem die Wachstumskonstante k.

$b = 1 - \frac{15}{100} = 1 - 0,15 = 0,85$

$k = \ln(b) = \ln(0,85) \approx -0,163$

Einsetzen der Werte für a und k ergibt:

$f(t) = 5e^{-0,163t}$

b) Setzen Sie die Angaben t = 2 und f(t) = 3,2 und den Anfangsbestand a = 5 in die allgemeine Funktionsgleichung ein. Lösen Sie die Gleichung nach k auf.

$3,2 = 5 \cdot e^{k \cdot 2} \quad | :5$

$0,64 = e^{k \cdot 2} \quad | \ln$

$\ln(0,64) = k \cdot 2 \quad | :2$

$k = \frac{\ln(0,64)}{2} \approx -0,223$

$f(t) = 5e^{-0,223t}$

c) Setzen Sie die Halbwertszeit $T_H = 5$ in die Formel für die Halbwertszeit $T_H = \frac{\ln\left(\frac{1}{2}\right)}{k}$ ein. Lösen Sie die Gleichung nach k auf.

Aus $5 = \frac{\ln\left(\frac{1}{2}\right)}{k}$ folgt $k = \frac{\ln\left(\frac{1}{2}\right)}{5} \approx -0,139$

$f(t) = 5e^{-0,139t}$

Erinnerung:
Der Wachstumsfaktor b ergibt sich aus der **prozentualen Wachstumsrate** r %:
$b = 1 + \frac{r}{100}$

Basisaufgaben

1. Entscheiden Sie, ob eine exponentielle Zu- oder Abnahme vorliegt. Geben Sie den Anfangsbestand an und berechnen Sie den Bestand zum gegebenen Zeitpunkt t.

a) $f(t) = 3 \cdot e^{0{,}65 \cdot t}$; $t = 4$
b) $f(t) = 25 \cdot e^{-0{,}2 \cdot t}$; $t = 3{,}5$
c) $f(t) = 4 \cdot t^{2{,}7}$; $t = 3$
d) $f(t) = 2{,}7 \cdot e^{1{,}2 \cdot t}$; $t = 0{,}5$

2. a) Ordnen Sie den Wachstumsfunktionen f, g, h und i die Graphen ①–④ zu.

$f(t) = 2 \cdot e^{0{,}087 \cdot t}$ $g(t) = 2 \cdot e^{-0{,}231 \cdot t}$

$h(t) = 2 \cdot e^{-0{,}116 \cdot t}$ $i(t) = 2 \cdot e^{0{,}139 \cdot t}$

b) Lesen Sie zu den Wachstumsfunktionen aus a) die Verdopplungs- bzw. die Halbwertszeit aus dem Graphen ab. Berechnen Sie die Werte und vergleichen Sie.

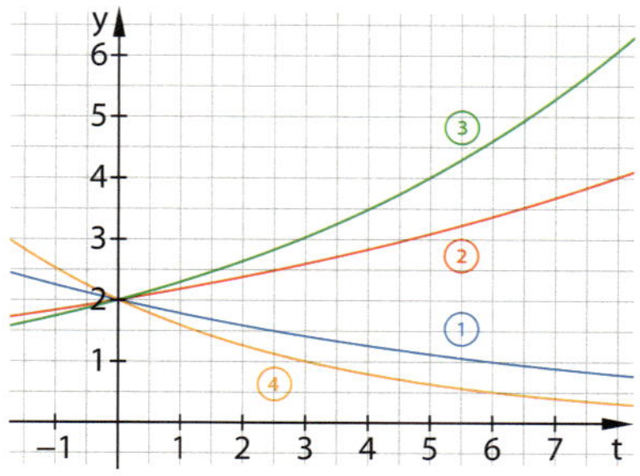

3. Ein Patient erhält 7,5 mg eines Narkosemittels, von dem stündlich 14 % abgebaut werden.
a) Bestimmen Sie eine Funktion f mit $f(t) = a \cdot e^{k \cdot t}$, welche die Menge des Narkosemittels im Blut nach t Stunden beschreibt.
b) Bestimmen Sie die Menge des Mittels im Blut nach 5 Stunden und nach 40 Minuten.
c) Bestimmen Sie den Zeitpunkt t, zu dem die Menge an Narkosemittel unter 1 mg fällt.
d) Berechnen Sie die Halbwertszeit und deuten Sie diese im Sachzusammenhang.

4. In einem großen Garten sind 1,5 m² Unkraut. Der Gärtner geht von einer exponentiellen Ausbreitung aus. 10 Tage später sind es bereits 2 m².
a) Stellen Sie die Ausbreitung des Unkrauts mit einer Funktionsgleichung der Form $f(t) = a \cdot e^{k \cdot t}$ dar.

b) Bestimmen Sie die Größe der von Unkraut bewachsenen Fläche nach 14 Tagen.
c) Berechnen Sie, nach wie vielen Tagen 3 m² von Unkraut bewachsen sein werden.
d) Bestimmen Sie die Verdopplungszeit und deuten Sie diese im Sachzusammenhang.

Hinweis:
r > 0: exponentielle Zunahme
r < 0: exponentielle Abnahme

5. Exponentielles Wachstum lässt sich durch die prozentuale Änderung in einer Zeiteinheit, durch den Wachstumsfaktor oder durch die Wachstumskonstante beschreiben. Vervollständigen Sie die Tabelle.

prozentuale Wachstumsrate r %	25 %	10 %	−3 %		
Wachstumsfaktor $b = 1 + \frac{r}{100}$	1,25			1,02	
Wachstumskonstante $k = \ln(b)$	0,223				−0,693

6. Beschreiben Sie den exponentiellen Wachstumsprozess durch eine Funktionsgleichung mit der Basis e.

a) Zu Beginn sind es 100 Zellen, die Anzahl verdreifacht sich jede Stunde

b) Eine Algenfläche von 5 m² vergrößert sich jeden Tag um 16 %.

c) Der Wert eines 20 000 € teuren Neuwagens sinkt jährlich um 20 %.

d) Anfangs 13 cm hoch, nach 22 Tagen 48 cm hoch

e) 4000 im Jahr 2010 und 500 im Jahr 2019

f) 1 Bakterie um 12 Uhr, Verdopplungszeit 3 Stunden

g) Zu Beginn sind es 200 mg, alle zwei Tage halbiert sich die Menge.

Wachstumsgeschwindigkeit

Betrachtet wird die exponentielle Ausbreitung einer Bakterienkultur, welche durch f mit $f(t) = 100e^{0,2t}$ beschrieben wird (t: Zeit in Wochen, f(t): Bestand in Mio.).

Die **Wachstumsgeschwindigkeit** gibt an, wie sich zu einem bestimmten Zeitpunkt die Bakterienzahl pro Zeit verändert. Sie entspricht der Änderungsrate f'.
Mithilfe der Kettenregel ergibt sich:
$f'(t) = 100 \cdot 0,2 \cdot e^{0,2t} = 20e^{0,2t}$

Zeit t in Wochen	0	1	2	3
Bestand f(t) in Mio.	100	122,1	149,2	182,2
Wachstumsgeschw. f'(t) in Mio./Woche	20	24,4	29,8	36,4

Wissen: Wachstumsgeschwindigkeit
Beschreibt die Funktion f mit $f(t) = a \cdot e^{k \cdot t}$ das exponentielle Wachstum eines Bestands, so gibt f'(t) die **Wachstumsgeschwindigkeit** zum Zeitpunkt t an.
Es gilt $f'(t) = a \cdot k \cdot e^{k \cdot t} = k \cdot f(t)$. Die Wachstumsgeschwindigkeit ist proportional zum Bestand und verhält sich somit auch exponentiell.

Hinweis:
Bei exponentieller Abnahme ($k < 0$) ist die Wachstumsgeschwindigkeit negativ. Ihr Betrag nimmt ebenfalls exponentiell ab.

Beispiel 3: Die Vermehrung einer Bakterienkultur lässt sich durch die Funktion f mit $f(t) = 50e^{0,15t}$ beschreiben (t: Zeit in Stunden, f(t): Anzahl der Bakterien in Tausend).
a) Bestimmen Sie die Wachstumsgeschwindigkeit nach 4 Stunden.
b) Ermitteln Sie den Zeitpunkt, zu dem der Bestand um 15 000 Bakterien pro Stunde wächst.
c) Bestimmen Sie die durchschnittliche Wachstumsgeschwindigkeit in den ersten 4 Stunden.

Lösung:
a) Bestimmen Sie die erste Ableitung f'(t) und setzen Sie den Zeitpunkt t = 4 ein. Beachten Sie, dass f(t) die Anzahl in Tausend angibt.

$f'(t) = 50 \cdot 0,15 \cdot e^{0,15t} = 7,5e^{0,15t}$
$f'(4) = 7,5 \cdot e^{0,15 \cdot 4} \approx 13,666$
Die Wachstumsgeschwindigkeit beträgt nach 4 Stunden etwa 13 666 Bakterien pro Stunde.

b) Setzen Sie die erste Ableitung f'(t) mit 15 gleich und lösen Sie die Gleichung nach t auf.

$15 = 7,5e^{0,15t} \quad |:7,5 \quad |\ln$
$\ln(2) = 0,15t \quad |:0,15$
$t = \frac{\ln(2)}{0,15} \approx 4,62$
Der Zeitpunkt ist nach etwa 4,62 Stunden.

c) Teilen Sie die Änderung der Bakterienanzahl durch den zugehörigen Zeitraum.

$\frac{f(4) - f(0)}{4 - 0} \approx \frac{91,106 - 50}{4} \approx 10,276$
Das Wachstum beträgt durchschnittlich etwa 10 276 Bakterien pro Stunde.

Basisaufgaben

7. Die Funktion f beschreibt einen Wachstumsprozess. Bestimmen Sie die Wachstumsgeschwindigkeit zum Zeitpunkt t.
a) $f(t) = 12e^{0,7 \cdot t}$ $t = 3$
b) $f(t) = 100e^{1,2 \cdot t}$ $t = 5,5$
c) $f(t) = 0,2e^{1,8 \cdot t}$ $t = 0,75$
d) $f(t) = e^{0,7 \cdot t}$ $t = 0$

Lösungen zu 7:
47,23
88 211,42
0,7
1,39
68,60

8. Der Bestand einer Pilzkultur in Millionen lässt sich durch die Funktion f mit $f(t) = 7,5e^{0,3t}$ beschreiben. Dabei gibt t die Zeit in Wochen an.
a) Bestimmen Sie die Wachstumsgeschwindigkeit nach fünf Wochen und nach drei Tagen.
b) Bestimmen Sie den Zeitpunkt, zu dem sich die Pilzkultur mit einer Geschwindigkeit von 10 Millionen Pilzen pro Woche ausbreitet.
c) Ermitteln Sie die durchschnittliche Wachstumsgeschwindigkeit in der ersten Woche.

Weiterführende Aufgaben

9. Beschreiben Sie Ihrem Nachbarn eine passende Sachsituation, in der die Funktion f einen exponentiellen Wachstumsprozess modelliert. Verwenden Sie dabei die Begriffe „prozentuale Wachstumsrate" und „Halbwerts- oder Verdopplungszeit".

a) $f(x) = 350 \cdot e^{-0{,}2x}$ b) $f(x) = 3{,}5 \cdot e^{0{,}2x}$

10. Die Verdopplungszeit T_V bei einem exponentiellen Wachstumsprozess gilt unabhängig vom Zeitpunkt.

a) Begründen Sie in diesem Zusammenhang die Gleichung $f(t + T_V) = 2 \cdot f(t)$.

b) Formulieren Sie eine analoge Gleichung für die Halbwertszeit T_H.

c) Begründen oder widerlegen Sie: Bei exponentiellem Wachstum haben der Wachstumsprozess und die zugehörige Wachstumsgeschwindigkeit die gleiche Verdopplungszeit.

11. Stolperstelle: Eine Pflanze ist zu Beginn 21 cm hoch. Sie wächst nach Zugabe eines besonderen Düngers um 10 % pro Tag. Hakim bestimmt die Verdopplungszeit und meint: *„In 5 Tagen beträgt die Zunahme 5 · 10 % = 50 %, also sind 5 Tage die Verdopplungszeit."* Erläutern Sie, welchen Fehler Hakim macht.

Hinweis zu 12:
Mit einem CAS kann das System mit nichtlinearen Gleichungen ① direkt gelöst werden.

12. Zu einem exponentiellen Wachstum sind Bestände $f(2) = 4{,}1$ und $f(6) = 30{,}1$ gegeben. Die Karten zeigen Tims Weg zur Bestimmung einer passenden Funktionsgleichung.

① $a \cdot e^{k \cdot 6} = 30{,}1$
$a \cdot e^{k \cdot 2} = 4{,}1$

② $e^{k \cdot 4} = \frac{30{,}1}{4{,}1} = 7{,}341$

③ $k = \frac{\ln(7{,}341)}{4} = 0{,}498$

④ $30{,}1 = a \cdot e^{0{,}498 \cdot 6}$
$a = 1{,}517$

⑤ $f(t) = 1{,}517 \cdot e^{0{,}498t}$

a) Bringen Sie Tims Rechenschritte in eine sinnvolle Reihenfolge und begründen Sie diese.

b) Zeynep geht anders vor: *„Als Ansatz wähle ich $f(t) = 4{,}1 \cdot e^{k \cdot (t-2)}$. Dann setze ich $t = 6$ und $f(t) = 30{,}1$ ein und löse nach k auf."* Zeigen Sie, dass auch Zeynep $k \approx 0{,}498$ erhält.

c) Zeigen Sie, dass die Funktionsgleichungen aus a) und b) äquivalent sind.

d) Bestimmen Sie mit der Methode von Zeynep und Tim jeweils eine exponentielle Wachstumsfunktion zu den Beständen $f(3) = 23{,}7$ und $f(6) = 225$ bzw. $f(1) = 4{,}9$ und $f(10) = 29{,}5$. Vergleichen Sie den Aufwand beider Methoden.

13. In lebenden Organismen ist der Anteil am radioaktiven Isotop C14 nahezu konstant. In toten Organismen wird der C14-Anteil mit einer Halbwertszeit von 5730 Jahren abgebaut.

a) Beim Fund der berühmten Alpen-Mumie Ötzi 1991 betrug der C14-Anteil 53,35 %. Bestimmen Sie näherungsweise das Jahr, in dem Ötzi starb.

b) Ermitteln Sie den Anteil an C14 in einem 1 Mio. Jahre alten Dinosaurierknochen.

14. In einem Tank mit 5000 Liter Wasser ist am Boden ein kleines Loch, sodass sich der Wassertank langsam leert.

t in Stunden	0	1	2	3	4
f(t) in Liter	5000	4748	4512	4291	4073

Die Tabelle zeigt das Volumen f im Wassertank innerhalb der ersten vier Stunden.

a) Bilden Sie Quotienten $\frac{f(t)}{f(t-1)}$ und zeigen Sie damit, dass das Volumen im Tank näherungsweise exponentiell abnimmt.

b) Bilden Sie den Durchschnitt aller Quotienten und erklären Sie seine Bedeutung im Sachzusammenhang. Bestimmen Sie mithilfe des Durchschnitts eine Wachstumsfunktion der Form $f(t) = a \cdot e^{k \cdot t}$. Runden Sie dabei k auf zwei Nachkommastellen.

c) Untersuchen Sie mithilfe von f, wie viel Wasser nach 10 Stunden noch im Tank ist, ab wann weniger als 1000 Liter im Tank sind und wann die Abnahmegeschwindigkeit des Wasservolumens im Tank unter 100 Liter/Stunde fällt.

15. Im „Internet der Dinge" gab es 2009 etwa 6,5 Milliarden mit dem Internet verbundene Geräte weltweit. Die Tabelle zeigt die Entwicklung in den folgenden Jahren bis zum Jahr 2020.

Jahr	2012	2014	2016	2018	2020
Geräte in Milliarden	8,7	14,2	22,9	34,8	50,1

a) Zeigen Sie, dass näherungsweise ein exponentielles Wachstum vorliegt, und stellen Sie eine passende Wachstumsfunktion auf.

CAS b) Führen Sie mithilfe des CAS eine exponentielle Regression durch und vergleichen Sie das Ergebnis mit a).

● **16.** In Smartphones sind oft Lithium-Ionen-Akkus verbaut. Die Akkus verlieren im Durchschnitt nach 2 Jahren die Hälfte ihrer Kapazität, wenn sie stets zu 100 % aufgeladen werden.

a) Ermitteln Sie eine Funktionsgleichung, die die zeitliche Veränderung der Kapazität eines Akkus beschreibt, wenn dieser stets voll aufgeladen wird.

b) Händler empfehlen, den Akku zu wechseln, wenn das Smartphone nur noch zu 30 % geladen werden kann. Bestimmen Sie, wann der Akku ausgetauscht werden sollte.

c) Um die Lebensdauer von Akkus zu verlängern, empfehlen einige Hersteller ein sogenanntes optimiertes Laden. Dabei wird das Handy bei jedem Ladevorgang nur teilweise aufgeladen. Dafür soll der Akku erst nach 3 Jahren die Hälfte seiner Kapazität eingebüßt haben. Der Akku eines gebrauchten Handys weist nur noch 80 % seiner ursprünglichen Kapazität auf und soll von nun an nur noch optimiert geladen werden. Entscheiden Sie begründet, welche der Funktionsgleichungen den Sachverhalt beschreibt.

① $g(t) = 80 \cdot e^{\frac{\ln(0,5)}{1095} \cdot t}$

② $g(t) = 100 \cdot e^{\frac{\ln(0,5)}{1095} \cdot t}$

③ $g(t) = 80 \cdot e^{-0,000633 \cdot t}$

d) Berechnen Sie, wann ein Akku, der immer vollständig aufgeladen wird, und der gebrauchte Akku aus c), der stets optimiert geladen wird, die gleiche Kapazität haben.

● **17.** Die drei Tragseile einer Hängebrücke werden durch die Funktionen f, g und h modelliert. Die Funktion f ist gegeben durch $f(x) = 0,4 \cdot e^{0,5x}$. Im Modell entspricht eine Einheit 100 Meter. Die beiden Stützpfeiler sind an den Punkten A(1,5 | 0) und B(8,5 | 0) befestigt. Der tiefste Punkt C des mittleren Tragseils befindet sich zwischen den beiden Stützpfeilern 50 Meter über dem Boden.

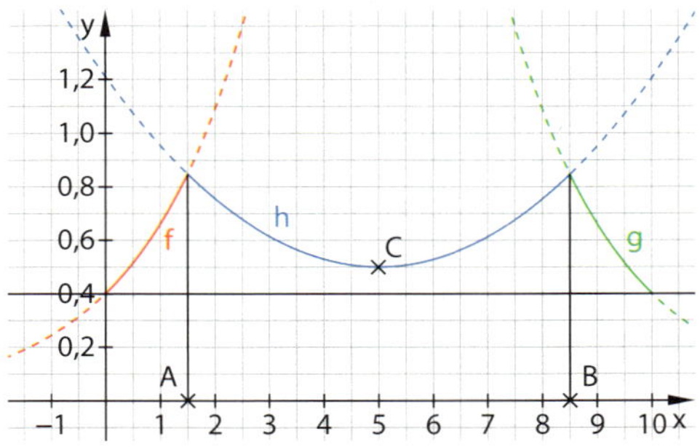

a) Es wird vorausgesetzt, dass die Brücke achsensymmetrisch ist. Beschreiben Sie, wie der Graph von g aus dem von f hervorgeht. Geben Sie eine Funktionsgleichung für g an.

b) Ermitteln Sie eine ganzrationale Funktion h zweiten Grades, deren Graph das mittlere Tragseil modelliert.

● **18. Ausblick:** Zwei Läusepopulationen mit 1000 Läusen verändern sich unterschiedlich. Pro Tag wächst die eine um 500 Läuse und die andere um 5 % ihres aktuellen Bestands.

a) Stellen Sie für beide Wachstumsprozesse eine passende Funktionsgleichung auf.

b) Prüfen Sie, welche der Funktionsgleichungen aus a) die Gleichung $f'(t) = k \cdot f(t)$ mit einer Konstanten k erfüllt. Geben Sie den passenden Wert für k an.

c) Untersuchen Sie, welcher Funktionstyp allgemein die Gleichung aus b) erfüllt.

Begrenztes Wachstum

■ Die Grafik zeigt den Absatz an Smartphones in Deutschland in den Jahren seit 2009.

a) Beschreiben Sie den Verlauf in eigenen Worten. Gehen Sie dabei insbesondere auf Unterschiede zu bisherigen Wachstumsmodellen ein.

b) Nennen Sie inhaltliche Gründe, warum sich der Absatz scheinbar einer Grenze annähert. ■

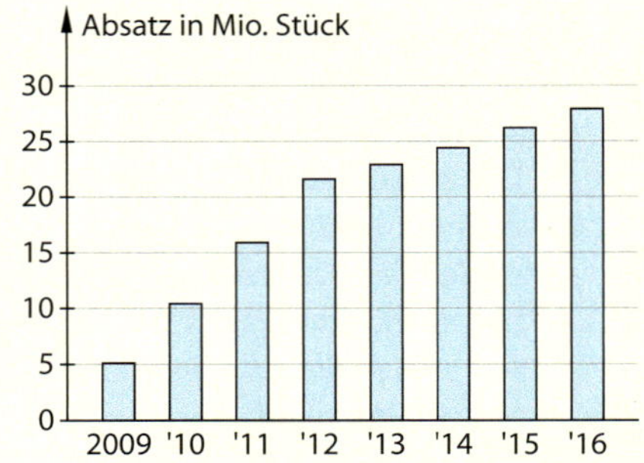

Viele Wachstumsprozesse sind nicht unbegrenzt. Vielmehr gibt es eine natürliche Grenze, welche nicht über- oder unterschritten werden kann. In solchen Fällen spricht man von einem **begrenzten Wachstum**.

Beispielsweise erwärmt sich 2 °C kalter Orangensaft bei einer Raumtemperatur von 21 °C zwar immer weiter, kann aber nicht wärmer als 21 °C werden.
Die Tabelle zeigt, dass die Differenz $d(t)$ zwischen der Raumtemperatur 21 °C und der Safttemperatur $f(t)$ zu Beginn 19 °C beträgt und sich dann in jeder Minute um den Faktor 0,87 ändert. Die Temperaturdifferenz nimmt also exponentiell ab.
Für die Temperaturdifferenz gilt:
$d(t) = 19 \cdot 0{,}87^t = 19 \cdot e^{\ln(0{,}87) \cdot t} \approx 19e^{-0{,}139t}$

Für die Safttemperatur folgt:
$f(t) = 21 - d(t) \approx 21 - 19e^{-0{,}139t}$

Die Safttemperatur nähert sich der **Grenze** von 21 °C beliebig dicht von unten an, ohne sie zu erreichen. Man sagt, sie nähert sich der Grenze **asymptotisch**.
Dabei wird die Wachstumsgeschwindigkeit immer geringer, sie strebt gegen 0.

Zeit t in min	0	1	2	3	4
Temperatur f(t) in °C	2	4,5	6,7	8,5	10,1
Differenz in °C d(t) = 21 − f(t)	19	16,5	14,3	12,5	10,9

· 0,87 · 0,87 · 0,87 · 0,87

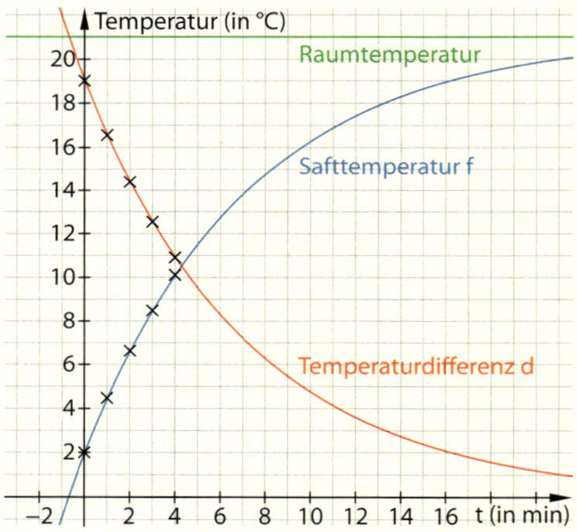

Beim begrenzten Wachstum nimmt die Differenz $d(t)$ zwischen der Grenze S und dem Bestand $f(t)$ exponentiell ab, sodass $d(t) = (S - f(0)) \cdot e^{-k \cdot t}$ mit $k > 0$ gilt.
Aus $d(t) = S - f(t)$ folgt für den Bestand $f(t) = S - d(t) = S - (S - f(0)) \cdot e^{-k \cdot t}$.

Wissen: Begrenztes Wachstum
Die Funktion f mit $f(t) = S - (S - a) \cdot e^{-k \cdot t}$ und $k > 0$ beschreibt einen begrenzten Wachstumsprozess eines Bestands.
$a = f(0)$ ist der **Anfangsbestand** zum Zeitpunkt $t = 0$. Der Graph von f nähert sich **asymptotisch** einer **Grenze** S an.
$a > S$: **begrenzte Abnahme** (Annäherung von oben)
$a < S$: **begrenzte Zunahme** (Annäherung von unten)

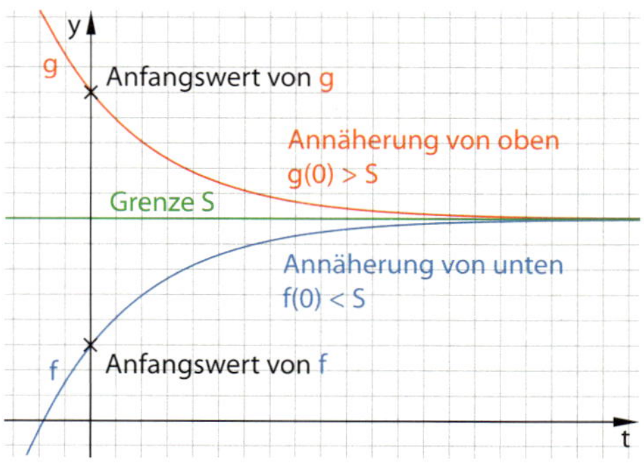

Beispiel 1: Werte bei Funktion zu begrenztem Wachstum bestimmen

Die Temperatur von Wasser in einem Glas in Abhängigkeit der Zeit t in Minuten lässt sich durch die Funktion f mit $f(t) = 35 - 20e^{-0{,}15t}$ beschreiben.

a) Geben Sie die Grenze und die Anfangstemperatur an.

b) Begründen Sie anhand des Funktionsterms, dass die Temperatur stets kleiner ist als die Grenze, sich aber asymptotisch der Grenze nähert.

c) Bestimmen Sie den Zeitpunkt, zu dem die Wassertemperatur 20 °C erreicht.

d) Bestimmen Sie den Zeitpunkt, an dem die Wachstumsgeschwindigkeit $0{,}75\,\frac{°C}{min}$ ist.

Lösung:

a) Die Grenze S und die Anfangstemperatur a ergeben sich durch einen Vergleich der allgemeinen mit der hier konkret vorgegebenen Funktionsgleichung.

$f(t) = S - (S - a) \cdot e^{-k \cdot t}$
$f(t) = 35 - 20 \cdot e^{-0{,}15 \cdot t}$ $\quad S = 35$
$20 = S - a = 35 - a$, also $a = 15$

Grenze der Temperatur: 35 °C
Anfangstemperatur: 15 °C

b) Der Ausdruck $d(t) = 20 \cdot e^{-0{,}15 \cdot t}$ beschreibt die Differenz zwischen der Grenze S und der Temperatur f(t). Die Differenz d(t) ist immer positiv und sie nimmt exponentiell ab.

$f(t) = \underbrace{35}_{\text{Grenze}} - \underbrace{20 \cdot e^{-0{,}15t}}_{\text{exponentiell abnehmende Differenz zur Grenze}}$

Da die Differenz d(t) von der Grenze S subtrahiert wird, ist die Temperatur f(t) stets kleiner als die Grenze. d(t) strebt für $t \to \infty$ gegen 0 und f(t) gegen S.

c) Setzen Sie in der Funktionsgleichung 20 für f(t) ein und lösen Sie die Gleichung nach t auf.

$20 = 35 - 20e^{-0{,}15t} \quad | -35 \quad | :(-20)$
$0{,}75 = e^{-0{,}15t} \quad | \ln \quad | :(-0{,}15)$
$t = \frac{\ln(0{,}75)}{-0{,}15} \approx 1{,}92$

Der Zeitpunkt ist etwa 1,92 min (1 min 55 s).

d) Bestimmen Sie für die Wachstumsgeschwindigkeit die erste Ableitung f′(t) und setzen Sie sie gleich 0,75. Lösen Sie die Gleichung nach t auf.

$f'(t) = -20 \cdot (-0{,}15) \cdot e^{-0{,}15} = 3e^{-0{,}15t}$

$0{,}75 = 3e^{-0{,}15t} \quad | :3$
$0{,}25 = e^{-0{,}15t} \quad | \ln \quad | :(-0{,}15)$
$t = \frac{\ln(0{,}25)}{-0{,}15} \approx 9{,}24$

Der Zeitpunkt ist etwa 9,24 min (9 min 14 s).

Beispiel 2: Funktion zu begrenztem Wachstum aufstellen

Ein heißes Mikrowellenessen kommt mit 85 °C aus der Mikrowelle. Im Raum herrschen 23 °C. Nach 5 Minuten ist das Essen noch 65 °C warm.
Stellen Sie eine Funktion auf, welche den Wachstumsprozess beschreibt.

Lösung:

Die Raumtemperatur liefert die Grenze S = 23 und die Anfangstemperatur a = 85. Wenn Sie die Werte S = 23 und a = 85 in die allgemeine Funktionsgleichung einsetzen, erhalten Sie $f(t) = 23 + 62 \cdot e^{-k \cdot t}$.
Setzen Sie in diese Gleichung die Angaben t = 5 und f(t) = 65 ein und lösen Sie die Gleichung nach k auf.

allgemein: $f(t) = S - (S - a) \cdot e^{-k \cdot t}$
t: Zeit in Minuten $\quad$ f(t): Temperatur in °C
$f(t) = 23 - (23 - 85) \cdot e^{-k \cdot t} = 23 + 62e^{-k \cdot t}$
$65 = 23 + 62e^{-k \cdot 5} \quad | -23 \quad | :62$
$\frac{21}{31} = e^{-k \cdot 5} \quad | \ln$
$\ln\left(\frac{21}{31}\right) = -k \cdot 5 \quad | :(-5)$
$k = \frac{\ln\left(\frac{21}{31}\right)}{-5} \approx 0{,}078$
$f(t) = 23 + 62e^{-0{,}078t}$

Aufgaben

1. Entscheiden Sie, ob die Gleichung eine begrenzte Zu- oder Abnahme beschreibt. Geben Sie die Grenze und den Anfangsbestand an. Berechnen Sie den Bestand zum angegebenen Zeitpunkt t.
   a) $f(t) = 10 - 4 \cdot e^{-0{,}5t}$; $t = 6$ b) $f(t) = 5 + 30e^{-0{,}06t}$; $t = 8$ c) $f(t) = 7 - (7-2)e^{-0{,}1t}$; $t = 1$

2. Ordnen Sie den Wachstumsfunktionen f, g, h und i die Graphen ①–④ zu.

   $f(t) = 20 + 10e^{-0{,}05t}$ $g(t) = 20 - 20e^{-0{,}05t}$
   $h(t) = 20 - 10e^{-0{,}05t}$ $i(t) = 20 + 20e^{-0{,}05t}$

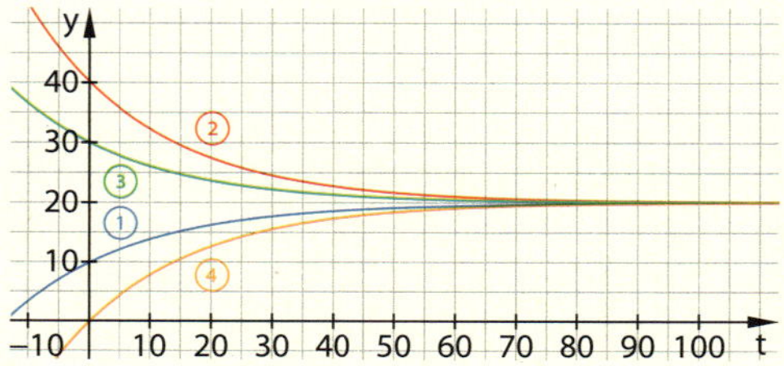

3. Die Funktion f mit $f(t) = 2000 - 1100e^{-0{,}1t}$ beschreibt den Tierbestand in einem Gebiet in Abhängigkeit von der Zeit t in Wochen.
   a) Geben Sie die Grenze und den Anfangsbestand dieses Wachstumsprozesses an und deuten Sie diese im Sachzusammenhang.
   b) Begründen Sie anhand des Funktionsterms, dass der Tierbestand stetig zunimmt und sich asymptotisch der Grenze nähert.
   c) Bestimmen Sie den Zeitpunkt t, an dem der Tierbestand
      ① über 1500 Tiere steigt, ② um 50 Tiere/Monat zunimmt.

4. Flüssigkeiten mit unterschiedlichen Anfangstemperaturen werden in einen Raum mit einer Temperatur von 25 °C gestellt. Bestimmen Sie eine Funktionsgleichung für die Flüssigkeitstemperatur in Abhängigkeit von der Zeit t in Minuten.
   ① Kaffee: Anfangstemperatur 85 °C, nach 3 Minuten 65 °C
   ② Milch: Anfangstemperatur 8 °C, nach 5 Minuten 19 °C
   ③ Saft: Anfangstemperatur 13 °C, nach 2 Minuten 22 °C

5. Eine Herde Wildpferde hat sich innerhalb von 5 Jahren von 200 auf 250 Tiere vergrößert. Da in der Natur kein unbegrenztes Wachstum möglich ist, soll angenommen werden, dass eine Anzahl von 1000 Tieren nie überschritten wird.
   Bestimmen Sie die Bestandsfunktion für die Anzahl der Tiere in der Herde.

   a) Geben Sie an, wie viele Tiere nach 10 (15) Jahren in der Herde zu erwarten sind.
   b) Geben Sie an, wann 95 % der Maximalanzahl erreicht sind.
   c) Berechnen Sie, wie schnell die Anzahl der Tiere nach 8 Jahren anwächst.

6. Eine Tasse Tee mit einer Temperatur von 95 °C kühlt bei einer Zimmertemperatur von 20 °C innerhalb einer Viertelstunde auf 45 °C ab.
   a) Bestimmen Sie eine Funktionsgleichung für eine Funktion f, die die Temperatur in Abhängigkeit von der Zeit t in Minuten beschreibt. Skizzieren Sie den Graphen von f.
   b) Berechnen Sie die Temperatur nach 5 Minuten, nach 10 Minuten, nach einer halben und nach einer Stunde.
   c) Untersuchen Sie, wie schnell die Temperatur nach 20 Minuten sinkt.
   d) Bestimmen Sie den Zeitpunkt, an dem die Temperatur sich um 1 °C/min verändert.

7. Tim und Maike sprechen über einen begrenzten Wachstumsprozess, der durch die Gleichung $f(t) = 20 + 7e^{-0{,}04t}$ beschrieben wird. Beschreiben und korrigieren Sie die Fehler von Tim und Maike.

Tim: „Die Grenze ist bei $S = 20$ und wird von unten angenähert, da der Anfangsbestand bei $a = 7$ ist.“	Maike: „Es handelt sich um eine begrenzte Abnahme. Für die Halbwertszeit ergibt sich $T_H = \frac{\ln(0{,}5)}{-0{,}04} \approx 17{,}33$.“

8. Ein Onlineshop bietet drei Bonussysteme für die Anzahl an Bestellungen an.

① 5 Punkte für jeden Einkauf	② 1 Punkt für den ersten Einkauf, 2 Punkte für den zweiten Einkauf, 3 Punkte für den dritten Einkauf, …	③ 0,1 Punkte für den ersten Einkauf, Verdopplung der Gesamtpunktzahl bei jedem weiteren Einkauf.

a) Begründen Sie, bei welchem Bonussystem für die Punktzahl P in Abhängigkeit von n Einkäufen $P(n) = \frac{n \cdot (n+1)}{2}$ gilt. Bestimmen Sie entsprechende Funktionsgleichungen für die anderen beiden Bonussysteme.

b) Bei einem alternativen Bonussystem berechnet sich die Gesamtpunktzahl nach n Einkäufen mit $P(n) = 64 \cdot \left(1 - \frac{1}{2^n}\right)$. Beschreiben Sie die Veränderung der Punktzahl in Abhängigkeit von der Anzahl der Einkäufe.

c) Begründen Sie, bei welchem der vier Bonussysteme lineares, exponentielles bzw. begrenztes Wachstum vorliegt. Geben Sie im letzten Fall auch die Grenze an.

d) Die Kunden müssen sich bei der Registrierung für eines der Bonussysteme entscheiden. Untersuchen Sie, ab wie vielen Einkäufen sich welches Bonussystem für die Kunden rechnet. Skizzieren Sie hierfür die Graphen der in a) ermittelten Funktionen.

Hinweis zu 8d:
Dieser Aufgabenteil kann auch mithilfe eines Funkionenplotters oder einer Tabellenkalkulation gelöst werden.

9. In einem gut klimatisierten Raum mit konstant 18 °C Umgebungstemperatur wird am Morgen eine Leiche entdeckt. Der Gerichtsmediziner misst eine Körperkerntemperatur von 23,5 °C. Eine Stunde später misst er wieder, dann sind es 20,8 °C. Ein gesunder Mensch hat eine Körperkerntemperatur von 36,8 °C. Ermitteln Sie, wann die Person gestorben ist.

10. Der Wettbewerb unter den Lebensmittelhändlern ist in Deutschland sehr stark. Um überall für Kunden erreichbar zu sein, gilt eine Anzahl von 3200 Supermärkten als optimal. Eine Supermarktkette expandiert seit dem Jahr 2000 stark. Die Anzahl der Märkte wird näherungsweise durch die Funktion f mit $f(t) = 3200 - 3050 \cdot e^{-0{,}08 \cdot t}$ modelliert. Dabei gibt t die Zeit in Jahren an und $t = 0$ entspricht dem Jahr 2000.

a) Begründen Sie, dass die Expansion als beschränktes Wachstum modelliert werden kann.

b) Berechnen Sie f(2), f(4) sowie $\frac{f(4) - f(2)}{4 - 2}$ und erklären Sie die Bedeutung dieser Werte im Sachzusammenhang.

c) Berechnen Sie den zweijährigen Zeitraum, in dem die Kette um durchschnittlich 150 Märkte pro Jahr wächst.

d) Berechnen Sie den Zeitpunkt, zu dem die Expansionsgeschwindigkeit der Supermarktkette 100 Märkte pro Jahr beträgt.

4.5 Klausur- und Abiturtraining

Aufgaben ohne Hilfsmittel

1. Die Abbildung zeigt fünf Funktionsgraphen.

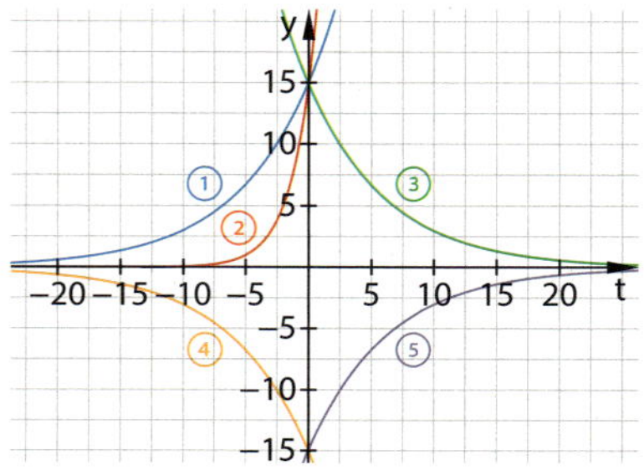

a) Ordnen Sie den Funktionsgraphen den passenden Funktionsterm zu.

(A) $15 \cdot e^{-0{,}16t}$ (B) $-15 \cdot e^{-0{,}16t}$

(C) $15 \cdot e^{0{,}16t}$ (D) $-15 \cdot e^{0{,}16t}$

(E) $15 \cdot e^{0{,}54t}$

b) Ein Liter Wasser mit einer Temperatur von 15° C wird im Winter auf das Fensterbrett gestellt. Die Temperatur des Wassers sinkt dabei um 15 % pro Stunde. Entscheiden Sie, welcher der abgebildeten Graphen sich für die Modellierung des Abkühlungsprozesses eignet. Begründen Sie, warum die anderen Graphen dafür nicht infrage kommen.

c) Die Funktion f beschreibt den Temperaturverlauf des Wassers aus b). Erläutern Sie die Bedeutung der folgenden Ausdrücke im Sachzusammenhang.

① $f(0)$ ② $f'(10)$ ③ $\frac{f(15) - f(5)}{10}$ ④ t mit $f'(t) = 0{,}5$

2. Bei einem exponentiellem Wachstumsprozess sind die Bestände $f(2) = 4{,}1$ und $f(6) = 30{,}1$ bekannt.

a) Die Karten rechts zeigen einen Weg zur Bestimmung der zugehörigen Funktionsgleichung. Bringen Sie die Karten in eine sinnvolle Reihenfolge und begründen Sie die einzelnen Rechenschritte.

① $a \cdot e^{k \cdot 6} = 30{,}1$
$a \cdot e^{k \cdot 2} = 4{,}1$

② $f(t) = a \cdot e^{0{,}498t}$

③ $f(t) = 1{,}517 \cdot e^{0{,}498t}$

④ $e^{k \cdot 4} = \frac{30{,}1}{4{,}1} \approx 7{,}341$

⑤ $k = \frac{\ln(7{,}341)}{4} \approx 0{,}498$

⑥ $30{,}1 = a \cdot e^{0{,}498 \cdot 6}$
$a \approx 1{,}517$

b) Ein Schüler wählt einen anderen Ansatz: Er setzt $t = 6$ in $f(t) = 4{,}1 \cdot e^{k \cdot (t-2)}$ ein und löst die Gleichung $f(6) = 30{,}1$.
Erläutern Sie, warum der Ansatz des Schülers zu demselben Ergebnis wie in a) führt.

c) Zeigen Sie, dass der Graph einer exponentiellen Bestandsfunktion weder Extrem- noch Wendepunkte hat.

3. Das radioaktive Isotop Iod131 zerfällt exponentiell mit einer Halbwertszeit von 8 Tagen.

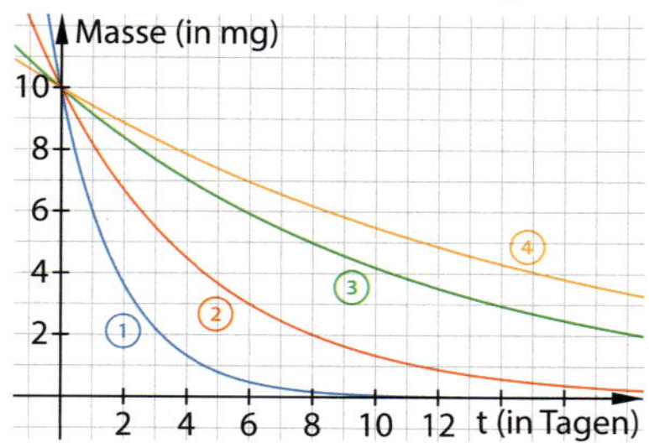

a) Entscheiden Sie begründet, welcher der rechts abgebildeten Graphen den Zerfallsprozess von Iod131 darstellt. Geben Sie die zu Beobachtungsbeginn vorhandene Masse an.

b) Bestimmen Sie, wie viel Milligramm Iod131 nach 24 Tagen noch vorhanden sind.

c) Ermitteln Sie, wie lange es dauert, bis nur noch $\frac{1}{32}$ der Anfangsmasse vorhanden sind.

4. Gegeben ist die Funktion f mit $f(x) = 2e^{-x+3}$.

a) Bestimmen Sie die Gleichung der Tangente an den Graphen von f im Punkt $P(3 \mid f(3))$.

b) Berechnen Sie den Flächeninhalt des Dreiecks, das von der Tangente aus a) und den Koordinatenachsen eingeschlossen wird.

Aufgaben mit Hilfsmitteln

5. Die Kanalisation einer Großstadt ist von Schädlingen befallen. Durch Anwendung eines Mittels zur Schädlingsbekämpfung soll der Schädlingsbestand pro Woche um 12 % reduziert werden. Es wird davon ausgegangen, dass es zu Anwendungsbeginn des Mittels ca. 5 Millionen Schädlinge gibt.

a) Bestimmen Sie die Anzahl der Schädlinge nach einer, nach zwei und nach drei Wochen.

b) Stellen Sie eine Funktionsgleichung auf, die den Schädlingsbestand in Abhängigkeit von der Zeit t in Wochen beschreibt. Überprüfen Sie ihre Gleichung anhand der in a) berechneten Werte.

c) Der Hersteller des Mittels zur Schädlingsbekämpfung wirbt damit, dass die Anwendung seines Mittels die Anzahl der Schädlinge innerhalb von fünf Wochen halbiert. Überprüfen Sie, ob das Mittel hält, was der Hersteller verspricht.

d) Untersuchen Sie, wann der Schädlingsbestand nur noch 1 Million Schädlinge beträgt.

e) Ermitteln Sie den Zeitpunkt, an dem der Schädlingsbestand um 100 000 Schädlinge pro Woche reduziert wird.

6. Im Durchschnitt konsumiert jede erwachsene Person in Deutschland täglich etwa 200 mg Koffein. Koffein regt den Kreislauf an und hat eine belebende Wirkung. In zu hoher Dosis kann es jedoch auch zu Nebenwirkungen kommen. Nach der Einnahme gelangt Koffein in den Blutkreislauf und wird vom Körper abgebaut. Dabei halbiert sich etwa alle drei Stunden die Dosis im Körper. Eine Tasse Kaffee enthält 120 mg. Die Funktion f beschreibt den Verlauf der Koffeinmenge im Blut nach dem Konsum einer Tasse Kaffee (t: Zeit in Stunden; f(t): Koffein in mg).

a) Stellen Sie eine passende Funktionsgleichung der Form $f(t) = a \cdot e^{k \cdot t}$ für die Funktion f auf.

$\left[\text{Kontrollergebnis: } f(t) = 120e^{\frac{\ln\left(\frac{1}{2}\right)}{3}t}\right]$

b) Bestimmen Sie die Koffeinmenge nach 4 Stunden.
Ermitteln Sie den Zeitpunkt, an dem $\frac{2}{3}$ des Koffeins abgebaut wurden.
Bestimmen Sie den Zeitpunkt, an dem die Koffeinmenge im Körper um 10 mg pro Stunde abnimmt.

c) Ab einer Koffeindosis von 1,82 mg pro kg Körpergewicht kann es bei Jugendlichen aufgrund des Herzrasens zu Schlaflosigkeit kommen. Julian (70 kg) möchte gern um 22 Uhr ruhig schlafen, ohne auf seinen 500 ml-Energydrink mit einem Koffeingehalt von 180 mg zu verzichten. Bestimmen Sie, um wie viel Uhr er spätestens seinen Energydrink trinken sollte.
Ermitteln Sie, wie viele Stunden vor dem Schlafen er sich die gleiche Menge an Schwarztee mit einem Koffeingehalt von 154 mg erlauben könnte.

d) Im Urlaub trinkt Julian einen Energy-Drink eines unbekannten Herstellers, der auf der Dose keine Angaben zum darin enthaltenen Koffeingehalt macht.
Innerhalb der ersten sechs Stunden nimmt die Koffeinmenge in Julians Blut im Mittel um 30 mg/h ab. Ermitteln Sie die Koffeinmenge, die in dem Energydrink enthalten war.

Prüfen Sie Ihr neues Fundament

Lösungen
↗ S. 297

1. Bestimmen Sie die erste Ableitung der Funktion f mit der linearen Kettenregel.
a) $f(x) = (3 - 2x)^5$ b) $f(x) = e^{2-3x}$
c) $f(x) = \sqrt{1 - x^2}$ d) $f(x) = \sqrt{(1 - x)^2}$

2. Bestimmen Sie die erste und zweite Ableitung der Funktion f.
a) $f(x) = -3e^x$ b) $f(x) = -\frac{1}{2}e^{2x}$ c) $f(t) = 4e^{-t+1}$ d) $f(x) = 8 + 5e^x$
e) $f(x) = 4e^{\frac{1}{2}x}$ f) $f(x) = -5e^{5x+3}$ g) $f(t) = -4e^{-2t}$ h) $f(x) = e^x - e^{-2x}$

3. Schreiben Sie die Exponentialfunktion als Funktion mit der Basis e und leiten Sie sie anschließend mit der linearen Kettenregel ab.
a) $f(x) = 3^x$ b) $f(x) = -3 \cdot 5^x$ c) $f(t) = -4 \cdot \left(\frac{1}{2}\right)^t$ d) $f(x) = 3 \cdot 2^{5x+1}$

4. Bestimmen Sie die Lösungsmenge der Gleichung.
a) $e^{2x+3} = e^{x-1}$ b) $-3e^{3x} + 5e^{3x} = 12$
c) $-3e^{-3x} + 9 = 6e^{-3x}$ d) $(e^{2x} - 2) \cdot (x^4 + 1) = 0$
e) $e^{2x+3} - 2 = 0$ f) $5e^{4x+1} = -5e^{4x+1}$

5. Gegeben ist die Funktion f mit $f(x) = 2e^x$.
a) Ermitteln Sie die fehlende Koordinate des Punktes $P(x|4)$ auf dem Graphen von f.
b) Überprüfen Sie, an welcher Stelle der Graph von f den Graphen von g mit $g(x) = 2$ schneidet.
c) Bestimmen Sie rechnerisch den Schnittpunkt des Graphen von f mit dem Graphen von h mit $h(x) = 3e^{2x}$.

6. Bestimmen Sie die x-Werte zum gegebenen Funktionswert y.
a) $f(x) = 3e^{2x} - 7$ $y = 2$ b) $f(x) = -2 \cdot (3 - e^{x^2-8}) + 5$ $y = 2e - 1$

7. Beschreiben Sie den exponentiellen Wachstumsprozess durch eine Funktion mit der Basis e.
a) Herr G. Bauer legt 10 000 € zu einem Zinssatz von 5 % pro Jahr an.
b) Ein Ball fällt aus einer Höhe von 3 m auf den Boden und springt nach jedem Aufprall auf 80 % der letzten Höhe zurück.
c) Radioaktives Actinium 225 zerfällt täglich um 6,7 %. Zu Beginn der Beobachtung sind 200 g vorhanden.

8. Die Beleuchtungsstärke in einem See nimmt mit zunehmender Tiefe x nach der Funktionsgleichung $f(x) = 4000 \cdot 0{,}8^x$ ab (x in Meter, f(x) in Lux). An der Oberfläche werden 4000 Lux gemessen.
a) Erklären Sie, warum die Änderungsrate in jeder Tiefe negativ ist.
b) Bestimmen Sie die Änderungsrate in einer Tiefe von x = 5 m und x = 20 m.
c) Bestimmen Sie die mittlere Änderungsrate im Intervall [5; 20].
d) Bestimmen Sie die Tiefe, in der die Beleuchtungsstärke mit einer Änderungsrate von 5 Lux/Meter abnimmt.

Lösungen ↗S. 297

9. Die Tabelle zeigt die Vermehrung einer Bakterienkultur in Tagen.

Tage	0	1	2	3	4	5
Bakterien in Tausend	10	13,5	18,2	24,6	33,2	44,8

a) Weisen Sie nach, dass näherungsweise exponentielles Wachstum vorliegt.
b) Stellen Sie eine passende Wachstumsfunktion f mit $f(t) = a \cdot e^{k \cdot t}$ auf, die die Vermehrung der Bakterien beschreibt (t in Tagen; f(t) Anzahl der Bakterien in Tausend).
c) Untersuchen Sie, wie viele Bakterien es nach 2 Wochen gibt.
d) Bestimmen Sie, wie lange es dauert, bis sich die Anzahl der Bakterien verdoppelt hat.
e) Ermitteln Sie den Zeitpunkt, an dem es 100 000 Bakterien gibt.

10. Ein Patient bekommt 100 mg eines Medikaments verabreicht. Der Abbau des Medikaments im Körper kann näherungsweise durch die Funktion f mit $f(t) = 100 \cdot e^{-0{,}15 \cdot t}$ beschrieben werden (t: Zeit in Stunden, f(t): Menge des Medikaments im Körper in mg).
a) Berechnen Sie die Halbwertszeit und deuten Sie diesen Wert im Sachzusammenhang.
b) Ermitteln Sie, wie viel Prozent des Medikaments im Körper pro Stunde abgebaut werden.
b) Untersuchen Sie, mit welcher Geschwindigkeit das Medikament 4 Stunden nach Einnahme abgebaut wird.
d) Bestimmen Sie den Zeitpunkt t, an dem die Menge des Medikaments
① 25 mg beträgt, ② um 7 mg pro Stunde abnimmt.

11. Ordnen Sie den Funktionsgleichungen ihre Ableitungen und Eigenschaften zu.

Funktionsgleichung	Ableitung	Eigenschaft	
$f(x) = 2e^{x^2-4x-5}$	$f(x) = (4x-8)e^{x^2-4x-5}$	$f(-1) = f(1) = 2$	Extremstelle $x = 2$
$f(x) = 2e^{x^2+4x-5}$	$f(x) = 4xe^{x^2-1}$	$f(1) = f(-5) = 2$	Extremstelle $x = -2$
$f(x) = 2e^{x^2-1}$	$f(x) = (4x+8)e^{x^2+4x-5}$	$f(-1) = f(5) = 2$	Extremstelle $x = 0$

12. Gegeben ist die Funktion f mit $f(x) = 4e^{3x} - 5x$.
a) Untersuchen Sie die Funktion f auf Extrem- und Wendepunkte.
b) Begründen Sie, dass der Graph einer Funktion der Form $f(x) = a \cdot e^{b \cdot x} + c \cdot x$ mit $a, b \neq 0$ keine Wendepunkte besitzt.

13. Eine Arena bietet Platz für 12 500 Zuschauer. Vor und während einem zweistündigen ausverkauften Konzert wird die Besucheranzahl in der Arena durch die Funktion f mit $f(t) = 12500 - 125 \cdot e^{-0{,}05 \cdot t}$ modelliert. Die Variable t wird dabei in Minuten angegeben und das Konzert beginnt zum Zeitpunkt $t = 0$.

a) Geben Sie einen geeigneten Definitionsbereich für die Funktion f an.
b) Geben Sie an, wie viele Plätze zu Konzertbeginn leer bleiben.
c) Um Gedränge bei den Einlasskontrollen zu vermeiden, gibt es mehrere Kontrollpunkte. Sobald der Besucherstrom nur noch 15 Besucher pro Minute beträgt, wird nur noch ein Kontrollpunkt benötigt. Berechnen Sie diesen Zeitpunkt.

Lineare und quadratische Kettenregel

Hat die Funktion g die Ableitung g′ und sind $a, b, c \in \mathbb{R}$, dann hat die Funktion f mit $f(x) = g(ax + b)$ die Ableitung $f'(x) = a \cdot g'(ax + b)$.

$f(x) = (3x - 9)^6$ $\quad g(z) = z^6$
$z = 3x - 9$ $\quad g'(z) = 6 \cdot z^5$
$f'(x) = 3 \cdot g'(3x - 9) = 3 \cdot 6 \cdot (3x - 9)^5$
$= 18 \cdot (3x - 9)^5$

Hat die Funktion f die Gestalt $f(x) = g(ax^2 + bx + c,)$ so hat sie die Ableitung $f'(x) = (2ax + b) \cdot g'(ax^2 + bx + c)$.

$f(x) = \sqrt{2x^2 - 4x + 1}$ $\quad g(z) = \sqrt{z}$
$z = 2x^2 - 4x + 1$ $\quad g'(z) = \frac{1}{2\sqrt{z}}$
$f'(x) = (4x - 4) \cdot g'(2x^2 - 4x + 1)$
$= (4x - 4) \cdot \frac{1}{2\sqrt{2x^2 - 4x + 1}} = \frac{2x-2}{\sqrt{2x^2 - 4x + 1}}$

Natürliche Exponentialfunktion

Die Exponentialfunktion f mit $f(x) = e^x$ mit der Basis $e \approx 2{,}71828$ (**Euler'sche Zahl**) heißt **natürliche Exponentialfunktion.**
Für ihre Ableitung gilt $f'(x) = e^x$.

f mit $f(x) = e^x$
$D_f = \mathbb{R}$; $f(0) = 1$
$\lim\limits_{x \to \infty} f(x) = \infty$
$\lim\limits_{x \to -\infty} f(x) = 0$

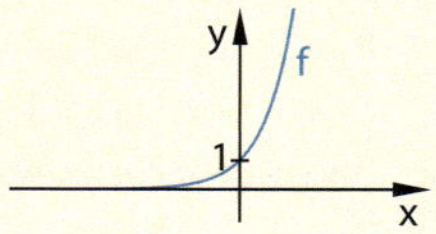

Die Funktion f mit $f(x) = e^{ax + b}$ hat die Ableitung $f'(x) = a \cdot e^{ax + b}$.

$f(x) = 5e^{-2x + 7}$
$f'(x) = (-2) \cdot 5e^{-2x + 7} = -10e^{-2x + 7}$

Die Funktion f mit $f(x) = e^{ax^2 + bx + c}$ hat die Ableitung $f'(x) = (2ax + b) \cdot e^{ax^2 + bx + c}$.

$f(x) = e^{-3x^2 + 5x}$
$f(x) = (2 \cdot (-3) \cdot x + 5) \cdot e^{-3x^2 + 5x}$
$= (-6x + 5)e^{-3x^2 + 5x}$

Natürlicher Logarithmus

Der **natürliche Logarithmus** ist der Logarithmus zur Basis e. Für $\log_e(b)$ mit $b \in \mathbb{R}, b > 0$ schreibt man $\ln(b)$.

$e^x = 4$ hat die Lösung $x = \ln(4) \approx 1{,}39$

Für alle $x > 0$ gilt: $\ln(e^x) = e^{\ln(x)} = x$

$\ln(e^4) = e^{\ln(4)} = 4$

Für alle $b > 0$ gilt: $b^x = e^{\ln(b) \cdot x}$
Die Funktion f mit $f(x) = b^x$ und $b \in \mathbb{R}, b > 0$ hat die Ableitung $f'(x) = \ln(b) \cdot b^x$.

$f(x) = 3 \cdot 5^x = 3 \cdot e^{\ln(5) \cdot x}$
$f'(x) = 3 \cdot \ln(5) \cdot e^{\ln(5) \cdot x} = 3 \cdot \ln(5) \cdot 5^x$

Exponentialgleichungen

Das Anwenden von ln macht das Potenzieren mit e rückgängig. Das kann man nutzen, um Exponentialgleichungen zu lösen.

Gleichung: $e^x = a$ $\quad$ Lösung: $x = \ln(a)$

$2e^{3x - 2} - 4 = 6$ $\quad | +4 \quad | :2$
$e^{3x - 2} = 5$ $\quad | \ln$
$3x - 2 = \ln(5)$ $\quad | +2 \quad | :3$

Lösung: $x = \frac{\ln(5) + 2}{3} \approx 1{,}2$

Exponentielles Wachstum

Die Funktion f mit $f(t) = a \cdot e^{k \cdot t}$ und $k \neq 0$ beschreibt einen exponentiellen Wachstumsprozess eines Bestands.
$a = f(0)$ ist der **Anfangsbestand** zum Zeitpunkt $t = 0$ und k die **Wachstumskonstante.**
$k > 0$: **exponentielle Zunahme** mit
Verdopplungszeit $T_V = \frac{\ln(2)}{k}$
$k < 0$: **exponentielle Abnahme** mit
Halbwertszeit $T_H = \frac{\ln\left(\frac{1}{2}\right)}{k}$

f mit $f(t) = 1000e^{0{,}14t}$ beschreibt eine Tierpopulation in Abhängigkeit von der Zeit t in Jahren.
Bestand nach drei Jahren:
$f(3) = 1000 \cdot e^{0{,}14 \cdot 3} \approx 1522$

Zeitpunkt, zu dem es 5000 Tiere gibt:
$5000 = 1000e^{0{,}14t}$
$t = \frac{\ln(5)}{0{,}14} \approx 11{,}5$
Verdopplungszeit: $T_v = \frac{\ln(2)}{k} = \frac{\ln(2)}{0{,}14} \approx 4{,}95$

5. Integralrechnung

Mithilfe der Integralrechnung lassen sich aus der Durchflussrate in einer Pipeline Aussagen über Bestandsänderungen in einem Rohstoffspeicher rekonstruieren.

Nach diesem Kapitel können Sie …
- aus Änderungsraten Gesamteffekte und Bestände rekonstruieren,
- Stammfunktionen bestimmen,
- den Zusammenhang zwischen Differenzieren und Integrieren angeben,
- Flächeninhalte krummlinig begrenzter Flächen berechnen.

Lösungen
↗ S. 298

Funktionen und ihre Ableitungen

1. Bestimmen Sie die Nullstellen der Funktion f.

a) $f(x) = 2x^2 - 4x - \frac{5}{2}$ b) $f(x) = \left(x + \frac{\pi}{4}\right)(x^2 - 4x + 4)$ c) $f(a) = 3a^3 + 4a^2$

d) $f(x) = x^3 - 3x^2 + 4x$ e) $f(x) = x^4 - 5x^2 + 4$ f) $f(c) = c^4 + 5c^2 - 6$

2. Gegeben sind die Funktionen f und g durch $f(x) = -x^2 + 4x + 4$ und $g(x) = -x + 4$.

a) Berechnen Sie die Koordinaten der Schnittpunkte der Graphen von f und g.

b) Zeichnen Sie die Funktionsgraphen und schraffieren Sie die Fläche, die von den Graphen beider Funktionen eingeschlossen wird.

3. Ermitteln Sie die erste und zweite Ableitung der Funktion f.

a) $f(x) = \frac{1}{3}x^3 + 1$ b) $f(x) = -\frac{1}{2}e^{2x} + 1$ c) $f(x) = -2e^{\frac{1}{2}x - 1}$

d) $f(t) = t + \sqrt{t}$ e) $f(x) = x^2 - \frac{1}{a^2}\ (a \neq 0)$ f) $f(t) = t^2 \cdot b^2 - e^t \cdot e^b$

g) $f(x) = 4cx - 2e^x$ h) $f(t) = -8e^{-0{,}5t + 1}$ i) $f(x) = 2\sqrt{3x}$

4. Finden Sie heraus, welche der Funktionen $g_1, \ldots, g_5$ Ableitung zu welcher der Funktionen $f_1, \ldots, f_5$ ist. Begründen Sie Ihre Zuordnung.

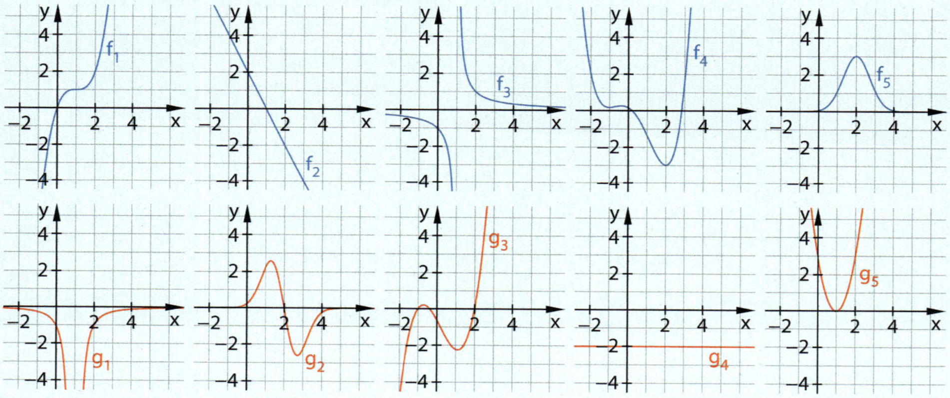

5. Eine Funktion f beschreibt das Verhalten einer Größe im Intervall $a \leq x \leq b$.
Geben Sie die Bedeutung des Wertes von $f'(x)$ an, wenn

a) x die Zeit in s und f(x) eine zurückgelegte Strecke in m angibt,

b) x die Zeit in s und f(x) die Geschwindigkeit in m/s angibt,

c) x die Zeit in Jahren und f(x) die Bevölkerungszahl eines Landes angibt,

d) x die Weglänge in km und f(x) den Kraftstoffinhalt V in einem Pkw-Tank in ℓ angibt.

6. Die Einwohnerzahl von Düsseldorf wuchs im Zeitraum vom 1.12.1875 ($t = 0$) bis 1.12.1905 ($t = 30$) näherungsweise gemäß einer Exponentialfunktion f mit $f(t) = 8 \cdot e^{a \cdot t}$. Dabei gibt t die Zeit in Jahren und f(t) die Einwohnerzahl in 10 000 an.

a) Volkszählungen ergaben am 1.12.1890 eine Einwohnerzahl von 144 642 und am 1.12.1900 von 213 711. Berechnen Sie mit diesen Angaben den Wert des Parameters a gerundet auf 3 Nachkommastellen.

b) Berechnen Sie das durchschnittliche Wachstum der Bevölkerung von 1875 bis 1905.

c) Ermitteln Sie die Wachstumsgeschwindigkeit im Jahr 1875 und 1905.

d) Bestimmen Sie die Gleichung der Tangente g an den Graphen von f im Punkt $(30\,|\,f(30))$. Eine Volkszählung am 1.12.1916 ergab 367 371 Einwohner. Vergleichen Sie diesen Wert mit f(41) und g(41).

Lösungen
↗ S. 298/299

7. Die Funktion g mit $g(x) = -20x^3 + 240x^2 - 420x - 760$ gibt den täglichen Gewinn eines Unternehmens in Euro an, wenn das Produkt in der Stückzahl x verkauft wird.

a) Geben Sie den Gewinn des Unternehmens in einem Monat mit 30 Tagen an, wenn täglich eine Stückzahl von $x = 5$ ($x = 10$) produziert wird.
b) Bestimmen Sie, für welche Stückzahl x der Gewinn g(x) bei einer Erhöhung der Produktionsmenge maximal ansteigt.
c) Berechnen Sie die Stückzahl x, für die das Unternehmen maximalen Gewinn erreicht.

Flächeninhalte berechnen

8. Die Abbildung zeigt den Querschnitt einer Treppe. Die Treppenstufen sind jeweils 15 cm hoch und 25 cm tief.

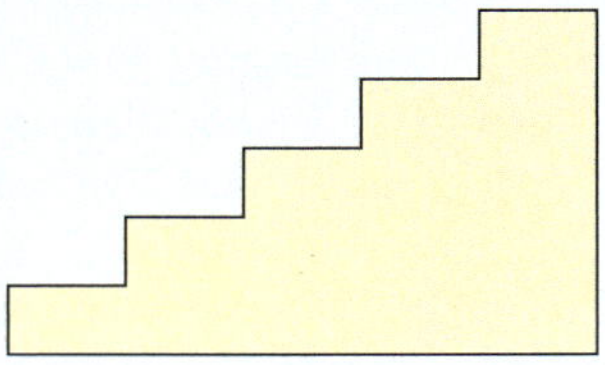

a) Geben Sie einen Term an, mit dem man den Flächeninhalt des Querschnitts dieser Treppe berechnen kann.
b) Berechnen Sie diesen Flächeninhalt (in m^2).

9. Die Bilder ①, ② und ③ zeigen verschiedene Möglichkeiten, den Inhalt der Fläche, den der Graph der Sinusfunktion f mit $f(x) = \frac{\pi}{2}\sin(x)$ im Intervall $[0; \pi]$ mit der x-Achse einschließt, näherungsweise zu bestimmen.
Berechnen Sie diese Näherungswerte.

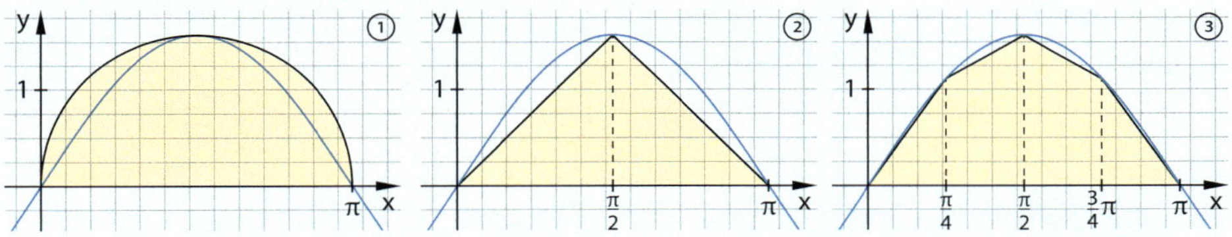

Vermischtes

10. Überprüfen Sie die Summenformeln an drei Beispielen.
a) $1 + 2 + 3 + \ldots + n = \frac{n(n+1)}{2}$
b) $1^2 + 2^2 + 3^2 + \ldots + n^2 = \frac{n(n+1)(2n+1)}{6}$

11. Bestimmen Sie, wie sich der Term für $x \to \infty$ verhält. Geben Sie einen Grenzwert an, falls dieser existiert.
a) $3 + \frac{1}{x}$
b) $\frac{4}{5} - \frac{4}{x} + \frac{2}{x^2}$
c) $\frac{1}{\sqrt{x+1}}$
d) $\sqrt{x} - \frac{1}{\sqrt{x}}$
e) $\frac{x^2 - x + 6}{2x^2}$
f) e^{4x-1}
g) $5e^{-x}$
h) $e^x + 2e^{-x}$

12. Die vordere und hintere Seitenfläche des abgebildeten Bauteils sind Halbkreise. Mittig ist eine Nut ausgefräst. Berechnen Sie das Volumen dieses Bauteils.

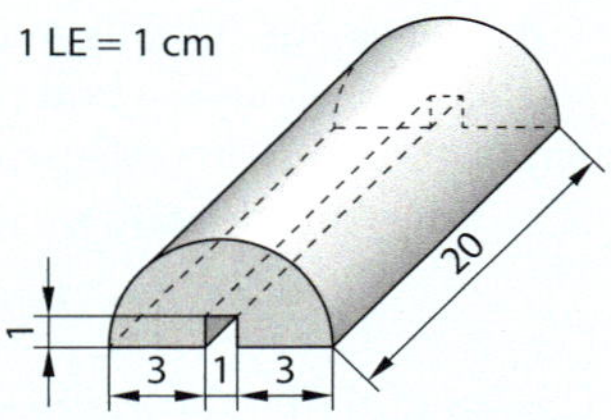

13. Zeichnen Sie den Graphen von f. Beschreiben Sie den Körper, der bei Rotation des Graphen von f um die x-Achse entsteht.
a) $f(x) = 4$ im Intervall $0 \leq x \leq 3$
b) $f(x) = 0{,}5x - 1$ im Intervall $2 \leq x \leq 4$

5.1 Rekonstruktion aus Änderungsraten

■ Ein Fahrstuhl beginnt seine Fahrt im Erdgeschoss, hält im 2. Stock, fährt weiter in den 3. Stock und nach einem kurzem Stopp direkt in die Tiefgarage. Die Abbildung zeigt den zeitlichen Verlauf der Geschwindigkeit in idealisierter Form.
Bestimmen Sie, wie hoch der 2. Stock über dem Erdgeschoss und wie tief die Tiefgarage unter dem Erdgeschoss liegt. ■

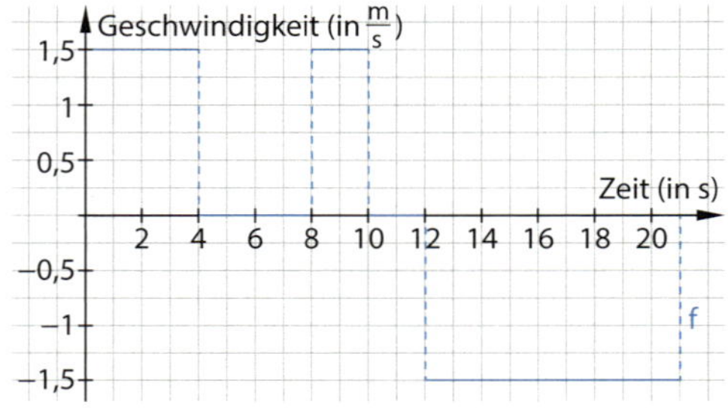

Eine Funktion F, die den zeitlichen Verlauf einer Größe beschreibt, nennt man **Bestandsfunktion**. Ihre Ableitung $f = F'$ ist die momentane Änderungsrate des Bestandes. Durch Ableiten lässt sich leicht aus dem Bestand die **momentane Änderungsrate** bestimmen. Aber auch umgekehrt lässt sich aus der Änderungsrate der Bestand „rekonstruieren".

Ein Pumpspeicherwerk speichert elektrische Energie, indem Wasser in ein Speicherbecken hinaufgepumpt wird. Dieses Wasser lässt man später wieder ab und erzeugt über Turbinen elektrischen Strom. Für die Änderung des Wasservolumens im Speicherbecken gilt:

Im Pumpenbetrieb:	$120\,m^3/min$ Wasserzufluss
Im Turbinenbetrieb:	$200\,m^3/min$ Wasserabfluss

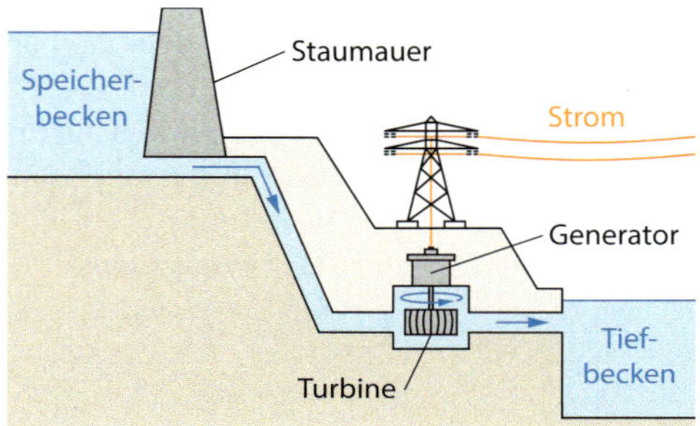

Der **Bestand** entspricht in dieser Situation der **Wassermenge** im Speicherbecken und die **Änderungsrate** dem **Wasserzufluss bzw. -abfluss pro Zeit**. Die Änderungsrate ist jeweils konstant.

Hinweis:
Die Änderungsrate hat die Einheit **m^3/min**, die x-Achse hat die Einheit min. Bestandsänderungen haben also die Einheit **$min \cdot m^3/min = m^3$**

60 min Pumpbetrieb bewirken eine Bestandszunahme von
$60\,min \cdot 120\,m^3/min = 7200\,m^3$ Wasser.

30 min Turbinenbetrieb bewirken eine Bestandsabnahme von
$30\,min \cdot 200\,m^3/min = 6000\,m^3$ Wasser.

Bilanz: $+7200\,m^3 - 6000\,m^3 = 1200\,m^3$
Die Wassermenge im Speicher nimmt insgesamt um $1200\,m^3$ zu.

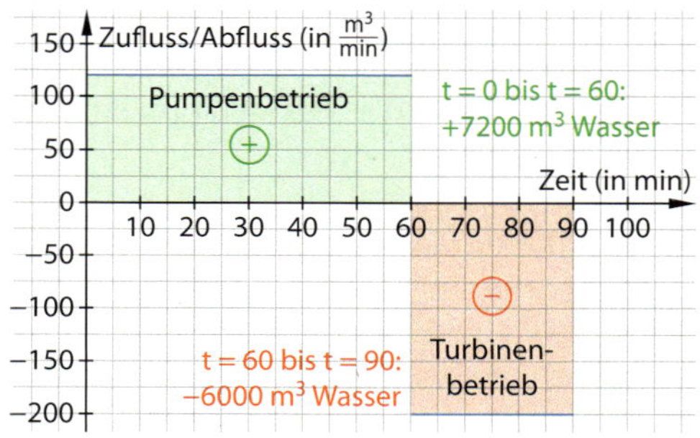

Die Wassermenge für Zufluss und Abfluss entspricht jeweils genau dem Inhalt der Fläche zwischen dem Graphen und der x-Achse. Die Gesamtänderung der Wassermenge im Becken entspricht der **Flächenbilanz**. In sie geht die Fläche oberhalb der x-Achse positiv und die Fläche unterhalb negativ ein (**orientierter Flächeninhalt**).

Hinweis:
Auch bei Änderungsraten, die nicht stückweise konstant sind, gibt die Flächenbilanz die Bestandsänderung wieder; s. Aufgabe 11.

Wissen: Zu- und Abnahme eines Bestandes als Flächenbilanz
Die **Zu- und Abnahme eines Bestandes F** in einem Zeitintervall entspricht der Flächenbilanz zwischen dem Graphen der Änderungsrate f und der x-Achse. Flächen oberhalb der x-Achse gehen positiv und Flächen unterhalb der x-Achse negativ in die Bilanz ein.

Für konstante oder lineare Änderungsraten lassen sich die Inhalte der Flächen leicht berechnen, da sie die Form von Rechtecken, Dreiecken oder Trapezen haben.

Um den Bestand zu einem konkreten Zeitpunkt angeben zu können, muss bekannt sein, welchen Wert der Bestand zu Beginn des Intervalls hatte. Erst durch diesen „Startwert" und die ermittelte Zu- bzw. Abnahme ist der Bestand rekonstruierbar.

Beispiel: Der Graph beschreibt die Änderungsrate der Wassermenge in einem Wasserbecken.

a) Berechnen Sie, wie sich die Wassermenge im Becken nach 50 min insgesamt geändert hat.

b) Zu Beginn ist das Becken bereits mit 35 m^3 Wasser gefüllt. Berechnen Sie die Wassermenge im Becken nach 50 min.

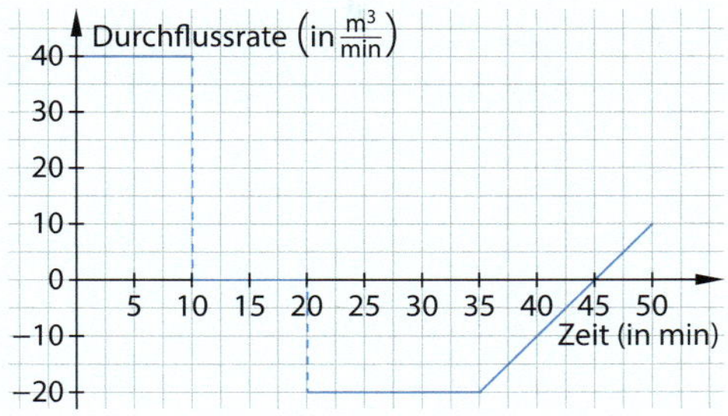

Lösung:

a) Gesucht ist die Flächenbilanz zwischen dem Graphen der Änderungsratenfunktion und der x-Achse.
Berechnen Sie dazu die Flächeninhalte der Rechtecke und Dreiecke A_1, A_2, A_3 und A_4.

Berücksichtigen Sie in der Gesamtbilanz die positive und die negative Orientierung (Zufluss oberhalb der x-Achse, Abfluss unterhalb der x-Achse).

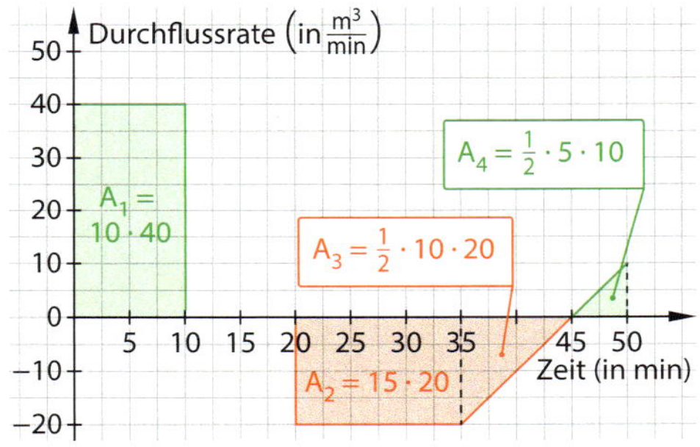

$A_1 - A_2 - A_3 + A_4 = 400 - 300 - 100 + 25 = 25$
Nach 50 min enthält das Becken 25 m^3 mehr Wasser.

b) Verrechnen Sie die Änderung der Wassermenge innerhalb der 50 min mit der Wassermenge zu Beginn.

$35\,m^3 + 25\,m^3 = 60\,m^3$
Nach 50 min sind 60 m^3 Wasser im Becken.

Basisaufgaben

1. Das Diagramm zeigt den Wasserzufluss/-abfluss im Speicherbecken eines Pumpspeicherkraftwerks.
   a) Berechnen Sie, wie sich die Wassermenge am Ende des Vorgangs verändert hat.
   b) Bestimmen Sie ein Intervall, in dem die Bestandsänderung positiv ist (negativ ist; null ist).

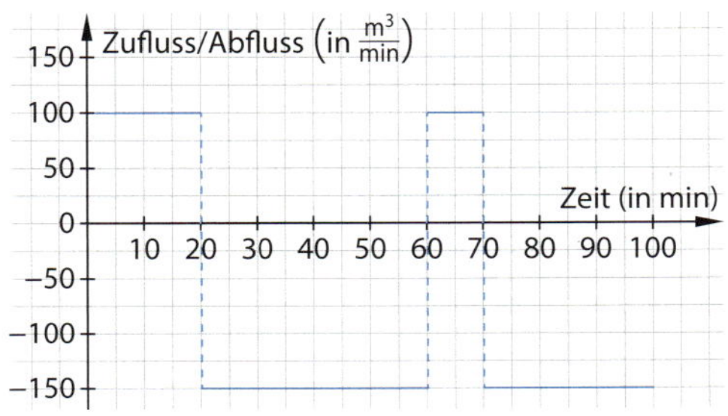

2. Erläutern Sie den Unterschied zwischen Flächeninhalt und Flächenbilanz. Geben Sie an, unter welchen Bedingungen die Flächenbilanz dem Flächeninhalt entspricht.

3. Zeichnen Sie den Graphen einer Änderungsratenfunktion mit Bestandsänderung null.

4. In einem Öltank befinden sich 800 Liter Öl. Die Abbildung zeigt die Änderungsrate der Ölmenge in den nächsten 10 Minuten. Bestimmen Sie, wie viel Öl sich nach diesen 10 Minuten im Tank befindet.

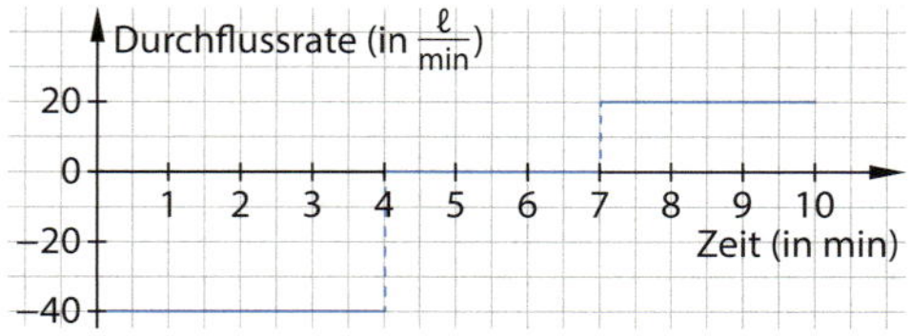

5. a) Erläutern Sie die Situation, die durch den Graphen dargestellt wird.
① Autofahrt ② freier Fall ③ Bevölkerungswachstum ④ Benzinverbrauch

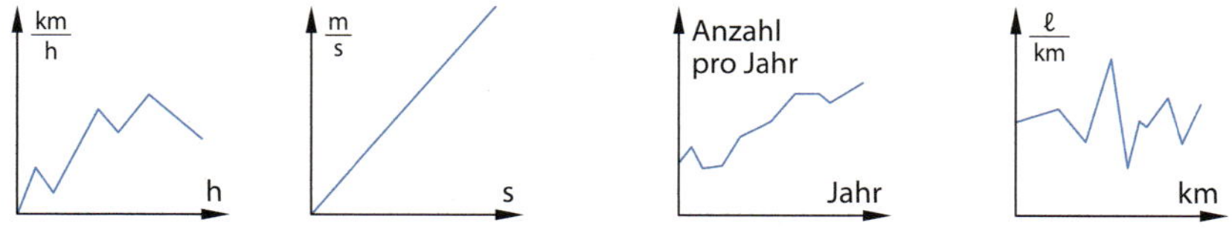

b) Bestimmen Sie die Bedeutung des Flächeninhalts zwischen Graph und x-Achse.

6. Die Abbildungen zeigen den zeitlichen Verlauf der Geschwindigkeit v für drei Aufzüge.

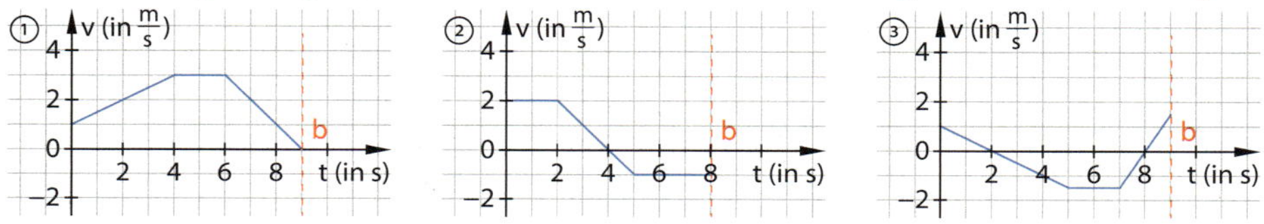

a) Beschreiben Sie die Bewegungsabläufe in wenigen Sätzen.
b) Berechnen Sie jeweils die Flächenbilanz im Intervall [0; b].
c) Geben Sie jeweils die Bedeutung des Flächeninhalts und der Flächenbilanz an.

7. In einer Abfüllanlage laufen leere Flaschen über ein Fließband, das unterschiedlich schnell laufen kann, in eine Lagerhalle. Die Abbildung zeigt die Änderungsrate f als Anzahl der Flaschen pro Minute. Zum Zeitpunkt $t = 0$ lagern bereits 2800 Flaschen in der Halle.
a) Berechnen Sie, wie viele Flaschen sich nach $t = 1$ min (2 min; 6 min; 10 min) in der Lagerhalle befinden.
b) Berechnen Sie, wie viele Flaschen weniger in die Lagerhalle gelangen, wenn die Geschwindigkeit des Fließbands von Beginn an gleichmäßig von 100 Flaschen/min auf 0 Flaschen/min reduziert wird.

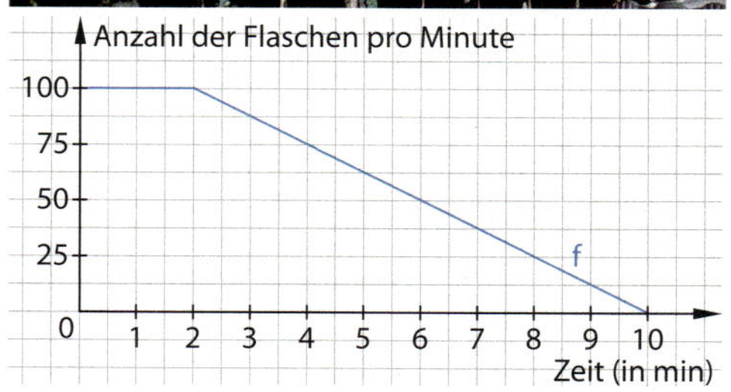

8. Beurteilen Sie die Aussage.
a) Ist die Änderungsrate positiv und konstant, so nimmt der Bestand gleichmäßig zu.
b) Wechselt die Änderungsrate das Vorzeichen von + nach −, so hat der Bestand ein Minimum.
c) Je kleiner die positive Änderungsrate ist, desto langsamer nimmt der Bestand zu.
d) Je kleiner die negative Änderungsrate ist, desto langsamer nimmt der Bestand ab.

Weiterführende Aufgaben

9. Gegeben sind die Graphen von drei Änderungsraten f und drei Beständen F.
Ordnen Sie die Graphen begründet einander zu.

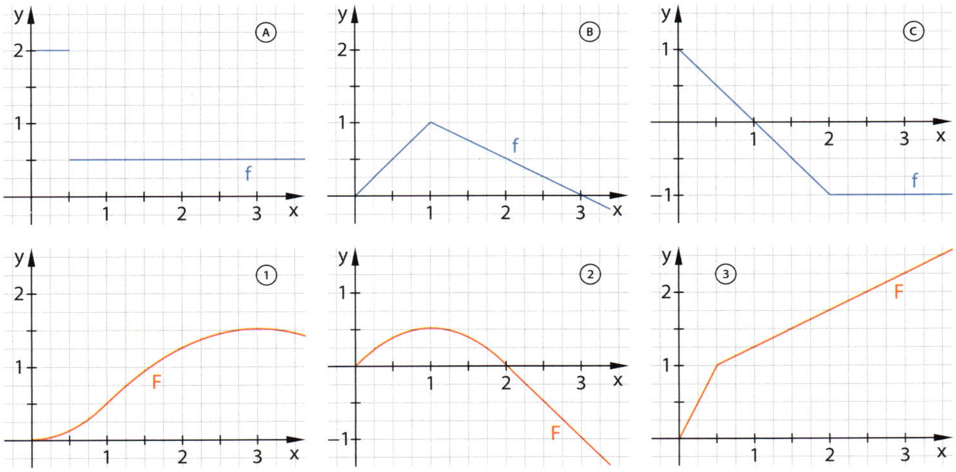

10. Stolperstelle: Ein Pumpspeicherwerk läuft 10 Minuten im Pumpbetrieb (Zufluss 120 m^3/min) und anschließend 15 Minuten im Turbinenbetrieb (Abfluss 200 m^3/min).
Marina sagt: *„Das kann doch gar nicht stimmen! Dann wären ja −1800 m^3 Wasser im Becken, die Zahl kann doch nicht negativ sein!"* Nehmen Sie Stellung.

11. Die Bestandsänderung bei einer stückweise konstanten Änderungsrate f entspricht der Flächenbilanz zwischen dem Graphen von f und der x-Achse (s. Seite 150). Begründen Sie mithilfe der Abbildung, dass sich dies auf beliebige Änderungsraten übertragen lässt.

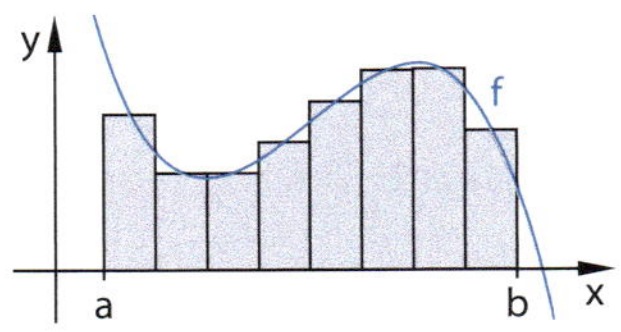

12. Der Graph beschreibt die Wachstumsgeschwindigkeit einer Pflanze, die zu Beginn 0 mm hoch ist.

a) Skizzieren Sie den Graphen der Funktion, die die Höhe der Pflanze in Abhängigkeit der Zeit angibt.

b) Wie hoch ist die Pflanze nach 120 Tagen? Nähern Sie sich dem Wert durch Flächenberechnungen.

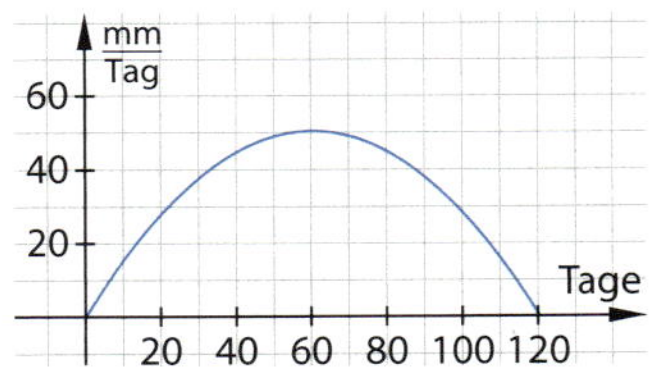

● **13.** Auf einem Streckenflug notiert sich der Copilot die Verbrauchsanzeige des Durchflussmessers in einzelnen Flugphasen. Interpretieren Sie die Flugphasen (Steigen, Sinken, Horizontalflug) und schätzen Sie den Gesamtverbrauch während des Fluges geeignet ab. Beschreiben Sie Unsicherheiten und Schwierigkeiten bei dieser Schätzung.

Zeit t in Minuten	0	5	7	8	20	23	27	30
Durchfluss in Liter/Minute	0,7	0,3	0,5	0,3	0,2	0,4	0,1	Landung

● **14. Ausblick:** Im Bild ist die Bestandsänderung unter dem Graphen einer proportionalen Änderungsratenfunktion mit der Funktionsgleichung $f(t) = a \cdot t$ durch Dreiecke dargestellt.
Ermitteln Sie die Funktionsgleichung der Bestandsfunktion F.
Bezeichnen Sie den Anfangsbestand bei $t = 0$ mit F_0.

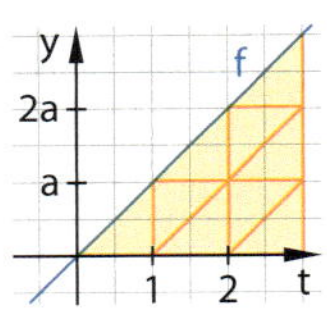

5.2 Bestimmtes Integral

■ Die zurückgelegte Strecke s eines Formel-1-Autos in den ersten 5 Sekunden nach dem Start soll näherungsweise bestimmt werden. Erklären Sie die Rechnung:

$s = 1 \cdot f(1) + 1 \cdot f(2) + 1 \cdot f(3) + 1 \cdot f(4) + 1 \cdot f(5)$
$ = 1 \cdot 15 + 1 \cdot 28 + 1 \cdot 39 + 1 \cdot 48 + 1 \cdot 56 = 186$

Wie könnte man die Näherung verbessern? ■

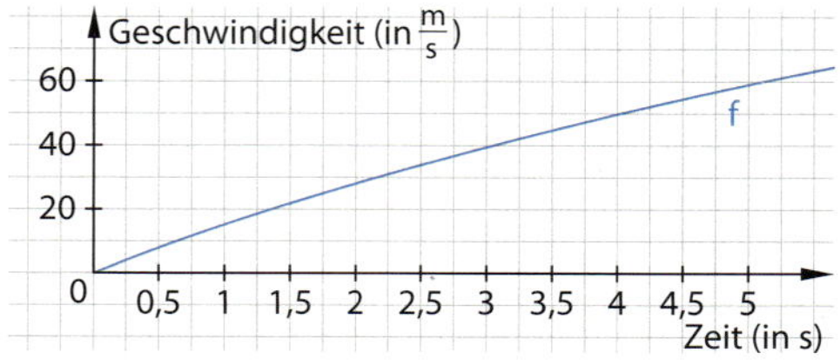

Auch bei einer nicht geradlinigen Änderungsrate entspricht die Zu- oder Abnahme des Bestandes dem Inhalt der Fläche zwischen dem Funktionsgraphen der Änderungsrate und der x-Achse. Wie dieser Flächeninhalt bestimmt werden kann, soll nun untersucht werden.

Flächen zwischen Graph und x-Achse näherungsweise bestimmen

Hinweis:
Wird die **Unter-** bzw. **Obersumme** aus den Flächeninhalten von n Rechtecken gebildet, so bezeichnet man sie mit $\mathbf{U_n}$ bzw. $\mathbf{O_n}$

Die krummlinig begrenzte Fläche zwischen dem Funktionsgraphen und der x-Achse kann durch eine Folge von Rechtecken angenähert werden. Ihr Flächeninhalt ist größer als der Flächeninhalt aller blauen (**Untersumme**) und kleiner als der Flächeninhalt aller gelben Rechtecke (**Obersumme**).

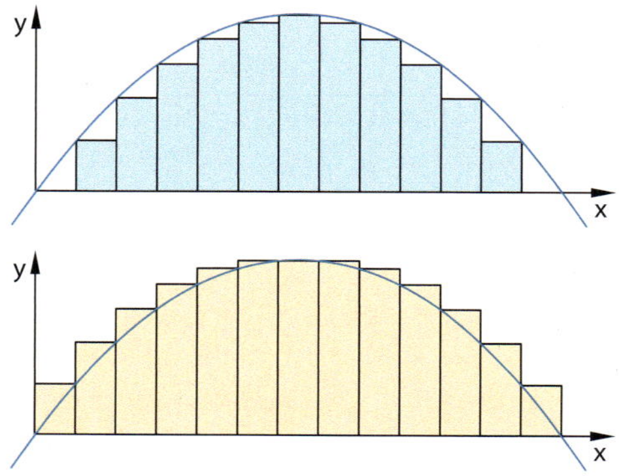

Für die Untersumme multipliziert man für jedes Rechteck die Rechteckbreite mit dem kleinsten Funktionswert im zugehörigen Teilintervall und addiert die Produkte.

Entsprechend wählt man für die Obersumme jeweils den größten Funktionswert.

Beispiel 1: Nähern Sie den Inhalt der Fläche zwischen dem Graphen der Funktion f mit $f(x) = x^2$ und der x-Achse im Intervall [0; 2] durch vier gleich breite Rechtecke von unten und von oben an. Berechnen Sie die Untersumme U_4 und die Obersumme O_4.

Lösung:

Bei vier gleich breiten Rechtecken hat jedes Rechteck die Breite 0,5.

Bei der Untersumme liegen die Rechtecke vollständig unter dem Graphen. Die Höhe jedes Rechtecks ist bei der Untersumme U_4 der kleinste Funktionswert im zugehörigen Teilintervall. Da der Funktionsgraph im gesamten Bereich steigt, wird der kleinste Funktionswert stets am linken Rand des Teilintervalls angenommen.

Bei der Obersumme O_4 ist die Höhe jedes Rechtecks der größte Funktionswert im zugehörigen Teilintervall. Hier wird dieser Funktionswert stets am rechten Rand des Teilintervalls angenommen.

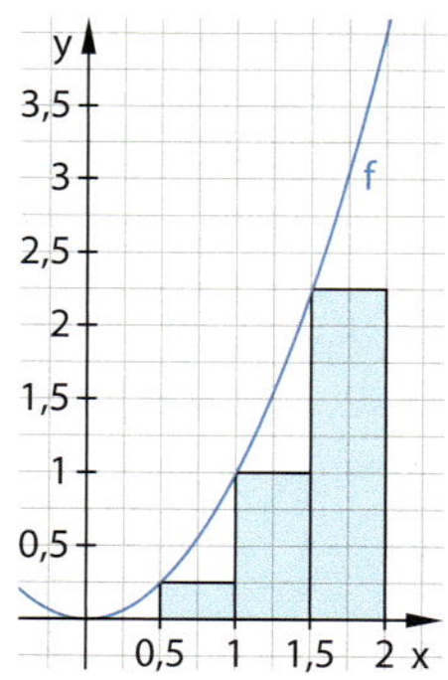

$U_4 = \frac{1}{2} \cdot 0^2 + \frac{1}{2} \cdot \left(\frac{1}{2}\right)^2 + \frac{1}{2} \cdot 1^2 + \frac{1}{2} \cdot \left(\frac{3}{2}\right)^2 = 1{,}75$

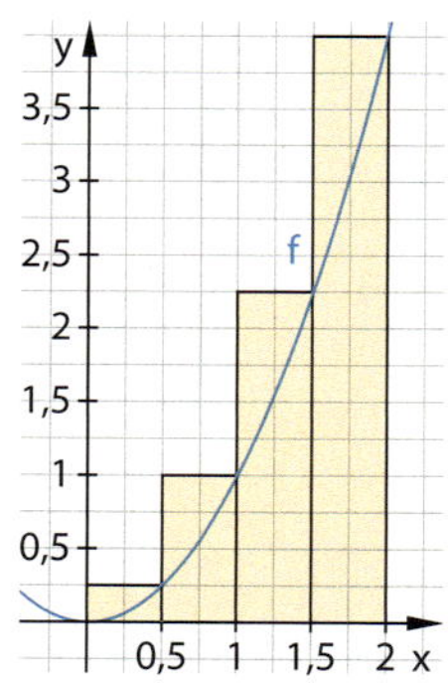

$O_4 = \frac{1}{2} \cdot \left(\frac{1}{2}\right)^2 + \frac{1}{2} \cdot 1^2 + \frac{1}{2} \cdot \left(\frac{3}{2}\right)^2 + \frac{1}{2} \cdot 2^2 = 3{,}75$

Basisaufgaben

1. Schätzen Sie die Fläche zwischen dem Graphen der Funktion f und der x-Achse
a) durch Kästchenzählen,
b) mithilfe der eingezeichneten Dreiecksfläche ab.

a)
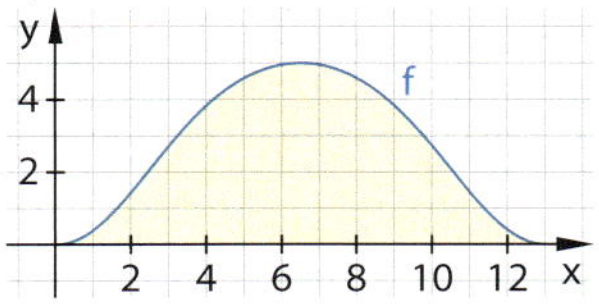

b)
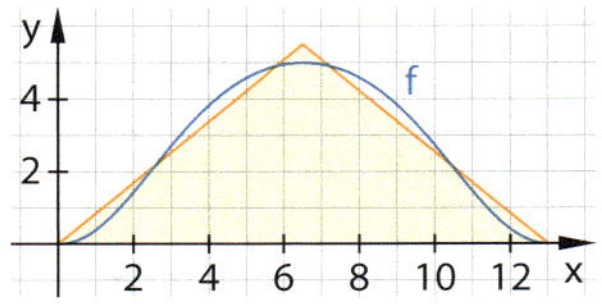

2. Zur näherungsweisen Berechnung des Inhalts der Fläche unter dem Graphen im Intervall [0; 5] wurden Rechtecke der Breite 1 eingezeichnet.
a) Bestimmen Sie diesen Näherungswert.
b) Zeigen Sie, dass sich die Näherung verbessert, wenn man entsprechende Rechtecke der Breite 0,5 einzeichnet.
c) Beschreiben Sie, wie man immer bessere Näherungswerte erhalten kann.

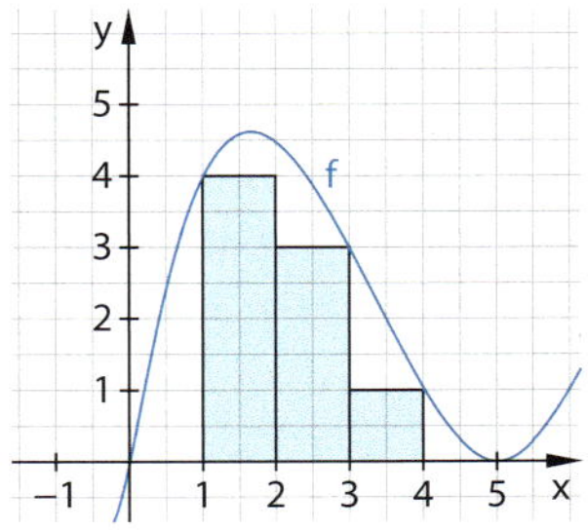

3. Untersucht wird die Funktion f mit $f(x) = x^3$ im Intervall [0; 3].
a) Berechnen Sie die Unter- und Obersummen mit 3 (bzw. 6) gleich breiten Rechtecken.
b) Geben Sie mithilfe der Ergebnisse aus a) eine untere und obere Grenze für den Inhalt der Fläche zwischen dem Graphen von f und der x-Achse an.

4. Gegeben ist die Funktion f mit $f(x) = -\frac{1}{8}x^2 + 5$.
a) Berechnen Sie die in den Bildern dargestellte Unter- und Obersumme.
b) Berechnen Sie die Unter- und Obersumme im Intervall [0; 5] mit 10 gleich breiten Rechtecken.

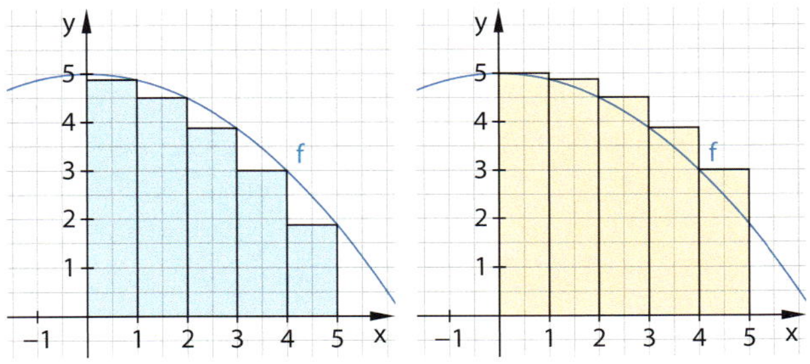

5. **Vergleich verschiedener Produktsummen:**
William schätzt die Fläche unter dem Graphen der Funktion f mit $f(x) = 0{,}2x^2 + 1$ im Intervall [0; 8] mithilfe der eingezeichneten Rechtecke ab. Er berechnet den Flächeninhalt der Rechtecke mit der Produktsumme $2 \cdot f(1) + 2 \cdot f(3) + 2 \cdot f(5) + 2 \cdot f(7)$.
a) Berechnen Sie den Wert der Produktsumme. Erläutern Sie, wie William die Breiten und Höhen der Rechtecke gewählt hat.
b) Berechnen Sie die Unter- und Obersumme für vier gleich breite Rechteckstreifen im Intervall [0; 8].
c) Welcher der Werte aus a) und b) nähert den Inhalt A der Fläche zwischen dem Graphen von f und der x-Achse am besten an? Begründen Sie.
d) Welchen Vorteil hat es, den Wert von Unter- und Obersumme zu kennen? Welche Aussage über den Flächeninhalt A können Sie dann treffen?

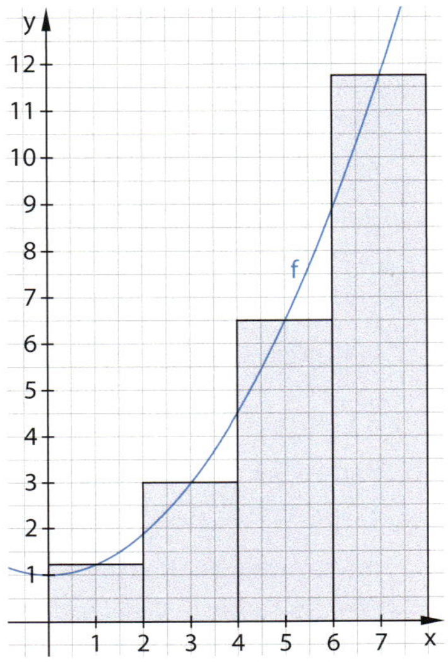

Hinweis:
Die Summe von Produkten aus der Streifenbreite und einem Funktionswert im Teilintervall bezeichnet man als **Produktsumme**.
Unter- und Obersumme sind spezielle Produktsummen.

Das bestimmte Integral als Grenzwert von Ober- und Untersummen

Man kann den Inhalt der Fläche zwischen dem Funktionsgraphen und der x-Achse durch eine Annäherung mit n gleich breiten Rechtecken beliebig genau bestimmen, indem man die Anzahl n der Rechtecke immer größer und damit ihre Breite immer kleiner werden lässt.

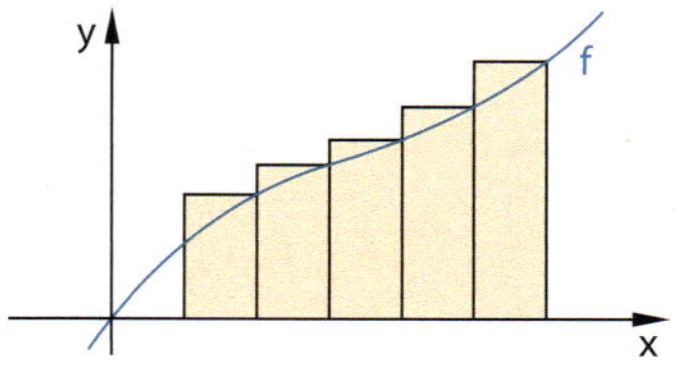

Hinweis:
Es gibt Funktionen, bei denen die Grenzwerte von Ober- und Untersumme nicht übereinstimmen oder nicht existieren.

Durch eine Verfeinerung der Einteilung wird die Obersumme O_n kleiner und die Untersumme U_n größer. Im Allgemeinen streben die Ober- und Untersumme für $n \to \infty$ gegen den gleichen Grenzwert. Dieser Grenzwert entspricht bei Funktionen mit nicht-negativen Funktionswerten dem Flächeninhalt zwischen dem Funktionsgraphen und der x-Achse.

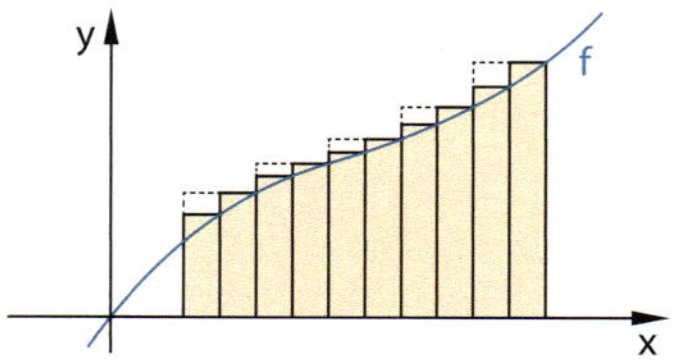

Hinweis:
Man kann das Integral auch als Grenzwert einer beliebigen **Produktsumme** definieren.

Definition: Das bestimmte Integral als Grenzwert von Ober- und Untersummen
Wenn die Ober- und Untersummen einer Funktion f auf dem Intervall [a; b] einen gemeinsamen Grenzwert haben ($\lim\limits_{n\to\infty} O_n = \lim\limits_{n\to\infty} U_n$), so heißt die Funktion integrierbar. Der gemeinsame Grenzwert heißt dann **bestimmtes Integral** von f in den Grenzen von a bis b.

Schreibweise: $\int\limits_a^b f(x)\,dx$

obere Integrationsgrenze: b; untere Integrationsgrenze: a; Integrand: f(x); Integrationsvariable: x

Beispiel 2: Gegeben ist die Funktion f mit $f(x) = x^2$ auf dem Intervall [0; 2].
a) Teilen Sie das Intervall [0; 2] in n gleich große Teilintervalle ein und berechnen Sie die Obersumme O_n und die Untersumme U_n in Abhängigkeit von n.
b) Bestimmen Sie den Grenzwert der Obersummen und Untersummen für $n \to \infty$ und stellen Sie ihn als Integral dar.

Hinweis:
Summenformel für Quadratzahlen:
$1^2 + 2^2 + \ldots + n^2 = \frac{n\cdot(n+1)\cdot(2n+1)}{6}$

Lösung:

a) Addieren Sie jeweils die Flächeninhalte der n Rechtecke. Ihre Breite ist $\frac{2}{n}$.
Bei der Obersumme entspricht die Höhe dem Funktionswert an den rechten Intervallrändern $1\cdot\frac{2}{n}, 2\cdot\frac{2}{n}, \ldots, n\cdot\frac{2}{n}$.
Klammern Sie $\frac{2}{n}$ und $\frac{2^2}{n^2}$ aus. Wenden Sie auf den Ausdruck in Klammern die Summenformel aus der Randspalte an. Fassen Sie zusammen.

$$\begin{aligned}O_n &= \tfrac{2}{n}\cdot f\left(1\cdot\tfrac{2}{n}\right) + \tfrac{2}{n}\cdot f\left(2\cdot\tfrac{2}{n}\right) + \ldots + \tfrac{2}{n}\cdot f\left(n\cdot\tfrac{2}{n}\right)\\ &= \tfrac{2}{n}\cdot\left(f\left(1\cdot\tfrac{2}{n}\right) + f\left(2\cdot\tfrac{2}{n}\right) + \ldots + f\left(n\cdot\tfrac{2}{n}\right)\right)\\ &= \tfrac{2}{n}\cdot\left(1^2\cdot\tfrac{2^2}{n^2} + 2^2\cdot\tfrac{2^2}{n^2} + \ldots + n^2\cdot\tfrac{2^2}{n^2}\right)\\ &= \tfrac{2}{n}\cdot\tfrac{2^2}{n^2}\cdot\left(1^2 + 2^2 + \ldots + n^2\right)\\ &= \tfrac{8}{n^3}\cdot\left(\tfrac{n(n+1)(2n+1)}{6}\right)\\ &= \tfrac{8}{n^3}\cdot\left(\tfrac{2n^3}{6} + \tfrac{3n^2}{6} + \tfrac{n}{6}\right) = \tfrac{8}{3} + \tfrac{4}{n} + \tfrac{4}{3n^2}\end{aligned}$$

Leiten Sie analog die Formel für U_n her.

$$\begin{aligned}U_n &= \tfrac{2}{n}\cdot\left(f\left(0\cdot\tfrac{2}{n}\right) + f\left(1\cdot\tfrac{2}{n}\right) + \ldots + f\left(n-1\cdot\tfrac{2}{n}\right)\right)\\ &= \ldots = \tfrac{8}{3} - \tfrac{4}{n} + \tfrac{4}{3n^2}\end{aligned}$$

b) Bilden Sie die Grenzwerte für $n \to \infty$. Die Terme $-\frac{4}{n}$, $\frac{4}{n}$ und $\frac{4}{3n^2}$ nähern sich 0 an, da die Nenner gegen unendlich streben. Die Grenzwerte von O_n und U_n sind gleich und entsprechen dem Integral.

$$\lim_{n\to\infty} O_n = \lim_{n\to\infty}\left(\tfrac{8}{3} + \tfrac{4}{n} + \tfrac{4}{3n^2}\right) = \tfrac{8}{3}$$

$$\lim_{n\to\infty} U_n = \lim_{n\to\infty}\left(\tfrac{8}{3} - \tfrac{4}{n} + \tfrac{4}{3n^2}\right) = \tfrac{8}{3}$$

$$\int\limits_0^2 x^2\,dx = \tfrac{8}{3}$$

Basisaufgaben

6. a) Zeigen Sie, dass gilt: $1^2 + 2^2 + \ldots + (n-1)^2 = \frac{(n-1) \cdot n \cdot (2n-1)}{6}$

b) Leiten Sie den Term für U_n aus Beispiel 2 ausführlich her.

Hinweis zu 6a:
$1^2 + 2^2 + \ldots + n^2 = \frac{n \cdot (n+1) \cdot (2n+1)}{6}$

7. Gegeben ist die Funktion f mit $f(x) = \frac{1}{3}x$.

a) Berechnen Sie den Wert der Obersumme O_8 im Intervall [0; 4].

b) Berechnen Sie den Wert der Obersumme O_n mit $n > 0$ im Intervall [0; 4].

c) Zeigen Sie, dass der Grenzwert von O_n für $n \to \infty$ dem Flächeninhalt der Dreiecksfläche unter dem Graphen von f entspricht.

Hinweis zu 7:
$1 + 2 + 3 + \ldots + n = \frac{n \cdot (n+1)}{2}$

8. Gegeben ist die Funktion f mit $f(x) = 6x^2$ im Intervall [0; 1].

a) Berechnen Sie die Obersumme O_n und Untersumme U_n in Abhängigkeit von n ($n > 0$).

b) Berechnen Sie O_n und U_n für $n = 10$, $n = 100$ und $n = 1000$.

c) Ermitteln Sie den Grenzwert von O_n und U_n für $n \to \infty$. Schreiben Sie ihn als Integral.

9. Berechnen Sie mithilfe von Ober- und Untersummen den Inhalt der Fläche, die der Graph von f über dem Intervall I mit der x-Achse einschließt.

a) $f(x) = x$; $I = [0; 2]$ b) $f(x) = x^3$; $I = [0; 3]$ c) $f(x) = 3x^2$; $I = [0; a]$ mit $a > 0$

Hinweis zu 9b:
$1^3 + 2^3 + 3^3 + \ldots + n^3 = \frac{n^2(n+1)^2}{4}$

Integral als Flächenbilanz

Bei der Berechnung von Obersumme (bzw. Untersumme) wird bei jedem Rechteckstreifen der größte (bzw. kleinste) Funktionswert mit der Streifenbreite multipliziert. Bei negativen Funktionswerten sind die Produkte negativ und gehen negativ in die Obersumme (bzw. Untersumme) ein. Das bestimmte Integral stellt also eine Flächenbilanz dar.

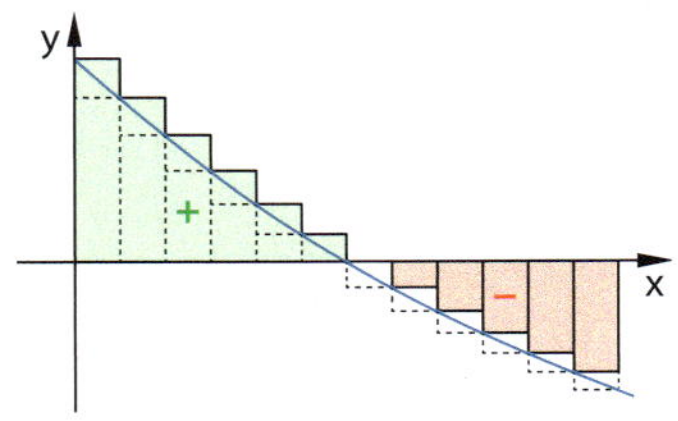

Satz: Das bestimmte Integral als Flächenbilanz

Das **bestimmte Integral** $\int_a^b f(x)\,dx$ gibt die **Flächenbilanz** zwischen dem Graphen von f und der x-Achse auf dem Intervall [a; b] an. Die Inhalte von Flächen oberhalb der x-Achse werden positiv, die Inhalte von Flächen unterhalb der x-Achse negativ bilanziert.

Beispiel 3: Skizzieren Sie den Graphen der Funktion f mit $f(x) = \frac{1}{2}x - 1$ im Intervall [−1; 4] und bestimmen Sie den Wert des Integrals $\int_{-1}^{4} \left(\frac{1}{2}x - 1\right) dx$.

Lösung:

Teilen Sie die Fläche zwischen dem Graphen und der x-Achse in eine Fläche (rot) unterhalb und eine Fläche (grün) oberhalb der x-Achse ein.

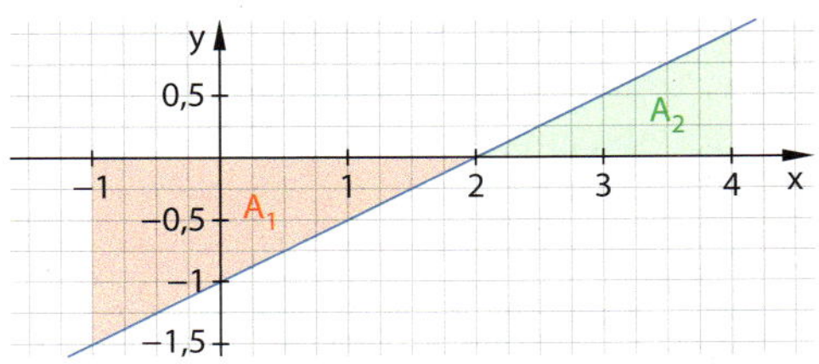

Berechnen Sie die Flächeninhalte der Teilflächen. Der Flächeninhalt des roten Dreiecks geht mit einem negativen Vorzeichen in die Flächenbilanz ein, da es unterhalb der x-Achse liegt. Der Flächeninhalt des grünen Dreiecks wird positiv bilanziert.

$A_1 = \frac{1}{2} \cdot 3 \cdot 1{,}5 = 2{,}25$; $A_2 = \frac{1}{2} \cdot 2 \cdot 1 = 1$

$\int_{-1}^{4} \left(\frac{1}{2}x - 1\right) dx = -A_1 + A_2 = -2{,}25 + 1 = -1{,}25$

Basisaufgaben

10. a) Geben Sie die Flächenbilanz der farbigen Fläche in Integralschreibweise an.

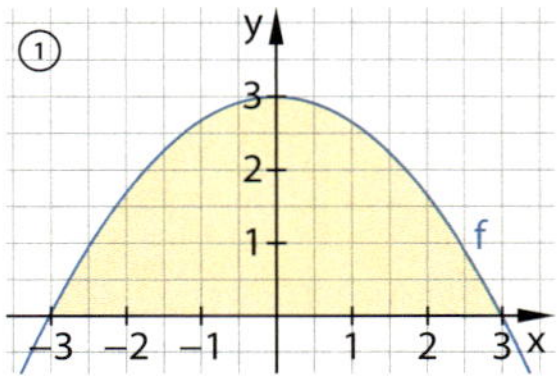

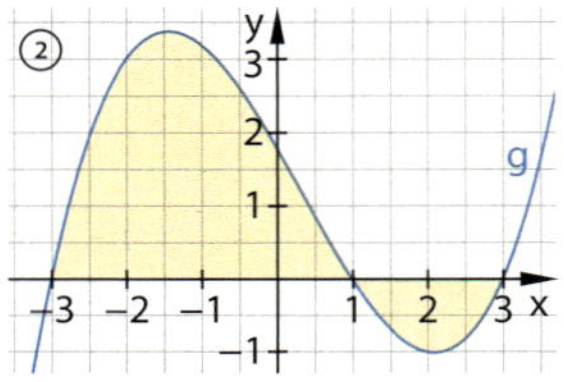

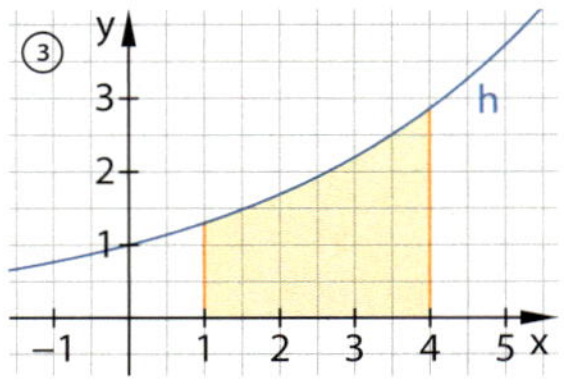

b) Erläutern Sie, in welchen Fällen das Integral gleichzeitig den gesamten Inhalt der farbigen Fläche beschreibt.

Lösungen zu 11:

13,5 6 5 12 7,5

11. Zeichnen Sie den Graphen von f mit $f(x) = \frac{1}{3}x + 1$ im Intervall $[-6; 6]$ und bestimmen Sie den Wert des Integrals.

a) $\int_{-3}^{3} f(x)\,dx$ b) $\int_{-3}^{6} f(x)\,dx$ c) $\int_{-6}^{6} f(x)\,dx$ d) $\int_{3}^{6} f(x)\,dx$

12. Berechnen Sie für die durch ihren Graphen gegebene Funktion f das Integral $\int_a^b f(x)\,dx$.

a)

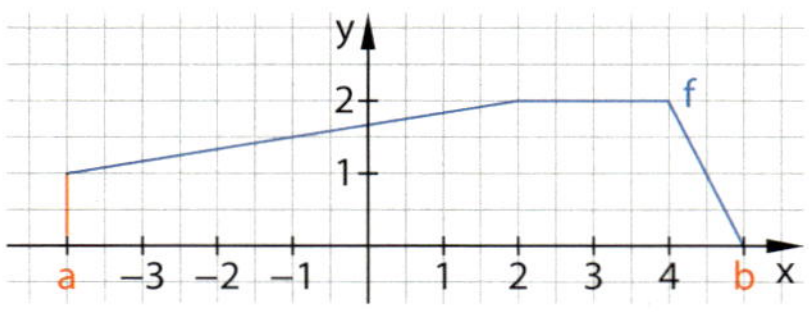

b)

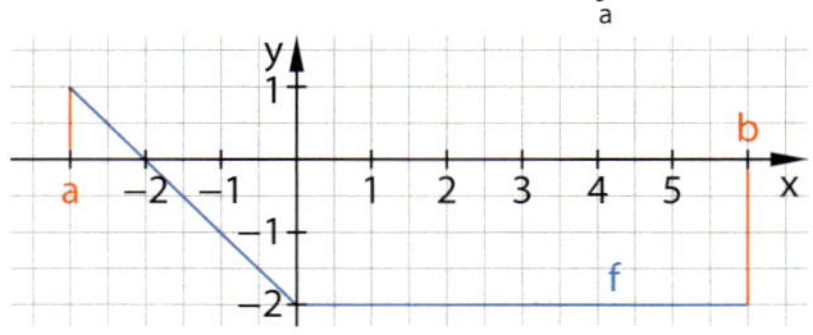

13. Skizzieren und berechnen Sie mithilfe von Dreiecks- und Rechtecksflächen.

a) $\int_{0}^{3} \frac{1}{4}x\,dx$ b) $\int_{-1}^{2} -0{,}5\,dx$ c) $\int_{0}^{3} \left(\frac{1}{2}x - 1\right)dx$ d) $\int_{-3}^{3} -7t\,dt$

14. Entscheiden Sie anhand des Graphenverlaufs, ob das Integral positiv, negativ oder null ist.

a) $\int_{-3}^{5} -x^2\,dx$ b) $\int_{0}^{4} 2u^3\,du$ c) $\int_{-2}^{1} 2x^3\,dx$ d) $\int_{-10}^{10} 4x^5\,dx$

Weiterführende Aufgaben

15. Die Funktion f ist auf dem Intervall $[a; b]$ streng monoton steigend. Die Abbildung zeigt den Graphen von f sowie Säulen der Obersumme O_5 und der Untersumme U_5.

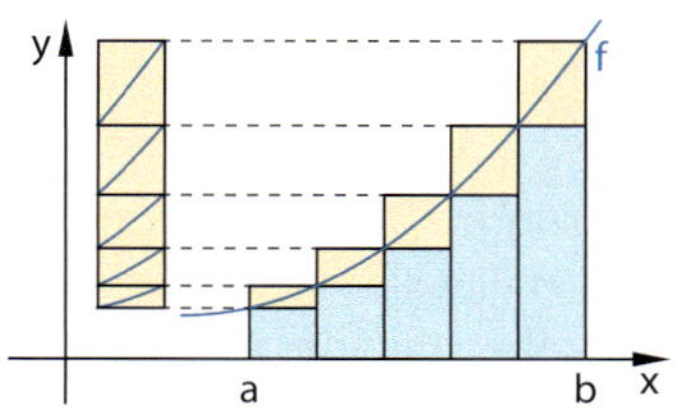

a) Begründen Sie mithilfe der Abbildung, dass der Unterschied zwischen der Obersumme O_n und der Untersumme U_n gleich $\frac{b-a}{n} \cdot (f(b) - f(a))$ ist und für wachsende n gegen null strebt.

b) Untersuchen Sie analog den Fall, dass f streng monoton fallend auf $[a; b]$ ist.

16. **Stolperstelle:** Anne meint: *„Wenn ich die Obersumme bilden will, wähle ich für die Höhe eines Rechtecks immer den Funktionswert am rechten Rand des Teilintervalls."*

a) Prüfen Sie die Aussage am Beispiel der Funktion f mit $f(x) = -x^2 + 9$ im Intervall $[0; 3]$.

b) Überlegen Sie, unter welchen Voraussetzungen Anne recht hat.

17. Begründen Sie anschaulich anhand einer Skizze die Aussage über eine Funktion f für $a > 0$.

a) Ist f punktsymmetrisch zum Koordinatenursprung, so gilt: $\int_{-a}^{a} f(x)\,dx = 0$

b) Ist f achsensymmetrisch zur y-Achse, so gilt: $\int_{-a}^{a} f(x)\,dx = 2 \cdot \int_{0}^{a} f(x)\,dx$

18. Additivität von Integralen:
Begründen Sie anhand einer Skizze, dass für $a < b < c$ gilt: $\int_{a}^{b} f(x)\,dx + \int_{b}^{c} f(x)\,dx = \int_{a}^{c} f(x)\,dx$

19. Berechnen Sie für $f(x) = 2x - 3$ das Integral.

a) $\int_{2}^{4} f(x)\,dx$ b) $\int_{2}^{2,5} f(x)\,dx + \int_{2,5}^{4} f(x)\,dx$ c) $\int_{2}^{9} f(x)\,dx - \int_{4}^{9} f(x)\,dx$

20. Mit der Funktion v mit $v(t) = 10t$ lässt sich die Geschwindigkeit eines frei fallenden Objekts zu einem beliebigen Zeitpunkt t näherungsweise berechnen.
a) Erläutern Sie die Bedeutung der Fläche zwischen dem Graphen von v und der t-Achse.
b) Berechnen Sie $\int_{0}^{4} v(t)\,dt$ und interpretieren Sie das Ergebnis im Sachzusammenhang.
c) Schreiben Sie die Strecke, die der fallende Körper zwischen der 3. und 5. Sekunde zurücklegt, als Integral und berechnen Sie dieses.

21. Das Diagramm zeigt das Füllen und Entleeren eines Wasserbassins.
a) Bestimmen Sie näherungsweise, wie viel Wasser im dargestellten Zeitraum insgesamt in das Bassin hinein- und wie viel wieder hinausgeflossen ist.
b) Stellen Sie die Gesamtänderung der Wassermenge in Liter als Integral dar.

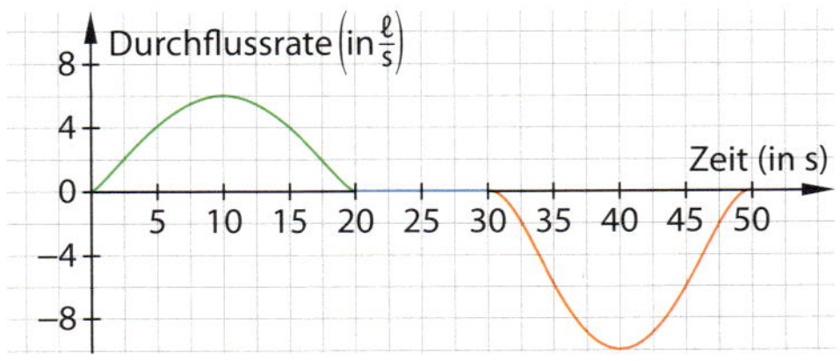

22. Beim Öffnen eines Wehrs verändert sich die Durchflussgeschwindigkeit des Wassers. Während des Öffnungsvorgangs kann diese mit der Funktion d mit $d(t) = \frac{1}{2}t^2$ beschrieben werden ($d(t)$ in $\frac{m^3}{s}$ und t in s). Der Öffnungsvorgang dauert insgesamt 8 s.
a) Berechnen Sie die Durchflussgeschwindigkeit nach 2 s, 4 s und 8 s.
b) Schätzen Sie die während des Öffnungsvorgangs durchgeflossene Wassermenge sinnvoll ab.
c) Berechnen Sie die exakte Menge des durchgeflossenen Wassers.

● **23. Ausblick:**
a) Zeigen Sie, dass gilt: $1 + a + a^2 + \ldots + a^{n-1} = \frac{1 - a^n}{1 - a}$ und $a + a^2 + a^3 + \ldots + a^n = a \cdot \frac{1 - a^n}{1 - a}$
b) Bestimmen Sie durch Testeinsetzung $\lim\limits_{n \to \infty} n \cdot \left(1 - e^{\frac{1}{n}}\right)$.
c) Zeigen Sie mithilfe von a) und b), dass die Fläche, die der Graph von f mit $f(x) = e^x$ über dem Intervall [0; 1] mit der x-Achse einschließt, den Inhalt $e - 1$ hat.

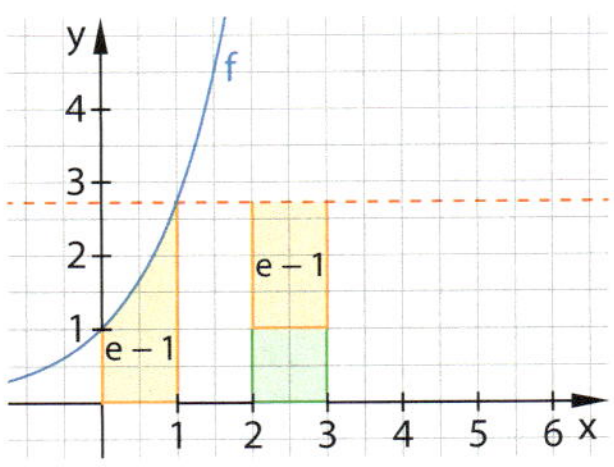

Hinweis zu 23a:
$1 + a + a^2 + \ldots + a^n = \frac{1 - a^{n+1}}{1 - a}$

5.3 Stammfunktionen

■ In der Tabelle sind Funktionsterme für Funktionen f und für ihre Ableitungsfunktionen f′ aufgelistet. Leider sind nicht mehr alle Terme lesbar.

f	$\frac{1}{2}x^3 + 5x$			$2x^5 - x$		
f'		$x^2 + 2x$	$\frac{1}{2}x^3 + 2x^2 - 1$		$-2e^x$	$\frac{1}{3}(x-8)^2$

a) Bestimmen Sie die fehlenden Terme für f und f′.
b) Sind Ihre Ergebnisse immer eindeutig? ■

Zu einer Bestandsfunktion F erhält man die Funktion der Änderungsrate $f = F'$ durch Ableiten von F. Ist umgekehrt f gegeben, sucht man eine Funktion F, für die $f = F'$ gilt. Eine solche Funktion F nennt man **Stammfunktion** von f.

Definition: Stammfunktion
Eine Funktion F heißt **Stammfunktion** zur Funktion f, wenn für jede Stelle x gilt: $F'(x) = f(x)$.

Stammfunktionen sind nicht eindeutig. Ist F eine Stammfunktion von f, so ist auch G mit $G(x) = F(x) + C$ eine Stammfunktion von f, da die Konstante C beim Ableiten wegfällt. Man erhält durch die Addition einer Konstanten alle Stammfunktionen der Funktion f.

Hinweis:
Die Menge aller Stammfunktionen zu f wird als **unbestimmtes Integral** $\int f(x)\,dx$ bezeichnet.

Satz: Gesamtheit aller Stammfunktionen
Ist F eine Stammfunktion zu einer Funktion f, so sind alle Stammfunktionen von f gegeben durch $F(x) + C$ mit $C \in \mathbb{R}$.

Stammfunktionen grafisch bestimmen

Der Zusammenhang zwischen den Graphen einer Funktion f und ihrer Ableitung f′ ist bereits bekannt. Er lässt sich auf die Graphen von f und einer Stammfunktion F übertragen. Der Funktionswert von $f = F'$ gibt die Steigung des Graphen von F an dieser Stelle an.

Beispiel 1: Skizzieren Sie zum abgebildeten Graphen von f den Graphen einer Stammfunktion F.
Markieren Sie die Intervalle, in denen der Graph von F steigt bzw. fällt.

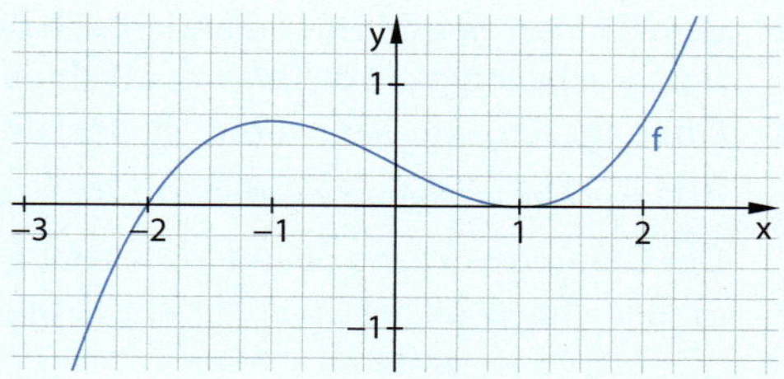

Lösung:
Im Bereich $x < -2$ ist $f(x)$ negativ. Hier fällt der Graph von F.
In den Bereichen $-2 < x < 1$ und $x > 1$ ist $f(x)$ positiv. Hier steigt der Graph von F.

Bei den Nullstellen von f gibt es beim Graphen von F eine waagerechte Tangente:
$x = -2$: Vorzeichenwechsel von − nach + bei f, daher liegt dort ein Tiefpunkt von F.
$x = 1$: kein Vorzeichenwechsel bei f, daher liegt dort ein Sattelpunkt von F.

Hinweis:
Der Graph der Stammfunktion ist nicht eindeutig, er kann nach oben oder unten verschoben sein. Dies hängt von der Wahl des Ausgangspunktes ab.

Wählen Sie sich einen beliebigen Punkt (hier $P(-2|-1)$) und skizzieren Sie eine Kurve mit den ermittelten Eigenschaften.

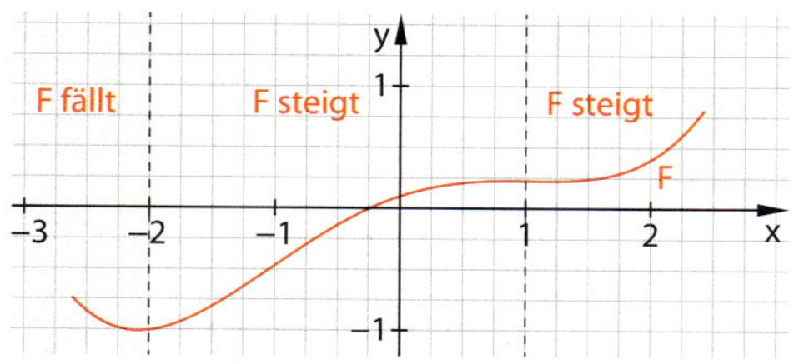

Basisaufgaben

1. Die Graphen ① bis ④ zeigen Stammfunktionen zu den Funktionen f, g, h und i. Ordnen Sie passend zu. Begründen und erläutern Sie die Zusammenhänge zwischen dem Graphen einer Funktion und ihrer Stammfunktion.

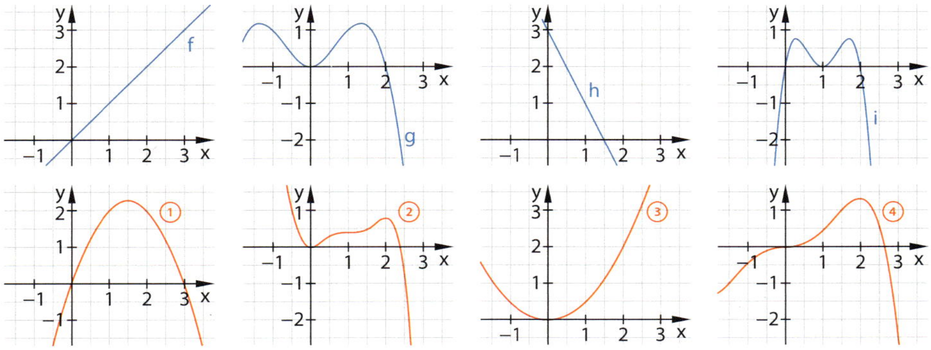

2. Ordnen Sie die Eigenschaften der Graphen von einer Funktion und ihrer Stammfunktion einander zu. Legen Sie dazu eine Tabelle an.

Graph der Funktion: Tiefpunkt; unterhalb der x-Achse; parallel zur x-Achse; oberhalb der x-Achse; Schnittpunkt mit der x-Achse; Hochpunkt; entlang der x-Achse

Graph der Stammfunktion: fallend; steilster Anstieg; Gerade; Hoch- oder Tiefpunkt; parallel zur x-Achse; steilster Abfall; steigend

3. Skizzieren Sie zum Graphen von f den Graphen einer Stammfunktion F.

a)

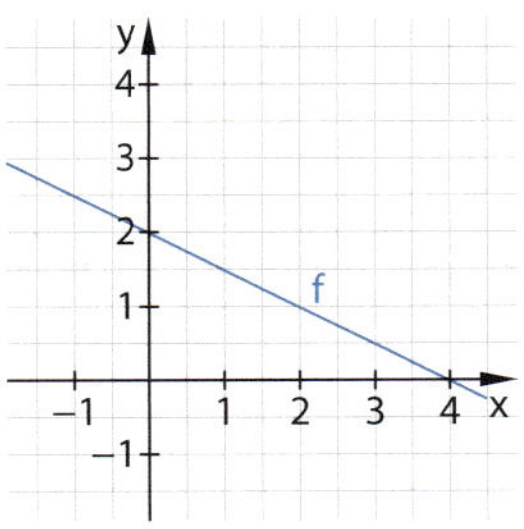

b)

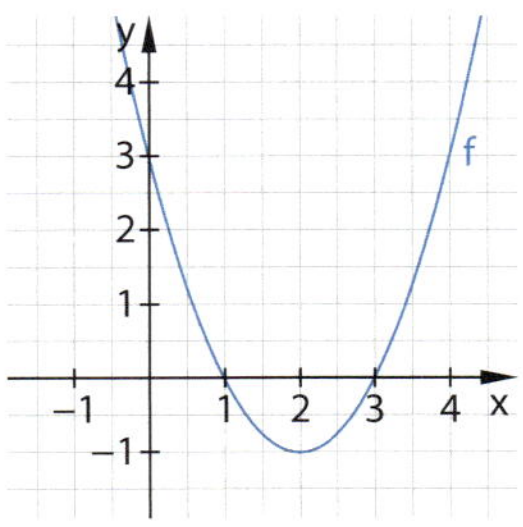

c)

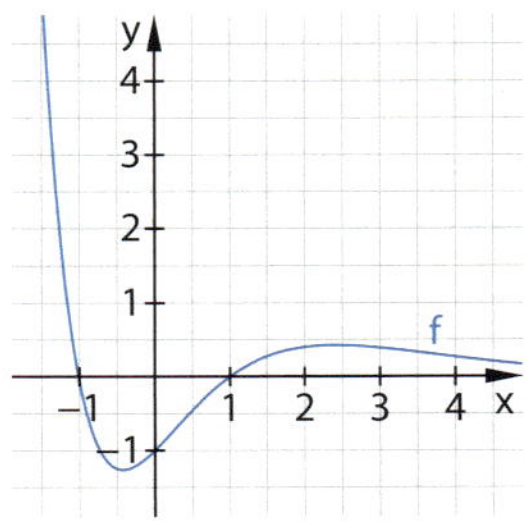

4. Bilden Sie eine Dreiergruppe und skizzieren Sie Graphen wie angegeben. Der dritte Schüler soll den ersten Graphen nicht sehen. Vergleichen Sie den Graphen des ersten und des dritten Schülers.

a) Ein Schüler gibt den Graphen einer Funktion f und einen Anfangswert F(0) vor. Ein zweiter Schüler skizziert dazu eine Stammfunktion F und der dritte Schüler zu diesem F die Ableitungsfunktion F'.

b) Ein Schüler gibt den Graphen einer Funktion F_1 vor. Ein zweiter Schüler skizziert dazu die Ableitungsfunktion f und der dritte Schüler zu diesem f eine Stammfunktion F_2.

Stammfunktionen rechnerisch bestimmen

Das Ableiten der Funktion F mit $F(x) = \frac{1}{2}x^2$ ergibt die Funktion f mit $f(x) = x$. Damit erhält man umgekehrt sofort eine Stammfunktion zu $f(x) = x$, nämlich $F(x) = \frac{1}{2}x^2$. Auf dieselbe Weise ergeben sich weitere wichtige Stammfunktionen:

Hinweis:
Zur konstanten Funktion f mit $f(x) = c$ ist F mit $F(x) = cx$ eine Stammfunktion.

Wissen: Elementare Stammfunktionen

Die Tabelle zeigt Stammfunktionen F zu elementaren Funktionen f. Es gilt $F'(x) = f(x)$.

f(x)	1	x	$\frac{1}{x^2}$	$\frac{1}{\sqrt{x}}$	e^x
F(x)	x	$\frac{1}{2}x^2$	$-\frac{1}{x}$	$2\sqrt{x}$	e^x

Beispiel 2: Gegeben ist die Funktion f mit $f(x) = x^2$.

a) Weisen Sie nach, dass F mit $F(x) = \frac{1}{3}x^3$ eine Stammfunktion zu f ist.
b) Geben Sie alle Stammfunktionen zu f an.
c) Ermitteln Sie diejenige Stammfunktion zu f, deren Graph durch den Punkt $(-2\,|\,1)$ geht.

Lösung:

a) Leiten Sie F(x) ab und zeigen Sie, dass sich f(x) ergibt.

$\left[\frac{1}{3}x^3\right]' = \frac{1}{3} \cdot 3x^2 = x^2$

Also ist F eine Stammfunktion zu f.

b) Addieren Sie eine Konstante C, um alle Stammfunktionen zu erhalten.

$F(x) = \frac{1}{3}x^3 + C$

c) Setzen Sie -2 für x im Term von b) ein und den Term gleich 1. Lösen Sie die Gleichung nach C auf und setzen Sie das Ergebnis für C in die allgemeine Stammfunktion ein.

$F(-2) = \frac{1}{3} \cdot (-2)^3 + C = -\frac{8}{3} + C$

$-\frac{8}{3} + C = 1$ also $C = \frac{11}{3}$

$F(x) = \frac{1}{3}x^3 + \frac{11}{3}$

Hinweis:
Schreibweise als unbestimmtes Integral:
$\int x^2\,dx = \frac{1}{3}x^3 + C$

Basisaufgaben

5. Zeigen Sie durch Ableiten, dass F eine Stammfunktion von f ist.

	a)	b)	c)	d)	e)
f(x)	$4x$	$12x^2 - 4x + 3$	$-\frac{8}{x^2} - \frac{1}{2\sqrt{x}}$	e^{7x+2}	$-\frac{1}{\sqrt{4-2x}}$
F(x)	$2x^2 - 5$	$4x^3 - 2x^2 + 3x$	$\frac{8}{x} - \sqrt{x}$	$\frac{1}{7}e^{7x+2}$	$\sqrt{4-2x}$

6. Gegeben ist die Funktion f mit $f(x) = \frac{1}{2}e^{-3x+3}$.

a) Weisen Sie nach, dass F mit $F(x) = -\frac{1}{6}e^{-3x+3}$ eine Stammfunktion zu f ist.
b) Geben Sie alle Stammfunktionen zu f an.
c) Bestimmen Sie die Stammfunktion zu f, deren Graph durch den Punkt $P(1\,|\,0)$ verläuft.
d) Bestimmen Sie die Stammfunktion zu f, deren Graph durch den Punkt $Q(0\,|\,1)$ verläuft.

7. Gegeben ist die Funktion f mit $f(x) = 3x^2 - 6x + 3$.

a) Zeigen Sie, dass F mit $F(x) = x^3 - 3x^2 + 3x - 1984$ eine Stammfunktion zu f ist.
b) Geben Sie eine Stammfunktion zu f an, deren Graph durch den Punkt $(-1\,|\,-4)$ verläuft.
c) Geben Sie eine Stammfunktion zu f an, die $x = 0$ ($x = 1$) als Nullstelle hat.
d) Geben Sie eine Stammfunktion zu f an, die den y-Achsenabschnitt π hat.

Regeln zum Bestimmen der Stammfunktion

Da das Bestimmen einer Stammfunktion die Umkehrung des Differenzierens ist, erhöht sich bei einer Stammfunktion zu einer Potenzfunktion f mit $f(x) = x^r$ der Exponent um 1 und es wird zudem durch den „neuen" Exponenten $r + 1$ dividiert.
Durch Umkehrung weiterer Ableitungsregeln erhält man die Regeln für Stammfunktionen:

Satz: Regeln für Stammfunktionen
Sind G und H Stammfunktionen von g bzw. h, so gilt:

	Funktion	Stammfunktion
Faktorregel ($k \in \mathbb{R}$)	$f(x) = k \cdot g(x)$	$F(x) = k \cdot G(x)$
Summenregel	$f(x) = g(x) + h(x)$	$F(x) = G(x) + H(x)$
lineare Kettenregel ($a, b \in \mathbb{R}, a \neq 0$)	$f(x) = g(ax + b)$	$F(x) = \frac{1}{a} \cdot G(ax + b)$
für $g(x) = e^x$:	$f(x) = e^{ax+b}$	$F(x) = \frac{1}{a} \cdot e^{ax+b}$
Potenzregel ($r \in \mathbb{Q}, r \neq -1$)	$f(x) = x^r$	$F(x) = \frac{1}{r+1} \cdot x^{r+1}$

Hinweis:
Die Stammfunktion zu $f(x) = \frac{1}{x} = x^{-1}$ kann nicht mithilfe der Potenzregel bestimmt werden, da man ansonsten durch null teilen müsste.

Beispiel 3: Stammfunktionen mit den Regeln bestimmen
Bestimmen Sie mithilfe der Regeln eine Stammfunktion zur Funktion f.

a) $f(x) = \frac{1}{x^3}$ b) $f(x) = 15x^4 - 8x^3 + 2$ c) $f(x) = (6x + 5)^3$ d) $f(x) = e^{-2x+4}$

Lösung:

a) Schreiben Sie den Funktionsterm als Potenz und wenden Sie die Potenzregel an.
$f(x) = \frac{1}{x^3} = x^{-3}$
Der Exponent −3 wird um 1 erhöht und der Faktor $\frac{1}{-3+1}$ ergänzt.
$F(x) = \frac{1}{-3+1}x^{-3+1} = -\frac{1}{2}x^{-2} = -\frac{1}{2x^2}$

b) Bestimmen Sie zu jedem Summanden einzeln eine Stammfunktion. Behalten Sie die Faktoren bei.
$F(x) = 15 \cdot \frac{1}{4+1} \cdot x^{4+1} - 8 \cdot \frac{1}{3+1} \cdot x^{3+1} + 2x$
$= 3x^5 - 2x^4 + 2x$

c) Wenden Sie die lineare Kettenregel an. Bestimmen Sie eine Stammfunktion G der äußeren Funktion g.
$f(x) = g(6x + 5)$ mit $g(x) = x^3$
Stammfunktion von g: $G(x) = \frac{1}{4}x^4$
Setzen Sie $6x + 5$ in $G(x)$ ein und ergänzen Sie den Faktor $\frac{1}{6}$.
$F(x) = \frac{1}{6} \cdot G(6x + 5)$
$= \frac{1}{6} \cdot \frac{1}{4} \cdot (6x + 5)^4 = \frac{1}{24}(6x + 5)^4$

d) Wenden Sie die lineare Kettenregel für $g(x) = e^x$ an.
$F(x) = -\frac{1}{2} \cdot e^{-2x+4}$

Wie auch beim Ableiten von Funktionenscharen, werden beim Bilden von Stammfunktionen Parameter wie Konstanten behandelt.

Beispiel 4: Stammfunktionen von Funktionenscharen
Bestimmen Sie eine Stammfunktion F_a zur Funktionenschar f_a mit $f_a(x) = -5ax^4 - ax^2 + 3$.

Lösung:
Wenden Sie die Faktor- und Summenregel an. Der Parameter a wird wie eine Konstante behandelt.

$F_a(x) = -5a \cdot \frac{1}{4+1}x^{4+1} - a \cdot \frac{1}{2+1}x^{2+1} + 3x$
$= -ax^5 - \frac{a}{3}x^3 + 3x$

Basisaufgaben

Erinnerung:
$\frac{1}{x^n} = x^{-n}$
$\sqrt[n]{x^m} = x^{\frac{m}{n}}$

8. Bestimmen Sie eine Stammfunktion zur Funktion f. Überprüfen Sie durch Ableiten.
a) $f(x) = x^2$ b) $f(x) = x^5$ c) $f(x) = \frac{1}{x^4}$ d) $f(x) = \frac{1}{x^6}$
e) $f(x) = \sqrt{x}$ f) $f(x) = \frac{1}{\sqrt{x}}$ g) $f(x) = \sqrt{x^3}$ h) $f(x) = \sqrt[3]{x^2}$

Lösungen zu 9:
$\frac{x^3}{3} + c$
$\frac{1}{6}x^3 - 2x^2 + 7x + c$
$\frac{x^4}{2} + 4x + c$
$-\frac{x^6}{2} + c$
$-\frac{1}{2}x^5 + 2x^3 - 2x^2 + c$

9. Ermitteln Sie eine Stammfunktion zur Funktion f. Überprüfen Sie durch Ableiten.
a) $f(x) = -3x^5$ b) $f(x) = 2x^3 + 4$ c) $f(x) = \frac{1}{2}x^2 - 4x + 7$ d) $f(x) = -\frac{5}{2}x^4 + 6x^2 - 4x$

10. Bestimmen Sie mithilfe der linearen Kettenregel eine Stammfunktion zu f. Überprüfen Sie Ihr Ergebnis durch Ableiten.
a) $f(x) = (3x+1)^2$ b) $f(x) = \frac{3}{(2x+7)^2}$ c) $f(x) = \sqrt{6x-5}$ d) $f(x) = 3e^{12x+7}$

11. Bilden Sie mithilfe der Terme vier Paare aus Funktion und passender Stammfunktion.

$\frac{1}{x^6} + 6x^2$ | $\frac{2}{\sqrt{x}}$ | $\sqrt{x}$ | $-\frac{1}{5x^5} + 2x^3$ | $-\frac{1}{\sqrt{x^3}}$ | $-\frac{35}{x^6} + 36x^2$ | $\frac{1}{2\sqrt{x}}$ | $\frac{7}{x^5} + 12x^3$

12. Bestimmen Sie eine Stammfunktion zu f. Geben Sie an, welche Regeln Sie verwenden.
a) $f(x) = -3x^2$ b) $f(x) = \frac{3}{x^4}$ c) $f(x) = \sqrt[3]{x}$
d) $f(x) = x^3 - 6x^2 + 9x$ e) $f(x) = x^4 - 2x^2 + 8$ f) $f(t) = 2(1 - t^2)$
g) $f(x) = 1 - \sqrt{x-1}$ h) $f(x) = x^2 - 3(2-2x)^5$ i) $f(t) = \frac{6}{t^2} - 3\sqrt{t}$
j) $f(x) = \frac{1}{2}x^3 + \frac{1}{2x^3}$ k) $f(x) = 1 + \frac{1}{\sqrt{x}}$ l) $f(a) = 7a^{\frac{3}{5}}$

13. Bestimmen Sie eine Stammfunktion zur Funktion f.
a) $f(x) = 2e^x$ b) $f(x) = 3 + e^x$ c) $f(t) = e^t - 4$ d) $f(x) = 4e^x$
e) $f(x) = e^{-3x} + 1$ f) $f(x) = 6e^{2x}$ g) $f(t) = -e^{-t-1}$ h) $f(x) = \frac{1}{3}e^{1-\frac{1}{4}x} + 2$
i) $f(x) = 2 - 3e^{\frac{3}{5}x+1}$ j) $f(x) = -4e^{2x-2} - 2$ k) $f(x) = -\frac{1}{3}(e^{-x} + e^x)$ l) $f(t) = e^{2+5t} - e^2$

CAS **14.** Bestimmen Sie mit dem CAS eine Stammfunktion zu f.
a) $f(x) = x^4 + 7x^2 - 2$ b) $f(x) = (x^2-2)^2$
c) $f(x) = \frac{x}{(x^2+1)^2}$ d) $f(x) = xe^{x^2+1}$

15. Bestimmen Sie alle Stammfunktionen zur gegebenen Funktion.
a) $f(x) = x^3$ b) $g(x) = 2x - 4$ c) $h(x) = \frac{3}{x^2} - \frac{1}{2\sqrt{x}}$ d) $i(t) = \frac{1}{3}t^2 + e^{3t}$

16. Bestimmen Sie die Stammfunktion von f, deren Graph durch den Punkt P(1 | 2) verläuft.
a) $f(x) = -2x + 2$ b) $f(x) = -3x^2 + 2x$ c) $f(x) = \frac{2}{x^2}$ d) $f(x) = \frac{1}{\sqrt{x}} - x$

17. Bestimmen Sie eine Stammfunktion zur gegebenen Funktionenschar f_a.
a) $f_a(x) = 3ax^2 - 6a^2x + 3a^3$ b) $f_a(x) = \frac{x^2}{a} - \frac{a}{x^2} + \sqrt{ax}$ c) $f_a(t) = a - a \cdot e^{-0,2t}$

18. Bestimmen Sie zur gegebenen Funktion eine Stammfunktion.
a) $f(x) = x^{2n}$ b) $t(x) = mx + b$ c) $g(a) = ab^2$ d) $f(x) = a \cdot e^{bx+c}$

Weiterführende Aufgaben

19. Die Abbildung zeigt den Graphen einer Funktion f. Bestimmen Sie die Stellen aus ① bis ⑥, an denen der Graph einer beliebigen Stammfunktion F von f
a) fällt,
b) stärker als an den anderen Stellen aus ① bis ⑥ steigt,
c) parallel zur x-Achse verläuft,
d) einen Tiefpunkt hat,
e) einen Wendepunkt hat.

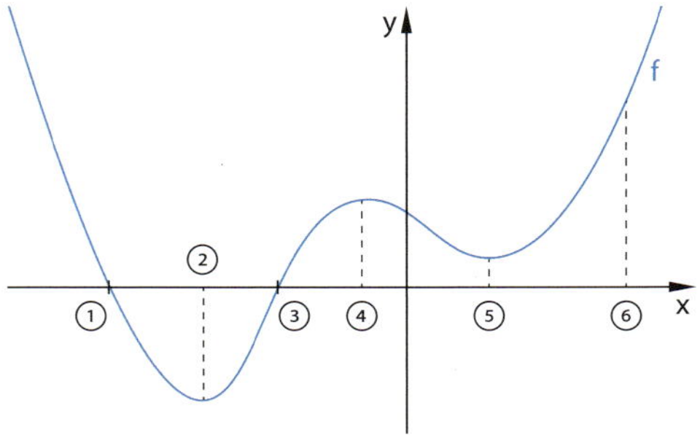

20. Stolperstelle: Beschreiben Sie, welche Fehler beim Bilden einer Stammfunktion gemacht wurden, und korrigieren Sie diese.

$f(x) = (2x + 1)^2$
$F(x) = \frac{1}{3}(2x + 1)^3$

$f(x) = x^{-3}$
$F(x) = -\frac{1}{4}x^{-4}$

$f(x) = e^{-x}$
$F(x) = -e^{x}$

$f(x) = 3e^{4x}$
$F(x) = \frac{3}{4x+1}e^{4x+1}$

21. Bestimmen Sie eine reelle Zahl a und eine Stammfunktion F_a zu f_a mit $f_a(x) = \frac{1}{2}x^2 + a$, sodass F_a die Nullstellen −3, 0 und 3 hat.

22. Stammfunktion der Funktion f mit $f(x) = b^x$: Edin weiß, dass sich die Ableitung von f mit $f(x) = b^x$ durch Multiplikation von f(x) mit ln(b) ergibt. Er behauptet, dass demnach F mit $F(x) = \frac{1}{\ln(b)}b^x$ eine Stammfunktion von f ist.
a) Begründen Sie, weshalb die Vermutung von Edin wahr ist.
b) Geben Sie mit der Formel eine Stammfunktion zu g an. Überprüfen Sie durch Ableiten.
① $g(x) = 4^x$ ② $g(x) = e^x$ ③ $g(x) = -2^x + e$ ④ $g(x) = e^x - 4^x$

23. Begründen oder widerlegen Sie die Aussage.
a) Haben zwei Funktionen eine gleiche Stammfunktion, dann sind sie gleich.
b) Die Ableitungsfunktion einer Stammfunktion F zu f entspricht immer der Funktion f.
c) Eine Stammfunktion der Ableitungsfunktion f′ von f entspricht immer der Funktion f.
d) Ist F eine Stammfunktion von f, dann ist die Funktion G mit $G(x) = F(x) - F(0)$ eine Stammfunktion von f, deren Graph durch den Koordinatenursprung geht.

● **24. Gesamtheit aller Stammfunktionen:** Seien F_1 und F_2 Stammfunktionen einer Funktion f. Leiten Sie die Differenz von F_1 und F_2 ab. Erklären Sie anschließend, wie man aus dem Ergebnis folgern kann, dass sich F_1 und F_2 lediglich um eine Konstante unterscheiden.

● **25. Ausblick:** Während eines Regenschauers füllt sich ein Becken mit Wasser. Zu Beginn befinden sich darin 200 ℓ Wasser. Die Zunahme des Wassers in Liter pro Minute lässt sich innerhalb der ersten 5 Minuten durch $f(t) = 25 - t^2$ beschreiben (t in Minuten).

Aldo meint: „Die Wasserzunahme entspricht der Fläche unter dem Graphen von f im Intervall [0; 5]. Die kann ich mit dem Grenzwert der Ober- und Untersumme berechnen.“ Zeynep entgegnet: „Das ist viel zu aufwendig. Das geht mit einer Stammfunktion viel einfacher.“ Nehmen Sie Stellung und bestimmen Sie die Wassermenge nach 5 Minuten.

5.4 Hauptsatz der Differenzial- und Integralrechnung

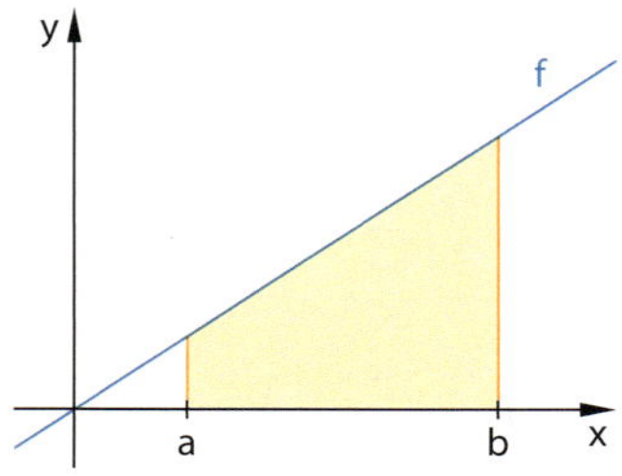

■ Gegeben ist die Funktion f mit $f(x) = x$.

a) Der Graph von f schließt über dem Intervall [0; x] Dreiecke mit der x-Achse ein. Begründen Sie, dass für ihre Flächeninhalte $F(x) = \frac{1}{2}x^2$ gilt.

b) Zeigen Sie, dass F eine Stammfunktion von f ist.

c) Begründen Sie, dass $\int_a^b f(x)\,dx = F(b) - F(a)$ gilt. ■

Fasst man eine Stammfunktion F einer Funktion f als Bestandsfunktion auf, so stellt $f = F'$ die momentane Änderungsrate dar. Das bestimmte Integral $\int_a^b f(x)\,dx$ gibt nach Abschnitt 5.2 die Flächenbilanz zwischen dem Graphen von f und der x-Achse auf dem Intervall [a; b] an, und nach Abschnitt 5.1 entspricht dies der Bestandsänderung $F(b) - F(a)$. Integrale lassen sich also mithilfe von Stammfunktionen berechnen.

Hinweis:
Das Integral wird auch für den Fall $a \geq b$ definiert:
$\int_a^b f(x)\,dx = -\int_b^a f(x)\,dx$
$\int_a^a f(x)\,dx = 0$
Auch in diesem Fall gilt der Hauptsatz.

Satz: Hauptsatz der Differenzial- und Integralrechnung
Ist F eine beliebige Stammfunktion einer stetigen Funktion f, so gilt:

$$\int_a^b f(x)\,dx = F(b) - F(a)$$

Beweis:
Die Funktion $F_a(x)$ gebe für $x \in [a; b]$ die Flächenbilanz zwischen dem Graphen von f und der x-Achse auf dem Intervall [a; x] an.

Hinweis:
Da x das Funktionsargument von F_a ist, wählt man als Integrationsvariable einen anderen Buchstaben (hier: t).

Es gilt also $F_a(x) = \int_a^x f(t)\,dt$.

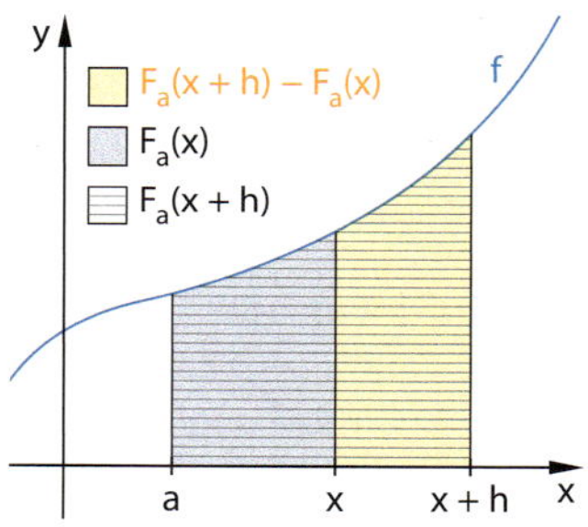

F_a ist eine Stammfunktion von f, also $F_a' = f$. Um das zu sehen, betrachtet man $\frac{F_a(x+h) - F_a(x)}{h}$.
Im Bild sind die Flächenstücke $F_a(x)$ und $F_a(x+h)$ dargestellt. Die Differenz $F_a(x+h) - F_a(x)$ ist der Inhalt der gelben Fläche. Dieser Inhalt kann durch Rechtecke der Breite h mit den Höhen f(x) bzw. f(x + h) nach unten und oben abgeschätzt werden:

Hinweis:
Diese Argumentation setzt voraus, dass f streng monoton steigend und $h > 0$ ist. Für streng monoton fallendes f oder $h < 0$ funktioniert der Beweis analog.

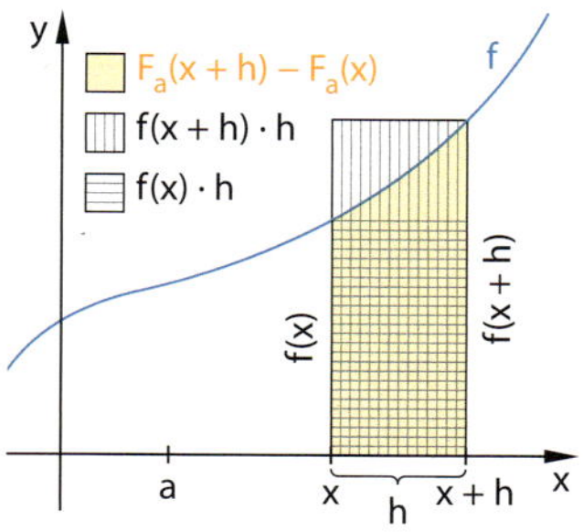

$f(x) \cdot h \leq F_a(x+h) - F_a(x) \leq f(x+h) \cdot h \quad |:h$

$f(x) \leq \frac{F_a(x+h) - F_a(x)}{h} \leq f(x+h)$

Durch den Grenzübergang $h \to 0$ ergibt sich:

$\lim_{h\to 0} f(x) \leq \lim_{h\to 0} \frac{F_a(x+h) - F_a(x)}{h} \leq \lim_{h\to 0} f(x+h)$

Da f stetig ist, gilt $\lim_{h\to 0} f(x+h) = f(x)$.

Also folgt $f(x) \leq F_a'(x) \leq f(x)$ und somit $F_a'(x) = f(x)$.
Die Funktion F_a ist also eine Stammfunktion von f und unterscheidet sich daher von jeder anderen Stammfunktion F nur durch eine additive Konstante C, also: $F_a(x) = F(x) + C$.

Wegen $F_a(a) = 0$ gilt: $\int_a^b f(x)\,dx = F_a(b) = F_a(b) - F_a(a) = (F(b) + C) - (F(a) + C) = F(b) - F(a)$

Beispiel: Das Bild zeigt den Graphen der Funktion f mit $f(x) = -\frac{1}{4}x^2 + \frac{3}{2}x + 1$.

a) Berechnen Sie das Integral $\int_2^5 f(x)\,dx$.

b) Geben Sie den Inhalt der gefärbten Fläche an.

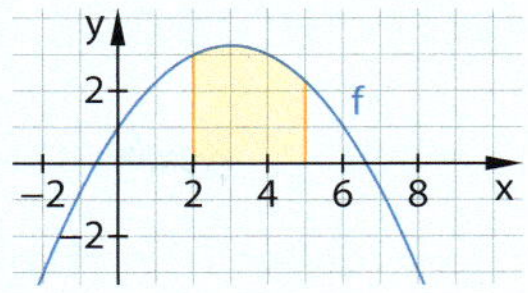

Lösung:

a) Bestimmen Sie eine Stammfunktion F zu f. Wenden Sie anschließend den Hauptsatz an. Setzen Sie dazu die Integrationsgrenzen in die Stammfunktion ein.

$F(x) = -\frac{1}{12}x^3 + \frac{3}{4}x^2 + x$

$\int_2^5 \left(-\frac{1}{4}x^2 + \frac{3}{2}x + 1\right) dx = \left[-\frac{1}{12}x^3 + \frac{3}{4}x^2 + x\right]_2^5$

$= -\frac{5^3}{12} + \frac{3 \cdot 5^2}{4} + 5 - \left(-\frac{2^3}{12} + \frac{3 \cdot 2^2}{4} + 2\right) = 9$

b) Der Flächeninhalt entspricht dem Integral aus a), da der Graph in diesem Bereich oberhalb der x-Achse verläuft.

$A = \int_2^5 f(x)\,dx = 9$ FE

Hinweis:
Häufig verwendet man als Zwischenschritt die folgende Schreibweise:

$\int_a^b f(x)\,dx = [F(x)]_a^b$

$= F(b) - F(a)$

Basisaufgaben

1. Berechnen Sie das Integral.

a) $\int_0^2 (x^3 - 4x)\,dx$ b) $\int_1^2 (x^4 - 6x^2 + 9)\,dx$ c) $\int_{-2}^4 3\,dx$ d) $\int_0^1 e^x\,dx$

e) $\int_1^9 \frac{1}{\sqrt{x}}\,dx$ f) $\int_{-4}^{-2} -\frac{6}{x^3}\,dx$ g) $\int_1^4 \frac{3\sqrt{x}}{4}\,dx$ h) $\int_1^2 \left(x^3 - \frac{1}{x^2}\right) dx$

i) $\int_{\frac{1}{2}}^1 \left(\frac{1}{x^3} - \frac{1}{x^5}\right) dx$ j) $\int_{-1}^2 (7 - 3e^t)\,dt$ k) $\int_1^2 \left(\frac{5}{x^2} + 11\right) dx$ l) $\int_0^1 6(x + \sqrt{x})\,dx$

Lösungen zu 1a)–h):

3,5 1,2 18 1,72 −4 8,5 3,25 4 $\frac{9}{16}$

2. Berechnen Sie das Integral.

a) $\int_{-4}^4 e^{0,5x}\,dx$ b) $\int_0^2 2e^{5x+8}\,dx$ c) $\int_0^3 (8e^{4-2x} + 3)\,dx$ d) $\int_2^4 (-2e^{4x-5} + x^2)\,dx$

e) $\int_1^3 \frac{1}{e^{-3x+5}}\,dx$ f) $\int_4^{10} \frac{1}{(x-3)^2}\,dx$ g) $\int_{\frac{9}{7}}^{\frac{16}{7}} \frac{2}{(7x-8)^2}\,dx$ h) $\int_0^{\frac{1}{12}} \left(\frac{18}{(6x-1)^2} + e^{-x}\right) dx$

3. Berechnen Sie den Flächeninhalt der markierten Fläche.

a)

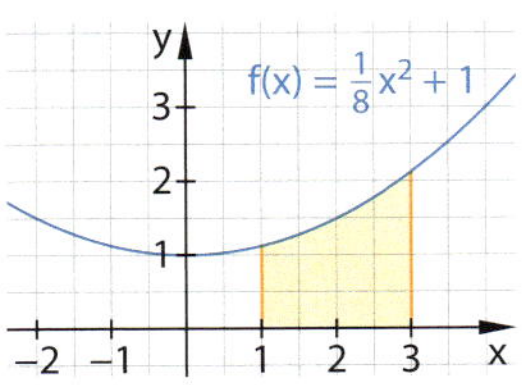

b)

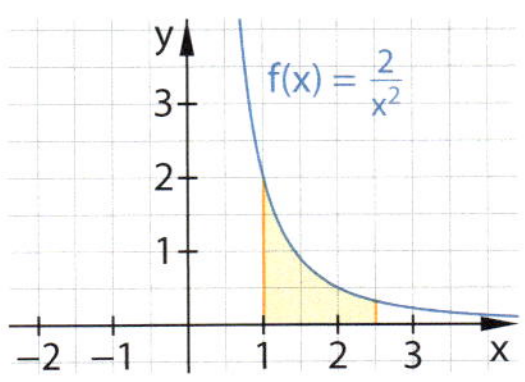

c)

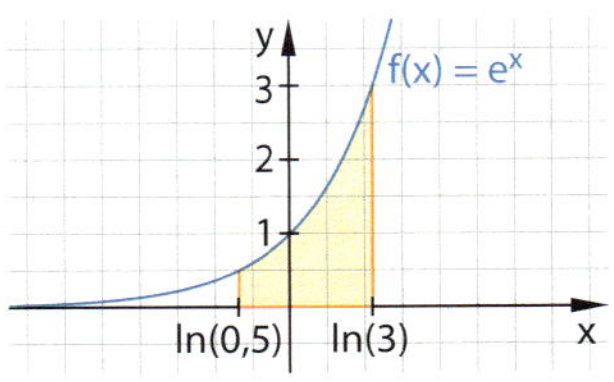

CAS **4.** Mithilfe des CAS kann man den Wert eines bestimmten Integrals berechnen. Dies ist besonders hilfreich, wenn man keine Stammfunktionen bestimmen kann.
Berechnen Sie das Integral mit dem CAS.

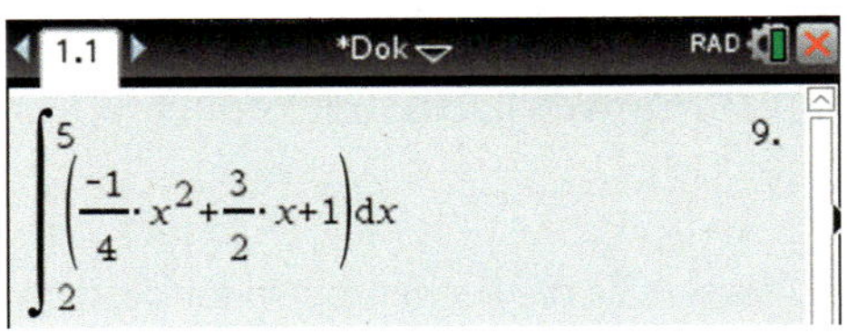

a) $\int_{-1}^1 \sqrt{1 - x^2}\,dx$ b) $\int_0^{100} 2^{-x}\,dx$ c) $\int_1^9 e^x\,dx$ d) $\int_0^2 \frac{1}{\sqrt{x^2 + 1}}\,dx$

Weiterführende Aufgaben

5. Geben Sie zwei verschiedene Stammfunktionen zu f mit $f(x) = 2x - 4$ an. Berechnen Sie mit jeder dieser Stammfunktionen das Integral $\int_{-5}^{2} f(x)\,dx$. Beschreiben Sie Ihre Beobachtungen und diskutieren Sie diese mit Ihrem Nachbarn.

6. Gegeben ist die Funktion f mit $f(x) = -\frac{1}{2}x + 5$.
a) Skizzieren Sie den Graphen von f und berechnen Sie elementargeometrisch den Flächeninhalt des Trapezes, das zwischen dem Graphen von f und der x-Achse über dem Intervall [2; 6] entsteht.
b) Bestimmen Sie eine Stammfunktion F zu f und weisen Sie nach, dass die Aussage des Hauptsatzes stimmt.

7. Berechnen Sie das Integral im markierten Bereich und erläutern Sie, warum das Integral nicht dem Flächeninhalt der gefärbten Fläche entspricht.

a)
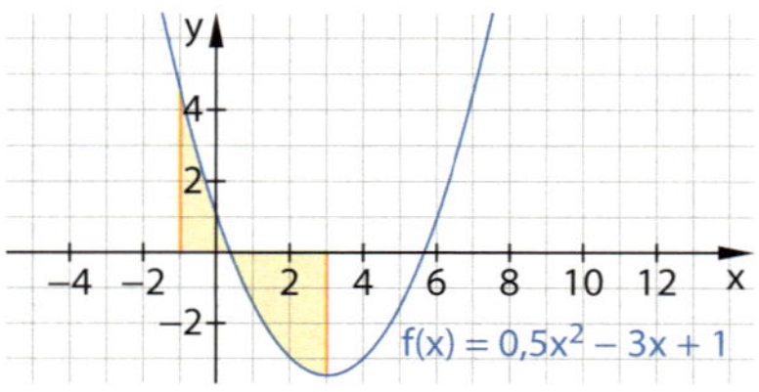

b)
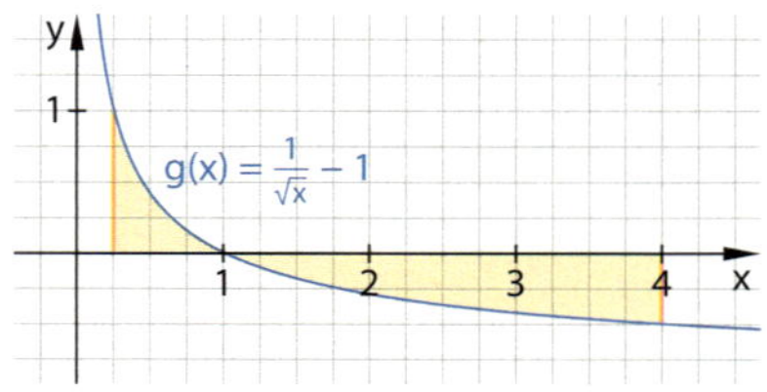

8. Berechnen Sie die Werte der Integrale in der Gleichung einzeln. Wenn Sie richtig gerechnet haben, ergibt sich eine einfache wahre Aussage.

a) $\int_{-6}^{6} \frac{3}{x^2}\,dx + \int_{2}^{4} \frac{1}{6}x\,dx = \int_{1}^{9} \left(\frac{2}{\sqrt{x}} - 1\right) dx$

b) $\int_{-1}^{1} (4x^3 + 3x^2 + 2x)\,dx = \int_{-2}^{2} \frac{1}{\sqrt{5-2x}}\,dx$

9. **Stolperstelle:** Überprüfen Sie die drei Rechnungen. Begründen Sie, welche Rechnungen fehlerlos durchgeführt wurden. $\int_{-2}^{-1} \left(-\frac{3}{2}x^2 - 4x\right) dx = \left[-\frac{1}{2}x^3 - 2x^2\right]_{-2}^{-1} = \ldots$

$\ldots = \frac{1}{2} + 2 + \frac{1}{2} \cdot 8 - 2 \cdot 4$
$= -\frac{3}{2}$
$= -1{,}5$

$\ldots = -\frac{1}{2} \cdot (-1)^3 - 2 \cdot (-1)^2$
$+ \frac{1}{2} \cdot (-2)^3 - 2 \cdot (-2)^2$
$= -\frac{13}{2} = -6{,}5$

$\ldots = \frac{1}{2} - 2 - 4 + 8$
$= \frac{5}{2}$
$= 2{,}5$

Wissen: Rechenregeln für bestimmte Integrale

Für Funktionen f und g und a, b, c, k ∈ ℝ gilt:

① $\int_a^b f(x)\,dx = -\int_b^a f(x)\,dx$

② $\int_a^a f(x)\,dx = 0$

③ $\int_a^b f(x)\,dx + \int_b^c f(x)\,dx = \int_a^c f(x)\,dx$

④ $\int_a^b k \cdot f(x)\,dx = k \cdot \int_a^b f(x)\,dx$

⑤ $\int_a^b (f(x) + g(x))\,dx = \int_a^b f(x)\,dx + \int_a^b g(x)\,dx$

10. Weisen Sie die Rechenregeln für bestimmte Integrale mithilfe des Hauptsatzes nach.

Beispiel: ① $\int_a^b f(x)\,dx = -\int_b^a f(x)\,dx$ $\quad \int_a^b f(x)\,dx = F(b) - F(a) = -(F(a) - F(b)) = -\int_b^a f(x)\,dx$

11. Vereinfachen Sie den Ausdruck zunächst mithilfe der Rechenregeln für bestimmte Integrale und berechnen Sie anschließend seinen Wert. Geben Sie jeweils die Regeln an, die Sie verwenden.

a) $\int_{-2}^{3}(3x^2-2x)\,dx+\int_{3}^{4}(3x^2-2x)\,dx$ b) $\int_{1}^{5}(x^2-6x)\,dx+1{,}5\cdot\int_{1}^{5}4x\,dx$

c) $\int_{0}^{2}\frac{1}{2}x^3\,dx+\int_{2}^{0}x^3\,dx-\frac{5}{2}\cdot\int_{2}^{0}x^3\,dx$ d) $2\cdot\int_{2}^{-1}x^7\,dx-5\cdot\int_{1}^{2}x^4\,dx+\int_{-1}^{2}x^4\cdot(5+2x^3)\,dx$

12. Integrale mit Parametern: Berechnen Sie das Integral mit dem Hauptsatz.

Erinnerung: Parameter im Funktionsterm werden wie Konstanten behandelt.

Beispiel: $\int_{1}^{3}ax^2\,dx=a\cdot\int_{1}^{3}x^2\,dx=a\cdot\left[\frac{1}{3}x^3\right]_1^3=a\cdot\left(\frac{1}{3}\cdot 3^3-\frac{1}{3}\cdot 1^3\right)=a\cdot\left(9-\frac{1}{3}\right)=\frac{26}{3}a$

a) $\int_{-1}^{1}(ax^3-ax)\,dx$ b) $\int_{-b}^{b}(x^3-x)\,dx$ c) $\int_{1}^{2}\frac{c}{x^2}\,dx$ d) $\int_{0}^{k}(kx-x^2)\,dx$

13. Gegeben ist die Funktionenschar f_a mit $f_a(x)=ax+4$.
Die Graphen von f_a schließen mit der x-Achse über dem Intervall [2; 4] ein Flächenstück ein. Bestimmen Sie den Wert von a so, dass das Flächenstück den Inhalt 10 FE hat.

14. Bestimmen Sie einen Wert für den Parameter so, dass die Gleichung erfüllt ist.

a) $\int_{-1}^{k}(x^2+1)\,dx=\frac{4}{3}$ b) $\int_{4}^{k}\frac{3}{\sqrt{x}}\,dx=18$

c) $\int_{1}^{2}ae^{-x}\,dx=5$ d) $\int_{0}^{0{,}5}(a+e^{1-x})\,dx=2$

15. Integrationsvariable: Das Symbol dx innerhalb eines Integrals gibt an, nach welcher Variable im Funktionsterm integriert wird. Berechnen Sie die Integrale.

Hinweis: dx wird Differenzial genannt.

Beispiel: $\int_{0}^{1}(kx^2+xk^2)\,dk=\left[\frac{1}{2}k^2\cdot x^2+x\cdot\frac{1}{3}k^3\right]_0^1=\frac{1}{2}x^2+\frac{1}{3}x$

a) $\int_{0}^{1}(x+c)\,dc$ b) $\int_{0}^{2}(at^2+a^3t)\,dt$ c) $\int_{0}^{2}(at^2+a^3t)\,da$ d) $\int_{-1}^{1}\frac{5k}{\sqrt{5t+2}}\,dk$

16. Ausblick: Die Funktion f mit $f(x)=x^2$ ist für $x\geq 0$ umkehrbar. Der Graph der Umkehrfunktion f^{-1} mit $f^{-1}(x)=\sqrt{x}$ ergibt sich durch Spiegelung an der Winkelhalbierenden y = x.

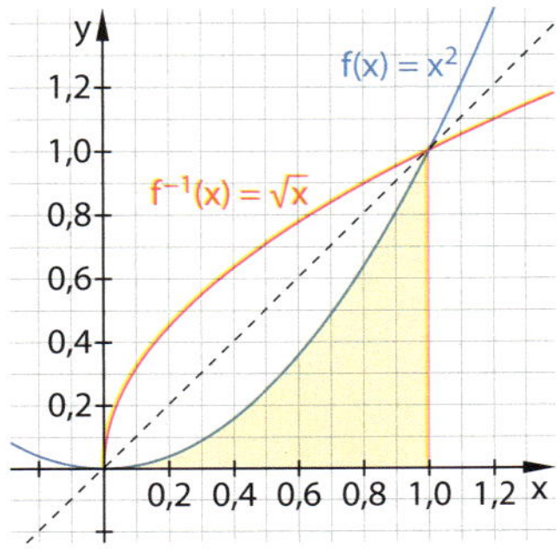

a) Ermitteln Sie den Wert des Integrals $\int_{0}^{1}\sqrt{x}\,dx$ mithilfe des Inhalts der gefärbten Fläche.
b) Wiederholen Sie das Vorgehen aus a) für die Integrale $\int_{0}^{1}\sqrt[3]{x}\,dx$ und $\int_{0}^{1}\sqrt[4]{x}\,dx$.
c) Formulieren Sie mithilfe Ihrer Ergebnisse eine Vermutung für den Wert des Integrals $\int_{0}^{1}\sqrt[n]{x}\,dx$ für eine beliebige natürliche Zahl n > 2.
d) Überprüfen Sie Ihre Vermutung aus c), indem Sie $\int_{0}^{1}\sqrt[n]{x}\,dx$ mit dem Hauptsatz berechnen.

Hinweis zu 16: Jede Potenzfunktion f mit $f(x)=x^n$ ist für $x\geq 0$ umkehrbar. Die Umkehrfunktion ist f^{-1} mit $f^{-1}(x)=\sqrt[n]{x}\;(x\geq 0)$.

5.5 Bestandsänderungen und Bestandsfunktionen

Die Funktion f mit $f(t) = e^{-0,2t}$ beschreibt näherungsweise die Wachstumsgeschwindigkeit einer Pflanze (t in Tagen, f(t) in cm/Tag).

a) Um wie viel ist die Pflanze in den ersten 3 Tagen gewachsen?
b) Bestimmen Sie eine Funktion, die die Höhe der Pflanze nach t Tagen angibt, wenn sie zu Beginn der Beobachtung bereits eine Höhe von 30 cm hatte.

Ist die Änderungsrate f einer Bestandsfunktion bekannt, lassen sich Zu- oder Abnahmen des Bestandes mit Integralen bestimmen. Da die Bestandsfunktion eine der Stammfunktionen von f ist, lässt sich der Bestand zu jedem beliebigen Zeitpunkt berechnen, falls er zu einem Zeitpunkt bekannt ist.

Beispiel: Die Geschwindigkeit, mit der die Anzahl der Nutzer einer App wächst, lässt sich in der Anfangszeit durch $f(t) = 8e^{0,8t}$ beschreiben (t in Wochen, f(t) in 1 pro Woche).

a) Bestimmen Sie die Zunahme der Anzahl der Nutzer von der 3. bis zur 5. Woche.
b) Bestimmen Sie, wie lange es dauert, bis die Nutzeranzahl um 1000 zugenommen hat.
c) Bestimmen Sie die Bestandsfunktion F für die Anzahl der Nutzer, wenn zu Beginn 100 Personen die App nutzen.

Lösung:

a) Die Wachstumsgeschwindigkeit gibt die Änderungsrate des Bestandes an. Die Bestandsänderung ergibt sich mit dem Integral von f in den Grenzen 3 bis 5.

$$\int_3^5 f(t)\,dt = \int_3^5 8e^{0,8t}\,dt$$
$$= \left[10e^{0,8t}\right]_3^5 \approx 436$$

Die Nutzerzahl nimmt um etwa 436 zu.

b) x sei die gesuchte Zeit in Wochen. Berechnen Sie das Integral von f in den Grenzen 0 bis x und setzen Sie das Ergebnis gleich 1000. Lösen Sie die Gleichung nach x auf.

$$\int_0^x f(t)\,dt = \left[10e^{0,8t}\right]_0^x = 10e^{0,8x} - 10$$
$$10e^{0,8x} - 10 = 1000$$
$$e^{0,8x} = 101 \quad \text{also} \quad x = \frac{\ln(101)}{0,8} \approx 5,77$$

Nach etwa 5,77 Wochen hat die Anzahl der Nutzer um 1000 zugenommen.

c) F ist eine Stammfunktion der Änderungsrate f. Bestimmen Sie alle Stammfunktionen und mithilfe des Anfangsbestandes die Konstante C.

$$F(t) = 10e^{0,8t} + C$$
$$F(0) = 10 + C = 100 \quad \text{also } C = 90$$
$$F(t) = 10e^{0,8t} + 90$$

Basisaufgaben

1. Gegeben ist die Änderungsrate f eines Bestandes. Bestimmen Sie die Zu- bzw. Abnahme des Bestandes im angegebenen Zeitraum.

a) $f(t) = 10t$	(t in s, f(t) in m/s)	Zeitraum: 2.–4. Sekunde
b) $f(t) = e^{-0,5t}$	(t in h, f(t) in m^3/h)	Zeitraum: 3.–10. Stunde
c) $f(t) = e^{0,2t} - 1$	(t in d, f(t) in 1/d)	Zeitraum: 6.–12. Tag

2. Ermitteln Sie die Zeit, nach der die Zu- oder Abnahme des Bestandes erreicht wird.

a) $f(t) = 7,5t$	(t in min, f(t) in m/min)	Zunahme um 40 m
b) $f(t) = -e^{1,2t}$	(t in h, f(t) in km/h)	Abnahme um 50 km
c) $f(t) = 2t + 10$	(t in Jahren, f(t) in cm/Jahr)	Zunahme um 75 cm

3. Bestimmen Sie die Bestandsfunktion F zur Änderungsrate f unter der gegebenen Voraussetzung.

a) $f(t) = -\frac{1}{8}t^2 + t$ (t in h, f(t) in °C/h) Die Anfangstemperatur beträgt 32 °C.

b) $f(t) = \sqrt{1 + 2t}$ (t in s, f(t) in ℓ/s) Der Anfangsbestand beträgt 7 Liter.

c) $f(t) = \frac{4}{\sqrt{8t}}$ (t in s, f(t) in cm/s) Nach 18 Sekunden beträgt der zurückgelegte Weg 21 cm.

4. Die Funktion b mit $b(t) = \frac{1}{150}t^3 + \frac{1}{50}t + \frac{27}{4}$ beschreibt für $0 \le t \le 30$ die Anzahl an Besuchern, die pro Minute in ein Stadion strömen (t in Minuten). Zu Beginn der Beobachtung befinden sich bereits 500 Zuschauer im Stadion. Geben Sie eine Funktion B an, die für $0 \le t \le 30$ die Besucherzahl im Stadion beschreibt.

5. Während einer Grippewelle lässt sich die Geschwindigkeit, mit der sich die Anzahl der infizierten Personen verändert, durch $f(t) = -e^{-0,1t}$ beschreiben (t in Wochen, f(t) in 1000 Infizierte pro Woche).

a) Bestimmen Sie die Abnahme der Anzahl der Infizierten von der 10. bis zur 16. Woche.

b) Bestimmen Sie, wie lange es dauert, bis die Anzahl der Infizierten um 4000 abgenommen hat.

c) Bestimmen Sie die Bestandsfunktion F für die Anzahl der Infizierten, wenn nach 2 Wochen genau 10 000 Personen infiziert waren.

6. Beschreiben Sie die Bedeutung des Integrals $\int_0^{10} f(t)\,dt$, wenn

a) t die Zeit in h und f(t) eine positive Geschwindigkeit in km/h angibt,

b) t die Zeit in Jahren und f(t) ein Bevölkerungswachstum in Bewohner/Jahr angibt,

c) t die Zeit in s und f(t) eine Beschleunigung in m/s^2 angibt.

7. Der Luftdruck nimmt mit der Höhe ab. Die Änderungsrate wird durch die Funktion f mit $f(x) = -124{,}6 \cdot e^{-0{,}123x}$ beschrieben (x: Höhe über dem Meeresspiegel in km, f(x): Luftdruck in hPa/km).

a) Bestimmen Sie, um wie viel hPa der Luftdruck abnimmt, wenn man sich vom Meeresspiegel aus in 3000 m Höhe begibt.

b) Der Luftdruck in 100 m Höhe über dem Meeresspiegel beträgt 1000,62 hPa. Ermitteln Sie eine Funktion, die den Luftdruck in Abhängigkeit von der Höhe angibt.

c) Begründen Sie, dass es sich um eine exponentielle Abnahme handelt.

Hinweis zu 7:
Einheit des Luftdrucks: 1 hPa (Hektopascal)

Erinnerung:
Bestandsfunktionen haben bei **exponentieller** Zu- oder Abnahme die Form $F(t) = a \cdot e^{k \cdot t}$ mit Anfangsbestand a.

Weiterführende Aufgaben

8. Die Funktion f im linken Bild gibt die Änderungsrate einer Hasenpopulation an.

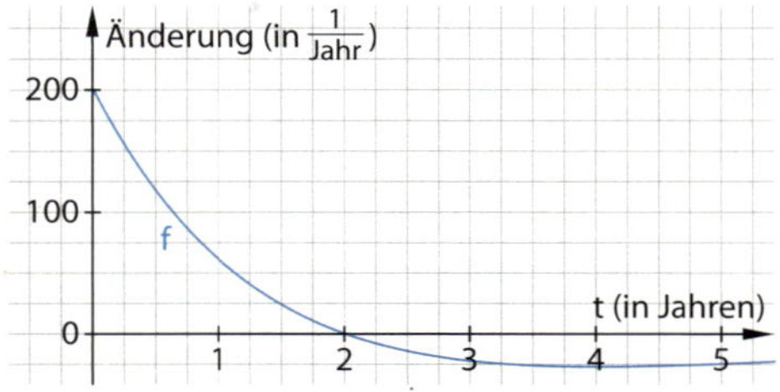

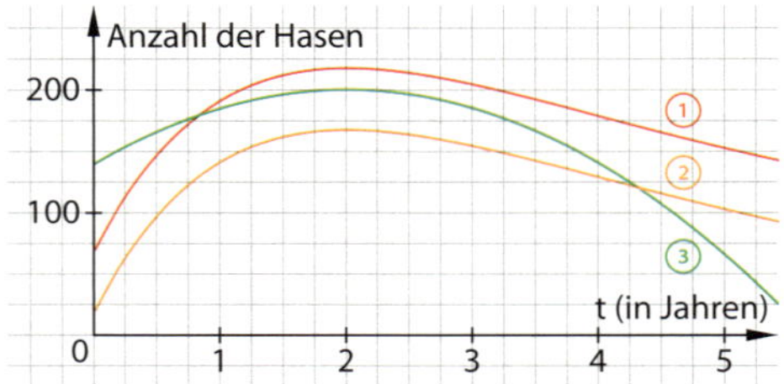

a) Begründen Sie, dass die Funktion des Hasenbestands eine Stammfunktion von f ist.

b) Überprüfen Sie, ob die Graphen ①, ② oder ③ den Hasenbestand beschreiben könnten.

9. **Stolperstelle:** Eine Pflanze ist zu Beginn 21 cm hoch, ihr Wachstum in cm/Tag wird durch $f(t) = 2 \cdot e^{0{,}095t}$ beschrieben. Korrigieren Sie den Fehler in der Berechnung.

a) Tina berechnet die Höhe der Pflanze nach 10 Tagen:

$f(10) = 2 \cdot e^{0{,}095 \cdot 10} \approx 5{,}17$ Nach 10 Tagen ist die Pflanze etwa 5,17 cm hoch.

b) Ahmet berechnet den Höhenzuwachs der Pflanze innerhalb von 10 Tagen:

$\int_0^{10} 2 \cdot e^{0{,}095 \cdot t}\,dt \approx 33{,}38$ Die Pflanze wächst alle 10 Tage um 33,38 cm.

10. Eine Draisine fährt auf einem geradlinigen Gleisabschnitt. Der Geschwindigkeitsverlauf innerhalb der ersten 70 Sekunden wird durch den Graphen der Funktion v mit $v(t) = \frac{1}{3000}t^3 - \frac{1}{30}t^2 + \frac{4}{5}t$ beschrieben.

a) Berechnen Sie die Entfernung der Draisine vom Startpunkt nach 40 s und nach 60 s.
Erklären Sie mithilfe des Graphen, warum die Entfernung nach 60 s kleiner ist als nach 40 s.

b) Berechnen Sie die Fahrstrecke, die die Draisine nach 40 s und nach 60 s gefahren ist.
Erläutern Sie den Unterschied zu Aufgabenteil a).

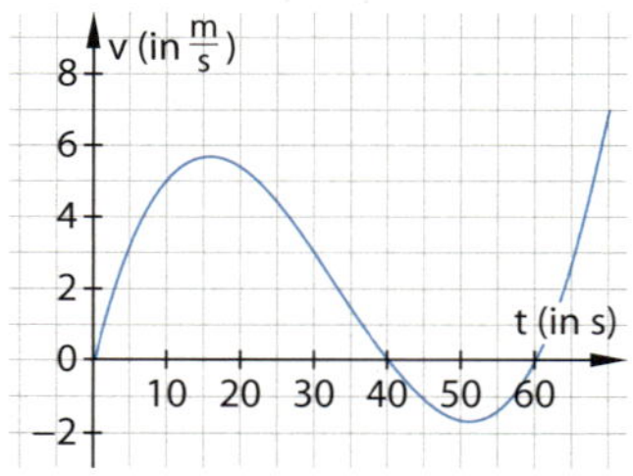

11. Bei einer Verkehrszählung an einer Bundesstraße wurden an einem Werktag ab 6 Uhr morgens die stadteinwärts fahrenden Fahrzeuge pro Minute registriert.
Der Fahrzeugstrom wird für diesen Zeitraum modellhaft durch die Funktion f mit $f(x) = \frac{1}{10^{10}}x^5 - \frac{1}{130\,000}x^3 + \frac{1}{6}x + 6$ dargestellt.

a) Geben Sie näherungsweise die Uhrzeit mit der höchsten Verkehrsdichte an.

b) Berechnen Sie die Anzahl der Fahrzeuge, die zwischen 6 Uhr und 9 Uhr den Messpunkt passieren.

c) Berechnen Sie den durchschnittlichen Fahrzeugstrom pro Minute zwischen 6 Uhr und 8 Uhr.

d) Ermitteln Sie möglichst einfach, wie viele Fahrzeuge in den ersten zwei Stunden gezählt wurden.

e) Bestimmen Sie eine Funktion für die Anzahl der gezählten Fahrzeuge.

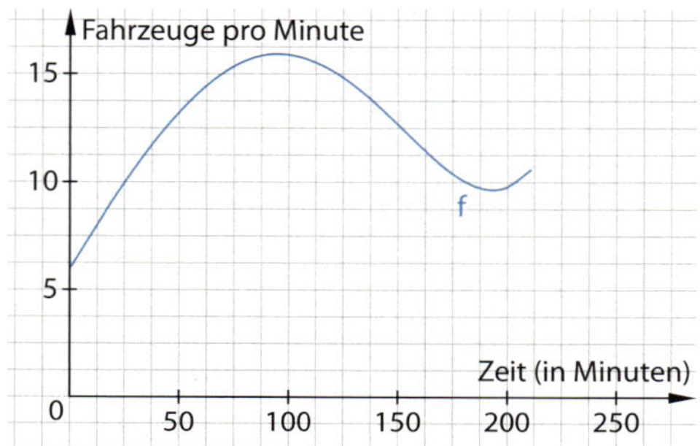

12. Die Funktion F beschreibt die zunehmende Anzahl an Läusen auf einer Pflanze in Abhängigkeit von der Zeit t in Wochen. Beschreiben Sie die Bedeutung der folgenden Ausdrücke im Sachzusammenhang, es gilt f = F′.

a) $F(0)$ e) $F(0) + \int_0^9 f(t)\,dt$ b) t mit $F(t) = 1000$ f) t mit $f(t) = 500$ c) $f(10)$ d) $\int_0^{10} f(t)\,dt$

13. Ein Computervirus verbreitet sich innerhalb einiger Wochen weltweit. Durch geeignete Antivirensoftware gelingt es, die infizierten Computer zu bereinigen. Der Graph der Funktion f mit $f(t) = -\frac{1}{10000}t^3 + \frac{3}{250}t^2$ beschreibt die Änderungsrate der befallenen Computer. Zu Beginn ist kein Computer infiziert.

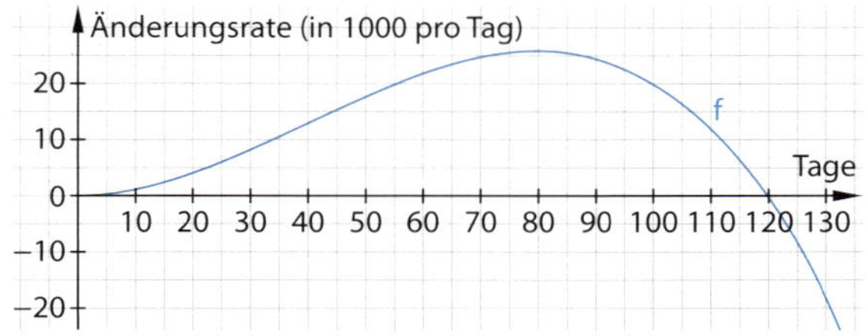

Hinweis zu 13:
Die Änderungsrate ergibt sich aus der Differenz zwischen der Anzahl täglich neuinfizierter und bereinigter Computer.

a) Interpretieren Sie den zeitlichen Verlauf der Änderungsrate.
b) Skizzieren Sie den zeitlichen Verlauf der Anzahl an infizierten Computern.
c) Bestimmen Sie eine Funktion, die die Anzahl der infizierten Computer angibt.
d) Bestimmen Sie, wann die maximale Anzahl infizierter Computer erreicht wird.
e) Geben Sie einen Zeitraum an, für den das Modell realistische Werte liefert.

14. Ein Wasserbehälter mit einem Fassungsvermögen von 3000 Litern ist randvoll gefüllt. Durch ein Leck auf der Höhe der 1000-Liter-Markierung nimmt das Volumen im Behälter ab. Die Abnahmegeschwindigkeit in Abhängigkeit von der Zeit t in Minuten kann dabei durch die Funktion f mit $f(t) = -60e^{-0{,}03t}$ beschrieben werden ($f(t)$ in Liter/min).

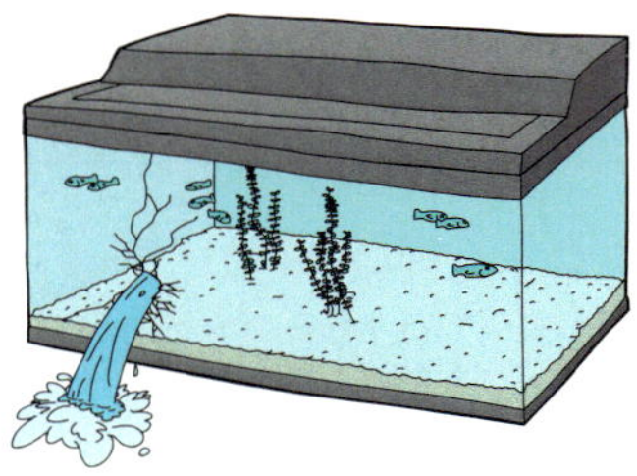

a) Deuten Sie den Ausdruck $\int_0^5 f(t)\,dt = -278{,}6$ im Sachzusammenhang.
b) Berechnen Sie die Wassermenge, die zwischen der 2. und 10. Minute ausläuft.
c) Ermitteln Sie eine Funktion, die das Wasservolumen zur Zeit t beschreibt.
d) Bestimmen Sie den Zeitpunkt, zu dem sich das Volumen halbiert hat.

15. Die Wachstumsgeschwindigkeit einer Pflanze lässt sich für $0 \le t \le 15$ mit einer Funktion f mit $f(t) = 0{,}04 \cdot e^{a \cdot t - 1}$ modellieren (t: Zeit in Wochen; f(t) in Metern pro Woche). Der Parameter a hängt von Bedingungen wie der Bodenqualität und dem Klima ab.

a) Bestimmen Sie einen Wert für den Parameter a so, dass die Wachstumsgeschwindigkeit nach 2 Wochen 1,6 Zentimeter pro Woche beträgt.
b) Ermitteln Sie für $a = 0{,}042$ eine Funktion, die die Höhe der Pflanze nach t Wochen angibt, wobei zum Zeitpunkt $t = 0$ die Höhe 40 cm beträgt.
c) Berechnen Sie die Höhe der Pflanze nach 10 Wochen.

16. Ausblick: Gegeben ist die Funktion f mit $f(x) = \frac{1}{x^2}$. Berechnen Sie das Integral $\int_1^k f(x)\,dx$ für $k = 10, 100, 1000, \ldots$. Stellen Sie eine Vermutung auf, welchen Wert das Integral hat, wenn k beliebig groß wird. Wiederholen Sie das Vorgehen für die Funktionen g mit $g(x) = \frac{1}{x^3}$ und h mit $h(x) = \frac{1}{\sqrt{x}}$. Beschreiben Sie Ihre Beobachtungen.

5.6 Flächenberechnungen

Der Graph der Funktion f mit $f(x) = x^3 - 4x$ und die x-Achse schließen im Intervall [−2; 2] eine Fläche von 8 FE ein. Berechnen Sie $\int_{-2}^{2} f(x)\,dx$ und vergleichen Sie den Wert mit dem Flächeninhalt.
Vergleichen Sie die Werte der Integrale und der Flächeninhalte für die Intervalle [−2; 0] und [0; 2].
Beschreiben Sie, was Ihnen auffällt.

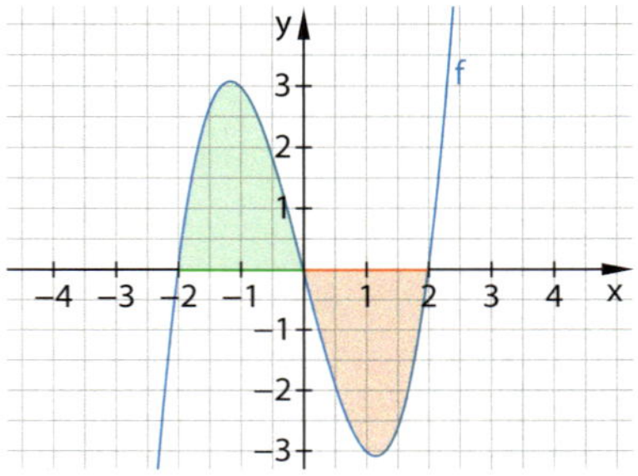

Fläche zwischen Graph und x-Achse

Das bestimmte Integral gibt die Flächenbilanz zwischen dem Graphen von f und der x-Achse auf einem Intervall an. Um den tatsächlichen Flächeninhalt zu bestimmen, muss man berücksichtigen, ob die Flächenanteile oberhalb oder unterhalb der x-Achse liegen.

$f(x) \geq 0$

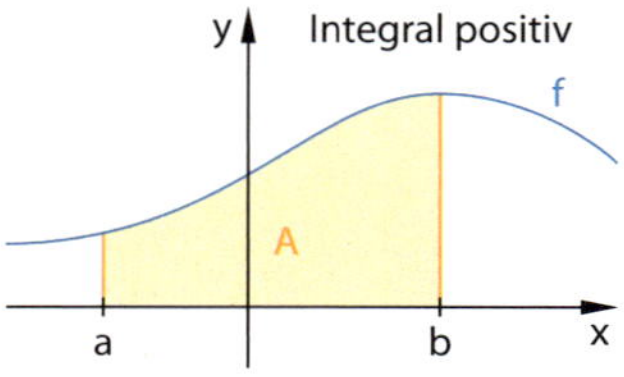

$$A = \int_a^b f(x)\,dx = \left|\int_a^b f(x)\,dx\right|$$

$f(x) \leq 0$

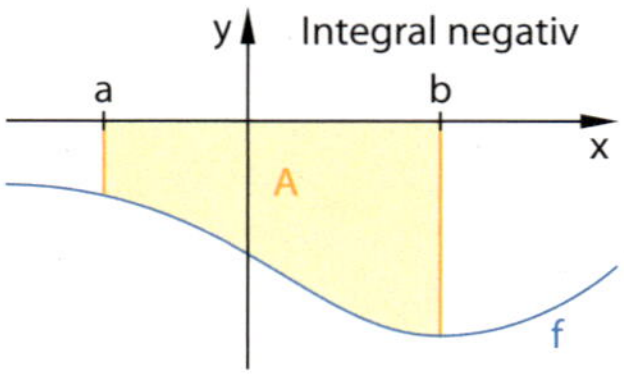

$$A = -\int_a^b f(x)\,dx = \left|\int_a^b f(x)\,dx\right|$$

f hat eine Nullstelle

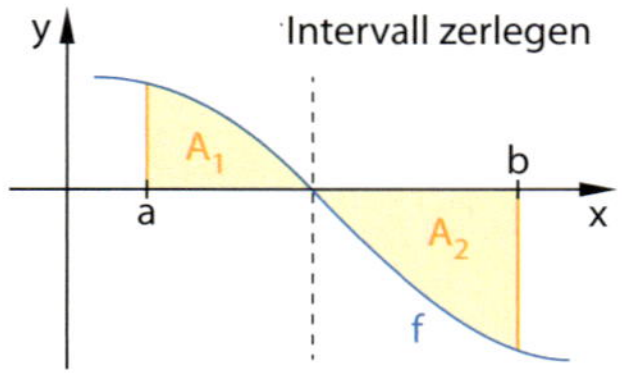

$$A = A_1 + A_2$$

Wissen: Fläche zwischen Graph und x-Achse
Sind $x_1 < x_2$ die Nullstellen der Funktion f auf einem Intervall [a; b], so gilt für den Inhalt der Fläche zwischen Graph und x-Achse über dem Intervall [a; b]:

$$A = \left|\int_a^{x_1} f(x)\,dx\right| + \left|\int_{x_1}^{x_2} f(x)\,dx\right| + \left|\int_{x_2}^{b} f(x)\,dx\right|$$

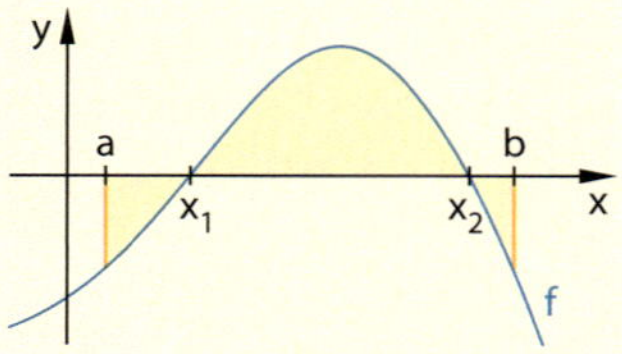

Beispiel 1: Berechnen Sie den Inhalt der Fläche zwischen dem Graphen der Funktion f mit $f(x) = \frac{1}{2}x^3 - 2x^2 + \frac{3}{2}x$ und der x-Achse im Intervall [−1; 2].

Lösung:

Bestimmen Sie die Nullstellen von f.
Im betrachteten Intervall liegen die Nullstellen $x_1 = 0$ und $x_2 = 1$, sodass 3 Teilflächen entstehen.

Nullstellen: $x_1 = 0$, $x_2 = 1$ und $x_3 = 3$
Stammfunktion: $F(x) = \frac{1}{8}x^4 - \frac{2}{3}x^3 + \frac{3}{4}x^2$

Bestimmen Sie eine Stammfunktion F von f und berechnen Sie die drei Teilintegrale.

$\int_{-1}^{0} f(x)\,dx \approx -1{,}54$; $\int_{0}^{1} f(x)\,dx \approx 0{,}21$; $\int_{1}^{2} f(x)\,dx \approx -0{,}54$

Der Inhalt der Gesamtfläche ist die Summe der Beträge der Integrale.

Flächeninhalt:
$A \approx |-1{,}54| + |0{,}21| + |-0{,}54| = 2{,}29$ FE

Basisaufgaben

1. Berechnen Sie den Wert der Integrale mithilfe der Flächeninhalte aus der Grafik. Erläutern Sie, welche Ausdrücke geeignet sind, den Inhalt der Fläche zwischen dem Graphen von f und der x-Achse auf dem Intervall [1; 6] zu berechnen.

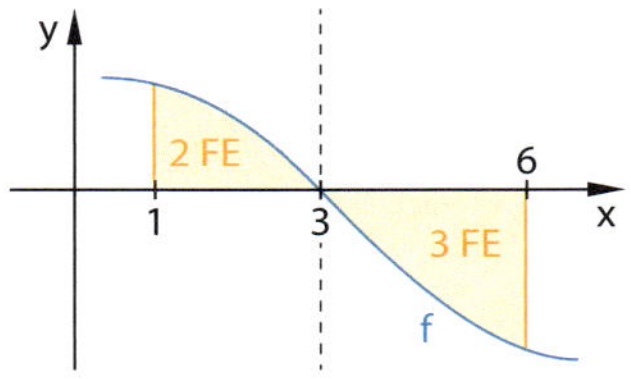

① $\left|\int_1^3 f(x)\,dx\right| + \left|\int_3^6 f(x)\,dx\right|$ ② $\int_1^3 f(x)\,dx + \int_3^6 f(x)\,dx$

③ $\int_1^6 f(x)\,dx$ ④ $\int_1^3 f(x)\,dx - \int_3^6 f(x)\,dx$

2. Lesen Sie die Nullstellen der Funktion und die Intervallgrenzen ab und berechnen Sie den Inhalt der farbigen Fläche.

a) $f(x) = -\frac{1}{2}x^2 + 2$

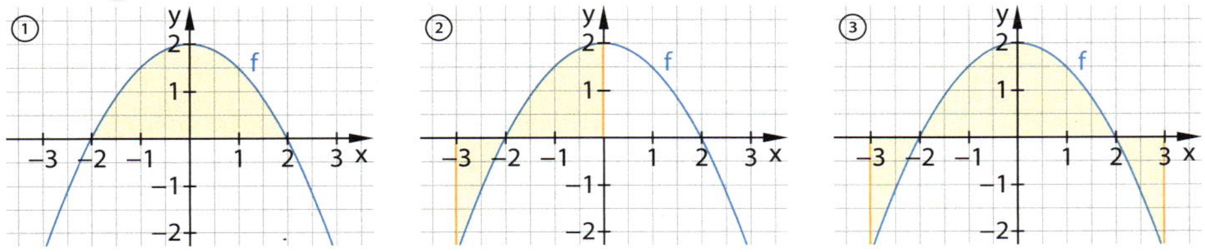

b) $g(x) = \frac{1}{2}x^3 + \frac{1}{2}x^2 - x$

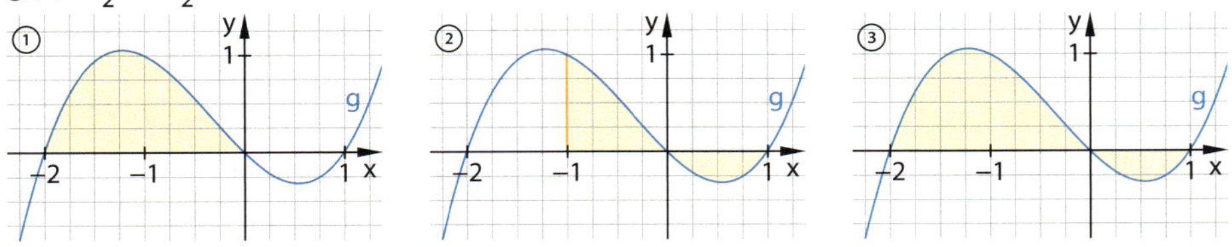

3. Berechnen Sie die Nullstellen der Funktion. Berechnen Sie anschließend den Inhalt der Fläche, die der Graph mit der x-Achse einschließt.

a) $f(x) = x^3 - 4x^2 + 4x$ b) $f(x) = 1{,}5x^3 - 4{,}5x^2$ c) $f(x) = \frac{5}{9}x^4 - 5x^2$

d) $f(x) = -\frac{1}{6}x^4 + \frac{1}{2}x^2 + \frac{2}{3}$ e) $f(x) = 6x^3(x^2 - 1)$ f) $f(x) = 6x(x^2 - 1)^2$

Lösungen zu 3:
Flächeninhalte

36 10,13 1,33 3,2 1 8 2

4. Berechnen Sie den Inhalt der Fläche zwischen dem Graphen von f und der x-Achse im Intervall I.

a) $f(x) = x^3 - 6x^2 + 8x$ $I = [0; 4]$ b) $f(x) = 0{,}5(x - 4)(x^3 - 2x^2)$ $I = [0; 4]$

c) $f(x) = \sqrt{x} - 1$ $I = [0; 4]$ d) $f(x) = \frac{1}{(x-1)^2} + 1$ $I = \left[-2; \frac{1}{2}\right]$

e) $f(x) = e^x - 1$ $I = [-1; 1]$ f) $f(x) = e^x - e$ $I = [0; 2]$

5. Die Graphen der Funktionen f mit $f(x) = \frac{1}{2}x^2 - 3x + \frac{5}{2}$ und g mit $g(x) = -\frac{1}{2}x^2 + 3x - \frac{5}{2}$ formen auf dem Intervall [0; 5] die abgebildete Figur. Berechnen Sie ihren Flächeninhalt.

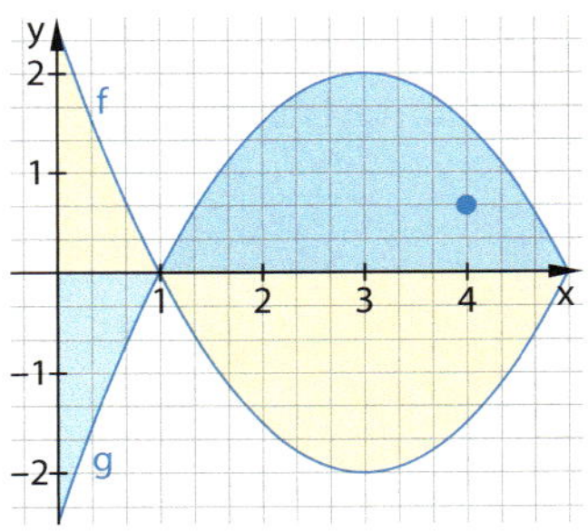

6. Der Graph der Funktion f mit $f(x) = 2x^3 - 8x$ schließt mit der x-Achse zwei Flächenstücke ein. Zeigen Sie durch Berechnung eines Integrals, dass diese Flächen gleich groß sind.

Fläche zwischen zwei Graphen

Mithilfe des Integrals können auch Flächen zwischen zwei Funktionsgraphen berechnet werden. Der einfachste Fall liegt vor, wenn beide Graphen oberhalb der x-Achse verlaufen und ein Graph überall oberhalb des anderen liegt. Man betrachtet die Flächen unter den Graphen von f und g. Von der größeren Fläche muss die kleinere abgezogen werden.

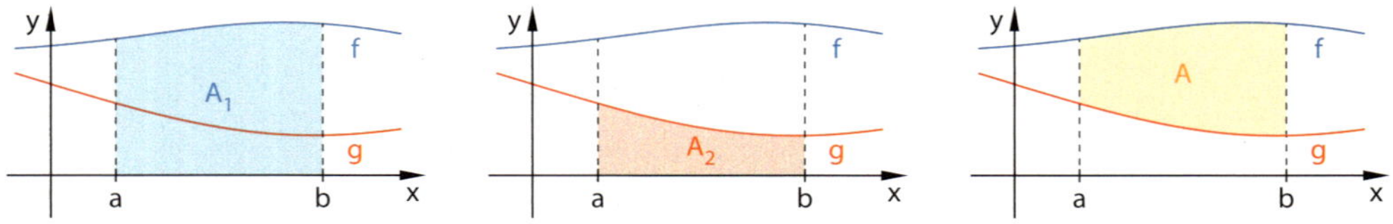

$$A = A_1 - A_2 = \int_a^b f(x)\,dx - \int_a^b g(x)\,dx = \int_a^b (f(x) - g(x))\,dx$$

Fälle, bei denen Flächen ganz oder teilweise unterhalb der x-Achse liegen, können auf diesen Fall zurückgeführt werden. Dazu hebt man beide Graphen so weit an, dass sie oberhalb der x-Achse liegen, d. h., man addiert eine hinreichend große Konstante c:

$$A = \int_a^b (f(x) + c)\,dx - \int_a^b (g(x) + c)\,dx = \int_a^b (f(x) + c) - (g(x) + c)\,dx = \int_a^b (f(x) - g(x))\,dx$$

Der Inhalt der Fläche zwischen den Graphen von f und g ergibt sich durch Integration der **Differenzfunktion h** mit $h(x) = f(x) - g(x)$. Die Schnittstellen der Funktionen sind Nullstellen von h und teilen das betrachtete Intervall in Teilintervalle. Da die Funktion h auch negative Werte liefern kann, müssen zur Flächenberechnung wieder Beträge gesetzt werden.

Wissen: Fläche zwischen Funktionsgraphen

Sind $x_1 < x_2$ die Schnittstellen der Funktionen f und g auf einem Intervall [a; b], so gilt für den Inhalt der Fläche zwischen den Graphen über dem Intervall [a; b]:

$$A = \left|\int_a^{x_1} (f(x) - g(x))\,dx\right| + \left|\int_{x_1}^{x_2} (f(x) - g(x))\,dx\right| + \left|\int_{x_2}^{b} (f(x) - g(x))\,dx\right|$$

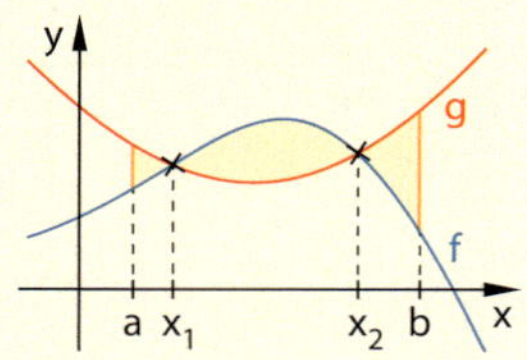

Hinweis:
Die von den Graphen von f und g eingeschlossene Fläche besteht aus den Teilflächen, die durch die Schnittstellen von f und g begrenzt werden:

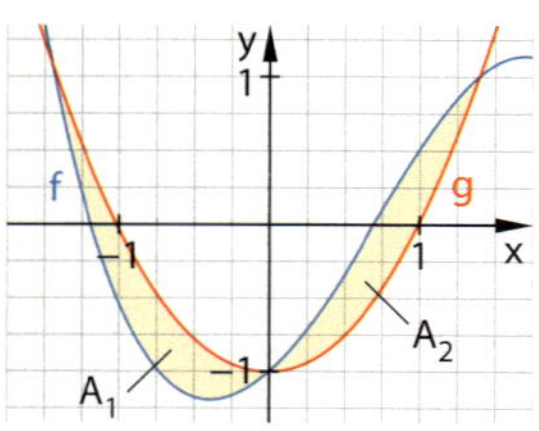

Beispiel 2: Berechnen Sie den Inhalt der Fläche, die von den Graphen von f mit $f(x) = -\frac{1}{2}x^3 + x^2 + x - 1$ und g mit $g(x) = x^2 - 1$ eingeschlossen wird.

Lösung:

Bilden Sie die Differenzfunktion h mit $h(x) = f(x) - g(x)$ und bestimmen Sie ihre Nullstellen. Diese entsprechen den Schnittstellen von f und g.

$h(x) = f(x) - g(x) = -\frac{1}{2}x^3 + x$

Nullstellen von h: $-\frac{1}{2}x(x^2 - 2) = 0$

$x_1 = -\sqrt{2}$; $x_2 = 0$ und $x_3 = \sqrt{2}$

Bestimmen Sie eine Stammfunktion von h.

Stammfunktion von h: $H(x) = -\frac{1}{8}x^4 + \frac{1}{2}x^2$

Berechnen Sie die Integrale der Differenzfunktion zwischen den Schnittstellen von f und g.

$$\int_{-\sqrt{2}}^{0} h(x)\,dx = \left[-\frac{1}{8}x^4 + \frac{1}{2}x^2\right]_{-\sqrt{2}}^{0} = -\frac{1}{2}$$

$$\int_{0}^{\sqrt{2}} h(x)\,dx = \left[-\frac{1}{8}x^4 + \frac{1}{2}x^2\right]_{0}^{\sqrt{2}} = \frac{1}{2}$$

Der Inhalt der Gesamtfläche ist die Summe der Beträge der Integrale.

Flächeninhalt:
$A = A_1 + A_2 = \left|-\frac{1}{2}\right| + \left|\frac{1}{2}\right| = 1$ FE

Basisaufgaben

7. Lesen Sie die Schnittstellen der Funktionsgraphen ab und berechnen Sie den Inhalt der farbigen Fläche zwischen den Graphen der Funktionen.

a) $f(x) = -\frac{1}{16}x^3 + \frac{1}{8}x^2 + \frac{3}{2}x + 1$ und $g(x) = \frac{1}{32}x^3 - \frac{1}{16}x^2 - \frac{3}{4}x + 1$

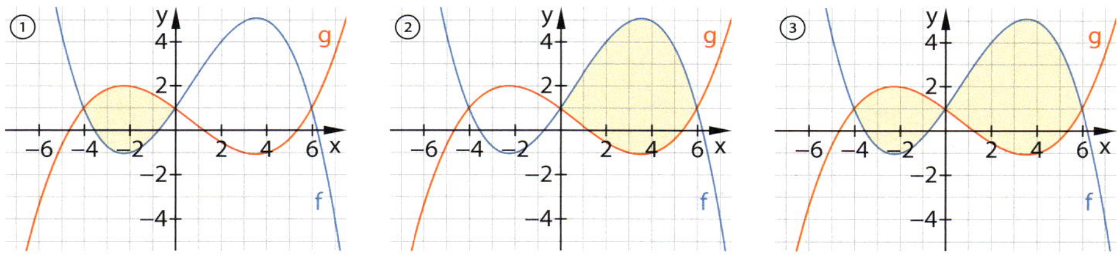

b) $f(x) = \frac{1}{16}x^3 - \frac{3}{4}x^2 + \frac{9}{4}x$ und $g(x) = -\frac{1}{4}x^2 + \frac{3}{2}x$

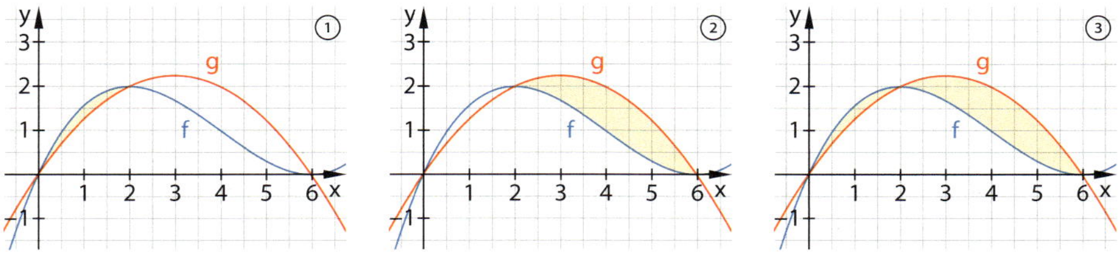

8. Berechnen Sie den Inhalt der Fläche, die von den Graphen der Funktionen f und g eingeschlossen wird.

a) $f(x) = -\frac{1}{4}x^2 + 2 \quad g(x) = \frac{1}{2}x$

b) $f(x) = -0{,}5x^2 + x + 1{,}5 \quad g(x) = x - 3$

c) $f(x) = \frac{1}{5}x^2 + 4 \quad g(x) = x + 4$

d) $f(x) = -\frac{1}{2}x^2 + x + 3 \quad g(x) = -x + 3$

9. Berechnen Sie den Inhalt der Fläche zwischen den Graphen der Funktionen f und g auf dem Intervall I.

a) $f(x) = x^3 - x^2 - 2 \quad g(x) = x^3 - 2x^2 + x \quad I = [-2; 3]$

b) $f(x) = x^3 - 5x^2 + 7x - 3 \quad g(x) = x - 3 \quad I = [0; 3]$

c) $f(x) = -x^2 - 2x + 2 \quad g(x) = x^2 + 4x + 2 \quad I = [-2; 1]$

d) $f(x) = (x^2 - 2)^2 \quad g(x) = x^2 \quad I = [-2; 1]$

10. Zeigen Sie, dass der Graph von f mit $f(x) = x^3 - 6x^2 + \frac{19}{2}x - 2$ und die Gerade g mit $g(x) = \frac{3}{2}x - 2$ zwei gleich große Flächenstücke einschließen.

11. Berechnen Sie den Inhalt der abgebildeten Fläche zwischen den Graphen von f mit $f(x) = \frac{1}{2}x^2 - 3x + \frac{5}{2}$ und g mit $g(x) = -\frac{1}{2}x^2 + 3x - \frac{5}{2}$ auf dem Intervall [0; 5]. Vergleichen Sie Ihr Ergebnis mit dem aus Aufgabe 5.

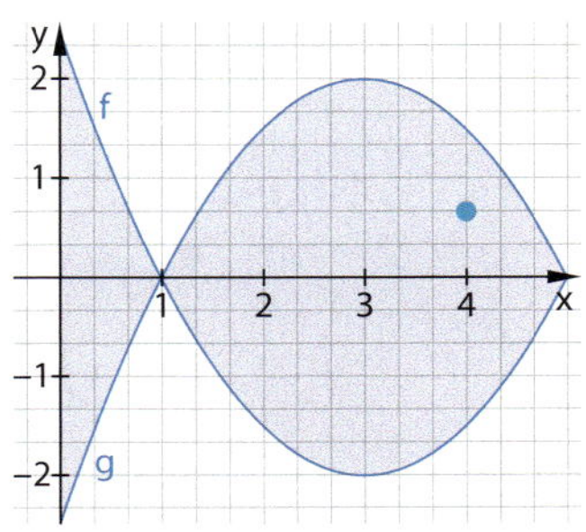

12. Die Graphen der Funktionen f mit $f(x) = x^4 - 3{,}75x^2 + 6$ und g mit $g(x) = x^4 - 3x^2 + 3$ formen auf dem Intervall [−2; 2] eine Figur. Berechnen Sie den Flächeninhalt dieser Figur.

13. Skizzieren Sie Graphen der Funktionen f mit $f(x) = -\frac{1}{4}x^2 + 2$ und g mit $g(x) = |x| - 1$ in einem gemeinsamen Koordinatensystem. Berechnen Sie den Inhalt der von den Graphen eingeschlossenen Fläche. Nutzen Sie dazu die Eigenschaften der Graphen geschickt aus.

Weiterführende Aufgaben

Hinweis zu 14:
Zeichnen Sie die Graphen mit einem CAS oder einer DGS, um eine bessere Vorstellung zu bekommen.

14. Berechnen Sie den Inhalt der beschriebenen Fläche A.

a) A wird vom Graphen von f mit $f(x) = -x^2 + 4x - 3$ und der x-Achse begrenzt.

b) A wird von den Graphen von f mit $f(x) = -x^2 + 4x - 1$ und g mit $g(x) = x - 1$ begrenzt.

c) A wird im ersten Quadranten vom Graphen von f mit $f(x) = -\frac{1}{4}x^2 + x + 3$ begrenzt.

d) A wird im ersten Quadranten von den Graphen von f mit $f(x) = x^3 + 2x^2$ und g mit $g(x) = x + 2$ begrenzt.

e) A wird von den Graphen von f mit $f(x) = -x^2 + 4x + 1$ und g mit $g(x) = -2x + 9$ und der y-Achse begrenzt.

f) A wird von den Graphen von f mit $f(x) = 2 - 0{,}5(x - 1)^2$ und g mit $g(x) = 6 - x$, der x-Achse und der y-Achse begrenzt.

15. Stolperstelle: Zu den Funktionen f und g mit $f(x) = \frac{1}{3}x^3 - 3x^2 + 8x$ und $g(x) = \frac{1}{3}x^2$ soll die von den Graphen eingeschlossene Fläche berechnet werden.

Holger: *„Ich habe von 0 bis 4 integriert und erhalte $\frac{128}{9}$ FE, also rund 14,2 FE."*

Luise: *„Es gibt aber noch eine Schnittstelle bei 6. Daher habe ich von 0 bis 6 integriert und erhalte 12 FE."*

Emre: *„Das kann gar nicht sein, denn dann hätte das größere Flächenstück den kleineren Inhalt. Stattdessen muss man …"*

Diskutieren Sie das Vorgehen der Schüler. Vervollständigen Sie Emres Aussage und berechnen Sie den Flächeninhalt.

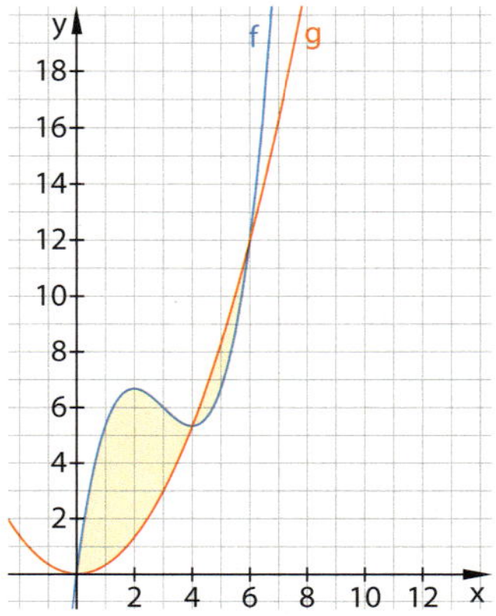

16. Gegeben ist die Funktion f mit $f(x) = -x^2 + 4x + 6$ und die Gerade g, die durch die Punkte $A(-2\,|\,f(-2))$ und $B(4\,|\,f(4))$ verläuft.

a) Skizzieren Sie den Graphen von f sowie die Gerade g.

b) Bestimmen Sie die Gleichung von g und berechnen Sie den Inhalt des Flächenstücks, das vom Graphen von f und der Geraden g eingeschlossen wird.

17. Die Graphen der Funktionen f mit $f(x) = -\frac{1}{286}x^4 - \frac{1}{15}x^2 + 2$ und g mit $g(x) = \frac{1}{15}x^2 - 3$ schließen eine Fläche ein. Berechnen Sie den Inhalt dieser Fläche.

18. Die nördliche und südliche Uferlinie des Baldeneysees in Essen können in einem bestimmten Bereich näherungsweise durch die Funktionen f mit $f(x) = -0{,}25x^2 + 0{,}55$ und g mit $g(x) = -0{,}1x^4$ modelliert werden (Längeneinheit 1 km).

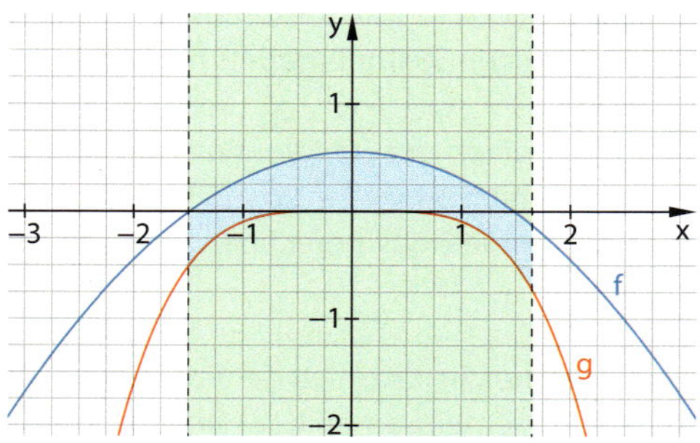

Berechnen Sie mithilfe der Funktionen f und g näherungsweise den Flächeninhalt der Wasseroberfläche des Sees im Bereich $-1{,}5 \leq x \leq 1{,}65$.

19. Beim Bau von Fußgängertunneln werden oft Fertigbetonteile verwendet. Hier ist ein solches Segment mit parabelförmigem Querschnitt und 2 Meter Tiefe abgebildet. Der Querschnitt des Segments kann mithilfe zweier quadratischer Funktionen f und g modelliert werden.

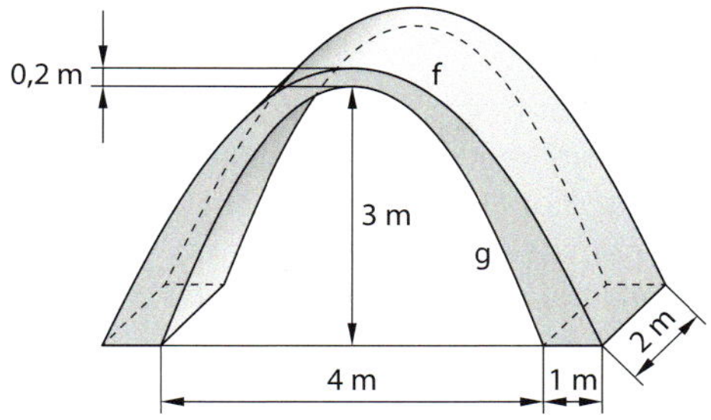

a) Bestimmen Sie eine Funktionsvorschrift für den inneren Parabelbogen.
b) Berechnen Sie das Luftvolumen eines Tunnels, der aus 12 Segmenten besteht.
c) Bestimmen Sie die Masse eines Fertigungssegments, wenn der Beton eine Dichte von $2{,}2\,\frac{g}{cm^3}$ hat.

Hinweis zu 19c:
Für die Masse m eines Körpers mit der Dichte ρ und einem Volumen V gilt: $m = \rho \cdot V$

20. Abgebildet ist der Graph der Funktion f mit $f(x) = -2{,}3e^{-0{,}1x+2} + 1$.
Der Graph von f, die Tangente an den Graphen von f im Punkt $P(0\,|\,f(0))$ und die x-Achse schließen eine Fläche ein.
Bestimmen Sie die Gleichung der Tangente und berechnen Sie den Inhalt dieser Fläche.

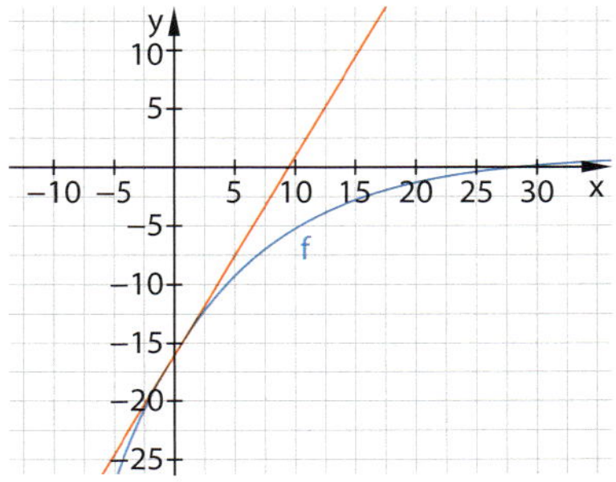

21. Gegeben ist die Funktion f mit $f(x) = \frac{1}{5}x^3 - 2x$.
a) Bestimmen Sie die Schnittstellen des Graphen von f mit den Koordinatenachsen.
b) Bestimmen Sie alle Hoch-, Tief- und Wendepunkte des Graphen von f.
c) Bestimmen Sie die Gleichung der Tangente an den Graphen von f an der Stelle $x = -2$.
d) Zeigen Sie, dass die Tangente aus c) den Graphen von f im Punkt $P(4\,|\,f(4))$ schneidet.
e) Skizzieren Sie den Graphen von f sowie die Tangente aus c).
f) Der Graph von f und die Tangente aus c) schließen eine Fläche ein. Bestimmen Sie den Flächeninhalt.

● **22.** Gegeben ist die Funktion f mit $f(x) = \frac{1}{9}x^3 - \frac{4}{3}x$.
a) Zeichnen Sie den Graphen von f und geben Sie seine wesentlichen Eigenschaften an.
b) Die Tangente im Hochpunkt $H(x_0\,|\,f(x_0))$ schneidet den Graphen in einem weiteren Punkt $P(x_1\,|\,f(x_1))$. Zeigen Sie, dass $x_1 = -2x_0$ ist.
c) Der Graph von f und die Tangente aus b) schließen eine Fläche ein. Berechnen Sie deren Flächeninhalt.

● **23.** Der Graph von f mit $f(x) = 2 - ax^2$ und $a > 0$ schließt mit der x-Achse eine Fläche ein. Bestimmen Sie a so, dass die Fläche $\frac{16}{3}$ FE groß ist.

● **24.** **Ausblick:** Die Graphen der Funktionen f, g und h mit $f(x) = -x^2 + 4x$, $g(x) = x^2 - 4x + 8$ und $h(x) = 5x$ schließen auf dem Intervall $I = [0;\,2]$ eine Fläche ein.
a) Geben Sie alle Schnittstellen der Funktionen im Intervall I an.
b) Zerlegen Sie die Fläche in geeignete Teilflächen und geben Sie die entsprechenden Intervalle an.
c) Berechnen Sie die Flächeninhalte der Teilflächen sowie den Gesamtflächeninhalt.

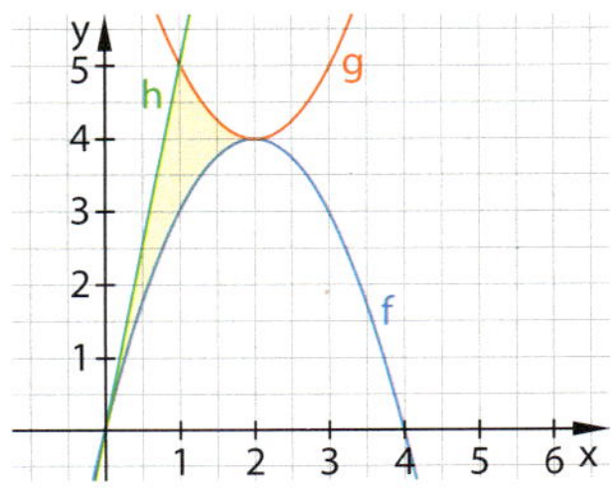

Rotationskörper

■ Wenn der Graph der Funktion f mit $f(x) = \frac{1}{4}x$ im Intervall [0; 3] um die x-Achse rotiert, so entsteht ein Kegel der Höhe h = 3 mit einem Radius von $r = \frac{3}{4}$.

a) Berechnen Sie das Volumen mithilfe der bekannten Formel für das Kegelvolumen.

b) Dem Kegel werden nun Zylinderscheiben der Dicke 0,5 einbeschrieben. Berechnen Sie das Volumen der Zylinderscheiben als Näherung des Kegelvolumens.

c) Erläutern Sie eine mögliche Vorgehensweise bei der Berechnung, um die Genauigkeit immer weiter zu erhöhen. ■

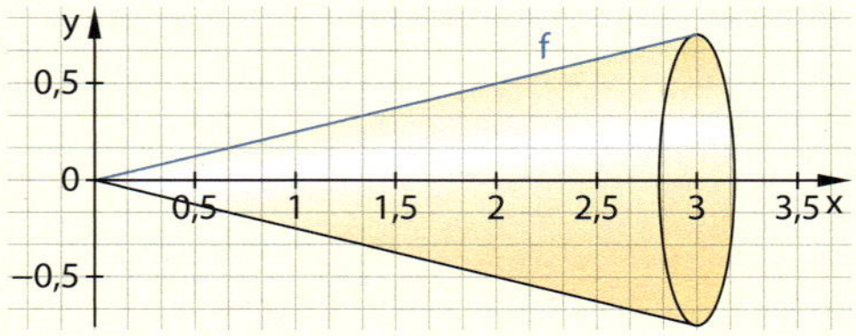

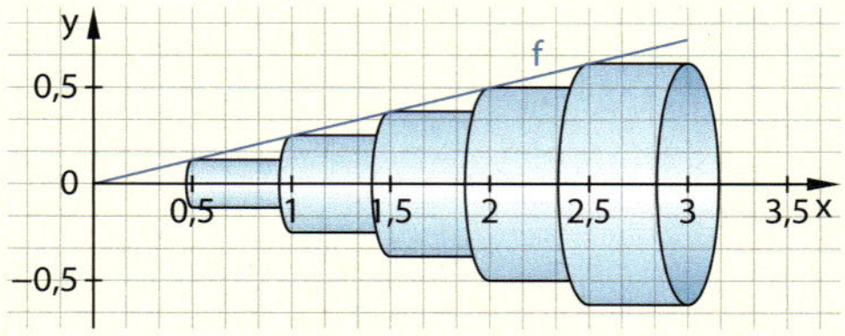

Wenn der Graph einer stetigen Funktion im Intervall [a; b] um die x-Achse rotiert, dann entsteht ein rotationssymmetrischer Körper, kurz **Rotationskörper**.

Zur Bestimmung des Volumens solcher Rotationskörper nähert man – wie bei der Flächenberechnung – den Funktionsgraphen durch eine Treppenfunktion an. Dadurch ergeben sich Rechtecke, mit denen die Fläche unter dem Graphen angenähert wird. Bei der Rotation dieser Rechtecke entstehen Zylinderscheiben, die wiederum das Volumen des Rotationskörpers annähern.

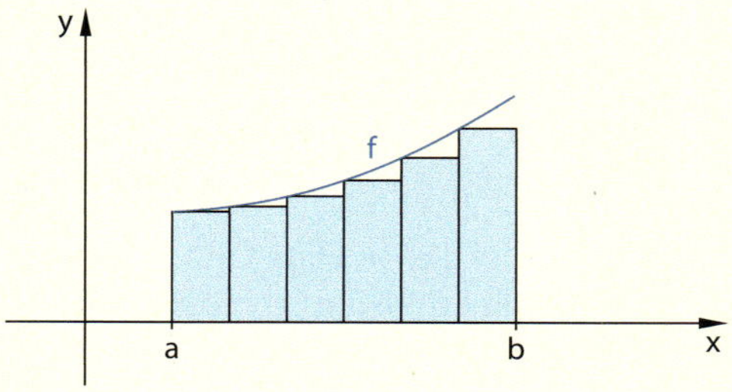

Jede Zylinderscheibe hat eine Höhe Δx und einen von der Stelle x abhängigen Radius f(x). Das Volumen des Rotationskörpers kann also durch die Summe von Zylindervolumina der Form $V_i = \pi \cdot [f(x_i)]^2 \cdot \Delta x$ angenähert werden. Bei einer Unterteilung in n Zylinderscheiben ergibt sich ein Gesamtvolumen von:

$$V = \pi \cdot (f(x_1))^2 \cdot \frac{b-a}{n} + \dots + \pi \cdot (f(x_n))^2 \cdot \frac{b-a}{n}$$

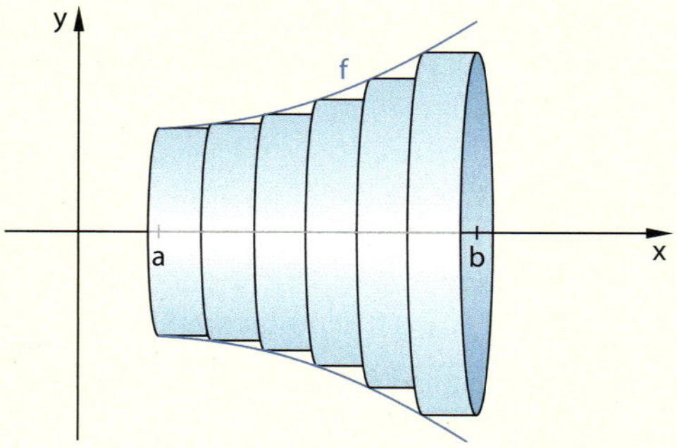

Beim Grenzübergang $n \to \infty$ ergibt sich analog zur Flächenberechnung ein Integral, welches das Volumen des Rotationskörpers angibt.

Wissen: Volumen eines Rotationskörpers

Rotiert der Graph einer stetigen Funktion f im Intervall [a; b] um die x-Achse, so entsteht ein **Rotationskörper**. Für das Volumen dieses Körpers gilt:

$$V = \pi \cdot \int_a^b (f(x))^2 \, dx$$

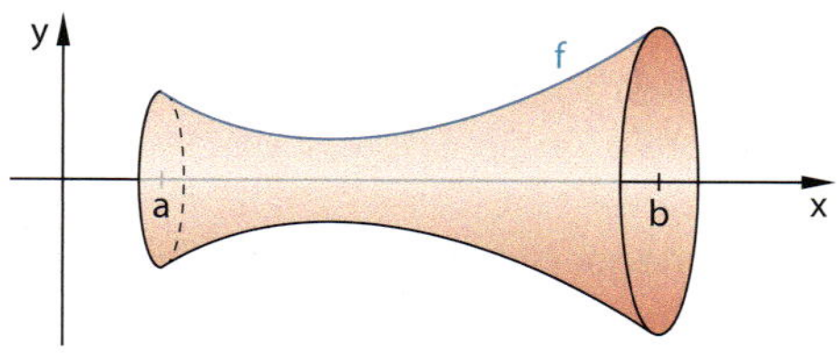

Beispiel: Berechnen Sie das Volumen des Rotationskörpers, der durch Rotation des Graphen von f mit $f(x) = \frac{1}{8}x^2 + 1$ um die x-Achse im Intervall $[-2; 2]$ entsteht.

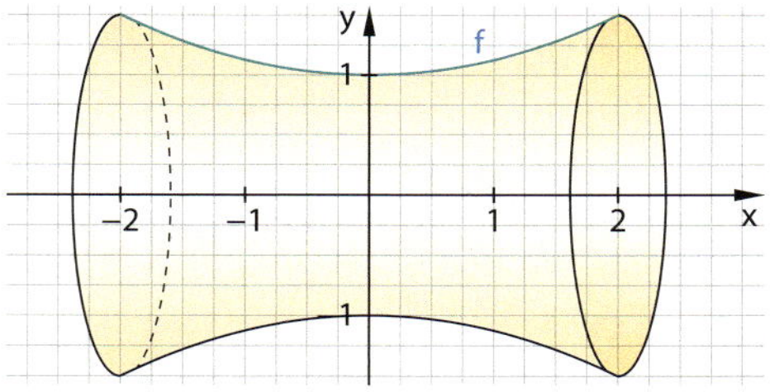

Lösung:

Berechnen Sie $g(x) = (f(x))^2$ mithilfe der 1. binomischen Formel und geben Sie eine Stammfunktion von g an.

$$(f(x))^2 = \frac{1}{64}x^4 + \frac{1}{4}x^2 + 1$$

$$G(x) = \frac{1}{320}x^5 + \frac{1}{12}x^3 + x$$

Berechnen Sie das Integral $\int_{-2}^{2} (f(x))^2\,dx$.

$$\int_{-2}^{2} (f(x))^2\,dx = \left[\frac{1}{320}x^5 + \frac{1}{12}x^3 + x\right]_{-2}^{2}$$

Multiplizieren Sie das Ergebnis mit π.

$$= \frac{32}{320} + \frac{8}{12} + 2 - \left(-\frac{32}{320} - \frac{8}{12} - 2\right) = \frac{83}{15}$$

Das Volumen beträgt rund 17,38 VE.

$$V = \pi \cdot \frac{83}{15} \approx 17{,}38\text{ VE}$$

Aufgaben

1. Berechnen Sie für den Rotationskörper, der durch Rotation des Graphen von f um die x-Achse im Intervall I entsteht, das Volumen als Vielfaches von π.

a) $f(x) = 3 \quad I = [0; 4]$
b) $f(x) = \frac{1}{4}x \quad I = [0; 2]$
c) $f(x) = \frac{1}{4}x \quad I = [2; 4]$
d) $f(x) = x^2 \quad I = [0; 3]$
e) $f(x) = e^x \quad I = [0; 1]$
f) $f(x) = \sqrt{x+1} \quad I = [-1; 2]$

2. Gegeben ist eine quadratische Funktion f, die zwei Nullstellen hat. Durch Rotation des Parabelbogens von f zwischen diesen Nullstellen um die x-Achse entsteht ein Körper. Berechnen Sie sein Volumen.

a) $f(x) = x^2 - 4$
b) $f(x) = x^2 - x$
c) $f(x) = x^2 - 4x + 3$
d) $f(x) = -\frac{1}{4}x^2 + 1$

3. Weisen Sie durch Integration die bekannte Formel zur Berechnung des Körpervolumens nach.

a)
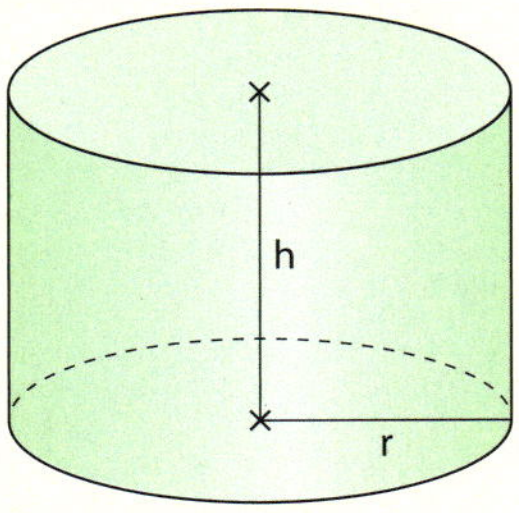

$V = \pi r^2 h$

b)
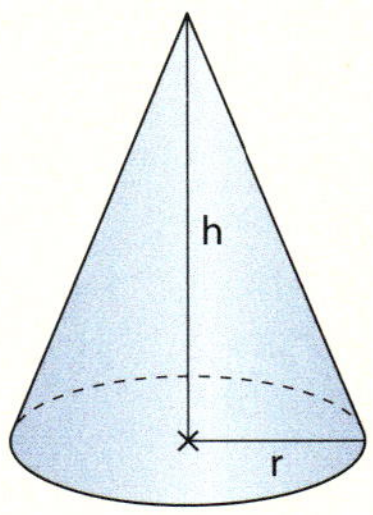

$V = \frac{1}{3}\pi r^2 h$

c)
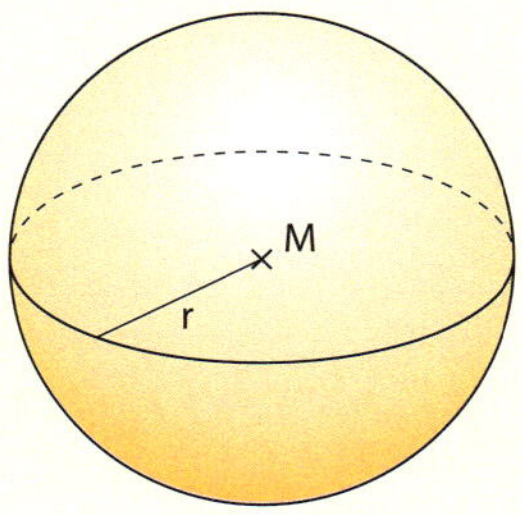

$V = \frac{4}{3}\pi r^3$

Hinweis zu 3c:
Der Graph von f mit $f(x) = \sqrt{r^2 - x^2}, r > 0$, beschreibt für $-r \le x \le r$ einen Halbkreis mit Radius r.

4. Die Außenhülle eines Kühlturms wird modelliert durch Rotation des Graphen von f mit $f(x) = \sqrt{0{,}05x^2 + 4x + 320}$ im Bereich $0 \le x \le 100$ um die x-Achse. Eine Längeneinheit entspricht einem Meter.
Berechnen Sie das Volumen des Kühlturms.

5.7 Klausur- und Abiturtraining

Aufgaben ohne Hilfsmittel

1. In der Abbildung sind die Graphen der Funktionen f mit $f(x) = \frac{1}{3}x^2$ und g mit $g(x) = 3$ dargestellt.
   a) Berechnen Sie den Inhalt des eingeschlossenen Flächenstücks.
   b) Das Flächenstück hat die Höhe h und die Breite b. Zeigen Sie, dass der Flächeninhalt auch mit der Formel $A = \frac{2}{3} \cdot b \cdot h$ berechnet werden kann.

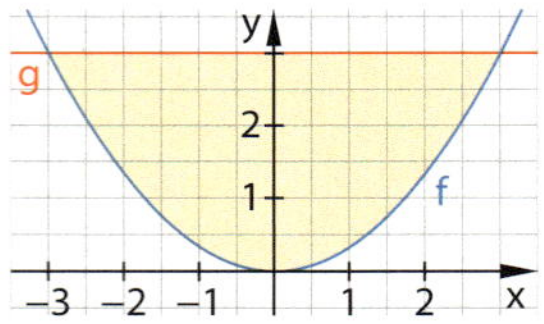

2. Das Rechteck ABCD mit $A(2|0), B(2|2), C(-2|2)$ und $D(-2|0)$ wird durch den Graphen der Funktion f mit $f(x) = -\frac{1}{8}x^4 + 2$ in zwei Teilflächen zerlegt.
   a) Skizzieren Sie diese Vorgaben in einem geeigneten Koordinatensystem.
   b) Berechnen Sie den Inhalt der Fläche, die der Graph von f mit der x-Achse einschließt.
   c) Geben Sie an, wie viel Prozent die Fläche aus b) von dem Rechteck ABCD einnimmt.

3. Die Funktion f mit $f(x) = \frac{1}{9}x^4 - \frac{6}{5}x^2 + \frac{9}{5}$ hat die Nullstellen $x_{1,2} = \pm 3$ und $x_{3,4} = \pm a$. Der Funktionsgraph ist in der Abbildung dargestellt.
   a) Berechnen Sie $\int_{-3}^{3} f(x)\,dx$ und interpretieren Sie das Ergebnis geometrisch.
   b) Es gilt $\int_{0}^{a} f(x)\,dx = \frac{432}{625}\sqrt{5}$ (ein Nachweis wird nicht verlangt). Geben Sie unter Verwendung dieser Information den Inhalt der gelben Fläche an.

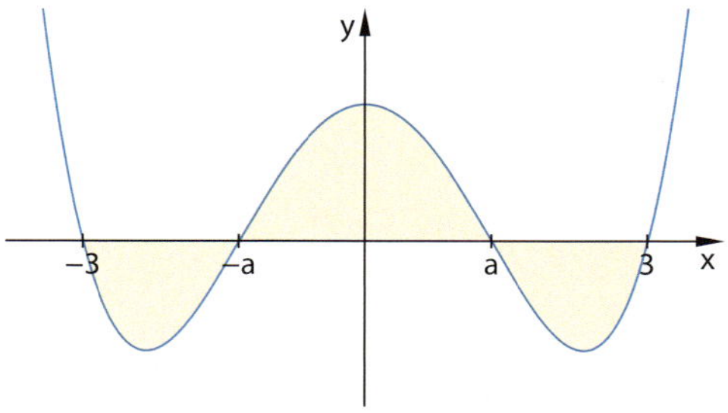

4. Gegeben ist die Funktion f mit der Gleichung $f(x) = -\frac{1}{2}x^4 + 8$.
   a) Berechnen Sie die Nullstellen von f.
   b) Begründen Sie mithilfe der Lage des Graphen von f im Koordinatensystem, dass gilt:
   $$\int_{-2}^{2} f(x)\,dx > 0$$
   c) Bestimmen Sie $a \in \mathbb{R}$ so, dass gilt: $\int_{-2}^{2} \left(-\frac{1}{2}x^4 + a\right) dx = 0$

5. Eine Drohne ändert ihre Flughöhe h in Abhängigkeit von der Zeit t mit der Geschwindigkeit v. Die abgebildete Parabel stellt die Geschwindigkeit v dar. (t in Sekunden, v(t) in Meter/Sekunde).

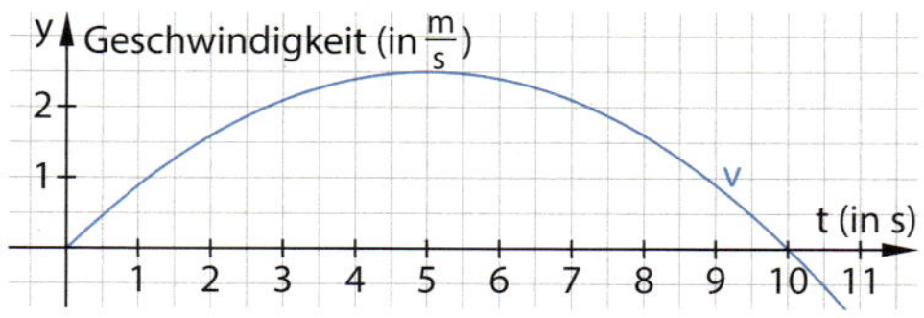

   a) Lesen Sie am Graphen den Zeitpunkt ab, an dem die Drohne ihre maximale Flughöhe erreicht, und begründen Sie Ihre Wahl.
   b) Ermitteln Sie eine Gleichung für die quadratische Funktion v.
   c) Bestimmen Sie die Gleichung für die Höhenfunktion h, wenn die Drohne in einer Höhe von 2 Metern startet. Geben Sie die maximale Flughöhe der Drohne an.
   d) Erläutern Sie die Bedeutung des Wertes $\int_{0}^{10} v(t)\,dt$ im Sachzusammenhang.

Aufgaben mit Hilfsmitteln

6. Die Firma Korbgeflecht hat sich das abgebildete Logo entwerfen lassen. In einem geeigneten Koordinatensystem wird das Logo begrenzt von den Graphen der Funktionen f und g mit $f(x) = \frac{3}{80}x^3 - \frac{27}{80}x$ und $g(x) = \frac{3}{80}x^3 + \frac{3}{32}x^2 - \frac{27}{80}x - \frac{75}{32}$.

a) Zeigen Sie rechnerisch, dass das Logo über dem Intervall $[-5; 5]$ definiert ist.

b) Berechnen Sie mithilfe der Differenzfunktion d mit $d(x) = f(x) - g(x)$ die Länge des längsten Querschnitts in y-Richtung.

c) Die Firma möchte das Logo im Eingangsbereich anbringen. Dazu sollen die oben angegebenen x-Werte in Dezimeter gewählt werden. Die Produktionskosten für einen Quadratmeter betragen 60 €. Berechnen Sie die Kosten für die Herstellung des Logos.

7. Die Abbildung zeigt den Querschnitt eines künstlich angelegten Wasserkanals, dessen Böschungen beschrieben werden durch die Funktionen f und g mit $f(x) = \frac{1}{2}x^3 + \frac{3}{2}x^2$ über $[-2; 0]$ und $g(x) = \frac{1}{3}x^2$ über $[0; 3]$. Alle Längenangaben sind in Meter angegeben.

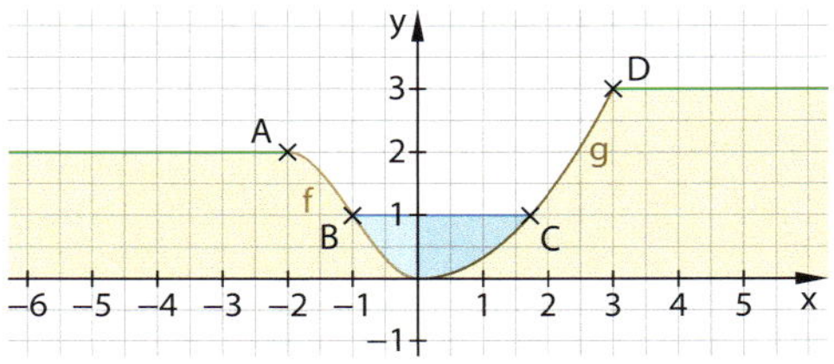

a) An der tiefsten Stelle ist das Wasser 1 m tief. Bestimmen Sie die Entfernung zwischen den Punkten B und C.

b) Berechnen Sie die blau eingefärbte Querschnittsfläche des Wassers.

c) Bestimmen Sie, wie viel Kubikmeter Wasser der Kanal pro Meter Länge fassen kann.

d) Der 120 m lange Kanal wird nicht mehr benötigt und soll so mit Erde aufgefüllt werden, dass die Verbindung der Punkte A und D eine gerade Linie ergibt. Berechnen Sie, wie viele Kubikmeter Erde hierzu benötigt werden.

8. Die Abbildung zeigt eine symmetrische Rampe. An der höchsten Stelle ist die Rampe 1 m breit. Die rechte Begrenzungslinie wird durch den Graphen einer ganzrationalen Funktion 3. Grades beschrieben. Im Punkt $(1\,|\,1)$ beträgt seine Steigung $m = -1{,}5$ und seine Tangente im Punkt $(3\,|\,0)$ verläuft waagerecht.

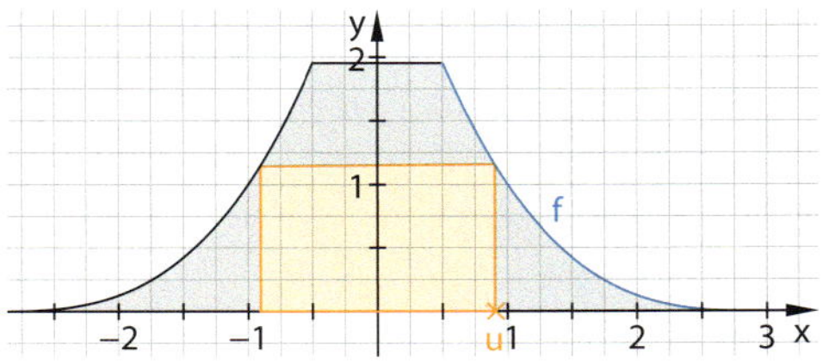

a) Weisen Sie nach, dass sich die Funktion f mit $f(x) = -\frac{1}{8}x^3 + \frac{9}{8}x^2 - \frac{27}{8}x + \frac{27}{8}$ im Bereich $0{,}5 \le x \le 3$ für die Modellierung der rechten Begrenzungslinie eignet.

b) Auf der vorderen Seitenfläche möchte ein Sponsor ein rechteckiges Plakat anbringen (siehe Abbildung). Für eine optimale Werbewirksamkeit sollte der Flächeninhalt des Rechtecks möglichst groß sein.
Berechnen Sie, für welchen Wert von u der Flächeninhalt maximal ist, und geben Sie diesen an. Stellen Sie hierzu zunächst eine geeignete Zielfunktion A(u) auf und zeigen Sie, dass $A'(0{,}75) = A'(3) = 0$ gilt.

c) Die hintere Seitenfläche der Rampe soll mit einer Spezialfarbe angestrichen werden. Ein Eimer dieser Farbe reicht laut Hersteller für ca. $1{,}3\ m^2$. Entscheiden Sie, ob drei Eimer der Farbe ausreichen.

Lösungen ↗ S. 299

1. Ein Gefäß mit 10 Liter Fassungsvermögen ist zu Beobachtungsbeginn zur Hälfte mit Wasser gefüllt. Zu- und Abfluss werden über ein Ventil gesteuert. Die Änderungsrate von Zu- und Abfluss in Liter pro Minute wird durch das Diagramm veranschaulicht.

a) Beschreiben Sie den Vorgang für $0 \le t \le 4$.

b) Ermitteln Sie das Wasservolumen in dem Gefäß nach vier Minuten.

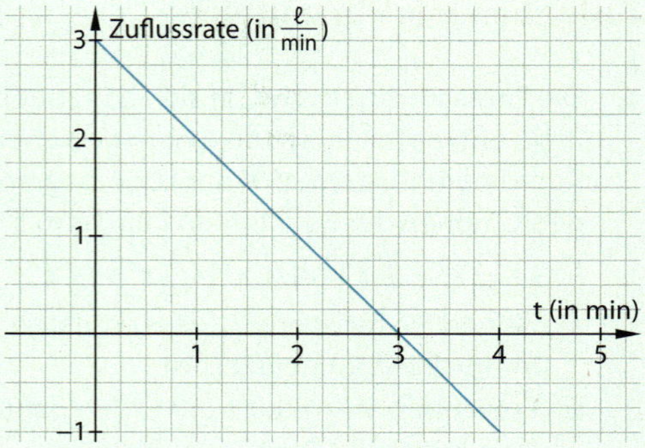

2. Einer der beiden Graphen A und B gehört zu einer Funktion f, der andere zu einer ihrer Stammfunktionen. Beurteilen Sie, welcher der zwei Graphen die Stammfunktion darstellt.

a)

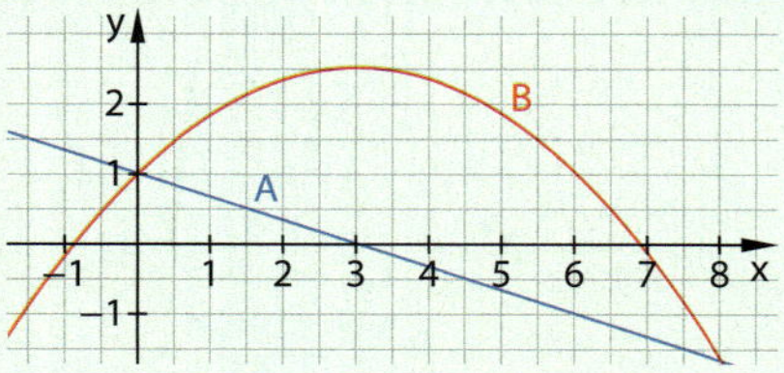

b)

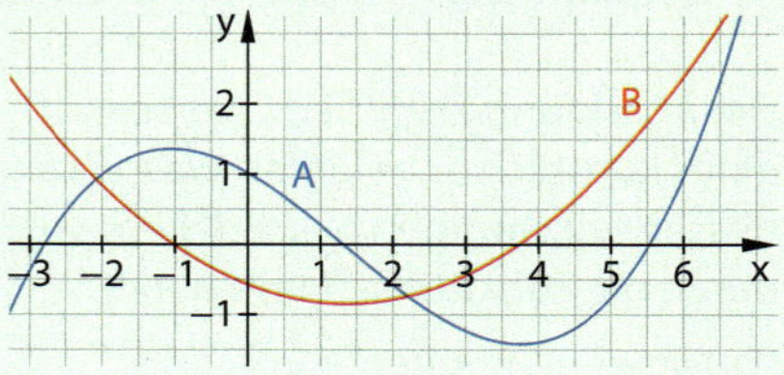

3. Der Flächeninhalt der Fläche, die der Graph von f mit $f(x) = x + 1$ und die x-Achse im Intervall $0 \le x \le 5$ einschließen, kann durch Rechtecksummen angenähert werden.

a) Berechnen Sie den Flächeninhalt der dargestellten Obersumme O_5.

b) Ermitteln Sie einen Term für die Obersumme O_n in Abhängigkeit von n für $n \in \mathbb{N}$, $n > 0$.

c) Zeigen Sie, dass der Grenzwert von O_n für $n \to \infty$ dem Flächeninhalt der Trapezfläche unter dem Graphen von f entspricht.

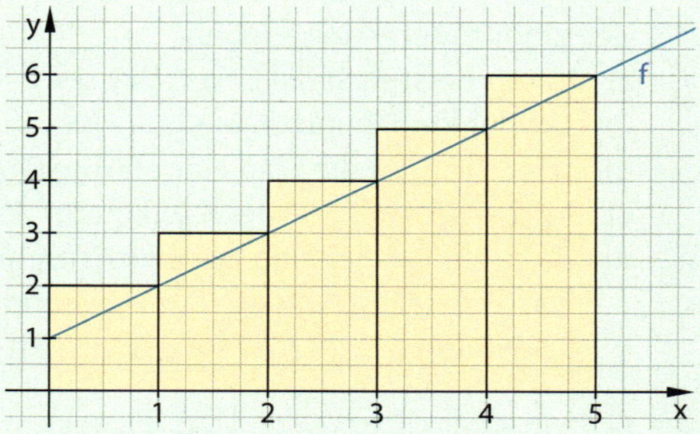

Hinweis zu 3b:
$1 + 2 + 3 + \ldots + n = \frac{n \cdot (n+1)}{2}$

4. Ermitteln Sie eine Stammfunktion von f.

a) $f(x) = 2x + 1$ b) $f(x) = \frac{1}{4}x^3 - 2$ c) $f(x) = e^{\frac{x}{2}}$

d) $f(x) = 3x^{-2}$ e) $f_a(t) = a \cdot t^2$ f) $f(x) = (3x - 5)^{50}$

g) $f(x) = x \cdot (2x - 3)$ h) $f(x) = -\frac{1}{4x^3}$ i) $f(x) = \frac{1}{(2x+3)^2}$

j) $f(x) = 2\sqrt{x}$ k) $f(x) = -\frac{1}{\sqrt{x}}$ l) $f(x) = \sqrt{2x - 1}$

5. Berechnen Sie diejenige Stammfunktion von f, deren Graph durch den angegebenen Punkt P verläuft.

a) $f(x) = 2 - 2x$ $P(1\,|\,0)$ b) $f(x) = 2x^3 - 7x$ $P(2\,|\,-2)$

c) $f(x) = e^{-3x+1}$ $P(0\,|\,e)$ d) $f(x) = \frac{-1}{(x+2)^2}$ $P(-1\,|\,-2)$

6. Berechnen Sie das Integral.

a) $\int_1^2 2x \cdot (x^2 - 1)\,dx$ b) $\int_0^{\ln(2)} (e^{2x} + e^{-x})\,dx$ c) $\int_5^6 \frac{1}{(3-x)^2}\,dx$ d) $\int_{\frac{5}{4}}^{\frac{5}{2}} \frac{6}{\sqrt{4x-1}}\,dx$

7. Weisen Sie durch Differenzieren nach, dass F eine Stammfunktion von f ist.

	a)	b)	c)	d)	e)
f(x)	$x^4 - 1$	$e^{0{,}5x} - 4e^{-4x}$	$-2x - 2x^{-3}$	$-\frac{1}{\sqrt{x^3}}$	$-\frac{12x}{(3x^2+1)^3}$
F(x)	$\frac{x^5}{5} - x$	$2e^{0{,}5x} + e^{-4x}$	$x^{-2} - x^2$	$\frac{2}{\sqrt{x}}$	$\frac{1}{(3x^2+1)^2}$

Lösungen
↗ S. 300

8. Die Wachstumsgeschwindigkeit einer Zellkultur wird durch die Funktion v mit $v(t) = 2 \cdot e^{0{,}4t}$ modelliert, dabei gibt t die Zeit in Tagen und v(t) die Wachstumsgeschwindigkeit in Gramm pro Tag an.

a) Berechnen Sie, um wie viel Gramm das Gewicht der Zellkultur innerhalb des ersten Tages und innerhalb des zweiten Tages zugenommen hat.
b) Berechnen Sie, wie lange es dauert, bis das Gewicht um 50 Gramm zugenommen hat.
c) Bestimmen Sie die Bestandsfunktion B für das Gewicht der Zellkultur, wenn ihr Anfangsgewicht 10 Gramm war.
d) Berechnen Sie die mittlere Wachstumsgeschwindigkeit zwischen dem 2. und 5. Tag.

9. Gegeben sind die Funktionen f mit $f(x) = \frac{1}{50}x^3 - \frac{2}{5}x^2 + 2x$ und g mit $g(x) = -\frac{1}{10}x^2 + x$. Berechnen Sie die beschriebenen Flächeninhalte.

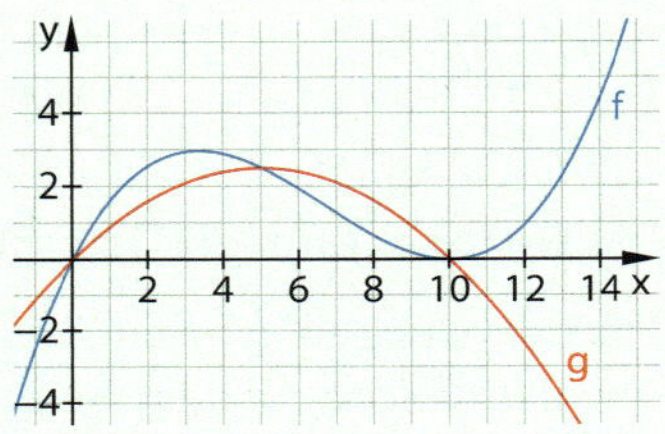

a) Fläche A_1, die der Graph von f mit der x-Achse einschließt
b) Fläche A_2, die die Graphen von f und g einschließen

10. Schaut man von oben auf den kleinen Teich in Nachbars Garten, so kann man den nebenstehenden Umriss sehen. Die Uferbegrenzungen können durch die Funktionen f und g modelliert werden:
$f(x) = -0{,}2 \cdot (x^3 - 5x^2)$ für $0 \le x \le 5$ und
$g(x) = 0{,}6 \cdot x \cdot (x - 5)$ für $0 \le x \le 5$. Eine LE entspricht 1 m.
Der Teich ist künstlich angelegt und hat eine Tiefe von durchgängig 0,80 m.
Berechnen Sie, wie viel Wasser der Teich enthält.

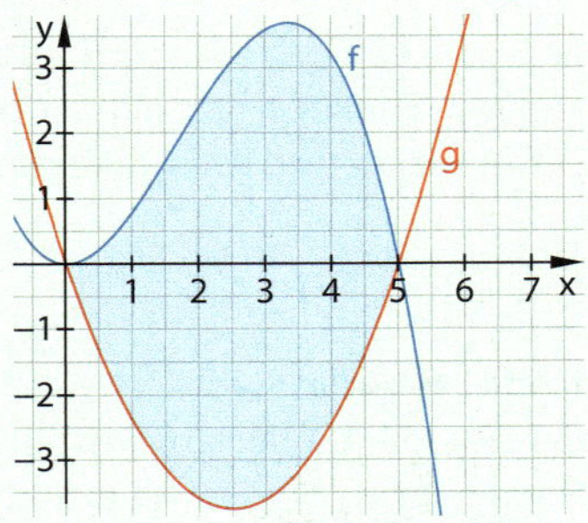

11. Stromzähler ermitteln in vielen Haushalten die verbrauchte elektrische Energie, die in Kilowattstunden (kWh) angegeben wird. Je schneller sich die sichtbare Aluminiumdrehscheibe dreht, desto größer ist die momentan dem Stromkreis entnommene Leistung P.

Hinweis zu 11:
Die Leistung entspricht der Energie pro Zeit.

a) Berechnen Sie die Energie, die eine Energiesparlampe mit 5 W Leistung im Dauerbetrieb innerhalb einer Woche verbraucht.
b) Der zeitliche Verlauf der elektrischen Leistung P (in kW) wird durch die Funktion mit $P(t) = -\frac{3}{51\,200}t^4 + \frac{11}{3200}t^3 - \frac{53}{800}t^2 + \frac{21}{50}t + \frac{1}{10}$ (t: Zeit in den 24 Stunden nach Mitternacht) beschrieben. Ermitteln Sie die Energie, die während eines Tages entnommen wird.
c) Begründen Sie anschaulich, warum ein Stromzähler als „analoger Integrierer" bezeichnet werden kann.

Zusammenfassung

Stammfunktion

Eine Funktion F heißt **Stammfunktion** zur Funktion f, wenn für jede Stelle x gilt:
$F'(x) = f(x)$.
Alle Stammfunktionen von f sind gegeben durch $F(x) + C$ mit $C \in \mathbb{R}$.

$f(x) = x^2$
$F(x) = \frac{1}{3}x^3$ $\quad F'(x) = \frac{1}{3} \cdot 3x^2 = x^2 = f(x)$
Also ist F eine Stammfunktion von f.

Alle Stammfunktionen von f: $F(x) = \frac{1}{3}x^3 + C$

Regeln für Stammfunktionen

Funktion	Stammfunktion	Funktion	Stammfunktion
$f(x) = x^r \; (r \in \mathbb{Q}, r \neq -1)$	$F(x) = \frac{1}{r+1} \cdot x^{r+1}$	$f(x) = x = x^1$	$F(x) = \frac{1}{2}x^2$
		$f(x) = \frac{1}{x^2} = x^{-2}$	$F(x) = -1 \cdot x^{-1} = -\frac{1}{x}$
$f(x) = e^x$	$F(x) = e^x$	$f(x) = \frac{1}{\sqrt{x}} = x^{-\frac{1}{2}}$	$F(x) = 2 \cdot x^{\frac{1}{2}} = 2\sqrt{x}$

G und H seien Stammfunktionen von g bzw. h.

Faktorregel:
$f(x) = k \cdot g(x)$ mit $k \in \mathbb{R}$ $\quad F(x) = k \cdot G(x)$ $\quad f(x) = 3x^4$ $\quad F(x) = 3 \cdot \frac{1}{5}x^5$

Summenregel:
$f(x) = g(x) + h(x)$ $\quad F(x) = G(x) + H(x)$ $\quad f(x) = x^{-3} + x$ $\quad F(x) = -\frac{1}{2}x^{-2} + \frac{1}{2}x^2$

lineare Kettenregel:
$f(x) = g(ax + b)$ $\quad F(x) = \frac{1}{a} \cdot G(ax + b)$ $\quad f(x) = (6x + 5)^3$ $\quad F(x) = \frac{1}{6} \cdot \frac{1}{4}(6x + 5)^4$
$(a, b \in \mathbb{R}, a \neq 0)$
$f(x) = e^{ax+b}$ $\quad F(x) = \frac{1}{a} \cdot e^{ax+b}$ $\quad f(x) = e^{-2x+7}$ $\quad F(x) = -\frac{1}{2} \cdot e^{-2x+7}$

Bestimmtes Integral

Das **bestimmte Integral** $\int_a^b f(x)\,dx$ gibt die **Flächenbilanz** zwischen dem Graphen von f und der x-Achse auf dem Intervall [a; b] an.

Ist F eine beliebige Stammfunktion einer stetigen Funktion f, so gilt der **Hauptsatz der Differenzial- und Integralrechnung:**

$$\int_a^b f(x)\,dx = F(b) - F(a)$$

$f(x) = \frac{1}{2}x^2 - x; \quad I = [1;3]$

$\int_1^3 f(x)\,dx = -A_1 + A_2$

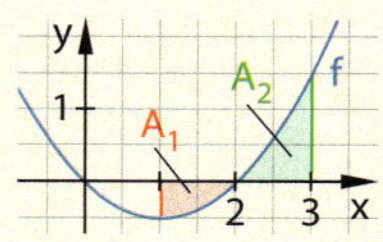

Stammfunktion von f: $F(x) = \frac{1}{6}x^3 - \frac{1}{2}x^2$

$$\int_1^3 \left(\frac{1}{2}x^2 - x\right) dx = \left[\frac{1}{6}x^3 - \frac{1}{2}x^2\right]_1^3$$
$$= \frac{1}{6} \cdot 3^3 - \frac{1}{2} \cdot 3^2 - \left(\frac{1}{6} \cdot 1^3 - \frac{1}{2} \cdot 1^2\right) = \frac{1}{3}$$

Flächenberechnungen

Sind $x_1 < x_2$ die Nullstellen der Funktion f auf einem Intervall [a; b], so gilt für den Flächeninhalt der **Fläche zwischen Graph und x-Achse**:

$$A = \left|\int_a^{x_1} f(x)\,dx\right| + \left|\int_{x_1}^{x_2} f(x)\,dx\right| + \left|\int_{x_2}^{b} f(x)\,dx\right|$$

$f(x) = \frac{1}{2}x^2 - x$
Intervall: $I = [1;3]$
Nullstelle: $x = 2$

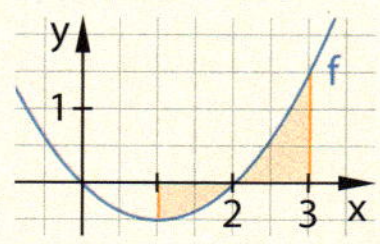

$$A = \left|\int_1^2 \left(\frac{1}{2}x^2 - x\right) dx\right| + \left|\int_2^3 \left(\frac{1}{2}x^2 - x\right) dx\right| = \frac{1}{3} + \frac{2}{3} = 1$$

Sind $x_1 < x_2$ die Schnittstellen der Funktionen f und g auf einem Intervall [a; b], so gilt für den Flächeninhalt der **Fläche zwischen den Graphen:**

$$A = \left|\int_a^{x_1} h(x)\,dx\right| + \left|\int_{x_1}^{x_2} h(x)\,dx\right| + \left|\int_{x_2}^{b} h(x)\,dx\right|$$

mit $h(x) = f(x) - g(x)$ (**Differenzfunktion**).

$g(x) = -x + 2$
$h(x) = f(x) - g(x) = \frac{1}{2}x^2 - 2$
Schnittstelle von f und g in $I = [1;3]$: $x = 2$

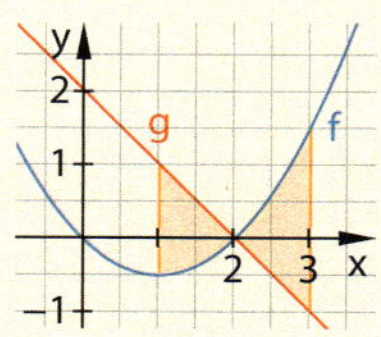

$$A = \left|\int_1^2 h(x)\,dx\right| + \left|\int_2^3 h(x)\,dx\right| = \frac{5}{6} + \frac{7}{6} = 2$$

6. Zusammengesetzte Funktionen

Die Pharmakokinetik ist die Beschreibung der Konzentration eines Medikaments im Körper. Um den gesamten Verlauf von der Einnahme, über die Verteilung im Körper, bis hin zum Abbau zu beschreiben, werden zusammengesetzte Funktionen benötigt.

Nach diesem Kapitel können Sie …
- Produkte von Funktionen ableiten,
- Eigenschaften zusammengesetzter Funktionen untersuchen,
- mithilfe von zusammengesetzten Funktionen Sachsituationen beschreiben und modellieren,
- aus Änderungsraten zusammengesetzter Funktionen Informationen über die Bestandsfunktion gewinnen.

Lösungen ↗ S. 300/301

Gleichungen lösen

1. Bestimmen Sie die Lösungsmenge der Gleichung.
a) $x^2 - 2x - 1 = 9 - 5x$ b) $2x - 2x^3 = x^2 + x$ c) $9 - 6x^2 = \frac{1}{4}x^2 - x^4$

2. Lösen Sie die Gleichung und geben Sie die Lösung mithilfe des ln an.
a) $e^x = 5$ b) $40 = 8e^{2x}$ c) $5e^{3x-1} = 4e^{2x}$

3. Lösen Sie die Gleichung mit dem Satz vom Nullprodukt.
a) $xe^x = 0$ b) $e^{2x}(x^2 - 100) = 0$ c) $9e^{2x} - x^2 e^{2x} + 7 = 7$

Exponentialfunktionen untersuchen

4. Bestimmen Sie die erste und zweite Ableitung der Funktion f.
a) $f(x) = 8 - e^x$ b) $f(x) = e^{5x}$ c) $f(x) = 4e^{0,5x} + 8$
d) $f(t) = -e^{3t-5}$ e) $f(x) = \frac{1}{2}e^{3+4x} - 2$ f) $f(x) = 1 - 2e^{\frac{1}{2}x+2}$
g) $f(x) = -3e^{-x+4} - 9$ h) $f(x) = \frac{1}{2}(e^{-x} + e^x)$ i) $f(x) = \frac{4 - 10e^{2+4x}}{10}$

5. Bestimmen Sie die Steigung des Graphen der Funktion f an der Stelle x_0.
a) $f(x) = 4e^x - 3$; $x_0 = 0$ b) $f(x) = e^{2x} - 3e^{-x}$; $x_0 = -1$
c) $f(x) = \frac{1}{2} \cdot 4^x - \pi$; $x_0 = 1$ d) $f(x) = 0,5 \cdot 2^{3x-2}$; $x_0 = 0,5$

6. Ermitteln Sie die Gleichung der Tangente am Graphen der Funktion f an der Stelle x_0.
a) $f(x) = e^x + e^{-x}$; $x_0 = 1$ b) $f(x) = \frac{1}{e^{3x}} + 5$; $x_0 = \frac{1}{3}$
c) $f(x) = \frac{1}{2} \cdot 3^{-2x}$; $x_0 = 0$ d) $f(x) = -\frac{1}{5} \cdot 0,25^x + \frac{6}{5}$; $x_0 = -2$

7. Berechnen Sie den Inhalt der Fläche zwischen dem Graphen der Funktion f und der x-Achse auf dem Intervall I.
a) $f(x) = \frac{1}{2}e^{-2x} + 1$; $I = [-1; 2]$ b) $f(x) = e^{\frac{x}{2}} - e^{-\frac{x}{2}}$; $I = [-2; 2]$
c) $f(x) = 3^x$; $I = [1; 2]$ d) $f(x) = 4^{-\frac{x}{2}} - 4$; $I = [-2; 0]$

8. Bestimmen Sie eine Stammfunktion zur Funktion f.
a) $f(x) = 4e^x$ b) $f(t) = e^t - 4$ c) $f(x) = e^{-3x} + 1$
d) $f(x) = 6e^{2x}$ e) $f(t) = -e^{-t-1}$ f) $f(x) = 2 - 3e^{\frac{3}{5}x+1}$
g) $f(x) = -4e^{2x-2} - 2$ h) $f(x) = -\frac{1}{3}(e^{-x} + e^x)$ i) $f(t) = e^{2+5t} - e^2$

9. Die Abbildung zeigt den Graphen der Funktion f mit $f(x) = 2e^{-x+3}$ sowie die Tangente an den Graphen von f an der Stelle $x_0 = 4$.
a) Bestimmen Sie rechnerisch die Gleichung der abgebildeten Tangente.
b) Berechnen Sie den Flächeninhalt des Dreiecks, das von der Tangente und den Koordinatenachsen eingeschlossen wird.

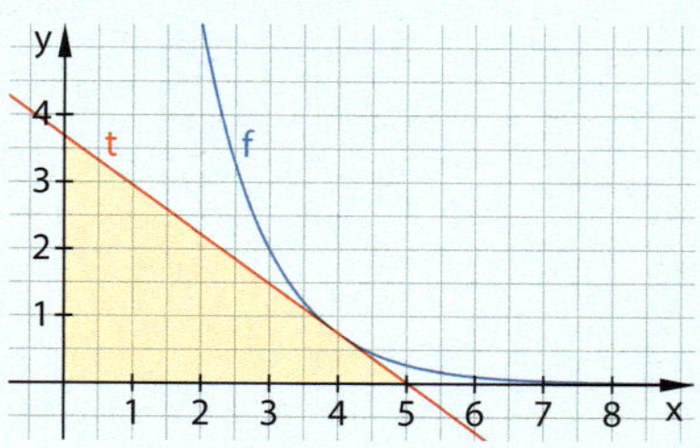

10. Geben Sie die erste Ableitung und eine Stammfunktion von f an.
a) $f(x) = 6e^{-2ax}$ b) $f(x) = ax^2 - a \cdot e^{4x}$
c) $f(t) = 12a \cdot e^{5a + \frac{2}{3}a \cdot t} - a^2$ d) $f(x) = (4a - 5) \cdot e^{-2x+3a} - 1$

Exponentielles Wachstum

Lösungen
↗ S. 301

11. Der radioaktive Zerfall des Elements Radium lässt sich annähernd durch die Funktion m mit $m(t) = m_0 \cdot e^{-0{,}0004t}$ beschreiben. Dabei bezeichnet m_0 die zu Beginn vorhandene Masse (in Gramm) und t die Zeit (in Jahren).

a) Ermitteln Sie die Zeitdauer, nach der von 1 g Radium 0,1 g zerfallen sind, sowie die Halbwertszeit T.

b) Berechnen Sie die Zerfallsgeschwindigkeit von 1 g Radium zum Zeitpunkt von $t_1 = 10$ (Jahren) und $t_2 = 1000$ (Jahren).

Erinnerung:
Unter der Halbwertszeit T versteht man die Zeit, nach der die Hälfte der vorhandenen Menge zerfallen ist.

12. Die Wachstumsgeschwindigkeit einer Bakterienkultur wird durch die Funktion f mit $f(t) = 2 \cdot e^{0{,}2t}$ beschrieben (t in Stunden; f(t): Anzahl der Bakterien in Tausend).

a) Berechnen Sie den Zeitpunkt t, an dem der Bestand um 5000 Bakterien zunimmt.

b) Berechnen Sie, um wie viele Bakterien diese Bakterienkultur von der 3. bis zur 6. Stunde wächst.

Vermischtes

13. Bestimmen Sie die Ableitungsfunktion f' von f mit der Kettenregel.

a) $f(x) = (1 + 2x)^2$ b) $f(x) = \sqrt{4 - x}$ c) $f(x) = \sqrt[3]{x^2 - 1}$ d) $f(x) = \sqrt{ax}$ $(a > 0)$

14. Berechnen Sie das Integral.

a) $\int_0^1 x^2 - e^{-x}\,dx$ b) $\int_{-1}^1 e^{5x-5} - 2x\,dx$ c) $\int_{-1}^2 3e^{4-2x}\,dx$

d) $\int_1^3 \frac{1}{e^{-3x+5}}\,dx$ e) $\int_2^4 (-2e^{4x-5} + x^2)\,dx$ f) $\int_2^3 (a^2e^{bt-2} - 3t^2)\,dx$

15. Eine Rangierlok fährt auf einem geradlinigen Gleisabschnitt zu Beginn direkt in Richtung Norden. Der Geschwindigkeitsverlauf innerhalb der ersten 55 Sekunden wird durch den Graphen zu $v(t) = 0{,}0013\,t^3 - 0{,}1072\,t^2 + 1{,}9663\,t$ (t in s; v in m/s) wiedergegeben.

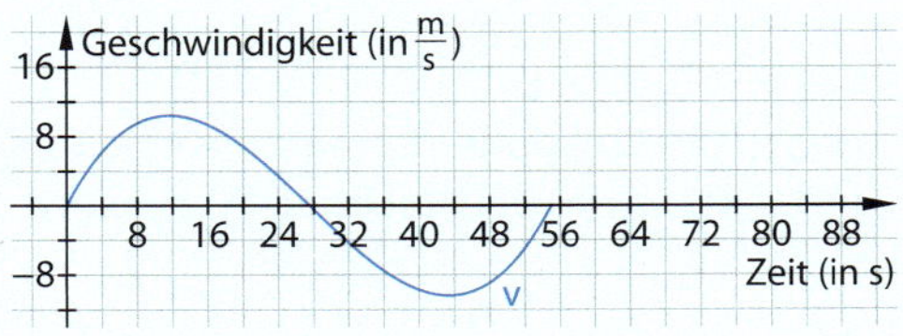

a) Beschreiben Sie den Bewegungsablauf in Worten.

b) Ermitteln Sie (ohne Integralrechnung) die Entfernung der Rangierlok zum Startpunkt nach 55 s.

c) Berechnen Sie den Gesamtweg, den die Rangierlok nach 55 s zurückgelegt hat.

16. Unter einem tropfenden Wasserhahn steht eine Auffangschale, in der sich bereits 50 mℓ Wasser befinden. Die Zunahme des Wassers lässt sich innerhalb des ersten 24 Stunden durch die Funktion f mit $f(t) = 12 - \frac{1}{50}t \cdot (1 + t)$ beschreiben. (t in h, f(t) in mℓ/h)

a) Berechnen Sie die Wassermenge, die sich nach 12 Stunden in der Schale befindet.

b) Bestimmen Sie, wie viel Wasser zwischen der 5. und 10. Stunde in die Schale tropft.

c) Die Auffangschale hat ein Fassungsvermögen von 0,25 ℓ. Untersuchen Sie, ob die Schale im Beobachtungszeitraum überläuft.

6.1 Produktregel

■ Die Funktion f mit $f(x) = x^2$ lässt sich auch als Produkt darstellen: $f(x) = x \cdot x$

a) Leiten Sie die Faktoren einzeln ab und bilden Sie das Produkt. Überprüfen Sie, ob das Ergebnis mit der Ableitung von f übereinstimmt.

b) Prüfen Sie – wie oben – auch die Funktion g mit $g(x) = 12x^3$. ■

Um die Ableitung der Summe zweier Funktionen zu bilden, leitet man summandenweise ab. Die Ableitung zu $g(x) = u(x) + v(x)$ ist also $g'(x) = u'(x) + v'(x)$.
Gilt dies auch für Produkte von Funktionen?

Bei zwei ganzrationalen Funktionen lässt sich das Produkt ausmultiplizieren und man kann die Ableitung bestimmen.

$f(x) = u(x) \cdot v(x) \qquad u(x) = x^2 \qquad v(x) = 3x + 5$
$f(x) = x^2 \cdot (3x + 5) = 3x^3 + 5x^2$
$f'(x) = 9x^2 + 10x$

Das Beispiel rechts zeigt, dass man nicht einfach faktorweise ableiten kann.

dagegen Ableitung faktorweise:
$u'(x) \cdot v'(x) = 2x \cdot 3 = 6x \neq f'(x)$

Mit dem Grenzwert des Differenzenquotienten lässt sich eine allgemeine Regel für die Ableitung von Produkten von Funktionen finden. Für eine Funktion f mit $f(x) = u(x) \cdot v(x)$ gilt:

$$\begin{aligned} f'(x) &= \lim_{h \to 0} \frac{f(x+h) - f(x)}{h} \\ &= \lim_{h \to 0} \frac{u(x+h) \cdot v(x+h) - u(x) \cdot v(x)}{h} \\ &= \lim_{h \to 0} \frac{u(x+h) \cdot v(x+h) - u(x) \cdot v(x+h) + u(x) \cdot v(x+h) - u(x) \cdot v(x)}{h} \\ &= \lim_{h \to 0} \left(\frac{u(x+h) - u(x)}{h} \cdot v(x+h) + u(x) \cdot \frac{v(x+h) - v(x)}{h} \right) \end{aligned}$$

$$f'(x) = u'(x) \cdot v(x) + u(x) \cdot v'(x)$$

Diese Ergänzung ermöglicht es, die Differenzenquotienten von u und v zu bilden, ohne den Wert des Differenzenquotienten von f zu ändern.

Merke:
$(u \cdot v)' = u' \cdot v + u \cdot v'$

Satz: Produktregel
Haben die Funktionen u und v die Ableitungen u' und v', so hat die Funktion f mit $f(x) = u(x) \cdot v(x)$ die Ableitung $f'(x) = u'(x) \cdot v(x) + u(x) \cdot v'(x)$.

Beispiel 1: Berechnen Sie die Ableitung der Funktion f.

a) $f(x) = x^2 \cdot (3x + 5)$

b) $f(x) = x^2 \cdot e^{4x-3}$

Lösung:

a) Der Term $x^2 \cdot (3x + 5)$ ist ein Produkt. Schreiben Sie die Faktoren u(x) und v(x) auf und bestimmen Sie ihre Ableitungen. Wenden Sie die Formel der Produktregel an. Vereinfachen Sie den Term so weit wie möglich.

$u(x) = x^2 \qquad v(x) = (3x + 5)$
$u'(x) = 2x \qquad v'(x) = 3$

$$\begin{aligned} f'(x) &= u'(x) \cdot v(x) + u(x) \cdot v'(x) \\ &= 2x \cdot (3x + 5) + x^2 \cdot 3 \\ &= 6x^2 + 10x + 3x^2 \\ &= 9x^2 + 10x \end{aligned}$$

b) Leiten Sie beide Faktoren ab. Beim Ableiten des zweiten Faktors muss die Kettenregel angewendet werden. Wenden Sie die Produktregel an und vereinfachen Sie so weit wie möglich.

$u(x) = x^2 \qquad v(x) = e^{4x-3}$
$u'(x) = 2x \qquad v'(x) = 4e^{4x-3}$

$$\begin{aligned} f'(x) &= 2x \cdot e^{4x-3} + x^2 \cdot 4e^{4x-3} \\ &= (2x + 4x^2) \cdot e^{4x-3} \end{aligned}$$

Basisaufgaben

1. Vervollständigen Sie die Ableitung der Funktion f im Heft.

a) $f(x) = x^3 \cdot (4x + 3)$
$f'(x) = \square \cdot (4x + 3) + x^3 \cdot \square$

b) $f(x) = 2x \cdot e^x$
$f'(x) = \square \cdot e^x + 2x \cdot \square$

c) $f(x) = (x^2 + 1) \cdot \sqrt{x}$
$f'(x) = \square \cdot \sqrt{x} + (x^2 + 1) \cdot \square$

d) $f(x) = \frac{1}{x} \cdot e^x$
$f'(x) = \square \cdot e^x + \frac{1}{x} \cdot \square$

e) $f(x) = \frac{1}{x^2} \cdot (x^2 - 2x)$
$f'(x) = \square \cdot (x^2 - 2x) + \frac{1}{x^2} \cdot \square$

f) $f(x) = (2x^3 - 4x^2) \cdot x^{-1}$
$f'(x) = \square \cdot x^{-1} + (2x^3 - 4x^2) \cdot \square$

2. Bestimmen Sie die erste Ableitung der Funktion mit der Produktregel.

a) $f(x) = (2x^3 + 5) \cdot x^2$
b) $f(x) = (x^2 - 5) \cdot (2x + 1)$
c) $f(x) = (x^2 - 1) \cdot (x^2 + 1)$
d) $f(x) = (2x^3 - 3x^2 + x) \cdot (3x + 5)$
e) $f(x) = (x^2 + 3) \cdot \sqrt{x}$
f) $f(x) = 3x^5 \cdot e^x$
g) $f(x) = \frac{1}{x} \cdot e^x$
h) $f(x) = x \cdot e^x - e^x$
i) $f(x) = \frac{1}{x^2} \cdot \sqrt{x}$
j) $f(x) = e^x \cdot \sqrt{x}$
k) $f(t) = (3t^3 + t^2) \cdot e^t$
l) $f(t) = e^t \cdot (2t + 1) + e^t$

3. Bestimmen Sie die Ableitung der Funktion mit der Produktregel. Bei der Ableitung einzelner Faktoren muss die Kettenregel angewendet werden.

a) $f(x) = 4x \cdot e^{7x}$
b) $f(x) = x \cdot \sqrt{1 - 5x}$
c) $f(x) = (x^2 - 3)^3 \cdot (x^2 + 1)^2$
d) $f(x) = \frac{1}{2x + 1} \cdot e^{1 - x}$
e) $f(x) = \sqrt{x^2 + 2} \cdot e^{3 + 7x}$
f) $f(x) = (x^2 - 2x) \cdot (1 - 3x^2)^2$
g) $f(x) = (1 - x^2)^3 \cdot (x^2 - 1)^2$
h) $f(x) = (x^2 - 2)^2 \cdot e^{x^2 + 1}$

4. In einigen Fällen können Produkte auch ohne die Produktregel abgeleitet werden.

a) Bestimmen Sie die erste Ableitung zuerst mit der Produktregel und anschließend ohne die Produktregel. Fassen Sie für den zweiten Weg den Funktionsterm zusammen. Entscheiden Sie jeweils, welcher Weg günstiger ist.

① $f(x) = x \cdot (x + 2)$
② $f(x) = x^2 \cdot x^8$
③ $f(x) = (1 - x^4) \cdot (x - 3x^4)$
④ $f(x) = (\sqrt{x} + 1) \cdot (\sqrt{x} - 1)$
⑤ $f(x) = (x^3 - 4) \cdot \frac{1}{x}$
⑥ $f(x) = \left(\frac{1}{x} + \sqrt{x}\right) \cdot \left(\sqrt{x} - \frac{1}{x}\right)$

b) Geben Sie drei möglichst vielfältige Funktionsterme mit Produkten an, bei denen eine Vereinfachung des Terms die Anwendung der Produktregel umgeht.

c) Entwerfen Sie drei Funktionsterme, bei denen die Produktregel zur Bestimmung der Ableitungsfunktion notwendig ist.

5. Die Abbildung zeigt die Graphen der Funktionen f und g sowie zwei ihrer Tangenten.

a) Maria behauptet, dass sie mithilfe der Zeichnung die Steigung von $f \cdot g$ an der Stelle $x_0 = 2$ angeben kann.
Sie berechnet:
$(f \cdot g)'(2) = 0 \cdot (-3{,}5) + 2 \cdot (-3) = -6$
Erklären Sie Marias Rechnung.

b) Ermitteln Sie auf dieselbe Weise die Steigung von $f \cdot g$ an der Stelle $x_0 = -1$.

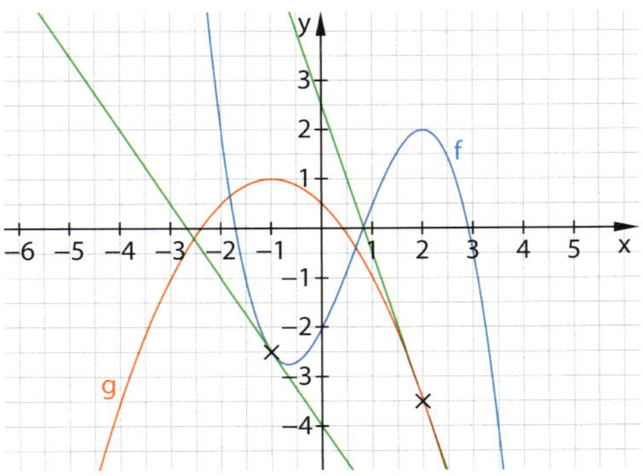

Hinweis zu 5:
Für die Produktfunktion $f \cdot g$ gilt die Definition:
$(f \cdot g)(x) = f(x) \cdot g(x)$

Weiterführende Aufgaben

6. Gegeben sei eine Funktion f und $a \in \mathbb{R}$. Zeigen Sie, dass die Faktorregel $(a \cdot f(x))' = a \cdot f'(x)$ ein Spezialfall der Produktregel ist.

7. **Stolperstelle:** Die Funktion f mit $f(x) = x^2 \cdot \sqrt{x}$ wurde mithilfe der Produktregel abgeleitet. Finden Sie die Fehler und korrigieren Sie diese.

① $f'(x) = 2x \cdot \frac{1}{2\sqrt{x}}$

② $f'(x) = 2x \cdot \sqrt{x} - x^2 \cdot \frac{1}{2\sqrt{x}}$

③ $f'(x) = 2x \cdot x^2 + \sqrt{x} \cdot \frac{1}{2\sqrt{x}}$

8. Leiten Sie die Funktion f ab $(a, b, c \in \mathbb{R})$.

a) $f(x) = x^3 \cdot (ax + b)$

b) $f(x) = \frac{a}{x^2} \cdot (bx + c)$

c) $f(x) = (ax + b) \cdot e^{cx}$

d) $f(x) = (ax + b) \cdot \sqrt{cx}$

9. Bestimmen Sie die Gleichung der Tangente an den Graphen der Funktion f an der Stelle x_0.

a) $f(x) = 3xe^{-x}$; $x_0 = 0$

b) $f(x) = \sqrt{x} \cdot (2x - 2)$; $x_0 = 1$

c) $f(x) = (1 - x) \cdot e^{2x^2 - 1}$; $x_0 = 1$

d) $f(x) = \frac{1}{x} \cdot (x^2 + 1) + x$; $x_0 = -1$

10. Beurteilen Sie folgende Aussage:
„Haben die Graphen der Funktionen g und h an der Stelle x_0 eine waagerechte Tangente, dann gilt dies auch für die Funktion f mit $f(x) = g(x) \cdot h(x)$."
Formulieren Sie die Umkehrung dieser Aussage und entscheiden Sie, ob diese gilt.

11. Gegeben ist die Funktion f mit $f(x) = (x - 1) \cdot \sqrt{x}$.

a) Bestimmen Sie den maximalen Definitionsbereich von f sowie alle Nullstellen.

b) Untersuchen Sie das Verhalten der Funktionswerte von f an den Rändern des Definitionsbereichs.

c) Ermitteln Sie die Koordinaten und die Art des Extrempunkts des Graphen von f. Verwenden Sie hierzu das Vorzeichenwechselkriterium.

d) Die zweite Ableitung von f ist gegeben durch $f''(x) = \frac{3x + 1}{\sqrt{x}}$. Weisen Sie nach, dass der Graph von f keine Wendepunkte hat.

e) Skizzieren Sie den Graphen von f.

12. Schreiben Sie den Funktionsterm zunächst als Produkt und leiten Sie f anschließend ab.

a) $f(x) = \frac{x}{e^x}$

b) $f(x) = \frac{x + 1}{2\sqrt{x}}$

c) $f(x) = \left(\sqrt{x} + 1\right)^2$

d) $f(x) = \frac{x^2 - 9}{x(x - 3)}$

e) $f(x) = \frac{x^3 - \sqrt{x}}{x}$

f) $f(x) = \frac{x^2 - 4}{x + 2}$

g) $f(x) = \frac{e^x}{x}$

h) $f(x) = \frac{e^{2x + 1}}{\sqrt{2x}}$

13. **Quotientenregel:** Gegeben seien die Funktionen u und v mit den Ableitungen u' und v'. Weisen Sie mithilfe der Produkt- und Kettenregel nach, dass die Regeln ① und ② für eine lineare oder quadratische Funktion v gelten.

① Für eine Funktion f mit $f(x) = \frac{1}{v(x)}$ gilt: $f'(x) = -\frac{v'(x)}{(v(x))^2}$

② Für eine Funktion f mit $f(x) = \frac{u(x)}{v(x)}$ gilt: $f'(x) = \frac{u'(x) \cdot v(x) - u(x) \cdot v'(x)}{(v(x))^2}$

14. Bestimmen Sie die Ableitung der Funktion mit den Regeln aus Aufgabe 13.

a) $f(x) = \frac{3x}{2x - 5}$

b) $f(x) = \frac{e^x}{x - 1}$

c) $f(x) = \frac{1}{5x - x^2}$

d) $f(x) = \frac{e^{4x}}{x^2 + 1}$

e) $f(x) = \frac{8(4 + 3x)^2}{3(2x - 1)}$

f) $f(x) = \frac{x^2 + 1}{x^2 - 1}$

g) $f(x) = \frac{e^x + x}{x^2}$

h) $f(x) = \frac{\sqrt{x}}{1 - 2x^2}$

15. Gegeben ist die Funktion f mit $f(x) = \frac{4x}{x^2+1}$.

a) Bestimmen Sie den maximalen Definitionsbereich sowie alle Nullstelle der Funktion.

b) Untersuchen Sie das Verhalten der Funktionswerte von f an den Rändern des Definitionsbereichs.

c) Untersuchen Sie das Symmetrie- und Monotonieverhalten des Graphen von f.

d) Bestimmen Sie die Hoch-, Tief- und Wendepunkte des Graphen von f.

e) Geben Sie die Gleichungen der Wendetangente und der Normalen bei der mittleren der drei Wendestellen an.

Hinweis zu 15b:
Für $x \neq 0$ gilt: $\frac{4x}{x^2+1} = \frac{4}{x+\frac{1}{x}}$

16. Gegeben ist die Funktion f mit $f(x) = (4x - 3)^2$.

a) Bestimmen Sie die Ableitungsfunktion von f
① mit der Kettenregel, ② mit der Produktregel,
③ durch Ausmultiplizieren und Ableiten der Summanden.

b) Vergleichen Sie die Ergebnisse und die drei Vorgehensweisen aus a).

● **17.** Gegeben ist die Funktion f mit $f(x) = (x^2 - 4x + 3) \cdot \sqrt{x}$.

a) Bestimmen Sie die Nullstellen und Extrempunkte des Graphen von f.

b) Für die zweite Ableitung von f gilt $f''(x) = (15x^2 - 12x - 3) \cdot \frac{1}{4}x^{-\frac{3}{2}}$. Bestimmen Sie den Wendepunkt sowie die Gleichung der zugehörigen Wendetangente.

18. Mit einer Baggerschaufel entsteht auf einer horizontalen Fläche ein Loch, dessen Querschnittsfläche durch den Graphen der Funktion f mit $f(x) = \sqrt{x} \cdot \left(\frac{1}{2}x - 1\right)$ beschrieben wird.

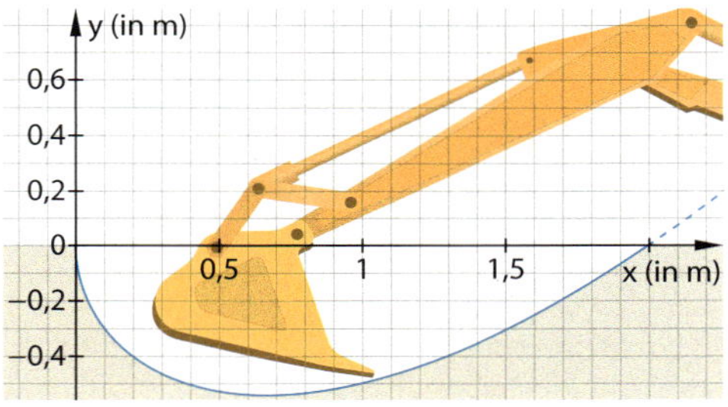

a) Bestimmen Sie die maximale Tiefe des Lochs.

b) An der Stelle x = 0 sticht die Baggerschaufel lotrecht in die Erde. Berechnen Sie den Winkel, unter dem die Baggerschaufel das Loch wieder verlässt.

Erinnerung:
$\alpha = \tan^{-1}(f'(x_0))$

● **19.** Gegeben ist eine differenzierbare Funktion f.

a) Zeigen Sie, dass der Graph der Funktion g mit $g(x) = x^2 \cdot f(x)$ im Ursprung eine waagerechte Tangente hat.

b) Bestimmen Sie ohne ausführliche Rechnung eine Stelle x_0, an der der Graph der Funktion g mit $g(x) = x^2 \cdot e^x \cdot f(x)$ eine waagerechte Tangente hat.

● **20.** Gegeben ist die Funktion f mit $f(x) = x \cdot 2^x$. Die n-te Ableitung von f ist gegeben durch $f^{(n)}(x) = 2^x \cdot (\ln(2))^{n-1} \cdot (n + \ln(2) \cdot x)$ für $n \in \mathbb{N}, n \geq 1$.

a) Weisen Sie die Richtigkeit der Formel für n = 1, 2 und 3 nach.

b) Die „nullte Ableitung" entspricht der Ursprungsfunktion. Zeigen Sie, dass die oben angegebene Formel auch für n = 0 gilt.

c) Bestimmen Sie die Extrem- und Wendestellen des Graphen von f.

Erinnerung:
$(b^x)' = \ln(b) \cdot b^x$

● **21.** **Ausblick:** Durch zweifaches Anwenden der Produktregel lässt sich auch eine Ableitungsregel für Produkte mit drei Faktoren finden.

a) Bestimmen Sie die erste Ableitung der Funktion f.
① $f(x) = x^2 \cdot (3x - 4) \cdot \sqrt{x}$ ② $f(x) = e^{3x} \cdot x^5 \cdot (2x - x^2)$

b) Formulieren Sie eine Ableitungsregel für die Funktion f mit $f(x) = u(x) \cdot v(x) \cdot w(x)$.

6.2 Untersuchung zusammengesetzter Funktionen

■ g und h seien zwei beliebige Funktionen und f das Produkt, also $f(x) = g(x) \cdot h(x)$.

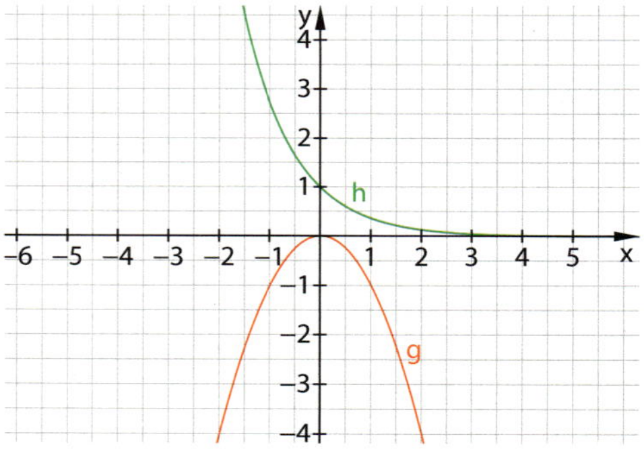

a) Skizzieren Sie im Heft zu den abgebildeten Graphen von g und h den Graphen von f im Intervall $-1,5 \leq x \leq 1,5$.

b) Geben Sie an, was man für f folgern kann,
① wenn x eine Nullstelle von h ist,
② wenn $g(x) = 1$ gilt,
③ wenn $g(x)$ positiv und $h(x)$ negativ ist,
④ wenn für $x \to -\infty$ gilt: $g(x) \to \infty$ und $h(x) \to -\infty$.

c) Bilden Sie die Ableitungsfunktion f' und zeigen Sie:
Haben g und h an der Stelle $x = a$ eine waagerechte Tangente, so auch f. ■

Die Graphen von Exponentialfunktionen mit Gleichungen der Form $f(x) = a \cdot e^{bx+c} - d$ haben weder Extrem- noch Wendepunkte. Die Graphen von ganzrationalen Funktionen haben wiederum keine Asymptoten. Verknüpft man diese Funktionstypen, so ergeben sich Funktionen, bei denen beide Eigenschaften vorkommen können.

f mit $f(x) = x^2$

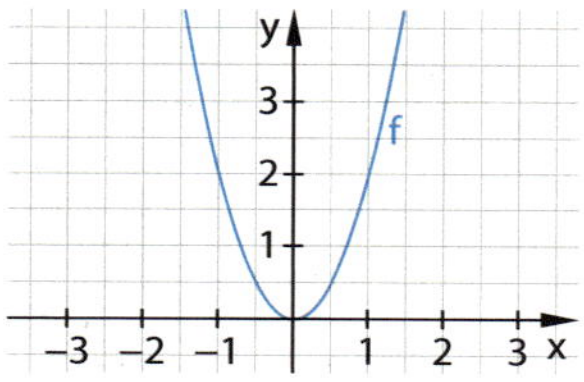

g mit $g(x) = e^x$

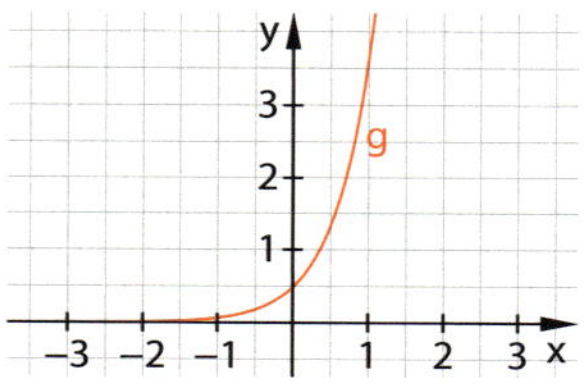

h mit $h(x) = x^2 \cdot e^x$

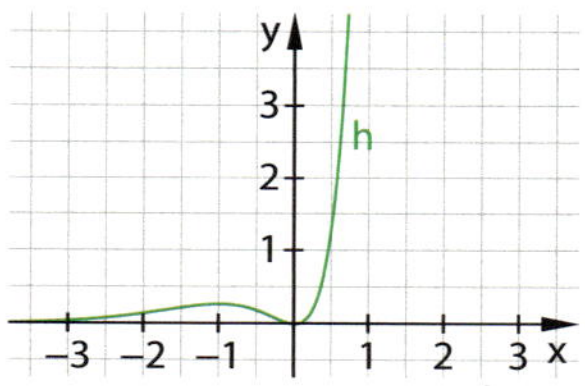

Ist eine Funktion das Produkt einer ganzrationalen Funktion und einer Exponentialfunktion, so sind auch alle ihre Ableitungen von dieser Form. Somit muss beim Bestimmen von charakteristischen Punkten stets eine Gleichung der Form $g(x) \cdot e^{\blacksquare} = 0$ gelöst werden.
Es gilt: $g(x) \cdot e^{\blacksquare} = 0 \Leftrightarrow g(x) = 0$, da stets $e^{\blacksquare} \neq 0$.
Daher ist es oft hilfreich, Exponentialterme auszuklammern, wenn man die Nullstellen von Funktionen oder ihren Ableitungen bestimmt.

Beispiel 1:
Berechnen Sie die Nullstellen, Extrempunkte und Wendepunkte der Funktion f mit $f(x) = 3xe^{-2x}$.

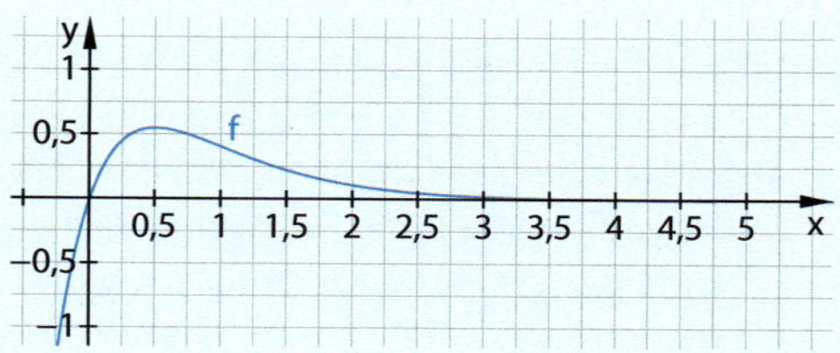

Lösung:
Nullstellen: Setzen Sie $f(x) = 0$.
Prüfen Sie, für welche x die einzelnen Faktoren 0 werden. Da die e-Funktion keine Nullstelle hat, gilt $e^{-2x} \neq 0$.

$3xe^{-2x} = 0 \quad | \, e^{-2x} \neq 0$
$3x = 0 \quad | :3$
$x = 0$
Nullstelle: $x = 0$

Erinnerung:
Regel vom Nullprodukt: Ein Produkt ist genau dann 0, wenn einer der beiden Faktoren 0 ist.

Extrempunkte: Leiten Sie die Funktion zweimal ab.	$f(x) = 3x \cdot e^{-2x}$ $f'(x) = 3 \cdot e^{-2x} + 3x \cdot (-2e^{-2x}) = e^{-2x}(3-6x)$ $f''(x) = -2e^{-2x} \cdot (3-6x) + e^{-2x} \cdot (-6)$ $= e^{-2x}(-2 \cdot (3-6x) - 6) = e^{-2x}(12x-12)$
Setzen Sie $f'(x) = 0$.	$e^{-2x}(3-6x) = 0 \quad \mid e^{-2x} \neq 0$ $3-6x = 0 \quad \mid -3 \quad \mid :(-6)$ $x = 0{,}5$
Bestimmen Sie den y-Wert durch Einsetzen in f(x) und die Art des Extrempunkts durch Einsetzen in f″(x).	$f(0{,}5) \approx 0{,}55$ $f''(0{,}5) \approx -2{,}21 < 0$, also Hochpunkt bei $H(0{,}5 \mid 0{,}55)$
Wendepunkte: Setzen Sie $f''(x) = 0$.	$e^{-2x}(12x-12) = 0 \quad \mid e^{-2x} \neq 0$ $12x - 12 = 0 \quad \mid +12 \quad \mid :12$ $x = 1$
Bestimmen Sie den y-Wert durch Einsetzen in f(x).	$f(1) \approx 0{,}41$
Bestimmen Sie die dritte Ableitung von f und setzen Sie zur Kontrolle den x-Wert in f‴(x) ein.	$f'''(x) = -2e^{-2x} \cdot (12x-12) + e^{-2x} \cdot 12$ $= e^{-2x}(-2 \cdot (12x-12) + 12)$ $= e^{-2x}(-24x+36)$ $f'''(1) \approx 1{,}62 \neq 0$, also Wendepunkt bei $W(1 \mid 0{,}41)$

Basisaufgaben

1. Bestimmen Sie die erste und zweite Ableitung.
   a) $f(x) = e^x + x$ b) $f(x) = 8x^4 - e^x$ c) $f(x) = -e^{-6x} + 10x$
   d) $f(x) = 3e^{3x} - e^x$ e) $f(x) = e^{2x} - 2e^{-x}$ f) $f(x) = 3e^{\left(\frac{8}{3}-\frac{2}{3}x\right)} - \frac{3}{5}e^{\left(\frac{5}{3}x-\frac{2}{3}\right)}$

2. Bestimmen Sie die erste und zweite Ableitung. Klammern Sie im Ergebnis jeweils den Exponentialterm aus.
   a) $f(x) = x \cdot e^x$ b) $f(x) = e^x \cdot (1-x)$ c) $f(x) = (4x+5) \cdot e^x$
   d) $f(t) = -t^2 \cdot e^{-t}$ e) $f(x) = (x^3+1) \cdot e^{2+10x}$ f) $f(x) = 3(x^2-1) \cdot e^{-\frac{1}{2}x+7}$
   g) $f(x) = e^{2x^2+3}$ h) $f(x) = 5e^{4x^2+2x-1}$ i) $f(x) = 2x \cdot e^{-x^2}$

3. Bestimmen Sie die Nullstellen der Funktion f.
   a) $f(x) = 2xe^{11x-22}$ b) $f(x) = (x+2)e^{-\frac{1}{3}x}$ c) $f(x) = -\frac{1}{2}(3x+7)e^{8x-8}$
   d) $f(x) = xe^x - 4e^x$ e) $f(x) = 2xe^{8x} + e^{8x}$ f) $f(t) = (t^3-27)e^{-t-1}$
   g) $f(x) = x^2e^{2x+1} - 9e^{2x+1}$ h) $f(x) = (2x^2+10x+8)e^{-2x}$ i) $f(x) = x^2e^x - 8xe^x + 12e^x$

Erinnerung:
p-q-Formel:
Die Gleichung $x^2 + px + q = 0$ hat die Lösungen $x_{1,2} = -\frac{p}{2} \pm \sqrt{\left(\frac{p}{2}\right)^2 - q}$.

4. Berechnen Sie die Extremstellen der Funktion f.
   a) $f(x) = xe^x$ b) $f(x) = -xe^{2x}$ c) $f(x) = 2x^2e^x$
   d) $f(x) = x^2e^{-x} - 2$ e) $f(x) = 2e^{-x^2+4x}$ f) $f(x) = -3e^{x^2-12x}$

Lösungen zu 4:
−1 2 0 −2 0 −0,5 2 6 1

5. Bestimmen Sie die Wendestellen der Funktion f.
   a) $f(x) = xe^x$ b) $f(x) = e^x - 8x^2 + 11x - 9$ c) $f(x) = xe^{-x} - e^{-x}$

6. Bestimmen Sie eine Stammfunktion zur Funktion f.
   a) $f(x) = 4x^2 - x - 2e^{3x-4}$ b) $f(t) = \frac{1}{3}t^3 - 5 + e^{\frac{2}{5}t-3}$ c) $f(x) = 2x^3 - 4e^{\frac{2}{3}-\frac{4}{5}x}$

Erinnerung:
Zu f mit $f(x) = e^{ax+b}$ ist F mit $F(x) = \frac{1}{a}e^{ax+b}$ eine Stammfunktion.

7. Bestimmen Sie den Inhalt der Fläche, die der rechts abgebildete Graph von f mit $f(x) = 2e^{0,5x} - 6$ mit den Koordinatenachsen einschließt.

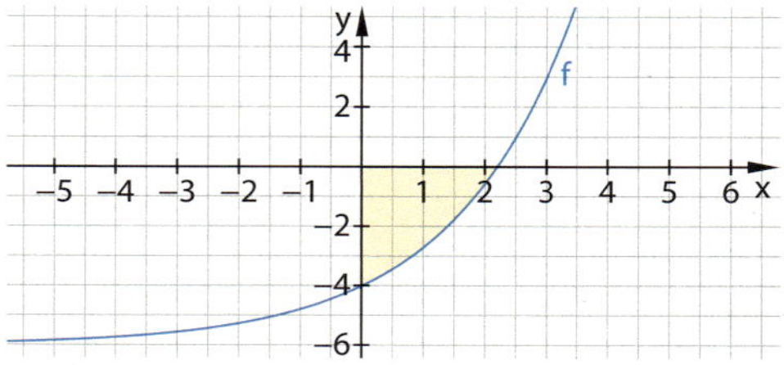

8. Zeigen Sie, dass die Funktion F mit $F(x) = x^2 e^{5x} - 9$ eine Stammfunktion zur Funktion f mit $f(x) = (5x^2 + 2x)e^{5x}$ ist. Bestimmen Sie anschließend den Inhalt der Fläche, die der Graph von f im Intervall [0; 1] mit der x-Achse einschließt.

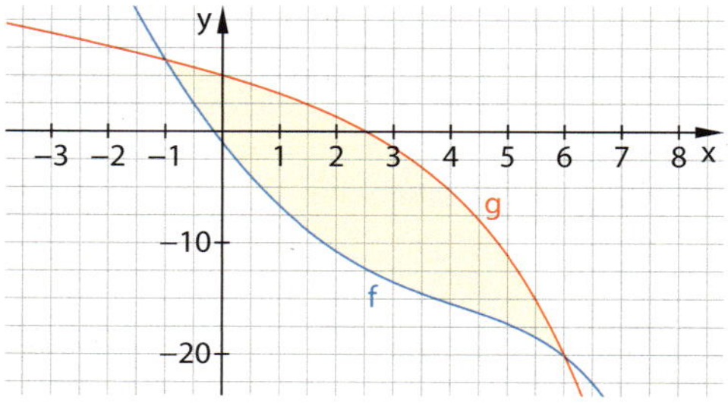

9. Die Graphen der Funktionen f und g mit $f(x) = x^2 - 6x - e^{0,5x}$ und $g(x) = 6 - e^{0,5x} - x$ schließen ein Flächenstück ein. Berechnen Sie seinen Inhalt.

CAS **10.** Bestimmen Sie mit dem CAS die Nullstellen sowie die Koordinaten der Extrem- und Wendepunkte des Graphen von f.
a) $f(x) = -15x^2e^{x-3}$
b) $f(x) = 0,1x^3 - e^{-0,1x}$
c) $f(x) = 0,3xe^{-x} + 5x^2$

CAS **11.** Ermitteln Sie mit dem CAS das Integral $\int_{-1}^{3} (-5xe^{0,5x} + 20x)\,dx$.

CAS **12.** Bilden Sie mit dem CAS zu f die erste und zweite Ableitung sowie eine Stammfunktion.
a) $f(x) = -xe^{3x-1}$
b) $f(x) = 2(x-3)e^{1-x}$
c) $f(x) = e^{0,2x}(x^2 + 8x - 2)$

Weiterführende Aufgaben

13. Untersuchen Sie den Graphen der Funktion f auf Symmetrie, Nullstellen, Extrema und Wendepunkte.
a) $f(x) = e^{-x^2}$
b) $f(x) = x \cdot e^{-x^2}$
c) $f(x) = x^2 \cdot e^{-x^2}$

14. Stolperstelle: Sven untersucht die Funktion f mit $f(x) = -5x \cdot e^{-2x}$ und findet eine Wendestelle bei $x = 1$. Er folgert, dass der Graph an dieser Stelle am stärksten abfällt Prüfen Sie, ob Sven recht hat.

15. Gegeben ist die Funktion f mit $f(x) = (x-1)e^x$.
a) Gegeben Sie die Nullstellen von f an.
b) Gegeben Sie das Monotonieverhalten von f durch Ermitteln der Extrempunkte an.
c) Ermitteln Sie die Gleichung der Wendetangente von f.
d) Untersuchen Sie das Symmetrieverhalten des Graphen von f.
e) Zeigen Sie, dass durch $F(x) = (x-2)e^x$ eine Stammfunktion zu f gegeben ist, und bestimmen Sie den Inhalt der Fläche, die vom Graphen von f und den Koordinatenachsen eingeschlossen wird.

16. Funktionenschar: Gegeben ist f_a mit $f_a(x) = (x-a) \cdot e^x$ und $a \in \mathbb{R}$.
a) Bestimmen Sie die Ableitungen f_a', f_a'' und f_a'''.
b) Ermitteln Sie den Wert des Parameters a so, dass f_a an der Stelle $x = 3$
① eine Nullstelle, ② einen Tiefpunkt, ③ einen Wendepunkt hat.

17. Gegeben ist die Funktion f mit $f(x) = (x + 2)e^{-x}$.
a) Bestimmen Sie die Nullstelle von f.
Begründen Sie, für welche x der Funktionswert f(x) positiv bzw. negativ ist.
b) Untersuchen Sie f auf Extrem- und Wendestellen. Geben Sie auch die zugehörigen Punkte des Graphen an.
c) Zeigen Sie, dass F mit $F(x) = (-x - 3) \cdot e^{-x}$ eine Stammfunktion zu f ist.
d) Der Graph von f schließt mit den Koordinatenachsen ein abgeschlossenes Flächenstück ein. Berechnen Sie den Flächeninhalt.
● e) Der Graph von f und die Wendetangente schließen mit der x-Achse ein abgeschlossenes Flächenstück ein. Berechnen Sie den Flächeninhalt.

18. Durch den Graphen der Funktion f mit der Gleichung $f(x) = -0{,}5xe^{0{,}1x+2} + 2$ kann eine Sprungschanze für Motorräder dargestellt werden. Dabei gibt x die horizontale Länge und f(x) die Höhe der Schanze an (beide Angaben in Meter).

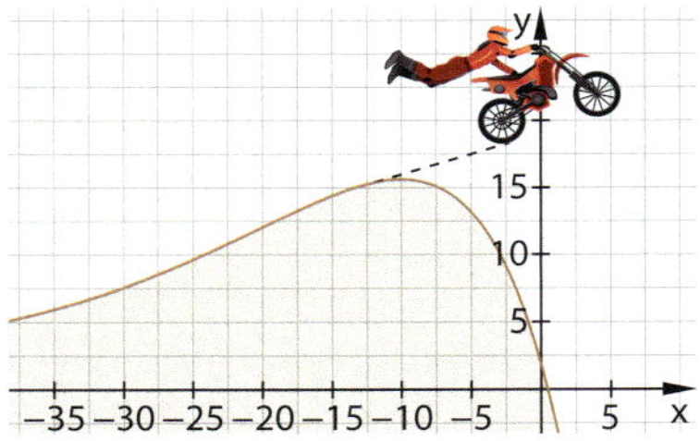

a) Berechnen Sie die maximale Höhe der Schanze.
b) Berechnen Sie die Koordinaten des Punkts, an dem die Steigung der Schanze am größten ist.
c) An der Stelle $x = -13$ springt der Motorradfahrer ab und bewegt sich für eine Weile näherungsweise auf einer Bahn, die durch die Tangente an der Absprungstelle beschrieben werden kann. Geben Sie die Gleichung dieser Tangente an.

19. Gegeben ist die Funktion f durch $f(x) = x^2e^{-x+2}$.
a) Untersuchen Sie f in Bezug auf Nullstellen und Extrempunkte. Zeigen Sie, dass der Graph von f zwei Wendepunkte hat. Skizzieren Sie den Graphen von f.
b) Weisen Sie nach, dass $F(x) = (-x^2 - 2x - 2)e^{-x+2}$ eine Stammfunktion von f ist.
c) Die Gerade g verläuft durch den Hochpunkt des Graphen von f und hat die Steigung $m = -2$. Der Graph von f und die Gerade g schließen mit der x-Achse zwischen ihren Nullstellen eine Fläche ein. Berechnen Sie den Inhalt dieser Fläche.
d) Untersuchen Sie ohne erneute Rechnung die Funktion F auf Monotonie, Extrem- und Wendestellen.

20. **Globalverhalten zusammengesetzter Funktionen:** Gegeben sind die Funktionen f mit $f(x) = x^2 \cdot e^{-x}$ und g mit $g(x) = x^2 \cdot e^{x}$.
a) Erläutern Sie, warum sich das Verhalten der Funktionswerte von f für $x \to \infty$ und der Funktionswerte von g für $x \to -\infty$ nicht direkt bestimmen lässt.
b) Untersuchen Sie mithilfe einer Näherungstabelle das Verhalten von f(x) für $x \to \infty$ und g(x) für $x \to -\infty$.
c) Begründen Sie die folgende Aussage für $n \in \mathbb{N}$:
Für $x \to \infty$ gilt $x^n \cdot e^{-x} \to 0$ und für $x \to -\infty$ gilt $x^n \cdot e^{x} \to 0$.

21. **Waagerechte Asymptote:** Streben die Funktionswerte einer Funktion für $x \to \infty$ oder $x \to -\infty$ gegen eine reelle Zahl a, so hat der Graph der Funktion dort eine waagerechte Asymptote mit der Gleichung $y = a$.
a) Bestimmen Sie die Gleichung der waagerechten Asymptote von f mit $f(x) = x \cdot e^{-x^2}$.
b) Untersuchen Sie f auf Nullstellen, Extrem- und Wendepunkte.
c) Skizzieren Sie den Verlauf des Graphen von f sowie die waagerechte Asymptote.
d) Erläutern Sie, durch welche Eigenschaft sich die Asymptote der Funktion auszeichnet.

22. Das Querschnittsprofil eines Geländes kann im Intervall $0 \le x \le 6000$ durch die Funktion f mit $f(x) = 300 + 4xe^{-0{,}001x}$ dargestellt werden. Dabei gibt x die horizontale Länge und f(x) die Höhe des Querschnittsprofils jeweils in Meter an.

a) Bestimmen Sie die maximale Höhe des Geländes.

b) Ermitteln Sie die Stelle mit der größten Steigung sowie die Stelle mit dem maximalen Gefälle. Untersuchen Sie auch die Randbereiche des Graphen.

c) Zeigen Sie, dass F mit $F(x) = 300x + (-4000x - 4 \cdot 10^6)\,e^{-0{,}001x}$ eine Stammfunktion zu f ist, und geben Sie die Querschnittsfläche des Geländes im Intervall [0; 6000] an.

23. In einem Freizeitpark soll eine Achterbahn gebaut werden. Der Verlauf des Endabschnitts der Achterbahn kann im Intervall [0; 40] durch den Graphen der Funktion f mit $f(x) = (4x + 8)\,e^{-0{,}125x}$ dargestellt werden. Dabei gibt x die horizontale Länge und f(x) die Höhe des Endabschnittes der Achterbahn jeweils in m an.

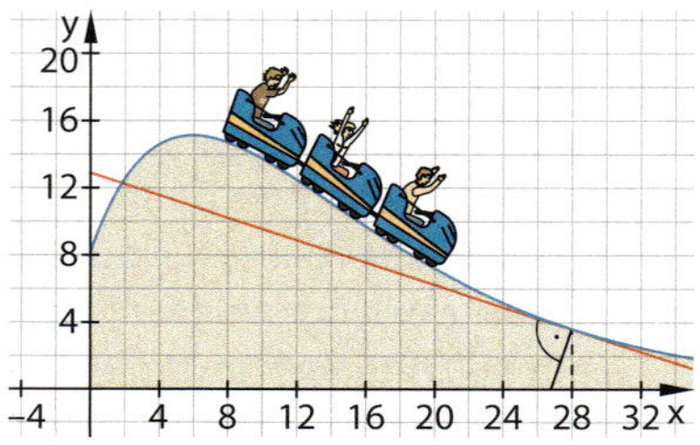

a) Ermitteln Sie die Gesamthöhe des Endabschnitts.

b) Wenn das maximale Gefälle größer als 40° ist, wird Kindern, die kleiner als 100 cm sind, das Fahren der Achterbahn ohne Eltern nicht gestattet. Prüfen Sie, ob diese Bedingung im Endabschnitt erfüllt ist.

c) Die Seitenfläche des Endabschnitts wird beidseitig gestrichen. Berechnen Sie die Gesamtfläche, die gestrichen werden muss.
Hinweis: $F(x) = (-32x - 320)\,e^{-0{,}125x}$ ist eine Stammfunktion von f.

d) Aufgrund der Statik der Bahn muss eine Stütze aufgestellt werden, die an der Stelle x = 28 senkrecht zur Bahnkurve steht und am Boden verankert wird. Bestimmen Sie die Koordinaten des Punktes, an dem sich der Bodenpunkt der Stütze befindet, und geben Sie die Länge der Stütze an.

Erinnerung:
Für den Abstand zwischen zwei Punkten $P(x_1|y_1)$ und $Q(x_2|y_2)$ gilt:
$d = \sqrt{(x_2 - x_1)^2 + (y_2 - y_1)^2}$

24. Der Vogelschutzverein VoSchu möchte als Vereinslogo das stilisierte Seitenbild eines Wiedehopfs benutzen. Dabei soll im Intervall [−6; −0,2] der Graph von f mit $f(x) = (-15x - 10)\,e^{3x}$ die obere und der Graph von g mit $g(x) = -10e^x$ die untere Kurve des Bildes darstellen (Längeneinheit cm). Die Federhaube soll bei Berechnungen nicht berücksichtigt werden.

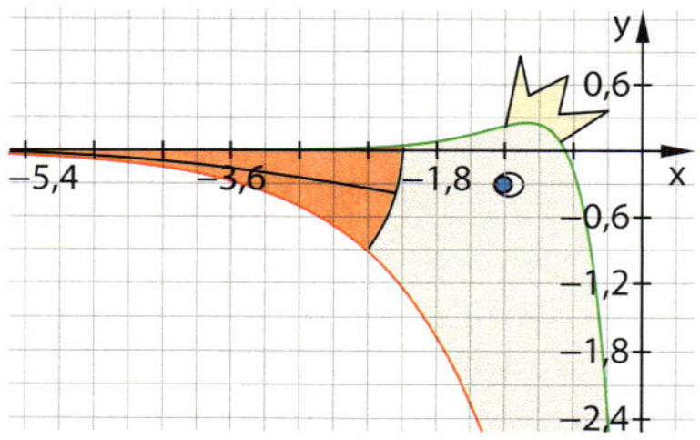

a) Berechnen Sie die waagerechte Länge auf der Höhe y = 0 von der Schnabelspitze bis zum Hinterkopf des Wiedehopfs.

b) Das Auge des Wiedehopfs soll genau 0,3 cm senkrecht unterhalb der Stelle angesetzt werden, an der die Steigung der oberen Kurve am höchsten ist. Berechnen Sie die Koordinaten dieses Punktes.

c) Zeigen Sie, dass F mit $F(x) = -\frac{5}{3}(3x + 1)\,e^{3x}$ eine Stammfunktion von f ist.

d) Bestimmen Sie den Flächeninhalt des Vereinslogos, wenn das Logo unten durch die Gerade $y = f(-0{,}2)$ begrenzt wird.

25. Ausblick: Gegeben ist die Funktion f mit $f(x) = \frac{e^x}{x}$.

a) Bestimmen Sie den Definitionsbereich von f.

b) Untersuchen Sie das Grenzwertverhalten von f(x) für $x \to \pm\infty$ und in der Umgebung von x = 0 mithilfe einer Näherungstabelle.

c) Berechnen Sie die Nullstellen, Extrempunkte und Wendepunkte.

d) Skizzieren Sie den Graphen von f.

6.3 Bestände und Änderungsraten bei zusammengesetzten Funktionen

■ Der abgebildete Graph von f mit $f(t) = 2{,}64te^{-0{,}091t}$ gibt für eine Dauer von 60 Sekunden den Geschwindigkeitsverlauf eines Läufers in m/s an; Zeit t in s. Erläutern Sie den Geschwindigkeitsverlauf. Berechnen Sie, nach wie vielen Sekunden der Läufer seine maximale Geschwindigkeit erreicht, und geben Sie diese an. ■

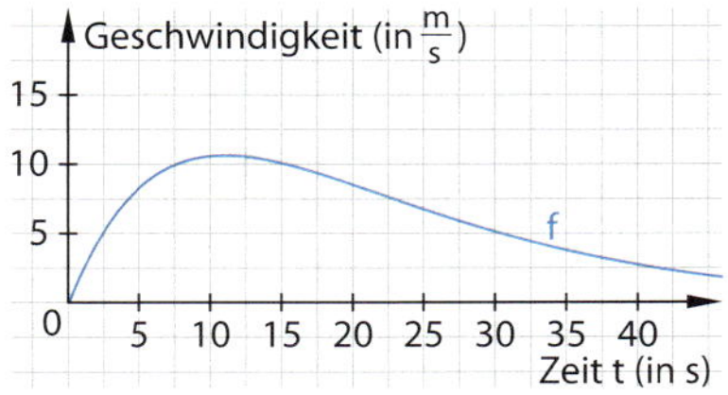

Bestandsfunktionen

Die zeitliche Entwicklung einer Größe lässt sich häufig durch eine Bestandsfunktion beschreiben, deren Funktionsterm eine Exponentialfunktion enthält. Dies ist beispielsweise bei vielen Wachstumsvorgängen der Fall.
Durch die Darstellung des Graphen einer Bestandsfunktion kann man wie im folgenden Beispiel den Sachverhalt veranschaulichen und den mathematischen Eigenschaften der Funktion die Bedeutung im konkreten Sachverhalt gegenüberstellen.

Hinweis:
Bei einem Rechts-Links-Wendepunkt (Übergang von Rechts- zu Linkskurve) ist die Änderungsrate lokal minimal ($f'' = 0$; $f''' > 0$).
Bei einem Links-Rechts-Wendepunkt (Übergang von Links- zu Rechtskurve) ist die Änderungsrate lokal maximal ($f'' = 0$; $f''' < 0$).

Zeitliche Entwicklung eines Hasenbestands

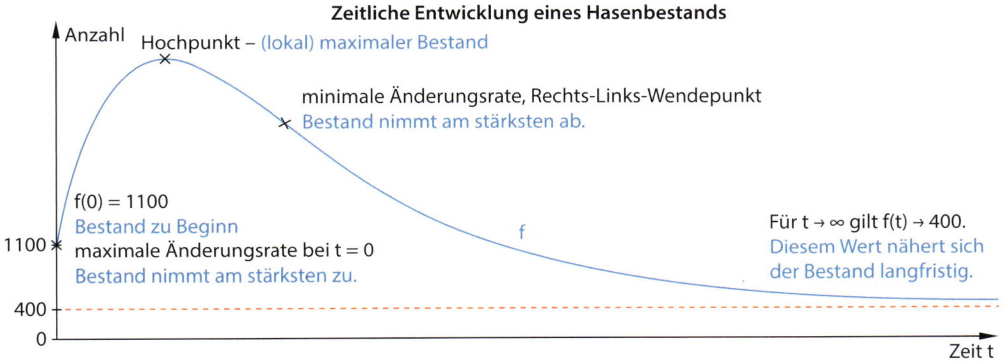

Hinweis:
Ist Y die Einheit einer Bestandsfunktion f(t) und X die Einheit der Zeit t, so gilt:
Einheit der Änderungsrate f': Y/X
Einheit von f'': Y/X^2

Allgemein gilt:

Eigenschaft Funktion/Graph	**Bedeutung für den Bestand**
y-Achsenabschnitt	Anfangsbestand zum Zeitpunkt $t = 0$
$f(t)$	Bestand zum Zeitpunkt t
Nullstelle	Bestand gleich null
$f'(t)$ positiv/negativ	Zunahme/Abnahme des Bestands
$f''(t)$ positiv/negativ	Zunahme/Abnahme der Änderungsrate
$f(t)$ maximal, z. B. Hochpunkt	maximaler Bestand
$f(t)$ minimal, z. B. Tiefpunkt	minimaler Bestand
$f'(t)$ maximal, z. B. Links-Rechts-Wendepunkt	maximale Änderungsrate, Bestand nimmt am stärksten zu (falls $f'(t) > 0$) oder am geringsten ab (falls $f'(t) < 0$)
$f'(t)$ minimal, z. B. Rechts-Links-Wendepunkt	minimale Änderungsrate, Bestand nimmt am geringsten zu (falls $f'(t) > 0$) oder am stärksten ab (falls $f'(t) < 0$)
Grenzwert von $f(t)$ für $t \to \infty$	Langfristige Entwicklung des Bestands

Mathematische Funktionen können Sachverhalte nur in einem bestimmten Intervall realistisch beschreiben. Deshalb sollten die Ergebnisse stets auf den Sachzusammenhang übertragen und interpretiert werden.

Beispiel 1: Die Funktion f mit $f(t) = 0{,}5te^{-0{,}05t+2} - 1$ beschreibt den Temperaturverlauf eines Getränks im Zeitraum $0 \le t \le 300$, das sich in einer Umgebung mit einer Temperatur von -1 °C befindet, kurz erwärmt wird und danach wieder abkühlt. t gibt die Zeit in Minuten und f(t) die Temperatur in °C an.

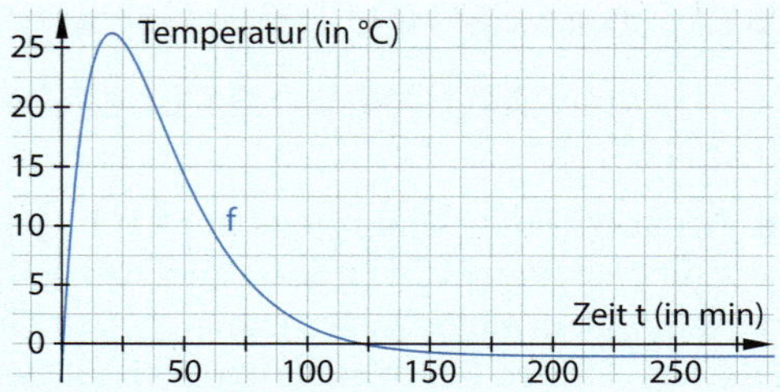

a) Geben Sie die Temperatur des Getränks nach einer Stunde an.
b) Bestimmen Sie den Zeitraum, in dem die Temperatur über 20 °C liegt.
c) Berechnen Sie die maximale Temperatur des Getränks.
d) Ermitteln Sie die Zeitpunkte, an denen die Temperatur am stärksten zu- bzw. abnimmt.

Lösung:

a) Wandeln Sie die Stunden in Minuten um. Berechnen Sie den Funktionswert.

$f(60) = 30 \cdot e^{-1} - 1 \approx 10{,}04$
Das Getränk hat nach einer Stunde eine Temperatur von 10,04 °C.

b) Setzen Sie $f(t) = 20$. Bestimmen Sie die Lösungen der Gleichung.

$20 = 0{,}5te^{-0{,}05t+2} - 1$
$t_1 \approx 8{,}85$; $t_2 \approx 38$

Berechnen Sie den Funktionswert an einer Teststelle im Intervall [8,85; 38], um zu zeigen, dass die Temperatur über 20 °C liegt.

$f(10) \approx 21{,}4 > 20$
Zwischen 8,85 und 38 Minuten liegt die Temperatur über 20 °C.

c) Leiten Sie die Funktion f zweimal ab.

$f'(t) = \frac{1}{40} e^{-0{,}05t+2}(-t+20)$
$f''(t) = \frac{1}{800} e^{-0{,}05t+2}(t-40)$

Setzen Sie $f'(t) = 0$, um die Extremstellen zu bestimmen.
Bestimmen Sie die Art des Extrempunkts durch Einsetzen in $f''(t)$ und den y-Wert durch Einsetzen in $f(t)$.

$\frac{1}{40} e^{-0{,}05t+2}(-t+20) = 0 \mid : e^{-0{,}05t+2} \neq 0$
$-t + 20 = 0$ also $t = 20$
$f''(20) < 0$, also Hochpunkt bei $t = 20$
$f(20) \approx 26{,}2$

Untersuchen Sie, ob es an den Rändern des Definitionsbereichs größere Funktionswerte gibt.

Randwerte: $f(0) = -1$ $f(300) \approx -1$
Die größte Temperatur beträgt etwa 26,2 °C.

d) Setzen Sie $f''(t) = 0$, um die Wendestellen zu bestimmen.
Ermitteln Sie f''' und damit die Art des Wendepunkts.
Die Temperatur nimmt am stärksten ab, wenn die Änderungsrate f' minimal und negativ ist.

$\frac{1}{800} e^{-0{,}05t+2}(t-40) = 0 \mid : e^{-0{,}05t+2} \neq 0$
$t - 40 = 0$ also $t = 40$
$f'''(t) = \frac{1}{16000} e^{-0{,}05t+2}(-t+60)$ $f'''(40) > 0$
Bei $t = 40$ liegt ein Rechts-Links-Wendepunkt, dort ist die Änderungsrate lokal minimal und wegen $f'(40) = -0{,}5$ negativ.

Bestimmen Sie zum Vergleich auch die Änderungsrate an den Rändern des Definitionsbereichs. Da es keinen Links-Rechts-Wendepunkt gibt, ist die Änderungsrate an einem der Ränder maximal.

Randwerte: $f'(0) \approx 3{,}7$ $f'(300) \approx 0$
Zu Beginn bei $t = 0$ ist die Änderungsrate maximal und positiv, d. h. die Temperatur nimmt am stärksten zu, nach 40 Minuten nimmt sie am stärksten ab.

Basisaufgaben

1. Eine Blume wird 24 Stunden lang von einer Lichtquelle bestrahlt. Der Graph von f gibt im Intervall [0; 24] die Beleuchtungsstärke in Lux in Abhängigkeit von der Uhrzeit t an.

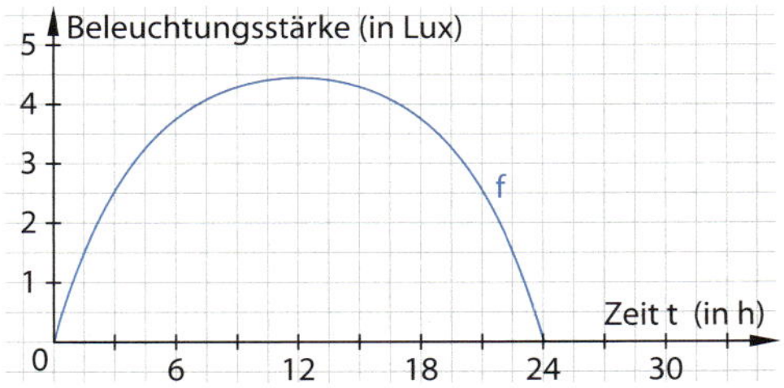

a) Erklären Sie, welche Bedeutung die Nullstellen vom Graphen von f im Sachzusammenhang haben.

b) Geben Sie an, wie viele Stunden nach Beobachtungsbeginn die Beleuchtungsstärke maximal wird.

c) Ermitteln Sie mithilfe des Graphen, zu welchem Zeitpunkt die Zunahme der Beleuchtungsstärke am höchsten ist und wann sie am stärksten abnimmt.

2. Die Funktion f mit $f(t) = -2te^{-0,5t} + 5$ beschreibt vereinfacht den Höhenverlauf einer Drohne. $t \geq 0$ gibt die Zeit in s nach Beobachtungsbeginn und f(t) die Höhe in m an.

a) Bestimmen Sie die Anfangshöhe der Drohne.

b) Die Drohne verliert nach einer kurzzeitigen Störung an Höhe und steigt anschließend wieder. Berechnen Sie den Zeitpunkt der minimalen Höhe.

c) Die Funktion f hat eine Wendestelle. Bestimmen Sie diese. Entscheiden Sie, ob es sich um einen Rechts-Links-Wendepunkt oder um einen Links-Rechts-Wendepunkt handelt. Beschreiben Sie die Bedeutung der Wendestelle im Sachzusammenhang.

CAS **3.** Die Funktion f mit $f(t) = -0,025\,(t-4)^3 \cdot e^{-0,3t+1,2} + 20$ beschreibt für $0 \leq t \leq 60$ den Temperaturverlauf eines Zimmers innerhalb einer Stunde (t Zeit in min, f(t) Temperatur in °C).

a) Ermitteln Sie die Zimmertemperatur für $t = 0$.

b) Geben Sie die maximale und die minimale Temperatur des Zimmers an.

c) Bestimmen Sie den Zeitpunkt, an dem die Temperatur am schnellsten steigt.

d) Ermitteln Sie mithilfe einer Näherungstabelle den Wert, dem sich die Temperatur langfristig nähert, wenn die Funktion f die Temperatur für alle $t \geq 0$ beschreibt.

4. Die normale Körpertemperatur eines gesunden Menschen liegt bei 36,5 °C. Die Funktion f mit $f(t) = te^{-0,1t} + 36,5$ beschreibt modellhaft den Verlauf einer Fieberkurve bei einem Erkrankten. Dabei ist t die Zeit in Stunden nach Ausbruch der Krankheit und f(t) die Körpertemperatur in Grad Celsius. Der Graph von f ist in der Abbildung dargestellt.

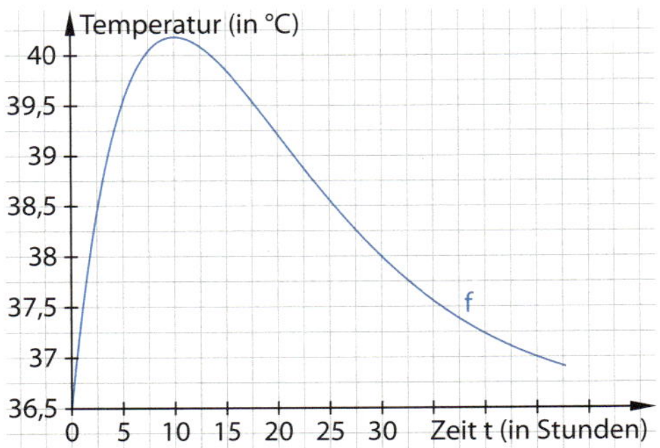

a) Beschreiben Sie die Entwicklung der Körpertemperatur innerhalb der ersten 48 Stunden nach Ausbruch der Krankheit.

b) Berechnen Sie den Zeitpunkt innerhalb der ersten 48 Stunden, an dem die Temperatur am höchsten ist. Geben Sie diese Temperatur an.

c) Bestimmen Sie den Zeitpunkt innerhalb der ersten 48 Stunden, an dem die Körpertemperatur am stärksten abnimmt, und berechnen Sie, um wie viel Grad pro Stunde die Temperatur zu diesem Zeitpunkt abnimmt.

d) Ermitteln Sie, wann die Körpertemperatur in den ersten 48 Stunden am stärksten zunimmt.

Rekonstruktion aus Änderungsraten

Hinweis:
Änderungsraten erkennt man daran, dass zu ihnen Einheiten pro Zeitraum gehören (z. B. Liter pro Minute, Anzahl pro Tag, km/h).

Durch die Funktion der Änderungsrate einer Bestandsfunktion kann man Informationen über das Verhalten der Funktionswerte und den Verlauf der Bestandsfunktion gewinnen. Auch im Sachkontext können Rückschlüsse von der Änderungsrate auf den Bestand nützlich sein.

Mithilfe des Graphen einer Änderungsrate f kann man wie im folgenden Beispiel den mathematischen Eigenschaften der Änderungsrate die Bedeutung für den Bestand im konkreten Sachkontext gegenüberstellen.

Änderungsrate eines Hasenbestands

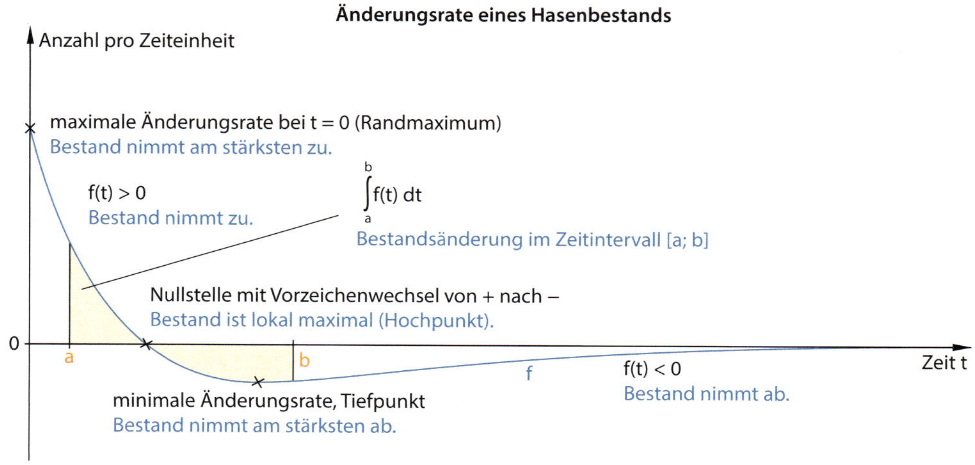

Hinweis:
Bei einer Nullstelle der Änderungsrate mit VZW von + nach – hat der Bestand einen Hochpunkt, bei einer Nullstelle mit VZW von – nach + hat der Bestand einen Tiefpunkt.

Beispiel 2: Aus einem Schwimmbecken wird Wasser abgelassen, bevor es wieder gefüllt wird. Die Zuflussrate des Wassers wird in den ersten 60 Minuten durch $f(t) = (t - 5)\,e^{-0{,}1t}$ mit der Zeit t in min und f(t) in m^3/min beschrieben.

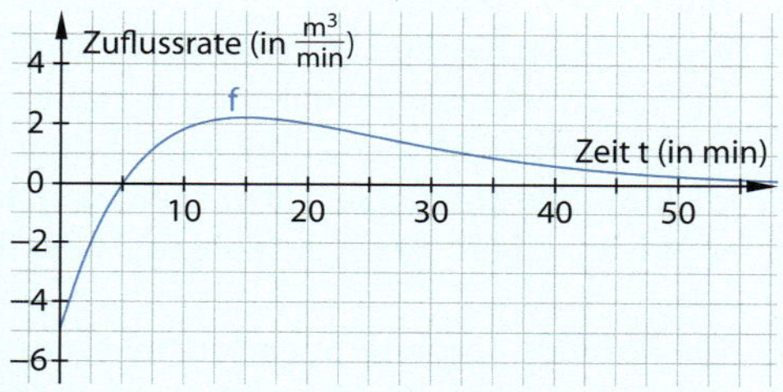

a) Bestimmen Sie den Zeitpunkt, an dem die Wassermenge im Becken minimal ist.
b) Berechnen Sie, nach wie vielen Minuten die Wassermenge am stärksten zunimmt.
c) Erläutern Sie, welche Bedeutung $\int_0^5 f(t)dt \approx -10{,}65$ im Sachkontext hat, und geben Sie die Einheit von –10,65 an.
d) Zu Beginn befinden sich 11 m^3 Wasser im Becken. Bestimmen Sie eine Funktionsgleichung für die Wassermenge V(t) im Becken.
Hinweis: $F(t) = (-10t - 50)\,e^{-0{,}1t}$ beschreibt eine Stammfunktion von f.

Lösung:

a) Berechnen Sie die Nullstelle von f.

$(t - 5) \cdot e^{-0{,}1t} = 0 \mid : e^{-0{,}1t} \neq 0$
$t - 5 = 0$ also $t = 5$

Zeigen Sie, dass die Wassermenge bei der Nullstelle t = 5 minimal ist, indem Sie das Vorzeichen der Änderungsrate f(t) für t < 5 und t > 5 untersuchen.

Für t < 5 nimmt die Wassermenge wegen f(t) < 0 ab, für t > 5 nimmt sie wegen f(t) > 0 zu.
Nach 5 min ist die Wassermenge minimal.

b) Leiten Sie die Funktion f zweimal ab.

$f'(t) = e^{-0{,}1t}(-0{,}1t + 1{,}5)$
$f''(t) = e^{-0{,}1t}(0{,}01t - 0{,}25)$

Setzen Sie $f'(t) = 0$, um die Extremstellen der Änderungsrate zu bestimmen. Bestimmen Sie die Art der Extremstelle durch Einsetzen in $f''(t)$.

$e^{-0,1t}(-0,1t + 1,5) = 0 \quad | e^{-0,1t} \neq 0$
$-0,1t + 1,5 = 0 \quad |-1,5 \quad |:(-0,1)$
$t = 15$
$f''(15) < 0$, also Hochpunkt bei $t = 15$

Die Wassermenge nimmt am stärksten zu, wenn die Änderungsrate f maximal und positiv ist. Untersuchen Sie, ob es an den Rändern des Definitionsbereichs größere Funktionswerte gibt.

$f(15) \approx 2,23$
Randwerte: $f(0) = -5$; $f(60) \approx 0,14$
Nach 15 min nimmt die Wassermenge im Becken am stärksten zu.

c) Da f die Änderungsrate des Bestands ist, gibt das Integral die Bestandsänderung innerhalb der Integrationsgrenzen an. Die Einheit ergibt sich aus denen von f und der Zeit: $m^3/min \cdot min = m^3$

Der Term $\int_0^5 f(t)\,dt \approx -10,65$ gibt an, dass die Wassermenge im Becken in den ersten 5 min um $10,65\ m^3$ abnimmt.

d) Die Funktion $V(t)$ der Wassermenge in m^3 ist eine Stammfunktion von f. Alle Stammfunktionen sind durch $F(t) + C$ gegeben. Bestimmen Sie C so, dass die Anfangsmenge $11\ m^3$ berücksichtigt wird, also $V(0) = 11$ gilt.

$V(t) = F(t) + C = (-10t - 50)\,e^{-0,1t} + C$
$V(0) = 11$
$(-10 \cdot 0 - 50)\,e^{-0,1 \cdot 0} + C = 11$
$-50 \cdot 1 + C = 11 \quad | +50$
$C = 61$
$V(t) = (-10t - 50)\,e^{-0,1t} + 61$

Basisaufgaben

5. Der abgebildete Graph zeigt die Wachstumsgeschwindigkeit der Fuchspopulation in einem Naturpark im Intervall [0; 24]. t gibt die Zeit in Jahren nach Beobachtungsbeginn an und $f(t)$ die Anzahl der Füchse pro Jahr.

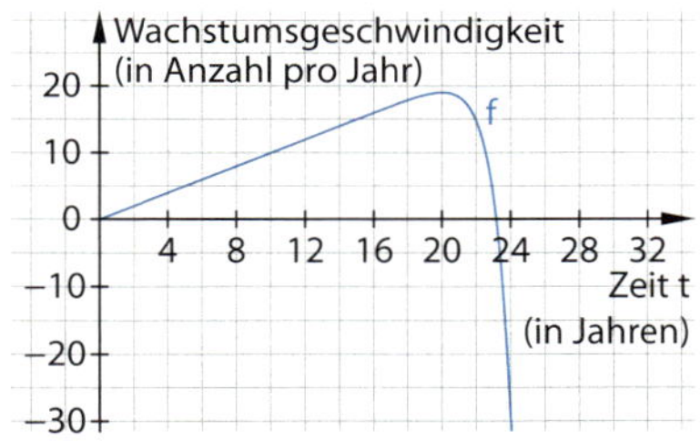

a) Geben Sie anhand des Graphen an, wie viele Jahre nach Beobachtungsbeginn die Fuchspopulation am stärksten zunimmt.
b) Lesen Sie aus dem Graphen den Zeitraum ab, in dem die Anzahl der Füchse abnimmt.
c) Geben Sie die Bedeutung der Nullstelle bei $t \approx 23$ für den Sachkontext an.
d) Es gilt $\int_0^{24} f(t)\,dt \approx 233$. Erläutern Sie, welche Bedeutung dies für die Fuchspopulation hat.

6. Die Funktion k mit $k(t) = (t^2 - 7t)\,e^{-0,25t}$ beschreibt die Änderungsrate des Kontostands eines Unternehmens in 1000 Euro/Monat in Abhängigkeit von der Zeit in Monaten in einem Zeitraum von vier Jahren. Zu Beginn beträgt der Kontostand −11 000 Euro.

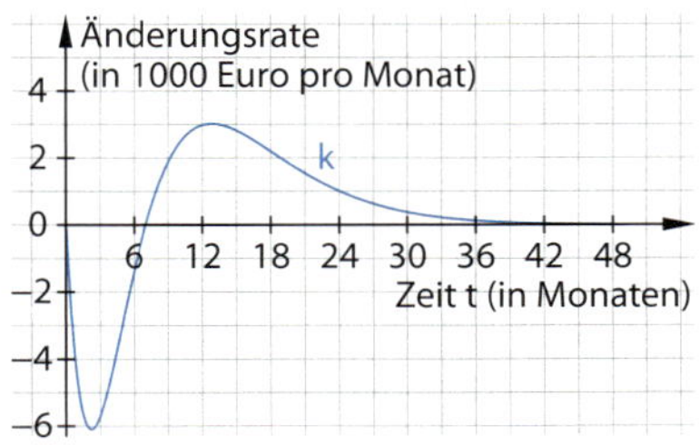

a) Berechnen Sie, in welchem Zeitraum der Kontostand niedriger wird und zu welchem Zeitpunkt er am niedrigsten ist.
b) Lesen Sie am Graphen näherungsweise ab, zu welchen Zeitpunkten der Kontostand am stärksten abnimmt bzw. zunimmt und wie hoch die Änderungsraten zu diesen Zeitpunkten sind.
c) Bestimmen Sie eine Funktionsgleichung für den Kontostand $K(t)$ des Unternehmens. Zeigen Sie hierzu, dass $F(t) = (-4t^2 - 4t - 16)\,e^{-0,25t}$ eine Stammfunktion von k beschreibt.

7. Die Wasserzuflussrate in einem See wird in den ersten 13 Monaten nach Beobachtungsbeginn annähernd durch die Funktion f mit $f(t) = (t^2 - 1) \cdot e^{-t}$ dargestellt (t in Monaten nach Beobachtungsbeginn, f(t) in 1000 m^3/Monat).

a) Berechnen Sie die Wasserzuflussrate 4 Monate nach Beobachtungsbeginn.

b) Ermitteln Sie die Zeiträume, in denen die Wassermenge im See geringer wird. Geben Sie die Zeitpunkte an, an denen die Wassermenge lokal minimal bzw. maximal ist.

c) Bestimmen Sie, nach wie vielen Monaten die Wassermenge im See am stärksten zunimmt bzw. abnimmt.

d) Berechnen Sie $\int_0^{13} f(t)\,dt$ und geben Sie in Worten die Bedeutung dieser Zahl im Sachzusammenhang wieder. (Hinweis: $F(t) = -(t+1)^2 e^{-t}$ ist eine Stammfunktion von f.)

Weiterführende Aufgaben

8. Eine unerwünschte Gewichtszunahme direkt nach einer Diät bezeichnet man als Jojo-Effekt.
Die Funktion f mit $f(t) = -0{,}125\,t^2 e^{-0{,}1t} + 60$ beschreibt für t in Tagen und f(t) in kg den Gewichtsverlauf einer Person nach Diätbeginn bei $t = 0$.

a) Ermitteln Sie das Anfangsgewicht der Person.

b) Bestimmen, wie viel Gewicht die Person nach 23 Tagen verloren hat.

c) Berechnen Sie den Zeitpunkt, an dem die Person das niedrigste Gewicht erreicht, und geben Sie dieses Gewicht an.

d) Beurteilen Sie die Aussage: *„Das Integral $\int_0^{10} f(t)dt$ gibt die gesamte Gewichtsabnahme in den ersten 10 Tagen an."*

9. Ein Medikament, das in Tablettenform verabreicht wird, wird in unterschiedlichen Wirkstoffdosierungen produziert. In den ersten 24 Stunden nach Einnahme einer Tablette kann die Wirkstoffkonzentration des Medikaments im Blut eines Patienten näherungsweise durch $f(t) = 2{,}5te^{-0{,}2t}$ beschrieben werden. Dabei gibt t die Zeit seit der Einnahme in Stunden und f(t) die Wirkstoffkonzentration im Blut in Milligramm pro Liter an.

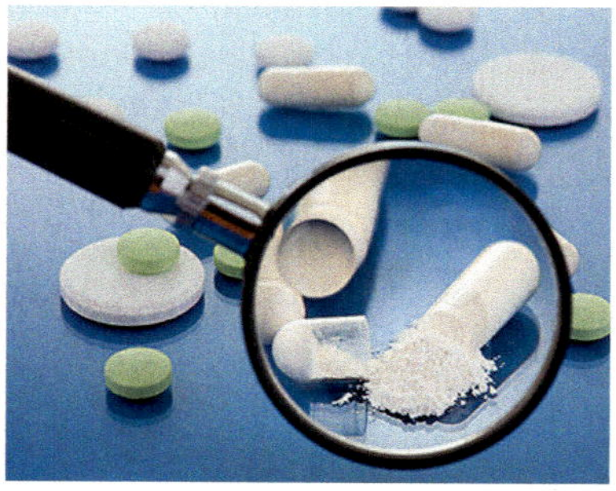

a) Berechnen Sie die Wirkstoffkonzentration im Blut des Patienten nach 3 Stunden.

b) Bestimmen Sie die maximale Wirkstoffkonzentration im Blut des Patienten.

c) Das Medikament ist nur wirksam, wenn die Konzentration im Blut mindestens 1,5 mg pro Liter beträgt. Zeigen Sie, dass für eine durchgehende Wirksamkeit spätestens nach 16 Stunden und 36 Minuten eine neue Verabreichung erfolgen muss.

d) Berechnen Sie den Zeitpunkt, an dem die Konzentration am stärksten abnimmt.

e) Eine neuere Untersuchung hat gezeigt, dass im Gegensatz zum oben angegebenen Modell die Konzentration ab dem in d) berechneten Zeitpunkt weiter konstant abnimmt. Berechnen Sie den Zeitpunkt, zu dem nach diesem neuen Modell kein Wirkstoff mehr im Blut vorhanden ist.

10. Stolperstelle: Die Funktion f beschreibt die momentane Änderungsrate einer Menge in kg/Tag in Abhängigkeit von der Zeit t in Tagen. F ist eine Stammfunktion von f und F(0) gibt die Anfangsmenge an. Ordnen Sie jeder Beschreibung A bis C einen passenden Term der Terme ① bis ⑤ zu.

A: Gewicht nach 2 Tagen

B: momentane Änderungsrate nach 2 Tagen

C: Differenz zwischen dem Gewicht nach 2 Tagen und dem Anfangsgewicht

① $f(2)$

② $\int_0^2 F(t)dt$

③ $f(2) - f(0)$

④ $\int_0^2 f(t)dt$

⑤ $F(2)$

11. Die Funktion f mit $f(t) = 1{,}25e^{0{,}5t} + 1{,}25t^2 - 10t + 20$ beschreibt die Datenübertragungsrate in MB/s (Megabyte pro Sekunde) in Abhängigkeit von der Zeit t in Sekunden, die beim Herunterladen einer Datei gemessen wird. Die Übertragung dauert 14 Sekunden.

a) Geben Sie die Übertragungsrate am Anfang sowie nach 4 Sekunden an.

b) Zeigen Sie, dass die Datenübertragungsrate in den ersten 2,92 Sekunden ab- und danach wieder zunimmt. Geben Sie die minimale Datenübertragungsrate an.

c) Überprüfen Sie, ob ein USB-Stick mit einem freien Speicherplatz von 4 GB (Gigabyte) ausreicht, um die gesamte Datei zu speichern.

d) Ermitteln Sie die durchschnittliche Übertragungsrate in den ersten 10 Sekunden.

● **12.** Die Änderungsrate einer Bakterienpopulation kann mittels einer Funktion vom Typ $f(t) = at^2e^{bt}$ mit $a, b \in \mathbb{R}$ modelliert werden (t: Zeit in Tagen nach Beobachtungsbeginn, f(t): Anzahl der Bakterien pro Tag). Dabei wurde nach 8 Tagen eine Änderungsrate von 16 Bakterien pro Tag und nach 12 Tagen eine Änderungsrate von 6 Bakterien pro Tag festgestellt.

a) Stellen Sie ein Gleichungssystem auf und ermitteln Sie damit die Parameter a und b.

b) Zeigen Sie, dass F mit $F(t) = 9e^{-\frac{\ln(6)}{4}t} \cdot \left(-\frac{4}{\ln(6)}t^2 - \frac{32}{\ln(6)^2}t - \frac{128}{\ln(6)^3}\right)$ eine Stammfunktion von f ist.

c) Bestimmen Sie die Funktion, die die Bakterienpopulation in Abhängigkeit von t beschreibt, wenn zu Beginn der Beobachtung 11 Bakterien zu sehen waren.

Erinnerung:
$\ln\left(\frac{u}{v}\right) = \ln(u) - \ln(v)$.

● **13. Ausblick:** Die Große Hungersnot in Irland war die Folge mehrerer Missernten von Kartoffeln, dem damaligen Hauptnahrungsmittel der Iren. Die Bevölkerung, die 1845 etwa 8 Millionen Einwohner betrug, sank in Folge der Hungersnöte so stark, dass sich das Land bis heute nicht davon erholen konnte.

Die Bevölkerungsentwicklung Irlands seit 1845 kann annähernd durch die Funktion f mit $f(t) = 8 - \frac{1}{10000}t^2 e^{-0{,}02t + 3{,}5}$ modelliert werden. t gibt die Zeit in Jahren nach 1845 und f(t) die Bevölkerungszahl in Millionen an.

a) Bestimmen Sie die Bevölkerungszahl Irlands im Jahr 2019. Geben Sie das Ergebnis auch als Anteil an der ursprünglichen Bevölkerungszahl im Jahr 1845 an.

b) Ermitteln Sie die niedrigste Bevölkerungszahl Irlands seit 1845.

c) Ermitteln Sie die mittlere Bevölkerungsänderung in der Abnahmephase von 1845 bis 1945 sowie in der Anstiegsphase von 1945 bis 2019.

d) Aufgrund des Bevölkerungsschubs der letzten Jahre ist anzunehmen, dass sich ab 2019 die Einwohnerzahl so entwickelt, dass schon im Jahr 2020 die 5-Millionen-Marke erreicht wird. Bestimmen Sie eine Funktion vom Typ $g(t) = ae^{kt}$, die den weiteren Verlauf ab 2019 beschreibt.

6.4 Klausur- und Abiturtraining

Aufgaben ohne Hilfsmittel

1. Gegeben sind die Funktion f und ihre Ableitungsfunktion f':
$f(x) = x^2 \cdot e^{-x}$ und $f'(x) = (2x - x^2) \cdot e^{-x}$

a) Bestimmen Sie die zweite Ableitung von f und leiten Sie die Koordinaten der Extrempunkte des Graphen von f her.

b) Zeigen Sie, dass F mit $F(x) = -(x^2 + 2x + 2) \cdot e^{-x}$ eine Stammfunktion von f ist.

c) Begründen Sie mithilfe der bisherigen Ergebnisse, dass der Graph jeder Stammfunktion F zu f den Sattelpunkt $S(0 \mid F(0))$ hat.

d) Die Ableitungsfunktion f' schließt zwischen ihren Nullstellen ein Flächenstück mit der x-Achse ein. Berechnen Sie den Inhalt dieser Fläche.

2. Gegeben ist eine Funktion f mit $f(x) = (x + 3) \cdot e^{-x}$, $x \in \mathbb{R}$.

a) Entscheiden Sie, welcher der Terme ①–④ zur Ableitung f' passt.

① $(x - 2) \cdot e^{-x}$ ② $2(x - 2) \cdot e^{-x}$ ③ $-(x + 2) \cdot e^{-x}$ ④ $-(x + 2) \cdot e^{x}$

b) Die zweite Ableitung von f ist gegeben durch $f''(x) = (x + 1) \cdot e^{-x}$, $x \in \mathbb{R}$. Argumentieren Sie damit und mit dem Resultat aus a), dass $x = -2$ eine mögliche Extremstelle und $x = -1$ eine mögliche Wendestelle von f sind.

c) Die Abbildung zeigt die Graphen der Ableitungsfunktionen f' und f''. Entscheiden Sie begründet, welcher Graph zur f' gehört. Begründen Sie anhand der Verläufe der Graphen von f' und f'', dass der Graph von f den Hochpunkt $H(-2 \mid f(2))$ und den Wendepunkt $W(-1 \mid f(-1))$ hat.

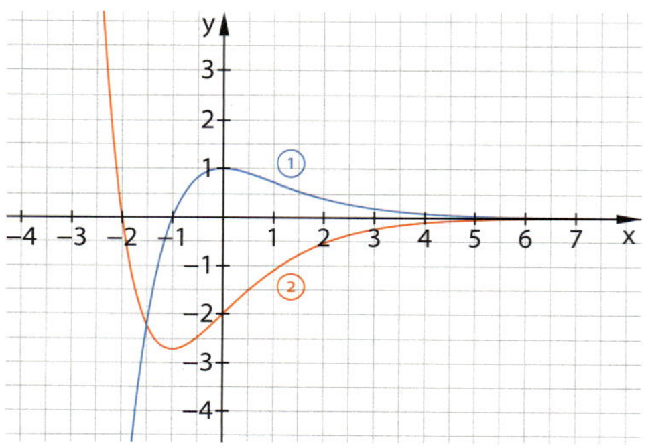

3. Gegeben ist eine Funktion f mit $f(x) = \frac{1}{2}(x - 2) \cdot e^{-2x}$, $x \in \mathbb{R}$.

a) Bestimmen Sie die erste Ableitung f' und geben Sie alle Nullstellen von f und f' an.

b) Zeigen Sie, dass $F(x) = -\frac{1}{4}\left(x - \frac{3}{2}\right) \cdot e^{-2x}$, $x \in \mathbb{R}$ eine Stammfunktion von f ist. Geben Sie eine weitere Stammfunktion G an, für die $G(1{,}5) = 3$ gilt.

c) Bestimmen Sie die Stelle sowie die Art des Extrempunkts des Graphen von F.

4. Die Funktion n mit $n(t) = 3te^{-\frac{1}{5}t}$ beschreibt für $t \geq 0$ die Rate der Neuerkrankungen während einer Läuseepidemie an einer Schule. (t in Wochen, n(t) in Neuerkrankte/Woche)

a) Weisen Sie nach, dass die Anzahl an Neuerkrankungen in der 5. Woche nach Beobachtungsbeginn am stärksten gestiegen ist.

b) Beschreiben Sie die Bedeutung des Terms $\int_2^8 n(t)\,dt$ im Sachzusammenhang.

c) Entscheiden Sie, welcher Funktionsterm zu einer Stammfunktion von n gehört. Begründen Sie Ihre Wahl.

① $-15te^{-\frac{1}{5}t}$ ② $(-5t - 25)e^{-\frac{1}{5}t}$ ③ $-15(t + 5)e^{-\frac{1}{5}t}$

d) Zu Beobachtungsbeginn sind drei Schüler von Läusen befallen. Ermitteln Sie die Gleichung einer Funktion, die die Anzahl der Neuerkrankten an der Schule beschreibt.

Aufgaben mit Hilfsmitteln

5. Die Funktion f mit $f(t) = 15t \cdot e^{-0,2t}$ beschreibt die Entwicklung des Wirkstoffgehalts im Blut eines Patienten nach der Einnahme eines Medikaments. Dabei ist t die Zeit in Stunden und f(t) die Wirkstoffmenge in mg pro Liter Blut.

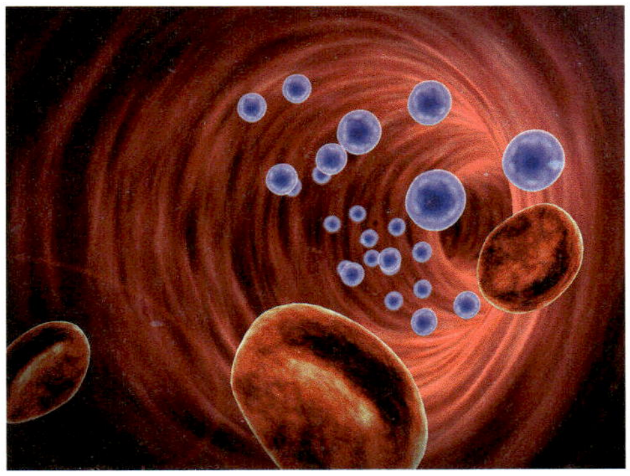

a) Das Medikament beginnt ab einer Konzentration von 7,5 mg pro Liter Blut zu wirken.
① Berechnen Sie die Menge des Wirkstoffs, die sich nach 150 Minuten im Blut befindet.
② Weisen Sie nach, dass das Medikament etwa 33,6 Minuten nach Einnahme des Medikaments Wirkung zeigt.
③ Bestimmen Sie den Zeitpunkt, zu dem der Wirkstoffgehalt maximal ist, und geben Sie den maximalen Wirkstoffgehalt an.

b) Die mittlere Wirkstoffmenge in einem Zeitintervall [a; b] lässt sich berechnen als
$$\frac{1}{b-a} \cdot \int_a^b f(t)\,dt.$$
① Zeigen Sie, dass F mit $F(t) = -75(t+5) \cdot e^{-0,2t}$ eine Stammfunktion von f ist.
② Berechnen Sie die mittlere Wirkstoffmenge in den ersten 20 Stunden.

c) Bestimmen Sie den Zeitpunkt, zu dem die Wirkstoffmenge am stärksten abnimmt, und geben Sie an, mit welcher Geschwindigkeit die Wirkstoffmenge zu diesem Zeitpunkt abnimmt.

d) In einem abgewandelten Modell wird angenommen, dass ab der Wendestelle die Wendetangente den linearen Abbau der Wirkstoffmenge beschreibt. Berechnen Sie, wann nach diesem Modell der Wirkstoff vollständig abgebaut ist.

6. Herr Lebhaft unternimmt während einer Klassenfahrt mit seinen Schülern einen Ausflug. Sein Schüler Hamza verletzt sich während des Ausflugs am Bein und muss zurück zur Jugendherberge gebracht werden, die sich auf dem Gipfel eines Hügels befindet. Dazu wird er von Herrn Lebhaft in einem Einkaufswagen den Hügel hochgeschoben, dessen Querschnitt für $0 \le x \le 160$ durch die Funktion f mit $f(x) = 0{,}001(-x + 160)e^{0,05x}$ beschrieben wird. Dabei gibt x die horizontale Länge des Profils in Meter und f(x) die Höhe in Meter über NN an.

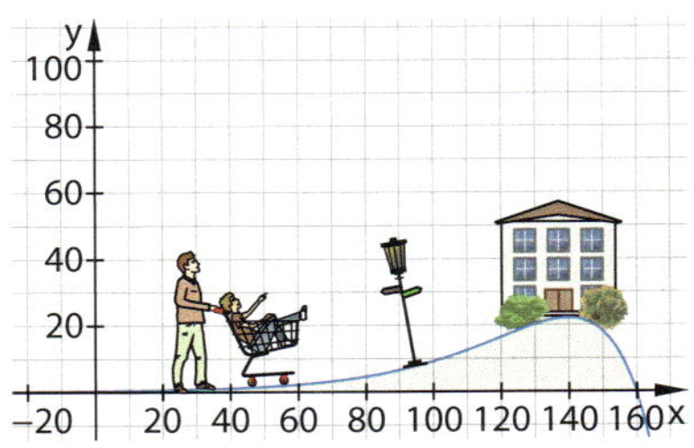

a) Bestimmen Sie die Koordinaten der Jugendherberge.
[Kontrollergebnis: H(140 | 21,93)]

b) Berechnen Sie die durchschnittliche Steigung des Hügels bis zur Herberge.

c) Herr Lebhaft kann mit dem Einkaufswagen einen Anstieg von bis zu 20° überwinden. Prüfen Sie, ob er es schafft den Einkaufswagen bis zur Herberge hochzuschieben. Geben Sie die Stelle an, an der der Hügel den steilsten Anstieg hat.

d) An der Stelle mit der maximalen Steigung steht eine Straßenlaterne senkrecht zur Straße. Geben Sie die Gleichung der Geraden an, in der die Straßenlaterne enthalten ist.

Lösungen
↗ S. 301/302

1. Bestimmen Sie erste und zweite Ableitung.
a) $f(x) = 2x \cdot e^x$ b) $f(x) = (1 - x^2) \cdot e^{2x}$ c) $f(t) = (t^2 - t) \cdot e^{-0{,}5t}$
d) $f(x) = \frac{x}{e^x}$ e) $f_a(x) = ax^2 \cdot e^{-2ax}$ f) $g(x) = \sqrt{x+1} \cdot e^x$

2. Ermitteln Sie die Nullstellen sowie die Extrem- und Wendepunkte der Funktion f.
a) $f(x) = (x^2 - 1) \cdot e^{x-1}$ b) $f(x) = (x - 1)^2 \cdot e^x$
c) $f(t) = (t + 1) \cdot (t - 2) \cdot e^{2t}$ d) $f(t) = 4t \cdot e^{-2t}$
e) $f(x) = x^3 \cdot e^{-x}$ f) $f(x) = 8x^2 \cdot \sqrt{1 - 2x}$

3. Bestimmen Sie eine Stammfunktion von f.
a) $f(x) = 2x + e^{3x+1}$ b) $f(x) = e^{-x-1} - 1$ c) $f(t) = t^{\frac{1}{2}} - 2e^{5t+2} - t$

4. Gegeben ist die Funktion f mit $f(x) = 4(x - 1) \cdot e^{-(x-1)}$
a) Geben Sie die Nullstellen von f und den Schnittpunkt des Graphen mit der y-Achse an.
b) Geben Sie das Monotonieverhalten von f durch Ermitteln der Extrempunkte an.
c) Bestimmen Sie die Gleichung der Wendetangente von f.
d) Prüfen Sie den Graphen von f auf Achsensymmetrie zur y-Achse und Punktsymmetrie zum Ursprung.
e) Skizzieren Sie den Graphen von f.
f) Zeigen Sie, dass durch F mit $F(x) = -4 \cdot x \cdot e^{1-x}$ eine Stammfunktion zu f gegeben ist Bestimmen Sie den Inhalt der Fläche, die vom Graphen von f und der x-Achse im Intervall $[1; 5]$ eingeschlossen wird.

5. Die Funktion f mit $f(t) = (t - 3)^2 \cdot e^{-\frac{t}{4}}$ sei für $0 \le t \le 15$ ein Modell für die Wachstumsgeschwindigkeit einer Bakterienkultur. Dabei beschreibt t die Zeit in Stunden. Die Wachstumsgeschwindigkeit wird in Tausend pro Stunde angegeben. Zum Beobachtungsbeginn (Zeitpunkt $t = 0$) waren 2000 Bakterien vorhanden.

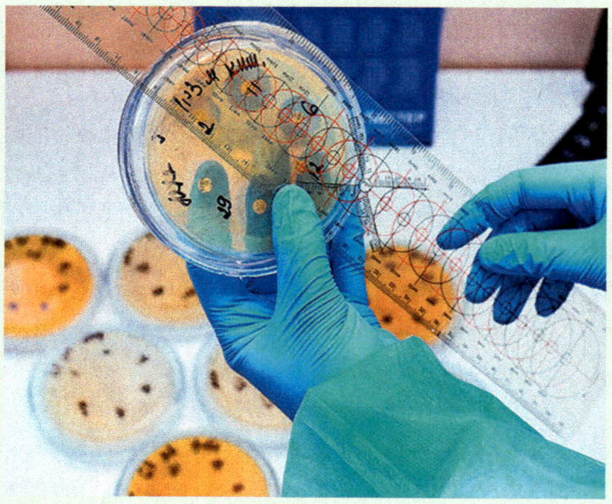

a) Ermitteln Sie die Extrem- und Wendepunkte von f im Intervall $0 \le t \le 15$.
b) Zeichnen Sie den Graphen von f im angegebenen Intervall.
c) Untersuchen Sie den Wahrheitsgehalt folgender Aussagen.
A: Im Zeitraum $0 \le t \le 3$ nimmt die Anzahl der Bakterien ab.
B: Für $t = 3$ ist die Bakterienanzahl gleich null.
C: Zum Zeitpunkt $t = 11$ ist die Bakterienanzahl am größten.
d) Weisen Sie nach, dass F mit $F(t) = (-4t^2 - 8t - 68)e^{-\frac{t}{4}}$ eine Stammfunktion von f ist.
e) Ermitteln Sie näherungsweise die Bakterienanzahl fünf Stunden nach Beobachtungsbeginn.

6. Gegeben ist die Funktionenschar f_a mit $f_a(x) = x \cdot e^{ax}$ und $a \neq 0$.
a) Bestimmen Sie die Ableitungen f'_a, f''_a und f'''_a.
b) Ermitteln Sie die Extrem- und die Wendestelle von f_a. Unterscheiden Sie die Fälle $a > 0$ und $a < 0$ und geben Sie die Koordinaten und Art des Extrem- und Wendepunkts des Graphen von f in Abhängigkeit von a an.
c) Zeigen Sie, dass F_a mit $F_a(x) = \frac{1}{a^2}(ax - 1) \cdot e^{ax}$ eine Stammfunktion von f_a ist.

Lösungen
↗ **S. 302/303**

7. Das Laden eines Smartphoneakkus lässt sich durch die Funktionenschar mit der Gleichung $L(t) = 100 - 80e^{-k \cdot t}$ mit $k > 0$ beschreiben. Hierbei ist $L(t)$ der Ladezustand in Prozent zum Zeitpunkt t in Stunden.

a) Begründen Sie anhand des Funktionsterms, dass sich der Ladestand mit wachsendem t 100 % nähert.
b) Beschreiben Sie, wie sich die Ladegeschwindigkeit mit wachsendem t ändert.
c) Bestimmen Sie, für welche Werte von k der Ladestand 1,5 Stunden nach Beginn des Ladevorgangs größer als 60 % ist.
d) Der voll aufgeladene Akku ist ohne Benutzung nach 12 Stunden auf 75 % gesunken. Stellen Sie für den exponentiellen Entladevorgang eine Funktionsgleichung auf.

8. Bei einem Test wird die Geschwindigkeit v eines Autos (v in Meter pro Sekunde) in Abhängigkeit von der Zeit t (t in Sekunden) durch die Funktion $v(t) = 10t \cdot e^{-0,2t}$ für den Zeitraum $0 \le t \le 30$ beschrieben.

a) Berechnen Sie die maximale Geschwindigkeit des Autos (in km/h) im Zeitraum $0 \le t \le 30$.
b) Begründen Sie, dass die Funktion a mit $a(t) = (10 - 2t) \cdot e^{-0,2t}$ die Beschleunigung des Autos für $0 \le t \le 30$ beschreibt.
c) Ermitteln Sie den Zeitpunkt, an dem das Auto am wenigsten beschleunigt. Geben Sie die Geschwindigkeit des Autos (in km/h) zu diesem Zeitpunkt an.
d) Begründen Sie, weshalb die Funktion s mit $s(t) = -50 \cdot (t + 5) \cdot e^{-0,2t} + 250$ den Zusammenhang zwischen zurückgelegtem Weg s (s in Meter) und der Zeit t (t in Sekunden) beschreibt.
e) Berechnen Sie den Weg, den das Auto in den ersten fünf Sekunden zurücklegt.
entfernen

9. Nach Betriebsunfällen in einer Chemiefabrik kommt es immer wieder zu einer erhöhten Schadstoffkonzentration in einem nahegelegenen See. Diese kann in den ersten Wochen nach einem Unfall durch die Funktion $f(t) = 5te^{-0,5t}$ modelliert werden, (t: Anzahl der Wochen nach dem Unfall, f(t): Schadstoffkonzentration in $\frac{mg}{\ell}$)

a) Ermitteln Sie die Schadstoffkonzentration im See 10 Tage nach einem Unfall.
b) Bestimmen Sie, wann die höchste Schadstoffkonzentration erreicht wird, und geben Sie diese an.
c) Zeigen Sie, dass F mit $F(t) = (-10t - 20) \cdot e^{-0,5t}$ eine Stammfunktion von f ist.
d) Die mittlere Schadstoffkonzentration über einem Zeitintervall [c; d] lässt sich mit $\frac{1}{d-c} \cdot \int_c^d f(t)dt$ ermitteln. Berechnen Sie die mittlere Schadstoffkonzentration für die ersten 5 Wochen nach einem Unfall.
e) Berechnen Sie den Zeitpunkt, zu dem die Schadstoffkonzentration am stärksten abnimmt.
f) Es wird angenommen, dass ab dem Zeitpunkt der stärksten Abnahme die Schadstoffkonzentration mit gleicher Geschwindigkeit linear abnimmt. Berechnen Sie, wann die Schadstoffkonzentration nach diesem Modell auf null zurückgegangen ist.

Produktregel

Haben die Funktionen u und v die Ableitungen u′ und v′, so hat die Funktion f mit $f(x) = u(x) \cdot v(x)$ die Ableitung $f'(x) = u'(x) \cdot v(x) + u(x) \cdot v'(x)$.

$f(x) = x^2 \cdot (3x + 5)$

$u(x) = x^2 \qquad v(x) = 3x + 5$

$u'(x) = 2x \qquad v'(x) = 3$

$f'(x) = 2x \cdot (3x + 5) + x^2 \cdot 3 = 9x^2 + 10x$

Bestandsfunktionen

Durch die Darstellung des Graphen einer Bestandsfunktion kann man wie im folgenden Beispiel den Sachverhalt veranschaulichen und den mathematischen Eigenschaften der Funktion die Bedeutung im konkreten Sachverhalt gegenüberstellen.

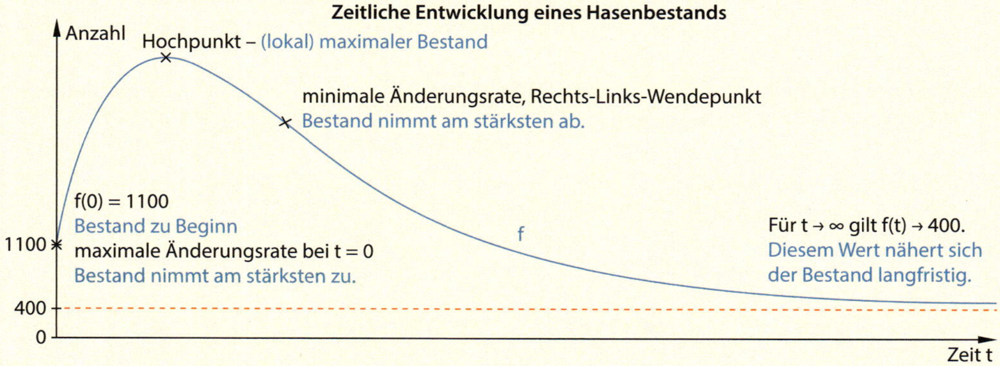

Mathematische Funktionen können Sachverhalte nur in einem bestimmten Intervall realistisch beschreiben. Deshalb sollten die Ergebnisse stets auf den Sachzusammenhang übertragen und interpretiert werden.

Änderungsraten

Durch die Funktion der Änderungsrate einer Bestandsfunktion kann man Informationen über das Verhalten der Funktionswerte und den Verlauf der Bestandsfunktion gewinnen. Auch im Sachkontext können Rückschlüsse von der Änderungsrate auf den Bestand nützlich sein.

Mithilfe des Graphen einer Änderungsrate f kann man wie im folgenden Beispiel den mathematischen Eigenschaften der Änderungsrate die Bedeutung für den Bestand im konkreten Sachkontext gegenüberstellen.

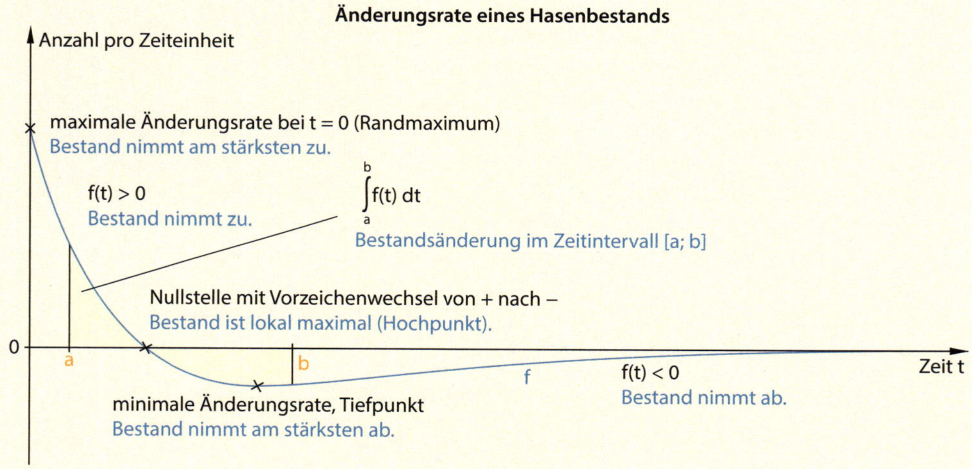

7. Grundbegriffe der Wahrscheinlichkeitsrechnung

Wenn man Lose auf dem Rummel kauft, entscheidet der Zufall, ob man gewinnt. Mithilfe der Wahrscheinlichkeitsrechnung kann man berechnen, wie gut die Chancen auf einen Gewinn stehen.

Nach diesem Kapitel können Sie …

- Sachverhalte mithilfe von Baumdiagrammen und Vierfeldertafeln modellieren,
- bedingte Wahrscheinlichkeiten berechnen,
- Vorgänge auf stochastische Unabhängigkeit untersuchen.

Lösungen
↗ S. 303

Einstufige Zufallsexperimente

1. Geben Sie alle Ergebnisse des Zufallsexperiments an.
   a) einmaliges Drehen eines Glücksrads mit den ersten sechs Primzahlen
   b) gleichzeitiges Werfen einer 10-Cent-Münze und einer Ein-Euro-Münze
   c) Test der vier Triebwerke eines Flugzeugs auf fehlerfreies Funktionieren

2. Geben Sie zu folgender Ergebnismenge ein geeignetes Zufallsexperiment an.
   a) {Kreuz; Pik; Herz; Karo}
   b) {1; 2; 3; 4; 5; 6; 7; 8}
   c) {rot; gelb; grün; weiß; blau; schwarz}
   d) {2; 3; 4; 5; 6; 7; 8; 9; 10; 11; 12}

3. Überprüfen Sie, ob es sich um ein Laplace-Experiment handelt. Wenn ja, ermitteln Sie die Wahrscheinlichkeit für das angegebene Ereignis E.
   a) Ein Glücksrad mit 9 gleich großen Sektoren, die mit den Zahlen 1 bis 9 bezeichnet sind, wird gedreht. E: Eine gerade Zahl wird gedreht.
   b) Aus dem Wort ABITUR wird zufällig ein Buchstabe ausgewählt.
   E: Der Buchstabe T wird gewählt.
   c) Ein Elfmeter wird geschossen. E: Der Schuss wird gehalten.

4. Die Tabelle zeigt die Wahrscheinlichkeiten beim Drehen eines Glücksrads mit den Sektoren 1 bis 5.

Sektor X	1	2	3	4	5
P(X)	$\frac{1}{5}$	$\frac{1}{4}$	$\frac{1}{3}$	$\frac{1}{6}$	

   a) Ergänzen Sie die Tabelle im Heft und zeichnen Sie das Glücksrad.
   b) Ermitteln Sie die Wahrscheinlichkeit für das Ereignis
   E: Eine ungerade Zahl wird gedreht.
   c) Geben Sie die Ergebnisse zum Gegenereignis $\overline{E}$ und die Wahrscheinlichkeit $P(\overline{E})$ an.

Mehrstufige Zufallsexperimente

Gegenüberliegende Seiten sind gleich beschriftet.

5. Geben Sie alle Ergebnisse des Zufallsexperiments an, stellen Sie diese in einem Baumdiagramm dar und tragen Sie alle Pfadwahrscheinlichkeiten ein.
   a) zweimaliges Werfen einer Münze
   b) zweimaliges Würfeln mit einem „Ich-du-wir-Würfel"

6. Ein Rubbellos enthält 6 Felder. Hinter zwei Feldern verbirgt sich „GEWINN" und hinter vier Feldern „NIETE". Es werden zufällig zwei Felder freigerubbelt. Ein Los, bei dem zweimal GEWINN erscheint, gewinnt. Erstellen Sie dazu ein Baumdiagramm und tragen Sie alle Pfadwahrscheinlichkeiten ein.

7. Ein Spielwürfel wird dreimal geworfen. Berechnen Sie die Wahrscheinlichkeit, dass
   a) genau zweimal eine 6 gewürfelt wird,
   b) keine 6 gewürfelt wird,
   c) mindestens zweimal eine 6 gewürfelt wird,
   d) mindestens einmal eine 6 gewürfelt wird.

8. In einer Klasse sind 14 Mädchen (M) und 12 Jungen (J). 10 Jungen und 9 Mädchen dieser Klasse haben als 2. Fremdsprache Französisch.
   Ein Mitglied der Klasse soll zufällig ausgewählt werden. Stellen Sie diesen Zufallsversuch unter Angabe aller Pfadwahrscheinlichkeiten mithilfe eines Baumdiagramms dar, welches zuerst nach Mädchen oder Junge verzweigt.

Datenreihen auswerten

Lösungen
↗ S. 303/304

9. Berechnen Sie das arithmetische Mittel der Datenreihe.

a) 2; 4; 8; 11; 12; 9; 7; 7
b) 5,1 m; 4,8 m; 5,6 m; 4,6 m; 5,4 m; 4,5 m
c) 102; 96; 89; 111; 104; 95
d) 1; 2; 2; 3; 3; 3; 4; 4; 5; 6

10. Bei einer Befragung nach der Anzahl der Kinder in der Familie ergab sich folgender Datensatz: 1 2 0 1 0 3 2 1 0 1 2 2 1 4 1 2 1 1 2 3 1 2 1 2 1
Erstellen Sie zu den Daten eine Häufigkeitstabelle und ein Säulendiagramm.

11. Die Tabelle zeigt, wie häufig in 16 Spielen Sonja kein Tor, ein Tor bzw. 2 oder 3 Tore erzielt hat.

Anzahl Tore pro Spiel	0	1	2	3
absolute Häufigkeit	7	5	1	3
relative Häufigkeit	$\frac{7}{16}$	$\frac{5}{16}$	$\frac{1}{16}$	$\frac{3}{16}$

a) Berechnen Sie die Gesamtzahl der Tore und das arithmetische Mittel der Tore pro Spiel.
b) Sonja berechnet das arithmetische Mittel mithilfe der relativen Häufigkeiten:
$\frac{7}{16} \cdot 0 + \frac{5}{16} \cdot 1 + \frac{1}{16} \cdot 2 + \frac{3}{16} \cdot 3 = \ldots$
Führen Sie Sonjas Rechnung aus und erläutern Sie, ob ihre Vorgehensweise korrekt ist.

Vermischtes

12. Mit einem Spielwürfel wird gewürfelt.
A: Die Augenzahl ist größer als 1.
B: Die Augenzahl ist ungerade.

a) Formulieren Sie das Gegenereignis von A und von B.
b) Geben Sie alle Ergebnisse für das Ereignis C an, bei dem sowohl A als auch B eintritt.
c) Geben Sie P(A), $P(\overline{A})$, P(B), $P(\overline{B})$, P(C) und $P(\overline{C})$ an.

13. a) Bei einem Glücksspiel erhält man mit einer Wahrscheinlichkeit von 4 % einen Gewinn. Berechnen Sie, mit wie vielen Gewinnen man bei 50 Spielen in etwa rechnen kann.
b) Ein Spielfigur wurde 40-mal geworfen. Dabei landete sie 6-mal auf den Füßen. Schätzen Sie die Wahrscheinlichkeit, dass die Figur beim Werfen auf den Füßen landet.

14. Der deutsche NBA-Basketballer Dennis Schröder hatte in der Saison 2017/2018 eine Freiwurfquote von nahezu 85 % (er traf also im Schnitt ca. 85 von 100 Freiwürfen). Während eines Spiels hat er bereits 9 von 9 Freiwürfen verwandelt. Ein Fan sagt daraufhin: „Den nächsten Freiwurf wird er nicht treffen." Nehmen Sie Stellung zu dieser Aussage.

15. Zwei Würfel werden geworfen.

a) Berechnen Sie mithilfe eines Baumdiagramms die Wahrscheinlichkeit, dass die Augensumme 7 beträgt.
b) In der Tabelle können alle möglichen Ergebnisse dargestellt werden. Zum Beispiel zeigt das grüne Feld das Ergebnis 5 und 3, das blaue Feld zeigt das Ergebnis 4 und 6. Beschreiben Sie, wie man hiermit die Wahrscheinlichkeit für die Augensumme 7 berechnen kann.
c) Berechnen Sie mithilfe der Tabelle die Wahrscheinlichkeit, dass die Augensumme größer als 10 ist.

	1	2	3	4	5	6
1						
2						
3						
4						
5						
6						

16. Berechnen Sie.

a) $0{,}2 \cdot 0{,}8 + 0{,}1 \cdot 0{,}2$
b) $\frac{1}{4} \cdot \frac{1}{3} + \frac{2}{4} \cdot \frac{2}{3}$
c) $\frac{1 - 0{,}4 \cdot 0{,}7}{0{,}9}$
d) $\frac{1}{3} : \frac{2}{3} + \frac{1}{5} : \frac{7}{10}$

7.1 Wiederholung: Zufallsexperimente

■ Schätzen Sie, wie hoch die Wahrscheinlichkeit ist, dass bei zwei, drei oder vier Geschwister alle das gleiche Geschlecht haben. Überprüfen Sie Ihre Vermutung, indem Sie die benötigten Daten in Ihrem Kurs sammeln. Lassen sich mithilfe der gesammelten Daten Prognosen für den Jahrgang anstellen? ■

Zufallsexperimente und Wahrscheinlichkeiten

Ein **Zufallsexperiment** hat mehrere mögliche **Ergebnisse** (Versuchsausgänge), deren Eintreten im Voraus nicht vorhergesagt werden kann. Die Menge aller möglichen Ergebnisse des Zufallsexperiments heißt **Ergebnismenge**.

Das Glücksrad wird gedreht.

Ergebnismenge:
$\Omega = \{\text{blau, grün, gelb, rot}\}$

Das Zufallsexperiment wird mehrfach durchgeführt. Die **absolute Häufigkeit** eines Ergebnisses gibt an, wie oft dieses vorgekommen ist. Die **relative Häufigkeit** beschreibt den Anteil des Ergebnisses an der Gesamtzahl aller Versuche.

Häufigkeiten für blau:

Anzahl Drehungen	Absolute Häufigkeit H	Relative Häufigkeit h
100	22	0,22
200	52	0,26
1000	252	0,252

Hinweis:
Relative Häufigkeiten beschreiben den Ausgang von durchgeführten Zufallsexperimenten. **Wahrscheinlichkeiten** beschreiben die Chancen in bevorstehenden Experimenten. Mit ihnen können auftretende relative Häufigkeiten geschätzt werden.

Die relative Häufigkeit eines Ergebnisses kann als Schätzung für die **Wahrscheinlichkeit**, mit der das Ergebnis in zukünftigen Zufallsversuchen auftritt, verwendet werden.

Die relative Häufigkeit von blau stabilisiert sich bei 0,25. Die Wahrscheinlichkeit für blau wird also etwa $0{,}25 = \frac{1}{4}$ sein.

Wissen: Empirisches Gesetz der großen Zahlen – Wahrscheinlichkeit
Wird ein Zufallsexperiment sehr oft durchgeführt, so stabilisieren sich mit einer ausreichend hohen Anzahl von Versuchsdurchführungen die relativen Häufigkeiten eines Ergebnisses um einen festen Wert, der zwischen 0 und 1 liegt.
Dieser feste Wert wird als **Wahrscheinlichkeit des Ergebnisses** bezeichnet.

Hinweis:
Die Summe der Wahrscheinlichkeiten aller Ergebnisse eines Zufallsexperiments ist 1 (100 %).

Man kann mehrere Ergebnisse zu einem **Ereignis** zusammenfassen. Die Wahrscheinlichkeit des Ereignisses ist die Summe der Wahrscheinlichkeiten der zugehörigen Ergebnisse (**Summenregel**).
Alle Ergebnisse, die nicht zu E gehören, bilden das **Gegenereignis** $\overline{E}$.

Die Wahrscheinlichkeiten der Farben erhält man aus den Flächenanteilen im Glücksrad.
Ereignis E: blau oder gelb
$P(E) = P(\text{blau}) + P(\text{gelb}) = \frac{1}{4} + \frac{1}{8} = \frac{3}{8}$

Gegenereignis $\overline{E}$: grün oder rot
$P(\overline{E}) = 1 - P(E) = 1 - \frac{3}{8} = \frac{5}{8}$

Zufallsexperimente, bei denen jedes Ergebnis die gleiche Wahrscheinlichkeit hat, heißen **Laplace-Experimente**.

Wissen: Wahrscheinlichkeiten bei Laplace-Experimenten
Ein Zufallsexperiment, bei dem alle Ergebnisse gleich wahrscheinlich sind, nennt man **Laplace-Experiment**. Für die Wahrscheinlichkeit eines Ereignisses E gilt:

$$P(E) = \frac{\text{Anzahl der Ergebnisse, die zum Ereignis gehören}}{\text{Anzahl aller möglichen Ergebnisse}}$$

„Achtflächner“:

Beispiel 1: Ein gleichmäßiger Würfel mit acht Seiten wird einmal geworfen.

a) Begründen Sie, dass es sich um ein Laplace-Experiment handelt.

b) Bestimmen Sie die Wahrscheinlichkeit für das Ereignis
E: Wert des Würfels ist größer oder gleich 6.

c) Formulieren Sie das Gegenereignis $\overline{E}$ und berechnen Sie die Wahrscheinlichkeit $P(\overline{E})$.

Lösung:

a) Prüfen Sie, ob alle möglichen Ergebnisse die gleiche Wahrscheinlichkeit haben.

Ergebnismenge $\Omega = \{1, 2, 3, 4, 5, 6, 7, 8\}$
Alle Ergebnisse sind gleich wahrscheinlich, da alle Würfelflächen gleich groß sind.

b) Ermitteln Sie alle Ergebnisse zum Ereignis E. Teilen Sie die Anzahl dieser Ergebnisse durch die Anzahl aller möglichen Ergebnisse.

$E = \{6, 7, 8\}$

$P(E) = \frac{3}{8}$

c) Das Gegenereignis enthält alle Ergebnisse, die nicht zu E gehören. Subtrahieren Sie vom Wert 1 die Wahrscheinlichkeit von E.

$\overline{E} = \{1, 2, 3, 4, 5\}$
$\overline{E}$: Geworfener Wert ist kleiner als 6.

$P(\overline{E}) = 1 - P(E) = 1 - \frac{3}{8} = \frac{5}{8}$

Basisaufgaben

1. In einem Lostopf befinden sich 2000 Lose. Diese bestehen aus zwei Hauptgewinnen, 20 mittleren Gewinnen und 178 kleinen Gewinnen. Alle weiteren Lose sind Nieten. Aus dem Lostopf wird einmal gezogen.

a) Begründen Sie, dass es sich um ein Laplace-Experiment handelt.

b) Berechnen Sie die Wahrscheinlichkeit für jede Gewinnsorte und die Wahrscheinlichkeit für eine Niete.

c) Bestimmen Sie die Wahrscheinlichkeit, überhaupt ein Gewinnlos zu ziehen.

d) Formulieren Sie das Gegenereignis zum Ereignis in c) und berechnen Sie die Wahrscheinlichkeit dieses Gegenereignisses.

2. In einem 12er Oberstufenjahrgang wurde die Altersstruktur der Schüler ermittelt. Drei Schüler sind 16 Jahre alt, 69 sind 17 Jahre alt, 48 sind 18 Jahre alt, 11 sind 19 Jahre alt und zwei Schüler sind 20 Jahre alt.

a) Geben Sie die Ergebnismenge und die relativen Häufigkeiten der Ergebnisse an.

b) Bestimmen Sie die Wahrscheinlichkeit dafür, dass ein beliebig ausgewählter Schüler aus diesem Jahrgang 17 Jahre oder älter ist.

3. Aus einem Skat-Kartenspiel (32 Karten; 4 Farben) wird zufällig eine Karte ausgewählt. Es werden die Ergebnisse betrachtet, Karo, Herz, Pik oder Kreuz zu ziehen.

a) Begründen Sie, dass es ein Laplace-Experiment ist.

b) Bestimmen Sie die Wahrscheinlichkeit, dass eine rote Zahl gezogen wird.

c) Geben Sie ein weiteres Laplace-Experiment im Zusammenhang mit einem Skat-Kartenspiel an.

Mehrstufige Zufallsexperimente

Ein Zufallsexperiment, das mehrfach hintereinander ausgeführt wird, oder eine Hintereinander-Ausführung verschiedener Zufallsexperimente nennt man **mehrstufiges Zufallsexperiment.** Die Ergebnisse mehrstufiger Zufallsexperimente heißen entsprechend **zusammengesetzte Ergebnisse.**

Dabei lassen sich Zufallsexperimente mit **unabhängigen** und **abhängigen Stufen** unterscheiden. Sind die Stufen abhängig, so beeinflusst das Ergebnis vorheriger Stufen die Wahrscheinlichkeit des nachfolgenden Ergebnisses.

Das Zufallsexperiment im Beispiel hat unabhängige Stufen, da die Wahl des Hauptgangs keinen Einfluss auf die Wahl der Nachspeise hat.

Die Kombinationsmöglichkeiten und Wahrscheinlichkeiten mehrstufiger Zufallsexperimente lassen sich übersichtlich in **Baumdiagrammen** darstellen. Dabei stehen an den Ästen des Baumdiagramms jeweils die Einzelwahrscheinlichkeiten.

In einer Schulmensa gibt es folgendes Angebot für ein Mittagsmenü.

Freie Menü-Wahl Wähle zu jedem Gang deinen Favoriten!			
Hauptgang	Lasagne	Zucchini-Reis-Pfanne	Schnitzel mit Kroketten
Nachspeise	Joghurt mit Fruchtstücken	Apfel oder Birne	

Ergebnismenge:
{(Lasagne; Joghurt); (Lasagne; Obst); (Zucchini; Joghurt); (Zucchini; Obst); (Schnitzel; Joghurt); (Schnitzel; Obst)}

Aus Erfahrung weiß die Köchin, wie oft welche Speise gewählt wird.

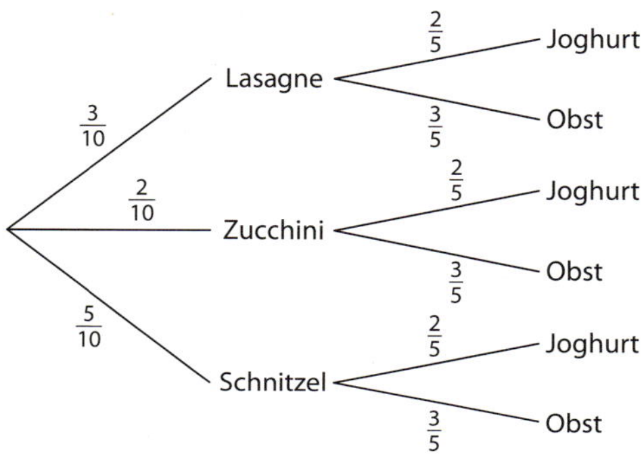

Wissen: Baumdiagramm
Ein Vorgang, aus dem sich mehrere Kombinationsmöglichkeiten ergeben, kann gut mit einem mehrstufigen **Baumdiagramm** dargestellt werden. Die **Gesamtzahl der Möglichkeiten** entspricht der Anzahl der Baum-Enden (Blätter).

Die Wahrscheinlichkeit des zusammengesetzten Ergebnisses wird durch Multiplikation entlang des Pfades berechnet.

Die Wahrscheinlichkeit eines Ereignisses berechnet sich durch Addition aller zugehörigen Pfade.

Wahrscheinlichkeit für das Menü Lasagne und Obst:
$P(\text{Lasagne; Obst}) = \frac{3}{10} \cdot \frac{3}{5} = \frac{9}{50} = 18\,\%$

Wahrscheinlichkeit für Lasagne – Obst oder Schnitzel – Joghurt:
$P(\text{Lasagne; Obst}) + P(\text{Schnitzel; Joghurt})$
$= \frac{3}{10} \cdot \frac{3}{5} + \frac{5}{10} \cdot \frac{2}{5} = \frac{19}{50} = 38\,\%$

Wissen: Pfadregeln
Pfadmultiplikation:
Die Wahrscheinlichkeit eines zusammengesetzten Ergebnisses erhält man über die Multiplikation der Einzelwahrscheinlichkeiten entlang des Pfades.
Pfadaddition:
Die Wahrscheinlichkeit eines Ereignisses erhält man über die Addition der Wahrscheinlichkeiten aller zugehörigen Pfade.

Beispiel 2: Nacheinander werden aus einem Gefäß mit 3 roten und 5 blauen Kugeln zwei Kugeln gezogen. Die erste gezogene Kugel wird dabei nicht zurückgelegt.

a) Stellen Sie dieses Zufallsexperiment mithilfe eines Baumdiagramms übersichtlich dar.
b) Bestimmen Sie die Wahrscheinlichkeit, dass im ersten Zug eine rote und im zweiten Zug eine blaue Kugel gezogen wird.
c) Bestimmen Sie die Wahrscheinlichkeit, dass eine rote und eine blaue Kugel gezogen werden. Die Reihenfolge der Ziehung ist unerheblich.

Lösung:

a) Zeichnen Sie ein Baumdiagramm mit zwei Stufen (zwei Ziehungen) mit jeweils zwei Möglichkeiten (rot und blau). Da nicht zurückgelegt wird, ändern sich bei der zweiten Ziehung die Wahrscheinlichkeiten. Die Stufen sind also abhängig.

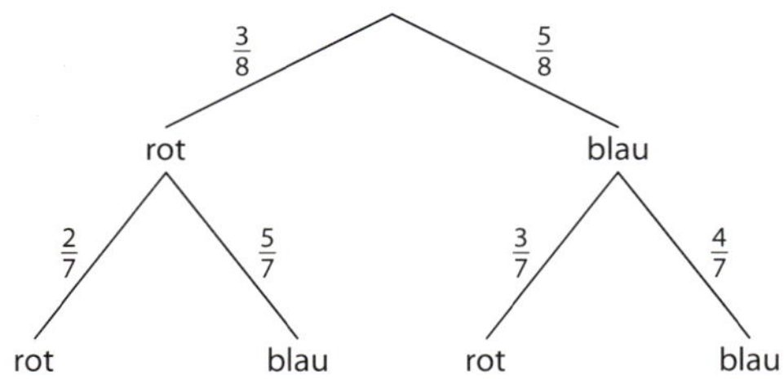

b) Multiplizieren Sie die Wahrscheinlichkeiten aller Ergebnisse entlang des betreffenden Pfades.

$P(\text{rot; blau}) = \frac{3}{8} \cdot \frac{5}{7} = \frac{15}{56} \approx 0{,}27$

c) Bestimmen Sie mit der Pfadmultiplikationsregel die Wahrscheinlichkeiten aller Pfade mit dem Ergebnis rot und blau (ohne Beachtung der Reihenfolge). Addieren Sie die Wahrscheinlichkeiten.

E: rot und blau (ohne Beachtung der Reihenfolge)

$P(E) = P(\text{rot; blau}) + P(\text{blau; rot})$
$= \frac{3}{8} \cdot \frac{5}{7} + \frac{5}{8} \cdot \frac{3}{7} = \frac{30}{56} \approx 0{,}54$

Basisaufgaben

4. Aus einem Skat-Kartenspiel (32 Karten mit 4 Farben) werden nacheinander zwei Karten gezogen, ohne dass die erste Karte zurückgesteckt wird. Für jede Karte wird ausschließlich geprüft, ob sie die Farbe Herz hat oder nicht.

a) Erstellen Sie ein Baumdiagramm für dieses Zufallsexperiment.
b) Bestimmen Sie die Wahrscheinlichkeit, dass die erste Karte Herz zeigt und die zweite Karte kein Herz.
c) Bestimmen Sie die Wahrscheinlichkeit, dass beide Karten Herz zeigen.
d) Bestimmen Sie die Wahrscheinlichkeit, dass eine Karte Herz zeigt und eine Karte nicht. Die Reihenfolge ist dabei egal.

5. Das abgebildete Glücksrad wird zweimal gedreht.

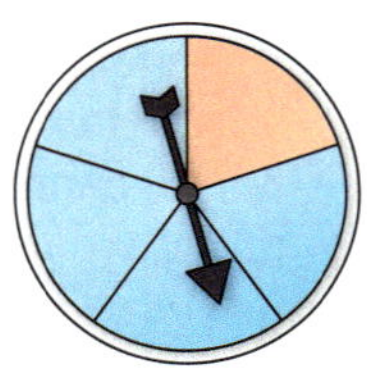

a) Zeichnen Sie das zugehörige Baumdiagramm und tragen Sie die Wahrscheinlichkeiten an den Zweigen ein.
b) Bestimmen Sie die Wahrscheinlichkeiten aller zusammengesetzter Ergebnisse. Kontrollieren Sie die Berechnungen, indem Sie die Summe dieser Wahrscheinlichkeiten bilden.

6. In 4 von 11 Wagen einer S-Bahn befindet sich jeweils ein Schwarzfahrer. Zwei zufällig ausgewählte Wagen werden durch Fahrkartenkontrolleure kontrolliert. Bestimmen Sie die Wahrscheinlichkeiten für folgende Ereignisse:

a) Es werden zwei Schwarzfahrer erwischt.
b) Es wird mindestens ein Schwarzfahrer erwischt.

Lösungen zu 7:

$\frac{5}{864}$ $\frac{2}{320}$ $\frac{1}{48}$ $\frac{1}{18}$ $\frac{1}{1728}$

7. Die Zahlen im abgebildeten Glücksrad geben die Winkelgrößen der Farbfelder an. Bestimmen Sie die Wahrscheinlichkeiten der folgenden Ereignisse beim dreimaligen Drehen.

a) erst rot, dann gelb, dann grau
b) erst dunkelblau, dann zweimal gelb
c) rot, gelb, hellblau ohne Beachtung der Reihenfolge
d) rot und zweimal blau ohne Beachtung der Reihenfolge

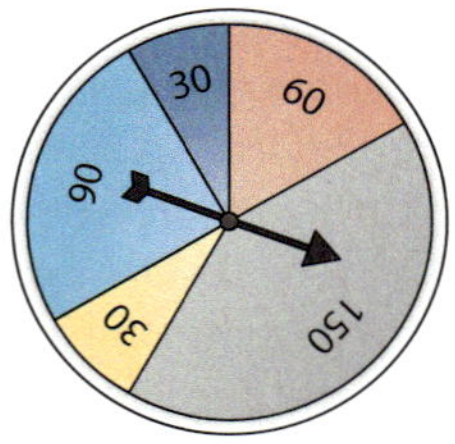

Hinweis:
Nicht immer ist es sinnvoll, ein vollständiges Baumdiagramm zu zeichnen, sondern nur denjenigen Teil darzustellen, der zur Lösungsbestimmung benötigt wird.

8. In einem Gefäß liegen drei weiße und zwei schwarze Kugeln. Zwei Kugeln werden nacheinander zufällig entnommen.

a) Zeichnen Sie ein Baumdiagramm und berechnen Sie die Wahrscheinlichkeit, dass zwei gleichfarbige Kugeln gezogen werden, wenn gezogene Kugeln zurückgelegt (bzw. nicht zurückgelegt) werden.
b) Erläutern Sie die Änderung der Wahrscheinlichkeiten durch das Zurücklegen bzw. Nicht-Zurücklegen von Kugeln.

Hinweis zu 9:
Die vier Farben sind Kreuz ♣, Pik ♠, Herz ♥ und Karo ♦
In jeder Farbe gibt es 13 Karten.

9. In der Pokervariante Texas Hold'em (52 Spielkarten mit 4 Farben) hat jeder Spieler zwei Karten. In der Mitte werden nacheinander bis zu 5 Karten aufgedeckt. Jeder Spieler kann mit seinen zwei Karten und den Karten in der Mitte die bestmögliche Kombination aus 5 Karten bilden.
Hier spielen zwei Spieler gegeneinander. Es werden noch zwei weitere Karten in der Mitte aufgedeckt. Bestimmen Sie für jeden Spieler die Wahrscheinlichkeit, einen Flush (5 Karten einer Farbe) zu bekommen.

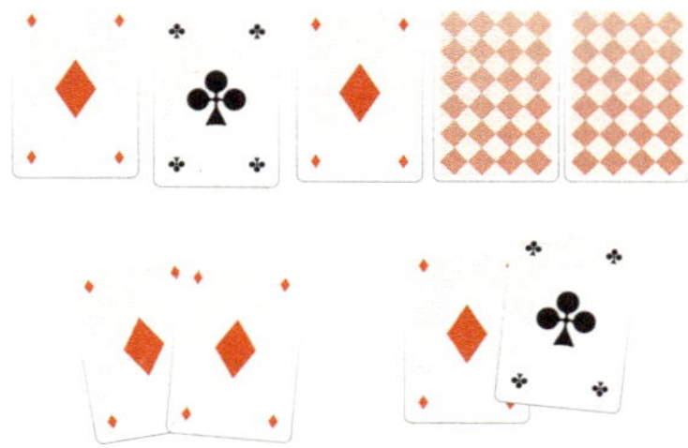

10. Ronja und Janne sind gute Basketballspielerinnen. Beim Freiwurf haben beide eine Trefferquote von etwa 50 %. Die Sportlehrerin lässt sie in folgendem Spiel gegeneinander antreten: Abwechselnd haben Ronja und Janne je einen Freiwurf. Trifft Ronja, so wird das rote Leibchen auf der Leiter eine Sprosse höher gehängt. Trifft sie nicht, wandert das gelbe Leibchen eine Stufe höher. Eine entsprechende Regel gilt für Janne: Trifft sie, wird das gelbe Leibchen höher gehängt, andernfalls das rote. Zu Beginn hängen das rote Leibchen (Ronja) auf der zweiten Sprosse und das gelbe Leibchen (Janne) auf der ersten Sprosse. Erreicht im Laufe des Spiels das gelbe Leibchen die Höhe des roten, so gewinnt Janne. Erreicht das rote Leibchen vorher die 4. Sprosse, so gewinnt Ronja. Den ersten Wurf hat Ronja.

a) Bestimmen Sie die Wahrscheinlichkeit, dass Ronja (bzw. Janne) gewinnt.
b) Bestimmen Sie die Wahrscheinlichkeit, dass insgesamt dreimal geworfen wird.
c) Mit welcher Wahrscheinlichkeit kann der Spielstand auf dem Bild entstehen?
d) Berechnen Sie die die Wahrscheinlichkeit, dass Janne (gelbes Leibchen) zwei von drei Spielen gewinnt.

Weiterführende Aufgaben

11. Ein Multiple-Choice-Test hat drei Fragen. Pro Frage muss man „A" oder „B" ankreuzen. Eine Person, die die Antworten nicht kennt und deshalb rät, füllt den Test aus. Bestimmen Sie die Wahrscheinlichkeiten für die folgenden Ereignisse.

① alle Antworten richtig
② höchstens eine Antwort falsch
③ die zweite Antwort falsch
④ nur die erste Antwort falsch
⑤ mindestens eine Antwort falsch
⑥ nicht nur falsch geraten
⑦ häufiger falsch als richtig geraten
⑧ genauso oft richtig wie falsch geraten

12. Stolperstelle: Die Insel Fuerteventura ist ein Paradies für Wind- und Kitesurfer. Dort liegt die Wahrscheinlichkeit für gute Windbedingungen (ab Windstärke 3) im Februar an jedem Tag bei ca. 75 %. Nachdem Johnny schon zwei Tage gute Windbedingungen hatte, überlegt er, den dritten Tag für Ausflüge zu nutzen. Er berechnet, dass die Wahrscheinlichkeit für „kein Wind am dritten Tag" niedriger ist als sonst, und entscheidet, auch am dritten Tag wieder Kitesurfen zu gehen.

$P(\text{kein Wind am dritten Tag})$
$= 0{,}75 \cdot 0{,}75 \cdot 0{,}25 \approx 14\,\%$

a) Beurteilen Sie Johnnys Vorgehen.
b) Berechnen Sie die Wahrscheinlichkeit, dass an 2 von 3 Tagen gute Windbedingungen zum Kite- oder Windsurfen sind.

13. Ein Fahrradschloss mit einem 4er-Zahlenring (Ziffern: 0 bis 9) und einfachem Drahtgeflecht als Sicherung gilt allgemein nur als Wegfahrsperre. Diebe knacken solche Schlösser mit einem Bolzenschneider innerhalb von Sekunden. Ohne Bolzenschneider ist das jedoch nicht so leicht.

a) Bestimmen Sie die Wahrscheinlichkeit, dass ein Dieb das Schloss im ersten Versuch durch Raten der Zahlenkombination knackt.
b) Ein Fahrradbesitzer hat sich auf seinem Zahlenschloss alle vier Ziffern der Kombination notiert, um sie sich leichter merken zu können. Jedoch hat er die Reihenfolge vertauscht. Bestimmen Sie die Wahrscheinlichkeiten, dass ein Dieb mit diesem Wissen zufällig im ersten Versuch die richtige Kombination errät.
c) Ist die Erinnerungshilfe aus b) ratsam? Geben Sie eine begründete Einschätzung ab.

Hinweis zu 13b:
Beachten Sie, dass die vier Ziffern nicht verschieden sein müssen. Betrachten Sie verschiedene Fälle.

● **14. Ausblick:** Das **Ziegenproblem** ist eine in der Stochastik bekannte Fragestellung, deren Lösung verblüfft. In einer Spielshow hat der Kandidat die Wahl zwischen drei Toren, von denen er eines auswählen soll. Hinter einem Tor verbirgt sich der Hauptpreis, hinter den anderen beiden Toren jeweils eine Ziege. Hat der Kandidat ein Tor ausgewählt, lässt der Moderator (der weiß, wo sich der Hauptpreis befindet) ein anderes Tor öffnen, und zwar eines mit einer Ziege. Nun bietet der Moderator dem Kandidaten an, statt des ursprünglich gewählten Tores das dritte, noch ungeöffnete Tor zu nehmen. Entscheiden Sie, ob der Kandidat sein Tor wechseln sollte.

7.2 Wiederholung: Urnenmodelle – Kombinatorik

■ Bei einem 100-m-Lauf treten 8 Sprinter an.

a) Ermitteln Sie, wie viele Möglichkeiten es für die Verteilung der ersten drei Plätze gibt.

b) Nach dem Lauf werden die ersten drei Läufer – ohne Berücksichtigung ihrer Platzierung – einem Dopingtest unterzogen. Zeigen und begründen Sie, dass die Anzahl der Möglichkeiten für diese Auswahl deutlich kleiner ist als das Ergebnis aus a). ■

Viele Zufallsexperimente lassen sich auf das Ziehen von Kugeln aus einer Urne zurückführen. Dabei wird unterschieden, ob die gezogene Kugel nach jedem Zug wieder zurück in die Urne gelegt wird oder nicht. Im ersten Fall spricht man von **Ziehen mit Zurücklegen**, im zweiten Fall von **Ziehen ohne Zurücklegen**.
Kommt es bei der Ziehung nicht auf die Reihenfolge der Kugeln an, so spricht man von **Ziehen ohne Reihenfolge** oder einer ungeordneten Ziehung.

Ziehen mit Beachtung der Reihenfolge

Hier wird eine Urne mit 5 verschiedenen Kugeln betrachtet. Es wird dreimal gezogen.

Ziehen mit Zurücklegen:

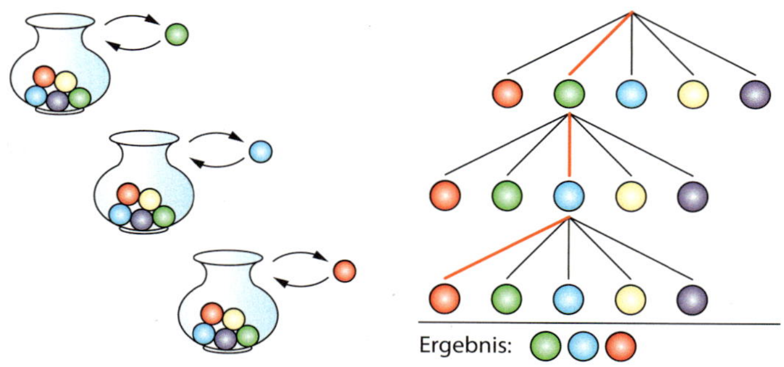

Anzahl der möglichen Ergebnisse:
$5 \cdot 5 \cdot 5 = 125$
verschiedene Ergebnisse

Hinweis:
Beim Ziehen mit Zurücklegen gibt es deutlich mehr mögliche Ergebnisse, da ein Objekt mehrfach gezogen werden kann.

Ziehen ohne Zurücklegen:

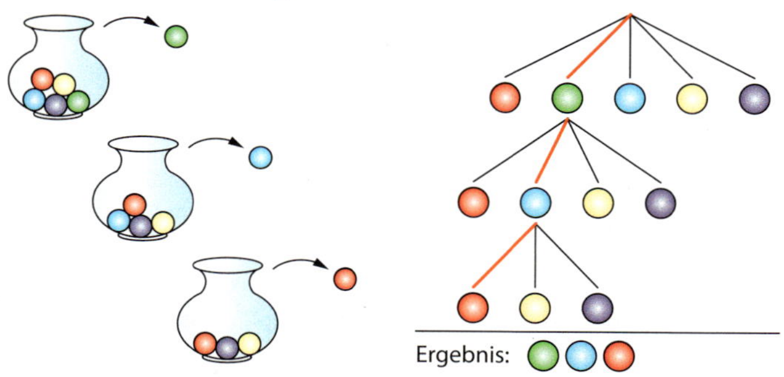

Anzahl der möglichen Ergebnisse:
$5 \cdot 4 \cdot 3 = 60$
verschiedene Ergebnisse

Hinweis:
Fakultäten können auch direkt mit dem Taschenrechner berechnet werden.

Definition: Fakultät
Für $n \in \mathbb{N}$, $n \geq 2$ ist $n! = n \cdot (n-1) \cdot (n-2) \cdot \ldots \cdot 3 \cdot 2 \cdot 1$ (Sprechweise: n **Fakultät**)
Man definiert $1! = 1$ und $0! = 1$.

Mithilfe der Fakultät können nun die obigen Überlegungen verallgemeinert werden.

Wissen: Anzahl beim Ziehen mit Beachtung der Reihenfolge
Aus einer Urne mit n Kugeln werden k Kugeln **mit Beachtung der Reihenfolge** gezogen.
Beim **Ziehen mit Zurücklegen** gibt es $n \cdot n \cdot \ldots \cdot n = n^k$ Ergebnisse.
Beim **Ziehen ohne Zurücklegen** gibt es $n \cdot (n-1) \cdot \ldots \cdot (n-k+1) = \frac{n!}{(n-k)!}$ Ergebnisse.

Beispiel 1: Bestimmen Sie die Anzahl möglicher Anordnungen.
a) Auf zwölf Karten befinden sich die Zahlen von Eins bis Zwölf. Drei Karten werden der Reihe nach gezogen und nach jedem Zug wieder zurückgelegt.
b) Bei einem Autorennen mit fünfzehn Wagen gibt ein ahnungsloser Zuschauer einen Tipp ab, welche Wagen unter die ersten drei Plätze kommen.
c) Ein Pharmavertreter möchte sechs Ärzte besuchen. Er bestimmt die möglichen Fahrtrouten.

Lösung:
a) Modellieren Sie die Situation als Ziehen von drei Kugeln aus einer Urne mit zwölf Kugeln mit Zurücklegen.
$n = 12, k = 3$
Es gibt $n^k = 12^3 = 1728$ Möglichkeiten.

b) Modellieren Sie die Situation als Ziehen von drei Kugeln (Plätze) aus einer Urne mit 15 Kugeln (Autos) ohne Zurücklegen.
$n = 15, k = 3$
Es gibt $\frac{15!}{12!} = 15 \cdot 14 \cdot 13 = 2730$ Möglichkeiten für die ersten drei Plätze.

c) Modellieren Sie die Situation als Ziehen von sechs Kugeln einer Urne mit sechs Kugeln (Ärzte) ohne Zurücklegen.
$n = 6, k = 6$
Es gibt $\frac{6!}{0!} = 6! = 720$ verschiedene Fahrtrouten.

Hinweis:
Zieht man aus einer Urne mit n Kugeln so lange, bis sie leer ist, so gibt es $\frac{n!}{(n-n)!} = n!$ verschiedene Anordnungen.

Basisaufgaben

1. Bestimmen Sie, wie viele dreistellige Zahlen aus den Ziffern 3, 5, 6 und 8 bildbar sind.

2. Eine Pension hat zehn Einzelzimmer, die von zehn Personen belegt werden sollen. Ermitteln Sie die Anzahl der Belegungsmöglichkeiten.

3. In der Mensa einer Schule gibt es acht Lampen, die einzeln ein- und ausgeschaltet werden können. Bestimmen Sie die Anzahl unterschiedlicher Schaltmöglichkeiten.

4. In das Wartezimmer einer Arztpraxis mit 10 Sitzmöglichkeiten kommen nacheinander sechs Patienten. Bestimmen Sie die Anzahl möglicher Platzwahlen.

5. An einer Schule werden Klausuren in einem Raum mit 30 Einzeltischen geschrieben. Berechnen Sie, auf wie viele Arten 26 Schüler in dem Raum Platz nehmen können.

6. Ermitteln Sie die Anzahl möglicher sechsstelliger Passwörter, wenn die ersten beiden Zeichen kleine Buchstaben und die letzten vier Ziffern sein sollen. Bestimmen Sie die Wahrscheinlichkeit dafür, das Passwort beim ersten Versuch zufällig zu erraten.

7. Joshua hat vier verschiedene Lampenfassungen und Glühlampen vor sich liegen. Jede Glühlampe passt in genau eine Fassung.
   a) Berechnen Sie die Anzahl der Zuordnungen von Glühlampen und Fassungen.
   b) Berechnen Sie die Wahrscheinlichkeit dafür, das er beim ersten Versuch zufällig alle Glühlampen auf die richtigen Fassungen schraubt.

Ziehen ohne Beachtung der Reihenfolge ohne Zurücklegen

Im Beispiel auf Seite 220 wurden aus einer Urne mit fünf verschiedenfarbigen Kugeln nacheinander drei Kugeln gezogen. Legt man die Kugeln nach dem Ziehen nicht wieder zurück, so ergeben sich $\frac{5!}{(5-3)!} = 5 \cdot 4 \cdot 3 = 60$ verschiedene Ergebnisse.

Bei den Ergebnissen wurde die Reihenfolge der gezogenen Kugeln berücksichtigt. Alle rechts abgebildeten Ergebnisse wurden einzeln gezählt, obwohl in allen Ergebnissen die gleichen Farben auftreten.

Ergebnisse mit 🟢, 🔵 und 🟠

🟢–🔵–🟠 🟢–🟠–🔵 🔵–🟠–🟢

🔵–🟢–🟠 🟠–🔵–🟢 🟠–🟢–🔵

$3! = 3 \cdot 2 \cdot 1 = 6$ Möglichkeiten.

Wird die **Reihenfolge nicht berücksichtigt**, werden alle Ergebnisse, in denen die gleichen Farben gezogen wurden, als ein Ergebnis gezählt. Beim Ziehen ohne Zurücklegen wird die Anzahl aller Ergebnisse also durch 6 geteilt. Diese Rechnung kann auch mithilfe von Fakultäten ausgedrückt werden.

Ziehen ohne Zurücklegen ohne Berücksichtigung der Reihenfolge:

$\frac{5 \cdot 4 \cdot 3}{3 \cdot 2 \cdot 1} = \frac{60}{6} = 10$ Möglichkeiten

Es gilt:

$\frac{5 \cdot 4 \cdot 3}{3 \cdot 2 \cdot 1} = \frac{5 \cdot 4 \cdot 3 \cdot 2 \cdot 1}{3 \cdot 2 \cdot 1 \cdot 2 \cdot 1} = \frac{5!}{3! \cdot 2!}$

Hinweis:
Der Binomialkoeffizient kann auch direkt mit dem Taschenrechner berechnet werden.

Definition: Binomialkoeffizient

Der Term $\frac{n \cdot (n-1) \cdot (n-2) \cdot \ldots \cdot (n-k+1)}{k \cdot (k-1) \cdot \ldots \cdot 3 \cdot 2 \cdot 1} = \frac{n!}{k! \cdot (n-k)!}$ für natürliche Zahlen $k \leq n, k \neq 0$ heißt **Binomialkoeffizient.**

Man schreibt auch $\binom{n}{k} = \frac{n!}{k! \cdot (n-k)!}$ und liest „n über k". Es ist $\binom{n}{0} = \binom{n}{n} = 1$.

Damit lässt sich die vorangegangene Rechnung für eine Urne mit n Kugeln verallgemeinern.

Wissen: Anzahlen beim Ziehen ohne Beachtung der Reihenfolge ohne Zurücklegen

Aus einer Urne mit n Kugeln werden k Kugeln ohne Beachtung der Reihenfolge gezogen und nicht wieder zurückgelegt.

Dann gibt es $\binom{n}{k}$ verschiedene Möglichkeiten.

Eine Ziehung ohne Zurücklegen und ohne Beachtung der Reihenfolge lässt sich anschaulich auch als **Ziehen von k Kugeln mit einem Griff** auffassen.

Aus einer Menge mit n Elementen lassen sich $\binom{n}{k}$ Teilmengen mit k Elementen (**ungeordnete Stichprobe** vom Umfang k) bilden. Die Zahl $\binom{n}{k}$ entspricht also der Anzahl der Möglichkeiten, aus einer Menge mit n Elementen k Elemente auszuwählen.

Beispiel 2: Auf einem Parkplatz sind sechs Plätze frei. Nacheinander steuern drei Autos den Parkplatz an und stellen sich auf jeweils einen der freien Plätze. Bestimmen Sie, wie viele Möglichkeiten es gibt, drei der sechs Plätze zu belegen.

Lösung:

Modellieren Sie die Situation mit einer Ziehung aus einer Urne.
Ein Platz kann nicht zweimal als belegt markiert werden (Ziehen ohne Zurücklegen). Die Reihenfolge, in der die Plätze ausgewählt werden, spielt keine Rolle.
Berechnen Sie den Binomialkoeffizienten n = 6 über k = 3.

Aus n = 6 Kugeln (freie Plätze) werden k = 3 Kugeln (Plätze, die belegt werden) ohne Zurücklegen und ohne Berücksichtigung der Reihenfolge gezogen.

$$\binom{6}{3} = \frac{6!}{3! \cdot (6-3)!} = \frac{6!}{3! \cdot 3!} = \frac{6 \cdot 5 \cdot 4 \cdot \cancel{3} \cdot \cancel{2} \cdot \cancel{1}}{3 \cdot 2 \cdot 1 \cdot \cancel{3} \cdot \cancel{2} \cdot \cancel{1}} = \frac{6 \cdot 5 \cdot 4}{3 \cdot 2 \cdot 1} = 20$$

Es gibt 20 Möglichkeiten.

Basisaufgaben

8. a) Zeigen Sie mit der Definition von $\binom{n}{k}$, dass $\binom{11}{3} = \frac{11 \cdot 10 \cdot 9}{3 \cdot 2 \cdot 1}$ und $\binom{15}{4} = \frac{15 \cdot 14 \cdot 13 \cdot 12}{4 \cdot 3 \cdot 2 \cdot 1}$ gilt.
   b) Formulieren Sie eine Regel, wie man in a) die Produkte im Zähler und Nenner bildet.
   c) Berechnen Sie mit der Regel aus b). ① $\binom{7}{3}$ ② $\binom{12}{2}$ ③ $\binom{12}{10}$ ④ $\binom{10}{6}$

9. In einer Kleinstadt gibt es 5500 Telefonanschlüsse im Festnetz. Berechnen Sie die Anzahl der möglichen Gesprächspaarungen.

10. Aus einer Klasse mit 26 Schülern werden 4 Schüler vom Lehrer für einen Preis vorgeschlagen. Bestimmen Sie, wie viele Zusammenstellungen möglich sind.

11. An einem Volleyballturnier nehmen sechs Mannschaften teil. Berechnen Sie die Anzahl der möglichen Endspielpaarungen.

12. Für einen Milbentest entnimmt ein Imker 50 Bienen aus seinem Volk. Von diesen wählt er fünf Bienen für den Test aus. Berechnen Sie, wie viele Möglichkeiten es gibt.

13. Aus einem Kartenspiel mit 32 Karten werden vier (fünf) Karten entnommen. Berechnen Sie die Anzahl der Möglichkeiten.

14. Berechnen Sie die Wahrscheinlichkeit für 4 Richtige beim Lotto „4 aus 6".

Ziehen ohne Beachtung der Reihenfolge mit Zurücklegen

Schüler 2 erhält zwei Freikarten, Schüler 5 eine.

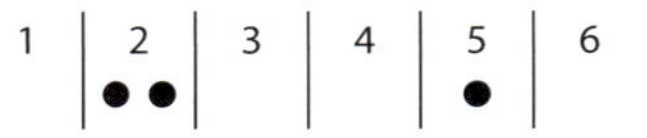

zugehörige Zeichenkette:

Unter 6 Schülern sollen 3 Kinokarten verlost werden. Ein Gewinner kann mehrere Karten erhalten und die Karten sind alle gleich. Wie viele Möglichkeiten der Verteilung gibt es? Es handelt sich um eine Ziehung mit Zurücklegen und ohne Beachtung der Reihenfolge: Für jede Kinokarte wird ein Schüler gezogen, für das Ergebnis ist es egal, ob er für die erste, die zweite oder die dritte Karte gezogen wird.
Um zu verstehen, wie viele Möglichkeiten der Verteilung es gibt, wird jeder Schüler mit einer Zahl von 1 bis 6 bezeichnet. Die Zahlen werden durch Striche getrennt und ein Punkt zeigt an, dass der Schüler mit dieser Zahl eine Freikarte erhält. Die Striche und Punkte bilden eine Zeichenkette mit 8 Stellen. Dann ist die Anzahl der Möglichkeiten gleich der Anzahl der möglichen Zeichenketten.
Es gibt 8! Möglichkeiten, die 5 Striche und 3 Punkte anzuordnen. Da die Punkte nicht zu unterscheiden sind, muss diese Zahl durch 3! dividiert werden, weil es 3! Möglichkeiten gibt die Punkte untereinander zu vertauschen. Dasselbe gilt für die Striche. Insgesamt ergeben sich $\frac{8!}{5!3!}$ Möglichkeiten.

Wissen: Anzahlen beim Ziehen ohne Beachtung der Reihenfolge mit Zurücklegen
Aus einer Urne mit n Kugeln werden k Kugeln ohne Beachtung der Reihenfolge mit Zurücklegen gezogen.
Dann gibt es $\binom{n+k-1}{k}$ verschiedene Möglichkeiten.

Beispiel 3: Bestimmen Sie die Anzahl der möglichen Dreierkombinationen aus den Zahlen 2, 4, 6 und 8.

Lösung:

Modellieren Sie die Aufgabe mit einer Ziehung aus einer Urne mit vier Kugeln. Es werden drei Kugeln ohne Beachtung der Reihenfolge mit Zurücklegen gezogen.

$n = 4, k = 3$

Es gibt $\binom{4+3-1}{3} = \binom{6}{3} = \frac{6!}{3! \cdot 3!} = 20$ mögliche Dreierkombinationen.

Basisaufgaben

15. In einer Urne befinden sich fünf verschiedenfarbige Kugeln. Drei Kugeln werden mit Zurücklegen ohne Beachtung der Reihenfolge gezogen. Bestimmen Sie die Anzahl der möglichen Ziehungen.

16. Zwei nicht unterscheidbare Kugeln sollen auf zwei Fächer verteilt werden, wobei auch zwei Kugeln pro Fach erlaubt sind. Berechnen Sie die Anzahl möglicher Verteilungen.

Weiterführende Aufgaben

17. Bei einem Spiel soll ein vierstelliger Code aus gelben, roten, grünen und blauen Kugeln geknackt werden. Ermitteln Sie die Anzahl der möglichen Kombinationen,
a) wenn jede Farbe genau einmal benutzt wird,
b) wenn die Farben beliebig oft verwendet werden.

18. Stolperstelle: Mark, Lisa und Franz berechnen die Anzahl der Möglichkeiten, 4 aus 10 Kugeln ohne Zurücklegen und ohne Berücksichtigung der Reihenfolge zu ziehen. Beschreiben Sie ihre Fehler und korrigieren Sie die Rechnung.

Mark: $\binom{4}{10} = \frac{4!}{4! \cdot 6!} = \frac{1}{6!} = \frac{1}{720}$

Lisa: $\binom{10}{4} = \frac{10}{4 \cdot 6} = \frac{10}{24}$

Franz: $\binom{10}{4} = \frac{10!}{4!} = 151200$

19. a) Entscheiden Sie, welche der Situationen ① bis ⑤ als das Ziehen aus einer Urne ohne Zurücklegen und ohne Berücksichtigung der Reihenfolge interpretiert werden können.

① Anzahl aller Möglichkeiten, 7 verschiedene Bücher in ein Bücherregal zu stellen.

② Anzahl der vierstelligen Zahlen mit den Ziffern 1, 2, 3, 4, 5.

③ Von den Buchstaben M, A, T, H, E werden 3 verschiedene ausgewählt.

④ Anzahl der vierstelligen Zahlen mit den Ziffern 1, 2, 3, 4, 5, bei denen jede Ziffer genau einmal auftritt.

⑤ In einer Schublade sind 10 Paar Socken. Es werden zufällig zwei Socken ausgewählt.

b) Schreiben Sie für die in a) gefundenen Situationen die gesuchte Anzahl als Binomialkoeffizienten und berechnen Sie den Wert.

c) Schreiben Sie zu Situation ③ alle Möglichkeiten auf. Vergleichen Sie diese mit b).

20. Eine Zehnerpackung Batterien enthält vier Batterien mit verminderter Leistung. Aaron kauft fünf Batterien. Berechnen Sie die Wahrscheinlichkeit dafür, dass er zwei mit verminderter Leistung hat.

21. Die fünf besten Schüler bei einem Sportwettbewerb erhalten einen Preis. Es gibt acht Preise. Bestimmen Sie, wie viele Möglichkeiten der Preisverteilung es gibt.

22. In der Klasse 10b sind 25 Schüler. Für eine Veranstaltung gibt es fünf Freikarten. Die Klassenlehrerin verlost diese Freikarten, indem sie 5 Lose mit den Namen der Schüler aus einem Gefäß herausnimmt. Bestimmen Sie die Anzahl der Auswahlmöglichkeiten.

23. Bei einer Prüfung gibt es sieben Algebra- und fünf Geometrie-Aufgaben. Es müssen fünf Aufgaben gelöst werden, davon drei Algebra- und zwei Geometrie-Aufgaben. Ermitteln Sie die Anzahl der Zusammenstellungen der Prüfungsaufgaben.

24. Marina sitzt im Flur vor einem Festsaal. Als alle anstoßen, zählt sie die Anzahl der Geräusche aneinanderstoßender Gläser mit: 25.

a) Begründen Sie, warum sie sich verzählt haben muss.

b) Stellen Sie eine begründete Vermutung auf, wie viele Gäste im Festsaal sind.

25. Aus einem Skatspiel werden vier Karten gezogen. Berechnen Sie die Wahrscheinlichkeit dafür, dass es sich um 4 Buben handelt.

26. In einer Fernsehlotterie wird eine siebenstellige Gewinnzahl wie folgt ermittelt: aus einer Lostrommel, in der jede der Ziffern 0 bis 9 je siebenmal vorkommt, werden der Reihe nach die sieben Ziffern für die siebenstellige Gewinnzahl gezogen

a) Bestimmen Sie wie viele verschiedene Ziehungsergebnisse es gibt.

b) Berechnen Sie die Wahrscheinlichkeit dafür, eine Gewinnzahl mit lauter gleichen Ziffern zu ziehen.

c) Berechnen Sie die Wahrscheinlichkeit dafür, eine Gewinnzahl mit lauter verschiedenen Ziffern zu ziehen.

27. Bei einem Essen sollen 8 Personen um einen runden Tisch sitzen. Berechnen Sie die Anzahl der Sitzordnungen, wenn es nicht auf den Stuhl, sondern auf die Nachbarn ankommt.

28. Eine Münze wird 10-mal geworfen, das Ergebnis ist jedes Mal W oder Z.

a) Geben Sie die Anzahl der Ergebnisse an, wenn es ① auf die Reihenfolge der Ergebnisse ankommt und ② auf die Reihenfolge nicht ankommt.

b) Entscheiden Sie begründet, ob die jeweiligen Ergebnisse dieselbe Wahrscheinlichkeit haben.

29. Ein kleines Dominospiel verwendet nur die Zahlen 0 bis 6. Bestimmen Sie die Anzahl der Dominosteine mithilfe einer Ziehung ohne Reihenfolge und mit Zurücklegen.

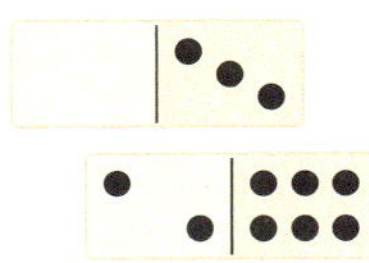

● **30.** a) Bestimmen Sie die Anzahl der Möglichkeiten, die 26 Buchstaben unseres Alphabets anzuordnen.

b) Ein Computer kann eine Million Anordnungen in einer Millisekunde speichern. Berechnen Sie, wie lange der Computer für die Speicherung aller Anordnungen benötigt.

31. Rechenregeln für Binomialkoeffizienten: Es gelten folgende Regeln:

① $\binom{n}{0} = \binom{n}{n} = 1$ ② $\binom{n}{1} = \binom{n}{n-1}$ ③ $\binom{n}{k} = \binom{n}{n-k}$ ④ $\binom{n}{k} + \binom{n}{k+1} = \binom{n+1}{k+1}$

a) Setzen Sie den folgenden Beweis der Rechenregel ③ fort.

$\binom{n}{n-k} = \frac{n!}{(n-k)! \cdot (n-(n-k))!} = \ldots$

b) Beweisen Sie die Rechenregeln ①, ② und ④.

● **32.** Der Leiter eines Montagebetriebes will sich über den Einsatz seiner Mitarbeiter einen ständigen Überblick verschaffen. Er bedient sich dabei einer Magnettafel mit Symbolen, die jeweils einzelne Mitarbeiter repräsentieren. Es sind verschiedene Farben bzw. Farbzusammenstellungen erforderlich, und zwar für 8 Ingenieure, 28 Meister und 55 Facharbeiter. Berechnen Sie die Anzahl der verschiedenen Farben für folgende Varianten:

a) einfarbige Symbole,
b) zweigeteilte Symbole, die gleich- oder verschiedenfarbig sein können,
c) dreigeteilte Symbole, die gleich- oder verschiedenfarbig sein können,
d) viergeteilte Symbole, die gleich- oder verschiedenfarbig sein können,
e) Ingenieure: einfarbig, Meister: zweifarbig nicht spiegelbildlich, zweigeteilt, Facharbeiter: dreifarbig, dreigeteilt.

33. Laura und ihre Freundin Melissa gehören zu einem Handballteam. Unter allen 20 Mitgliedern des Teams werden zwei Freikarten für ein Bundesligaspiel verlost. Berechnen Sie mit einem Binomialkoeffizienten die Wahrscheinlichkeit, dass Laura und Melissa die beiden Karten gewinnen.

● **34. Geburtstagsparadoxon:** Wenn sich zwei Personen zufällig treffen, dann ist es sehr unwahrscheinlich, dass beide am selben Tag (ohne Geburtsjahr) Geburtstag haben. Die Wahrscheinlichkeit wird aber erstaunlich schnell größer, wenn mehr und mehr Personen dazukommen. Die Wahrscheinlichkeit für das Gegenereignis lässt sich leichter bestimmen.

E: „Von n Personen haben mindestens zwei am gleichen Tag Geburtstag."
$\overline{E}$: „n Personen haben alle an verschiedenen Tagen Geburtstag."

a) Erläutern Sie die folgende Berechnung der Wahrscheinlichkeiten für n = 2 und n = 3.

$n = 2$: $P(E) = 1 - \frac{365 \cdot 364}{365^2} \approx 0{,}003$ $n = 3$: $P(E) = 1 - \frac{365 \cdot 364 \cdot 363}{365^3} \approx 0{,}008$

b) Zeigen Sie, dass für die Wahrscheinlichkeit P(E) gilt: $P(E) = 1 - \frac{n! \cdot \binom{365}{n}}{365^n}$
c) Zeigen Sie, dass bei 23 Personen die Wahrscheinlichkeit, dass mindestens zwei Personen am gleichen Tag Geburtstag haben, bereits über 0,5 liegt.
d) Bestimmen Sie die Personenzahl, ab der die Wahrscheinlichkeit dafür, dass mindestens zwei Personen am gleichen Tag Geburtstag haben, größer als 0,99 ist.

● **35. Ausblick:** Ein Skatspiel wird mit 3 Spielern und 32 Karten gespielt. Zu Beginn erhält jeder Spieler 10 Karten. Die übrigen 2 Karten werden extra abgelegt.
Bestimmen Sie die Anzahl aller Möglichkeiten, die 32 Karten zu verteilen.

7.3 Lottomodell

■ Bei einer Tombola werden aus einer Urne mit fünf nummerierten Kugeln drei Kugeln ohne Zurücklegen gezogen. Wer die drei gezogenen Nummern richtig tippt, gewinnt.

a) Berechnen Sie die Wahrscheinlichkeit eines Hauptgewinns.

b) Berechnen Sie die Wahrscheinlichkeiten dafür, dass nur zwei oder eine der drei Nummern richtig vorhergesagt werden. ■

Beim LOTTO „6 aus 49" werden aus 49 nummerierten Kugeln 6 Kugeln ohne Zurücklegen gezogen. Ziel ist es, vorher alle Zahlen richtig zu tippen („6 Richtige").

$\binom{49}{6} = \frac{49!}{6! \cdot 43!} = 13\,983\,816$ Möglichkeiten

Wahrscheinlichkeit für „6 Richtige"

P(„6 Richtige") $= \frac{1}{13\,983\,816} \approx 0{,}00000007$

Es werden auch schon Gewinne ausgezahlt, wenn weniger als 6 Zahlen richtig getippt wurden. Mit der Ziehung der 6 Kugeln werden die 49 Zahlen gedanklich in einen Topf mit Gewinnzahlen und einen Topf mit Nicht-Gewinnzahlen eingeteilt. Ein Tipp mit zum Beispiel genau 4 Richtigen bedeutet, dass 4 Zahlen aus der Menge der Gewinnzahlen und 2 Zahlen aus der Menge der Nicht-Gewinnzahlen ausgewählt wurden. Hierfür gibt es insgesamt $\binom{6}{4} \cdot \binom{43}{2}$ Möglichkeiten. Daraus ergibt sich die Wahrscheinlichkeit.

Wahrscheinlichkeit für „4 Richtige"

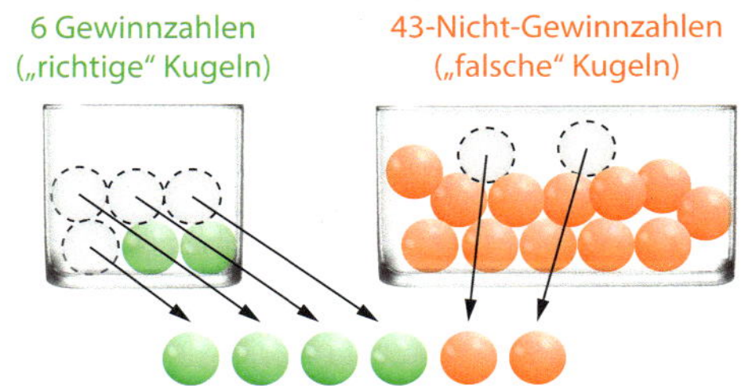

P(„4 Richtige") $= \frac{\binom{6}{4} \cdot \binom{43}{2}}{\binom{49}{6}} = \frac{15 \cdot 903}{13\,983\,816} \approx 0{,}001$

Für weitere Situationen kann das Modell auch allgemeiner formuliert werden.

Wissen: Verallgemeinertes Lottomodell

In einer Urne mit n Kugeln sind r Kugeln als „Richtige" gekennzeichnet. Für die Wahrscheinlichkeit, dass beim Ziehen ohne Zurücklegen von k Kugeln genau N Richtige gezogen werden, gilt: P(„N Richtige") $= \frac{\binom{r}{N} \cdot \binom{n-r}{k-N}}{\binom{n}{k}}$ mit $r, n, N, k, \in \mathbb{N}$ mit $N \leq k \leq n$.

Hinweis:
Das obige Modell zum Lotto Ist ein Spezialfall, bei dem r = k gilt.

Beispiel:

a) Berechnen Sie die Wahrscheinlichkeit für 2 Richtige beim LOTTO „6 aus 49".

b) Von 25 LEDs in einem Karton sind 7 defekt. Berechnen Sie die Wahrscheinlichkeit dafür, dass bei einer Qualitätskontrolle genau 3 von 4 getesteten LEDs defekt sind.

Lösung:

a) Wählen Sie k, n (6 aus 49) und N (2 Richtige). Es werden 6 Zahlen getippt (r = k). Setzen Sie die Werte in die Formel ein.

$N = 2;\ k = r = 6;\ n = 49$

P(„2 Richtige") $= \frac{\binom{6}{2} \cdot \binom{43}{4}}{\binom{49}{6}} = \frac{15 \cdot 123410}{13983816} \approx 0{,}13$

b) Es werden 4 von 25 LEDs getestet, dafür gibt es $\binom{25}{4}$ Möglichkeiten. Gedanklich werden aus Topf eins mit 7 defekten LEDs 3 gewählt und aus Topf zwei mit 18 nicht defekten LEDs wird eine gezogen.

$N = 3;\ r = 7;\ k = 4;\ n = 25$

P(„3 defekte LEDs") $= \frac{\binom{7}{3} \cdot \binom{18}{1}}{\binom{25}{4}}$

$= \frac{35 \cdot 18}{12650} \approx 0{,}05$

Die Wahrscheinlichkeit beträgt etwa 5 %.

Basisaufgaben

1. Berechnen Sie die Wahrscheinlichkeit für das Ereignis.
a) 5 Richtige beim Lotto „6 aus 49“
b) 3 Richtige beim Lotto „6 aus 49“
c) 2 Richtige beim Lotto „8 aus 25“
d) 5 Richtige beim Lotto „7 aus 35“

2. Berechnen Sie beim Lotto „6 aus 49“ die Wahrscheinlichkeiten der Ereignisse:

eine Richtige | keine Richtigen | mindestens zwei Richtige | höchstens vier Richtige

3. Aus den 18 Schülerinnen und Schülern eines Kurses werden zufällig 5 für die Teilnahme an einem Wettbewerb ausgewählt. Daniel und sein Freund hoffen, beide dabei zu sein.
a) Erklären Sie, wie dieses Problem mit dem Lottomodell beschrieben werden kann.
b) Berechnen Sie die Wahrscheinlichkeit, dass Daniel und sein Freund beim Wettbewerb dabei sind.

Weiterführende Aufgaben

4. **Stolperstelle:** Im Abi-Jahrgang eines Gymnasiums sind unter 100 Schülern 55 Mädchen. Gesucht ist die Wahrscheinlichkeit dafür, dass bei einer Umfrage unter 10 zufällig ausgewählten Schülern genau 6 Mädchen sind.
Beschreiben und korrigieren Sie den Fehler, der bei der Berechnung gemacht wurde.

a) $P(„6\ \text{Mädchen}“) = \frac{\binom{55}{6}}{\binom{100}{10}}$

b) $P(„6\ \text{Mädchen}“) = \frac{\binom{55}{6}\binom{65}{6}}{\binom{100}{55}} \approx 0$

5. In einer Kleinstadt mit 5.000 Einwohner sind 10 % der Bevölkerung Diabetiker. Ein ortsansässiger Arzt führt bei 25 Patienten eine Blutzuckeruntersuchung durch. Bestimmen Sie die Wahrscheinlichkeiten der Ereignisse.
a) Genau 6 Patienten haben Diabetes.
b) Höchstens ein Patient hat Diabetes.
c) Mindestens zwei, aber weniger als fünf Patienten haben Diabetes.
d) Mindestens 23 Patienten haben kein Diabetes.

6. Auf einem Schulfest werden 100 Lose für eine Lotterie verkauft. Unter den 100 Losen befinden sich 2 Hauptgewinne, 8 einfache Gewinne und 20 Trostpreise.
a) Quentin kauft 5 Lose. Bestimmen Sie die Wahrscheinlichkeit dafür, dass sich darunter genau ein Hauptgewinn befindet.
b) Sinan kauft 10 Lose. Bestimmen Sie die Wahrscheinlichkeit dafür, dass sich darunter zwei einfache Gewinne, drei Trostpreise und sonst nur Nieten befinden.

7. Von 12 Blutspender haben sechs die Blutgruppe A, vier die Blutgruppe 0 und zwei die Blutgruppe B. Es werden drei Blutspender zufällig ausgewählt.
a) Bestimmen Sie die Wahrscheinlichkeit dafür, dass jeder eine andere Blutgruppe hat.
b) Bestimmen Sie die Wahrscheinlichkeit dafür, dass alle drei dieselbe Blutgruppe haben.

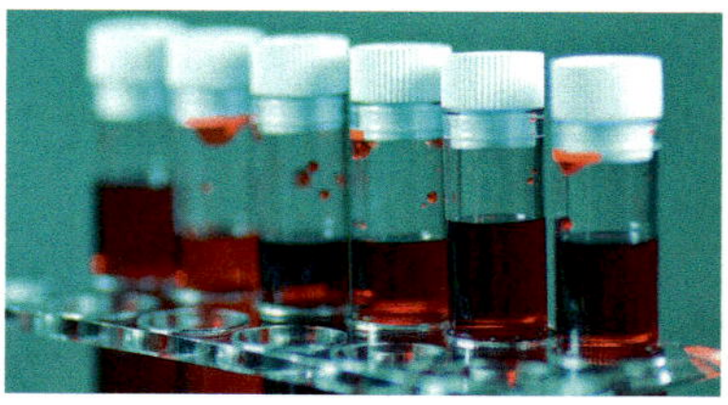

8. Unter den 87 Fahrgästen einer Straßenbahn haben 20 eine Monatskarte und der Rest einen Fahrschein. Ein zugestiegener Kontrolleur kann bis zur nächsten Haltestelle 20 Fahrgäste kontrollieren.
   a) Berechnen Sie die Anzahl der Möglichkeiten, 20 Fahrgäste für eine Kontrolle auszuwählen.
   b) Berechnen Sie die Wahrscheinlichkeit, dass der Kontrolleur ausschließlich Fahrgäste mit einer Monatskarte kontrolliert.
   c) Berechnen Sie die Wahrscheinlichkeit, dass unter den kontrollierten Fahrgästen genau vier mit einer Monatskarte sind.
   d) Berechnen Sie die Wahrscheinlichkeit, dass der Kontrolleur nur Fahrgäste mit einem Fahrschein kontrolliert.
   e) Unter den Fahrgästen ohne Monatskarte haben vier Fahrgäste einen Fahrschein, der nach dem Tarifwechsel nicht mehr gültig ist, sie gelten daher als „Schwarzfahrer". Berechnen Sie die Wahrscheinlichkeit, dass der Kontrolleur keinen (mindestens einen) der Schwarzfahrer kontrolliert.

9. An einem Sportwettbewerb nehmen 10 Deutsche, 5 Italiener und 8 Spanier teil. Berechnen Sie die Anzahl der Möglichkeiten.
   a) Alle Teilnehmer stellen sich vor dem Anmeldebüro in einer Schlange auf.
   b) Die Teilnehmer stellen sich nach Nationen sortiert in einer Schlange auf.
   c) 7 der Teilnehmer werden für einen Dopingtest ausgewählt.
   d) Aus allen Teilnehmern werden 3 aus Deutschland und 2 aus Italien für einen Dopingtest ausgewählt.
   e) Pro Nation werden 4 Teilnehmer für einen Dopingtest ausgewählt.

10. Bridge ist ein Spiel für vier Personen, das mit dem französischen Kartenblatt gespielt wird. Das Blatt besteht aus 52 Karten in den Farben Herz, Pik, Kreuz und Karo. Die Karten tragen die Bezeichnungen 2 bis 10, Bube, Dame, König oder Ass. Zu Beginn des Spiels werden alle Karten zufällig auf die vier Spieler verteilt.
    a) Berechnen Sie die Wahrscheinlichkeit dafür, dass ein Spieler alle vier Asse bekommt.
    b) Bestimmen Sie die Wahrscheinlichkeit dafür, dass ein Spieler höchstens ein Ass erhält.
    c) Ermitteln Sie die Wahrscheinlichkeit dafür, dass ein Spieler keine Buben, Damen, Könige oder Asse auf der Hand hat.
    d) Bestimmen Sie die Wahrscheinlichkeit dafür, dass ein Spieler ausschließlich Pik-Karten auf der Hand hält.
    e) Berechnen Sie die Wahrscheinlichkeit dafür, dass einer der Spieler genau eine Pik-, sieben Herz-, drei Karo- und zwei Kreuz-Karten erhält.

11. **Ausblick:** Im Warteraum einer Behörde sitzen mehrere Personen. Elf der Wartenden möchten ihren Ausweis verlängern. Die Wahrscheinlichkeit dafür, dass zwei zufällig ausgewählte Personen aus dem Warteraum eine Ausweisverlängerung beantragen möchten, beträgt $\frac{11}{21}$. Ermitteln Sie die möglichen Anzahlen aller wartenden Personen.

7.4 Vierfeldertafeln

■ Bei einer klinischen Studie wurde ein Teil der Patienten mit einem neuen und die restlichen mit einem alten Medikament therapiert.

a) Übertragen Sie die Tabelle in Ihr Heft und füllen Sie die leeren Felder aus.

b) Welche Therapie hat vermutlich die größeren Heilungschancen? Begründen Sie. ■

	Therapie		gesamt
	neu	alt	
geheilt	31	74	
nicht geheilt	16	46	
gesamt			

Die Verknüpfung zweier Ereignisse oder zweier Merkmale mit jeweils zwei Ausprägungen lässt sich übersichtlich in einer **Vierfeldertafel** darstellen.

In einer Umfrage werden 1000 Personen aus zwei Altersgruppen gefragt, ob sie lieber das Fernsehen oder Streaming-Dienste nutzen.

In der Vierfeldertafel lassen sich **absolute Häufigkeiten** entsprechend des jeweiligen Merkmals eintragen. In der rechten äußeren Spalte und der untersten Zeile werden jeweils die Summen der Häufigkeiten eingetragen.

Vierfeldertafel mit absoluten Häufigkeiten:

	Fernsehen	Streaming	gesamt
bis 25	190	360	550
über 25	310	140	450
gesamt	500	500	1000

Hinweis:
Bei einer Vierfeldertafel mit relativen Häufigkeiten steht im Feld rechts unten immer 1 oder 100 %.

Ebenso lassen sich in der Vierfeldertafel die **relativen Häufigkeiten** darstellen. Hierfür werden die absoluten Häufigkeiten durch die Gesamtanzahl dividiert.

Vierfeldertafel mit relativen Häufigkeiten:

	Fernsehen	Streaming	gesamt
bis 25	19 %	36 %	55 %
über 25	31 %	14 %	45 %
gesamt	50 %	50 %	100 %

Wird aus der betrachteten Gesamtheit zufällig eine Person oder ein Objekt ausgewählt, so lassen sich die relativen Häufigkeiten als **Wahrscheinlichkeiten** interpretieren.

Beispiel 1: Vierfeldertafel mit absoluten Häufigkeiten

Im Kurs mit 13 Jungen und 15 Mädchen spielen 12 ein Instrument, davon sind 8 Mädchen.

a) Tragen Sie die Informationen in eine Vierfeldertafel ein und vervollständigen Sie sie.

b) Ein Mitglied des Kurses wird zufällig ausgewählt. Berechnen Sie die Wahrscheinlichkeit für die folgenden Ereignisse.
A: Es ist ein Mädchen.
B: Es ist ein Junge, der ein Instrument spielt.
C: Die Person spielt ein Instrument, wenn schon bekannt ist, dass es ein Junge ist.

Lösung:

a) Achten Sie darauf, ob sich die Zahlen nur auf ein Merkmal (äußeres Feld) oder auf zwei Merkmale (inneres Feld) beziehen. Ergänzen Sie dann die Einträge so, dass sie sich zeilen- bzw. spaltenweise zur Gesamtzahl addieren.

	Musikinstrument		gesamt
	ja	nein	
Jungen	4	9	13
Mädchen	8	7	15
gesamt	12	16	28

Erinnerung:
Bei einem Laplace-Experiment erhält man die Wahrscheinlichkeit eines Ereignisses, indem man die Anzahl der Ergebnisse, die zu dem Ereignis gehören, durch die Anzahl aller möglichen Ergebnisse dividiert.

b) Wenden Sie die Laplace-Regel an. Teilen Sie bei den Ereignissen A und B durch die Gesamtzahl 28 aller Personen. Beim Ereignis C kommen nur 13 Jungen in Frage. Teilen Sie hier durch die Gesamtzahl 13 der Jungen statt durch 28.

15 von 28 Personen sind Mädchen.
$P(A) = \frac{15}{28} \approx 0{,}536 = 53{,}6\,\%$

4 von 28 Personen sind Jungen und spielen ein Instrument. $P(B) = \frac{4}{28} = \frac{1}{7} \approx 14{,}3\,\%$

C: 4 von 13 Jungen spielen ein Instrument.
$P(C) = \frac{4}{13} \approx 30{,}8\,\%$

Beispiel 2: Vierfeldertafel mit relativen Häufigkeiten

Ein Obsthändler erhält Trauben aus zwei Regionen. 60 % der Trauben sind aus der Region A, die anderen aus der Region B. 4 % aller Trauben sind aus der Region B und haben Mängel. Von den Trauben aus der Region A haben 80 % keine Mängel.

a) Erstellen Sie eine zugehörige Vierfeldertafel mit relativen Häufigkeiten.
b) Ermitteln Sie den Anteil der Trauben mit Mängeln aus der Region A unter allen Trauben.
c) Ermitteln Sie den Anteil der Trauben aus der Region A unter den Trauben mit Mängeln.

Lösung:

a) Achten Sie beim Eintragen der Anteile in die Vierfeldertafel auf die jeweilige Bezugsgröße. Der Prozentsatz 4 % bezieht sich auf die Gesamtheit, der Prozentsatz 80 % hingegen nur auf die Trauben aus Region A (60 % der Gesamtheit). Ergänzen Sie die übrigen Einträge wie in Beispiel 1.

	Mängel		**gesamt**
	ja	**nein**	
Region A	12 %	48 %	60 %
Region B	4 %	36 %	40 %
gesamt	16 %	84 %	100 %

80 % von 60 %: $0{,}8 \cdot 0{,}6 = 0{,}48 = 48\,\%$

b) Der gesuchte Anteil bezieht sich auf die Gesamtheit und kann direkt aus der Vierfeldertafel abgelesen werden.

12 % der Trauben sind aus der Region A und haben Mängel.

c) Gesucht ist der Anteil der mangelhaften Trauben aus der Region A (12 % von allen) an den mangelhaften Trauben (16 % von allen). Bilden Sie den Quotienten.

Anteil der Trauben aus der Region A unter den Trauben mit Mängeln:
$\frac{12\,\%}{16\,\%} = 0{,}75 = 75\,\%$

Hinweis zu c):
Der gesuchte Anteil wird wie bei absoluten Häufigkeiten berechnet: z.B. 16 Trauben mit Mängeln, davon 12 aus der Region A ergibt den Anteil $\frac{12}{16} = 0{,}75$.

Basisaufgaben

1. Vervollständigen Sie die Vierfeldertafel im Heft.

a)

	geimpft		**gesamt**
	ja	**nein**	
Männer			115
Frauen	625		670
gesamt		62	

b)

	mögen Avocado		**gesamt**
	ja	**nein**	
Männer			40 %
Frauen	42 %		
gesamt		26 %	

2. In einem großen Korb liegen 37 grüne und 25 rote Äpfel, außerdem 42 grüne und neun rote Birnen. Weitere Früchte enthält er nicht. Samuel greift zufällig eine Frucht heraus. Berechnen Sie mithilfe einer Vierfeldertafel die Wahrscheinlichkeit,
a) dass Samuel eine Birne nimmt,
b) dass Samuel einen grünen Apfel nimmt,
c) dass Samuel einen Apfel erhält, wenn er nach einer roten Frucht gegriffen hat,
d) dass Samuel eine rote Frucht erhält, wenn er nach einem Apfel gegriffen hat.

3. Eine Reisegruppe in Paris besteht aus 60 Personen. Von den 45 Frauen der Gruppe sprechen 15 kein Französisch. Es gibt in der Gruppe 12 Männer, die Französisch sprechen.
a) Tragen Sie die gegebenen Werte in eine Vierfeldertafel ein und vervollständigen Sie sie.
b) Bestimmen Sie, welcher Anteil der Reisegruppe aus Männern besteht.
c) Bestimmen Sie, wie viel Prozent der Frauen bzw. Männer jeweils Französisch sprechen.
d) Ein Passant spricht zufällig einen Mann der Reisegruppe an. Geben Sie an, mit welcher Wahrscheinlichkeit der Mann ihn versteht.

4. Am Lessing-Gymnasium unterrichten 28 männliche und 34 weibliche Lehrkräfte. Von den Lehrerinnen unterrichten sechs Mathematik, bei den männlichen Lehrern sind es acht.

a) Stellen Sie eine Vierfeldertafel mit absoluten Häufigkeiten auf.

b) Berechnen Sie die Wahrscheinlichkeit, dass eine zufällig ausgewählte Lehrkraft
① ein Mann ist, ② keine Mathematik unterrichtet, ③ eine Mathematiklehrerin ist.

c) Stellen Sie eine Vierfeldertafel mit relativen Häufigkeiten auf. Vergleichen Sie mit den Werten aus b). Was fällt Ihnen auf?

5. Bei einer Reisegruppe erkranken 50 % der Teilnehmer an einer Grippe. 23 % der Teilnehmer sind nicht geimpft und bleiben trotzdem gesund. Der Anteil der geimpften Personen liegt in der Reisegruppe bei 30 %.

a) Stellen Sie eine Vierfeldertafel mit relativen Häufigkeiten auf.

b) Berechnen Sie bei den geimpften (nicht geimpften) Personen den Anteil derer, die an der Grippe erkranken.

c) Bestimmen Sie unter den Erkrankten den Anteil der geimpften Personen.

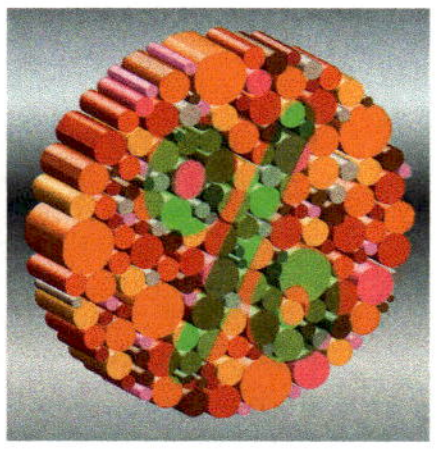

6. Unter den Männern, die 49,1 % der Bevölkerung bilden, leiden 9 % an einer Rot-Grün-Sehschwäche. Unter den Frauen sind es nur 0,8 %.

a) Erstellen Sie eine Vierfeldertafel mit relativen Häufigkeiten.

b) Berechnen Sie den männlichen Anteil unter den Personen mit Rot-Grün-Sehschwäche.

Vierfeldertafeln und Baumdiagramme

Daten zu zwei Merkmalen lassen sich auch mit Baumdiagrammen übersichtlich darstellen. Im Unterschied zu Vierfeldertafeln gibt es dabei eine Rangfolge der Merkmale, da zunächst nach dem einen und dann nach dem anderen Merkmal verzweigt wird.

Beispiel 3: In Deutschland liegt der Anteil der Frauen bei etwa 51 %, Ungefähr 6,1 % der Frauen und 2,5 % der Männer sind Vegetarier.

a) Eine Person wird zufällig ausgewählt. Erstellen Sie ein Baumdiagramm mit Wahrscheinlichkeiten.

b) Erstellen Sie zu dem Baumdiagramm eine Vierfeldertafel mit relativen Häufigkeiten.

Lösung:

a) Unterscheiden Sie in der ersten Stufe nach „Mann" oder „Frau" und in der zweiten Stufe nach „Vegetarier" oder „kein Vegetarier". Tragen Sie die Anteile als Wahrscheinlichkeiten im Baumdiagramm ein und vervollständigen Sie es.

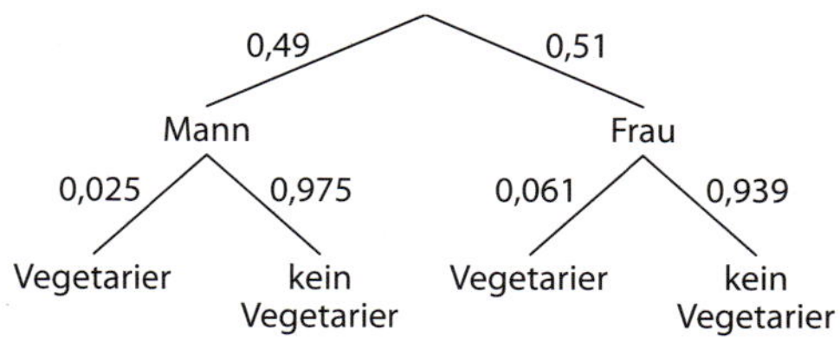

b) Berechnen Sie die Wahrscheinlichkeiten für die zusammengesetzten Ergebnisse mit der Pfadmultiplikationsregel.

P(Mann; Vegetarier) $= 0{,}49 \cdot 0{,}025 \approx 0{,}012$
P(Mann; kein Vegetarier) $= 0{,}49 \cdot 0{,}975 \approx 0{,}478$
P(Frau; Vegetarier) $= 0{,}51 \cdot 0{,}061 \approx 0{,}031$
P(Frau; kein Vegetarier) $= 0{,}51 \cdot 0{,}939 \approx 0{,}479$

Da eine Person zufällig ausgewählt wurde, können die Wahrscheinlichkeiten als relative Häufigkeiten für die inneren Felder (gelb) verwendet werden. Tragen Sie die vier Werte ein und bilden Sie zeilen- und spaltenweise die Summen.

	Vegetarier		gesamt
	ja	nein	
Männer	1,2 %	47,8 %	49 %
Frauen	3,1 %	47,9 %	51 %
gesamt	4,3 %	95,7 %	100 %

Basisaufgaben

7. Die Teilnehmer an einer theoretischen Führerscheinprüfung stammen alle von einer der Fahrschulen A und B. Die Fahrschulen bereiten die Kandidaten offenbar unterschiedlich gut vor, denn die Durchfallquoten sind verschieden. Die Wahrscheinlichkeiten im Baumdiagramm gelten für einen zufällig ausgewählten Prüfling.

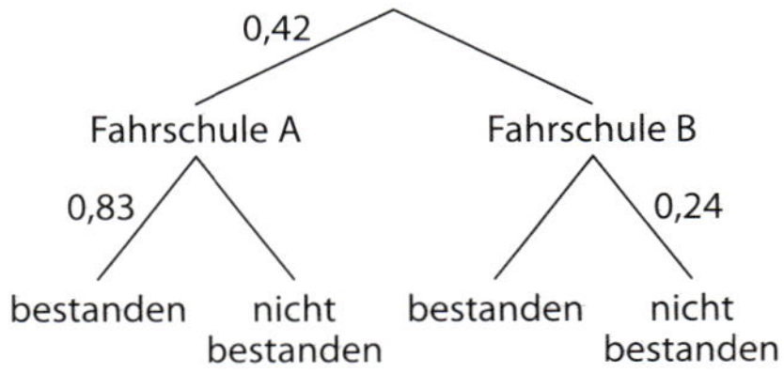

a) Ergänzen Sie im Heft die fehlenden Wahrscheinlichkeiten des Baumdiagramms.
b) Erstellen Sie eine Vierfeldertafel mit relativen Häufigkeiten.
c) Geben Sie die Wahrscheinlichkeit an, dass ein zufällig ausgewählter Kandidat die Prüfung nicht bestanden hat.

8. 70 % der Schülerinnen und Schülern einer Schule kommen mit dem Bus. Von den Busnutzern sind 50 % Mädchen. Von denen, die nicht mit dem Bus kommen, sind 80 % Jungen.
a) Erstellen Sie ein vollständig beschriftetes Baumdiagramm.
b) Erstellen Sie eine Vierfeldertafel mit relativen Häufigkeiten.
c) Die Anzahl aller Schülerinnen und Schüler ist 800. Erstellen Sie eine Vierfeldertafel mit absoluten Häufigkeiten und geben Sie an, wie viele Mädchen dieser Schule nicht mit dem Bus kommen.

9. Unter Gamern gibt es häufig eine emotional geführte Diskussion über die Vor- und Nachteile von Konsolen und PCs. Die Vierfeldertafel zeigt das Ergebnis einer Umfrage, ob Konsole oder PC bevorzugt wird. Eine der befragten Personen wird zufällig ausgewählt.

	Konsole	**PC**	**gesamt**
Frauen	105	85	190
Männer	131	119	250
gesamt	236	204	440

a) Berechnen Sie die Wahrscheinlichkeit, dass es ein Mann (eine Frau) ist.
b) Berechnen Sie die Wahrscheinlichkeit, dass ein Mann (eine Frau) Konsolen bevorzugt.
c) Erstellen Sie ein Baumdiagramm, welches zuerst nach dem Geschlecht unterscheidet.

Weiterführende Aufgaben

10. Zwei 10. Klassen planen einen Ausflug. Alle Schüler wurden gefragt, ob sie lieber eine Wanderung oder einen Museumsbesuch machen möchten. Die Ergebnisse stehen in der Vierfeldertafel rechts. Dort kann man beispielsweise erkennen: Die Wahrscheinlichkeit, dass ein zufällig aus der 10a ausgewählter Schüler wandern möchte, beträgt $\frac{18}{29}$. Notieren Sie entsprechend ein Ereignis, das zur angegebenen Wahrscheinlichkeit gehört.

	10a	**10b**	**gesamt**
Wandern	18	14	32
Museum	11	13	24
gesamt	29	27	56

a) $\frac{13}{27}$ b) $\frac{29}{56}$ c) $\frac{11}{56}$ d) $\frac{11}{24}$ e) $\frac{7}{16}$ f) $\frac{3}{7}$

11. Stolperstelle: 50 % der Teilnehmer einer Studie sind Raucher. Von den Rauchern leiden 40 % an chronischer Bronchitis, bei den Nichtrauchern sind es nur 6 %. Martha hat dazu die Vierfeldertafel rechts aufgestellt. Was hat sie falsch gemacht? Korrigieren Sie.

	Raucher	*Nichtraucher*	*gesamt*
Bronchitis	40 %	6 %	46 %
keine Br.	10 %	44 %	54 %
gesamt	50 %	50 %	100 %

12. Bei einem Test mit 856 Testpersonen haben 281 Personen regelmäßig eine Mundspülung verwendet. Von diesen sind 18 im vergangenen Jahr an Karies erkrankt. Von den Personen, die die Mundspülung nicht verwendet haben, sind 46 erkrankt.
a) Stellen Sie eine Vierfeldertafel auf. Berechnen Sie für beide Testgruppen die Wahrscheinlichkeit, dass ein zufällig ausgewählter Teilnehmer an Karies erkrankt ist.
b) Der Hersteller der Mundspülung behauptet: „Mit unserem Produkt senken Sie Ihr Kariesrisiko um 20 %." Untersuchen Sie diese Behauptung.

13. Für eine Studie wurden 200 Personen auf ihre Intelligenz untersucht und nach ihrem Musikgeschmack (Pop oder Klassik) befragt. 113 Personen waren auffallend intelligent (d. h. sie überschritten einen bestimmten Intelligenzquotienten). 159 Personen gaben an, dass sie Pop bevorzugen, von ihnen waren 86 auffallend intelligent.
a) Stellen Sie die Daten in einer Vierfeldertafel dar.
b) Gibt es einen Zusammenhang zwischen der Intelligenz einer Person und ihrem Musikgeschmack? Wofür sprechen die Zahlen in der Vierfeldertafel?
c) Recherchieren Sie im Internet, ob es einen Zusammenhang gibt. Diskutieren Sie über das Thema im Kurs.

Hinweis zu 14:
Russland, Türkei, Armenien, Aserbaidschan, Georgien und Zypern sind Mitglieder des Europäischen Olympischen Komitees. Sie werden hier zu Europa gerechnet.

14. Sechsfeldertafel: Bei den Olympischen Sommerspielen 2012 in London wurden 302 Gold-, 304 Silber- und 356 Bronzemedaillen vergeben. Davon gingen 467 Medaillen nach Europa, darunter 137 Gold- und 154 Silbermedaillen.

a) Stellen Sie den Sachverhalt in einer „Sechsfeldertafel" mit absoluten Häufigkeiten dar.
b) Bestimmen Sie, bei welcher der drei Arten von Medaillen der größte Anteil nach Europa ging.
c) Bestimmen Sie, wie viel Prozent der Medaillen, die nicht nach Europa gingen, Goldmedaillen waren.

● **15.** Eine Stichprobe der Bevölkerung wird nach der bevorzugten Partei (A oder B) befragt. Berechnen Sie anhand der Tabelle die Wahrscheinlichkeit, dass eine zufällig aus der Stichprobe ausgewählte Person

	bis 40 Jahre		über 40 Jahre	
	Männer	Frauen	Männer	Frauen
Partei A	152	121	185	163
Partei B	127	147	131	156

a) ein Mann ist,
b) eine Frau ist und Partei B bevorzugt,
c) über 40 Jahre alt ist, wenn es ein Mann ist, der Partei A bevorzugt,
d) ein Mann ist und Partei A bevorzugt, wenn die Person über 40 Jahre alt ist,
e) Partei A bevorzugt, wenn die Person eine Frau ist.

● **16.** Ein Virenscanner erkennt 98 % aller gefährlichen Dateien, sortiert aber auch 0,4 % der harmlosen Dateien aus. Von 10000 Dateien sind im Schnitt 80 gefährlich.
a) Bestimmen Sie den Anteil der Dateien, die der Virenscanner aussortiert.
b) Bestimmen Sie den Anteil der aussortierten Dateien, die harmlos sind.
c) Bestimmen Sie den Anteil der nicht aussortierten Dateien, die gefährlich sind.

● **17. Ausblick:** Eine Urne enthält 25 Kugeln aus Holz oder Kunststoff. 32 % der Kugeln sind aus Kunststoff. Von den roten Kugeln sind 30 % aus Kunststoff, von den blauen $\frac{2}{3}$ aus Holz.
a) Setzen Sie die unbekannte Anzahl der roten Kugeln gleich x. Erstellen Sie dann eine Vierfeldertafel mit absoluten Häufigkeiten.
b) Berechnen Sie die Anzahl der roten und blauen Kugeln in der Urne.

7.5 Bedingte Wahrscheinlichkeit

■ Die Vierfeldertafel gehört zu einer Umfrage zur Nutzung von Homebanking und Alter.

a) Erstellen Sie ein Baumdiagramm, welches zuerst nach Alter unterscheidet. Tragen Sie an den Ästen der 1. Stufe und an den Pfadenden die entsprechenden Werte aus der Vierfeldertafel als Dezimalzahlen ein.

	Homebanking		gesamt
	ja	nein	
über 50 Jahre	27 %	33 %	60 %
bis 50 Jahre	38 %	2 %	40 %
gesamt	65 %	35 %	100 %

b) Ermitteln Sie die Werte an den Ästen der 2. Stufe mithilfe der Pfadmultiplikationsregel und beschreiben Sie ihre Bedeutung im Sachzusammenhang. ■

In einem Kurs mit gleich vielen Mädchen und Jungen haben 70 % der Mädchen und 60 % der Jungen ein Haustier. Eine zufällig ausgewählte Person des Kurses wird befragt.

Im linken Pfad des Baumdiagramms steht in der ersten Stufe die Wahrscheinlichkeit für M: Person ist ein Mädchen.

In der zweiten Stufe steht die Wahrscheinlichkeit dafür, dass die Person ein Haustier hat (Ereignis H), unter der **Bedingung,** dass die Person ein Mädchen ist (Ereignis M).
Für eine solche **bedingte Wahrscheinlichkeit** schreibt man $P_M(H) = 0{,}7$.

Der ganze Pfad beschreibt das Ereignis, dass die Person ein Mädchen ist und ein Haustier hat. Dafür schreibt man kurz $M \cap H$.

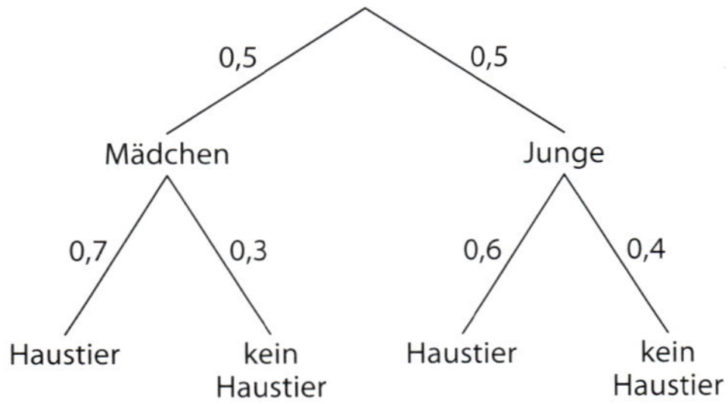

Pfadmultiplikationsregel für den linken Pfad:

$$0{,}5 \cdot 0{,}7 = 0{,}35$$

$$P(M) \cdot P_M(H) = P(M \cap H) \quad | : P(M)$$

$$P_M(H) = \frac{P(M \cap H)}{P(M)}$$

Hinweis:
$A \cap B$ gibt das Ereignis an, dass sowohl Ereignis A als auch Ereignis B eintritt.

Hinweis:
Häufig wird auch die umgeformte Gleichung $P(A \cap B) = P(A) \cdot P_A(B)$ verwendet.

Wissen: Bedingte Wahrscheinlichkeit
$P_A(B)$ ist die **bedingte Wahrscheinlichkeit,** dass das Ereignis B eintritt unter der Bedingung, dass das Ereignis A bereits eingetreten ist. Für $P(A) > 0$ legt man fest: $\mathbf{P_A(B) = \frac{P(A \cap B)}{P(A)}}$.

Beispiel 1: Die Vierfeldertafel beschreibt die Merkmale „Regelmäßiges Zähneputzen" und „Kariesbildung".

a) Bestimmen Sie die Wahrscheinlichkeit für Kariesbildung, unter der Bedingung, dass regelmäßig die Zähne geputzt werden.

b) Zeichnen Sie ein passendes Baumdiagramm mit Wahrscheinlichkeiten, welches zuerst nach dem Zähneputzen verzweigt.

	Karies (K)	kein Karies ($\overline{K}$)	gesamt
regelmäßig geputzt (R)	6 %	71 %	77 %
unregelmäßig geputzt ($\overline{R}$)	13 %	10 %	23 %
gesamt	19 %	81 %	100 %

Lösung:

a) Wenden Sie die Formel zur Berechnung der bedingten Wahrscheinlichkeit an.

$$P_R(K) = \frac{P(R \cap K)}{P(R)} = \frac{0{,}06}{0{,}77} \approx 0{,}08$$

b) Die Wahrscheinlichkeiten an den Ästen der 2. Stufe sind bedingte Wahrscheinlichkeiten, z. B. $P_R(K)$.
Am Ende der Pfade stehen die Wahrscheinlichkeiten der kombinierten Ereignisse, z. B. $P(R \cap K)$.

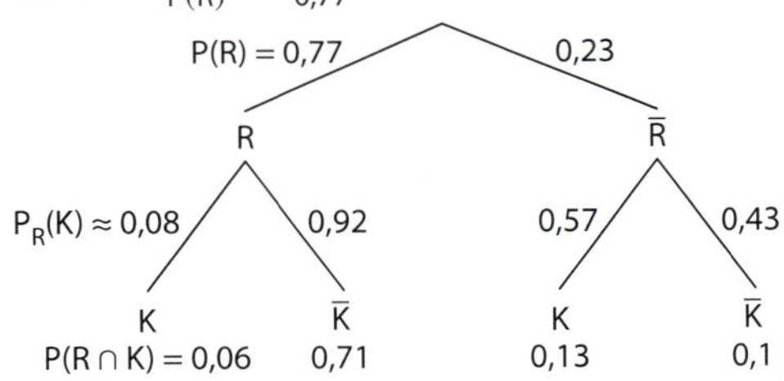

Bei einer Vierfeldertafel erhält man bedingte Wahrscheinlichkeiten, indem man einen Eintrag in einem inneren Feld durch einen zugehörigen Eintrag in einem äußeren Feld dividiert.

Beispiel: $P_A(B) = \frac{P(A \cap B)}{P(A)}$

	B	$\overline{B}$	gesamt
A	$P(A \cap B)$	$P(A \cap \overline{B})$	$P(A)$
$\overline{A}$	$P(\overline{A} \cap B)$	$P(\overline{A} \cap \overline{B})$	$P(\overline{A})$
gesamt	$P(B)$	$P(\overline{B})$	1

Bei einem Baumdiagramm gibt es bedingte Wahrscheinlichkeiten an den Ästen der 2. Stufe.

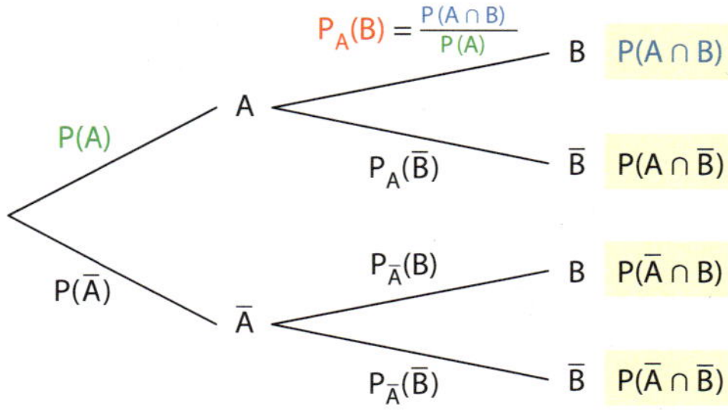

Bedingte Wahrscheinlichkeiten treten auch auf, wenn bei einem Zufallsexperiment zusätzliche Informationen vorliegen. Diese Informationen können die ursprünglichen Wahrscheinlichkeiten bedingen und damit verändern.

Beispiel 2: Beim Werfen eines Würfels beträgt die Wahrscheinlichkeit, dass eine gerade Zahl geworfen wird, $\frac{1}{2}$. Nach dem Wurf erhält man die Information, dass eine Primzahl gewürfelt wurde. Dadurch verändert sich die Wahrscheinlichkeit für eine gerade Zahl.

a) Schreiben Sie die veränderte Wahrscheinlichkeit als bedingte Wahrscheinlichkeit und berechnen Sie diese mithilfe der Formel.

b) Erläutern Sie, wie das Ergebnis aus a) ohne die Formel bestimmt werden kann.

Lösung:

a) Es handelt sich um ein Laplace-Experiment. Daher ergeben sich die Wahrscheinlichkeiten $P(A)$ und $P(A \cap B)$ durch Abzählen. Von 6 Zahlen sind drei Primzahlen. Nur die Zahl 2 ist gerade und eine Primzahl.
Setzen Sie die Werte der Wahrscheinlichkeiten in die Formel ein und berechnen Sie $P_A(B)$.

A: Augenzahl ist Primzahl
B: Augenzahl ist gerade
$A \cap B$: Augenzahl ist gerade Primzahl
Wahrscheinlichkeit für eine gerade Zahl unter der Bedingung Primzahl: $P_A(B) = \frac{P(A \cap B)}{P(A)}$

$P(A) = \frac{3}{6} = \frac{1}{2} \quad P(A \cap B) = \frac{1}{6}$

$P_A(B) = \frac{P(A \cap B)}{P(A)} = \frac{\frac{1}{6}}{\frac{1}{2}} = \frac{2}{6} = \frac{1}{3}$

b) Ist bekannt, dass die Augenzahl eine Primzahl ist, so kommen nur drei Zahlen in Frage, von denen nur eine gerade ist.

$P_A(B) = \frac{\text{Anzahl der geraden Primzahlen}}{\text{Anzahl der Primzahlen}}$
$= \frac{1}{3}$

Basisaufgaben

Erinnerung:
$\overline{A}$ ist das Gegenereignis zu A. Es gilt:
$P(A) + P(\overline{A}) = 1.$

1. Das Baumdiagramm enthält Anteile der Geschlechter unter Mathematikstudenten.

a) Beschreiben Sie alle Wahrscheinlichkeiten des Baumdiagramms mit Worten. Geben Sie bei den bedingten Wahrscheinlichkeiten jeweils an, welches das bedingende und welches das bedingte Ereignis ist.

b) Schreiben Sie zu jeder Wahrscheinlichkeit in a) den vollständigen Term in der Form $P(X)$, $P(\overline{X} \cap Y)$, $P_x(Y)$ usw.

A: weiblich
$\overline{A}$: männlich
B: studiert Mathematik
$\overline{B}$: studiert nicht Mathematik

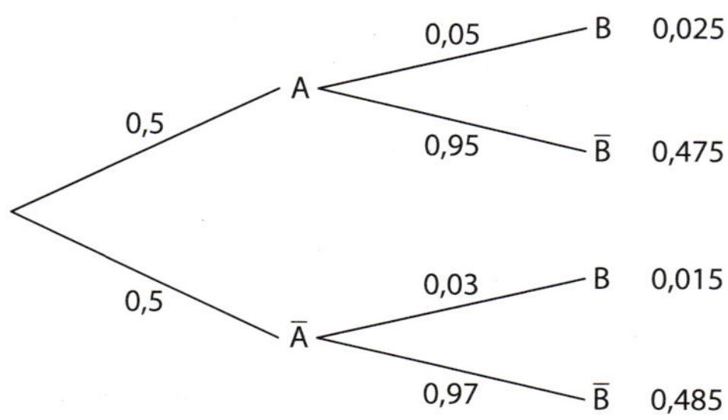

2. In der nebenstehenden Vierfeldertafel sind die Merkmale rote Fellfarbe und das Geschlecht einer Katzenzüchtung angegeben. Da die Vererbung der Fellfarbe über die X- und Y-Chromosome der Eltern gesteuert wird, kommen rötlich gefärbte Katzen nicht im selben Geschlechterverhältnis vor. Eines der 49 Tiere wird zufällig ausgewählt.

	Katze	Kater	gesamt
rote Fellfarbe	3	17	20
andere Fellfarbe	19	10	29
gesamt	22	27	49

a) Bestimmen Sie mithilfe der Formel die Wahrscheinlichkeit, dass das Tier weiblich ist unter der Bedingung, dass es rotes Fell hat. Vergleichen Sie mit dem Anteil weiblicher Tiere unter den Tieren mit roter Fellfärbung.

b) Bestimmen Sie die Wahrscheinlichkeit, dass das Tier rotes Fell hat unter der Bedingung, dass es weiblich (männlich) ist.

3. Die Vierfeldertafel gibt die Ergebnisse eines Impfexperiments an.

	krank	gesund	gesamt
geimpft	6 %	26 %	32 %
nicht geimpft	13 %	55 %	68 %
gesamt	19 %	81 %	100 %

a) Bestimmen Sie die Wahrscheinlichkeit einer Person zu erkranken (nicht zu erkranken) unter der Bedingung, dass sie geimpft wurde.

b) Zeichnen Sie zu a) ein Baumdiagramm mit allen zugehörigen Wahrscheinlichkeiten.

4. Die Vierfeldertafel zeigt das Resultat einer medizinischen Untersuchung.

	Diabetes	kein Diabetes	gesamt
Übergewicht	736	5684	6420
kein Übergewicht	185	3967	4152
gesamt	921	9651	10572

a) Bestimmen Sie zu den Merkmalen Diabetes und Übergewicht alle acht bedingten Wahrscheinlichkeiten, die sich für einen zufällig gewählten Probanden bilden lassen.

b) Zeichnen Sie beide möglichen Baumdiagramme zu a) und markieren Sie die bedingten Wahrscheinlichkeiten.

5. Erstellen Sie mit den Daten Ihrer Klasse eine Vierfeldertafel zu den Ereignissen

W: ist weiblich, M: ist männlich,

F: kommt meistens mit dem Fahrrad, $\overline{F}$: kommt selten oder nie mit dem Fahrrad.

a) Formulieren Sie nun Fragen nach Wahrscheinlichkeiten in Worten, und lassen Sie Ihren Nachbarn diese Wahrscheinlichkeiten berechnen.

b) Schreiben Sie Wahrscheinlichkeiten in Abkürzungen auf, etwa $P_M(F)$, und lassen Sie den Nachbarn in Worten wiedergeben, um was für eine Wahrscheinlichkeit es sich handelt.

6. Beim Drehen des abgebildeten Glücksrads werden die Ereignisse A und B betrachtet.

A: Die Farbe des Feldes ist grün. B: Die Zahl des Feldes ist gerade.

Bestimmen Sie die angegebene Wahrscheinlichkeit und beschreiben Sie das Ereignis mit Worten.

a) $P(A \cap B)$ b) $P_A(B)$ c) $P_A(\overline{B})$

d) $P(\overline{A} \cap \overline{B})$ e) $P(\overline{B})$ f) $P_{\overline{B}}(A)$

Lösungen zu 6:

$\frac{1}{5}$ $\frac{4}{5}$ $\frac{1}{10}$ $\frac{1}{2}$ $\frac{2}{5}$

7. Aus einem Gefäß mit 10 Gewinnen und 40 Nieten werden zufällig zwei Lose gezogen. Bestimmen Sie mit der Formel $P(A \cap B) = P(A) \cdot P_A(B)$ die Wahrscheinlichkeit, dass es zwei Gewinne sind. Geben Sie an, was Sie als Ereignisse A und B gewählt haben, und kontrollieren Sie Ihr Ergebnis mit einem Baumdiagramm.

8. Aus einem Kartenblatt mit 32 Karten wird verdeckt eine Karte gezogen. Die Wahrscheinlichkeit, das Pik-Ass zu ziehen, beträgt $\frac{1}{32}$. Die Wahrscheinlichkeit ändert sich jedoch, wenn bekannt ist, dass die gezogene Karte die Farbe Pik hat.
a) Berechnen Sie die veränderte Wahrscheinlichkeit mithilfe der Formel für bedingte Wahrscheinlichkeiten.
b) Bestimmen Sie die veränderte Wahrscheinlichkeit ohne die Formel.
c) Berechnen Sie die Wahrscheinlichkeit, bei zwei Ziehungen Pik-Ass und Pik-König zu ziehen (ohne Zurückstecken und ohne Beachtung der Reihenfolge), wenn bekannt ist, dass beide Karten Pik zeigen.

9. Bei einem zweifachen Würfelwurf wird die Augensumme betrachtet.
a) Bestimmen Sie die Wahrscheinlichkeit, dass die Augensumme 10 ist.
b) Bestimmen Sie unter den folgenden Bedingungen die Wahrscheinlichkeiten, dass die Augensumme der Würfel 10 beträgt.

① Der erste Würfel zeigt eine 6.

② Der erste Würfel zeigt eine 2.

③ Beide Augenzahlen sind gerade.

④ Kein Würfel zeigt eine 6.

c) Geben Sie eine Bedingung für einen der Würfel an, sodass die Wahrscheinlichkeit, eine 5 zu würfeln, größer (kleiner) wird als ohne die Bedingung.

Weiterführende Aufgaben

10. Die Kunden eines schwedischen Möbelhauses bauen die Möbel in der Regel selbst zusammen. Alle benötigten Schrauben und Kleinteile werden mitgeliefert. In 5 % der Fälle bemerkt ein Kunde, dass eine Schraube oder ein anderes Kleinteil fehlt. Mit einer unbekannten Wahrscheinlichkeit bauen Kunden in diesen Fällen das Möbelstück ohne dieses Teil auf und beschweren sich nicht. Es lässt sich schätzen, dass bei 3,5 % aller aufgebauten Möbelstücke eine Schraube oder Ähnliches fehlt. Bestimmen Sie die im Text erwähnte unbekannte Wahrscheinlichkeit.

11. Aus einer Urne mit 2 schwarzen und 5 roten Kugeln wird dreimal hintereinander ohne Zurücklegen eine Kugel gezogen. Bestimmen Sie die Wahrscheinlichkeit, dass die dritte gezogene Kugel rot (schwarz) ist unter der Bedingung, dass zwei von drei gezogenen Kugeln rot sind.

12. Stolperstelle: Die Vierfeldertafel zeigt einen Teil der Auswertung einer Umfrage zum Wahlverhalten. Anton, Bela, Caro und Djamila leiten daraus Schlussfolgerungen ab. Entscheiden Sie, welche der Aussagen stimmen und welche Fehler bei den anderen gemacht wurden.

	Mann	Frau	gesamt
Partei A	125	350	475
Partei B		340	
gesamt	280		

Anton: *„Die meisten Wähler von Partei B sind Frauen."*
Bela: *„Die meisten Frauen haben Partei B gewählt."*
Caro: *„Unter der Bedingung, dass Partei B genannt wurde, ist die Wahrscheinlichkeit höher, dass ein Mann befragt wurde."*
Djamila: *„Wurde ein Mann befragt, so haben sich diese häufiger für Partei B entschieden."*

13. Es werden 1000 Computerchips hergestellt, von denen 910 getestet werden (T). Von allen Chips sind 2 % fehlerhaft (F). Es gibt 80 Chips, die nicht getestet und nicht fehlerhaft sind.

a) Berechnen Sie den Wert von $P(T \cap \overline{F})$ und formulieren seine Bedeutung im Sachzusammenhang.

b) Berechnen Sie die Wahrscheinlichkeit, dass ein zufällig ausgewählter getesteter Chip nicht fehlerhaft ist.

14. Ein Prüfer beim TÜV hat festgestellt, dass 15 % aller vorgeführten Pkw nicht straßensicher sind und deshalb keine TÜV-Plakette bekommen. 86 % dieser Pkw ohne Plakette waren älter als sieben Jahre. Insgesamt haben 45,1 % der vorgeführten Pkw eine Plakette erhalten und waren älter als sieben Jahre. Verwenden Sie die folgenden Bezeichnungen:

T: Erhält eine TÜV-Plakette J: Ist sieben Jahre alt oder jünger

a) Fertigen Sie eine Vierfeldertafel mit den gegebenen Werten an und vervollständigen Sie sie.

b) Bestimmen Sie den Anteil der vorgeführten Pkw, die sieben Jahre alt oder jünger waren und die Plakette aufgrund von Mängeln nicht erhalten haben.

c) Erstellen Sie ein Baumdiagramm, in dem der Wert von $P_T(\overline{J})$ eingetragen ist. Formulieren Sie in Worten, was $P_T(\overline{J})$ angibt.

d) Bestimmen Sie die Wahrscheinlichkeit, dass ein Pkw, der älter als sieben Jahre ist, die TÜV-Plakette nicht erhält.

e) Formulieren Sie ein Ereignis im Sachkontext, dessen Wahrscheinlichkeit 5 % beträgt.

15. Oft misslingt der Versuch, USB-Stecker ohne genaues Hinsehen einzustecken, obwohl der USB-Stecker richtig herum eingeführt wurde. Dann wird der Stecker gedreht und ein neuer Versuch gestartet, der natürlich ebenfalls misslingt. Auch wenn es keine wissenschaftlichen Untersuchungen dazu gibt, lässt sich annehmen, dass ein Einsteckversuch in 20 % der Fälle misslingt, obwohl der Stecker richtig herum ist. Nehmen Sie an, dass beim ersten Versuch zu 50 % die richtige Seite gewählt wird.

a) Bestimmen Sie die Wahrscheinlichkeit, dass zwei verschiedene USB-Sticks auf Anhieb korrekt eingesetzt werden.

b) Bestimmen Sie die Wahrscheinlichkeit, dass für einen USB-Stick drei Einsteckversuche gebraucht werden, bis der Stecker sitzt. Gehen Sie davon aus, dass der Stecker bei jedem Versuch gedreht wird.

16. Prüfen Sie, ob sich die beiden Zeitungsmeldungen widersprechen. Beurteilen Sie sie hinsichtlich ihrer Aussagen und der Wirkung, die mit statistischen Daten erzielt werden kann.

> Nach Angaben der Bundesagentur für Arbeit betrug im Juli 2018 die Arbeitslosenquote in Ostdeutschland 6,8 %, in Westdeutschland dagegen nur 4,8 %. Circa 20 % der arbeitsfähigen Bevölkerung leben derzeit in Ostdeutschland.

> Im Juli 2018 betrug die deutschlandweite Arbeitslosenquote 5,2 %. Etwa jeder dritte Arbeitslose (35,4 %) lebt in den östlichen Bundesländern. Jedoch leben 80 % der erwerbsfähigen Bevölkerung in den westlichen Bundesländern.

17. Zeigen Sie mithilfe der Formel für bedingte Wahrscheinlichkeiten, dass gilt:
$P_A(B) + P_A(\overline{B}) = 1$.

Hinweis:
$P(A \cap B) + P(A \cap \overline{B}) = P(A)$

18. Baumdiagramme umkehren:

a) Erstellen Sie zum Baumdiagramm eine zugehörige Vierfeldertafel.

b) Erstellen Sie ein Baumdiagramm, das zuerst nach B und $\overline{B}$ verzweigt.

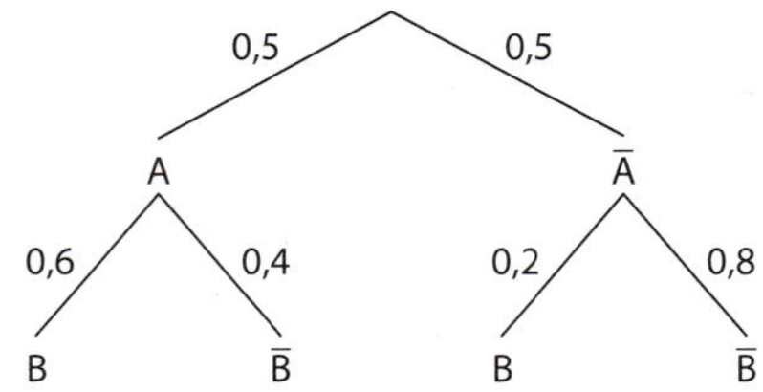

19. Mia befürchtet, sich im Urlaub mit einer tropischen Krankheit angesteckt zu haben. Sie macht einen Test, der beim Vorliegen der Krankheit dies in 98 % der Fälle anzeigt. Der Test ist aber auch zu 4 % positiv, wenn die Person nicht erkrankt ist. Aus Erfahrung weiß man, dass 0,1 % der Getesteten die Krankheit haben. Mia erhält ein positives Testergebnis.

a) Schätzen Sie die Wahrscheinlichkeit, dass Mia tatsächlich erkrankt ist.

b) Erstellen Sie ein Baumdiagramm, welches zuerst nach „krank“ bzw. „nicht krank“ verzweigt.

c) Erstellen Sie eine Vierfeldertafel und ein Baumdiagramm, welches zuerst nach „positives Testergebnis“ und „negatives Testergebnis“ verzweigt.

d) Bestimmen Sie die Wahrscheinlichkeit, dass Mia tatsächlich erkrankt ist, und vergleichen Sie Ihr Ergebnis mit der Schätzung.

e) Gehen Sie davon aus, dass 100 000 Personen den Test machen. Erstellen Sie eine Vierfeldertafel mit absoluten Häufigkeiten. Erläutern Sie anhand der absoluten Werte das Ergebnis von d).

20. Eine Lostrommel mit 800 Losen enthält rote und blaue Lose. Gewinne und Nieten verteilen sich auf beide Farben, wie das Baumdiagramm zeigt. Bestimmen Sie

a) die Anzahl der Nieten in der Lostrommel,

b) die Anzahl blauer Lose, die Gewinne sind,

c) die Anzahl roter Lose in der Trommel,

d) die Gewinnwahrscheinlichkeiten, wenn vor dem Ziehen nach Farben sortiert wurde.

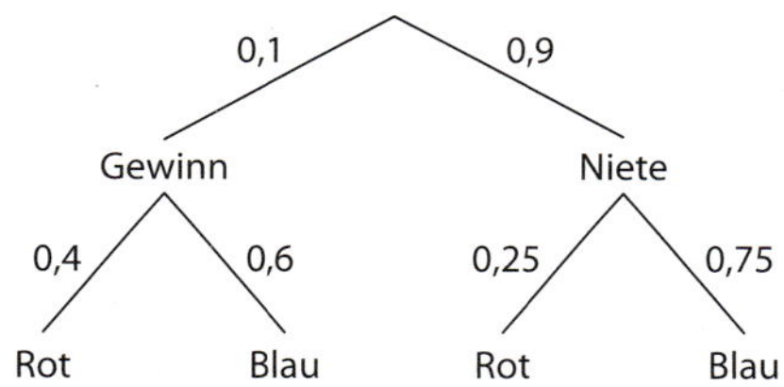

● **21. Die Regel von Bayes:** Wenn bereits die Wahrscheinlichkeit $P_A(B)$ bekannt ist und man nun $P_B(A)$ bestimmen möchte, dann ist die sogenannte **Regel von Bayes** hilfreich:

$$P_B(A) = \frac{P(A) \cdot P_A(B)}{P(A) \cdot P_A(B) + P(\overline{A}) \cdot P_{\overline{A}}(B)}.$$

Leiten Sie diese mithilfe des Baumdiagramms her.

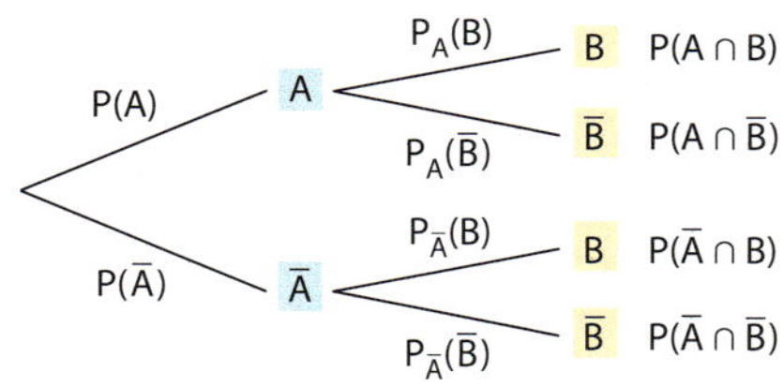

● **22.** Von drei äußerlich identischen Spielwürfeln seien zwei Würfel Laplace-Würfel und der dritte so manipuliert, dass er mit einer Wahrscheinlichkeit von 0,5 eine 6 zeigt. Ein Würfel wird zufällig ausgewählt und zeigt nach dem Werfen eine 6.

a) Erstellen Sie zu diesem Vorgang ein Baumdiagramm, welches zuerst danach unterscheidet, ob der Würfel manipuliert ist.

b) Bestimmen Sie mit einem umgekehrten Baumdiagramm die Wahrscheinlichkeit, dass der geworfene Würfel, der die 6 zeigt, manipuliert ist.

c) Bestimmen Sie die Wahrscheinlichkeit in b) mit der Regel von Bayes.

23. Eine der abgebildeten Urnen wird zufällig ausgewählt und aus ihr verdeckt eine Kugel entnommen. Die gezogene Kugel ist schwarz oder blau. Bestimmen Sie die Wahrscheinlichkeit, dass die Kugel aus der linken Urne stammt.

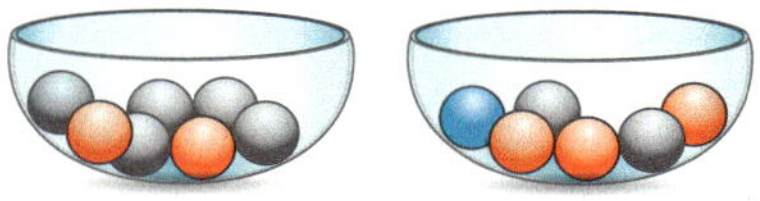

● **24.** Ein Taschenspieler möchte einen Trick mit drei Münzen vorführen. Eine Münze ist regulär und hat auf einer Seite „Kopf" und auf der anderen Seite „Zahl". Die zweite Münze hat auf beiden Seiten „Kopf" und die dritte Münze auf beiden Seiten „Zahl".
Eine der drei Münzen wird zufällig gewählt und geworfen. Sie zeigt „Kopf".

a) Bestimmen Sie die Wahrscheinlichkeit, dass die Unterseite der Münze „Zahl" zeigt.
b) Bestimmen Sie die Wahrscheinlichkeit aus a), wenn die beiden irregulären Münzen auf beiden Seiten „Kopf" haben.

● **25.** In einer Spielshow sammeln zwei Kandidaten Geld für ihr gemeinsames Spielkonto. Nach der ersten Runde müssen sie eine verdeckte Entscheidung treffen. Sie können sich für „Behalten" oder „Teilen" entscheiden. Die Tabelle zeigt die möglichen Konstellationen. Wählen beide Kandidaten „Behalten", so wird das Spiel direkt beendet. Sonst werden zwei Runden gespielt, in denen jeweils die Hälfte des Gesamtgewinns verteilt wird. Gehen Sie davon aus, dass nach der ersten Runde „Behalten" und „Teilen" mit gleicher Wahrscheinlichkeit gewählt werden. Wählt ein Kandidat jedoch „Behalten" und der andere nicht, so wird dieser sich nach der zweiten Runde rächen und sich mit einer Wahrscheinlichkeit von 80 % für „Behalten" entscheiden. Alle anderen Wahrscheinlichkeiten ändern sich nicht.

	A wählt Teilen	**A wählt Behalten**
B wählt Teilen	A und B erhalten jeweils 50 %	A erhält alles
B wählt Behalten	B erhält alles	A und B erhalten nichts

a) Bestimmen Sie die Wahrscheinlichkeiten der möglichen Gewinnbeträge beider Kandidaten nach der ersten Runde (es gibt vier Möglichkeiten).
b) Bestimmen Sie die Wahrscheinlichkeit, dass einer der Kandidaten nach zwei Runden alles gewonnen hat.
c) Bestimmen Sie die Wahrscheinlichkeiten für alle möglichen Gewinne eines Kandidaten nach zwei Runden und geben Sie die scheinbar sinnvollste Strategie an.

● **26.** Bei Gepäckkontrollen werden gezielt Koffer geöffnet. Dadurch wird transportierte Schmuggelware mit 80 % Sicherheit entdeckt. Einer von 250 Koffern enthält Schmuggelware. Ein Koffer wird mit 16,9 % fälschlicherweise geöffnet. Bestimmen Sie,

a) mit welcher Wahrscheinlichkeit ein geöffneter Koffer Schmuggelware enthält,
b) wie viele von 1 000 000 Koffern fälschlicherweise geöffnet werden.

● **27. Ausblick:** Im Baumdiagramm soll gelten $P(\overline{B}) = 0{,}175$. Schreiben Sie für die unbekannte Wahrscheinlichkeit von A zunächst $P(A) = x$ und berechnen Sie damit alle Wahrscheinlichkeiten.

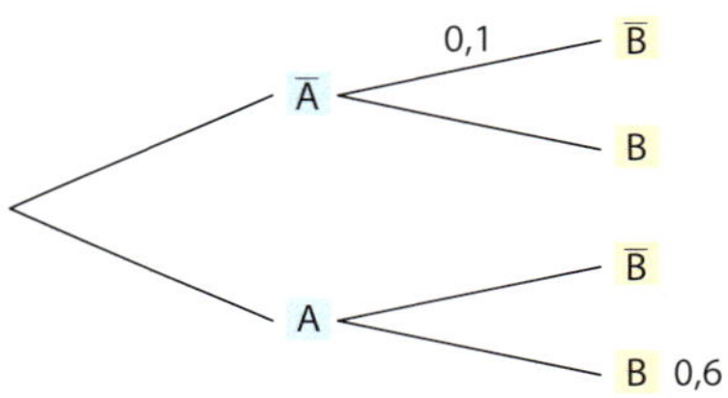

7.6 Stochastische Unabhängigkeit

■ In der nebenstehenden Vierfeldertafel sind Haarfarben von Männern in Bezug zur Körpergröße dargestellt. Hat die Haarfarbe einen Einfluss auf die Körpergröße? Untersuchen Sie mögliche Zusammenhänge, indem Sie bei zufälliger Auswahl einer Person die Wahrscheinlichkeiten vergleichen. ■

		Haarfarbe		gesamt
		hell	dunkel	
Körpergröße	< 1,75m	58	116	174
	≥ 1,75m	109	218	327
gesamt		167	334	501

Man nennt zwei Ereignisse eines Zufallsexperiments **(stochastisch) unabhängig**, wenn das Eintreten des einen Ereignisses die Wahrscheinlichkeit des Eintretens des anderen Ereignisses nicht beeinflusst. Ein einfaches Beispiel hierfür ist das mehrmalige Werfen einer Münze. Das Ergebnis des ersten Wurfes hat naturgemäß keinen Einfluss auf die Ergebnisse der folgenden Würfe. Dies lässt sich auch mathematisch nachweisen.

In einer Urne befinden sich 3 grüne (G) und 4 rote (R) Kugeln. Es wird zweimal hintereinander eine Kugel gezogen. Die Baumdiagramme stellen die Wahrscheinlichkeiten der Ziehungen ohne bzw. mit Zurücklegen der Kugeln dar.

ohne Zurücklegen

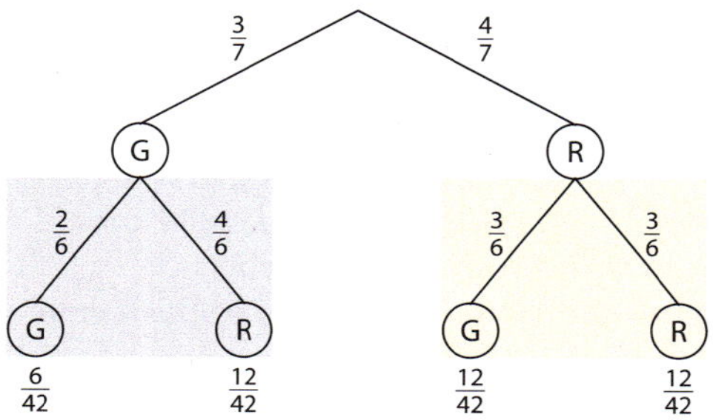

mit Zurücklegen

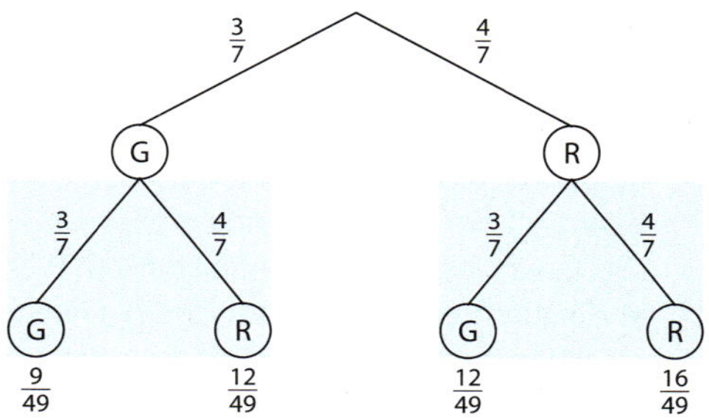

Für die Ereignisse **A**: „grün beim 1. Zug" und **B**: „grün beim 2. Zug" gilt jeweils:

$P_A(B) = \frac{2}{6}$ und $P_{\overline{A}}(B) = \frac{3}{6}$

$P(B) = \frac{6}{42} + \frac{12}{42} = \frac{3}{7}$

Grün im zweiten Zug ist abhängig vom Ergebnis des ersten Zugs.

Beim Ziehen ohne Zurücklegen sind die Wahrscheinlichkeiten beim 2. Zug vom Ergebnis des 1. Zugs **abhängig**. Die beiden Teilbäume der 2. Stufe sind verschieden.

$P_A(B) = \frac{3}{7}$ und $P_{\overline{A}}(B) = \frac{3}{7}$

$P(B) = \frac{9}{49} + \frac{12}{49} = \frac{3}{7}$

Grün im zweiten Zug ist unabhängig vom Ergebnis des ersten Zugs.

Beim Ziehen mit Zurücklegen sind die Wahrscheinlichkeiten beim 2. Zug vom Ergebnis des 1. Zugs **unabhängig**. Die beiden Teilbäume der 2. Stufe sind gleich.

Hinweis:
Die Ereignisse A und B kann man tauschen, sie sind also auch genau dann unabhängig, wenn gilt: $P_B(A) = P(A)$

Wissen: Stochastische Unabhängigkeit

Zwei Ereignisse A und B mit $P(A) > 0$, $P(B) > 0$ heißen **stochastisch unabhängig**, wenn gilt: $\mathbf{P_A(B) = P(B)}$.

Mit $P(A \cap B) = P(A) \cdot P_A(B)$ folgt die **Multiplikationsregel**:

A und B sind genau dann stochastisch unabhängig, wenn gilt: $\mathbf{P(A \cap B) = P(A) \cdot P(B)}$.

Sind zwei Ereignisse nicht stochastisch unabhängig, also wird die Wahrscheinlichkeit für das Eintreten eines der Ereignisse vom Eintreten des anderen beeinflusst, so heißen sie **stochastisch abhängig**.

Die stochastische Unabhängigkeit entspricht nicht immer der alltäglichen Vorstellung des Begriffs der Unabhängigkeit (siehe Aufgabe 7).
Ist im Folgenden von Abhängigkeit oder Unabhängigkeit die Rede, so ist die stochastische Abhängigkeit bzw. die stochastische Unabhängigkeit gemeint.

Beispiel: Gegeben ist eine Vierfeldertafel mit absoluten Häufigkeiten zu den Merkmalen Schlafqualität und Arbeitszeitbelastung.

a) Prüfen Sie mit der Multiplikationsregel, ob die Merkmale Schlafqualität und Arbeitszeitbelastung unabhängig voneinander sind.

b) Vergleichen Sie die Werte von $P_A(B)$ und $P(B)$. Stellen Sie einen Zusammenhang her zum Ergebnis von a).

	schläft ruhig	schläft unruhig	gesamt
arbeitet mehr als 40 h/Woche	213	132	345
arbeitet bis zu 40 h/Woche	126	50	176
gesamt	339	182	521

Lösung:

a) Berechnen Sie das Produkt der Einzelwahrscheinlichkeiten sowie die Wahrscheinlichkeit dafür, dass beide Merkmale zutreffen. Da die Werte nicht übereinstimmen, sind die Merkmale A und B stochastisch abhängig.

A: schläft ruhig
B: arbeitet mehr als 40 h/Woche
$P(A) \cdot P(B) = \frac{339}{521} \cdot \frac{345}{521} \approx 0{,}43$

$P(A \cap B) = \frac{213}{521} \approx 0{,}41$

$P(A \cap B) \neq P(A) \cdot P(B)$

b) Auch der Vergleich dieser Werte zeigt die Abhängigkeit der Merkmale.

$P_A(B) = \frac{213}{339} \approx 0{,}63;\quad P(B) = \frac{345}{521} \approx 0{,}66$
$P_A(B) \neq P(B)$

Basisaufgaben

1. Gegeben ist eine Vierfeldertafel mit absoluten Häufigkeiten zu den Merkmalen Intelligenzquotient (IQ) und Handynutzung.
   a) Prüfen Sie mit der Multiplikationsregel, ob die Merkmale unabhängig voneinander sind.
   b) Bestätigen Sie das Ergebnis aus a) mithilfe der Gleichung für die bedingte Wahrscheinlichkeit.

	Handynutzung		gesamt
	intensiv	nicht intensiv	
IQ > 130	60	90	150
IQ ≤ 130	140	110	250
gesamt	200	200	400

2. Prüfen Sie, ob die Merkmale in der Vierfeldertafel unabhängig sind.

a)

	B	$\overline{B}$	gesamt
A	32	128	160
$\overline{A}$	96	384	480
gesamt	128	512	640

b)

	geimpft	nicht geimpft	gesamt
krank	0,06	0,38	0,44
nicht krank	0,44	0,12	0,56
gesamt	0,5	0,5	1

3. Zeichnen Sie zu beiden Vierfeldertafeln aus Aufgabe 2 jeweils das Baumdiagramm, bei dem in der ersten Stufe die Ereignisse A und $\overline{A}$ stehen, sowie das umgekehrte Baumdiagramm, bei dem in der ersten Stufe die Ereignisse B und $\overline{B}$ stehen.
   Untersuchen Sie, in welchen der insgesamt vier Diagramme die Teilbäume der 2. Stufe übereinstimmen. Erläutern Sie den Zusammenhang mit der Unabhängigkeit der Ereignisse A und B.

4. Im Jahr 2017 wurden ca. 300 000 Unfälle mit Personenschäden registriert, ca. 13 000 davon waren durch Alkoholeinfluss verursacht. Ungefähr 200 000 der Unfälle ohne Alkoholeinfluss ereigneten sich tagsüber, während von den Unfällen mit Alkoholeinfluss ca. 4000 tagsüber passierten.

a) Stellen Sie diesen Sachverhalt in einer Vierfeldertafel mit absoluten Zahlen dar. Prüfen Sie die Merkmale auf stochastische Unabhängigkeit.

b) Erläutern Sie ohne Berechnung, aus welchem Grund die Vermutung naheliegend ist, dass die betrachteten Merkmale kausal abhängig voneinander sind.

Hinweis zu 4b:
Kausale Abhängigkeit bezeichnet den Zusammenhang von Ereignissen in Ursache und Wirkung.

5. In einer Urne liegen 5 rote und 3 blaue Kugeln. Es wird zweimal hintereinander verdeckt eine Kugel gezogen. Zeichnen Sie zum Experiment ein Baumdiagramm und prüfen Sie, ob das Ereignis „die zweite Kugel ist rot" unabhängig vom Ausgang der ersten Ziehung ist, wenn die zuerst gezogene Kugel zurückgelegt (bzw. nicht zurückgelegt) wird.

Hinweis zu 6:
Beim Roulette landet die Kugel zufällig auf einer der Zahlen von 0 bis 36.

6. Zwei mögliche Wetten beim Roulette-Spiel sind „die letzten zwölf Zahlen" (25 bis 36) sowie „das Carré 29, 30, 32, 33".

a) Formulieren Sie eine Vermutung, ob die beiden Ereignisse abhängig voneinander sind.

b) Überprüfen Sie Ihre Vermutung mithilfe der Definition für stochastische Unabhängigkeit.

7. Beim Werfen zweier Würfel werden die folgenden Ereignisse betrachtet:

A: Die Augenzahl des ersten Würfels ist 4.

B: Die Augenzahl des zweiten Würfels ist 3.

C: Die Augensumme ist 7.

D: Die Augensumme ist 6.

a) Schätzen Sie, ob das Ereignis A vom Ereignis B (Ereignis C, Ereignis D) unabhängig ist.

b) Überprüfen Sie Ihre Schätzungen rechnerisch. Begründen Sie die Ergebnisse.

8. Zwei Münzen werden geworfen. Das Ereignis A lautet „höchstens einmal Kopf" und das Ereignis B „mindestens einmal Kopf und mindestens einmal Zahl".

a) Prüfen Sie, ob A und B stochastisch unabhängig sind.

b) Prüfen Sie ebenfalls, ob A und B stochastisch unabhängig sind, wenn drei Münzen geworfen werden.

9. Die besten Basketballspieler der NBA haben bei Freiwürfen eine durchschnittliche Trefferquote von 75 % und höher.

a) Berechnen Sie die Wahrscheinlichkeit, dass ein Spieler bei zwei Freiwürfen beide Male trifft, wenn er jeden Freiwurf unabhängig voneinander mit 75 % Wahrscheinlichkeit verwandelt.

b) Nennen Sie mögliche Gründe gegen die Unabhängigkeit der beiden Freiwürfe.

10. Die Vierfeldertafel ist nicht vollständig.

a) Übertragen Sie die Tafel in Ihr Heft und ergänzen Sie die fehlenden Werte so, dass die Merkmale A und B einmal abhängig und einmal unabhängig sind.

b) Tauschen Sie Ihre Ergebnisse mit Ihrem Nachbarn. Kontrollieren Sie sich gegenseitig.

	B	$\overline{B}$	gesamt
A			
$\overline{A}$		40	160
gesamt			400

Weiterführende Aufgaben

11. Im Jahr 2011 führten ein Erdbeben und ein Tsunami zur Notabschaltung der Reaktorblöcke im Atomkraftwerk von Fukushima. Um eine Kernschmelze zu verhindern, mussten die Reaktoren auch nach der Abschaltung gekühlt werden. Zwölf Notstromgeneratoren – und damit mehr als benötigt – standen vor der Katastrophe für die Kühlung zur Verfügung.

a) Wenn ein Notstromgenerator mit einer Wahrscheinlichkeit von p ausfällt, so beträgt die Wahrscheinlichkeit für den Ausfall von n Generatoren p^n. Erläutern Sie, welche Annahme dieser Rechnung zugrunde liegt.

b) In Fukushima wurden 5 der 12 Notstromgeneratoren durch den Tsunami überflutet und zerstört. Beurteilen Sie unter diesem Aspekt erneut die Annahme aus Aufgabenteil a).

12. Stolperstelle: Eine Umfrage, welche nach dem Geschlecht und der Haarlänge fragte, hat ergeben, dass 53 % der Befragten weiblich waren und 39 % lange Haare hatten.
Erik: *„47 % der Befragten sind also männlich und 61 % haben kurze Haare. Also beträgt der Anteil an Männern mit kurzen Haaren nach der Multiplikationsregel $0{,}47 \cdot 0{,}61 \approx 0{,}29$."*
Beurteilen Sie Eriks Rechnung.

13. In Deutschland sind ca. 28 % aller produzierten Schokoladensorten keine Milchschokolade. Der Anteil von Milchschokolade mit Verunreinigungen betrage 0,072 %. Für die zufällige Auswahl einer Tafel Schokolade seien die Ereignisse A: „die Sorte ist Milchschokolade" und B: „die Schokolade ist verunreinigt" stochastisch unabhängig voneinander.
Bestimmen Sie die Wahrscheinlichkeit für die Ereignisse B und $\overline{A} \cap \overline{B}$.

14. Beim Würfeln gibt es den weit verbreiteten Irrglauben, dass nach mehreren Versuchen ohne eine 6 beim nächsten Wurf die Wahrscheinlichkeit für eine 6 höher ausfällt. Zeigen Sie, dass die Ereignisse A und B unabhängig voneinander sind.
A: Die ersten drei Würfe fällt keine 6. B: Beim vierten Versuch fällt eine 6.

● **15.** Die Ereignisse A und B seien unabhängig. Weisen Sie mithilfe der Vierfeldertafel und den gegebenen Wahrscheinlichkeiten nach, dass dann auch A und $\overline{B}$, $\overline{A}$ und B sowie $\overline{A}$ und $\overline{B}$ unabhängig voneinander sind.

	B	$\overline{B}$	gesamt
A	$a \cdot b$		a
$\overline{A}$			
gesamt	b	$1 - b$	1

● **16.** An einer Schule haben 40 % der Schüler eines Jahrgangs Mathematik als Leistungskurs gewählt und 25 % Physik. 15 % haben sowohl Mathematik als auch Physik gewählt.

a) Bestimmen Sie die Wahrscheinlichkeit, dass ein zufällig aus diesem Jahrgang ausgewählter Schüler Mathematik oder Physik als Leistungskurs gewählt hat.

b) Entwickeln Sie aus den Bausteinen P(A), P(B) und $P(A \cap B)$ eine Formel zur Berechnung von P(A oder B).

c) Berechnen Sie P(A oder B), wenn A und B unabhängig sind und $P(A) = P(B) = \frac{1}{2}$ gilt.

● **17. Ausblick:** Drei Ereignisse A, B und C sind stochastisch unabhängig, wenn die Ereignisse jeweils paarweise unabhängig sind und außerdem gilt $P(A \cap B \cap C) = P(A) \cdot P(B) \cdot P(C)$. Für den Nachweis sind alle Bedingungen zu prüfen. Aus einem Skatspiel mit 32 Karten wird eine Karte zufällig ausgewählt.

a) Zeigen Sie, dass die Ereignisse A, B und C stochastisch unabhängig sind.

A: Die Karte ist schwarz. B: Die Karte ist eine Dame. C: Die Karte zeigt Pik oder Herz.

b) Entwickeln Sie am Beispiel des Skatspiels ein neues Ereignis B so, dass alle Ereignisse A, B und C paarweise stochastisch unabhängig sind, nicht jedoch A, B, C zusammen.

7.7 Simulation von Zufallsexperimenten

■ Zielt Alexander beim Dart auf das Feld „Doppel-20", trifft er im Schnitt mit 2 von 6 Pfeilen. Im Training wirft er auf die Doppel-20 in Serien von drei Pfeilen.

a) Beschreiben Sie eine Möglichkeit, eine Trainingsserie mithilfe von Würfeln zu simulieren.
b) Führen Sie 50 Simulationen durch.
c) Zählen Sie, wie oft in der Simulation 0, 1, 2 oder 3 Treffer erzielt wurden. ■

Es ist nicht immer möglich oder zumindest sehr aufwendig, ein Zufallsexperiment durchzuführen. Deswegen greift man gerne auf Simulationen zurück. In bestimmten Fällen kann eine Simulation mit Münzen oder Würfeln durchgeführt werden. Allerdings ist die Anzahl der möglichen Ausgänge festgelegt und die Durchführung immer noch zeitaufwendig.

Ein entscheidendes Hilfsmittel sind Simulationen mit Tabellenkalkulationen. Damit können zufällige Werte aus vorgegebenen Bereichen erzeugt werden.

=ZUFALLSBEREICH(n;m)
Der Befehl liefert eine ganzzahlige Zufallszahl zwischen n und m.

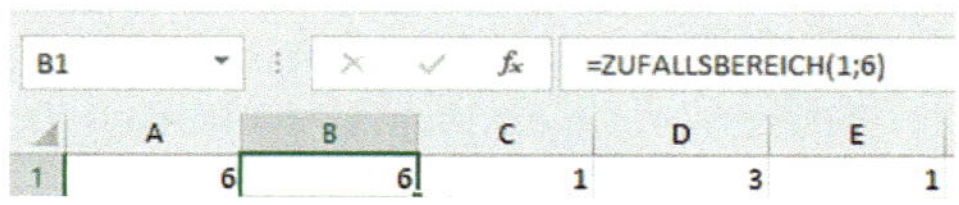

=ZUFALLSZAHL()
Der Befehl liefert eine Zufallszahl zwischen 0 und 1.

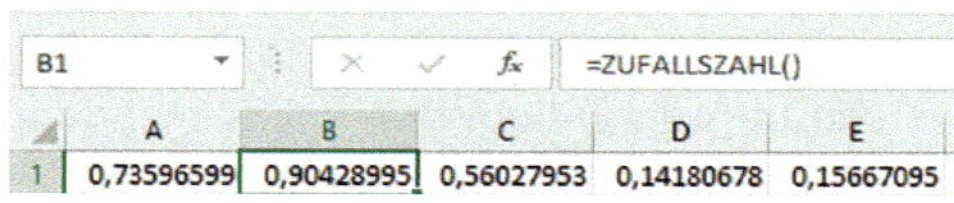

Wird der Inhalt einer Zelle verändert, so werden alle Zufallszahlen der gesamten Tabelle neu bestimmt. Um in einer Spalte beliebig viele Zufallszahlen zu erzeugen, kann die untere rechte Ecke der Zelle mit der Zufallszahl „heruntergezogen" werden und so die Formel zur Erzeugung der Zufallszahl in die neuen Zellen kopiert werden.

Es gibt eine Vielzahl an Funktionen und Befehlen, um die zufälligen Ergebnisse zu verarbeiten und auszuwerten. Einige davon werden hier vorgestellt.

Befehl	Bedeutung	Beispiel/Hinweis
=ZÄHLENWENN(Bereich; Kriterium)	Zählt die Anzahl der Zellen in einem Bereich, die ein vorgegebenes Kriterium erfüllen.	*=ZÄHLENWENN(A2:A100;3)* In den Zellen A2 bis A100 wird die Anzahl der „3" gezählt. Der Bereich wird durch zwei Zellen getrennt durch „:" angegeben.
=WENN(Wahrheitstest; [Wert_wenn_wahr]; [Wert_wenn_falsch])	Testet eine Bedingung und gibt abhängig vom Ergebnis einen Wert bzw. Text aus.	*=WENN(A1>0,5;"ja";"nein")* Gibt ja aus, wenn der Wert in A1 größer als 0,5 ist, und nein, wenn dies nicht erfüllt ist.
=SUMME(Bereich)	Addiert alle Werte in einem Bereich.	*=SUMME(A1:A10)* Berechnet die Summe A1 + A2 + … + A10.
=MAX(Bereich) *=MIN(Bereich)*	Gibt von den Werten in einem Bereich den größten bzw. kleinsten Wert aus.	*=MAX(A:A)* Gibt den größten Wert aus Spalte A aus.

Beispiel: Paula und Mario würfeln jeder mit einem normalen Spielwürfel. Wer die höhere Zahl würfelt, gewinnt.

a) Simulieren Sie mit einer Tabellenkalkulation 100 Durchgänge des Würfelspiels.

b) Bestimmen Sie die Anzahl der Durchgänge, in denen Paula bzw. Mario gewinnt.

Lösung:

a) Simulieren Sie den Ausgang eines Wurfs mit dem Befehl *=ZUFALLSBEREICH(1;6)*. Ziehen Sie die untere rechte Ecke der Zellen A2 und B2 von Zeile 2 bis Zeile 101 herunter, um 100 Würfe zu simulieren.

A3 =ZUFALLSBEREICH(1;6)

	A	B	C	D
1	Paula	Mario		
2	2	3		
3	6	3		

b) Bilden Sie in Spalte C die Differenz (Spalte A – Spalte B) der Ergebnisse. Diese wird wieder bis Zeile 101 heruntergezogen.
Ist der Wert in Spalte C größer als 0, so gewinnt Paula. Ist der Wert kleiner als 0, so gewinnt Mario. Bei einer 0 endet das Spiel unentschieden.
Zählen Sie mit dem Befehl *=ZÄHLENWENN(C2:C101;">0")* die Anzahl der Siege von Paula und mit dem Befehl *=ZÄHLENWENN(C2:C101;"<0")* die Anzahl der Siege von Mario.

Die Differenz wird ermittelt:

C2 =A2-B2

	A	B	C	D
1	Paula	Mario	Differenz	
2	2	3	-1	
3	6	3	3	

Paulas und Marios Siege werden gezählt:

D2 =ZÄHLENWENN(C2:C101;">0")

	A	B	C	D
1	Paula	Mario	Differenz	Paula gewinnt
2	2	3	-1	37
3	6	3	3	Mario gewinnt
4	4	6	-2	50

Basisaufgaben

1. Beim Fußballtraining unterteilt der Trainer ein Tor in sechs Felder (siehe Abbildung). Drei Spieler schießen gleichzeitig und ohne Absprache auf das Tor. Jedes Feld wird mit gleicher Wahrscheinlichkeit getroffen. Kein Spieler schießt am Tor vorbei.

Das Team bekommt einen bis drei Punkte, je nachdem wie viele Felder getroffen wurden.

a) Diskutieren Sie mit Ihrem Nachbarn, wie viele Punkte am wahrscheinlichsten sind.

b) Beschreiben Sie, wie das Training mit drei Spielwürfeln simuliert werden kann.

c) Bilden Sie Gruppen und simulieren Sie 100 Wiederholungen des Trainings.

d) Vergleichen Sie die Ausgänge der Simulation mit der Vermutung aus Aufgabenteil a).

TK **2.** Zwei Spieler würfeln mit je zwei Würfeln. Die höhere Augensumme gewinnt. Simulieren Sie 100 Durchgänge dieses Spiels mit einer Tabellenkalkulation.

TK **3.** **WENN-Befehl:** Jonas hat von der Freiwurflinie eine Trefferquote von 78 %. Die Tabellenkalkulation simuliert 50 Würfe mit Zufallszahlen. Zur Auswertung in Spalte B wird der WENN-Befehl verwendet.

a) Erklären Sie den Aufbau der Tabelle.

b) Erstellen Sie eine Simulation für 80 Würfe.

D2 =ZÄHLENWENN(B2:B51;"Treffer")

	A	B	C	D
1	Zufallszahl	Auswertung		Treffer
2	0,5405257	Treffer		40
3	0,3716289	Treffer		
4	0,520804	Treffer		vorbei
5	0,3765757	Treffer		10

Hinweis:
Erklärungen zum WENN-Befehl finden Sie auf der vorherigen Seite.

Weiterführende Aufgaben

Spielwürfel:

Tetraeder-Würfel:

TK **4.** Patrick würfelt mit einem normalen Spielwürfel, Nina mit einem Tetraeder-Würfel. Ninas Würfelergebnis wird verdoppelt. Wer das höhere Ergebnis hat, gewinnt.

a) Erklären Sie, welcher der Befehle das Würfelergebnis von Nina simuliert.
① *=ZUFALLSBEREICH(2;8)* ② *=2*ZUFALLSBEREICH(1;4)*

b) Simulieren Sie 1000 Spiele und zählen Sie, wie oft Nina bzw. Patrick gewinnt.

c) Patrick schlägt vor, die Regeln zu ändern: Ninas Würfelergebnis wird
① mit 1,5 multipliziert. ② um 1 erhöht.
Untersuchen Sie anhand von 1000 Simulationen, welche dieser Varianten fairer zu sein scheint.

TK **5. Augensummen beim Würfeln:** Mithilfe einer Tabellenkalkulation soll die Verteilung der Augensumme beim Würfeln mit mehreren Würfeln simuliert werden.

G2 =ZÄHLENWENN(D:D;F2)

	A	B	C	D	E	F	G
1	Würfel A	Würfel B	Würfel C	Summe		Summe	Häufigkeit
2	6	5	1	12		3	5
3	6	5	3	14		4	23
4	3	2	5	10		5	50

a) Erstellen Sie eine solche Tabellenkalkulation für die Augensumme bei drei Würfeln. Erklären Sie den Unterschied zwischen Spalte D und Spalte F.

b) Führen Sie insgesamt fünf Durchgänge mit je 1500 Simulationen durch. Bestimmen Sie jeweils die absolute und relative Häufigkeit der Würfe, in denen die Augensumme zwischen 8 und 13 liegt.

c) Erklären Sie, warum die Ergebnisse aus b) in jedem Durchgang zwar unterschiedlich, aber doch sehr ähnlich sind.

d) Simulieren Sie (mit möglichst wenig Änderungen an der Tabellenkalkulation)
① das Produkt der Augenzahlen beim dreifachen Würfelwurf,
② die Augensumme beim Werfen von fünf Würfeln.

Hinweis zu 6:
Der Befehl *=ABS(A1)* bestimmt den Betrag des Eintrags in der Zelle A1.

6. Stolperstelle: In den Spalten A und B simuliert Lea zwei Zufallszahlen zwischen 1 und 6. In Spalte C bestimmt sie den Betrag der Differenz. Um die Häufigkeiten aller Differenzbeträge zu zählen, trägt Lea in Zelle E3 den abgebildeten Befehl ein und zieht die untere rechte Ecke der Zelle nach rechts bis Zelle J3.

E3 =ZÄHLENWENN(C:C;E1)

	A	B	C	D	E	F	G
1	Zahl 1	Zahl 2	Differenz	Differenz	0	1	2
2	3	3	0				
3	2	6	4	Anzahl	12	0	0

a) Erklären Sie, warum das Zählen nicht wie gewünscht funktioniert.

b) Beschreiben Sie, wie man den Fehler korrigieren kann.

Hinweis zu 7:
Der WENN-Befehl kann auch mehrfach verwendet werden.
=WENN(A1 < 0,2;"A"; WENN(A1 < 0,4;"B";"C"))
gibt A für *A1* < 0,2,
B für 0,2 ≤ *A1* < 0,4 und
C für A1 ≥ 0,4 aus.

● TK **7.** Ein Glücksrad besteht aus unterschiedlich großen Feldern.

a) Feld A nimmt 30 % und Feld B 70 % der Fläche ein. Simulieren Sie 500 Drehungen des Glücksrades mithilfe der Befehle *=ZUFALLSZAHL() und =WENN()*.

b) Ein anderes Glücksrad hat drei Felder. A nimmt 50 %, B 30 % und C 20 % ein. Simulieren Sie 500 Drehungen dieses Glücksrades.

c) Ein drittes Glücksrad hat vier unterschiedlich große Felder. Feld A nimmt 10 % ein, Feld B 30 %, Feld C 40 % und Feld D 20 %. Simulieren Sie 1000 Drehungen.

d) Zählen Sie, wie oft in den einzelnen Simulationen das Feld A gedreht wurde. Vergleichen Sie die Anzahl mit der theoretischen Trefferwahrscheinlichkeit.

● TK **8. Ausblick:** Entwerfen Sie eine Simulation, bei der eine beliebige Startzahl so lange um eine beliebige Zahl zwischen a und b erhöht wird, bis sie eine vorgegebene Grenze erreicht. Die Simulation soll zusätzlich die Anzahl der benötigten Schritte zählen.

Zufallsgrößen und ihre Parameter

■ Die beiden Würfel werden geworfen und es wird das Produkt der beiden Augenzahlen gebildet.
a) Nennen Sie die möglichen Produkte.
b) Geben Sie zu jedem möglichen Produkt die zugehörigen Ergebnisse der Würfel an.
c) Bestimmen Sie die Wahrscheinlichkeiten der auftretenden Produkte. ■

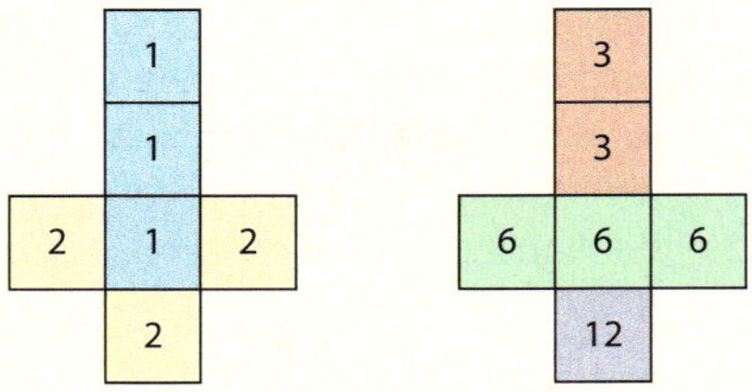

Häufig interessiert man sich bei einem Zufallsexperiment nicht für jedes einzelne Ergebnis, sondern für eine Größe, die vom Ausgang des Experiments abhängt, zum Beispiel für die Höhe eines Gewinns bei einem Glücksspiel oder für die Häufigkeit von Ereignissen.

Beim Werfen zweier normaler Spielwürfel gibt es 36 verschiedene Ergebnisse. Addiert man die beiden Augenzahlen, so ergibt sich eine Zahl zwischen 2 und 12. Die Augensumme ist eine **Zufallsgröße X**, die jedem Ergebnis einen Wert von 2 bis 12 zuordnet.

Ergebnisse

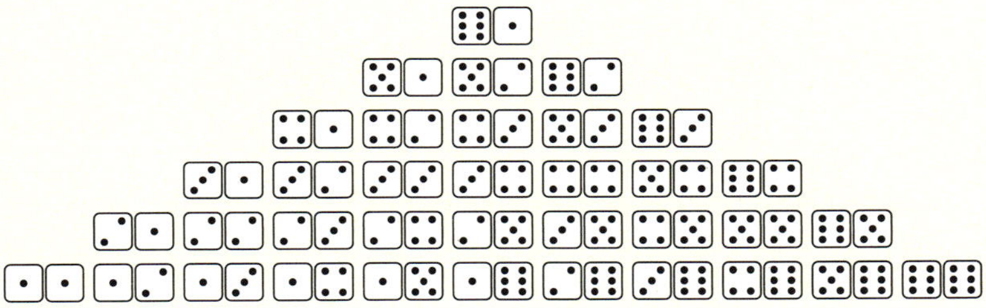

Wert x der Augensumme	2	3	4	5	6	7	8	9	10	11	12
Wahrscheinlichkeit P(X = x)	$\frac{1}{36}$	$\frac{2}{36}$	$\frac{3}{36}$	$\frac{4}{36}$	$\frac{5}{36}$	$\frac{6}{36}$	$\frac{5}{36}$	$\frac{4}{36}$	$\frac{3}{36}$	$\frac{2}{36}$	$\frac{1}{36}$

Durch die Zufallsgröße werden meist mehrere Ergebnisse zusammengefasst.
Mit $X = 4$ bezeichnet man z. B. das Ereignis, dass die Augensumme 4 ist. Zu diesem Ereignis gehören die Ergebnisse , 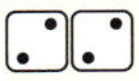 und . Da dies 3 von 36 möglichen, gleich wahrscheinlichen Ergebnissen sind, gilt für die Wahrscheinlichkeit, dass die Augensumme 4 ist:
$P(X = 4) = \frac{3}{36} = \frac{1}{12}$

Hinweis:
$P(X = x)$ ist die Wahrscheinlichkeit, dass die Zufallsgröße X den Wert x annimmt.

Definition: Zufallsgröße und Wahrscheinlichkeitsverteilung
Eine **Zufallsgröße X** ist eine Zuordnung, die jedem Ergebnis eines Zufallsexperiments eine reelle Zahl x zuordnet.
Die Zuordnung, die jedem Wert x, den eine Zufallsgröße X annehmen kann, die Wahrscheinlichkeit $P(X = x)$ zuordnet, heißt **Wahrscheinlichkeitsverteilung** von X.

Alle Wahrscheinlichkeiten einer Wahrscheinlichkeitsverteilung addieren sich zu 1.
Wahrscheinlichkeitsverteilungen können mit Tabellen dargestellt werden. Wenn die Zufallsgröße nur ganzzahlige Werte annimmt, verwendet man auch spezielle Säulendiagramme, sogenannte **Histogramme**. Die Säulen mit der Breite 1 werden im Koordinatensystem dargestellt. Die Höhe bzw. der Flächeninhalt einer Säule im Histogramm entspricht der Wahrscheinlichkeit des zugehörigen Werts. Die Summe der Flächeninhalte aller Säulen ist gleich 1.

Beispiel 1: Das Glücksrad wird zweimal gedreht und der Betrag der Differenz der beiden Ergebnisse berechnet. Die Zufallsgröße X gibt diesen Betrag an.

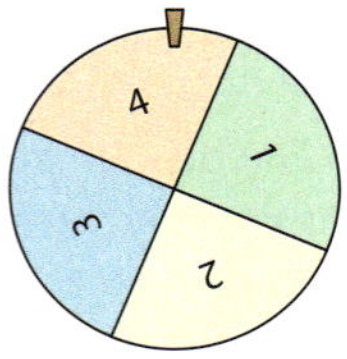

a) Bestimmen Sie, welche Werte die Zufallsgröße annehmen kann, und geben Sie die zugehörigen Ergebnisse an.
b) Bestimmen Sie die Wahrscheinlichkeitsverteilung der Zufallsgröße.
c) Stellen Sie die Wahrscheinlichkeitsverteilung in einem Histogramm dar.

Lösung:

a) Die blaue Zeile steht für das Ergebnis beim ersten Drehen, die blaue Spalte für das Ergebnis beim zweiten Drehen. Die weißen Zellen geben den Betrag x der Differenz an. Möglich sind die Werte 0, 1, 2, 3.

	1	**2**	**3**	**4**
1	0	1	2	3
2	1	0	1	2
3	2	1	0	1
4	3	2	1	0

Erinnerung:
Bei einem **Laplace-Experiment** ergibt sich die Wahrscheinlichkeit eines Ereignisses, indem man die Anzahl der Ergebnisse, die zu diesem Ereignis gehören, durch die Anzahl aller möglichen Ergebnisse teilt.

b) Die Wahrscheinlichkeiten $P(X = x)$ ergeben sich mithilfe der Laplace-Regel. Alle Wahrscheinlichkeiten der Wahrscheinlichkeitsverteilung addieren sich zu 1.

$P(X = 0) = \frac{4}{16} = \frac{1}{4}$ $\quad P(X = 1) = \frac{6}{16} = \frac{3}{8}$

$P(X = 2) = \frac{4}{16} = \frac{1}{4}$ $\quad P(X = 3) = \frac{2}{16} = \frac{1}{8}$

x	0	1	2	3
P(X = x)	$\frac{1}{4}$	$\frac{3}{8}$	$\frac{1}{4}$	$\frac{1}{8}$

c) Zeichnen Sie eine x- und eine y-Achse. Tragen Sie auf der x-Achse für jeden möglichen Wert x der Zufallsgröße eine Säule ein. Es ist günstig, die Säule für $x = 0$ rechts neben die y-Achse zu zeichnen. Wählen Sie als Säulenbreite 1 und als Höhe die Wahrscheinlichkeit $P(X = x)$.

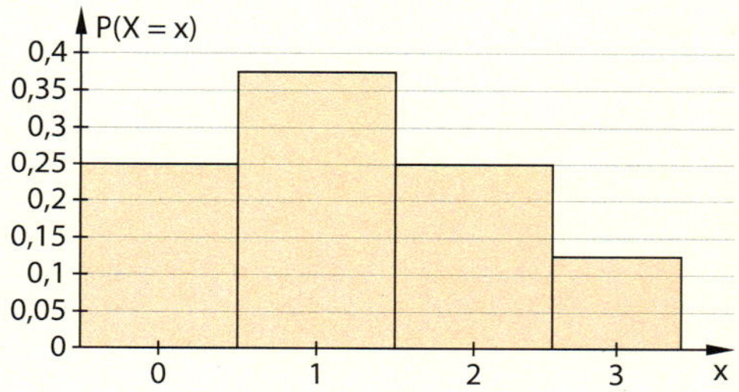

Basisaufgaben

1. Ein Glücksrad mit 20 gleich großen Feldern von 1 bis 20 wird einmal gedreht. Ist die gedrehte Zahl gerade, so bekommt man 1 €. Bei einer einstelligen ungeraden Zahl bekommt man 2 €, bei einer zweistelligen ungeraden Zahl bekommt man 3 €. Die Zufallsgröße X gibt den ausgezahlten Betrag in Euro an.
a) Bestimmen Sie, welche Werte die Zufallsgröße X annehmen kann, und geben Sie die zugehörigen Ergebnisse an.
b) Bestimmen Sie die Wahrscheinlichkeitsverteilung der Zufallsgröße X.

2. Die angegebene Wahrscheinlichkeitsverteilung ist unvollständig. Ergänzen Sie begründet die fehlende Wahrscheinlichkeit. Geben Sie ein passendes Zufallsexperiment an.

a)

x	0	1	2
P(X = x)	0,25		0,25

b)

x	0	1	2	3	4
P(X = x)	0,1	0,45	0,25		0,05

3. Stellen Sie die Wahrscheinlichkeitsverteilung in einem Histogramm dar.

a)

x	0	1	2	3
P(X = x)	0,25	0,2	0,15	0,4

b)

x	0	3	5	10
P(X = x)	0,3	0,2	0,45	0,05

Erwartungswert, Varianz und Standardabweichung

In Analogie zum arithmetischen Mittel und der Standardabweichung aus der Statistik, werden auch in der Wahrscheinlichkeitsrechnung Kenngrößen für Zufallsexperimente herangezogen.

Ein Spielwürfel wird geworfen. Ist die Augenzahl 2 oder 4, so bekommt man 2 €, ist die Augenzahl 6, so bekommt man 8 €, sonst 0 €. Die Zufallsgröße X beschreibt die Auszahlung.

X: Höhe der Auszahlung in €
Wahrscheinlichkeitsverteilung von X:

x	0	2	8
P(X = x)	$\frac{1}{2}$	$\frac{1}{3}$	$\frac{1}{6}$

arithmetisches Mittel:
$0 \cdot \frac{1}{2} + 2 \cdot \frac{1}{3} + 8 \cdot \frac{1}{6} = 2$
Langfristig ist mit einer Auszahlung von durchschnittlich 2 € pro Spiel zu rechnen.

Bei häufiger Wiederholung, kann man davon ausgehen, dass die relativen Häufigkeiten der Ergebnisse in der Nähe der theoretischen Wahrscheinlichkeiten liegen. Dass also die Hälfte der Würfe 1, 3 oder 5, ein Drittel der Würfe 2 oder 4 und ein Sechstel der Würfe 6 ergeben. Mit diesen Werten lässt sich ein (theoretisches) arithmetisches Mittel für die Auszahlung berechnen. Dieses wird als **Erwartungswert** der Zufallsgröße bezeichnet.

Erinnerung:
Bei einem Merkmal mit Werten $x_1, x_2, \ldots, x_n$ und relativen Häufigkeiten $h_1, h_2, \ldots, h_n$ gilt für das arithmetische Mittel:
$\overline{x} = h_1 x_1 + \ldots + h_n x_n$

Definition: Erwartungswert einer Zufallsgröße
Für den **Erwartungswert** einer Zufallsgröße X, die die Werte $x_1, x_2, \ldots, x_n$ annehmen kann, gilt: $E(X) = x_1 \cdot P(X = x_1) + x_2 \cdot P(X = x_2) + \ldots + x_n \cdot P(X = x_n)$

Hinweis:
Den Erwartungswert E(X) bezeichnet man auch mit μ („mü"), wenn klar ist, welche Zufallsgröße X gemeint ist.

Der Erwartungswert stellt eine Prognose für das arithmetische Mittel der Zufallsgröße dar. Das tatsächliche arithmetische Mittel kann vom Erwartungswert abweichen. Es wird sich aber dem Erwartungswert annähern, wenn das Experiment sehr häufig durchgeführt wird.

Der Erwartungswert einer Zufallsgröße allein ist aber oft nicht sehr aussagekräftig. Es werden die einfachen Würfe eines normalen Spielwürfels und eines Quader-Würfels verglichen.

Spielwürfel
X: Augenzahl

E(X) = 3,5

x	1	2	3	4	5	6
P(X = x)	$\frac{1}{6}$	$\frac{1}{6}$	$\frac{1}{6}$	$\frac{1}{6}$	$\frac{1}{6}$	$\frac{1}{6}$

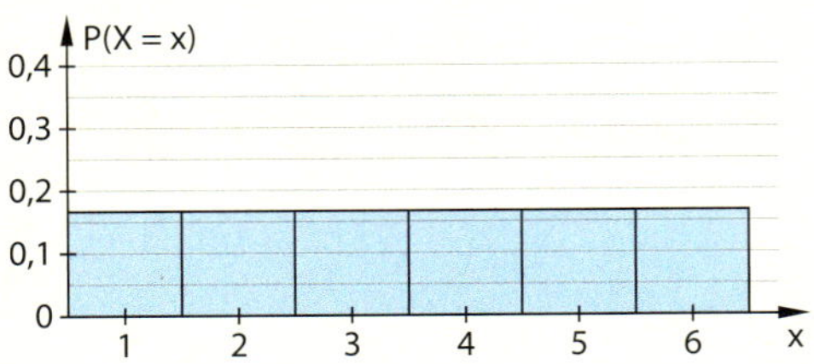

Quader-Würfel
Y: Augenzahl

E(Y) = 3,5

y	1	2	3	4	5	6
P(Y = y)	0,05	0,1	0,35	0,35	0,1	0,05

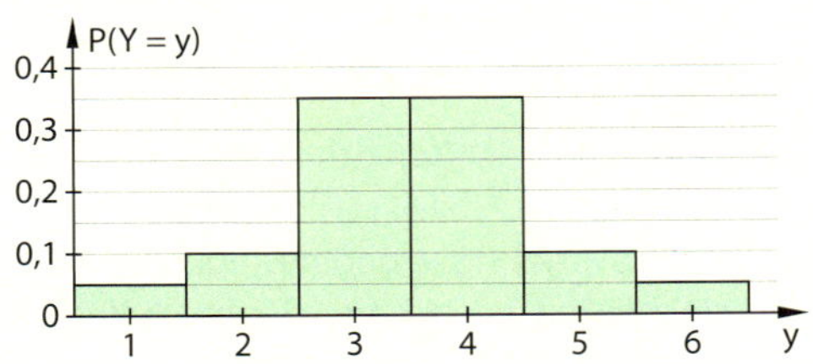

Die Zufallsgrößen haben beide einen Erwartungswert von 3,5. Anhand der Histogramme sieht man, dass Werte, die deutlich vom Erwartungswert abweichen, beim Spielwürfel wahrscheinlicher sind als beim Quader-Würfel: Die Werte von X streuen stärker als die Werte von Y.

Um die Streuung der Wahrscheinlichkeitsverteilung einer Zufallsgröße X um den Erwartungswert zu beschreiben, definiert man eine (theoretische) **Varianz** bzw. **Standardabweichung**. Sie stellt eine Prognose für die empirische Varianz bzw. Standardabweichung s der Werte dar, die X bei vielen Versuchsdurchführungen annimmt.

Hinweis:
empirisch = statistisch

Hinweis:
Die Abweichungen $(x_i - \mu)$ werden quadriert, damit sich positive und negative Abweichungen nicht gegenseitig aufheben.

Definition: Varianz und Standardabweichung einer Zufallsgröße

Für eine Zufallsgröße X, die die Werte $x_1, x_2, \ldots, x_n$ annehmen kann und den Erwartungswert $\mu = E(X)$ hat, heißt
$V(X) = (x_1 - \mu)^2 \cdot P(X = x_1) + (x_2 - \mu)^2 \cdot P(X = x_2) + \ldots + (x_n - \mu)^2 \cdot P(X = x_n)$ **Varianz** von X
und $\sigma(X) = \sqrt{V(X)}$ **Standardabweichung** von X.

Beispiel 2: Erwartungswert

Bei einem Glücksspiel würfelt man einmal mit einem normalen Spielwürfel.
Ist die Augenzahl gerade, so bekommt man den gewürfelten Betrag in Euro ausgezahlt.
Ist die Augenzahl ungerade, so bekommt man nichts.

a) Berechnen Sie den Erwartungswert der Auszahlung.
b) Geben Sie einen Einsatz für das Spiel an, sodass das Spiel fair ist.

Lösung:

a) Die Zufallsgröße X beschreibt die Höhe der Auszahlung. Sie kann die Werte 0, 2, 4 und 6 annehmen. Drei Ergebnisse führen zu X = 0 und je ein Ergebnis zu X = 2, X = 4 und X = 6. Daraus ergeben sich die Wahrscheinlichkeiten.
Multiplizieren Sie die Auszahlungen mit den zugehörigen Wahrscheinlichkeiten und addieren Sie diese Produkte.

X: Höhe der Auszahlung in €

$P(X = 0) = \frac{3}{6} = \frac{1}{2}$ $\quad P(X = 2) = \frac{1}{6}$

$P(X = 4) = \frac{1}{6}$ $\quad P(X = 6) = \frac{1}{6}$

x	0	2	4	6
P(X = x)	$\frac{1}{2}$	$\frac{1}{6}$	$\frac{1}{6}$	$\frac{1}{6}$

$E(X) = 0 \cdot \frac{1}{2} + 2 \cdot \frac{1}{6} + 4 \cdot \frac{1}{6} + 6 \cdot \frac{1}{6} = 2$

b) Das Spiel ist fair, wenn die langfristig zu erwartende durchschnittliche Auszahlung dem Einsatz entspricht.

Langfristig erwartet man eine durchschnittliche Auszahlung von 2 € pro Spiel. Das Spiel ist also bei einem Einsatz von 2 € fair.

Hinweis:
Ein Spiel ist fair, wenn weder Spieler noch Anbieter langfristig einen Vorteil erwarten können.

Beispiel 3: Varianz und Standardabweichung

Gegeben sind die Wahrscheinlichkeitsverteilungen der Zufallsgrößen X und Y.

x	1	2	3	4
P(X = x)	0,3	0,3	0,2	0,2

y	1	2	3	4
P(Y = y)	0,5	0,1	0	0,4

X und Y haben beide den gleichen Erwartungswert $E(X) = E(Y) = 2{,}3$.

a) Berechnen Sie die Varianz und die Standardabweichung von X und Y.
b) Vergleichen Sie die Ergebnisse und erklären Sie ihre Bedeutung für die Wahrscheinlichkeitsverteilungen.

Lösung:

a) Berechnen Sie für jedes x (bzw. y) die Differenz x − 2,3 (bzw. y − 2,3), quadrieren Sie die Ergebnisse und multiplizieren Sie sie mit den zugehörigen Wahrscheinlichkeiten. Die Summe dieser Produkte ergibt die Varianz von X (bzw. Y).
Durch Ziehen der Wurzel erhalten Sie die Standardabweichung.

$V(X) = (1 - 2{,}3)^2 \cdot 0{,}3 + (2 - 2{,}3)^2 \cdot 0{,}3 + (3 - 2{,}3)^2 \cdot 0{,}2 + (4 - 2{,}3)^2 \cdot 0{,}2 = 1{,}21$

$\sigma(X) = \sqrt{V(X)} = 1{,}1$

$V(Y) = (1 - 2{,}3)^2 \cdot 0{,}5 + (2 - 2{,}3)^2 \cdot 0{,}1 + (3 - 2{,}3)^2 \cdot 0 + (4 - 2{,}3)^2 \cdot 0{,}4 = 2{,}01$

$\sigma(Y) = \sqrt{V(Y)} \approx 1{,}418$

b) Die Ergebnisse aus a) geben einen Eindruck, welche Verteilung stärker streut.

Es gilt $V(Y) > V(X)$ und $\sigma(Y) > \sigma(X)$.
Die Wahrscheinlichkeitsverteilung von Y streut stärker um den Erwartungswert 2,3 als die von X.

Basisaufgaben

4. Berechnen Sie den Erwartungswert und die Varianz der Zufallsgröße X.

a)

x	1	2	4	5	6
P(X = x)	0,3	0,3	0,1	0,1	0,2

b)

x	5	10	15	20	25
P(X = x)	0,1	0,3	0,2	0,3	0,1

c)

x	−2	−1	0	1	2
P(X = x)	0,6	0,1	0,1	0,1	0,1

d)

x	1	2	3	4	8
P(X = x)	0,5	0,3	0,1	0,05	0,05

5. Bei einem Glücksspiel würfelt man einmal mit einem Oktaeder-Würfel mit den Zahlen von 1 bis 8. Bei einer 1, 2 und 3 bekommt man 1 €, bei einer 4, 5 und 6 bekommt man 2 €, bei einer 7 gibt es 5 € und bei einer 8 gibt es 10 €.

a) Berechnen Sie den Erwartungswert der Auszahlung.

b) Geben Sie einen Einsatz für das Spiel an, sodass das Spiel fair ist.

6. Die angegebenen Wahrscheinlichkeitsverteilungen haben den gleichen Erwartungswert.

①

x	1	2	3	4	5	6
P(X = x)	$\frac{1}{6}$	$\frac{1}{6}$	$\frac{1}{6}$	$\frac{1}{6}$	$\frac{1}{6}$	$\frac{1}{6}$

②

x	1	2	3	4	5	6
P(X = x)	0	0	0,5	0,5	0	0

③

x	1	2	3	4	5	6
P(X = x)	0,5	0	0	0	0	0,5

④

x	1	2	3	4	5	6
P(X = x)	0,05	0,15	0,3	0,3	0,15	0,05

a) Ordnen Sie die Verteilungen ① bis ④ ohne weitere Berechnungen nach der Größe ihrer Standardabweichung. Begründen Sie ihre Einteilung.

b) Berechnen Sie die Standardabweichungen der Wahrscheinlichkeitsverteilungen und vergleichen Sie mit den Ergebnissen aus a).

7. Die Histogramme stellen vier unterschiedliche Wahrscheinlichkeitsverteilungen dar.

①

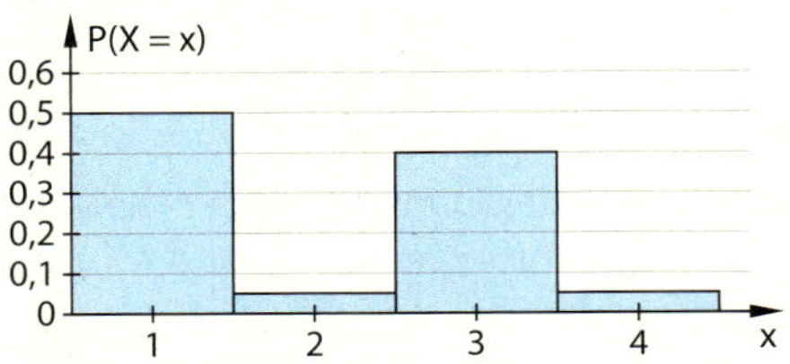

②

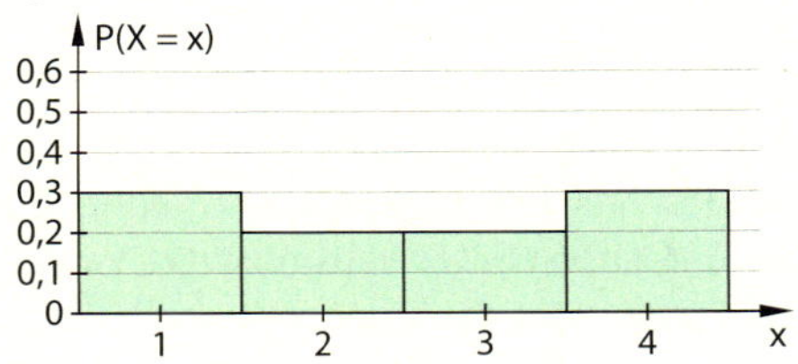

③

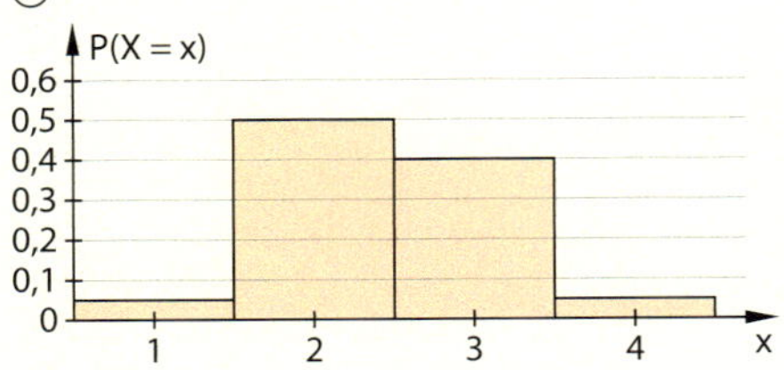

④

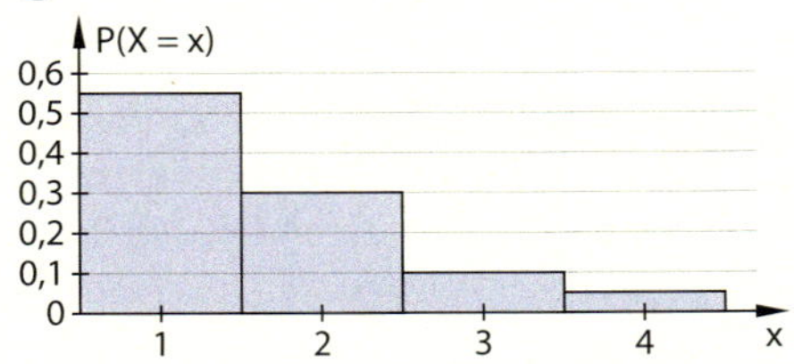

a) Schätzen Sie den Erwartungswert von ① bis ④ und berechnen Sie ihn zur Kontrolle.

b) Ordnen Sie die Wahrscheinlichkeitsverteilungen ① bis ④ ohne konkrete Berechnungen nach dem Wert ihrer Standardabweichung von groß nach klein.

c) Lesen Sie aus den Histogrammen die Wahrscheinlichkeitsverteilungen ab und bestimmen Sie die Standardabweichungen. Überprüfen Sie damit Ihre Einschätzung aus b).

Weiterführende Aufgaben

8. Ein Glücksrad mit 10 Feldern von 1 bis 10 wird einmal gedreht. Ist die gedrehte Zahl durch 2, 3 bzw. 5 teilbar, so bekommt man 2 €, 3 € bzw. 5 €. Ist die Zahl durch zwei dieser Zahlen teilbar, so bekommt man die Summe dieser Beträge ausgezahlt. Die Zufallsgröße X beschreibt den ausgezahlten Betrag in Euro.

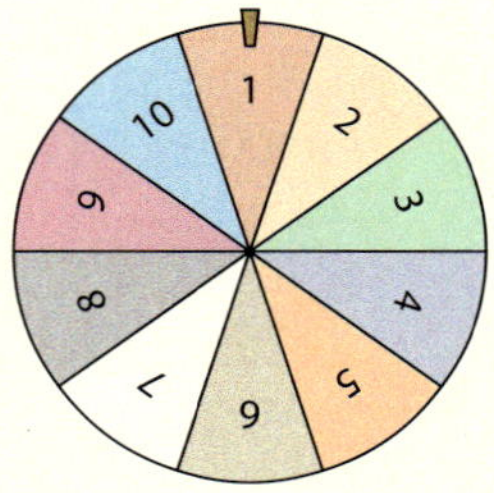

a) Bestimmen Sie, welche Werte die Zufallsgröße X annehmen kann, und geben Sie die zugehörigen Ergebnisse an.
b) Bestimmen Sie die Wahrscheinlichkeitsverteilung von X.
c) Berechnen Sie den langfristig zu erwartenden durchschnittlichen Auszahlungsbetrag,

9. Bei einem Anbieter stehen zwei Arten von Glücksspielen zur Auswahl. Die Tabellen zeigen den Einsatz und die Wahrscheinlichkeitsverteilungen der Auszahlungen.

Spiel 1: Einsatz 0,60 €, X: Auszahlung in €

x	0	1	2
P(X = x)	0,3	0,6	0,1

Spiel 2: Einsatz 2 €, Y: Auszahlung in €

y	0	1	2	5	8
P(Y = y)	0,3	0,25	0,2	0,15	0,1

a) Untersuchen Sie für beide Glücksspiele, ob sie fair sind.
b) Untersuchen Sie, welches der beiden Glücksspiele riskanter ist.
c) Formulieren Sie konkrete Spielregeln für Glücksspiele, die zu den beiden gegebenen Wahrscheinlichkeitsverteilungen passen.

10. Für einen Einsatz von 4 € werden zwei Spielwürfel geworfen. Ist die Augensumme ungerade, so werden 0 € ausgezahlt. Ist die Augensumme gerade, so bekommt man die Augensumme ausgezahlt. Betrachten Sie die Zufallsgrößen X und Y.

x	0	2	4	6	8	10	12
P(X = x)	$\frac{1}{2}$	$\frac{1}{36}$	$\frac{3}{36}$	$\frac{5}{36}$	$\frac{5}{36}$	$\frac{3}{36}$	$\frac{1}{36}$

y	−4	−2	0	2	4	6	8
P(Y = y)	$\frac{1}{2}$	$\frac{1}{36}$	$\frac{3}{36}$	$\frac{5}{36}$	$\frac{5}{36}$	$\frac{3}{36}$	$\frac{1}{36}$

a) Beschreiben Sie den Zusammenhang zwischen den Zufallsgrößen und dem Spiel.
b) Berechnen Sie Erwartungswert, Varianz und Standardabweichung zu X und Y.
c) Erklären Sie die Ergebnisse aus b) im Sachzusammenhang.
d) Erläutern Sie, welchen Erwartungswert die Zufallsgröße Y haben müsste, damit das Glücksspiel als fair bezeichnet werden könnte.

11. Stolperstelle: Die Zufallsgröße X beschreibt die Auszahlung bei einem Glücksspiel mit einem Einsatz von 2 €. Timo, Michelle und André berechnen den Erwartungswert und bewerten das Spiel. Beurteilen Sie die Lösungen der Schüler.

x	0	4	10
P(X = x)	$\frac{6}{10}$	$\frac{3}{10}$	$\frac{1}{10}$

a) Timo:
$E(X) = \frac{\left(0 \cdot \frac{6}{10} + 4 \cdot \frac{3}{10} + 10 \cdot \frac{1}{10}\right)}{3} \approx 0{,}733 < 2$ *Der Spieler wird benachteiligt.*

b) Michelle:
$E(X) = 0 \cdot \frac{6}{10} + 4 \cdot \frac{3}{10} + 10 \cdot \frac{1}{10} = \frac{22}{10} = 2{,}2$ *Durchschnittlich gewinnt man 2,20 € bei dem Spiel.*

c) André:
$E(X) = -2 \cdot \frac{6}{10} + 2 \cdot \frac{3}{10} + 8 \cdot \frac{1}{10} = 0{,}20 < 2$ *Das Spiel ist zum Nachteil des Spielers.*

12. In einer Urne sind 2 rote und 3 schwarze Kugeln. Aus der Urne wird dreimal ohne Zurücklegen gezogen.

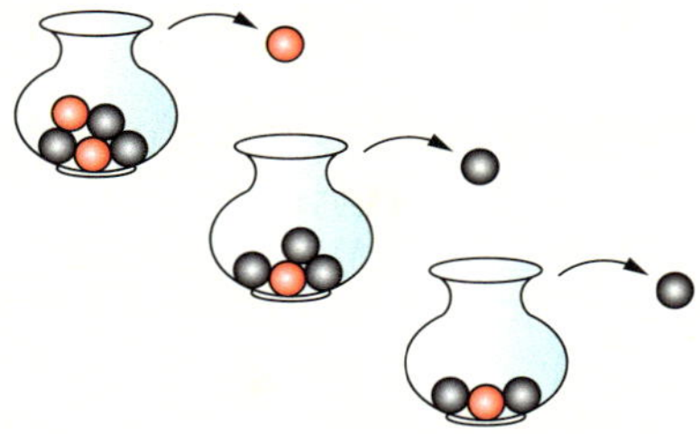

a) Stellen Sie das Zufallsexperiment in einem Baumdiagramm dar.

b) Es werden die Zufallsgrößen X und Y mit den angegebenen Wahrscheinlichkeitsverteilungen betrachtet. Untersuchen Sie, was die jeweilige Zufallsgröße beschreibt.

x	0	1	2	3
P(X = x)	0,1	0,6	0,3	0

y	0	1	2	3
P(Y = y)	0	0,3	0,6	0,1

● c) Die Größe W beschreibt die Anzahl der Ziehungen bis zur ersten roten Kugel. Die Wahrscheinlichkeiten in der Tabelle addieren sich nicht zu 1. Erläutern Sie dies und beschreiben Sie die Problematik.

w	1	2	3
P(W = w)	0,4	0,3	0,2

13. Beurteilen Sie die Aussage. Geben Sie bei einer falschen Aussage ein Gegenbeispiel an.

a) Wenn eine Zufallsgröße nur ganze Zahlen als Werte annimmt, dann ist auch der Erwartungswert der Zufallsgröße ganzzahlig.

b) Der Erwartungswert liegt in der Nähe des Werts, den die Zufallsgröße mit der größten Wahrscheinlichkeit annimmt.

c) Je kleiner die Standardabweichung ist, desto wahrscheinlicher ist es, dass der Wert einer Zufallsgröße in der Nähe des Erwartungswerts liegt.

● **14.** In einer Urne sind zwei gelbe und eine unbekannte Anzahl roter Kugeln. Es wird zweimal aus der Urne gezogen. Sind beide Kugeln gelb, so gewinnt man 5 €.

a) Legt man die erste gezogene Kugel wieder zurück, so ist das Spiel bei einem Einsatz von 0,80 € fair. Bestimmen Sie die Anzahl der roten Kugeln in der Urne.

b) Wird das Spiel ohne Zurücklegen der ersten gezogenen Kugel gespielt, so ist es bei einem Einsatz von 0,50 € fair. Bestimmen Sie die Anzahl der roten Kugeln in der Urne.

c) Untersuchen Sie, welche der beiden Varianten risikoreicher ist.

● **15.** Ein Glücksrad besteht aus fünf unterschiedlich großen Sektoren, die mit 0 €, 4 €, 8 €, 12 € und 16 € beschriftet sind. Für das einmalige Drehen des Glücksrades beschreibt die Zufallsgröße X die Auszahlung in €. Das einmalige Drehen des Glücksrades ist bei einem Einsatz von 7 € fair.

x	0	4	8	12	16
P(X = x)	c	$\frac{1}{4}$	$\frac{1}{8}$	$\frac{1}{4}$	d

a) Bestimmen Sie die Wahrscheinlichkeiten $P(X = 0)$ und $P(X = 16)$.

b) Beim zweimaligen Drehen wird der höhere der beiden gedrehten Beträge ausgezahlt. Bestimmen Sie einen fairen Einsatz für dieses Glücksspiel.

● **16. Ausblick:** Die Tschebyscheff-Ungleichung besagt, dass bei einer Zufallsgröße X für jede Zahl $k > 0$ gilt:

$P(|X - E(X)| > k) \leq \frac{V(X)}{k^2}$

a) Begründen Sie, dass die Tschebyscheff-Ungleichung äquivalent ist zu

$P(|X - E(X)| \leq k) \geq 1 - \frac{V(X)}{k^2}$.

b) Ein Verlag lässt die Verkaufsaussichten eines neuen Buchs erforschen. Die Marktforschung liefert die Aussage, dass mit einem Verkauf von 75 000 Büchern bei einer zu erwartenden Standardabweichung von 2500 Büchern zu rechnen sei. Schätzen Sie die Wahrscheinlichkeit ab, dass der Verlag zwischen 70 000 und 80 000 Bücher verkauft.

7.8 Klausur- und Abiturtraining

Aufgaben ohne Hilfsmittel

1. Die abgebildete Vierfeldertafel beschreibt den Zusammenhang zwischen zwei Ereignissen A und B.

	A	$\overline{A}$	Summe
B			350
$\overline{B}$	100		
Summe		300	500

   a) Vervollständigen Sie die Vierfeldertafel.
   b) Berechnen Sie die Wahrscheinlichkeiten $P(A), P(A \cap B), P_B(A), P_A(B)$.
   c) Stellen Sie die Daten der Vierfeldertafel in einem Baumdiagramm, das zuerst nach dem Ereignis A verzweigt, dar.
   d) Entscheiden Sie, ob die Ereignisse A und B stochastisch unabhängig sind.

2. Zwei Würfel mit Augenzahlen von 1 bis 6 werden geworfen und die folgenden Ereignisse betrachtet.
   A: Die Augenzahl des ersten Würfels ist gerade.
   B: Die Augenzahl des zweiten Würfels ist 2.
   C: Die Augensumme ist 4.
   D: Die Augenzahlen sind bei beiden Würfeln gleich.
   a) Zeigen Sie, welche der Ereignisse B, C und D vom Ereignis A stochastisch unabhängig und welche stochastisch abhängig sind.
   b) Geben Sie ein Ereignis E an, welches vom Ereignis A stochastisch abhängig ist (aber nicht mit A übereinstimmt) und vom Ereignis B stochastisch unabhängig ist. Weisen Sie die Abhängigkeit bzw. die Unabhängigkeit nach.

3. Ein Glücksrad hat ein rotes, ein gelbes und ein grünes Feld (siehe Abbildung).

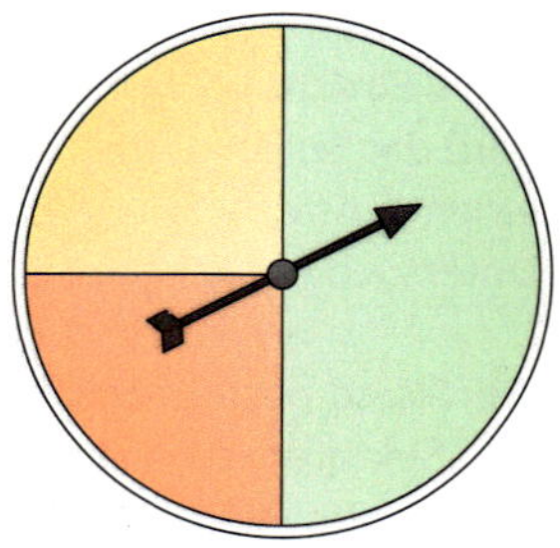

   a) Berechnen Sie die Wahrscheinlichkeit, dass
      ① beim dreimaligen Drehen die Kombination (rot, gelb, grün) gedreht wird.
      ② beim zweimaligen Drehen zwei unterschiedliche Farben gedreht werden.
      ③ beim vierten Dreh das erste Mal grün gedreht wird.
   b) Beschreiben Sie in diesem Sachzusammenhang die Bedeutung des Terms $2 \cdot 0{,}25^2 + 0{,}5^2$.
   c) Geben Sie einen Term an, mit dem die Wahrscheinlichkeit dafür, dass beim dreimaligen Drehen des Glücksrads alle drei Farben erscheinen, berechnet werden kann.

4. Katrin ist Mitglied in einem Chor, der aus zwölf Frauen und neun Männern besteht. Für die Teilnahme an einer Preisverleihung sollen zwei Mitglieder des Chors ausgewählt werden.
   a) Bestimmen Sie, wie viele Möglichkeiten es gibt, die Teilnehmer auszuwählen.
   b) Berechnen Sie die Wahrscheinlichkeit der folgenden Ereignisse.
      A: Eine Frau und ein Mann werden ausgewählt.
      B: Es wird kein Mann ausgewählt.
      C: Katrin ist bei den Ausgewählten dabei.
   c) Geben Sie zwei verschiedene Terme an, mit denen die Wahrscheinlichkeit für das Ereignis berechnet werden kann.
      D: Es wird mindestens ein Mann ausgewählt.

Aufgaben mit Hilfsmitteln

5. Die Abbildung zeigt die Körpernetze zweier Würfel A und B.

A: B:

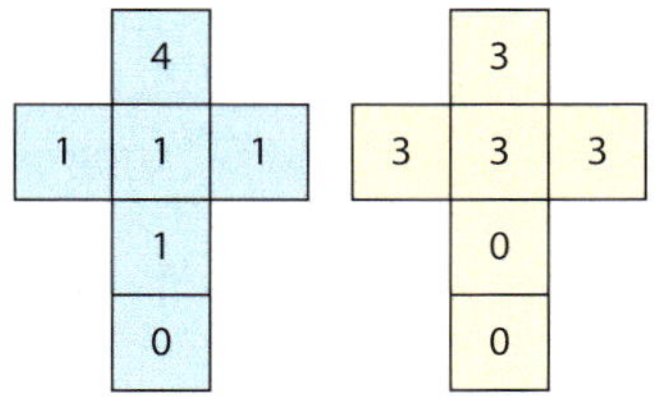

a) Bestimmen Sie für den Würfel A die Wahrscheinlichkeiten der folgenden Ereignisse.
① Es wird zweimal hintereinander eine „1“ gewürfelt.
② Es wird dreimal in Folge keine „4“ gewürfelt.
③ Es wird dreimal gewürfelt. Dabei werden drei unterschiedliche Augenzahlen gewürfelt.

b) Tim und Martin spielen mit den Würfeln A und B gegeneinander. Derjenige, der die höhere Zahl würfelt, gewinnt das Spiel. Würfeln beide die gleiche Zahl, so endet das Spiel unentschieden. Vor Spielbeginn darf Tim einen Würfel auswählen.
Untersuchen Sie, ob Tim durch die Auswahlmöglichkeit des Würfels im Vorteil ist.

6. Auf einigen Social-Media-Plattform haben Nutzer die Möglichkeit Freunde zu sammeln und in ihrem Profil ihren Beziehungsstatus anzugeben. Sven hat auf einer solchen Plattform 440 Freunde, von denen 244 ihren Beziehungsstatus angegeben haben. Davon haben 116 angegeben, dass sie Single sind. Sven weiß jedoch, dass insgesamt 288 seiner Freunde auf der Plattform in einer Beziehung sind.

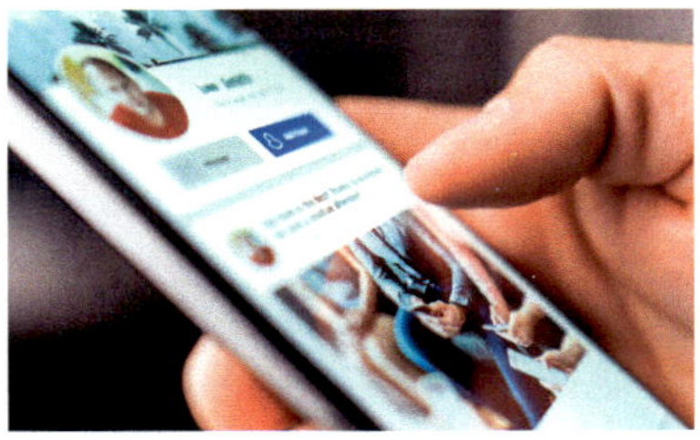

a) Erstellen Sie eine geeignete Vierfeldertafel und ergänzen Sie die fehlenden Angaben.

b) Ermitteln Sie die Wahrscheinlichkeit dafür, dass ein Freund von Sven auf der Plattform
① in einer Beziehung ist und dies angegeben hat.
② seinen Beziehungsstatus angegeben hat, wenn er in einer Beziehung ist.
③ Single ist, wenn er seinen Beziehungsstatus nicht angegeben hat.

c) Prüfen Sie, ob die Merkmale „hat seinen Beziehungsstatus angegeben“ und „ist in einer Beziehung“ stochastisch unabhängig sind.

7. Um eine Ausbreitung der BSE-Seuche unter Rindern zu verhindern, wurden in Deutschland im Jahr 2000 etwa 500 000 Rinder geschlachtet. 500 der Tiere waren tatsächlich erkrankt. Der dabei verwendete Schnelltest identifiziert mit einer Wahrscheinlichkeit von 95 % die erkrankten Rinder korrekt. Ein gesundes Tier wird mit einer Wahrscheinlichkeit von 3 % als „BSE-krank“ identifiziert.

a) Stellen Sie die Situation in einer Vierfeldertafel mit absoluten Zahlen und in einem Baumdiagramm mit Wahrscheinlichkeiten dar. Bestimmen Sie die Wahrscheinlichkeit,
① dass ein Rind gesund und das Testergebnis negativ ist.
② dass ein Rind krank ist und das Testergebnis positiv ist.
③ dass ein Rind mit dem Testergebnis „BSE-erkrankt“ wirklich an BSE erkrankt war.

b) Bestimmte Gebiete der Bundesrepublik galten als besondere Risikobereiche für BSE. In diesen Bereichen kann angenommen werden, dass die relative Häufigkeit von BSE-erkrankten Rindern teilweise deutlich erhöht war. Nehmen Sie nun an, dass der Anteil p der tatsächlich an BSE erkrankten Rinder variabel sei.
Erläutern Sie, dass die Funktion f mit $f(p) = \frac{p \cdot 0{,}95}{p \cdot 0{,}95 + (1-p) \cdot 0{,}03}$ die bedingte Wahrscheinlichkeit $P_{\text{Test positiv}}(\text{krank})$ in Abhängigkeit von p beschreibt.
Geben Sie den Funktionswert f(0,01) an und deuten Sie diesen im Sachzusammenhang.
Bestimmen Sie mithilfe der Funktion f, wie hoch der Anteil p der erkrankten Rinder sein müsste, damit die Wahrscheinlichkeit, dass ein positiv getestetes Rind tatsächlich krank war, größer als 50 % ist.

Prüfen Sie Ihr neues Fundament

Lösungen
↗ S. 304

1. In einer Charge von 50 Laptops sind 8 fehlerhaft. Bei 6 Laptops ist der Akku defekt, bei 2 Laptops ist der Bildschirm defekt. Es werden zufällig 20 Laptops ausgewählt.
Bestimmen Sie die Wahrscheinlichkeit des Ereignisses.

a) Es sind genau 5 fehlerhafte Laptops dabei.
b) Es ist höchstens ein fehlerhafter Laptop dabei.
c) Es sind genau 2 Laptops mit defektem Akku und ein Laptop mit defektem Bildschirm dabei.
d) Es ist kein Laptop mit defektem Bildschirm und höchstens ein Laptop mit defektem Akku dabei.

2. Die Vierfeldertafeln beschreiben mit Anzahlen bzw. Anteilen für zwei Gymnasien Zusammenhänge zwischen dem Geschlecht und der Aktivität in einem Sportverein.
Ereignis A: Eine zufällig ausgewählte Person ist männlich.
Ereignis B: Eine zufällig ausgewählte Person ist in einem Sportverein aktiv.

Gymnasium 1

	B	$\overline{B}$	gesamt
A	100		330
$\overline{A}$			
gesamt	150		600

Gymnasium 2

	B	$\overline{B}$	gesamt
A		28 %	
$\overline{A}$	18 %		60 %
gesamt			100 %

Ergänzen Sie die fehlenden Felder. Prüfen Sie mit der Multiplikationsregel für jedes Gymnasium, ob die Ereignisse A und B stochastisch unabhängig sind.

3. Ein Spielwürfel wird zweimal nacheinander geworfen.

a) Berechnen Sie die Wahrscheinlichkeit, dass die erste Augenzahl 6 ist unter der Bedingung, dass die erste Augenzahl gerade ist.
b) Berechnen Sie die Wahrscheinlichkeit, dass die Augensumme beider Würfe 8 ist unter der Bedingung, dass die erste Augenzahl 6 ist.
c) Berechnen Sie die Wahrscheinlichkeit, dass die erste Augenzahl 6 ist unter der Bedingung, dass die Augensumme beider Würfe 8 ist.

Info:
Als Placeboeffekt bezeichnet man in der Medizin das Auftreten einer therapeutischen Wirkung durch die Gabe von Tabletten ohne Wirkstoff (Placebos).

4. Ein Pharmaunternehmen hat einen neuen Wirkstoff gegen eine Erkrankung entwickelt und an Versuchspersonen getestet. Um einen Placeboeffekt auszuschließen, bekamen 25 % der Testpersonen ein Medikament ohne Wirkstoff. Bei denjenigen Testpersonen, die den Wirkstoff erhielten, trat bei 72 % eine deutliche Linderung ein. Jedoch trat auch bei denjenigen Versuchspersonen, die keinen Wirkstoff erhielten, in 18 % der Fälle eine Linderung ein.

Nutzen Sie folgende Notationen:
L: Es trat eine Linderung ein. W: Das Medikament enthielt einen Wirkstoff.

a) Stellen Sie den Sachverhalt in einem vollständig beschrifteten Baumdiagramm und einer Vierfeldertafel dar.
b) Bestimmen Sie die Wahrscheinlichkeit, dass bei einer zufällig ausgewählten Versuchsperson eine Linderung eintrat.
c) Bestimmen Sie die Wahrscheinlichkeit, dass eine zufällig ausgewählte Versuchsperson, die eine Linderung angab, ein Medikament mit Wirkstoff erhalten hatte.
d) Berechnen Sie $P(\overline{W} \cap \overline{L})$ und $P_{\overline{L}}(\overline{W})$ und erklären Sie die inhaltliche Bedeutung beider Ergebnisse im Sachzusammenhang.

5. In einer Schale liegen vier Kugeln, die mit den Zahlen 1, 2, 3 und 4 beschriftet sind. Es wird zweimal nacheinander mit Zurücklegen eine Kugel gezogen. Betrachten Sie die Ereignisse:

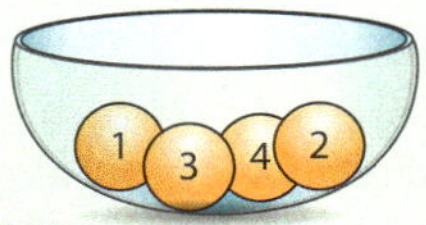

A: Im 1. Zug wird die 2 gezogen. B: Im 2. Zug wird die 2 gezogen.
C: Im 1. Zug wird eine Primzahl gezogen. D: Die Summe ist 4.

a) Schätzen Sie, ob Ereignis A von Ereignis B (von C, von D) stochastisch unabhängig ist.
b) Überprüfen Sie Ihre Schätzungen rechnerisch und begründen Sie die Ergebnisse.

Lösungen
↗ S. 305

6. Bei einem Zufallsexperiment wird das Produkt aus den Zahlen eines Würfelwurfs und des abgebildeten Glücksrads betrachtet. Alle ungeraden Zahlen des Würfels sind rot und alle geraden blau gefärbt. Das Ergebnis in dem abgebildeten Fall ist $6 \cdot 1 = 6$. Es werden die Ereignisse A: „Ergebnis ist durch drei teilbar“ und B: „Farbe des Würfels ist blau“ betrachtet.

mal
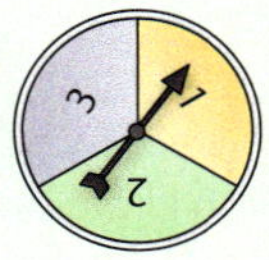

Bestimmen Sie die Wahrscheinlichkeiten und beschreiben Sie das Ereignis mit Worten.

a) $P(A \cap B)$ b) $P_A(B)$ c) $P_A(\overline{B})$ d) $P(\overline{A} \cap \overline{B})$ c) $P(\overline{B})$ d) $P_B(A)$

Hinweis zu 6:
Erstellen Sie eine Tabelle mit allen möglichen Ergebnissen.

7. Lebens- und Rentenversicherungen verwenden sogenannte Sterbetafeln als Grundlage dafür, ihr „Risiko“ abschätzen zu können, dass ihre Versicherten ein gewisses Alter erreichen. Die Tafeln geben an, wie viele von 100 000 Lebendgeborenen im jeweiligen Alter noch leben.

a) Geben Sie anhand der Sterbetafel an, mit welcher Wahrscheinlichkeit ein neugeborenes Mädchen 80 Jahre alt wird.
b) Bestimmen Sie, mit welcher Wahrscheinlichkeit ein 20-jähriger (bzw. 30-jähriger) Mann 80 Jahre alt wird.
c) Erläutern Sie, inwiefern in b) bedingte Wahrscheinlichkeiten auftreten.

Alter	männlich	weiblich	Alter	männlich	weiblich
0	100 000	100 000	55	93 949	96 539
5	99 578	99 638	60	90 413	94 608
10	99 534	99 606	65	85 073	91 717
15	99 488	99 566	70	77 765	87 414
20	99 339	99 485	75	68 016	81 251
25	99 111	99 395	80	54 794	71 485
30	98 857	99 285	85	36 886	54 827
35	98 513	99 115	90	17 933	31 872
40	98 036	98 866	95	5001	11 112
45	97 303	98 453	100	638	2051
50	96 078	97 743			

8. Beim Glücksspiel „Craps“ wird mit zwei Würfeln gewürfelt. Ist die Summe der beiden Würfel 7 oder 11, gewinnt der Spieler sofort. Bei 2, 3 oder 12 (diese Ergebnisse heißen „Craps“) hat er direkt verloren. Bei jeder anderen Augensumme würfelt der Spieler erneut, und zwar solange, bis die Augensumme entweder 7 ist (in diesem Fall verliert er) oder der Augensumme aus dem ersten Wurf entspricht (in diesem Fall gewinnt er).

a) Bestimmen Sie die Wahrscheinlichkeit, dass der Spieler zweimal hintereinander die Augensumme 9 würfelt, also als Gewinner hervorgeht.
b) Einer der Würfel zeigt im ersten Wurf eine 5, der andere bleibt an der Bande des Spielfelds auf der Kante stehen und soll wiederholt geworfen werden. Bestimmen Sie die Wahrscheinlichkeit, dass der Spieler beim Wiederholen direkt gewinnt.
c) Ein Spieler muss bei dem Spiel dreimal würfeln. Bestimmen Sie Wahrscheinlichkeit dafür, dass er das Spiel verloren hat, unter der Bedingung, dass er im ersten Wurf die Augensumme 5 und im zweiten Wurf die Augensumme 2 gewürfelt hat.

Fakultät und Binomialkoeffizient

Für $n \in \mathbb{R}$, $n \geq 2$ ist
$n! = n \cdot (n-1) \cdot (n-2) \cdot \ldots \cdot 3 \cdot 2 \cdot 1$
(Sprechweise: n **Fakultät**)
Man definiert $1! = 0! = 1$.

Der Term $\binom{n}{k} = \frac{n!}{k! \cdot (n-k)!}$ für $n, k \in \mathbb{N}$ mit $k \leq n$ und $k \neq 0$ heißt **Binomialkoeffizient**.
(Sprechweise: n über k).

Es ist $\binom{n}{0} = \binom{n}{n} = 1$.

$4! = 4 \cdot 3 \cdot 2 \cdot 1 = 24$
$5! = 5 \cdot 4 \cdot 3 \cdot 2 \cdot 1 = 5 \cdot 24 = 120$

Allgemein: $n! = n \cdot (n-1)!$

$\binom{5}{3} = \frac{5!}{3! \cdot (5-3)!} = \frac{5 \cdot 4 \cdot 3 \cdot 2 \cdot 1}{3 \cdot 2 \cdot 1 \cdot 2 \cdot 1} = \frac{5 \cdot 4}{2 \cdot 1} = 10$

$\binom{5}{4} = \frac{5!}{4! \cdot (5-4)!} = \frac{5 \cdot 4!}{4! \cdot 1} = 5$

Kombinatorik

Anzahl möglicher Ergebnisse beim Ziehen von k Kugeln aus einer Urne mit n Kugeln:

		Beachtung der Reihenfolge	
		mit	**ohne**
Zurücklegen	**mit**	n^k	$\binom{n+k-1}{k}$
	ohne	$\frac{n!}{(n-k!)}$	$\binom{n}{k}$

Gesucht ist die Anzahl an Möglichkeiten sechs freie Parkplätze mit drei Autos zu belegen.
$n = 6$; $k = 3$; ohne Zurücklegen und ohne Beachtung der Reihenfolge

$\binom{6}{3} = \frac{6!}{3! \cdot (6-3)!} = 20$

Es gibt 20 Möglichkeiten.

Lottomodell

Aus einer Urne mit n Kugeln, wovon r Kugeln „Richtige" sind, werden k Kugeln ohne Zurücklegen gezogen. Für das Ereignis, dass darunter genau N Richtige sind, gilt:

$P(\text{„N Richtige"}) = \frac{\binom{r}{N} \cdot \binom{n-r}{k-N}}{\binom{n}{k}}$

Gesucht ist die Wahrscheinlichkeit für genau 2 Richtige beim Lotto „6 aus 49".
$n = 49$; $k = r = 6$; $N = 2$

$P(\text{„2 Richtige"}) = \frac{\binom{6}{2} \cdot \binom{43}{4}}{\binom{49}{6}} = \frac{15 \cdot 123410}{13983816} \approx 0{,}13$

Bedingte Wahrscheinlichkeit

$P_A(B)$ ist die bedingte Wahrscheinlichkeit, dass das Ereignis B eintritt unter der Bedingung, dass das Ereignis A bereits eingetreten ist. Es gilt für $P(A) > 0$:

$P_A(B) = \frac{P(A \cap B)}{P(A)}$ bzw. $P(A \cap B) = P(A) \cdot P_A(B)$

Bei einer **Vierfeldertafel** erhält man bedingte Wahrscheinlichkeiten, indem man einen Eintrag in einem inneren Feld durch einen zugehörigen Eintrag in einem äußeren Feld dividiert.
Beispiel: $P_A(B) = \frac{P(A \cap B)}{P(A)}$

	B	$\overline{B}$	gesamt
A	$P(A \cap B)$	$P(A \cap \overline{B})$	$P(A)$
$\overline{A}$	$P(\overline{A} \cap B)$	$P(\overline{A} \cap \overline{B})$	$P(\overline{A})$
gesamt	$P(B)$	$P(\overline{B})$	1

Werfen eines Würfels:
A: Primzahl B: gerade Augenzahl
$A \cap B$: gerade Primzahl
$P(A) = \frac{3}{6} = \frac{1}{2}$ $P(A \cap B) = \frac{1}{6}$

$P_A(B) = \frac{P(A \cap B)}{P(A)} = \frac{\frac{1}{6}}{\frac{1}{2}} = \frac{2}{6} = \frac{1}{3}$

Bei einem Baumdiagramm gibt es bedingte Wahrscheinlichkeiten an den Ästen der 2. Stufe.

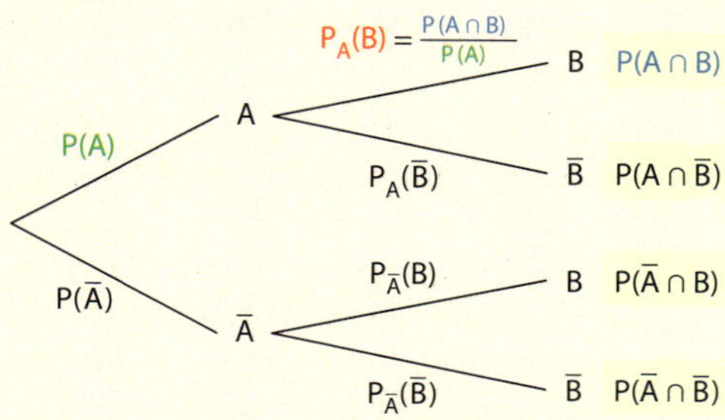

Stochastische Unabhängigkeit

Zwei Ereignisse A und B mit $P(A) > 0$, $P(B) > 0$ heißen **stochastisch unabhängig**, wenn gilt: $\mathbf{P_A(B) = P(B)}$
Dies ist genau dann der Fall, wenn gilt:
$\mathbf{P(A \cap B) = P(A) \cdot P(B)}$

Zwei Spielwürfel werden geworfen.
A: Erster Würfel zeigt eine 4.
B: Zweiter Würfel zeigt eine 2.
$P(A) = P(B) = \frac{1}{6}$; $\mathbf{P(A \cap B)} = \frac{1}{36} = \mathbf{P(A) \cdot P(B)}$
A und B sind stochastisch unabhängig.

8. Binomialverteilung

Um eine Erfolg versprechende Spielstrategie zu finden, kann man bei vielen Spielen seine Chancen mit der Binomialverteilung berechnen.

Nach diesem Kapitel können Sie …

- Bernoulli-Experimente von anderen Zufallsversuchen unterscheiden,
- Situationen mit Bernoulli-Ketten beschreiben und Wahrscheinlichkeiten für die Anzahl von Treffern berechnen,
- Wahrscheinlichkeiten und Parameter bei binomialverteilten Zufallsgrößen bestimmen,
- Erwartungswert und Standardabweichung von binomialverteilten Zufallsgrößen berechnen und am Histogramm erläutern.

Lösungen ↗ S. 305

Baumdiagramme und Wahrscheinlichkeit

1. Bei einem Glücksrad mit sechs gleich großen Sektoren ergibt die Farbe „Rot“ einen Hauptgewinn. Es wird dreimal gedreht.
   a) Vervollständigen Sie das Baumdiagramm und geben Sie alle zugehörigen Pfadwahrscheinlichkeiten an.
   b) Berechnen Sie die Wahrscheinlichkeit, dass genau zweimal einen Hauptgewinn „erdreht“ wird.

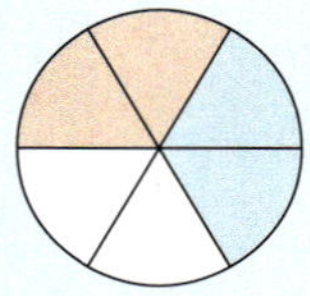

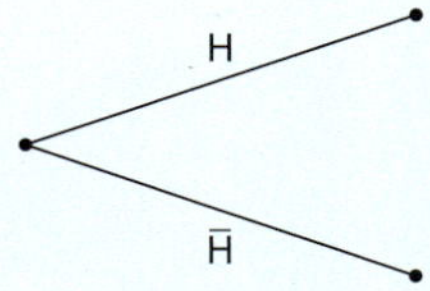

2. In einer Urne befinden sich 3 weiße Kugeln und 9 rote Kugeln. Es werden nacheinander zwei Kugeln ohne Zurücklegen gezogen.
   a) Vervollständigen Sie das Baumdiagramm durch Angabe aller Pfadwahrscheinlichkeiten.
   b) Erläutern Sie eine Kontrollmöglichkeit.

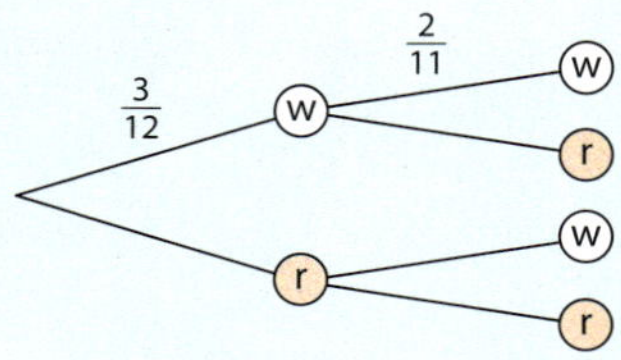

3. Auf einem Flughafen werden für Reisen innerhalb der EU stichprobenartig Pass- und Zollkontrollen unabhängig voneinander durchgeführt.
   Es wird angenommen, dass Passkontrollen mit einer Wahrscheinlichkeit von 0,1 und Zollkontrollen mit einer Wahrscheinlichkeit von 0,2 stattfinden.
   a) Zeichnen Sie ein passendes Baumdiagramm mit allen Pfadwahrscheinlichkeiten.
   b) Mit einem Flugzeug kommen 200 Fluggäste an. Berechnen Sie, wie viele dieser Fluggäste wahrscheinlich sowohl die Pass- als auch die Zollkontrolle durchlaufen werden.

Fakultäten und Binomialkoeffizienten

4. Berechnen Sie den Wert.
   a) $3!$ b) $2!$ c) $5!$ d) $4!$ e) $\frac{10!}{9!}$ f) $\frac{n!}{(n-2)!}$
   g) $\binom{4}{2}$ h) $\binom{5}{3}$ i) $\binom{10}{2}$ j) $\binom{100}{0}$ k) $\binom{n}{n-1}$ l) $\binom{3}{2} \cdot \left(\frac{1}{3}\right)^2 \cdot \frac{2}{3}$

5. Fakultäten und Binomialkoeffizienten können mit dem Taschenrechner direkt berechnet werden. Berechnen Sie den Wert.
   a) $7!$ b) $10!$ c) $\binom{8}{3}$ d) $\binom{15}{10}$ e) $\binom{7}{0}$ f) $\binom{15}{14}$ g) $\binom{20}{18}$ h) $\binom{100}{99}$

6. In einer Klasse sind 27 Schülerinnen und Schüler. Bestimmen Sie die Anzahl der Möglichkeiten, zwei davon als Klassensprecher auszuwählen..

7. Bestimmen Sie die Anzahl der möglichen dreistelligen Zahlen, die sich aus den Ziffern 1, 2 und 3 bilden lassen, wenn
   a) jede Ziffer genau einmal in jeder Zahl vorkommen soll,
   b) die Ziffern mehrfach in jeder Zahl vorkommen können.

8. Nach einem 100-m-Lauf werden drei der ersten vier Läufer für eine Dopingkontrolle ausgewählt. Berechnen Sie die Anzahl der Möglichkeiten für die Auswahl.

Histogramme

Lösungen
↗ S. 305/306

9. In den beiden neunten Parallelklassen eines Gymnasiums wurde im Fach Mathematik dieselbe Klassenarbeit geschrieben.

a) Die Tabelle zeigt den Notenspiegel der Klasse 9a. Ermitteln Sie daraus die Verteilung der relativen Häufigkeiten.

Note	1	2	3	4	5	6
Anzahl	4	8	12	6	2	0

b) Stellen Sie die relativen Häufigkeiten aus a) in einem Histogramm dar.

c) Das abgebildete Histogramm zeigt die relativen Häufigkeiten der Noten der Klasse 9b. Erstellen Sie daraus den zugehörigen Notenspiegel, wenn es 30 Schüler in der Klasse 9b gibt.

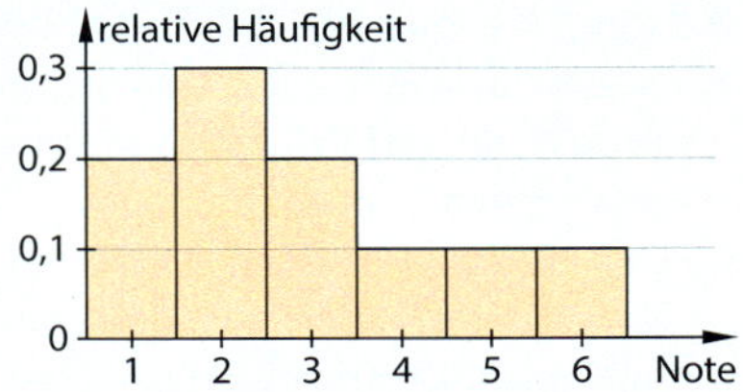

d) Vergleichen Sie die Ergebnisse beider Klassen einmal mithilfe des arithmetischen Mittels und einmal mithilfe der Histogramme.

Erinnerung:
Ein Histogramm ist ein Säulendiagramm mit sich berührenden Säulen gleicher Breite.

10. Gegeben sind zwei Histogramme von absoluten Häufigkeitsverteilungen. Berechnen Sie jeweils das arithmetische Mittel und die Standardabweichung.

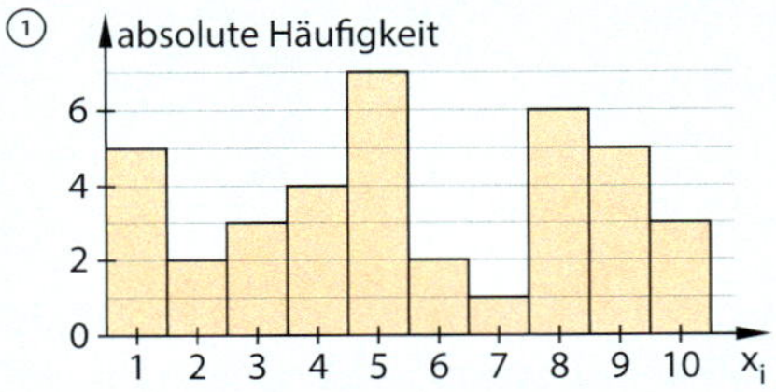

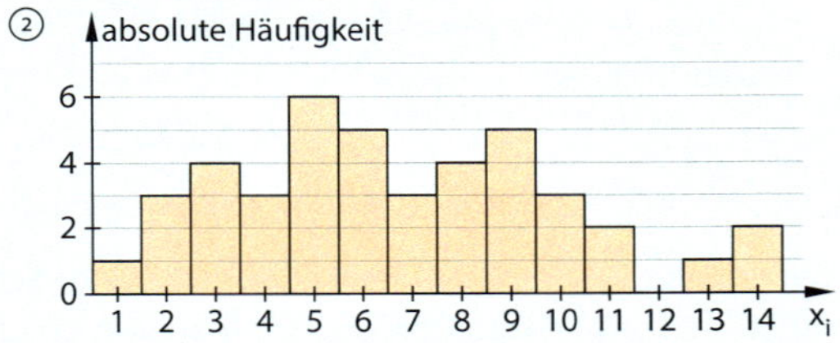

Erinnerung:
Standardabweichung $s = \sqrt{\frac{(x_1 - \bar{x})^2 \cdot H_1 + \ldots + (x_k - \bar{x})^2 \cdot H_k}{n}}$
n: Anzahl der Daten
x_i: Merkmal
H_i: abs. Häufigkeit von x_i
$\bar{x}$: arithmetisches Mittel

Vermischtes

11. Berechnen Sie ohne Taschenrechner möglichst vorteilhaft.

a) $\frac{7 \cdot 6 \cdot 5 \cdot 4}{4 \cdot 3 \cdot 2 \cdot 1}$ b) $\frac{10 \cdot 9 \cdot 8 \cdot 7 \cdot 6}{5 \cdot 4 \cdot 3 \cdot 2 \cdot 1}$ c) $\frac{6^2 \cdot 4^2}{2^4}$ d) $\frac{(5 \cdot 4 \cdot 3)^2}{10 \cdot 9 \cdot 8}$

12. Berechnen Sie.

a) $\frac{2 \cdot 1 + 5 \cdot 2 + 8 \cdot 3 + 6 \cdot 4 + 3 \cdot 5 + 1 \cdot 6}{25}$ b) $2 \cdot \frac{2}{5} + 3 \cdot \frac{1}{5} + 4 \cdot \frac{1}{10} + 5 \cdot \frac{3}{10}$

c) $\sqrt{0{,}4 \cdot (2 - 2{,}6)^2 + 0{,}6 \cdot (3 - 2{,}6)^2}$

d) $\frac{3}{25}(1 - 3{,}24)^2 + \frac{5}{25}(2 - 3{,}24)^2 + \frac{8}{25}(3 - 3{,}24)^2 + \frac{6}{25}(4 - 3{,}24)^2 + \frac{3}{25}(5 - 3{,}24)^2$

13. Ermitteln Sie den Termwert.

a) $\lg(2) \cdot \lg(0{,}2)$ b) $\lg(2^4)$ c) $\frac{\lg(10)}{\lg(0{,}5)}$ d) $\lg(10^{-1}) \cdot \lg(10^{-2})$

Erinnerung:
Die Abkürzung lg steht für den Logarithmus zur Basis 10.
$\lg(x) = \log_{10}(x)$

14. Lösen Sie die Gleichung. Runden Sie gegebenenfalls auf 2 Nachkommastellen.

a) $12^x = 324$ b) $0{,}4^x = 0{,}01$ c) $0{,}6^x = 0{,}07776$ d) $x^4 = 256$

e) $(-3)^x = 81$ f) $4^x = 50$ g) $0{,}8^x = 0{,}1$ h) $(-1)^x = 1$

15. Entscheiden Sie, ob die Aussage wahr oder falsch ist. Geben Sie ein Gegenbeispiel an, wenn die Aussage falsch ist.

a) Die Ungleichung $2^n \geq 10$ gilt für alle $n \in \mathbb{N}$ mit $n \geq 4$.

b) Für alle $n \in \mathbb{N}$ mit $n \geq 4$ gilt $0{,}5^n \geq 0{,}1$.

c) Die Ungleichung $0{,}9^n < 0{,}1$ ist für alle $n \in \mathbb{N}$ mit $n < 21{,}85$ erfüllt.

d) Ist $0 < b < 1$, so gilt die Ungleichung $b^n \geq a$ für alle $n \in \mathbb{N}$ mit $n \leq \log_b(a)$.

8.1 Bernoulli-Ketten

■ Ein Tourist steht in Manhattan an der Metro Ecke 50th Street/8th Avenue. Er ist ohne Stadtplan unterwegs und bewegt sich nur auf „Streets“ und „Avenues“ und dem „Broadway“. An jeder Ecke entscheidet er per Münzwurf, ob er in östliche oder in nördliche Richtung weitergeht. Das führt er 7-mal aus.

a) Geben Sie alle Kreuzungen an, die der Tourist mit drei Richtungsentscheidungen erreichen kann.

b) Der Tourist möchte zur Metro am Museum of Modern Art. Bestimmen Sie, mit welcher Wahrscheinlichkeit er genau den eingezeichneten Weg geht.

c) Bestimmen Sie, mit welcher Wahrscheinlichkeit der Tourist nach sieben Richtungsentscheidungen an der Metro ankommt. ■

Bernoulli-Experiment und Bernoulli-Kette

Bei Zufallsexperimenten wird häufig nur beobachtet, ob ein bestimmtes Ereignis eintritt oder nicht. Tritt das Ereignis ein, spricht man von einem **Treffer**. Insbesondere ist interessant, wie oft ein Treffer bei mehrmaligen Wiederholungen des gleichen Experiments erzielt wird.

Beim Würfeln mit einem Spielwürfel kann man sich nur für das Ereignis „6 gewürfelt“ interessieren und untersuchen, wie viele Sechsen bei 10 Würfen gewürfelt werden.

Definition: Bernoulli-Experiment und Bernoulli-Kette
Ein **Bernoulli-Experiment** ist ein Zufallsexperiment, bei dem nur zwei mögliche Ausgänge („Treffer“ und „kein Treffer“) unterschieden werden. Die Wahrscheinlichkeit für das Eintreten eines Treffers wird **Trefferwahrscheinlichkeit p** genannt.
Wird ein Bernoulli-Experiment n-mal mit konstanter Trefferwahrscheinlichkeit wiederholt, dann spricht man von einer **Bernoulli-Kette der Länge n.**

Für Treffer wird auch der Begriff „Erfolg“ verwendet. Tritt bei einem Bernoulli-Experiment kein Treffer ein, so spricht man auch von „Nichttreffer“, „Niete“ oder „Fehlversuch“. Die Wahrscheinlichkeit für das Eintreten eines Fehlversuchs ist die **Gegenwahrscheinlichkeit** zu p, sie beträgt $1 - p$.

Beispiel 1: Es wird mit einem Spielwürfel zehnmal gewürfelt. Das Würfeln einer „6“ wird als Treffer bezeichnet. Begründen Sie, dass eine Bernoulli-Kette vorliegt, und bestimmen Sie die Trefferwahrscheinlichkeit p, die Wahrscheinlichkeit für einen Fehlversuch bei einem Wurf sowie die Länge der Bernoulli-Kette.

Lösung:
Beim Würfeln wird hier nur unterschieden, ob eine „6“ gewürfelt wird (Treffer) oder nicht. Die Trefferwahrscheinlichkeit $p = \frac{1}{6}$ gilt für jeden Wurf, sie ist unabhängig vom Ausgang vorheriger Würfe. Die Wahrscheinlichkeit für einen Fehlversuch ist die Gegenwahrscheinlichkeit $1 - p = \frac{5}{6}$. Da zehnmal gewürfelt wird, hat die Bernoulli-Kette die Länge $n = 10$.

Basisaufgaben

1. Begründen Sie, ob ein Bernoulli-Experiment vorliegt. Geben Sie, wenn möglich, die Trefferwahrscheinlichkeit p an sowie die Wahrscheinlichkeit, dass es keinen Treffer gibt.
   a) Eine Münze wird geworfen. Es wird notiert, ob „Zahl" oben liegt.
   b) Es wird festgestellt, ob eine Person die Blutgruppe A, B, AB oder 0 hat.
   c) Es wird so lange gewürfelt, bis eine 6 kommt. Die Anzahl der Würfe wird notiert.
   d) Beim Werfen zweier Würfel wird notiert, ob die Augensumme 8 beträgt.
   e) Beim Werfen eines Würfels wird notiert, ob die Augenzahl größer als 2 ist.
   f) Beim Werfen dreier Münzen wird notiert, wie viele Münzen „Zahl" zeigen.

2. Begründen Sie, ob man das Zufallsexperiment als Bernoulli-Kette auffassen kann. Falls ja, beschreiben Sie, was ein Treffer ist, und geben Sie die Länge der Bernoulli-Kette an.
   a) Ein Würfel wird viermal geworfen. Bei jedem Wurf wird notiert, ob die Augenzahl gerade ist.
   b) Fünf Spieler einer Fußballmannschaft treten zum Elfmeterschießen an.
   c) Bei der Herstellung eines Bauteils ist ein Bauteil zu 2 % fehlerhaft. Zehn hergestellte Bauteile werden auf Fehler überprüft.
   d) Aus der abgebildeten Urne werden nacheinander drei Kugeln ohne Zurücklegen gezogen.
   e) Aus der abgebildeten Urne werden nacheinander drei Kugeln mit Zurücklegen gezogen.

3. Geben Sie an, unter welchen Bedingungen eine Bernoulli-Kette vorliegt. Legen Sie fest, was ein Treffer ist. Geben Sie die Länge n der Bernoulli-Kette und, wenn möglich, die Trefferwahrscheinlichkeit p an.
   a) Vier Münzen werden gleichzeitig geworfen.
   b) Aus einer Urne mit fünf blauen und drei roten Kugeln wird viermal nacheinander eine Kugel gezogen.
   c) In einem Land sind 21 % der Bevölkerung älter als 60 Jahre. 100 zufällig ausgewählte Personen werden nach ihrem Alter befragt.
   d) Ein Fußballer schießt dreimal auf das untere Loch einer Torwand.
   e) Es werden 100 Neugeborene betrachtet.

4. Die Größe X gibt die Anzahl der Treffer bei einer Bernoulli-Kette der Länge n an.
   a) Es sei n = 5. Geben Sie alle Werte k an, die X annehmen kann.
   b) Geben Sie an, wie viele verschiedene Werte X für beliebiges n annehmen kann.

5. Eine Basketballspielerin hat beim Freiwurf eine Trefferquote von 75 %. Zum Abschluss des Trainings wirft sie immer drei Freiwürfe und zählt die Anzahl ihrer Treffer.
   a) Stellen Sie das Werfen dieser drei Freiwürfe in einem Baumdiagramm dar und tragen Sie die Wahrscheinlichkeiten an den Zweigen und den Pfadenden ein.
   b) Berechnen Sie die Wahrscheinlichkeit für 0, 1, 2 und 3 Treffer.
   c) Beschreiben Sie, unter welchen Bedingungen das Werfen der Freiwürfe eine Bernoulli-Kette ist.

Wahrscheinlichkeiten bei Bernoulli-Ketten

Hinweis:
X gibt die Anzahl der Treffer bei einer Bernoulli-Kette an. $P(X = k)$ bezeichnet die Wahrscheinlichkeit dafür, dass es genau k Treffer gibt.

Der Baum zeigt alle Pfade einer Bernoulli-Kette der Länge $n = 3$. Alle Pfade mit 2 Treffern ($X = 2$) haben die gleiche Wahrscheinlichkeit $p^2 \cdot (1 - p)$. Es gibt $\binom{3}{2}$ Möglichkeiten, 2 Treffer auf 3 Abschnitte zu verteilen.
Insgesamt ergibt sich daraus:

$$P(X = 2) = \binom{3}{2} \cdot p^2 \cdot (1 - p)$$

Anzahl der Pfade — Pfadwahrscheinlichkeit

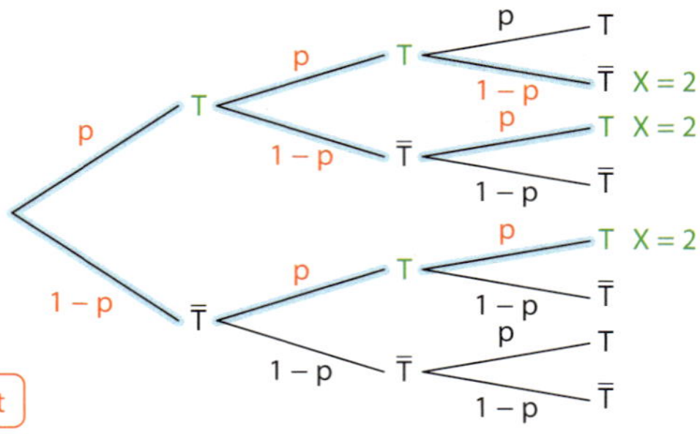

Trefferanzahl k	3	2	1	0
Wahrscheinlichkeit eines Pfads	p^3	$p^2 \cdot (1-p)$	$p \cdot (1-p)^2$	$(1-p)^3$
Anzahl der Pfade	$\binom{3}{3} = 1$	$\binom{3}{2} = 3$	$\binom{3}{1} = 3$	$\binom{3}{0} = 1$
$P(X = k)$	$1 \cdot p^3$	$3 \cdot p^2 \cdot (1-p)$	$3 \cdot p \cdot (1-p)^2$	$1 \cdot (1-p)^3$

Dies kann für Bernoulli-Ketten mit beliebiger Länge n verallgemeinert werden.

Erinnerung:
Der **Binomialkoeffizient** $\binom{n}{k} = \frac{n!}{k! \cdot (n-k)!}$ gibt die Anzahl der Möglichkeiten an, aus n Objekten ohne Zurücklegen und Berücksichtigung der Reihenfolge k Objekte auszuwählen.

Satz: Bernoulli-Formel
Gibt X die Anzahl der Treffer bei einer Bernoulli-Kette der Länge n mit der Trefferwahrscheinlichkeit p an, so gilt für die Wahrscheinlichkeit, dass es genau k Treffer gibt:

$$P(X = k) = \binom{n}{k} \cdot p^k (1 - p)^{n-k} \qquad (k = 0, 1, \ldots, n)$$

Häufig werden Ereignisse mit mehreren Trefferzahlen betrachtet.

„höchstens k Treffer" $P(X \le k)$ — „mehr als k Treffer" $P(X > k)$

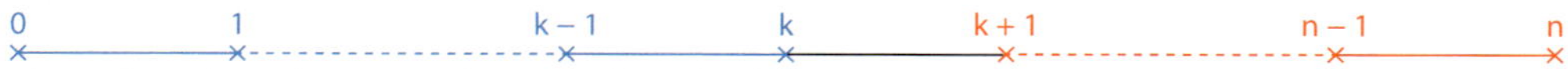

$P(X = 0) + P(X = 1) + \ldots + P(X = k - 1) + P(X = k)$ — $P(X = k + 1) + \ldots + P(X = n - 1) + P(X = n)$

„weniger als k Treffer" $P(X < k)$ — „mindestens k Treffer" $P(X \ge k)$

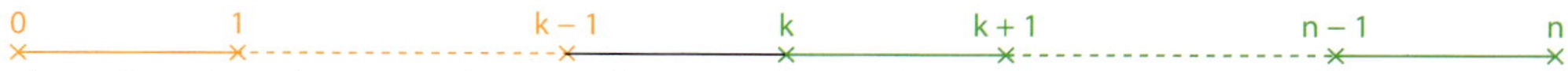

$P(X = 0) + P(X = 1) + \ldots + P(X = k - 1)$ — $P(X = k) + P(X = k + 1) + \ldots + P(X = n - 1) + P(X = n)$

Beispiel 2: Ein Tetraeder-Würfel wird zehnmal geworfen. X zählt dabei die Anzahl der Einsen. Bestimmen Sie die Wahrscheinlichkeit, dass die „1" so oft gewürfelt wird:
a) genau 3-mal,
b) höchstens 2-mal,
c) mindestens 3-mal,
d) weniger als 6-mal, aber mehr als 2-mal.

Lösung:
a) Wenden Sie die Bernoulli-Formel mit $n = 10$, $k = 3$ und $p = \frac{1}{4} = 0{,}25$ an.
$P(X = 3) = \binom{10}{3} \cdot 0{,}25^3 \cdot (1 - 0{,}25)^{10-3} = \binom{10}{3} \cdot 0{,}25^3 \cdot 0{,}75^7 \approx 0{,}250$

b) Addieren Sie die einzelnen Wahrscheinlichkeiten für 0-, 1- und 2-mal die „1".
$P(X \le 2) = P(X = 0) + P(X = 1) + P(X = 2) \approx 0{,}056 + 0{,}188 + 0{,}282 = 0{,}526$

c) „Mindestens 3 Einsen" ist das Gegenereignis zu „höchstens 2 Einsen".
$P(X \ge 3) = 1 - P(X \le 2) \approx 1 - 0{,}526 = 0{,}474$

d) Addieren Sie die einzelnen Wahrscheinlichkeiten für 3-, 4- und 5-mal die „1".
$P(2 < X < 6) = P(X = 3) + P(X = 4) + P(X = 5) \approx 0{,}250 + 0{,}146 + 0{,}058 = 0{,}454$

Basisaufgaben

6. Eine faire Münze wird sechsmal geworfen. X gibt an, wie oft die Zahl oben liegt. Bestimmen Sie die Wahrscheinlichkeit, dass die Zahl
a) genau 3-mal oben liegt, b) genau 4-mal oben liegt, c) keinmal oben liegt.

Hinweis:
Bei einer **fairen Münze** haben Kopf und Zahl jeweils die Wahrscheinlichkeit $\frac{1}{2}$.

7. Die Größe X gibt die Anzahl der Treffer bei einer Bernoulli-Kette mit $n = 5$ und $p = 0{,}5$ an. Berechnen Sie die Wahrscheinlichkeit.
a) $P(X = 2)$ b) $P(X = 5)$ c) $P(X = 3)$ d) $P(X = 0)$ e) $P(X > 0)$
f) $P(X \leq 1)$ g) $P(X > 1)$ h) $P(X \geq 4)$ i) $P(0 < X < 4)$ j) $P(2 \leq X \leq 4)$

Lösungen zu 7a)–e):
0,03 0,31 0,31 0,97 0,03 0,5

8. Die Größe X gibt die Anzahl der Treffer bei einer Bernoulli-Kette mit $n = 8$ und $p = 0{,}6$ an. Berechnen Sie die Wahrscheinlichkeit für die Anzahl der Treffer.

① höchstens 3 ② mehr als 5 ③ weniger als 3 ④ mindestens 4

9. In einer Schule kommen durchschnittlich 40 % aller Kinder mit dem Fahrrad zur Schule.
a) Erklären Sie die Bedeutung des Terms $\binom{10}{3} \cdot 0{,}4^3 \cdot 0{,}6^7$ in diesem Zusammenhang.
b) Es werden 5 Kinder der Schule befragt. Berechnen Sie die Wahrscheinlichkeit, dass davon genau 3 (mehr als 3; weniger als 2) mit dem Fahrrad zur Schule kommen.

10. In einem Multiple-Choice-Test werden insgesamt 25 Fragen gestellt. Bei jeder Frage gibt es 4 Antwortmöglichkeiten, von denen genau eine richtig ist.

a) Erklären Sie, unter welchen Umständen das Ausfüllen des Tests eine Bernoulli-Kette ist. Geben Sie die Werte von n und p an.
b) Beschreiben Sie in dieser Sachsituation die Bedeutung des Terms
$\binom{25}{3} \cdot 0{,}25^3 \cdot 0{,}75^{22} + \binom{25}{2} \cdot 0{,}25^2 \cdot 0{,}75^{23} + \binom{25}{1} \cdot 0{,}25^1 \cdot 0{,}75^{24} + \binom{25}{0} \cdot 0{,}25^0 \cdot 0{,}75^{25}$.
c) Bestimmen Sie die Wahrscheinlichkeit, dass der Prüfling mehr als 10, aber weniger als 15 Antworten richtig hat, wenn er bei jeder Frage rät.

11. Aus den Ziffern 0 bis 9 wird zufällig ein sechsstelliger Code gebildet. Es soll die Wahrscheinlichkeit berechnet werden, dass genau vier Ziffern des Codes nicht 0 sind.
Erläutern Sie die Vorgehensweise von Yannik und Fabian, überprüfen Sie ihre Richtigkeit und vergleichen Sie. Bestimmen Sie auch die gesuchte Wahrscheinlichkeit.

Yannik:
X: Anzahl der Ziffern ungleich 0.
$p = \frac{9}{10} = 0{,}9$ und $n = 6$
$P(X = 4) = \binom{6}{4} \cdot 0{,}9^4 \cdot 0{,}1^2$

Fabian:
Y: Anzahl der Ziffern gleich 0.
$p = \frac{1}{10} = 0{,}1$ und $n = 6$
$P(Y = 2) = \binom{6}{2} \cdot 0{,}1^2 \cdot 0{,}9^4$

12. Ein normaler Spielwürfel wird insgesamt 10-mal geworfen.
a) Berechnen Sie die Wahrscheinlichkeit, dass so oft die „6" gewürfelt wird:
① 3- oder 4-mal ② höchstens 4-mal ③ mindestens 2-mal ④ weniger als 5-mal
b) Beschreiben Sie das Ereignis E, dessen Wahrscheinlichkeit mit dem Term
$1 - \left(\binom{10}{10} \cdot \left(\frac{1}{6}\right)^{10} \cdot \left(\frac{5}{6}\right)^{0} + \binom{10}{9} \cdot \left(\frac{1}{6}\right)^{9} \cdot \left(\frac{5}{6}\right)^{1}\right)$ berechnet wird.
c) Bestimmen Sie die Wahrscheinlichkeit, dass genau 7-mal keine „6" gewürfelt wird.
d) Berechnen Sie die Wahrscheinlichkeit, dass erst 3-mal die „6" und dann 7-mal keine „6" gewürfelt wird.

Weiterführende Aufgaben

13. Ein Glücksrad wird gedreht.

a) Beschreiben Sie, unter welchen Bedingungen das Drehen des Glücksrads ein Bernoulli-Experiment ist.

b) Skizzieren Sie ein Glücksrad und geben Sie ein Ereignis dazu an, dessen Wahrscheinlichkeit durch den Term $\binom{5}{2} \cdot 0{,}2^2 \cdot 0{,}8^3$ berechnet wird.

c) Betrachten Sie den Term $\binom{10}{4} \cdot p^4 \cdot (1-p)^6$ für $p = \frac{1}{5}$, $p = \frac{2}{5}$, $p = \frac{3}{5}$ und $p = \frac{4}{5}$. Stellen Sie ohne Berechnung eine Vermutung auf, für welchen Wert von p der Term den größten Wert hat.

d) Überprüfen Sie Ihre Vermutung aus c) durch Berechnung des Terms.

14. Stolperstelle: Lina, Kai und Anna haben in einer Studie gelesen, dass etwa 63,5 % der Deutschen eine Brille tragen. Unter dieser Annahme berechnen sie im Vorfeld einer Befragung die Wahrscheinlichkeiten unterschiedlicher Ereignisse.

Lina:	Kai:	Anna:
„Unter 10 Befragten sind genau 8 Brillenträger." $P(X=8) = \binom{10}{8} \cdot 0{,}635^8 \approx 1{,}19$	*„Unter 5 Befragten sind mehr als 3 Brillenträger."* $P(X \geq 3) = P(X=3) + P(X=4) + P(X=5) \approx 0{,}341 + 0{,}297 + 0{,}103 = 0{,}741$	*„Unter 6 Befragten ist mehr als ein Brillenträger."* $P(X > 1) = 1 - P(X < 1) = 1 - P(X=0) = 1 - 0{,}0024 = 0{,}9976$

a) Beschreiben Sie die Fehler in den Rechnungen der Schüler.

b) Berechnen Sie die korrekten Wahrscheinlichkeiten.

15. Bei einem Glücksspiel sind in einer Box 40 rote und 60 gelbe Kugeln. Es wird dreimal eine Kugel gezogen. Die Höhe des Preisgelds richtet sich nach der Anzahl der gezogenen roten Kugeln. Der Einsatz beträgt 2 €.

rote Kugeln	Preisgeld
0	2,00 €
1	1,00 €
2	1,50 €
3	10,00 €

a) Erklären Sie, warum es sich nur dann um eine Bernoulli-Kette handelt, wenn das Spiel mit Zurücklegen der gezogenen Kugel gespielt wird.

b) Das Spiel wird mit Zurücklegen der gezogenen Kugel gespielt. Bestimmen Sie die Wahrscheinlichkeiten für alle Preisgelder.

c) Diskutieren Sie, ob das Spiel langfristig für den Anbieter oder für den Spieler lukrativer ist.

● **16. Ausblick:** Betrachten Sie eine Urne mit 40 roten und 60 gelben Kugeln. Es wird dreimal ohne Zurücklegen gezogen und die Anzahl der gezogenen roten Kugeln gezählt.

a) Erklären Sie, warum der Term $\binom{3}{2} \cdot \frac{40 \cdot 39 \cdot 60}{100 \cdot 99 \cdot 98}$ die Wahrscheinlichkeit dafür angibt, dass zwei rote Kugeln gezogen werden.

b) Bestimmen Sie die Wahrscheinlichkeit für keine, eine und drei gezogenen rote Kugeln.

c) Vergleichen Sie die Wahrscheinlichkeiten aus a) und b) mit den Wahrscheinlichkeiten, die in Aufgabe 15 b) mit der Bernoulli-Formel berechnet wurden. Erläutern Sie, warum die Abweichungen gering sind, obwohl das Ziehen ohne Zurücklegen keine Bernoulli-Kette darstellt.

8.2 Binomialverteilung

■ Bei einem Würfelexperiment ist es unerheblich, ob ein Würfel fünfmal hintereinander geworfen wird oder fünf Würfel einmal gleichzeitig geworfen werden. Bei diesem Würfelspiel gilt eine geworfene 6 als Treffer.

a) Schätzen Sie, welche Trefferzahl am wahrscheinlichsten ist.
   Berechnen Sie anschließend die Wahrscheinlichkeiten für alle möglichen Trefferzahlen.
b) Stellen Sie die in a) berechneten Wahrscheinlichkeiten als Histogramm dar. Wählen Sie als Säulenbreite 1 und als Säulenhöhe die Wahrscheinlichkeit der jeweiligen Trefferzahl. ■

Binomialverteilte Zufallsgrößen

Ein Galtonbrett ist ein mechanisches Modell zur Veranschaulichung von Bernoulli-Ketten. Es besteht aus regelmäßig angeordneten Hindernissen, an denen von oben eingeworfene Kugeln jeweils nach links oder rechts abprallen. Unten angekommen werden die Kugeln, wie nach dem Durchlaufen der gesamten Bernoulli-Kette, in Fächern aufgefangen und können gezählt werden.

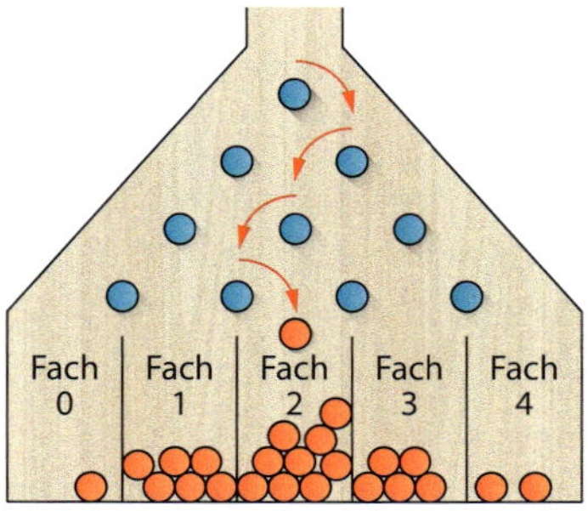

Ablenkung k nach rechts	0	1	2	3	4
P(X = k)	$\frac{1}{16}$	$\frac{1}{4}$	$\frac{3}{8}$	$\frac{1}{4}$	$\frac{1}{16}$

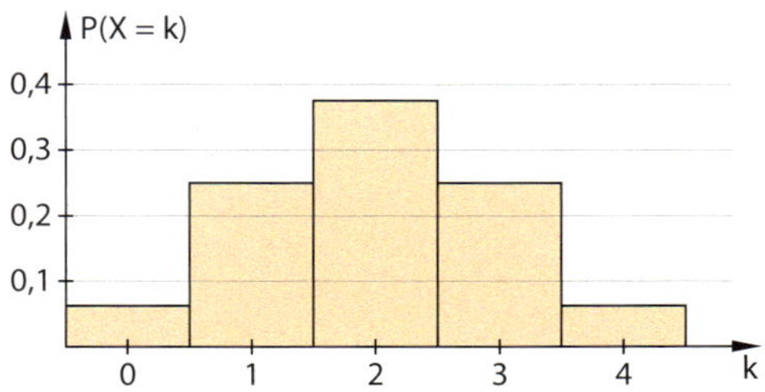

Bezeichnet man die Ablenkung einer Kugel nach rechts als „Treffer", so ist jedes Aufprallen einer Kugel auf ein Hindernis ein Bernoulli-Experiment mit der Trefferwahrscheinlichkeit $p = 0{,}5$. Bei einem Galtonbrett mit 4 Stufen von Hindernissen, erhält man also eine Bernoulli-Kette der Länge $n = 4$.

X zählt dabei die Anzahl an Ablenkungen nach rechts und entspricht somit der Fachnummer. Die Wahrscheinlichkeiten, dass eine Kugel in den entsprechenden Fächern landet, lassen sich mit der Bernoulli-Formel berechnen und tabellarisch oder als Histogramm darstellen.

Definition: Binomialverteilung, binomialverteilte Zufallsgrößen
X heißt **binomialverteilte Zufallsgröße** mit den Parametern n und p (kurz $X \sim B_{n;\,p}$), wenn sie die Werte $k = 0, 1, 2, \ldots, n$ mit den Wahrscheinlichkeiten

$$B_{n;\,p}(k) = P(X = k) = \binom{n}{k} \cdot p^k \cdot (1 - p)^{n-k} \qquad (0 < p < 1)$$

annimmt. Die Zuordnung, die jedem k die Wahrscheinlichkeit $P(X = k)$ zuordnet, heißt **Binomialverteilung**. Sie wird mithilfe einer Tabelle oder eines Histogramms dargestellt.

Hinweis:
Die Wahrscheinlichkeiten einer Binomialverteilung addieren sich stets zu 1.
Im zugehörigen Histogramm ist daher die Summe der Flächeninhalte aller Säulen 1.

Im **Histogramm** einer Binomialverteilung hat jede Säule zur Trefferzahl k die Breite 1 und die Höhe $P(X = k)$. Der Flächeninhalt einer Säule entspricht der zugehörigen Wahrscheinlichkeit.

Häufig interessiert man sich nicht für Einzelwahrscheinlichkeiten, sondern für die Wahrscheinlichkeit höchstens k Treffer zu erzielen. Diese nennt man **kumulierte Wahrscheinlichkeit**.

Hinweis:
Eine Summe mit vielen Summanden gleicher Art kann kurz mit dem Summenzeichen geschrieben werden.
$\sum_{i=0}^{k} P(X = i)$
$= P(X = 0) + P(X = 1) + \ldots + P(X = k)$

Definition: Kumulierte Wahrscheinlichkeit
Bei einer binomialverteilten Zufallsgröße X nennt man die Wahrscheinlichkeit, dass die Anzahl der Treffer höchstens k ist, **kumulierte Wahrscheinlichkeit**:
$F_{n;\,p}(k) = P(X \le k) = P(X = 0) + P(X = 1) + \ldots + P(X = k)$

Auch die kumulierte Binomialverteilung lässt sich als Histogramm darstellen. Die Höhe einer Säule zum Wert k ergibt sich durch Aufstapeln der ersten k + 1 Säulen der Binomialverteilung.
Somit steigen die Werte mit größer werdendem k und es gilt
$\mathbf{F_{n;\,p}(k) = P(X \le k) \le P(X \le n) = 1}$.

Im Beispiel gilt n = 4 und p = 0,5.

k	0	1	2	3	4
$B_{4;\,0,5}(k)$	0,06	0,25	0,38	0,25	0,6
$F_{4;\,0,5}(k)$	0,06	0,31	0,69	0,94	1

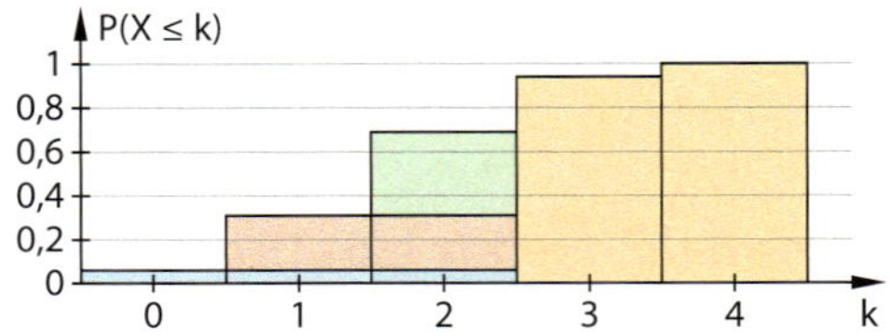

Beispiel 1: Ein Tetraeder-Würfel wird 50-mal geworfen. Die Zufallsgröße X zählt dabei die Anzahl der Einsen. Bestimmen Sie die Wahrscheinlichkeit, dass die „1" so oft gewürfelt wird:
a) genau 15-mal,
b) höchstens 10-mal,
c) mindestens 15-mal,
d) höchstens 20-mal, aber mindestens 15-mal.

Lösung:

a) Berechnen Sie die Einzelwahrscheinlichkeit $P(X = 15)$.
$P(X = 15) \approx 0{,}089$

b) Berechnen Sie die kumulierte Wahrscheinlichkeit $P(X \le 10)$.
$P(X \le 10) = P(X = 0) + P(X = 1) + \ldots + P(X = 10) \approx 0{,}262$

c) Das Ereignis „mindestens 15 Treffer" ist das Gegenereignis zu „höchstens 14 Treffer".
$P(X \ge 15) = P(X = 15) + P(X = 16) + \ldots + P(X = 50) = 1 - P(X \le 14) \approx 0{,}252$

d) Das Ereignis „höchstens 20-mal, aber mindestens 15-mal" bedeutet $X \le 20$ und $X \ge 15$. Berechnen Sie $P(X \le 20) - P(X \le 14)$.
$P(15 \le X \le 20)$
$= P(X = 15) + P(X = 16) + \ldots + P(X = 20)$
$= P(X \le 20) - P(X \le 14) \approx 0{,}246$

Basisaufgaben

1. Erstellen Sie eine Tabelle zur Binomialverteilung mit den gegebenen Werten n und p. Stellen Sie diese in einem Histogramm dar.
a) n = 8; p = 0,6
b) n = 12; p = 0,8
c) n = 10; p = 0,5
d) n = 15; p = 0,4

2. Die Abbildungen zeigen Histogramme unterschiedlicher Binomialverteilungen.
a) Entscheiden Sie, welches der Histogramme ① bis ③ zu einer Bernoulli-Kette mit n = 5 und p = 0,25 passt.
b) Das Histogramm ④ gehört auch zu einer Bernoulli-Kette. Begründen Sie, ob die Trefferwahrscheinlichkeit p größer, kleiner oder gleich 0,5 ist.

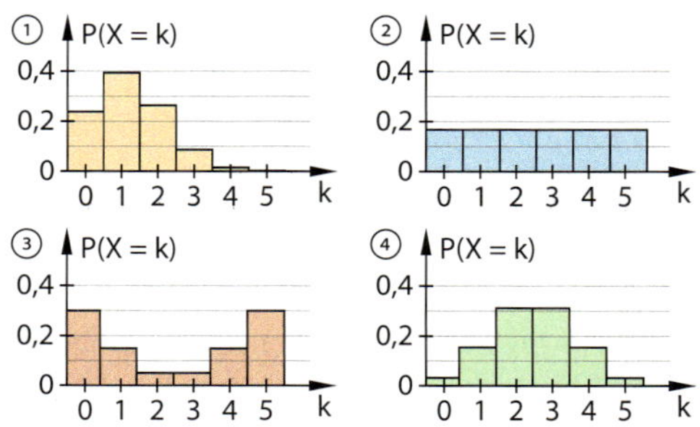

3. Das Histogramm zeigt eine Binomialverteilung mit $n = 10$ und $p = 0{,}6$.

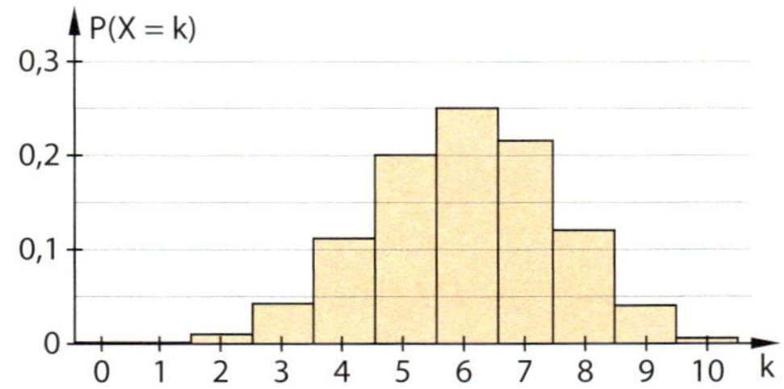

a) Bestimmen Sie aus dem Histogramm näherungsweise die Werte für die Wahrscheinlichkeiten $P(X \leq 3)$, $P(X = 6)$, $P(X \geq 8)$, $P(X < 8)$, $P(5 \leq X \leq 8)$ und $P(X > 3)$.

b) Berechnen Sie die Werte aus a) und vergleichen Sie.

c) Fertigen Sie das Histogramm der kumulierten Verteilung an.

d) Erläutern Sie die Werte und ordnen Sie sie aufsteigend nach der Größe:
① $P(X \leq 5)$ ② $P(X > 6)$ ③ $P(4 < X < 8)$ ④ $1 - P(X = 6)$

e) Erstellen Sie ein Histogramm mit $n = 10$ und $p = 0{,}455$.

Hinweis:
Informieren Sie sich, wie Sie bei Ihrem Taschenrechner-Modell die Wahrscheinlichkeiten $B_{n;\,p}(k)$ und $F_{n;\,p}(k)$ berechnen können.

4. Die Abbildung zeigt das Histogramm einer kumulierten Binomialverteilung mit $n = 6$. Bestimmen Sie damit näherungsweise die Wahrscheinlichkeit.

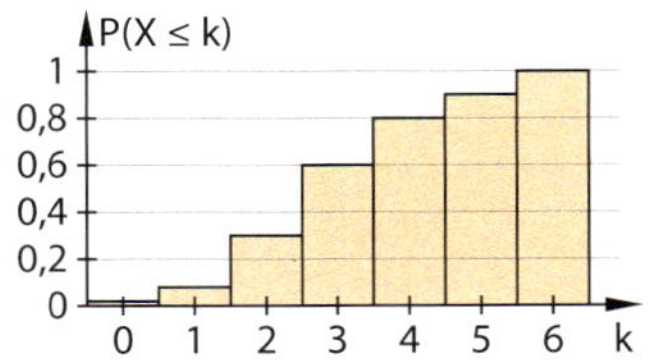

a) $P(X \leq 4)$ b) $P(X > 3)$
c) $P(X \geq 5)$ d) $P(X = 3)$

5. Gegeben ist eine Binomialverteilung mit $n = 40$ und $p = 0{,}4$. Schreiben Sie die Wahrscheinlichkeit für die Trefferzahl als kumulierte Wahrscheinlichkeit und berechnen Sie diese.
a) höchstens 25 Treffer b) mindestens 10 Treffer c) zwischen 15 und 30 Treffer

Hinweis:
Eine Zahl „zwischen x und y" soll hier als „mindestens x, höchstens y" verstanden werden.

6. Jeder Term berechnet eine Wahrscheinlichkeit zu einer binomialverteilten Zufallsgröße X.

① $\binom{25}{3} \cdot 0{,}25^3 \cdot 0{,}75^{25-3}$ ② $\binom{10}{0} \cdot 0{,}3^0 \cdot 0{,}7^{10} + \binom{10}{1} \cdot 0{,}3^1 \cdot 0{,}7^9$

③ $1 - \left(\binom{15}{13} \cdot 0{,}8^{13} \cdot 0{,}2^2 + \binom{15}{14} \cdot 0{,}8^{14} \cdot 0{,}2 + 0{,}8^{15}\right)$

④ $\binom{60}{20} \cdot 0{,}6^{20} \cdot 0{,}4^{40} + \binom{60}{21} \cdot 0{,}6^{21} \cdot 0{,}4^{39} + \ldots + \binom{60}{39} \cdot 0{,}6^{39} \cdot 0{,}4^{21} + \binom{60}{40} \cdot 0{,}6^{40} \cdot 0{,}4^{20}$

a) Geben Sie jeweils n und p an und formulieren Sie das betrachtete Ereignis in Worten.
b) Berechnen Sie die Wahrscheinlichkeiten möglichst einfach mit dem Taschenrechner.

7. Die Produktionsabteilung einer Elektronikfirma gibt an, dass ein Bauteil nur mit einer Wahrscheinlichkeit von 0,1 % einen Fehler aufweist.

a) Erklären Sie in diesem Zusammenhang die Bedeutung des folgenden Terms.
① $0{,}999^{10} + \binom{10}{1} \cdot 0{,}001 \cdot 0{,}999^9 + \binom{10}{2} \cdot 0{,}001^2 \cdot 0{,}999^8$
② $\binom{50}{48} \cdot 0{,}999^{48} \cdot 0{,}001^2 + \binom{50}{49} \cdot 0{,}999^{49} \cdot 0{,}001 + 0{,}999^{50}$

b) In einer Woche produziert die Firma am Montag 500 und am Dienstag 750 Bauteile. Berechnen Sie die Wahrscheinlichkeit, dass
① am Montag höchstens 10 Bauteile fehlerhaft sind,
② am Dienstag mindestens 745 Bauteile in Ordnung sind,
③ an beiden Tagen zusammen mindestens 1245 Bauteile in Ordnung sind,
④ am Montag höchstens 5 und am Dienstag höchstens 10 Bauteile fehlerhaft sind.

TK **8.** Gegeben ist eine Trefferwahrscheinlichkeit p zu einer Binomialverteilung mit $n = 20$. Schätzen Sie, welche Trefferanzahl k die größte Wahrscheinlichkeit hat. Erstellen Sie mit mit einer Tabellenkalkulation ein Histogramm und überprüfen Sie Ihre Schätzung.
a) $p = 0{,}5$ b) $p = 0{,}3$ c) $p = 0{,}8$ d) $p = 0{,}1$

Hinweis zu 8:
Statt einer Tabellenkalkulation kann auch ein CAS verwendet werden

Erwartungswert und Standardabweichung

Bei einer Binomialverteilung stellt sich häufig die Frage, mit welcher Trefferzahl man im Mittel rechnen kann und wie stark die Trefferzahl um dieses Mittel streut. Hierfür werden zwei Kenngrößen definiert.

Hinweis:
Ist klar, welche Größe X gemeint ist, bezeichnet man den Erwartungswert E(X) auch mit μ („mü") und die Standardabweichung σ(X) mit σ („sigma").

Definition: Erwartungswert und Standardabweichung einer Binomialverteilung
Für eine binomialverteilte Zufallsgröße X mit den Parametern n und p sei:
Erwartungswert $\mu = E(X) = n \cdot p$
Standardabweichung $\sigma = \sigma(X) = \sqrt{n \cdot p \cdot (1-p)}$

Der Erwartungswert gibt die im Mittel zu erwartende Trefferanzahl an, die Standardabweichung ist ein Maß für die Streuung der Verteilung. Beide Kenngrößen lassen sich an der Gestalt des zugehörigen Histogramms verdeutlichen:

Hinweis:
Die theoretischen Hintergründe der Parameter Erwartungswert und Standardabweichung werden im Streifzug auf S. 249 behandelt.

Ist der **Erwartungswert** μ ganzzahlig, so liegt er an der Stelle mit der höchsten Säule. Ist μ nicht ganzzahlig, so liegt er in unmittelbarer Nähe der höchsten Säule.

Die **Standardabweichung** σ bestimmt als Streuungsmaß die Breite des Histogramms. Mit deutlich mehr als 50 % Wahrscheinlichkeit liegt die Trefferzahl innerhalb eines Intervalls der Breite 2σ um den Erwartungswert μ.

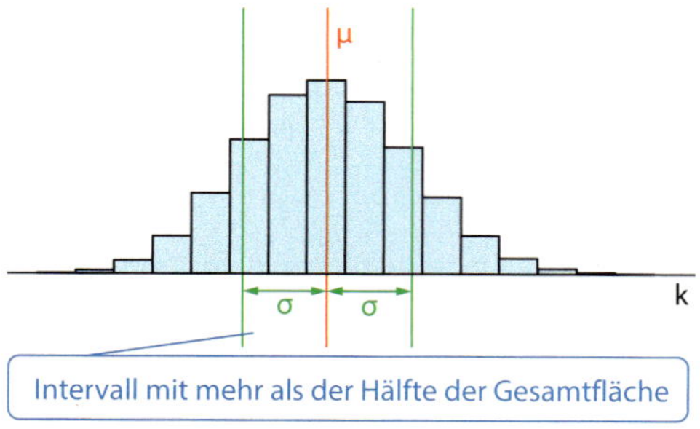

Beispiel 2: Ein normaler Spielwürfel wird zehnmal geworfen. Die Größe X gibt an, wie oft eine Eins oder eine Sechs fällt.
a) Berechnen Sie den Erwartungswert und die Standardabweichung von X.
b) Erläutern Sie die Bedeutung des Erwartungswerts im Sachzusammenhang.
c) Entscheiden Sie begründet, welches der Histogramme zur Binomialverteilung passt.

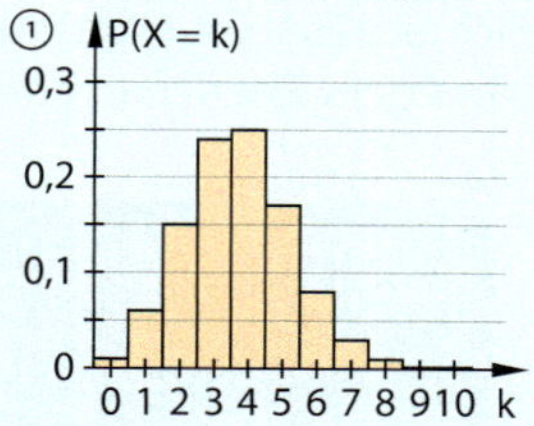

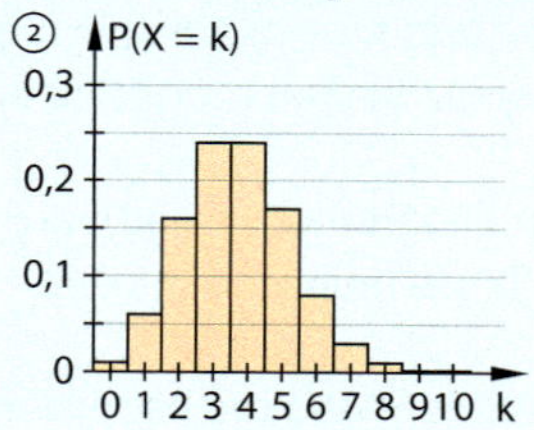

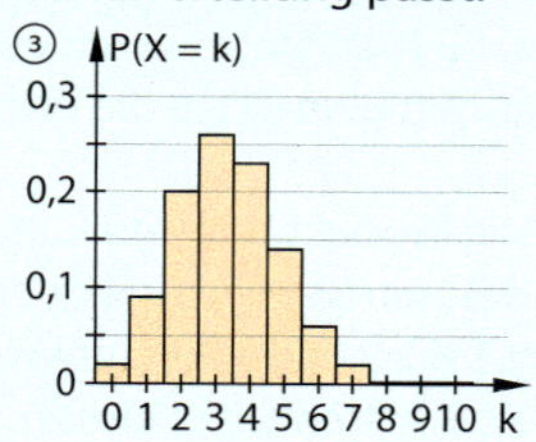

Lösung:

a) Modellieren Sie die Situation als Bernoulli-Kette. Setzen Sie n und p in die Formeln für μ und σ ein.

X ist binomialverteilt mit $n = 10$; $p = \frac{1}{3}$.
$\mu = 10 \cdot \frac{1}{3} \approx 3{,}3$; $\sigma = \sqrt{10 \cdot \frac{1}{3} \cdot \frac{2}{3}} \approx 1{,}49$

b) Der Erwartungswert ist eine Prognose für die durchschnittliche Trefferanzahl.

Es ist zu erwarten, dass bei 10 Würfen im Schnitt 3,3-mal eine Eins oder Sechs fällt.

c) Überprüfen Sie, bei welchem Histogramm die höchste Säule in der Nähe von μ liegt. Prüfen Sie anschließend, ob sich im Bereich $[\mu - \sigma; \mu + \sigma]$ mehr als die Hälfte der Gesamtfläche aller Säulen befindet.

Nur bei ① und ③ liegt die höchste Säule bei $k = 3$, also in der Nähe von $\mu \approx 3{,}3$.
Nur bei ③ liegen die meisten Treffer im Bereich $[3{,}3 - 1{,}49; 3{,}3 + 1{,}49] = [1{,}81; 4{,}79]$.
Also passt ③ zur Binomialverteilung.

Basisaufgaben

9. Berechnen Sie den Erwartungswert μ und die Standardabweichung σ einer binomialverteilen Zufallsgröße X mit den angegebenen Parametern n und p.

a) $n = 100; p = 0{,}2$ b) $n = 400; p = 0{,}5$ c) $n = 100; p = 0{,}8$ d) $n = 10\,000; p = 0{,}1$

10. Abgebildet sind die Histogramme von drei verschiedenen Binomialverteilungen. Ordnen Sie den Histogrammen ① bis ③ die zugehörigen Parameter μ und σ zu.

(A) $\mu = 9$, $\sigma = 1{,}9$ (B) $\mu = 5{,}8$, $\sigma = 0{,}9$ (C) $\mu = 2$, $\sigma = 1{,}22$ (D) $\mu = 4$, $\sigma = 0{,}85$ (E) $\mu = 4$, $\sigma = 1{,}55$ (F) $\mu = 6$, $\sigma = 1{,}9$

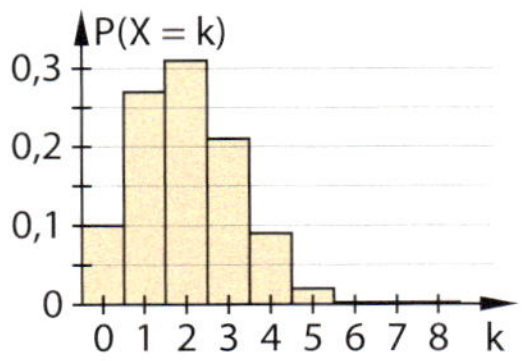

①

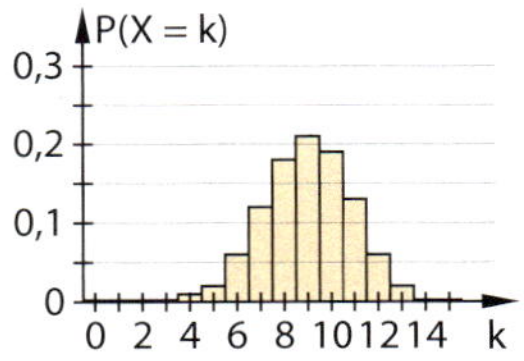

②

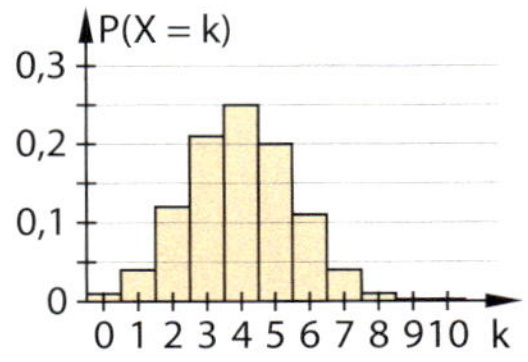

③

11. Die Histogramme gehören zu Binomialverteilungen mit $n = 10$.

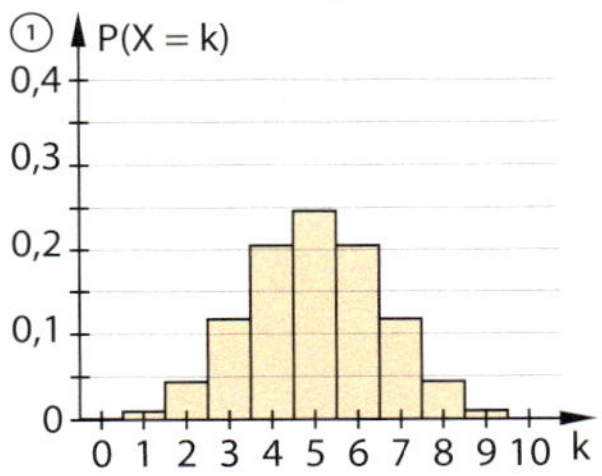

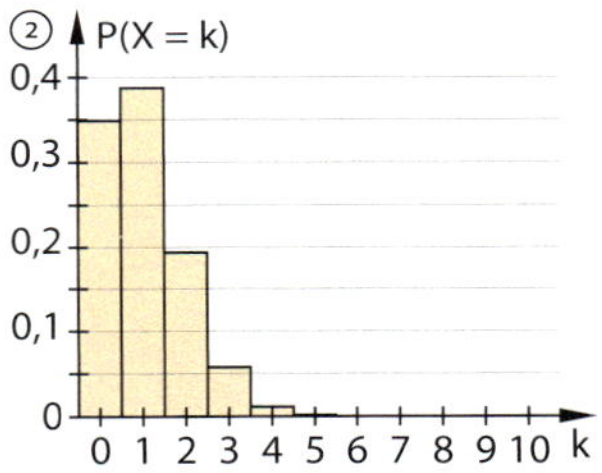

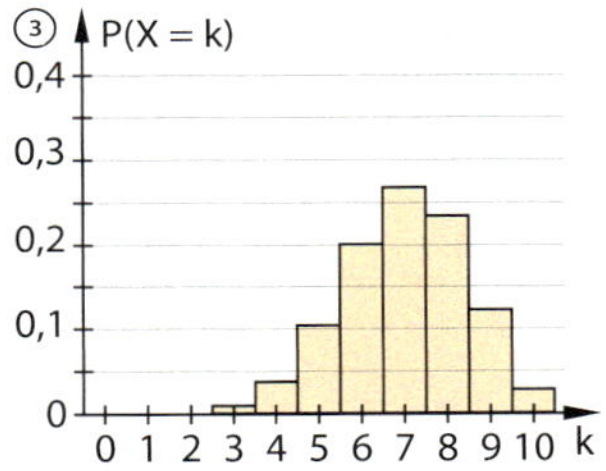

a) Ordnen Sie die Trefferwahrscheinlichkeiten $p = 0{,}5$ und $p = 0{,}7$ den Histogrammen zu.
b) Schätzen Sie begründet eine Trefferwahrscheinlichkeit für das übrige Histogramm.
c) Beschreiben Sie, wie sich die Gestalt der Verteilung in Abhängigkeit von p verändert.

Weiterführende Aufgaben

12. Im 11. Jahrgang eines Gymnasiums kommen im Schnitt 55 % der 80 Schüler mit dem Bus zur Schule, 30 % kommen mit dem Fahrrad und 15 % kommen auf anderen Wegen zur Schule.

a) Die Größe X zählt die Anzahl derjenigen Schüler, die an einem zufälligen Tag mit dem Bus zur Schule kommen. Erläutern Sie, unter welchen Annahmen X als binomialverteilt angenommen werden kann. Geben Sie die Parameter n und p an.
b) In der 11a sind 25 Schüler. Berechnen Sie die Wahrscheinlichkeit, dass
① höchstens 15 von ihnen mit dem Bus zur Schule kommen,
② zwischen 15 und 20 Schülern mit dem Fahrrad zur Schule kommen,
③ mindestens 10 mit dem Fahrrad zur Schule kommen.

Hinweis:
Eine Zahl „zwischen x und y" soll hier als „mindestens x, höchstens y" verstanden werden.

13. **Stolperstelle:** Bei einer Wahl bekam eine Partei 32 % der Stimmen. Nach der Wahl werden 200 zufällig ausgesuchte Wähler befragt. Erklären Sie, welche Fehler Tim und Sabrina beim Berechnen der Wahrscheinlichkeiten machen, und korrigieren Sie diese.

a) Tim: *„Die Wahrscheinlichkeit, dass unter den Befragten weniger als 70 Wähler der Partei sind, ist $P(X \leq 70) = P(X = 0) + P(X = 1) + \ldots + P(X = 70) \approx 0{,}838$."*

b) Sabrina: *„Die Wahrscheinlichkeit, dass zwischen 60 und 80 Wähler der Partei befragt wurden, ist $P(60 \leq X \leq 80) = P(X \leq 80) - P(X \leq 60) \approx 0{,}693$."*

14. In der Schulmensa können alle Personen der Schule ein warmes Mittagessen bestellen. Die Bestellungen müssen bis zum Vortag abgegeben werden. Die Erfahrung zeigt, dass durchschnittlich nur 90 % der bestellten Essen auch tatsächlich gekauft werden.

a) Es gehen 550 Vorbestellungen ein. Untersuchen Sie, mit welcher Wahrscheinlichkeit die Zubereitung von 500 Mittagessen ausreichen würde.

b) Prüfen Sie, ob die Wahrscheinlichkeit, dass bei 450 Vorbestellungen 410 zubereitete Essen nicht ausreichen, unter 20 % liegt.

15. Zehn Reißzwecken werden gleichzeitig geworfen. Eine Reißzwecke landet beim Werfen mit einer Wahrscheinlichkeit von $p = 0{,}4$ mit der Spitze nach oben. Die Größe X beschreibt bei diesem Bernoulli-Experiment die Anzahl der Reißzwecken, die mit der Spitze nach oben landen.

a) Berechnen Sie die Verteilung von X und erstellen Sie ein Histogramm.

b) Berechnen Sie $P(X < 2)$ und $P(X \geq 2)$ und markieren Sie diese Wahrscheinlichkeiten als Flächen im Histogramm.

c) Erstellen Sie ein Histogramm der kumulierten Verteilung.

d) Bestimmen Sie, welchem Wert sich die durchschnittliche Zahl der Reißzwecken, die mit der Spitze nach oben landen, bei häufiger Wiederholung des Experiments nähert.

16. Eine binomialverteilte Zufallsgröße X hat den Erwartungswert 12 und die Standardabweichung $\sqrt{4{,}8}$. Bestimmen Sie die Werte von n und p.

17. Bestimmen Sie die Trefferwahrscheinlichkeit p.

a) Für eine binomialverteilte Zufallsgröße X mit $n = 6$ gilt: $P(X = 5) = 3 \cdot P(X = 6)$

b) Für eine binomialverteilte Zufallsgröße X mit $n = 4$ gilt: $P(X = 2) = 4 \cdot P(X = 4)$

18. X ist eine binomialverteilte Zufallsgröße mit den Parametern n und p.
Begründen Sie, ob die Aussage richtig oder falsch ist. Korrigieren Sie, wenn nötig.

a) $P(X \leq n) = 1$ b) $P(X \leq 0) = 0$ c) $P(X \leq k) + P(X \geq k) = 1$

d) Für $k = 0, 1, \ldots, n$ gilt: Je größer k ist, desto größer ist $P(X \leq k)$.

e) Für $k = 1, 2, \ldots, n$ gilt: Je größer n ist, desto größer ist $P(X \geq k)$.

19. Eine Zufallsgröße X ist binomialverteilt mit $p = 0{,}5$.

a) Berechnen Sie die Wahrscheinlichkeiten der Binomialverteilung für $n = 7$ ($n = 8$) und stellen Sie die Verteilung in einem Histogramm dar.

b) Erläutern Sie, welche Symmetrieeigenschaft die Verteilungen in a) haben.

c) Zeigen Sie mithilfe der Bernoulli-Formel, dass für beliebiges n und für $k = 0, 1, \ldots, n$ gilt: $P(X = k) = P(X = n - k)$

d) Untersuchen Sie, ob die Symmetrieeigenschaft auch für $p \neq 0{,}5$ gilt.

20. Faires Spiel: Ein Spiel heißt **fair**, wenn die langfristig zu erwartende mittlere Auszahlung dem Einsatz entspricht. Hierzu wird das folgende Glücksspiel betrachtet:

Ein normaler Spielwürfel wird zehnmal geworfen.
Für jede gewürfelte „6" erhält der Spieler 2 €. Der Einsatz beträgt 4 €.

a) Die Tabelle zeigt die Ergebnisse einer Simulation des Glücksspiels für 50 Durchgänge. Es wurde jeweils die Anzahl der gewürfelten Sechsen notiert. Ermitteln Sie daraus die durchschnittliche Anzahl an Sechsen pro Durchgang sowie den durchschnittlichen Auszahlungsbetrag.

3	2	2	1	0	1	1	2	1	2
2	1	2	3	1	0	1	2	3	2
2	4	2	2	1	2	2	3	1	0
2	1	3	2	0	1	3	0	3	2
2	0	1	2	2	1	1	2	3	2

b) Modellieren Sie das Glücksspiel als Bernoulli-Kette und berechnen Sie den Erwartungswert μ. Begründen Sie mithilfe von a), dass der Term $\mu \cdot 2$ € der langfristig zu erwartenden mittleren Auszahlung entspricht.

c) Untersuchen Sie, ob das angebotene Glücksspiel fair ist. Geben Sie gegebenenfalls an, wie hoch der Einsatz sein müsste, damit das Spiel fair ist.

Hinweis:
Bei einem fairen Spiel können weder Spieler noch Anbieter im Mittel einen Gewinn erwarten.

21. Ein Glücksspiel wird in zwei Varianten angeboten.
Variante A: Ein Spielwürfel wird 20-mal geworfen. Jedes Mal, wenn der Würfel eine 5 oder eine 6 zeigt, bekommt der Spieler 1,50 €. Der Einsatz beträgt 10 €.
Variante B: Ein Spielwürfel wird 40-mal geworfen. Jedes Mal, wenn der Würfel eine 6 zeigt, bekommt der Spieler 1,50 €. Der Einsatz beträgt 10 €.

a) Erklären Sie, warum beide Varianten auf eine Bernoulli-Kette zurückzuführen sind. Geben Sie jeweils n und p an.

b) Weisen Sie durch geeignete Rechnungen nach, dass beide Spielvarianten fair sind.

c) Bestimmen Sie die Standardabweichungen beider Binomialverteilungen, vergleichen Sie die Werte und erklären Sie ihre Bedeutung im Sachzusammenhang.

d) Bei einer Variante C werden zwei Würfel 20-mal geworfen und man bekommt 3 €, wenn die Augensumme 8 oder größer ist. Bestimmen Sie einen fairen Einsatz für dieses Spiel.

22. Ein Bio-Bauer beliefert einen Großmarkt mit Bio-Eiern. Dabei garantiert er, dass 95 % der Eier unbeschädigt sind. Der Großhändler überprüft bei Eintreffen der Lieferung eine Stichprobe von 50 Eiern. Wenn er mehr als 5 beschädigte Eier findet, dann braucht er nur 50 % des Preises zu bezahlen.

a) Berechnen Sie die Wahrscheinlichkeit, dass der Großhändler
① eine Lieferung mit 95 % unbeschädigten Eiern zum halben Preis bekommt,
② für eine Lieferung mit nur 85 % unbeschädigten Eiern den vollen Preis bezahlt.

b) Der Großhändler entnimmt einer Lieferung nun eine Stichprobe von 200 Eiern und akzeptiert dabei höchstens 20 beschädigte Eier. Untersuchen Sie, wie sich die Wahrscheinlichkeiten aus a) verändern.

23. Ausblick: Manchmal interessiert man sich nicht für die Anzahl an Treffern, sondern für die Anzahl der Versuche bis zum ersten Treffer. Beim Würfeln kann man sich zum Beispiel fragen, wie oft gewürfelt werden muss, bis zum ersten Mal eine „6" auftritt.
Zu einer Bernoulli-Kette mit Trefferwahrscheinlichkeit $p = 0{,}25$ zählt die Größe X die Anzahl der notwendigen Bernoulli-Versuche, bis der erste Treffer erzielt wird.

a) Berechnen Sie die Wahrscheinlichkeiten $P(X = 2)$ und $P(X = 10)$.

b) Erläutern Sie, dass gilt: $P(X = k) = p \cdot (1 - p)^{k-1}$.

c) Richtig oder falsch? Begründen Sie: $P(X = k) > 0$ für alle Werte $k \in \mathbb{N}$ mit $k \geq 1$.

d) Erklären Sie am Beispiel eines Spielwürfels, dass für den Erwartungswert gilt: $E(X) = \frac{1}{p}$.

8.3 Parameter der Binomialverteilung

■ An einer Schule kommen durchschnittlich 30 % der Schüler mit dem Fahrrad zum Unterricht. Ein Kurs mit 20 Schülern wird hierzu als Stichprobe befragt.

a) Zeigen Sie, dass bei einer Anzahl von 9 Radfahrenden in dieser Stichprobe zum ersten Mal die kumulierte Wahrscheinlichkeit von 90 % überschritten wird.
b) Beschreiben Sie, welchen Einfluss eine Vergrößerung der Stichprobe (n) oder eine Veränderung des Anteils der Radfahrenden (p) auf die kumulierte Wahrscheinlichkeit hat, wenn höchstens 9 Radfahrende in der Stichprobe sein sollen. ■

Häufig ergeben sich Fragestellungen nach den Parametern n und k einer binomialverteilten Zufallsgröße. Diese lassen sich oft nicht mit einer Rechnung beantworten. Die Parameter können aber durch Anlegen einer Tabelle oder systematisches Probieren bestimmt werden.

Der Parameter k ist gesucht

Wird eine Problemstellung mit einer binomialverteilten Zufallsgröße X modelliert, so ergeben sich die Parameter n und p häufig aus dem Kontext. Dann kann man nach einer Mindesttrefferzahl k suchen, die mit einer gegebenen **Mindestwahrscheinlichkeit** eintritt. In den Abbildungen und in der Tabelle ist zu sehen, dass bei einer Stichprobe der Länge $n = 20$ bei einer Trefferzahl $k = 10$ erstmals $P(X \le k) > 0{,}8$ gilt.

k	…	8	9	10	11	12	…
P(X ≤ k)	…	0,59	0,75	0,87	0,94	0,97	…

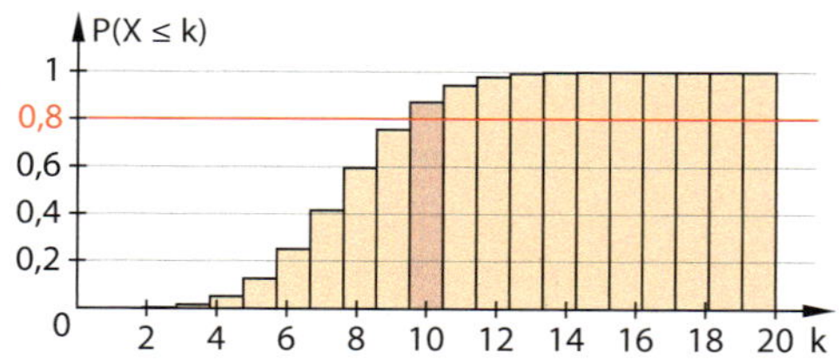

Beispiel 1: Eine Firma hat 200 Mitarbeiter. Jeder Mitarbeiter kommt unabhängig von den anderen mit einer Wahrscheinlichkeit von 70 % mit dem Auto zur Arbeit. An einem zufällig gewählten Tag kann die Anzahl der Autofahrer als binomialverteilte Zufallsgröße X aufgefasst werden.
a) Bestimmen Sie die Wahrscheinlichkeit, dass an einem beliebigen Tag 145 Parkplätze ausreichend sind.
b) Bestimmen Sie, wie viele Parkplätze mindestens nötig sind, damit diese mit einer Wahrscheinlichkeit von mindestens 90 % ausreichen.

Lösung:

a) Gesucht ist die kumulierte Wahrscheinlichkeit $P(X \le 145)$. Berechnen Sie diese.

$P(X \le 145) \approx 0{,}801$
Die Parkplätze reichen mit einer Wahrscheinlichkeit von ca. 80 % aus.

b) Das Ergebnis in a) zeigt, dass die Wahrscheinlichkeit dafür, dass 145 Parkplätze ausreichen, nur 80 % beträgt. Berechnen Sie die Wahrscheinlichkeiten $P(X \le k)$ für $k > 145$, bis der Wert über 0,9 liegt.

$P(X \le 146) \approx 0{,}842$
$P(X \le 147) \approx 0{,}877$
$P(X \le 148) \approx 0{,}907 > 0{,}9$
Es sind mindestens 148 Parkplätze nötig.

Basisaufgaben

Lösungen zu 1b und 1c:

21 27 24 24 23 30

1. Betrachten Sie eine binomialverteilte Zufallsgröße X mit $n = 70$ und $p = 0{,}35$.

a) Erstellen Sie eine Wertetabelle zu $P(X \le k)$ für $20 \le k \le 30$.

b) Bestimmen Sie mithilfe der Wertetabelle aus a) den kleinsten Wert von k, sodass gilt:
① $P(X \le k) \ge 0{,}7$ ② $P(X \le k) > 0{,}9$ ③ $P(X > k) < 0{,}5$

c) Bestimmen Sie den größten Wert von k, sodass gilt:
① $P(X > k) \ge 0{,}4$ ② $P(X > k) > 0{,}75$ ③ $P(X \le k) < 0{,}5$

2. In einer Kiste mit Schrauben ist jede Schraube mit 10 % Wahrscheinlichkeit defekt.

a) Berechnen Sie die Wahrscheinlichkeit, dass in einer Stichprobe von 40 Schrauben höchstens 3 defekte Schrauben sind.

b) Bestimmen Sie den kleinsten Wert k, sodass in einer Stichprobe von 40 Schrauben mit einer Wahrscheinlichkeit von mindestens 99 % höchstens k Schrauben defekt sind.

3. Im Stehplatzblock L eines Handballvereins sind alle 350 Plätze an Dauerkarteninhaber vergeben. Erfahrungsgemäß ist Block L während eines Spiels nur zu 85 % gefüllt. Daher überlegt der Verein, für diesen Block zusätzlich Tageskarten anzubieten.

a) Bestimmen Sie, mit welcher Wahrscheinlichkeit mehr als 300 Dauerkarteninhaber an einem Spieltag in Block L sind.

b) Untersuchen Sie, wie viele Plätze der Verein in Block L für Dauerkarteninhaber freihalten sollte, damit sie mit einer Wahrscheinlichkeit von mindestens 95 % (90 %) ausreichen.

c) Erläutern Sie die Bedeutung des folgenden Terms in diesem Sachzusammenhang:

$$\binom{350}{k} \cdot 0{,}85^{k} \cdot 0{,}15^{350-k} + \binom{350}{k+1} \cdot 0{,}85^{k+1} \cdot 0{,}15^{350-(k+1)} + \ldots + \binom{350}{350} \cdot 0{,}85^{350} \cdot 0{,}15^{0}$$

4. Eine Firma hat 3 Telefonleitungen, die von 10 Angestellten in einem Großraumbüro genutzt werden. Jeder Angestellte belegt eine Leitung durchschnittlich für 15 Minuten pro Stunde.

a) Die Anzahl der benötigten Leitungen kann man als binomialverteilt mit $n = 10$ und $p = \frac{1}{4}$ betrachten. Erläutern Sie dies.

b) Bestimmen Sie die Wahrscheinlichkeit, dass die vorhandenen Leitungen zu einem bestimmten Zeitpunkt ausreichen.

c) Die Firma plant den Zukauf einer vierten Leitung. Entscheiden Sie, ob dies die Erreichbarkeit der Firma deutlich verbessert.

d) Untersuchen Sie, wie viele Leitungen die Firma mindestens benötigt, damit sie mit einer Wahrscheinlichkeit von mindestens 98 % ausreichen.

e) Die Firma stellt fünf neue Mitarbeiter ein. Bestimmen Sie die Anzahl der notwendigen Leitungen, damit diese mit einer Wahrscheinlichkeit von mindestens 98 % ausreichen.

5. Ein Basketballspieler hat bei 3-Punkt-Würfen eine Trefferquote von 40 %. Die Abbildung zeigt einen Screenshot: Blau ist der Graph der Funktion f mit $f(x) = P(X \le x)$ für $n = 50$ und $p = 0{,}4$ dargestellt.

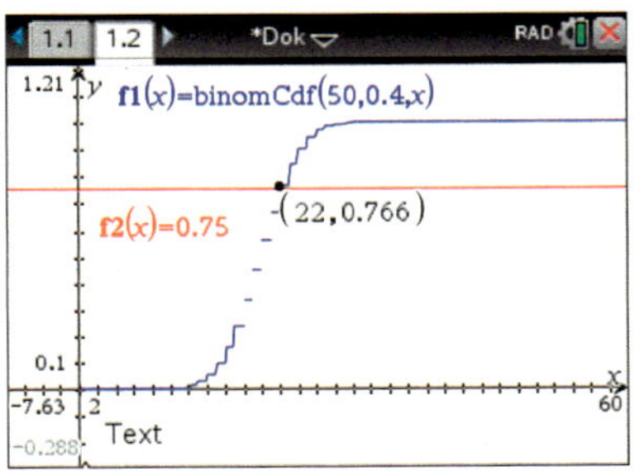

a) Erklären Sie, warum der Graph einen treppenartigen und keinen stetigen Verlauf nimmt.

b) Erläutern Sie im Sachzusammenhang die Bedeutung der roten Geraden und des schwarzen Punktes.

Der Parameter n ist gesucht

Wenn sowohl die Erfolgswahrscheinlichkeit p als auch die Trefferzahl k vorgegeben ist, so führt eine Vergrößerung der Stichprobe (n) auch zu einer Vergrößerung der Wahrscheinlichkeit, dass mindestens k Treffer in der Stichprobe enthalten sind. Mit größer werdendem n vergrößern sich auch der Erwartungswert μ und die Standardabweichung σ.

Hinweis:
Bei sehr großem n ist die größte Einzelwahrscheinlichkeit zwar sehr klein, aber in der Nähe des Erwartungswerts immer noch am größten.

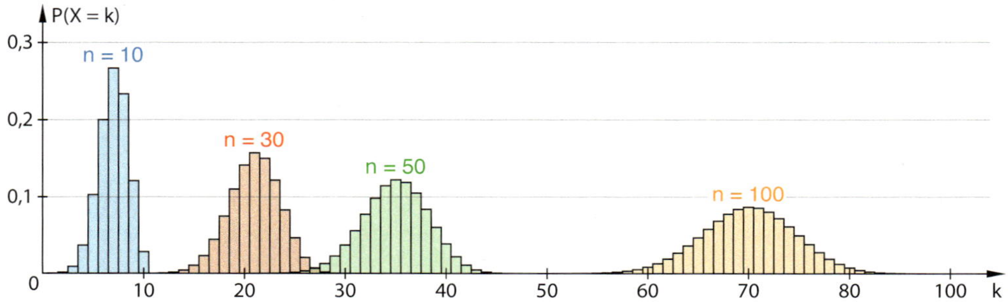

Eine rechnerische Bestimmung eines Mindeststichprobenumfangs n ist nur möglich, wenn nach mindestens einem Treffer gefragt wird. In allen anderen Fällen ist wieder das Anlegen einer Tabelle, eine grafische Untersuchung oder systematisches Probieren notwendig.

Beispiel 2: Von den Mitarbeitern einer Firma kommen durchschnittlich 70 % mit dem Auto zur Arbeit. An einem Tag wird eine Umfrage unter den Mitarbeitern durchgeführt.
Die Befragung wird als Bernoulli-Kette modelliert.

a) Bestimmen Sie, wie viele Mitarbeiter mindestens befragt werden müssen, damit mit einer Wahrscheinlichkeit von mindestens 95 % mindestens einer der Befragten mit dem Auto zur Arbeit gekommen ist.

b) Bestimmen Sie, wie viele Mitarbeiter mindestens befragt werden müssen, damit mit einer Wahrscheinlichkeit von mindestens 80 % mindestens 5 der Befragten mit dem Auto zur Arbeit gekommen sind.

Lösung:

a) Gesucht ist das kleinste n, für das gilt: $P(X \geq 1) \geq 0{,}95$
Drücken Sie $P(X \geq 1)$ mit der Gegenwahrscheinlichkeit aus und stellen Sie nach $P(X = 0)$ um.
Ersetzen Sie $P(X = 0) = 0{,}3^n$ und lösen Sie nach n auf. Beim Logarithmieren dreht sich das Ungleichheitszeichen um, da die Basis zwischen 0 und 1 liegt.
Runden Sie das Ergebnis auf, damit $P(X \geq 1) \geq 0{,}95$ gilt.

X: Anzahl der Befragten, die mit dem Auto kommen; X ist binomialverteilt mit $p = 0{,}7$

$$P(X \geq 1) \geq 0{,}95$$
$$1 - P(X = 0) \geq 0{,}95 \quad | -0{,}95 \mid +P(X = 0)$$
$$P(X = 0) \leq 0{,}05$$
$$\binom{n}{0} \cdot 0{,}7^0 \cdot 0{,}3^n \leq 0{,}05$$
$$0{,}3^n \leq 0{,}05$$
$$n \geq \log_{0{,}3}(0{,}05) \approx 2{,}49$$

Gegenwahrscheinlichkeit

Seiten wurden getauscht

Es müssen mindestens 3 Mitarbeiter befragt werden.

Hinweis zu b:
Ist die Wahrscheinlichkeit für den Testwert kleiner als gefordert, muss n verringert werden.

b) Gesucht ist das kleinste n, für das gilt: $P(X \geq 5) \geq 0{,}8$
Verwenden Sie die Gegenwahrscheinlichkeit und stellen Sie um.
Berechnen Sie $P(X \leq 4)$ für einen Testwert (hier $n = 6$). Erhöhen Sie n und berechnen Sie $P(X \leq 4)$ so lange, bis das Ergebnis erstmals kleiner als 0,2 ist.

$$P(X \geq 5) \geq 0{,}8$$
$$1 - P(X \leq 4) \geq 0{,}8$$
$$P(X \leq 4) \leq 0{,}2$$

Wert größer 0,2, also n erhöhen

$n = 6$: $P(X \leq 4) \approx 0{,}580$
$n = 7$: $P(X \leq 4) \approx 0{,}353$
$n = 8$: $P(X \leq 4) \approx 0{,}194$

Mindestens 8 Mitarbeiter müssen befragt werden.

Basisaufgaben

6. Die Histogramme zeigen Binomialverteilungen mit $p = 0{,}4$ für unterschiedliche n.

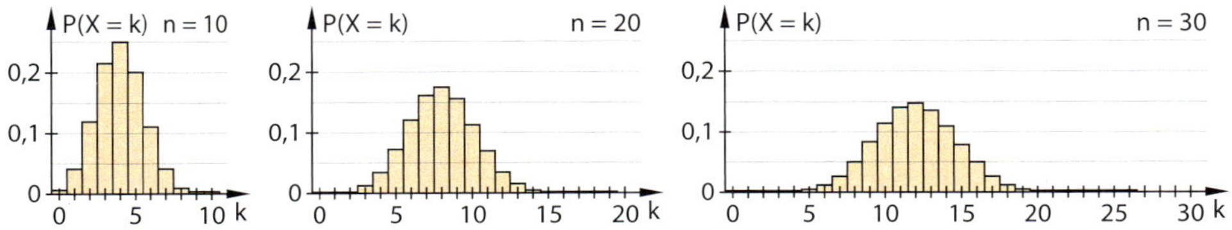

a) Beschreiben Sie, wie sich die Gestalt der Verteilung in Abhängigkeit von n verändert.
b) Erstellen Sie Histogramme für $p = 0{,}3$ ($p = 0{,}9$) für verschiedene n. Prüfen Sie, ob die Beobachtungen aus a) auch hier gelten.
c) Erläutern Sie, welche Beobachtungen man mit den Formeln für μ und σ erklären kann.

7. Ermitteln Sie, für welche n die Ungleichung erfüllt ist.
a) $0{,}1^n \leq 0{,}001$ b) $0{,}85^n \leq 0{,}3$ c) $1 - 0{,}7^n \geq 0{,}9$

Lösungen zu 7:

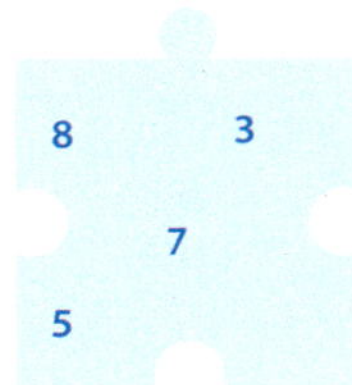

8. Berechnen Sie, wie oft man mit einem fairen Spielwürfel mindestens würfeln muss, um mit einer Wahrscheinlichkeit von mindestens 99 % mindestens einmal eine Sechs zu würfeln.

9. Linda nimmt jede Woche an einem Gewinnspiel teil. Da es etwa 1000 Teilnehmer gibt, kann man annehmen, dass sie jede Woche mit einer Wahrscheinlichkeit von 0,1 % den Preis gewinnt. Berechnen Sie, wie lange Linda mindestens teilnehmen muss, um mit einer Wahrscheinlichkeit von 90 % oder mehr den Preis wenigstens einmal zu gewinnen.

10. Betrachtet wird eine binomialverteilte Zufallsgröße X mit $p = 0{,}25$.
a) Erstellen Sie eine Wertetabelle für $P(X \leq 6)$ für $10 < n < 30$.
b) Bestimmen Sie das größte n, sodass $P(X \leq 6) \geq 0{,}9$.
c) Bestimmen Sie das kleinste n, sodass $P(X \leq 6) \leq 0{,}75$.
d) Bestimmen Sie das kleinste n, sodass $P(X \geq 7) \geq 0{,}6$.

11. Malte hat beim Torwandschießen eine Trefferquote von 30 %.
a) Berechnen Sie, wie oft Malte mindestens schießen muss, um mit einer Wahrscheinlichkeit von mindestens 99 % mindestens einmal zu treffen.
b) Ermitteln Sie, wie viele Versuche Malte mindestens benötigt, um mit einer Wahrscheinlichkeit von mindestens 90 % mindestens 4 Treffer zu landen.
c) Lösen Sie die Fragestellung in b) mit einer Mindestwahrscheinlichkeit von 80 %.

12. Betrachtet wird eine binomialverteilte Zufallsgröße X mit $p = 0{,}2$. Die Abbildung zeigt die Wahrscheinlichkeiten $1 - P(X \leq 1)$ in Abhängigkeit von n. Lesen Sie die „Schnittpunkte" mit den Geraden $y = 0{,}4$, $y = 0{,}6$ und $y = 0{,}8$ ab und geben Sie ihre Bedeutung in einem möglichen Sachzusammenhang an.

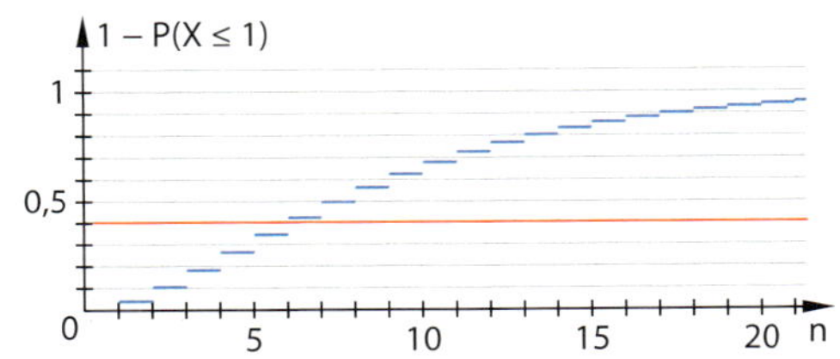

Weiterführende Aufgaben

13. Die Abbildungen zeigen je einen Abschnitt eines Histogramms einer Binomialverteilung mit $p = 0{,}15$ und unterschiedlichem n.

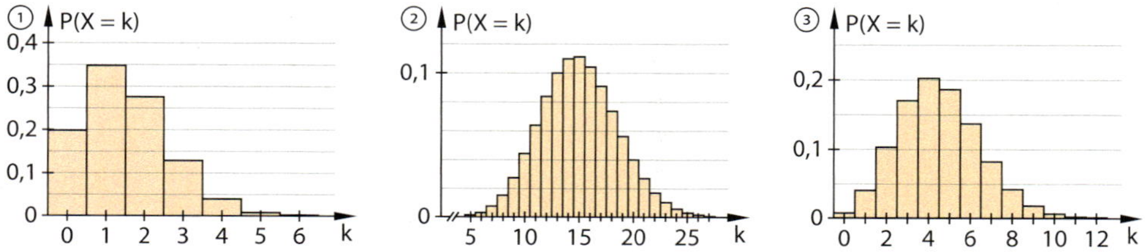

a) Ordnen Sie begründet die Histogramme aufsteigend nach dem Wert von n.
b) Beschreiben Sie, wie sich die Form der Histogramme mit steigendem n verändert.

14. Stolperstelle: Ein Kurs für Sozialwissenschaften möchte eine Wahlprognose machen. Dazu befragen die Kursteilnehmer an einem Dienstagvormittag 186 Passanten. 94 Befragte geben dabei an, dass sie am kommenden Wahlsonntag die Partei A wählen.
a) Beurteilen Sie die Vorgehensweise allgemein.
b) Beurteilen Sie die folgende Aussage, die der Kurs aufgrund der Befragung in einem Thesenpapier vertritt: „Die Partei A wird die absolute Mehrheit bekommen."

15. Beim Bogenschießen trifft ein Schütze mit einer Wahrscheinlichkeit von 85 % ins Ziel. In einer Trainingseinheit schießt er so lange, bis er mindestens 10 Treffer erzielt hat.
a) Beschreiben Sie in diesem Zusammenhang die Gleichung $P(X \geq 10) = 1 - P(X \leq 9)$.
b) Untersuchen Sie, wie viele Versuche der Schütze ausführen muss, damit er mit einer Wahrscheinlichkeit von mindestens 95 % mindestens 10 Treffer erzielt.

16. In Deutschland werden 42 % aller Haushalte von einem Single bewohnt. Für eine Umfrage unter Singles werden Haushalte zufällig ausgesucht.
a) Berechnen Sie die Wahrscheinlichkeit dafür, dass von 100 zufällig ausgewählten Haushalten mindestens 50 Single-Haushalte sind.
b) Berechnen Sie, wie viele Haushalte ausgesucht werden müssen, um mit einer Wahrscheinlichkeit von mindestens 90 % mindestens einen Single-Haushalt vorzufinden.
c) Ermitteln Sie, wie viele Haushalte ausgesucht werden müssen, um mit einer Wahrscheinlichkeit von mindestens 90 % mindestens 40 Single-Haushalte vorzufinden.

TK **17.** In der Abbildung sind zu $n = 250$, $p = 0{,}4$ in der Spalte A die Zahlen k von 0 bis 250 notiert. In Spalte B werden die Werte $P(X \leq k)$ für eine binomialverteilte Zufallsgröße X berechnet.

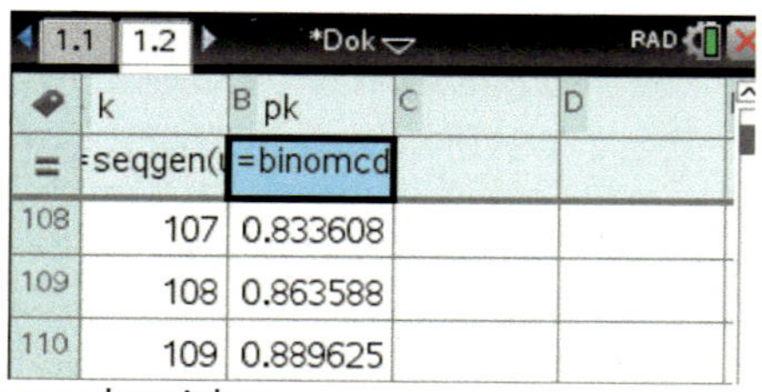

	A k	B pk	C	D
=	=seqgen(	=binomcd		
108	107	0.833608		
109	108	0.863588		
110	109	0.889625		

a) Legen Sie die Tabelle an ($80 \leq k \leq 120$).
b) Bestimmen Sie den Erwartungswert μ und die Standardabweichung σ.
Geben Sie alle Werte k an, die maximal um σ von μ abweichen.
Bestimmen Sie die Wahrscheinlichkeit, dass X einen dieser Werte annimmt.
c) Bestimmen Sie den kleinsten Wert von k mit $P(X \leq k) > 0{,}5$ bzw. $P(X > k) < 0{,}1$.

18. Parameter p gesucht: In einer Firma ist der Anteil p der Mitarbeiter, die mit dem Auto zur Arbeit kommen, unbekannt. Es werden 20 Mitarbeiter dazu befragt. X gibt die Anzahl der Befragten an, die mit dem Auto kommen.

a) In der nebenstehenden Rechnung wird ermittelt, wie groß der Anteil p mindestens sein muss, damit mit einer Wahrscheinlichkeit von mindestens 80 % mindestens ein Befragter mit dem Auto kommt. Erläutern Sie die den Ansatz sowie die einzelnen Rechenschritte. Formulieren Sie auch einen Antwortsatz zur Rechnung.

$$P(X \geq 1) \geq 0{,}8 \quad \text{(Ansatz)}$$
$$1 - P(X = 0) \geq 0{,}8$$
$$P(X = 0) \leq 0{,}2$$
$$\binom{20}{0} \cdot p^0 \cdot (1-p)^{20} \leq 0{,}2$$
$$1 - p \leq \sqrt[20]{0{,}2}$$
$$p \geq 1 - \sqrt[20]{0{,}2} \approx 0{,}077$$

b) Bestimmen Sie, wie groß der Anteil p sein muss, damit mit einer Wahrscheinlichkeit von mindestens 90 % mindestens ein Befragter mit dem Auto kommt.

c) Ermitteln Sie, wie groß der gesuchte Anteil p aus a) sein muss, wenn 50 Mitarbeiter befragt werden.

19. Ein Süßwarenhersteller wirbt damit, dass ein bestimmter Prozentsatz seiner Überraschungseier eine Spielfigur enthält. Berechnen Sie, wie groß der Prozentsatz mindestens sein muss, um in 7 Eiern mit einer Wahrscheinlichkeit von mindestens 90 % mindestens eine Figur zu finden.

20. Mira ist Mittelfeldspielerin. Sie hat eine durchschnittliche Passquote von 85 %.

Hinweis:
Eine Zahl „zwischen x und y" soll hier als „mindestens x, höchstens y" verstanden werden.

a) In einem Spiel spielt sie insgesamt 75 Pässe. Berechnen Sie die Wahrscheinlichkeit dafür, dass davon höchstens 70 Pässe, mindestens 60 Pässe bzw. zwischen 55 und 65 Pässe ankommen.

b) Die Zufallsgröße Y zählt die Anzahl der Fehlpässe, die Mira in einem Spiel mit 80 eigenen Pässen spielt. Berechnen Sie $P(Y \leq 10)$ und erklären Sie die Bedeutung der Wahrscheinlichkeit.

c) Bestimmen Sie den kleinsten Wert von k mit $P(Y \leq k) > 0{,}9$. Erklären Sie das Ergebnis.

d) Berechnen Sie, wie viele Pässe Mira mindestens spielen muss, damit mit einer Wahrscheinlichkeit von mindestens 90 % mindestens ein Pass ankommt.

e) Miras Freundin Sina spielt im Sturm. Ermitteln Sie, wie hoch Sinas Trefferquote mindestens sein müsste, damit sie bei 10 Torschüssen mit einer Wahrscheinlichkeit von mindestens 95 % mindestens einmal trifft.

21. Ausblick: Das abgebildete Glücksrad besteht aus blauen, roten und grünen Sektoren. Bei 10 Drehungen soll insgesamt r-mal ein roter, b-mal ein blauer und g-mal ein grüner Sektor gedreht werden.

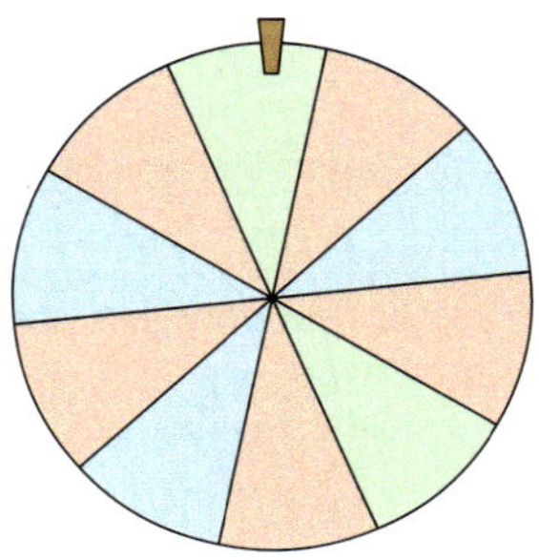

a) Beschreiben Sie, welche Eigenschaften einer Bernoulli-Kette das beschriebene Zufallsexperiment erfüllt und welche nicht.

b) Begründen Sie, dass es für dieses Ereignis $\binom{10}{r} \cdot \binom{10-r}{b} \cdot \binom{10-r-b}{g}$ Möglichkeiten gibt.

c) Zeigen Sie: $\binom{10}{r} \cdot \binom{10-r}{b} \cdot \binom{10-r-b}{g} = \frac{10!}{r! \cdot b! \cdot g!}$

d) Berechnen Sie mithilfe der Ergebnisse aus b) und c) die Wahrscheinlichkeit für das Ereignis, dass 5-mal rot, 3-mal blau und 2-mal grün gedreht wird.

8.4 Klausur- und Abiturtraining

Aufgaben ohne Hilfsmittel

1. Nach 120 Minuten steht es bei einem Fußballspiel unentschieden und es kommt zu einem Elfmeterschießen. Dabei treten zunächst 5 Spieler aus jedem Team als Schützen an. Die Versuche der Spieler aus Mannschaft A können modellhaft durch eine Bernoulli-Kette mit der Länge 5 und der Trefferwahrscheinlichkeit p modelliert werden. Die Zufallsgröße X zählt die Anzahl der Treffer.
   a) Beschreiben Sie die Ereignisse, deren Wahrscheinlichkeiten mit $P(X \leq 4)$ und $P(X > 2)$ bestimmt werden können.
   b) Entscheiden Sie, mit welchem der Terme die Wahrscheinlichkeit für genau 3 Treffer bestimmt werden kann.
   ① $\binom{5}{3} \cdot p^2 \cdot (1-p)$ ② $\binom{5}{3} \cdot p^3 \cdot (1-p)^2$ ③ $\binom{5}{2} \cdot p^2 \cdot (1-p)^3$
   c) Erläutern Sie beispielhaft, warum diese Modellierung eines Elfmeterschießens mit einer Bernoulli-Kette nicht der Realität entspricht.

2. An einem Gymnasium ist bekannt, dass 30 % der Schüler mit dem Fahrrad zur Schule kommen. An einem ausgewählten Tag werden alle 20 Schüler eines Mathematikkurses dieser Schule befragt, wie sie zur Schule gekommen sind. Die Größe X beschreibt die Anzahl der Schüler, die mit dem Fahrrad gefahren sind.
   a) Beschreiben Sie, unter welchen Annahmen X als binomialverteilte Zufallsgröße angenommen werden kann.
   b) X wird als binomialverteilt angenommen. Geben Sie Ereignisse an, die mit den folgenden Termen berechnet werden können.
   ① $\binom{20}{3} \cdot 0{,}3^3 \cdot 0{,}7^{17}$ ② $1 - \binom{20}{0} \cdot 0{,}3^0 \cdot 0{,}7^{20}$ ③ $\sum_{k=3}^{10} \binom{20}{k} \cdot 0{,}3^k \cdot 0{,}7^{20-k}$
   c) Beschreiben Sie in diesem Sachzusammenhang ein Zufallsexperiment, bei dem die Wahrscheinlichkeit eines Ereignisses mit dem Term $1 - \left(\binom{15}{14} \cdot 0{,}3^{14} \cdot 0{,}7^1 + \binom{15}{15} \cdot 0{,}3^{15}\right)$ berechnet werden kann, und geben Sie das Ereignis an.

3. Eine binomialverteilte Zufallsgröße X beschreibt bei 6 Versuchen die Anzahl der Treffer. Die Trefferwahrscheinlichkeit liegt bei $p = 0{,}6$.
   a) Geben Sie einen Term an, mit dem die Wahrscheinlichkeit für das Ereignis „genau fünf Treffer" berechnet werden kann.
   b) Geben Sie das Gegenereignis zum Ereignis „höchstens ein Treffer" an. Entscheiden Sie, welcher der Terme die Wahrscheinlichkeit dieses Ereignisses angibt.
   ① $1 - \left(\binom{6}{1} \cdot 0{,}6^1 \cdot 0{,}4^5 + \binom{6}{0} \cdot 0{,}6^0 \cdot 0{,}4^6\right)$ ② $1 - \left(\binom{6}{1} \cdot 0{,}6^5 \cdot 0{,}4^1 + \binom{6}{0} \cdot 0{,}6^6 \cdot 0{,}4^0\right)$
   c) Geben Sie ein Ereignis an, dessen Wahrscheinlichkeit mit dem Term $\binom{6}{3} \cdot 0{,}6^3 \cdot 0{,}4^3 + \binom{6}{4} \cdot 0{,}6^4 \cdot 0{,}4^2 + \binom{6}{5} \cdot 0{,}6^5 \cdot 0{,}4^1$ berechnet werden kann.
   d) Entscheiden Sie, welches Histogramm die Binomialverteilung von X darstellt.

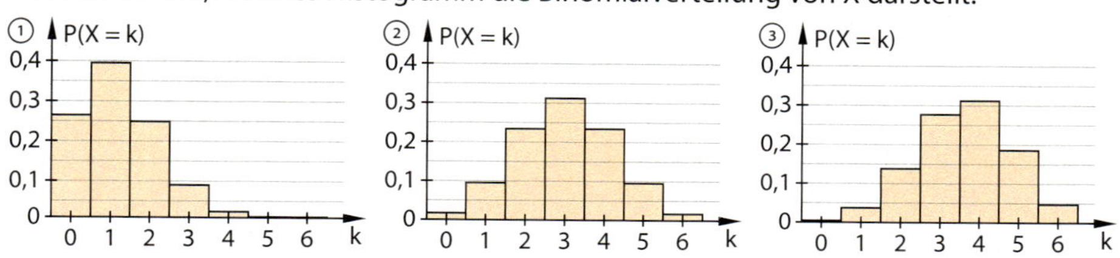

Aufgaben mit Hilfsmitteln

4. Die Abbildungen zeigen Ausschnitte aus Histogrammen zu Binomialverteilungen, bei denen der Erwartungswert und die Standardabweichung ganzzahlig sind.

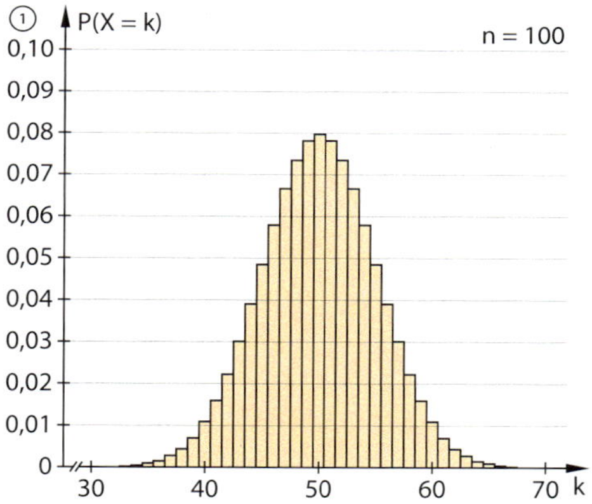

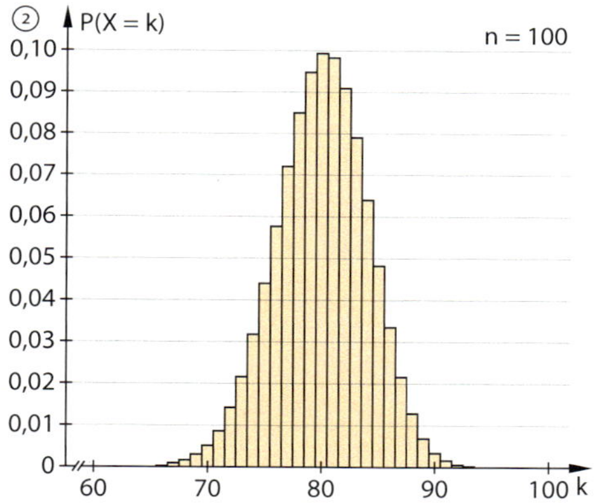

a) Geben Sie für beide Histogramme die Trefferwahrscheinlichkeit, den Erwartungswert und die Standardabweichung der dargestellten Zufallsgröße an.

b) Ermitteln Sie für beide dargestellten Größen die Wahrscheinlichkeit, dass die Trefferanzahl mehr als 65 beträgt (zwischen 60 und 70 liegt).

5. Anlässlich der anstehenden Europameisterschaft produziert ein Hersteller von Überraschungseiern eine Sonderserie. Jedes zehnte Ei soll ein sogenanntes EM-Ei sein und eine witzige EM-Figur enthalten. Äußerlich unterscheiden sich die EM-Eier nicht von den normalen Überraschungseiern. Zum Versand werden Paletten zufällig mit Eiern bestückt.

a) Vor der Auslieferung wird die Verteilung der EM-Eier in Stichproben geprüft.

① 50 Eier werden zufällig ausgewählt. Bestimmen Sie die Wahrscheinlichkeit dafür, dass sich darunter mindestens 5 EM-Eier befinden.

② 400 Eier werden zufällig ausgewählt. Bestimmen Sie die Wahrscheinlichkeit dafür, dass die Anzahl der EM-Eier vom Erwartungswert der Anzahl der EM-Eier um höchstens 20 % abweicht.

b) Wer 10 EM-Figuren gesammelt hat, kann an einem Gewinnspiel teilnehmen. Mia hat bereits neun Figuren. Bestimmen Sie, wie viele der Überraschungseier Mia mindestens noch kaufen muss, um mit einer Wahrscheinlichkeit von mindestens 99 % eine weitere EM-Figur zu bekommen.

c) An einer Palette mit 25 Überraschungseiern hatte ein Supermarkt bisher 5 € Gewinn gemacht. In einer Werbeaktion werden jedem Kunden 50 € versprochen, der eine ganze 25er Palette kauft und keine einzige EM-Figur findet. Der Marktleiter geht vom ungünstigsten Fall aus, dass alle Kunden, die keine EM-Figur finden, sich auch melden und die Prämie einfordern.
Bestimmen Sie den mittleren Gewinn pro Palette, den der Supermarkt während der Werbeaktion erwarten kann.

d) Ein Hobby-Sammler kauft 50 Überraschungseier und stellt jede EM-Figur, die er darin findet, auf einen freien Platz in seinem Setzkasten.
Bestimmen Sie, wie viele freie Plätze mindestens nötig sind, damit diese mit einer Wahrscheinlichkeit von mindestens 90 % ausreichen.

Lösungen
↗ S. 306/307

1. Zweitausendeinhundert zufällig ausgewählte Bundesbürger wurden befragt, ob sie Probleme mit dem Schlaf haben. Etwa jeder Dritte der Befragten bejahte diese Frage.
a) Erläutern Sie, unter welchen Voraussetzungen bei diesem Sachverhalt eine Bernoulli-Kette vorliegt. Geben Sie an, was man dann als Treffer zählen kann und wie groß die Länge der Bernoulli-Kette ist.
b) Geben Sie einen plausiblen Wert für die Trefferwahrscheinlichkeit an.

2. Der Urne werden mit Zurücklegen zufällig drei Kugeln entnommen und deren Farben notiert.
a) X zählt die Anzahl der schwarzen Kugeln. Begründen Sie, dass X eine binomialverteilte Zufallsgröße ist.
b) Zeichnen Sie ein Baumdiagramm, mit dem man die Berechnung der Wahrscheinlichkeiten für die Größe X nachvollziehen kann. Stellen Sie die Wahrscheinlichkeiten von X tabellarisch und mit einem Histogramm dar.

3. Gegeben ist eine binomialverteilte Zufallsgröße X mit $n = 4$ und $p = 0{,}1$. Berechnen Sie die Wahrscheinlichkeit.
a) $P(X = 0)$ b) $P(X > 0)$ c) $P(X < 2)$ d) $P(1 \le X \le 3)$

4. Beschreiben Sie den angegebenen Zufallsversuch so, dass es sich um eine Bernoulli-Kette der Länge 5 handelt, und geben Sie die Trefferwahrscheinlichkeit an. Stellen Sie zur Größe X Terme für die Wahrscheinlichkeiten $P(X = 2)$, $P(X \le 3)$ und $P(X > 3)$ auf.
a) Werfen eines regelmäßigen Tetraeders. X: Anzahl der „3en"
b) Werfen von drei 1-Euro-Münzen. X: Anzahl „alle drei gleichzeitig Kopf"
c) An einer Losbude gewinnt jedes fünfte Los. X: Anzahl der Gewinne

5. Bei einem Aufnahmetest werden 10 Fragen mit jeweils drei Antworten gestellt, von denen genau eine richtig ist. Ein Prüfling kreuzt bei jeder Frage zufällig eine Antwort an. Berechnen Sie, mit welcher Wahrscheinlichkeit er
a) genau 3 richtige Antworten hat,
b) mindestens fünf richtige Antworten hat,
c) mehr als drei richtige Antworten hat,
d) höchstens 5 richtige Antworten hat,
e) keine richtige Antwort hat,
f) nur die letzten beiden Fragen richtig hat.

6. Die Abbildungen zeigen Histogramme zu einer binomialverteilten Zufallsgröße X mit $n = 10$ und $p = 0{,}2$, $p = 0{,}5$ sowie $p = 0{,}8$.

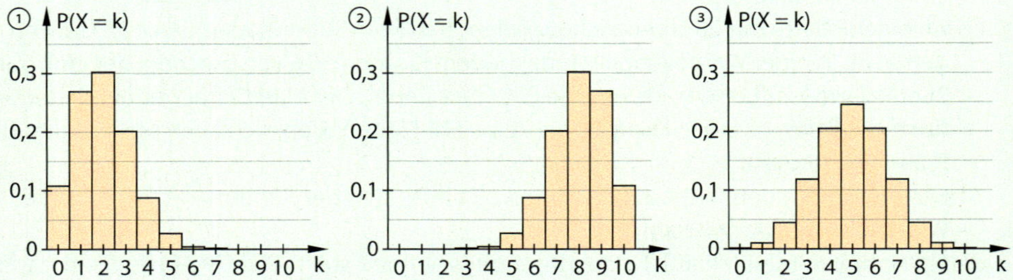

a) Ordnen Sie jedem Histogramm die passende Trefferwahrscheinlichkeit p zu und geben Sie den Erwartungswert und die Standardabweichung an.
b) Beschreiben Sie zu jedem Histogramm einen passenden Zufallsversuch und geben Sie die Größe X an.

7. Gegeben ist eine binomialverteilte Zufallsgröße X mit dem Erwartungswert $\mu = 4$ und der Standardabweichung $\sigma = \sqrt{3}$. Berechnen Sie n und p.

Lösungen
↗ S. 307

8. Ein Hersteller von Teegläsern rechnet bei der Produktion mit einem Ausschuss von 5 %.

a) Berechnen Sie, mit welcher Wahrscheinlichkeit eine Stichprobe von 60 Gläsern weniger als fünf fehlerhafte Gläser enthält.

b) Ermitteln Sie, wie viele Gläser man mindestens entnehmen müsste, um mit einer Wahrscheinlichkeit von mindestens 95 % mindestens zwei fehlerhafte Gläser zu erhalten.

9. Ein Glücksrad hat drei gleich große Sektoren in Rot, Gelb und Blau. Es wird fünfmal gedreht und die Farbe notiert.

a) Berechnen Sie die Wahrscheinlichkeiten für folgende Ereignisse:
A: Rot tritt genau dreimal auf. B: Blau tritt mindestens einmal auf.
C: Gelb tritt höchstens einmal auf. D: Blau kommt nicht vor.

b) Ordnen Sie jedem Ereignis aus a) einen der angegebenen Lösungsvorschläge zu.
① $\binom{5}{3} \cdot \left(\frac{1}{3}\right)^3 \cdot \left(\frac{2}{3}\right)^2$ ② $\left(\frac{2}{3}\right)^5$ ③ $\left(\frac{1}{3}\right)^5$ ④ $1 - \left(\frac{2}{3}\right)^5$ ⑤ $\left(\frac{2}{3}\right)^5 + 5 \cdot \left(\frac{1}{3}\right)^1 \cdot \left(\frac{2}{3}\right)^4$

10. Eine Jugendstudie ergab, dass 41 % aller Jugendlichen an Politik interessiert sind.

a) Es werden 300 Jugendliche für eine Befragung ausgewählt. Berechnen Sie die Wahrscheinlichkeit, dass davon 130 an Politik interessiert sind.

b) Berechnen Sie, wie viele Jugendliche mindestens befragt werden müssen, damit mit einer Wahrscheinlichkeit von mindestens 95 % mindestens einer der Befragten an Politik interessiert ist.

c) Bestimmen Sie, wie viele Jugendliche mindestens befragt werden müssen, damit mit einer Wahrscheinlichkeit von mindestens 80 % mindestens 12 der Befragten an Politik interessiert sind.

11. Ein Bauer verkauft seine Äpfel für 50 Cent pro Stück an einen Obsthändler. 5 % seiner Äpfel haben Druckstellen. Der Händler überprüft die Äpfel stichprobenartig und vereinbart mit dem Bauer: „Wenn mehr als 10 % der Äpfel einer Stichprobe Druckstellen haben, verringert sich der Preis für die gesamte Lieferung auf 30 Cent pro Stück."

a) Bestimmen Sie die Wahrscheinlichkeit einer Preisreduzierung bei einen Stichprobenumfang von ① $n = 20$ und ② $n = 50$.

b) Berechnen Sie den Erwartungswert für die Kosten einer Lieferung von 1000 Äpfeln bei einem Stichprobenumfang von ① $n = 20$ und ② $n = 50$.

12. Timo hat beim Torwandschießen eine Trefferquote von 45 % auf das untere Loch und 30 % auf das obere Loch. Die Größe X zählt die Treffer in das untere Loch, die Größe Y zählt die Treffer in das obere Loch.

a) Timo schießt 50-mal auf das untere Loch und 50-mal auf das obere Loch. Berechnen Sie den Erwartungswert und die Standardabweichung von X und Y.

b) Timo trainiert weiter und schießt 60-mal auf das obere Loch. Berechnen Sie, wie oft er auf das untere Loch schießen muss, damit $E(X) = E(Y)$ gilt.

c) Vergleichen Sie die Standardabweichungen von X und Y für die Anzahl der Schüsse aus Aufgabenteil b).

Zusammenfassung

Bernoulli-Ketten

Ein **Bernoulli-Experiment** ist ein Zufallsexperiment, bei dem nur die Ausgänge „Treffer" und „kein Treffer" unterschieden werden. Das Ereignis „Treffer" tritt mit gleichbleibender **Trefferwahrscheinlichkeit p** ein.

Eine **Bernoulli-Kette** der **Länge n** stellt eine n-fache Wiederholung eines Bernoulli-Experiments dar.
Zählt die Größe X dabei die Anzahl der Treffer, so gilt die **Bernoulli-Formel**:

$P(X = k) = \binom{n}{k} \cdot p^k \cdot (1 - p)^{n-k} \; (k = 0, 1, \ldots, n)$

Ein Würfel wird fünfmal gewürfelt und das Ergebnis „6" wird als Treffer gewertet.

Die Ergebnisse der einzelnen Würfe sind unabhängig voneinander, bei jedem Wurf ist die Wahrscheinlichkeit für eine Sechs $\frac{1}{6}$. Also liegt eine Bernoulli-Kette der Länge n = 5 mit Trefferwahrscheinlichkeit $p = \frac{1}{6}$ vor.

Wahrscheinlichkeit für 3 Treffer:

$P(X = 3) = \binom{5}{3} \cdot \left(\frac{1}{6}\right)^3 \cdot \left(\frac{5}{6}\right)^2$

$= 10 \cdot \frac{5^2}{6^5} = \frac{250}{7776} \approx 0{,}032$

Binomialverteilte Zufallsgrößen

Eine Größe X, die die Anzahl der Treffer in einer Bernoulli-Kette der Länge n beschreibt, heißt **binomialverteilte Zufallsgröße** mit den Parametern n und p.
Die Zuordnung, die jedem Treffer k die Wahrscheinlichkeit P(X = k) zuordnet, heißt **Binomialverteilung**.

Die Wahrscheinlichkeit, dass die Anzahl der Treffer höchstens k ist, heißt **kumulierte Wahrscheinlichkeit**. Es gilt:

$P(X \leq k) = P(X = 0) + P(X = 1) + \ldots + P(X = k)$

Der **Erwartungswert** μ und die **Standardabweichung** σ sind gegeben durch:

$\mu = E(X) = n \cdot p \qquad \sigma = \sigma(X) = \sqrt{n \cdot p \cdot (1 - p)}$

Es wird eine binomialverteilte Zufallsgröße X mit n = 10 und p = 0,5 betrachtet.

$P(X = 0) = \binom{10}{0} \cdot 0{,}5^0 \cdot 0{,}5^{10} \approx 0{,}001$

$P(X = 1) = \binom{10}{1} \cdot 0{,}5^1 \cdot 0{,}5^9 \approx 0{,}010$

$P(X \leq 1) = P(X = 0) + P(X = 1) \approx 0{,}011$

Kenngrößen:
$\mu = 10 \cdot 0{,}5 = 5$
$\sigma = \sqrt{5 \cdot 0{,}5}$
$= \sqrt{2{,}5} \approx 1{,}58$

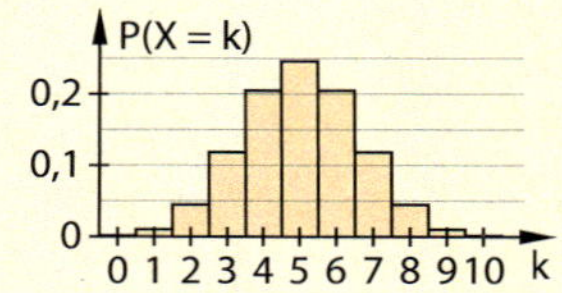

Der Erwartungswert liegt in der Nähe des Maximums, die Standardabweichung ist ein Maß für die Breite der Verteilung.

Parameter einer binomialverteilten Zufallsgröße

Eine binomialverteilte Zufallsgröße ist gekennzeichnet durch die Parameter n (Länge der Bernoulli-Kette), p (Trefferwahrscheinlichkeit) und k (Trefferanzahl).

Sind zwei dieser drei Parameter gegeben, so kann man den dritten Parameter bestimmen (durch Logarithmieren, systematisches Probieren oder Wurzelziehen).

p = 0,7; k = 1; n mit $P(X \geq 1) \geq 0{,}95$ bzw.
$\binom{n}{0} \cdot 0{,}7^0 \cdot 0{,}3^n \leq 0{,}05$
$n \geq \log_{0,3}(0{,}05) \approx 2{,}49$: ab **n = 3**

n = 5; p = 0,25; k mit $P(X = k) > 0{,}3$ bzw.
$\binom{5}{k} \cdot 0{,}25^k \cdot 0{,}75^{(5-k)} > 0{,}3$
$P(X = k) < 0{,}3$ für k = 0; 2; 3; 4; 5
$P(X = 1) \approx 0{,}3955 > 0{,}3$: **k = 1**

n = 20; k = 1; p mit $P(X \geq 1) \geq 0{,}8$ bzw.
$\binom{20}{0} \cdot p^0 \cdot (1 - p)^{20} \leq 0{,}2$
$p \geq 1 - \sqrt[20]{0{,}2} \approx 0{,}077$: ab **p = 7,8 %**

9. Anhang

Lösungen zu
- Ihr Fundament
- Prüfen Sie Ihr neues Fundament

Stichwortverzeichnis
Bildquellenverzeichnis
Impressum

Lösungen zu Kapitel 1: Steigung und Ableitung

Ihr Fundament (S. 6/7)

S. 6, 1.

a) $\frac{1}{2}$ b) $-\frac{7}{6}$ c) 0,1 d) $\frac{4}{15}$ e) $-\frac{5}{12}$
f) 10 g) 5 h) −9 i) −3 j) 7

S. 6, 2.

a) $\frac{2x^{-2}}{3}$ b) $\frac{ax^3}{b}$ c) $\frac{x^{-2}}{2}$ d) $\frac{x^{-4}}{3}$ e) $\frac{x^{-4}}{a}$

S. 6, 3.

a) $x^{\frac{1}{2}}$ b) $x^{\frac{1}{3}}$ c) $a^{\frac{1}{2}}$ d) $b^{\frac{2}{3}}$ e) $y^{-\frac{2}{3}}$

S. 6, 4.

a) $\frac{(x-y)(x+y)}{(x-y)} = x + y$

b) $\frac{(u^2+6u+9)-9}{u} = \frac{u^2+6u}{u} = \frac{u(u+6)}{u} = u + 6$

c) $\frac{(\sqrt{x})^2 - 4\sqrt{x} + 2^2 - 2^2}{\sqrt{x}} = \frac{(\sqrt{x})^2 - 4\sqrt{x}}{\sqrt{x}} = \frac{\sqrt{x}(\sqrt{x}-4)}{\sqrt{x}} = \sqrt{x} - 4$

S. 6, 5.

a) Die Umformung ist für $x \neq 0$ richtig, denn es gilt:
$\frac{(2+x)^2-4}{x} = \frac{4+4x+x^2-4}{x} = \frac{4x+x^2}{x} = \frac{x(4+x)}{x} = x + 4$

b) Die Umformung ist falsch. Richtig ist:
$\frac{(1+x)^2-1}{1+x} = \frac{1+2x+x^2-1}{1+x} = \frac{2x+x^2}{1+x} = \frac{x(x+2)}{x+1}$

c) Die Umformung ist für $a \neq -2$ richtig, denn es gilt:
$\frac{-4a^2-(-4\cdot 2^2)}{a-2} = \frac{(-4)(a^2-2^2)}{a-2} = -4\frac{(a+2)(a-2)}{a-2} = -4(a+2)$

S. 6, 6.

a) $x = -3$
b) $x_1 = 1; x_2 = -4$
c) $x_1 = 3; x_2 = -3$
d) $x_1 = 2; x_2 = -1$
e) $x = 2$
f) $x_1 = 1; x_2 = -0{,}5$
g) $x_1 = \frac{1}{2}; x_2 = -\frac{3}{2}$
h) $x_1 = 2; x_2 = -2$

S. 6, 7.

a) $x = -1$ Probe: $2 \cdot (-1)^3 + 5 = 3$

b) $x_1 = \frac{1}{2}$ Probe: $\frac{1}{\left(\frac{1}{2}\right)^2} = 4$

$x_2 = -\frac{1}{2}$ Probe: $\frac{1}{\left(-\frac{1}{2}\right)^2} = 4$

c) Quadrieren (keine Äquivalenzumformung) auf beiden Seiten der Gleichung ergibt $x + 3 = (x+1)^2$ sowie $x_1 = 1$ und $x_2 = -2$.
Probe für $x_1 = 1$: $\sqrt{1+3} = 1 + 1$ $x_1 = 1$ ist Lösung.
Probe für $x_2 = -2$: $\sqrt{-2+3} \neq -2 + 1$
$x_2 = -2$ ist keine Lösung.

d) $x_1 = 1$ Probe: $\frac{4}{1} = 1 + 3$

$x_2 = -4$ Probe: $\frac{4}{-4} = -4 + 3$

S. 6, 8.

$f(x) = x + 1$ Nullstelle: $x = -1$
$g(x) = -x + 0{,}5$ Nullstelle: $x = 0{,}5$
$h(x) = 0{,}5x + 1{,}5$ Nullstelle: $x = -3$

S. 6, 9.

a) $f(x) = 0{,}5x - 2$ b) $f(x) = -x - 2$
c) $f(x) = 0{,}25x - 2$ d) $f(x) = 2x + 0{,}5$

S. 6, 10.

a) $f(x) = x - 1$ b) $f(x) = -x$ c) $f(x) = 2x - 1$
d) $f(x) = x + 3$ e) $f(x) = \frac{1}{2}x - 5$ f) $f(x) = -\frac{1}{3}x + -\frac{7}{3}$

S. 7, 11.

$f(x) = x^2 - 2$ Nullstellen: $x_1 = \sqrt{2}; x_2 = -\sqrt{2}$
$g(x) = -x^2$ Nullstelle: $x = 0$
$h(x) = 2x^2$ Nullstelle: $x = 0$
$i(x) = (x+1)^2 + 1$ keine Nullstelle

S. 7, 12.

a) Schnittpunkt mit der y-Achse: $S_y(0|-3)$
Schnittpunkte mit der x-Achse: $S_{x1}(3|0)$; $S_{x2}(-1|0)$
b) $S_1(1|-4)$, $S_2(-2|5)$

S. 7, 13.

	im Vergleich zur Normalparabel	Wertebereich	Nullstellen	
a)	gestaucht	$y \geq 0$	$x_0 = 0$	Kleinster Funktionswert: 0
b)	an der x-Achse gespiegelt und gestreckt	$y \leq 0$	$x_0 = 0$	Größter Funktionswert: 0
c)	an der x-Achse gespiegelt und um 1 LE nach unten verschoben	$y \leq -1$	keine	Größter Funktionswert: −1
d)	um 2 LE nach rechts verschoben	$y \geq 0$	$x_0 = 2$	Kleinster Funktionswert: 0
e)	um 2 LE nach links und um 9 LE nach unten verschoben	$y \geq -9$	$x_1 = -5$ $x_2 = 1$	Kleinster Funktionswert: −9
f)	um 2 LE nach rechts und um 1 LE nach unten verschoben	$y \geq -1$	$x_1 = 1$ $x_2 = 3$	Kleinster Funktionswert: −1

S. 7, 14.

a) $\frac{\text{Höhenunterschied}}{\text{Entfernung}} = \frac{80\,\text{m}}{4000\,\text{m}} = 0{,}02$
b) −0,02, da Weg bergab führt

S. 7, 15.

$m = \frac{200}{400} = 0{,}5 = 50\,\%$ $\alpha = \tan^{-1}(0{,}5) \approx 26{,}57°$

S. 7, 16.

a) $g(x) = 2x$

b) $\alpha = \tan^{-1}(2) \approx 63{,}43°$ $m = 200\,\%$

S. 7, 17.

$v = \frac{24\,km}{\frac{5}{4}h} = \frac{24 \cdot 4}{5}\frac{km}{h} = 19{,}2\,\frac{km}{h}$

S. 7, 18.

a)

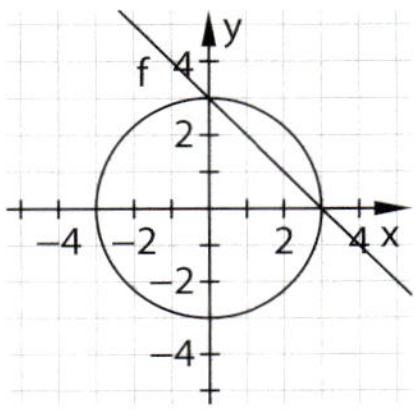

$f(x) = -x + 3$

b)

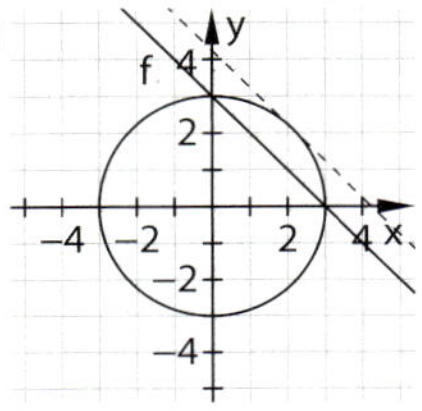

$m = -1$

S. 7, 19.

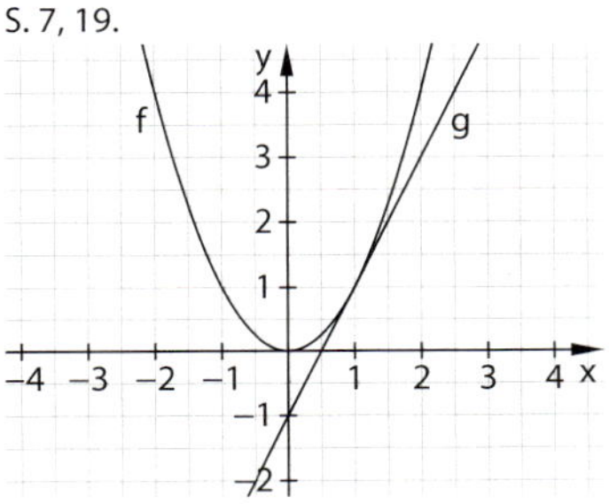

Die Gerade ist eine Tangente an die Parabel, da sie sich im Berührpunkt (1 | 1) an die Parabel anschmiegt.

S. 7, 20.

a) 3 b) 4 c) ∞ d) 0 e) 1

Prüfen Sie Ihr neues Fundament (S. 34/35)

S. 34, 1.

a) Durchschnittlicher jährlicher Zuwachs:

$\frac{10\,\text{Mrd.} - 600\,\text{Mio.}}{2100 - 1700} = \frac{9{,}4\,\text{Mrd.}}{400} = 23{,}5\,\text{Mio.}$

b) Im Intervall [1900; 2000] wuchs die Erdbevölkerung am stärksten (um 4,4 Milliarden/im Durchschnitt um 44 Millionen pro Jahr).
Im Intervall [1700; 1800] wuchs die Erdbevölkerung am wenigsten (um 300 Millionen/im Durchschnitt um 3 Millionen pro Jahr).

S. 34, 2.

a) und b)
Gleichung der Sekante:
$y = mx + b$
$m = \frac{f(1) - f(-1)}{1 - (-1)} = \frac{0 - (-2)}{2} = 1$
$y = 1 \cdot x + b$ mit $P(1\,|\,0)$
$\Rightarrow b = -1 \Rightarrow s(x) = x - 1$

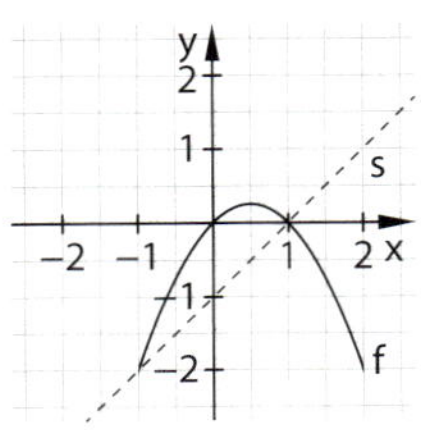

c)

x	$\frac{f(x) - f(1)}{x - 1}$
0,9	−0,9
0,99	−0,99
0,999	−0,999

Steigung an der Stelle $x_0 = 1$: $f'(1) = -1$

d) $t(x) = -x + 1$

S. 34, 3.

Gleichung der Tangente t:
$t(x) = -2x - 1 \Rightarrow f'(-0{,}5) = -2$
$\alpha = \tan^{-1}(f'(-0{,}5)) = \tan^{-1}(-2) \approx -63{,}43°$

S. 34, 4.

Beispiele:
$f(x) = 5x$
$f(x) = 5x - 6$

S. 34, 5.

a) $f'(x) = 3x^2$ b) $f'(x) = 2$
c) $f'(t) = 6t$ d) $f'(x) = x^2$
e) $f'(x) = \frac{n}{3}x^{n-1}$ f) $f'(u) = 0$
g) $f'(a) = \sin\left(\frac{\pi}{2}\right) = 1$ h) $f'(x) = 0$
i) $f'(x) = (n + 2)\,x^{n+1}$ j) $f'(p) = (n - 1)\,p^{n-2}$
k) $f'(t) = nt^{2n-1}$ l) $f'(v) = a^n(n + 1)\,v^n$

S. 34, 6.

a) $f'(x) = 2x$ $f'(5) = 10$
b) $f'(x) = 3x^2$ $f'(\sqrt{2}) = 6$
c) $f'(x) = -\frac{2}{x^3}$ $f'(-2) = \frac{1}{4}$
d) $f'(x) = \frac{1}{\sqrt{x}}$ $f'(0)$ existiert nicht.

S. 34, 7.

Zu ① gehört Ⓒ. Zu ② gehört Ⓑ. Zu ③ gehört Ⓐ.

S. 35, 8.

a) Momentangeschwindigkeit $v\left(\text{in } \frac{m}{s}\right)$ nach t Sekunden:
$v = s'(t) = 10t$ $s'(0{,}5) = 5$ $s'(1) = 10$
Die Momentangeschwindigkeit des Turmspringers beträgt nach einer halben Sekunde $5\,\frac{m}{s}$ und nach einer Sekunde $10\,\frac{m}{s}$.

b) $10 = s(t) = 5t^2 \Rightarrow t_0 = \sqrt{2} \Rightarrow v(t_0) = s'(t_0) = 10 \cdot \sqrt{2}$
Der Turmspringer taucht mit einer Geschwindigkeit von ca. $14{,}1\,\frac{m}{s}$ in das Wasser ein.

S. 35, 9

a) $f'(x) = -3x^{-4}$ b) $f'(x) = \frac{4}{x^3}$
c) $f'(t) = -\frac{2}{t^2}$ d) $f'(v) = -\frac{3}{2v^3}$
e) $f'(x) = 9x^2 + 4x$ f) $f'(x) = \frac{1}{2\sqrt{x}}$
g) $f'(t) = 4t^3 - 1$ h) $f'(x) = 4 - \frac{1}{\sqrt{x}}$
i) $f'(x) = x^3 + x^{-5}$ j) $f'(x) = -\frac{1}{x^2} - \frac{1}{x^6}$
k) $f'(x) = -2x$ l) $f'(x) = -2x$
m) $f'(x) = 6x$ n) $f'(a) = -8a$
o) $f'(x) = 4x - 4a$ p) $f'(x) = \frac{1}{2}$ (für $x \neq 1$)

S. 35, 10.
Zur x-Achse parallele Tangenten haben die Steigung null und es gilt an diesen Stellen $f'(x) = 0$.
$f'(x) = 0{,}6x^2 - 0{,}6x - 3{,}6 = 0{,}6(x^2 - x - 6)$
$= 0{,}6(x + 2)(x - 3)$
Die Tangenten an den Graphen der Funktion f verlaufen an den Stellen $x = -2$ und $x = 3$ parallel zur x-Achse.

S. 35, 11.
a) $f'(x) = -1$ für $x = \frac{1}{2}$; $f'(x) = g'(x)$ für $x_1 = 1, x_2 = -3$
b) $f'(x) = 2$ für $x_{1/2} = \pm 2$; $f'(x) = g'(x)$ für $x_{1/2} = \pm 1$
c) $f'(x) = -\frac{1}{2}$ für $x = 4$; $f'(x) = g'(x)$ für $x = 9$

S. 35, 12.
Schnittstellen der Graphen von f und g:
$f(x) = g(x)$ für $x_1 = 2$ und für $x_2 = -2$
$f'(x) = 2x - 2 \qquad g'(x) = -2$
Schnittwinkel γ_1 bei $x_1 = 2$:
$|\alpha_1 - \beta_1| = |\tan^{-1}(f'(2)) - \tan^{-1}(g'(2))|$
$= |\tan^{-1}(2) - \tan^{-1}(-2)| \approx 126{,}87° > 90°$,
also $\gamma_1 \approx 180° - 126{,}87° = 53{,}13°$
Schnittwinkel bei $x_2 = -2$:
$\gamma_2 = |\alpha_2 - \beta_2| = |\tan^{-1}(f'(-2)) - \tan^{-1}(g'(-2))|$
$= |\tan^{-1}(-6) - \tan^{-1}(-2)| \approx 17{,}10°$

S. 35, 13.
a) $A(r) = \pi r^2$ b) $A'(r) = 2\pi r = u(r)$

S. 35, 14.
a) $f'(-1) = 4$ $f'(0) = -2$ $f'(1) = 4$
b) $t_1(x) = 4x + 4$ $t_2(x) = -2x$ $t_3(x) = 4x - 4$
$n_1(x) = -\frac{1}{4}x - \frac{1}{4}$ $n_2(x) = \frac{1}{2}x$ $n_3(x) = -\frac{1}{4}x + \frac{1}{4}$
c) Die Tangenten t_1 und t_3 haben die gleiche Steigung, das heißt, sie liegen parallel zueinander. Wegen unterschiedlicher Steigungen schneiden sowohl die Tangenten t_1 und t_2 einander als auch die Tangenten t_2 und t_3.
d) Die Normalen schneiden sich genau dann, wenn sich die zugehörigen Tangenten schneiden, also n_1 und n_2 sowie n_2 und n_3, aber nicht n_1 und n_3.

S. 35, 15.
a) $m_s = \frac{f(4) - f(0{,}25)}{4 - 0{,}25} = \frac{0{,}25 - 4}{4 - 0{,}25} = -1$
b) $f'(x) = -\frac{1}{x^2}$
$f'(x) = -1$ für $x_1 = 1$ und für $x_2 = -1$
Im Punkt $P_1(1\,|\,1)$ lautet die Gleichung der Tangente t_1: $t_1(x) = -x + 2$
Im Punkt $P_2(-1\,|\,-1)$ lautet die Gleichung der Tangente t_2: $t_2(x) = -x - 2$

S. 35, 16.
a) Steigung: $\frac{f(4) - f(0)}{4 - 0} = \frac{0 - 3{,}2}{4} = -0{,}8$
Das durchschnittliche Gefälle beträgt 0,8.
b) $f'(x) = 0{,}3x^2 - 1{,}2x = 0{,}3x(x - 4)$
Der Graph von f' ist eine Parabel, die im betrachteten Intervall den Scheitelpunkt $S(2|f'(2))$ hat. Da die Parabel nach oben geöffnet ist, ist es die Stelle der geringsten Steigung, also ist $x = 2$ die Stelle des größten Gefälles.
Neigungswinkel:
$\alpha = \tan^{-1}(f'(2)) = \tan^{-1}(-1{,}2) \approx -50{,}19°$

Lösungen zu Kapitel 2: Untersuchung ganzrationaler Funktionen

Ihr Fundament (S.38/39)

S. 38, 1.
a) Der Graph steigt für $x < -1$ und fällt für $x > -1$.
b) Der Graph steigt für $x < -2$ und für $x > 0$. Er fällt für $-2 < x < 0$.
c) Der Graph steigt für $-\frac{\pi}{4} < x < \frac{\pi}{4}$.
Er fällt für $-\frac{\pi}{2} < x < -\frac{\pi}{4}$ und für $\frac{\pi}{4} < x < \frac{\pi}{2}$.

S. 38, 2.
a) Der Graph fällt für alle $x \in \mathbb{R}$.
b) Der Graph fällt für $x < -3$. Er steigt für $x > -3$.
c) Der Graph steigt für $x < 1$. Er fällt für $x > 1$.
d) Der Graph steigt für $x > -1$. Er fällt für $x < -1$.
e) Der Graph fällt für $x < 0$ und für $x > 0$.
f) Der Graph steigt für $x > 0$. Er fällt für $x < 0$.

S. 38, 3.
Beispiel: $f(x) = -x + 1$

S. 38, 4.
Beispiele:

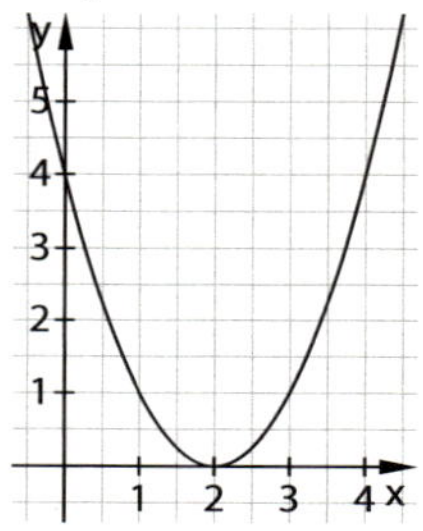

$f(x) = (x - 2)^2$

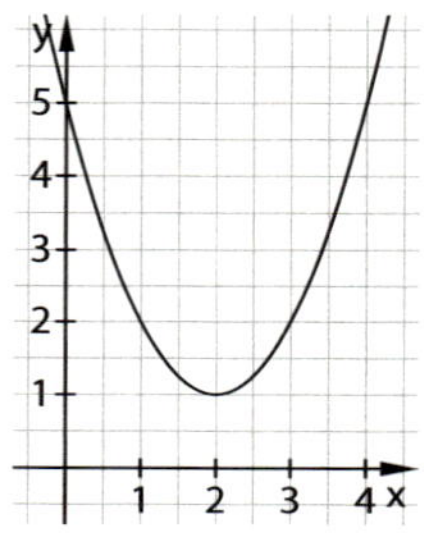

$f(x) = (x - 2)^2 + 1$

S. 38, 5.
a) Kleinster Funktionswert: –2
b) Größter Funktionswert: –3
c) Es gibt weder einen kleinsten noch einen größten Funktionswert.
d) Kleinster Funktionswert: 0

S. 38, 6.

	größter Funktionswert	kleinster Funktionswert
a)	① 1 (für $x = 1$) ② 1 (für $x = 1$)	① 0 (für $x = 0$) ② 0 (für $x = 0$ und für $x = 2$)
b)	① 1,25 (für $x = -0{,}5$) ② 0 (für $x = 0$)	① –1 (für $x = 1$) ② –1 (für $x = 1$)
c)	① 4 (für $x = 2$) ② 2 (für $x = -1$)	① –2 (für $x = -3$) ② 1 (für $x = 0{,}5$)

S. 38, 7.

	größter Funktionswert		kleinster Funktionswert	
a)	−5	(für $x = 0$)	−11	(für $x = 2$)
b)	4	(für $x = 0$)	0	(für $x = -2$)
c)	0	(für $x = -2$)	−3	(für $x = -1$)

S. 39, 8.

a) $x = 5$
b) $x_1 = 0; x_2 = -4{,}2$
c) $x_1 = 0{,}3; x_2 = -0{,}3$
d) $x_1 = 0; x_2 = 1; x_3 = -1$
e) $a_1 = 0; a_2 = 3; a_3 = -3$
f) keine Lösung
g) $k = -4$
h) alle reellen Zahlen
i) $x_1 = -1; x_2 = 3$

S. 39, 9.

a) $x_0 = \frac{1}{3}$
b) $x_0 = 0$
c) keine Nullstelle
d) $x_1 = 0; x_2 = -4$
e) $x_1 = -5; x_2 = 2$
f) keine Nullstelle
g) $x_0 = 2$
h) $x_1 = \frac{1}{2}; x_2 = -\frac{1}{2}$
i) $x_0 = -\frac{1}{2}$

S. 39, 10.

Beispiele:
a) $0 = x^2 - 25$
b) $0 = x^2 - 5x$
c) $0 = (x + 6)(x - 2)$
d) $0 = (x - 8)^2$
e) $x^2 = -1$
f) $0 = \left(x - \sqrt{2}\right)^2$

S. 39, 11.

a) $b > 0$ b) $b = 0$ c) $b < 0$

S. 39, 12.

	positiv	negativ	null
a)	$x > 2{,}5$	$x < 2{,}5$	$x = 2{,}5$
b)	$x > -0{,}5$	$x < -0{,}5$	$x = -0{,}5$
c)	$x < -1$ oder $x > 1$	$-1 < x < 1$	$x = -1$ oder $x = 1$
d)	$x > -1$	$x < -1$	$x = -1$

S. 39, 13.

	positiv	negativ
a)	$x > 0{,}75$	$x < 0{,}75$
b)	$x < -1{,}5$	$x > -1{,}5$
c)	$-2 < x < 2$	$x < -2$ oder $x > 2$

S. 39, 14.

a) $x < -6$ b) $-4 < x < 4$ c) $x > 1$

S. 39, 15.

a) $S_x\left(\frac{3}{7}\middle|0\right); S_y(0|3)$
b) Kein Schnittpunkt mit der x-Achse; $S_y(0|4)$
c) $S_x(0|0) = S_y(0|0)$

S. 39, 16.

a) $x(x - 2)$
b) $(y - 2x)(y - 2x)$
c) $\left(2z - \frac{1}{2}x\right)\left(2z + \frac{1}{2}x\right)$
d) $2n^2(n + 2)$

S. 39, 17.

$f(x) = 0$:
$-x^2 - 4x - 2 = 0$
$x_1 = -2 + \sqrt{2} \approx -0{,}59; x_2 = -2 - \sqrt{2} \approx -3{,}41$
x_1 und x_2 sind die Nullstellen der Funktion f, also die Stellen, an denen der Graph von f die x-Achse schneidet.
$f(0) = y$:
$y = -2$
Der Graph der Funktion f schneidet die y-Achse im Punkt $S_y(0|-2)$.
$f(x) = -2$:
$-x^2 - 4x - 2 = -2$
$x_1 = 0; x_2 = -4$
Der Graph von f wird an den Stellen $x_1 = 0$ und $x_2 = -4$ von der Geraden mit der Gleichung $y = -2$ geschnitten.

S. 39, 18.

a) $f(x) = -3(x - 2)(x + 1) = -3x^2 + 3x + 6$
b) $f(x) = 2x(x - 4) = 2x^2 - 8x$
c) $f(x) = -\frac{1}{2}(x + 3)(x + 5) = -\frac{1}{2}x^2 - 4x - \frac{15}{2}$

Prüfen Sie Ihr neues Fundament (S. 82/83)

S. 82, 1.

a) Für $x \to +\infty$ gilt $f(x) \to +\infty$.
Für $x \to -\infty$ gilt $f(x) \to -\infty$.
b) Für $x \to +\infty$ gilt $f(x) \to -\infty$.
Für $x \to -\infty$ gilt $f(x) \to -\infty$.
c) Für $x \to +\infty$ gilt $f(x) \to -\infty$.
Für $x \to -\infty$ gilt $f(x) \to +\infty$.
d) Für $a \to +\infty$ gilt $f(a) \to +\infty$.
Für $a \to -\infty$ gilt $f(a) \to +\infty$.
e) Für $x \to +\infty$ gilt $f(x) \to +\infty$.
Für $x \to -\infty$ gilt $f(x) \to -\infty$.
f) Für $x \to +\infty$ gilt $f(x) \to -\infty$.
Für $x \to -\infty$ gilt $f(x) \to +\infty$.

S. 82, 2.

a) punktsymmetrisch zum Ursprung
b) achsensymmetrisch zur y-Achse
c) achsensymmetrisch zur y-Achse
d) punktsymmetrisch zum Ursprung
e) punktsymmetrisch zum Ursprung
f) achsensymmetrisch zur y-Achse

S. 82, 3.
① gehört zu i(x).
a) Für $x \to -\infty$ gilt $i(x) -\infty$.
Für $x \to +\infty$ gilt $i(x) +\infty$.
b) Es liegt keine Symmetrie vor, also nur ① oder ② möglich. Die Nullstellen von ① passen nur zu i(x), daher kommt ② nicht infrage.
② gehört zu h(x).
a) für $x \to \pm\infty$ gilt $h(x) \to -\infty$.
b) Es liegt keine Symmetrie h(x) vor, also nur ① oder ② möglich. Die Nullstellen von ① passen nur zu i(x), daher kommt nur ② infrage.
③ gehört zu f(x).
a) Für $x \to \pm\infty$ gilt $f(x) \to +\infty$.
b) Die Funktion ist gerade und der Graph ist achsensymmetrisch zur y-Achse.
④ gehört zu g(x).
a) Für $x \to -\infty$ gilt $g(x) \to +\infty$.
Für $x \to +\infty$ gilt $g(x) \to -\infty$.
b) Die Funktion ist ungerade und der Graph ist punktsymmetrisch zum Ursprung.

S. 82, 4.
a) $-\sqrt{5}; 0; \sqrt{5}$ b) 0 c) 0; −1
d) 0; 1; 2 e) −2; −1; 1; 2 f) −1; 0; 1

S. 82, 5.
Wegen $f(0) = 0$ ist $S(0|0)$ sowohl ein Schnittpunkt mit der y-Achse als auch mit der x-Achse.
$x^3 - 3x^2 + 3x = x(x^2 - 3x + 3)$
Da $x^2 - 3x + 3 = 0$ keine Lösung hat, gibt es keine weiteren Schnittpunkte mit der x-Achse.
Für $x \to -\infty$ gilt $f(x) \to -\infty$. Für $x \to +\infty$ gilt $f(x) \to +\infty$.
Der Graph von f ist weder punktsymmetrisch, noch achsensymmetrisch.

S. 82, 6.
a) streng monoton steigend für $-2 < x < 0$ und $x > 1$, streng monoton fallend für $x < -2$ und $0 < x < 1$.
b) $H(0|0)$, $T_1(-2|-2{,}7)$, $T_2(1|-0{,}4)$
lokales Maximum: 0, lokale Minima: −2,7 und −0,4
c) Das globale Minimum ist das kleinere lokale Minimum: −2,7. Ein globales Maximum existiert nicht, da $f(x) \to \infty$ für $x \to \pm\infty$.

S. 82, 7.
a) $f'(x) = 4 - x$
f' hat bei $x = 4$ eine Nullstelle, daher gibt es zwei Monotonieintervalle.
Für $x < 4$ ist z. B. $f'(3) = 1 > 0$, also ist f streng monoton steigend.
Für $x > 4$ ist z. B. $f'(5) = -1 < 0$, also ist f streng monoton fallend.
b) $f'(x) = 3x^2 - 6x$
f' hat bei $x_1 = 0$ und $x_2 = 2$ Nullstellen, daher gibt es drei Monotonieintervalle.
Für $x < 0$ ist z. B. $f'(-1) = 9 > 0$, also ist f streng monoton steigend.
Für $0 < x < 2$ ist z. B. $f'(1) = -3 < 0$, also ist f streng monoton fallend.
Für $x > 2$ ist z. B. $f'(3) = 9 > 0$, also ist f streng monoton steigend.
c) $f'(x) = 8x^3 + 8x$
f' hat bei $x = 0$ eine Nullstelle, daher gibt es zwei Monotonieintervalle.
Für $x < 0$ ist z. B. $f'(-1) = -16 < 0$, also ist f streng monoton fallend.
Für $x > 0$ ist z. B. $f'(1) = 16 > 0$, also ist f streng monoton steigend.

S. 82, 8.
a)

		I_1	I_2	I_3
	lokal	**global**		
Minimumstelle	$\frac{1}{3}$	$\frac{1}{3}$	0	$\frac{1}{3}$
Minimum	$-8\frac{14}{27}$	$-8\frac{14}{27}$	−8	$-8\frac{14}{27}$
Maximumstelle	−3	−3	−2	3
Maximum	10	10	6	46

b)

		I_1	I_2	I_3
	lokal	**global**		
Minimumstelle	0	8	0	0
Minimum	0	−3,2	0	0
Maximumstelle	5	5	−3	3
Maximum	6,25	6,25	9,45	4,05

S. 83, 9.

Graph von f	a)	b)	c)
steigend	$x > -1$	$-2 < x < 1$ und $x > 3$	auf ganz $\mathbb{R}$
fallend	$x < -1$	$x < -2$ und $1 < x < 3$	–
Hochpunkte	–	bei $x = 1$	–
Tiefpunkte	bei $x = -1$	bei $x = -2$ und $x = 3$	–
Sattelpunkte	bei $x = 2$	–	bei $x = -1$ und $x = 2$

S. 83, 10.
a) $H(0|0)$ $T(2|-4)$ $W(1|-2)$
$t_w(x) = -3x + 1$
b) $T(3|-3{,}75)$ $W(2|-1)$ $S(0|3)$
$t_w(x) = -4x + 7$ $t_s(x) = 3$
c) $H\left(1\middle|\frac{4}{3}\right)$ $T(3|0)$ $W\left(2\middle|\frac{2}{3}\right)$
$t_w(x) = -x + \frac{8}{3}$
d) Zum Teil gerundete Werte:
$H(-1{,}73|-3{,}92)$ $T(1{,}73|-8{,}08)$
$W_1(-1{,}22|-4{,}71)$ $W_2(1{,}22|-7{,}29)$ $S(0|-6)$
$t_{w1}(x) = -2{,}25x - 7{,}47$ $t_{w2}(x) = -2{,}25x - 4{,}53$
$t_s(x) = -6$
e) $S(-4|0)$ $t_s(x) = 0$
f) Gerundete Werte: $T(0{,}61|6{,}75)$

S. 83, 11.

a) Für alle reellen Zahlen x gilt $f(x) > 0$ und $g(x) = -(x-3)^2 < 0$. Daher kann die geringste Distanz über die Gleichung $d(x) = f(x) - g(x) = 2x^2 - 6x + 11$ ermittelt werden.
$d'(x) = 4x - 6$; $d''(x) = 4$
$d'(x) = 0 \Rightarrow x = 1{,}5$
Wegen $d''(1{,}5) = 4 > 0$ liegt an der Stelle $x = 1{,}5$ ein lokales Minimum vor.
An der Stelle $x = 1{,}5$ unterscheiden sich die Funktionswerte am wenigsten.

b) Für alle positiven reellen Zahlen x gilt $f(x) > 0$ und $g(x) < 0$. Daher kann die geringste Distanz über die Gleichung $d(x) = f(x) - g(x) = \frac{1}{x} + x^2$ ermittelt werden.
$d'(x) = -\frac{1}{x^2} + 2x$; $d''(x) = \frac{2}{x^3} + 2$
$d'(x) = 0 \Rightarrow x = \sqrt[3]{\frac{1}{2}}$
Wegen $d''\left(\sqrt[3]{\frac{1}{2}}\right) = 6 > 0$ liegt an der Stelle $x = \sqrt[3]{\frac{1}{2}}$ ein lokales Minimum vor.
An der Stelle $x = \sqrt[3]{\frac{1}{2}}$ unterscheiden sich die Funktionswerte am wenigsten.

S. 83, 12.

a) $f''(x) = -12x^2 + 12$
$f''(x) = 0$ für $x_{1/2} = \pm 1$
Teststellen: $f''(-2) = -36$; $f''(0) = 12$; $f''(2) = -36$
$f''(x) < 0$ für $x < -1$ bzw. $x > 1$: Der Graph von f ist in diesen Intervallen rechtsgekrümmt.
$f''(x) > 0$ für $-1 < x < 1$: Der Graph von f ist in diesem Intervall linksgekrümmt.

b) $f''(x) = 12x^2 - 48x + 48$
$f''(x) = 0$ für $x = 2$
Teststellen: $f''(1) = 12$; $f''(3) = 12$
$f''(x) > 0$ für $x < 2$ bzw. $x > 2$: Der Graph von f ist linksgekrümmt.

c) $f''(x) = -30x^4$
$f''(x) = 0$ für $x = 0$
Teststellen: $f''(-1) = -30$; $f''(1) = -30$
$f''(x) < 0$ für $x < 0$ bzw. $x > 0$: Der Graph von f ist rechtsgekrümmt.

S. 83, 13.

a) Die 1. Ableitungsfunktion hat an der Stelle $x = -4$ ein lokales Minimum, da das Vorzeichen von f'' an dieser Stelle von + zu – wechselt.

b) Die Funktion f hat an der Stelle $x = -4$ eine Wendestelle.

c) Da die 1. Ableitungsfunktion an der Stelle $x = -4$ ein lokales Minimum hat und $f'(-4) = 1$ gilt, hat f' nur positive Funktionswerte, d. h., die Funktion f ist streng monoton steigend.

S. 83, 14.

a) anfänglicher Wasserstand in m: $h(0) = 2{,}5$
Wasserstand nach 6 Stunden in m: $h(6) = 3{,}65$

b) $h(t) = 2{,}5 \Rightarrow t_1 = 0$; $t_{2/3} = \pm 10$
Nach 10 Stunden ist die Wasserhöhe wieder normal. $D_h = [0; 10]$

c) $h(t) = 4$ hat keine Lösung. Es kommt zu keiner Überschwemmung.

d) $h'(t) = -0{,}002t^3 + 0{,}1t$
$h'(t) = 0 \Rightarrow t_1 = 0$; $t_{2/3} = \pm\sqrt{50}$
Die negative Lösung liegt nicht im Definitionsbereich.
$h''(t) = -0{,}006t^2 + 0{,}1$
$h''(0) > 0$, also Tiefpunkt bei $t_1 = 0$
$h''(\sqrt{50}) < 0$, also Hochpunkt bei $t_2 = \sqrt{50} \approx 7{,}07$;
$h(\sqrt{50}) = 3{,}75$
Das Wasser erreicht nach ca. 7,07 Stunden seinen Höchststand mit 3,75 Meter.

e) Der stärkste Anstieg von h ist das lokale Maximum von h'. $h''(t) = 0 \Rightarrow t_{1/2} = \pm\sqrt{\frac{50}{3}}$
Die negative Lösung liegt nicht im Definitionsbereich.
$h'''(t) = -0{,}012t$
$h'''\left(\sqrt{\frac{50}{3}}\right) < 0$, also Hochpunkt von h' bei
$t = \sqrt{\frac{50}{3}} \approx 4{,}08$ (Zeitpunkt des stärksten Anstieges);
$h'(4{,}08) \approx 0{,}27$
Der stärkste Anstieg des Wassers beträgt ca. $0{,}27\,\text{m/h} = 0{,}45\,\text{cm/min}$.

Lösungen zu Kapitel 3: Anwendungen der Differenzialrechnung

Ihr Fundament (S. 86/87)

S. 86, 1.

a) $L = \{(1 \mid 0)\}$ b) $L = \{(2{,}5 \mid 4{,}5)\}$
c) $L = \{(-7 \mid 16)\}$ d) $L = \{(2{,}5 \mid -0{,}5)\}$

S. 86, 2.

a) $L = \{(5 \mid 5)\}$ b) $L = \left\{\left(\frac{1}{8} \middle| \frac{1}{2}\right)\right\}$
c) $L = \{(3 \mid 16)\}$ d) $L = \{\,\}$

S. 86, 3.

a) $L = \{(10 \mid -5)\}$ b) $L = \left\{\left(-\frac{11}{3} \middle| -\frac{41}{6}\right)\right\}$
c) $L = \{(3 \mid 16)\}$ d) $L = \left\{\left(-\frac{2}{3} \middle| 4\right)\right\}$

S. 86, 4.

a) $L = \{(-12 \mid -18)\}$ b) $L = \left\{\left(\frac{9}{2} \middle| -2\right)\right\}$
c) $L = \{(5 \mid 0)\}$ d) $L = \{(4 \mid 2)\}$

S. 86, 5.

a) unendlich viele Lösungen
b) unendlich viele Lösungen
c) genau eine Lösung
d) keine Lösung

S. 86, 6.
a) Die beiden Zahlen lauten 46 und 4.
b) Die beiden Zahlen lauten 8 und 17.
c) Alle Zahlen x und y, deren Summe 23 ist. Also $L = \{(x|y) | x + y = 23\}$.

S. 86, 7.
x: Preis pro kWh in €; y: Grundgebühr in €
$x \cdot 203 + y = 39{,}16$
$x \cdot 267 + y = 49{,}40$
Lösen des linearen Gleichungssystems ergibt eine Grundgebühr von 6,68 € und einen Preis pro kWh von 0,16 €.

S. 86, 8.
a) Grad: 3; Koeffizienten: $a_3 = -1$; $a_2 = 5$; $a_1 = 4$; $a_0 = 1$
$f(1) = 9$, $f(-1) = 3$
P und Q liegen auf dem Graphen von f.
b) Grad: 5; Koeffizienten: $a_5 = 2$; $a_4 = 0$; $a_3 = 0$; $a_2 = -1$; $a_1 = 7$; $a_0 = -5$
$f(1) = 3$, $f(-1) = -15$
P und Q liegen nicht auf dem Graphen von f.
c) Grad: 3; Koeffizienten: $a_3 = 6$; $a_2 = -4a$; $a_1 = 1$; $a_0 = 4a$
$f(1) = 7$, $f(-1) = -7$
P liegt nicht auf dem Graphen von f, Q schon.

S. 86, 9.
a) Für $x \to \infty$ gilt $f(x) \to \infty$, für $x \to -\infty$ gilt $f(x) \to -\infty$.
Der Graph ist punktsymmetrisch zum Ursprung.
b) Für $x \to \infty$ gilt $f(x) \to -\infty$, für $x \to -\infty$ gilt $f(x) \to \infty$.
Der Graph ist weder punktsymmetrisch zum Ursprung noch achsensymmetrisch zur y-Achse.
c) Für $x \to \infty$ und für $x \to -\infty$ gilt $f(x) \to \infty$.
Der Graph ist achsensymmetrisch zur y-Achse.

S. 86, 10.
a) $x_1 = 4$; $x_2 = -5$
b) $x_1 = 0$; $x_2 = -1$; $x_3 = 0{,}5$
c) $x_1 = 0$; $x_2 = 0{,}5$
d) $x_1 = 0$; $x_2 = 4$
e) $x_1 = 0$; $x_2 = 2$; $x_3 = -3$
f) $x_1 = 0$; $x_2 = -\frac{4}{3}$
g) $x_1 = 2$; $x_2 = -2$; $x_3 = 1$; $x_4 = -1$
h) $x_1 = 3$; $x_2 = -3$; $x_3 = 1$; $x_4 = -1$
i) $x_1 = \sqrt{5}$; $x_2 = -\sqrt{5}$

S. 87, 11.
a) ① $f(x) = (x + 7)^2 - 4$
② $f(x) = (x + 1{,}5)^2 + 3{,}5$
③ $f(x) = (x + 1)^2 - 6{,}25$
b) ① $x_1 = -5$; $x_2 = -9$
② keine Nullstellen
③ $x_1 = 1{,}5$; $x_2 = -3{,}5$

S. 87, 12.
a) $x_1 = 2$; $x_2 = -2$ b) $x_1 = 7$; $x_2 = -1$ c) $x_1 = 0$; $x_2 = 4$

S. 87, 13.
a) ① $f(x) = -\frac{69}{79^2}x^2$ ② $f(x) = -\frac{69}{79^2}(x - 79)^2 + 69$
b) rund 9,30 m

S. 87, 14.
a) Scheitelpunktform gegeben
allgemeine Form: $f(x) = 2x^2 - 4x - 16$
faktorisierte Form: $f(x) = 2(x - 4)(x + 2)$
b) allgemeine Form gegeben
Scheitelpunktform: $g(x) = (x - 7)^2 - 4$
faktorisierte Form: $g(x) = (x - 9)(x - 5)$
c) faktorisierte Form gegeben
allgemeine Form: $h(x) = -3x^2 - 6x + 24$
Scheitelpunktform: $h(x) = -3(x + 1)^2 + 27$

S. 87, 15.
a) Nullstellen: $x_1 = 0$; $x_2 = 300$
Der Ball fliegt 300 m weit.
b) Scheitelpunkt: $S(150|45)$
Der Ball fliegt 45 m hoch.

S. 87, 16.
a) $u = 10\,cm$; $A \approx 3{,}9\,cm^2$
b) $u = 24\,cm$; $A = 24\,cm^2$
c) $b \approx 2{,}9\,cm$; $u \approx 17{,}8\,cm$; $A = 15\,cm^2$
d) $u \approx 15{,}1\,cm$; $A \approx 18{,}1\,cm^2$

S. 87, 17.
a) $V = 320\,cm^3$
b) 512 g

S. 87, 18.
a) $V \approx 569{,}7\,cm^3$; $O \approx 351{,}9\,cm^2$
b) $V \approx 466{,}5\,cm^3$; $O \approx 40181\,cm^2$
c) $V \approx 16{,}94\,cm^3$; $O \approx 55{,}05\,cm^2$
d) $V \approx 143{,}5\,cm^3$; $O \approx 267{,}1\,cm^2$

Prüfen Sie Ihr neues Fundament (S. 112/113)

S. 112, 1.
Es gilt stets $x + y = 10$ bzw. $y = 10 - x$.
a) $p(x) = x \cdot y = 10x - x^2$
$p'(x) = 10 - 2x$
$p'(x) = 0 \Rightarrow x = 5$
$p''(x) = -2 < 0$
Das Produkt ist für die Summanden 5 und 5 am größten.
b) $s(x) = x^2 + (10 - x)^2 = 2x^2 - 20x + 100$
$s'(x) = 4x - 20$
$s'(x) = 0 \Rightarrow x = 5$
$s''(x) = 4 > 0$
Die Summe der Quadrate ist für die Summanden 5 und 5 am kleinsten.
c) $d(x) = x^2 - (10 - x)^2 = 20x - 100$
$d'(x) = 20 > 0$
Es gibt keinen Extremwert.
d) $d(x) = x^3 - (10 - x)^3 = 2x^3 - 30x^2 + 300x - 1000$
$d'(x) = 6x^2 - 60x + 300$
$d'(x) = 0$ hat keine Lösung.
Es gibt keinen Extremwert.

S. 112, 2.

a)

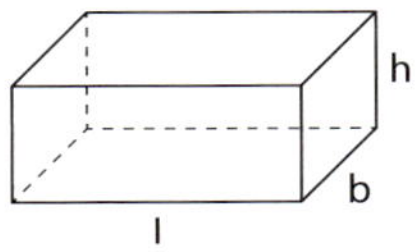

b: Länge der kürzeren Grundseite (in m)
l: Länge der längeren Grundseite (in m); $l = 2b$
h: Höhe des Bassins (in m)
Nebenbedingung:
$V = b \cdot l \cdot h = 32 \Rightarrow 32 = 2b^2 \cdot h \Rightarrow h = \frac{16}{b^2}$
Zielfunktion:
$A = 2b^2 + 6bh$
$A(b) = 2b^2 + \frac{96}{b}\ (b > 0)$

b) $A'(b) = 4b - \frac{96}{b^2}$
Aus $A'(b) = 0$ folgt $b^3 = 24$ und damit $b = \sqrt[3]{24} \approx 2{,}88$.
$A''(b) = 4 + \frac{192}{b^3}$
$A''(\sqrt[3]{24}) = 12 > 0 \Rightarrow b = \sqrt[3]{24}$ ist lokale Minimumstelle.
Da $A(b) \to \infty$ für $b \to 0$ mit $b > 0$ und für $b \to \infty$ gilt, ist das einzige lokale Minimum an der Stelle $b = \sqrt[3]{24}$ auch das globale Minimum.
Das Bassin ist ca. 2,88 m breit, 5,77 m lang und 1,92 m hoch.

S. 112, 3.

a) Flächeninhalt: $A = \frac{1}{2} g \cdot h$
Nebenbedingungen: $g = a - 0 = a$ und $h = f(a)$
Zielfunktion: $A(a) = \frac{1}{2} a \cdot f(a) = -\frac{1}{16} a^4 + a^2$
a liegt zwischen der y-Achse und der positiven Nullstelle von f.
$f(x) = -\frac{1}{8} x(x^2 - 16) = 0$ ergibt $x_1 = 0$; $x_2 = 4$ und $x_3 = -4$.
Definitionsbereich von A: $0 \le a \le 4$

b) $A'(a) = -\frac{1}{4} a^3 + 2a$
$A'(a) = -\frac{1}{4} a(a^2 - 8) = 0$ ergibt $a_1 = 0$; $a_2 = \sqrt{8} \approx 2{,}83$ und $a_3 = -\sqrt{8}$.
$A''(a) = -\frac{3}{4} a^2 + 2$
$A''(0) = 2 > 0$, also lokales Minimum bei 0
$A''(\sqrt{8}) = -4 < 0$, also lokales Maximum bei $\sqrt{8}$;
$A(\sqrt{8}) = 4$
Randwerte: $A(0) = 0$ und $A(4) = 0$, also kein Randmaximum
Das lokale Maximum 4 bei $a = \sqrt{8}$ ist auch globales Maximum.
Der Flächeninhalt wird für $a = \sqrt{8} \approx 2{,}83$ mit 4 FE maximal.

S. 112, 4.

zu a), b) und d) $f(x) = ax^3 + bx^2 + cx + d$

a) $f(5) = 18$ $\quad a \cdot 5^3 + b \cdot 5^2 + c \cdot 5 + d = 18$

b) $f(0) = 3$ $\quad a \cdot 0^3 + b \cdot 0^2 + c \cdot 0 + d = 3$

c) $f(x) = ax^4 + bx^3 + cx^2 + dx + e$
$f(5) = 0$ und $f'(5) = 0$
$a \cdot 5^4 + b \cdot 5^3 + c \cdot 5^2 + d \cdot 5 + e = 0$
$4 \cdot a \cdot 5^3 + 3 \cdot b \cdot 5^2 + 2 \cdot c \cdot 5 + d = 0$

d) $f(3) = -1$ und $f'(3) = 4$
$a \cdot 3^3 + b \cdot 3^2 + c \cdot 3 + d = -1$
$3 \cdot a \cdot 3^2 + 2 \cdot b \cdot 3 + c = 4$

S. 112, 5.

① $f(x) = x^3 - x$
② $f(x) = \frac{5}{9} x^3 - \frac{5}{3} x^2$
③ $f(x) = -\frac{3}{125} x^4 + \frac{4}{25} x^3$
④ $f(x) = \frac{1}{27} x^4 - \frac{2}{3} x^2 + 3$

S. 113, 6.

Die Flugbahn lässt sich modellieren mithilfe der Funktion f mit $f(x) = -0{,}054x^2 + x + 2{,}2$. Der Graph von f hat den Hochpunkt $H(9{,}26 \mid 6{,}83)$. Die Halle muss für den Wurf mindestens 6,83 m hoch sein.

S. 113, 7.

① $a = -1{,}04$ ② $a = -0{,}6$ ③ $a = -\frac{7}{11}$
④ $a = -3$ ⑤ $a_1 = 0$ und $a_2 = -\frac{1}{3}$
⑥ keine Lösung, Funktionen dritten Grades haben immer mindestens eine Nullstelle.

S. 113, 8.

a) $f_a(x) = ax^3 - 3ax + 4$ mit $a \in \mathbb{R}$; $a \neq 0$

b) Individuelle Lösungen; z. B. ergibt die Eigenschaft, dass der Graph den Punkt $P(2 \mid 6)$ enthält, $a = 1$ und $f_1(x) = x^3 - 3x + 4$.

c) $f_a'(x) = 3ax^2 - 3a$ $\quad f_a'(-2) = 9a \neq 0$, da $a \neq 0$
Es gibt keine Lösung mit einem weiteren Extrempunkt bei $x = -2$.

S. 113, 9.

a) $f_a'(x) = x^2 + (2a - 1) - 2a$ $\quad f_a''(x) = 2x + 2a - 1$
$f_a''(1) = 1 + 2a$, also nur für $a > -0{,}5$ TP bei $x = 1$.

b) $f_a(0) = 0$ und $f_a(2) = \frac{2}{3}$ für alle Werte von a.

S. 113, 10.

$f_a'(x) = \frac{3}{2a^3} x^2 - \frac{3}{a^2} x = 0$ $\quad f_a''(x) = \frac{3}{a^3} x - \frac{3}{a^2}$
$f_a'(x) = 0$ für $x = 0$ und $x = 2a$.
$f_a''(0) < 0$: Hochpunkt; $f_a''(2a) > 0$: Tiefpunkt
y-Koordinate des Tiefpunkts: $f(2a) = -2$

S. 113, 11.

$f(x) = -2x^3 + 6x^2 + 2x + 5$
$f'(x) = -6x^2 + 12x + 2$ $\quad f''(x) = -12x + 12$
$f'(x) = 0$ für $x = 2{,}15$ und $x = -0{,}15$
$f''(2{,}15) < 0$: Hochpunkt $(2{,}15 \mid 17{,}16)$
$f''(-0{,}15) > 0$: Tiefpunkt $(-0{,}15 \mid 4{,}84)$.
$f''(x) = 0$ für $x = 1$: einziger Wendepunkt ist $Q(1 \mid 11)$.

S. 113, 12.

a) $f(x) = -\frac{1}{60} x^3 + 3{,}25 x^2 - 110x + \frac{3601}{3}$

b) $f'(x) = -\frac{1}{20} x^2 + 6{,}5x - 110 = 0$ $\quad f''(x) = -\frac{1}{10} x + 6{,}5$
$f'(x) = 0$ für $x_1 = 110$ und $x_2 = 20$
$f''(110) < 0$: Hochpunkt; $f''(20) > 0$: Tiefpunkt
Lokales Maximum: $f(110) = 6242$
Randwerte: $f(20) = 167$; $f(150) \approx 1575 < f(110)$
Das globale Maximum sind 6242 Bestellungen bei einem Preis von 110 €.

S. 113, 13.

a) $f(x) = \frac{3}{6250} x^3 - 0{,}9$

b) Der Ansatz für den oberen Graphen ist nicht zielführend, da so nicht die Breite des Gebäudes, sondern nur der Abstand in y-Richtung modelliert wird.

Lösungen zu Kapitel 4: Exponentialfunktionen und Wachstum

Ihr Fundament (S.116/117)

S.116, 1.

a) Faktor 3, also $B(3)=3\cdot B(2)=54$, $B(5)=9\cdot B(3)=486$

b) Faktor 0,5, also $B(3)=0{,}5^2\cdot B(1)=100$, $B(5)=0{,}5^2\cdot B(3)=25$ und $B(7)=0{,}5^2\cdot B(5)=6{,}25$

S.116, 2.

a) lineares Wachstum, denn $B(2)-B(1)=B(3)-B(2)=2$ und $B(5)-B(3)=B(7)-B(5)=4=2\cdot 2$

b) exponentielles Wachstum, denn $\frac{B(2)}{B(1)}=\frac{B(3)}{B(2)}=\frac{B(4)}{B(3)}=\frac{1}{2}$ und $B(6)=\frac{1}{64}=\frac{1}{16}\cdot\frac{1}{4}=B(4)\cdot\left(\frac{1}{2}\right)^2$

S.116, 3.

a) exponentielles Wachstum mit Wachstumsfaktor 0,8

b) kein exponentielles Wachstum, sondern lineares Wachstum, da Zunahme konstant 50 €/Monat

c) exponentielles Wachstum mit Wachstumsfaktor 7

d) exponentielles Wachstum mit Wachstumsfaktor $\sqrt{2}$

S.116, 4.

a) $B(0)=4{,}4$ (in Mrd.),
Wachstumsfaktor $1+1{,}7\,\%=1{,}017$
$B(n)=4{,}4\cdot 1{,}017^n$ (n in Jahren)
im Jahr 2000: $B(20)\approx 6{,}2$ Mrd.
im Jahr 2017: $B(37)\approx 8{,}2$ Mrd.
im Jahr 2018: $B(38)\approx 8{,}3$ Mrd.

b) Der Wert im Jahr 2000 entspricht ungefähr der Prognose. Die Bevölkerungszahlen in den Jahren 2017 und 2018 sind jeweils etwa 700 Mio. geringer als in der Prognose.

c) $\frac{7{,}6}{7{,}5}=1{,}01\overline{3}$
Die Bevölkerung ist um etwa 1,3 % gewachsen.

S.116, 5.

① $l(x)=\left(\frac{3}{4}\right)^x$ ② $k(x)=\left(\frac{1}{2}\right)^x$ ③ $j(x)=0{,}2^x$

④ $g(x)=3{,}1^x$ ⑤ $f(x)=2^x$ ⑥ $h(x)=1{,}3^x$

S.116, 6.

a) steigend; $S_y(0\,|\,2)$ b) fallend; $S_y(0\,|\,4)$

c) fallend; $S_y(0\,|\,-3)$ d) steigend; $S_y(0\,|\,-0{,}2)$

S.116, 7.

a) 5, denn $2^5=32$ b) 3, denn $10^3=1000$

c) 0, denn $7^0=1$ d) -2, denn $4^{-2}=\frac{1}{16}$

S.116, 8.

a) $x=\log_2(128)=7$ b) $x=\lg(350)\approx 2{,}54$

c) $x=\log_{1,1}(220)\approx 56{,}59$ d) $x=\log_{0,9}(21)\approx -28{,}90$

e) $x=\log_{1,2}(90)\approx 24{,}68$ f) $x=\log_2(3)\approx 1{,}58$

g) $x=\log_{2,2}(5)\approx 2{,}04$ h) keine Lösung

S.116, 9.

a)

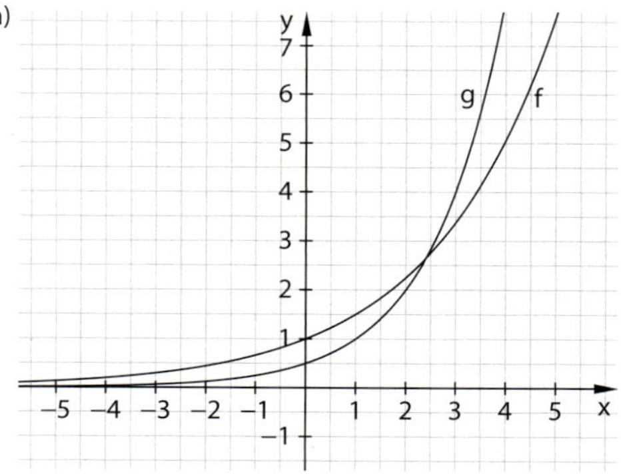

abgelesen z. B. $S(2{,}4\,|\,2{,}7)$

b) $\left(\frac{1{,}5}{2}\right)^x=0{,}5 \Rightarrow x=\log_{0,75}(0{,}5)\approx 2{,}41$ $S(2{,}41\,|\,2{,}66)$

S.117, 10.

a) $g(x)=\left(\frac{1}{3}\right)^x$ b) $g(x)=5^x$ c) $g(x)=4^x$ d) $g(x)=\left(\frac{2}{3}\right)^x$

S.117, 11.

$f(x)=a\cdot b^x$

a) $b=\frac{750}{1500}=0{,}5$ $f(x)=1500\cdot 0{,}5^x$

b) $b=\sqrt[5]{\frac{4{,}8}{1{,}6}}=\sqrt[5]{3}\approx 1{,}246$ $f(x)=1{,}6\cdot 1{,}246^x$

c) $b=\sqrt[3]{\frac{4}{32}}=0{,}5$ $f(x)=32\cdot 0{,}5^x$

d) $b=\left(\frac{3{,}6}{2{,}4}\right)^2=2{,}25$ $f(x)=2{,}4\cdot 2{,}25^x$

S. 117, 12.

a) Aus $a=5$ und $5\cdot b^1=7{,}5$ folgt $b=1{,}5$, also $f(x)=5\cdot 1{,}5^x$.

b) Aus $a\cdot b^2=75$ und $a\cdot b^6=46875$ folgt $b^4=\frac{46875}{75}$ und $b=5$ sowie $a=3$, also $f(x)=3\cdot 5^x$.

c) Aus $a\cdot b^{-3}=16$ und $a\cdot b^2=0{,}5$ folgt $b^5=\frac{0{,}5}{16}$ und $b=0{,}5$ sowie $a=2$, also $f(x)=2\cdot 0{,}5^x$.

S. 117, 13.

① $f(x)=2\cdot 1{,}5^x$ ② $f(x)=-1\cdot 2^x$ ③ $f(x)=-3\cdot 0{,}5^x$

S. 117, 14.

a) $f(x)=4\cdot 2^x$ b) nicht exponentiell

c) $f(x)=10\cdot 0{,}2^x$

S. 117, 15.

Es gilt 60 mm = 4 · 15 mm. Also verändert sich die Intensität auf das $\left(\frac{1}{2}\right)^4=\frac{1}{16}$-fache. Sie sinkt auf 6,25 % des Ausgangswerts.

S. 117, 16.

a) $f(t)=150\cdot 1{,}2^t$

b) $f(t)=150\cdot 1{,}2^{\frac{t}{60}}\approx 150\cdot 1{,}00304^t$

c) $f(t)=150\cdot 1{,}2^{24t}\approx 150\cdot 79{,}5^t$

S. 117, 17.

a) $x^2+6x-7=0$, also $x=1$ oder $x=-7$

b) $3x+9=4x-8$, also $x=17$

c) $x\cdot(x^2+6x+9)=0$, also $x=0$ oder $x=-3$

d) $x+1=\frac{1}{4}$ oder $x+1=-\frac{1}{4}$, also $x=-\frac{3}{4}$ oder $x=-\frac{5}{4}$

S. 117, 18.

a) $s = v \cdot t$ und $t = \frac{s}{v}$ b) $r = \sqrt{\frac{V}{\pi h}}$

c) $B = G \cdot \frac{b-f}{f}$ und $b = \frac{Bf}{G} + f$

d) $a = \frac{2A}{h} - c$ und $h = \frac{2A}{a+c}$

S. 117, 19.

Nebenbedingung: $x + y = 8$

① $x \cdot y$ maximal/minimal $f(x) = x(8-x) = 8x - x^2$
$f'(x) = 8 - 2x$ $f''(x) = -2$
Maximum bei $x = 4$ ($f'(4) = 0$ und $f''(4) < 0$) und $y = 4$

② $x^2 + y^2$ maximal/minimal $f(x) = x^2 + (8-x)^2$
$f'(x) = 4x - 16$ $f''(x) = 4$
Minimum bei $x = 4$ ($f'(4) = 0$ und $f''(4) > 0$) und $y = 4$

Prüfen Sie Ihr neues Fundament (S. 144/145)

S. 144,1

a) $f'(x) = -10(3-2x)^4$ b) $f'(x) = -3e^{2-3x}$

c) $f'(x) = -\frac{x}{\sqrt{1-x^2}}$ d) $f'(x) = \frac{x-1}{\sqrt{(1-x)^2}}$

S. 144, 2.

a) $f'(x) = -3e^x$ $f''(x) = -3e^x$

b) $f'(x) = -e^{2x}$ $f''(x) = -2e^{2x}$

c) $f'(t) = -4e^{-t+1}$ $f''(t) = 4e^{-t+1}$

d) $f'(x) = 5e^x$ $f''(x) = 5e^x$

e) $f'(x) = 2e^{\frac{1}{2}x}$ $f''(x) = e^{\frac{1}{2}x}$

f) $f'(x) = -25e^{5x+3}$ $f''(x) = -125e^{5x+3}$

g) $f'(t) = 8e^{-2t}$ $f''(t) = -16e^{-2t}$

h) $f'(x) = e^x + 2e^{-2x}$ $f''(x) = e^x - 4e^{-2x}$

S. 144, 3.

a) $f(x) = e^{\ln(3)\cdot x}$; $f'(x) = \ln(3)\,e^{\ln(3)\cdot x} = \ln(3) \cdot 3^x$

b) $f(x) = -3e^{\ln(5)\cdot x}$; $f'(x) = -3\ln(5) \cdot 5^x$

c) $f(t) = -4e^{\ln(0,5)\cdot t}$; $f'(t) = -4\ln(0,5) \cdot 0,5^t$

d) $f(x) = 3 \cdot e^{\ln(2)\cdot(5x+1)}$; $f'(x) = 15\ln(2) \cdot 2^{5x+1}$

S. 144, 4.

a) $L = \{-4\}$ b) $L = \left\{\frac{\ln(6)}{3}\right\}$

c) $L = \{0\}$ d) $L = \left\{\frac{\ln(2)}{2}\right\}$

e) $L = \left\{\frac{\ln(2)-3}{2}\right\}$ f) $L = \{\,\}$

S. 144, 5.

a) $2e^x = 4$, also $x = \ln(2) \approx 0,69$

b) $2e^x = 2$, also $x = 0$

c) $2e^x = 3e^{2x} \Rightarrow \ln(2) + x = \ln(3) + 2x$,
also $x = \ln\left(\frac{2}{3}\right) \approx 0,41$
Schnittpunkt: $S\left(\ln\left(\frac{2}{3}\right) \mid \frac{4}{3}\right)$

S. 144, 6.

a) $3e^{2x} - 7 = 2 \Rightarrow x = 0,5 \cdot \ln(3)$

b) $-2 \cdot (3 - e^{x^2-8}) + 5 = 2e - 1 \Rightarrow x = \pm 3$

S. 144, 7.

a) Wachstumsfaktor: 1,05 $f(t) = 10\,000e^{\ln(1,05)\cdot t}$

b) Wachstumsfaktor: 0,8 $f(x) = 3e^{\ln(0,8)\cdot x}$

c) Wachstumsfaktor: 0,933 $f(t) = 200e^{\ln(0,933)\cdot t}$

S. 144, 8.

a) $f(x) = 4000e^{\ln(0,8)\cdot x}$; $f'(x) = \ln(0,8) \cdot 4000e^{\ln(0,8)\cdot x}$
Da $\ln(0,8) \approx -0,22$, gilt $f'(x) < 0$ für alle x.

b) $f'(5) \approx -292,5$ $f'(20) \approx -10,3$

c) $\frac{f(20) - f(5)}{20 - 5} = \frac{4000(0,8^{20} - 0,8^5)}{15} \approx -84,3$

d) $f'(x) = -5$, also $x = \ln\left(\frac{-5}{4000\ln(0,8)}\right) : \ln(0,8) \approx 23,235$
In etwa 23 m Tiefe nimmt die Beleuchtungsstärke mit 5 Lux/m ab.

S. 145, 9.

a) Es gilt näherungsweise:
$\frac{13,5}{10} = \frac{18,2}{13,5} = \frac{24,6}{18,2} = \frac{33,2}{24,6} = \frac{44,8}{33,2} = 1,35$

b) $k = \ln(1,35) \approx 0,3$; $f(t) = 10 \cdot e^{0,3t}$

c) $f(14) = 666,86331$. Also etwa 666 863 Bakterien.

d) $T_V = \frac{\ln(2)}{0,3} = 2,31$ Tage

e) $f(t) = 100 \Rightarrow t = 7,68$ Tage

S. 145, 10.

a) $T_H = \frac{\ln(0,5)}{-0,15} = 4,62$ Stunden

b) $1 + \frac{r}{100} = b = e^{-0,15} \Rightarrow r = -13,93\,\%$
Pro Stunde werden 13,93 % des Medikaments abgebaut.

c) $f'(t) = -15 \cdot e^{-0,15t}$; $f'(4) = -8,23$
Nach 4 Stunden wird das Medikament mit einer Geschwindigkeit von 8,23 mg/h abgebaut.

d) ① $f(t) = 25 \Rightarrow t = 9,24$ h
② $f'(t) = 7 \Rightarrow t = 5,08$ h

S. 145, 11.

① $f(x) = 2e^{x^2-4x-5}$ $f'(x) = (4x-8)\,e^{x^2-4x-5}$
$f(-1) = f(5) = 2$ Extremstelle $x = 2$

② $f(x) = 2e^{x^2+4x-5}$ $f'(x) = (4x+8)\,e^{x^2+4x-5}$
$f(1) = f(-5) = 2$ Extremstelle $x = -2$

③ $f(x) = 2e^{x^2-1}$ $f'(x) = 4xe^{x^2-1}$
$f(-1) = f(1) = 2$ Extremstelle $x = 0$

S. 145, 12.

a) $f'(x) = 12e^{3x} - 5$; $f''(x) = 36e^{3x}$
$f'(x) = 0 \Rightarrow e^{3x} = \frac{5}{12}$, also $x = \frac{1}{3}\ln\left(\frac{5}{12}\right) \approx -0,29$
$f''\left(\frac{1}{2}\ln\left(\frac{5}{12}\right)\right) = 15 > 0$, also lokales Minimum
$f\left(\frac{1}{3}\ln\left(\frac{5}{12}\right)\right) = \frac{5}{3} - \frac{5}{3}\ln\left(\frac{5}{12}\right) \approx 3,13$;
Tiefpunkt $T(-0,29 \mid 3,13)$
$f''(x) \neq 0$, also keine Wendepunkte

b) $f'(x) = abe^{bx} + c$; $f''(x) = ab^2 e^{bx}$
Wegen $f''(x) \neq 0$ kann es keine Wendepunkte geben.

S. 145, 13.

a) $f(t) = 0 \Rightarrow 12\,500 - 125e^{-0,05t} = 0 \Rightarrow 100 = e^{-0,05t}$,
also $t = \frac{\ln(100)}{-0,05} \approx -92,1$
Die ersten Besucher kommen etwa 92,1 Minuten vor Konzertbeginn. Da das Konzert 120 Minuten dauert, ist ein möglicher Definitionsbereich $D_f = [-92,1;\, 120]$.

b) $f(0) = 12\,500 - 125$
Zu Konzertbeginn bleiben 125 Plätze leer.

c) $f'(t) = 15 \Rightarrow 6,25e^{-0,05t} = 15 \Rightarrow e^{-0,05t} = 2,4$,
also $t = \frac{\ln(2,4)}{-0,05} \approx -17,5$
Etwa 17,5 Minuten vor Konzertbeginn reicht es aus, nur noch einen Kontrollpunkt offen zu halten.

Lösungen zu Kapitel 5: Integralrechnung

Ihr Fundament (S. 148/149)

S. 148, 1.

a) $x_1 = -\frac{1}{2}$; $x_2 = \frac{5}{2}$

b) $x_1 = -\frac{\pi}{4}$; $x_2 = 2$

c) $a_1 = -\frac{4}{3}$; $a_2 = 0$

d) $x = 0$

e) $x_1 = -2$; $x_2 = -1$; $x_3 = 1$; $x_4 = 2$

f) $c_1 = -1$; $c_2 = 1$

S. 148, 2.

a) $f(x) = -x^2 + 4x + 4 = -x + 4 = g(x)$
$x_1 = 0$; $x_2 = 5$; $g(0) = 4$; $g(5) = -1$
Die Schnittpunkte sind $P(0|4)$ und $Q(5|-1)$.

b)

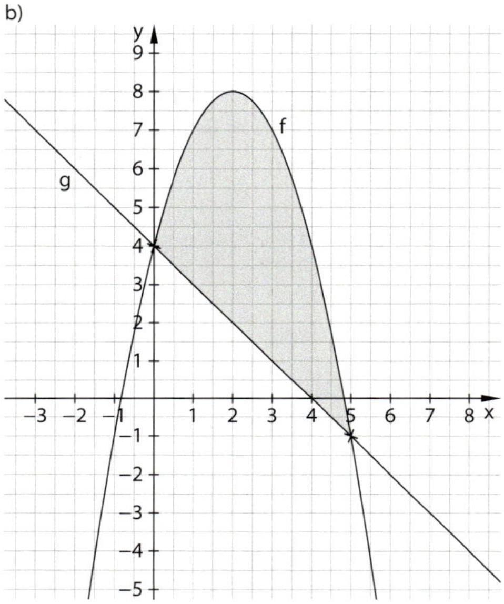

S. 148, 3.

a) $f(x) = \frac{1}{3}x^3 + 1$; $f'(x) = x^2$; $f''(x) = 2x$

b) $f(x) = -\frac{1}{2}e^{2x} + 1$; $f'(x) = -e^{2x}$; $f''(x) = -2e^{2x}$

c) $f(x) = -2e^{\frac{1}{2}x-1}$; $f'(x) = -e^{\frac{1}{2}x-1}$; $f''(x) = -\frac{1}{2}e^{\frac{1}{2}x-1}$

d) $f(t) = t + \sqrt{t}$; $f'(t) = \frac{1}{2\sqrt{t}} + 1$; $f''(t) = -\frac{1}{4\sqrt{t^3}}$

e) $f(x) = x^2 - \frac{1}{a^2}$; $f'(x) = 2x$; $f''(x) = 2$

f) $f(t) = t^2 \cdot b^2 - e^t \cdot e^b$; $f'(t) = 2t \cdot b^2 - e^t \cdot e^b$
$f''(t) = 2b^2 - e^t \cdot e^b$

g) $f(x) = 4cx - 2e^x$; $f'(x) = 4c - 2e^x$; $f''(x) = -2e^x$

h) $f(t) = -8e^{-0,5t+1}$; $f'(t) = 4e^{-0,5t+1}$; $f''(t) = -2e^{-0,5t+1}$

i) $f(x) = 2\sqrt{3x}$; $f'(x) = \frac{3}{\sqrt{3x}}$; $f''(x) = -\frac{3}{2\sqrt{3x}}$

S. 148, 4.

Die Funktion g_1 ist die Ableitung zur Funktion f_3, da f_3 auf dem gesamten Intervall eine negative Steigung hat und um die Polstelle $x = 1$ die Steigung gegen $-\infty$ geht.
Die Funktion g_2 ist die Ableitung zur Funktion f_5, da die Steigung von f_5 links von $x = 2$ positiv, bei $x = 2$ null und rechts von $x = 2$ negativ ist.
Die Funktion g_3 ist die Ableitung zur Funktion f_4, da die Steigung links vom Tiefpunkt (z. B. bei $x = 2$) negativ, im Tiefpunkt null und rechts davon positiv ist.
Die Funktion g_4 ist die Ableitung zur Funktion f_2, da f_2 eine lineare Funktion ist und ihre Ableitung damit eine konstante Funktion.
Die Funktion g_5 ist die Ableitung zur Funktion f_1, da die Steigung von f_1 bei $x = 1$ null und sonst für alle x positiv ist.

S. 148, 5.

a) $f'(x)$ gibt die Geschwindigkeit in m/s an.

b) $f'(x)$ gibt die Beschleunigung in m/s^2 an.

c) $f'(x)$ gibt das Bevölkerungswachstum in Personen pro Jahr an.

d) $f'(x)$ gibt den Kraftstoffverbrauch in l/km an.

S. 148, 6.

a) $14,4642 = -8e^{a \cdot 15} \Rightarrow a = \frac{1}{15}\ln\left(\frac{14,4642}{8}\right) \approx 0,039$

$21,3711 = 8e^{a \cdot 25} \Rightarrow a = \frac{1}{25}\ln\left(\frac{21,3711}{8}\right) \approx 0,039$

b) $\frac{f(30) - f(0)}{30 - 0} = \frac{8e^{0,039 \cdot 30} - 8}{30} \approx \frac{25,7759 - 8}{30} \approx 0,5925$
Das durchschnittliche Wachstum beträgt ca. 5925 pro Jahr.

c) $f'(t) = 0,312e^{0,039t}$ $\quad f'(0) = 0,312$ $\quad f'(30) \approx 1,0053$
Die Wachstumsgeschwindigkeit beträgt 3120 pro Jahr im Jahr 1875 und ca. 10 053 pro Jahr im Jahr 1905.

d) $g(t) = 1,0053t - 4,3831$
$f(41) \approx 39,5847$ $\quad g(41) \approx 36,8342$
Von 1905 bis 1916 wird die Bevölkerungsentwicklung besser durch das lineare Wachstum der Tangente g als durch das exponentielle Wachstum der Funktion f beschrieben.

S. 149, 7.

a) $30 \cdot g(5) = 30(-20 \cdot 5^3 + 240 \cdot 5^2 - 420 \cdot 5 - 760)$
$= 30 \cdot 640 = 19\,200$
$30 \cdot g(10) = 30 \cdot (-960) = -28\,800$
In einem Monat, in dem täglich 5 Stück produziert werden, macht das Unternehmen einen Gewinn von 19 200 €. Produziert das Unternehmen aber täglich 10 Stück, macht es einen Verlust von 28 800 € pro Monat.

b) $g'(x) = -60x^2 + 480x - 420$
$g''(x) = -120x + 480$
Gesucht ist eine Stelle, an der die Steigung von g am stärksten ist, also eine Maximalstelle von g' und damit eine Wendestelle von g.
$g''(x) = -120x + 480 = 0;\ x = 4$
Da der Graph von g' eine nach unten geöffnete Parabel ist, ist g' bei x = 4 maximal.
Bei einer Stückzahl von 4 hat eine Erhöhung der Produktionsmenge die größte positive Auswirkung auf den Gewinn.

c) Gesucht ist eine Stelle, an der die Funktion ihr Maximum annimmt.
$g'(x) = -60x^2 + 480x - 420 = 0;\ x_1 = 1;\ x_2 = 7$
$g''(1) = 360 > 0$, also lokales Minimum
$g''(7) = -360 < 0$, also lokales Maximum; $g(7) = 1200$
Randwerte: $g(0) = -760$, für $x \to \infty$ gilt $g(x) \to -\infty$.
Bei einer täglichen Stückzahl von 7 erreicht das Unternehmen den maximalen Gewinn.

S. 149, 8.
a) $A = (1 + 2 + 3 + 4 + 5)(15\,\text{cm} \cdot 25\,\text{cm})$
b) $A = 15 \cdot 375\,\text{cm}^2 = 5625\,\text{cm}^2 = 0{,}5625\,\text{m}^2$

S.149, 9.
① $A_1 = \frac{1}{2}\pi\left(\frac{\pi}{2}\right)^2 = \frac{\pi^3}{8} \approx 3{,}88$
② $A_2 = 2 \cdot \left(\frac{1}{2} \cdot \frac{\pi}{2} \cdot f\left(\frac{\pi}{2}\right)\right) = \frac{\pi^2}{4} \approx 2{,}47$
③ $A_3 = 2 \cdot \left(\frac{1}{2} \cdot \frac{\pi}{4} \cdot f\left(\frac{\pi}{4}\right)\right) + 2 \cdot \left(\frac{1}{2}\left(f\left(\frac{\pi}{4}\right) + f\left(\frac{\pi}{2}\right)\right) \cdot \frac{\pi}{4}\right)$
$= \frac{\pi}{4} \cdot \left(2 \cdot f\left(\frac{\pi}{4}\right) + f\left(\frac{\pi}{2}\right)\right)$
$= \frac{\pi}{4} \cdot \left(\frac{1}{\sqrt{2}}\pi + \frac{1}{2}\pi\right) \approx 2{,}98$
Hinweis: $f\left(\frac{\pi}{4}\right) = f\left(\frac{3\pi}{4}\right)$

S. 149, 10.
a) z. B. $1 + 2 = 3 = \frac{2 \cdot 3}{2}$
$1 + 2 + 3 + 4 + 5 = 15 = \frac{5 \cdot 6}{2}$
$1 + 2 + 3 + 4 + 5 + 6 = 21 = \frac{6 \cdot 7}{2}$
b) z. B. $1^2 + 2^2 = 5 = \frac{2 \cdot 3 \cdot 5}{6}$
$1^2 + 2^2 + 3^2 = 14 = \frac{3 \cdot 4 \cdot 7}{6}$
$1^2 + 2^2 + 3^2 + 4^2 + 5^2 = 55 = \frac{5 \cdot 6 \cdot 11}{6}$

S. 149, 11.
a) 3 b) $\frac{4}{5}$ c) 0 d) $\to \infty$
e) $\frac{1}{2}$, da $\frac{x^2 - x + 6}{2x^2} = \frac{1}{2} - \frac{1}{2x} + \frac{1}{3x^2}$ f) $\to \infty$ g) 0 h) $\to \infty$

S.149, 12.
$V = V_{Halbzylinder} - V_{Quader}$
$V = \frac{1}{2} \cdot \pi \cdot 3{,}5^2 \cdot 20 - 1 \cdot 1 \cdot 20 \approx 364{,}8$
Das Bauteil hat ein Volumen von etwa $364{,}8\,\text{cm}^3$.

S. 149, 13.
a) ein Zylinder mit Radius 4 und Höhe 3
b) ein Kegel mit Radius 1 und Höhe 2

Prüfen Sie Ihr neues Fundament (S. 184/185)

S. 184, 1.
a) Zu Beginn der Beobachtung fließt das Wasser mit einer Zuflussrate von 3 l/min in das Gefäß. Die Zuflussrate nimmt gleichmäßig ab, das heißt, es wird weiterhin Wasser in das Gefäß gefüllt, nur die Menge an Wasser, die hinzugefüllt wird, nimmt stetig ab. Bei 3 Minuten liegt der Schnittpunkt mit der x-Achse, also stoppt der Zufluss zu diesem Zeitpunkt. Danach ist die Zuflussrate negativ; es wird also Wasser aus dem Gefäß abgelassen, und zwar mit zunehmender Zeit mehr.
b) Flächenbilanz unter dem Graphen im Intervall [0; 4]:
$$\int_0^4 (-x + 3)dx = \left[-\tfrac{1}{2}x^2 + 3x\right]_0^4 = 4 - 0 = 4$$
4 l Wasser sind nach 4 Minuten in das Gefäß geflossen. Da zu Beginn der Beobachtungen bereits die Hälfte des Gefäßes gefüllt war (5 l), befinden sich nach 4 Minuten 9 l Wasser in dem Gefäß.

S. 184, 2.
a) Der Graph B gehört zur Stammfunktion F und der Graph A zur Funktion f, da A eine lineare und B eine quadratische Funktion darstellt.
b) Der Graph A gehört zur Stammfunktion F und der Graph B zur Funktion f, da die Extremstellen von A Nullstellen von B sind.

S. 184, 3.
a) $O_5 = \frac{5}{5}((1+1) + (2+1) + (3+1) + (4+1) + (5+1))$
$= 2 + 3 + 4 + 5 + 6 = 20$
b) $O_n = \frac{5}{n}\left(\left(1 \cdot \frac{5}{n} + 1\right) + \ldots + \left(n \cdot \frac{5}{n} + 1\right)\right)$
$= \frac{5}{n} \cdot \frac{5}{n}(1 + \ldots + n) + \frac{5}{n} \cdot n = \frac{25}{n^2}\frac{n(n+1)}{2} + 5$
$= \frac{25(n+1)}{2n} + 5$
c) $\lim\limits_{n\to\infty}\left(\frac{25(n+1)}{2n} + 5\right) = \lim\limits_{n\to\infty}\left(\frac{25}{2} + \frac{25}{2n} + 5\right) = \frac{35}{2} = 17{,}5$
Trapezfläche: $A = (f(0) + f(5)) \cdot \frac{5}{2} = (1 + 6) \cdot \frac{5}{2} = \frac{35}{2}$

S. 184, 4.
a) $F(x) = x^2 + x$
b) $F(x) = \frac{1}{16}x^4 - 2x$
c) $F(x) = 2e^{\frac{x}{2}}$
d) $F(x) = -3x^{-1} = -\frac{3}{x}$
e) $F_a(t) = \frac{a}{3}t^3$
f) $F(x) = \frac{1}{153}(3x - 5)^{51}$
g) $F(x) = \frac{2}{3}x^3 - \frac{3}{2}x^2$
h) $F(x) = \frac{1}{8x^2}$
i) $F(x) = -\frac{1}{4x + 6}$
j) $F(x) = \frac{4}{3}\sqrt{x^3}$
k) $F(x) = -2\sqrt{x}$
l) $F(x) = \frac{1}{3}\sqrt{(2x - 1)^3}$

S. 184, 5.
a) $F(x) = 2x - x^2 - 1$
b) $F(x) = \frac{1}{2}x^4 - \frac{7}{2}x^2 + 4$
c) $F(x) = -\frac{1}{3}e^{-3x+1} + \frac{4}{3}e$
d) $F(x) = \frac{1}{(x+2)} - 3$

S. 184, 6.
a) $\left[\frac{1}{2}x^4 - x^2\right]_1^2 = \frac{9}{2}$
b) $\left[\frac{1}{2}e^{2x} - e^{-x}\right]_0^{\ln(2)} = 2$
c) $\left[\frac{1}{3 - x}\right]_5^6 = \frac{1}{6}$
d) $\left[3\sqrt{4x - 1}\right]_{\frac{5}{4}}^{\frac{5}{2}} = 3$

S. 184, 7.

a) $F'(x) = 5 \cdot \frac{x^{5-1}}{5} - 1 = x^4 - 1 = f(x)$

b) $F'(x) = 2 \cdot 0{,}5e^{0{,}5x} + (-4)\,e^{-4x} = e^{0{,}5x} - 4e^{-4x}$

c) $F'(x) = (-2) \cdot x^{-2-1} - 2 \cdot x^{2-1} = -2x^{-3} - 2x = f(x)$

d) $F'(x) = 2 \cdot \left(-\frac{1}{2}\right) \cdot x^{-\frac{1}{2}-1} = -x^{-\frac{3}{2}} = -\frac{1}{\sqrt{x^3}} = f(x)$

e) $F'(x) = (-2) \cdot (\sqrt{x} + 1)^{-2-1} \cdot \frac{1}{2\sqrt{x}} = -\frac{1}{(\sqrt{x}+1)^3 \cdot \sqrt{x}} = f(x)$

S. 185, 8.

a) Zunahme in Gramm innerhalb des ersten Tages:

$\int_0^1 2e^{0{,}4t}\,dt = \left[5e^{0{,}4t}\right]_0^1 \approx 2{,}46$

Zunahme in Gramm innerhalb des zweiten Tages:

$\int_1^2 2e^{0{,}4t}\,dt = \left[5e^{0{,}4t}\right]_1^2 \approx 3{,}67$

b) $\int_0^T 2e^{0{,}4t}\,dt = \left[5e^{0{,}4t}\right]_0^T = 5e^{0{,}4T} - 5$

$5e^{0{,}4T} - 5 = 50 \Rightarrow e^{0{,}4T} = 11$, also $T = 2{,}5\ln(11) \approx 6$

Es dauert etwa 6 Tage, bis das Gewicht um 50 Gramm zugenommen hat.

c) $B(t) = 5 + 5e^{0{,}4t}$

d) mittlere Wachstumsgeschwindigkeit in Gramm pro Tag:

$\frac{1}{5-2}\int_2^5 v(t)\,dt = \frac{1}{5-2}\int_2^5 2e^{0{,}4t}\,dt = \frac{1}{3}\left[5e^{0{,}4t}\right]_2^5 \approx \frac{25{,}82}{3} \approx 8{,}61$

alternativ: $\frac{B(5) - B(2)}{5-2} \approx \frac{25{,}82}{3} \approx 8{,}61$

S. 185, 9.

a) Es gilt: $f(0) = f(10) = 0$

$A_1 = \int_0^{10} \left(\frac{1}{50}x^3 - \frac{2}{5}x^2 + 2x\right)dx$

$= \left[\frac{1}{200}x^4 - \frac{2}{15}x^3 + x^2\right]_0^{10} = \frac{50}{3}$

b) Es gilt: $f(0) = g(0) = 0$; $f(5) = g(5) = 2{,}5$; $f(10) = g(10) = 0$

$A_2 = \left|\int_0^5 (f(x) - g(x))\,dx\right| + \left|\int_5^{10} (f(x) - g(x))\,dx\right|$

$h(x) = f(x) - g(x) = \frac{1}{50}x^3 - \frac{3}{10}x^2 + x$

$H(x) = \frac{1}{200}x^4 - \frac{1}{10}x^3 + \frac{1}{2}x^2$

$A_2 = \left|[H(x)]_0^5\right| + \left|[H(x)]_5^{10}\right| = \left|\frac{25}{8}\right| + \left|\frac{-25}{8}\right| = \frac{50}{8}$

S. 185, 10.

$A = \int_0^5 (f(x) - g(x))\,dx = \int_0^5 (-0{,}2x^3 + 0{,}4x^2 + 3x)\,dx$

$= \left[-0{,}05x^4 + \frac{0{,}4}{3}x^3 + 1{,}5x^2\right]_0^5 \approx 22{,}917$

Wassermenge im Teich: $V \approx 22{,}917\,m^2 \cdot 0{,}8\,m \approx 18{,}33\,m^3$

S. 185, 11.

a) $5\,W \cdot 24\,h \cdot 7 = 840\,Wh$

b) $\left[-\frac{3}{256\,000}t^5 + \frac{11}{12\,800}t^4 - \frac{53}{2400}t^3 + \frac{21}{100}t^2 + \frac{1}{10}t\right]_0^{24}$

$= 9{,}888$. Während eines Tages (24 Stunden) werden 9,888 kWh Energie entnommen.

c) Ein Stromzähler addiert die in einem Zeitraum entnommene Leistung. Er gibt also die Fläche unterhalb des Graphen von P (und damit das Integral) an.

Lösungen zu Kapitel 6: Zusammengesetzte Funktionen

Ihr Fundament (S. 188/189)

S. 188, 1.

a) $L = \{-5; 2\}$ b) $L = \left\{-1; 0; \frac{1}{2}\right\}$ c) $L = \left\{-2; -\frac{3}{2}; \frac{3}{2}; 2\right\}$

S. 188, 2.

a) $x = \ln(5)$ b) $x = \frac{1}{2}\ln(5)$ c) $x = 1 + \ln(0{,}8)$

S. 188, 3.

a) $x = 0$ b) $x_1 = 10$; $x_2 = -10$ c) $x_1 = 3$; $x_2 = -3$

S. 188, 4.

a) $f'(x) = -e^x$; $f''(x) = -e^x$

b) $f'(x) = 5e^{5x}$; $f''(x) = 25e^{5x}$

c) $f'(x) = 2e^{0{,}5x}$; $f''(x) = e^{0{,}5x}$

d) $f'(x) = -3e^{3t-5}$; $f''(x) = -9e^{3t-5}$

e) $f'(x) = 2e^{3+4x}$; $f''(x) = 8e^{3+4x}$

f) $f'(x) = -e^{\frac{1}{2}x+2}$; $f''(x) = -\frac{1}{2}e^{\frac{1}{2}x+2}$

g) $f'(x) = 3e^{-x+4}$; $f''(x) = -3e^{-x+4}$

h) $f'(x) = \frac{1}{2}(-e^{-x} + e^x)$; $f''(x) = \frac{1}{2}(e^{-x} + e^x)$

i) $f'(x) = -4e^{2+4x}$; $f''(x) = -16e^{2+4x}$

S. 188, 5.

a) $f'(0) = 4e^0 = 4$

b) $f'(-1) = 2e^{2\cdot(-1)} + 3e^{-(-1)} = \frac{2}{e^2} + 3e \approx 8{,}43$

c) $f'(1) = \frac{1}{2} \cdot \ln(4) \cdot 4^1 = 2 \cdot \ln(4) \approx 2{,}77$

d) $f'(0{,}5) = \frac{1}{2} \cdot 3 \cdot \ln(2) \cdot 2^{-0{,}5} = \frac{3}{2\sqrt{2}}\ln(2) \approx 0{,}74$

S. 188, 6.

a) $t(x) = \left(e - \frac{1}{e}\right)x + \frac{2}{e}$

b) $t(x) = -\frac{3}{e}x + 5 + \frac{2}{e}$

c) $t(x) = -\ln(3)x + \frac{1}{2}$

d) $t(x) = -\frac{16}{5} \cdot \ln(0{,}25) \cdot x - \frac{32}{5} \cdot \ln(0{,}25) - 2$

S. 188, 7.

a) $\int_{-1}^2 \left(\frac{1}{2}e^{-2x} + 1\right)dx = \left[-\frac{1}{4}e^{-2x} + x\right]_{-1}^2$

$= \frac{1}{4}(e^2 - e^{-4}) + 3 \approx 4{,}84$

b) $2 \cdot \left|\int_0^2 \left(e^{\frac{x}{2}} - e^{-\frac{x}{2}}\right)dx\right| = 2 \cdot \left|\left[2e^{\frac{x}{2}} + 2e^{-\frac{x}{2}}\right]_0^2\right|$

$= 2 \cdot \left|2e^1 + 2e^{-1} - (2+2)\right| = 4\left(e + \frac{1}{e}\right) - 8 \approx 4{,}34$

c) $\int_1^2 3^x\,dx = \left[\frac{1}{\ln(3)}3^x\right]_1^2$

$= \frac{9}{\ln(3)} - \frac{3}{\ln(3)} = \frac{6}{\ln(3)} \approx 5{,}46$

d) $\left|\int_{-2}^0 \left(4^{-\frac{x}{2}} - 4\right)dx\right| = \left|\left[-\frac{2}{\ln(4)}4^{-\frac{x}{2}} - 4x\right]_{-2}^0\right|$

$= \left|-\frac{2}{\ln(4)} + \frac{2}{\ln(4)}4 - 8\right|$

$= \left|\frac{6}{\ln(4)} - 8\right| \approx 3{,}67$

S. 188, 8.

a) $F(x) = 4e^x$
b) $F(t) = e^t - 4t$
c) $F(x) = -\frac{1}{3}e^{-3x} + x$
d) $F(x) = 3e^{2x}$
e) $F(t) = e^{-t-1}$
f) $F(x) = 2x - 5e^{\frac{3}{5}x+1}$
g) $F(x) = -2e^{2x-2} - 2x$
h) $F(x) = -\frac{1}{3}(-e^{-x} + e^x)$
i) $F(t) = \frac{1}{5}e^{2+5t} - e^2t$

S. 188, 9.

a) $t(x) = -\frac{2}{e}x + \frac{10}{e}$
b) $A = \frac{1}{2} \cdot 5 \cdot \frac{10}{e} = \frac{25}{e} \approx 9{,}2$ FE

S. 188, 10.

a) $f'(x) = -12a \cdot e^{-2ax}$; $F(x) = -\frac{3}{a} \cdot e^{-2ax}$
b) $f'(x) = 2ax - 4a \cdot e^{4x}$; $F(x) = \frac{a}{3}x^3 - \frac{a}{4} \cdot e^{4x}$
c) $f'(x) = 8a^2 \cdot e^{5a+\frac{2}{3}a \cdot t}$; $F(t) = 18e^{5a+\frac{2}{3}a \cdot t} - a^2t$
d) $f'(x) = (-8a + 10) \cdot e^{-2x+3a}$;
$F(x) = \left(-2a + \frac{5}{2}\right) \cdot e^{-2x+3a} - x$

S. 189, 11.

a) $0{,}9 = 1 \cdot e^{-0{,}0004t} \Rightarrow t = -\ln(0{,}9) \cdot 2500 \approx 263{,}4$
Nach ca. 263 Jahren sind 0,1 g Radium zerfallen.
$0{,}5 = 1 \cdot e^{-0{,}0004t} \Rightarrow t = -\ln(0{,}5) \cdot 2500 \approx 1732{,}9$
Die Halbwertszeit von Radium beträgt ca. 1733 Jahre.
b) $m'(t) = -0{,}0004 \cdot e^{-0{,}0004t}$
$m'(t_1) \approx -0{,}000398$
$m'(t_2) \approx -0{,}000268$
Nach 10 Jahren nimmt der Bestand um ca. 0,000398 g pro Jahr ab, nach 1000 Jahren nimmt der Bestand um ca. 0,000268 g pro Jahr ab.

S. 189, 12.

a) $5 = 2e^{0{,}2t} \Rightarrow t \approx 4{,}58$
Die Wachstumsgeschwindigkeit beträgt nach etwa 4,6 Stunden 5000 Bakterien pro Stunde.
b) $\int_3^6 2e^{0{,}2t}\,dt = [10e^{0{,}2t}]_3^6 \approx 14{,}980$
Zwischen der 3. und 6. Stunde wächst die Bakterienkultur um 14 980 Bakterien.

S. 189, 13.

a) $f'(x) = 4(1 + 2x)$
b) $f'(x) = -\frac{1}{2\sqrt{4-x}}$
c) $f'(x) = 3x\sqrt{x^2 - 1}$
d) $f'(x) = \frac{a}{2\sqrt{ax}}$

S. 189, 14.

a) $\left[\frac{1}{3}x^3 + e^{-x}\right]_0^1 = e^{-1} - \frac{2}{3} \approx -0{,}30$
b) $\left[\frac{1}{5}e^{5x-5} - x^2\right]_{-1}^1 = \frac{1}{5}(1 - e^{-10}) \approx 0{,}20$
c) $\left[-\frac{3}{2}e^{4-2x}\right]_{-1}^2 = \frac{3}{2}(e^6 - 1) \approx 603{,}6$
d) $\left[\frac{1}{3}e^{3x-5}\right]_1^3 = \frac{(e^6-1) \cdot e^{-2}}{3} \approx 18{,}15$
e) $\left[-\frac{1}{2}e^{4x-5} + \frac{1}{3}x^3\right]_2^4 = -\frac{e^{11}}{2} + \frac{e^3}{2} + \frac{56}{3} \approx -29\,908{,}36$
f) $\left[\frac{a^2}{b}e^{bt-2} - t^3\right]_2^3 = \frac{a^2(e^b - 1) \cdot e^{2b-2}}{b} - 19$

S. 189, 15.

a) Zum Beginn der Beobachtung bewegt sich die Lok nicht. Sie beschleunigt in den ersten ca. 12 Sekunden, danach nimmt ihre Geschwindigkeit wieder ab, bis sie nach 28 Sekunden Stillstand erreicht. Danach fährt sie rückwärts (negative Geschwindigkeit), wobei sie bis ca. Sekunde 44 beschleunigt und danach ihre Geschwindigkeit wieder sinkt. Zum Ende der Beobachtung steht die Lok wieder still.
b) Die Entfernung vom Startpunkt entspricht der Fläche unter dem Graphen. Da Flächen über der x-Achse als positiv und unter der x-Achse als negativ gewertet werden und beide in diesem Fall etwa gleich groß sind, ist die Fläche etwa null. Damit befindet sich die Lok nach 5 Sekunden wieder ungefähr am Startpunkt.
c) $0{,}0013t^3 - 0{,}1072t^2 + 1{,}9663t = 0$; $t = 27{,}54$
$V(t) = 0{,}000325t^4 - \frac{1}{3} \cdot 0{,}1072t^3 + 0{,}98315t^2$
$\left|\int_0^{27{,}54} v(t)dt\right| + \left|\int_{27{,}54}^{55} v(t)dt\right| = 186{,}238 + 183{,}39$
$= 369{,}628$
Die Lok hat nach 55 Sekunden etwa 370 m zurückgelegt.

S. 189, 16.

a) $F(t) = 12t - \frac{1}{100}t^2 - \frac{1}{150}t^3 + 50$; $F(12) \approx 181{,}04$ ml
b) $\int_5^{10} f(t)\,dt = F(10) - F(5) \approx 53{,}42$ ml
c) $F(24) \approx 240{,}08$ ml < 250 ml. Die Schale läuft im Beobachtungszeitraum nicht über.

Prüfen Sie Ihr neues Fundament (S. 208/209)

S. 208, 1.

a) $f'(x) = (2x + 2)e^x$; $f''(x) = (2x + 4)e^x$
b) $f'(x) = (-2x^2 - 2x + 2)e^{2x}$; $f''(x) = (-4x^2 - 8x + 2)e^{2x}$
c) $f'(t) = \left(-\frac{1}{2}t^2 + \frac{5}{2}t - 1\right)e^{-0{,}5t}$; $f''(t) = \left(\frac{1}{4}t^2 - \frac{9}{4}t + 3\right)e^{-0{,}5t}$
d) $f'(x) = \frac{1-x}{e^x}$; $f''(x) = \frac{x-2}{e^x}$
e) $f_a'(x) = (x - ax^2) \cdot 2ae^{-2ax}$
$f_a''(x) = (2a^2x^2 - 4ax + 1) \cdot 2ae^{-2ax}$
f) $g'(x) = \frac{2x+3}{2\sqrt{x+1}} \cdot e^x$; $g''(x) = \frac{4x^2 + 12x + 7}{2(x+1)^{\frac{3}{2}}} \cdot e^x$

S. 208, 2.

a) Nullstellen: $x_1 = 1$ und $x_2 = -1$
$f'(x) = e^{x-1}(x^2 + 2x - 1)$
$T\left(-1 - \sqrt{2} \mid (2 + 2\sqrt{2}) \cdot e^{-2-\sqrt{2}}\right)$
$H\left(-1 + \sqrt{2} \mid (2 - 2\sqrt{2}) \cdot e^{-2+\sqrt{2}}\right)$
$f''(x) = e^{x-1}(x^2 + 4x + 1)$
$W_1\left(-2 - \sqrt{3} \mid (4\sqrt{3} + 6) \cdot e^{-3-\sqrt{3}}\right)$
$W_2\left(-2 + \sqrt{3} \mid (-4\sqrt{3} + 6) \cdot e^{-3+\sqrt{3}}\right)$
b) Nullstelle: $x = 1$, $f'(x) = e^x(x^2 - 1)$
$H(-1 \mid 4e^{-1})$, $T(1 \mid 0)$
$f''(x) = e^{x-1}(x^2 + 2x - 1)$
$W_1\left(-1 - \sqrt{2} \mid (6 + 4\sqrt{2}) \cdot e^{-1-\sqrt{2}}\right)$
$W_2\left(-1 + \sqrt{2} \mid (6 - 4\sqrt{2}) \cdot e^{-1+\sqrt{2}}\right)$

c) Nullstellen: $t_1 = -1$ und $t_2 = 2$
$f'(t) = e^{2t}(2t^2 - 5)$
$H\left(-\frac{\sqrt{10}}{2}\middle|\left(\frac{\sqrt{10}}{2}+\frac{1}{2}\right)\cdot e^{-\sqrt{10}}\right)$
$T\left(\frac{\sqrt{10}}{2}\middle|\left(-\frac{\sqrt{10}}{2}+\frac{1}{2}\right)\cdot e^{\sqrt{10}}\right)$
$f''(t) = e^{2t}(4t^2 + 4t - 10)$
$W_1\left(-\frac{1}{2}+\frac{\sqrt{11}}{2}\middle|-18{,}42\right), W_2\left(-\frac{1}{2}-\frac{\sqrt{11}}{2}\middle|0{,}06\right)$

d) Nullstelle: $t = 0$
$f'(t) = e^{-2t}(-8t+4), H\left(\frac{1}{2}\middle|2e^{-1}\right)$
$f''(t) = e^{-2t}(16t-16), W(1\,|\,4e^{-2})$

e) Nullstelle: $x = 0$
$f'(x) = e^{-x}(3x^2 - x^3), H(3\,|\,27e^{-3})$
$f''(x) = e^{-x}(x^3 - 6x^2 + 6x), S(0\,|\,0),$
$W_1(3+\sqrt{3}\,|\,0{,}93), W_2(3-\sqrt{3}\,|\,0{,}57)$

f) Nullstellen: $x_1 = 0; x_2 = 0{,}5$
$f'(x) = \frac{-40x^2+16x}{\sqrt{1-2x}}, T(0\,|\,0); H(0{,}4\,|\,0{,}57)$
$f''(x) = \frac{120x^2-96x+16}{(\sqrt{1-2x})^3}, W(0{,}24\,|\,0{,}33)$

S. 208, 3.
a) $F(x) = x^2 + \frac{1}{3}e^{3x+1}$
b) $F(x) = -e^{-x-1} - x$
c) $F(x) = \frac{2}{3}t^{\frac{3}{2}} - \frac{2}{5}e^{5t+2} - \frac{1}{2}t^2$

S. 208, 4.
a) $f(x) = 0$, wenn $x - 1 = 0$, also $x = 1$
$f(0) = -4e$, also $S_y(0\,|-4e)$
b) $f'(x) = -4(x-2)e^{1-x}$, also $f'(x) = 0$ für $x = 2$
$f''(x) = 4(x-3)e^{1-x}$, also $f''(2) = -4e^{-1} < 0$
$H\left(2\middle|\frac{4}{e}\right)$ ist ein Hochpunkt, also steigt der Graph für $x < 2$ und fällt für $x > 2$.
c) $f'''(x) = -4(x-4)e^{1-x}$
$f''(3) = 0$ und $f'''(3) \neq 0$, also Wendepunkt $W\left(3\middle|\frac{8}{e^2}\right)$
Tangente $t(x) = mx + b$; $m = f'(3) = \frac{-4}{e^2}$
$t(3) = \frac{8}{e^2} = \frac{-12}{e^2} + b$, also $b = \frac{20}{e^2}$
$t(x) = -\frac{4}{e^2}x + \frac{20}{e^2}$
d) $f(-x) = 4(-x-1)e^{-(-x-1)} = -4(x+1)e^{(x+1)} \neq f(x)$,
$-f(x) = -4(x-1)e^{-(x-1)} \neq f(x)$
Also liegt weder Achsensymmetrie zur y-Achse noch Punktsymmetrie zum Ursprung vor.
e)
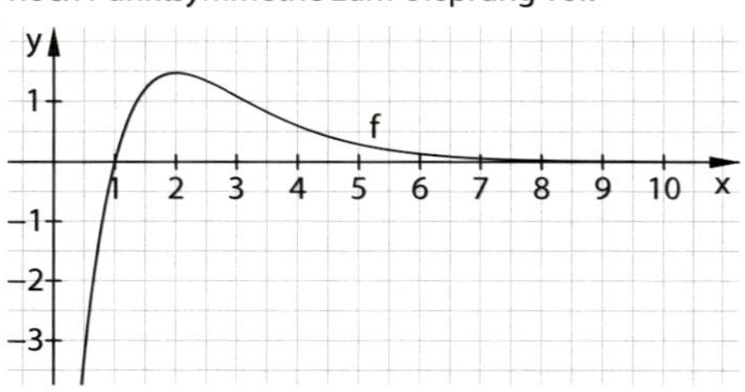

f) $F'(x) = -4e^{1-x} + 4x \cdot e^{1-x} = (-4+4x)\cdot e^{1-x} = f(x)$
$\int_1^5 f(x)\,dx = F(5) - F(1) = -20e^{-4} + 4 \approx 3{,}63$ FE

S. 208, 5.
a) $f'(t) = \left(-\frac{1}{4}t^2 + \frac{7}{2}t - \frac{33}{4}\right)e^{-\frac{t}{4}}$;
$f''(t) = \left(\frac{1}{16}t^2 - \frac{11}{8}t + \frac{89}{16}\right)e^{-\frac{t}{4}}$
Tiefpunkt $T(3\,|\,0)$; Hochpunkt $H(11\,|\,4{,}09)$;
Wendepunkt im Intervall [0; 15]: $W(5{,}34\,|\,1{,}44)$

b)
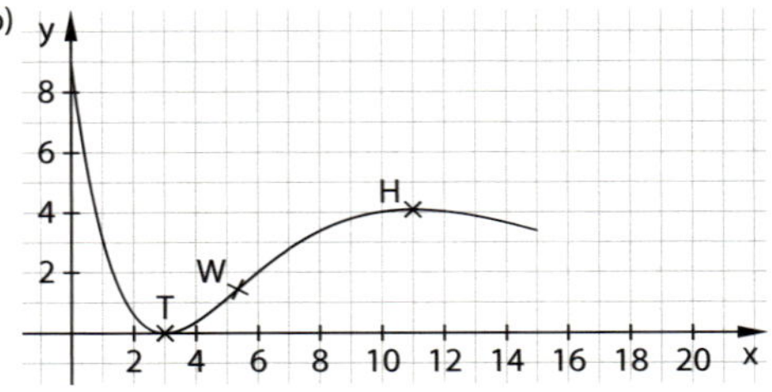

c) f beschreibt die Wachstumsgeschwindigkeit und nicht den Bestand. Alle Aussagen sind falsch.
A: Für $0 \le t \le 3$ ist $f(t) \ge 0$, und damit nimmt die Bakterienzahl nicht ab.
B: Für $t = 3$ ist die Wachstumsgeschwindigkeit gleich null, aber nicht die Bakterienzahl. Die Bakterienanzahl ist größer als zu Beginn.
C: Die Wachstumsgeschwindigkeit ist für $t > 3$ immer größer als null. Damit nimmt die Zahl der Bakterien stets zu.
d) $F'(t) = e^{-\frac{t}{4}}(t^2 - 6t + 9) = f(t)$
e) Zunahme der Bakterienanzahl in den ersten 5 Stunden in 1000:
$\int_0^5 f(t)\,dt = F(5) - F(0) \approx 8{,}407$
Fünf Stunden nach Beobachtungsbeginn sind es etwa 2000 + 8400 = 10 400 Bakterien.

S. 208, 6.
a) $f_a'(x) = (1+ax)e^{ax}$ $\quad f_a''(x) = (a^2x + 2a)e^{ax}$
$f_a'''(x) = (a^3x + 3a^2)e^{ax}$
b) $\left(-\frac{1}{a}\middle|-\frac{1}{ae}\right)$ ist für $a > 0$ ein Tiefpunkt und für $a < 0$ ein Hochpunkt. Für alle $a \neq 0$: R-L-WP$\left(-\frac{2}{a}\middle|-\frac{2}{ae^2}\right)$
c) $F_a'(x) = \frac{1}{a^2}e^{ax}(a + a^2x - a) = f_a(x)$

S. 209, 7.
a) $\lim\limits_{t\to\infty} 100 - \underbrace{80e^{\overbrace{-k\cdot t}^{\to -\infty\,(k>0)}}}_{\to 0} = 100$
b) $L'(t) = 80ke^{-kt}$
Die Ladegeschwindigkeit wird mit wachsendem t immer kleiner, bleibt aber immer positiv.
c) $100 - 80e^{-1{,}5\cdot k} \ge 60$
$0{,}5 \ge e^{-1{,}5\cdot k} \Rightarrow \ln(0{,}5) \ge -1{,}5\cdot k \Rightarrow -\frac{\ln(0{,}5)}{1{,}5} \le k$
$k \ge 0{,}462$
d) $g(t) = a\cdot e^{k\cdot t}$ mit $g(0) = 100$; $g(12) = 75$
$a = 100$; $k = \frac{\ln(0{,}75)}{12} \approx -0{,}024$
$g(t) = 100\cdot e^{-0{,}024\cdot t}$

S. 209, 8.
a) $v'(t) = (10-2t)e^{0{,}2t}$ $\quad v''(t) = \frac{2}{5}(t-10)e^{-0{,}2t}$
Hochpunkt $H(5\,|\,18{,}39)$
Höchstgeschwindigkeit: 66,2 km/h
b) Wegen $a(t) = v'(t)$ ist a die lokale Änderungsrate der Geschwindigkeit v, also die Beschleunigung.
c) $a'(t) = v''(t)$ $\quad a''(t) = \frac{2}{25}(15-t)e^{-0{,}2t}$
Tiefpunkt bei $t = 10$ mit $v(10) = 100e^{-2} \approx 13{,}53$
Geringste Beschleunigung nach 10 Sekunden bei einer Geschwindigkeit von 13,53 m/s ≈ 48,72 km/h.
d) Es gilt $s'(t) = v(t)$. Als Stammfunktion von v beschreibt s den zurückgelegten Weg des Autos.
e) $s(0) = 0; s(5) = -500e^{-1} + 250 \approx 66{,}06$ Meter.

S. 209, 9.

a) $f\left(\frac{10}{7}\right) \approx 3{,}5$ mg/l

b) $f'(t) = \left(5 - \frac{5}{2}t\right) \cdot e^{-0{,}5t}$; $f''(t) = \left(-5 + \frac{5}{4}t\right) \cdot e^{-0{,}5t}$
Hochpunkt $(2\,|\,3{,}68)$
Die höchste Schadstoffkonzentration ist nach 2 Wochen mit 3,68 mg/l erreicht.

c) $F'(t) = (-10 + 10t + 10) \cdot e^{-0{,}5t} = f(t)$

d) $\frac{1}{5-0} \cdot \int_0^5 f(t)dt = \frac{1}{5}(F(5) - F(0))$
$= \frac{1}{5}(-70e^{-25} + 20) \approx 4$ mg/l

e) $f''(t) = 0$ für $t = 4$
$f'''(t) = \left(\frac{15}{4} - \frac{5}{8}t\right) \cdot e^{-0{,}5t}$; $f'''(4) > 0$
Nach 4 Wochen nimmt die Konzentration am stärksten ab.

f) $t(x) = -\frac{5}{e^2}t + \frac{40}{e^2} = 0$ für $x = 8$.
Nach 8 Wochen liegt die Konzentration bei null.

Lösungen zu Kapitel 7: Grundbegriffe der Wahrscheinlichkeitsrechnung

Ihr Fundament (S. 212/213)

S. 212, 1.

a) $\Omega = \{2; 3; 5; 7; 11; 13\}$

b) $\Omega = \{(CW; EW); (CW; EZ); (CZ; EW); (CZ; EZ)\}$
mit CW: 10-Cent-Münze zeigt Wappen
CZ: 10-Cent-Münze zeigt Zahl
EW: Ein-Euro-Münze zeigt Wappen
EZ: Ein-Euro-Münze zeigt Zahl

c) $\Omega = \{(f; f; f; f); (n; n; n; n); (f; f; f; n); (f; f; n; f);$
$(f; n; f; f); (n; f; f; f); (f; f; n; n); (f; n; n; f); (n; n; f; f);$
$(f; n; f; n); (n; f; f; n); (n; f; n; f); (f; n; n; n); (n; f; n; n);$
$(n; n; f; n); (n; n; n; f)\}$
mit f: „Triebwerk funktioniert" und n: „Triebwerk funktioniert nicht", jeweils für das 1., 2., 3. bzw. 4. Triebwerk in dieser Reihenfolge

S. 212, 2.

Beispiele:

a) Aus einem Kartenset wird zufällig eine Karte gezogen und ihre Spielfarbe bestimmt.

b) Ein Glücksrad mit acht Feldern, die mit 1 bis 8 beschriftet sind, wird gedreht.

c) Ein Würfel mit 6 Seiten in den Farben rot, gelb, grün, weiß, blau und schwarz wird geworfen.

d) Zwei Spielwürfel werden geworfen und ihre Augensumme bestimmt.

S. 212, 3.

a) Laplace-Experiment mit $P(E) = \frac{4}{9}$

b) Laplace-Experiment mit $P(E) = \frac{1}{6}$

c) kein Laplace-Experiment

S. 212, 4.

a) $P(5) = \frac{1}{20}$

Sektor X	1	2	3	4	5
Gradzahl	72	90	120	60	18

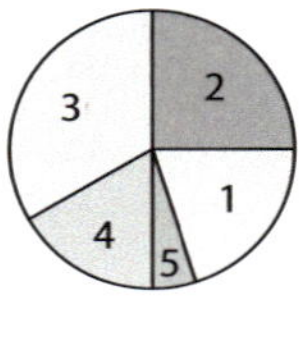

b) $P(E) = \frac{1}{5} + \frac{1}{3} + \frac{1}{20} = \frac{7}{12}$

c) $\overline{E} = \{2; 4\}$, $P(\overline{E}) = \frac{5}{12}$

S. 212, 5.

a) $\Omega = \{(W; Z); (Z; W); (W; W); (Z; Z)\}$

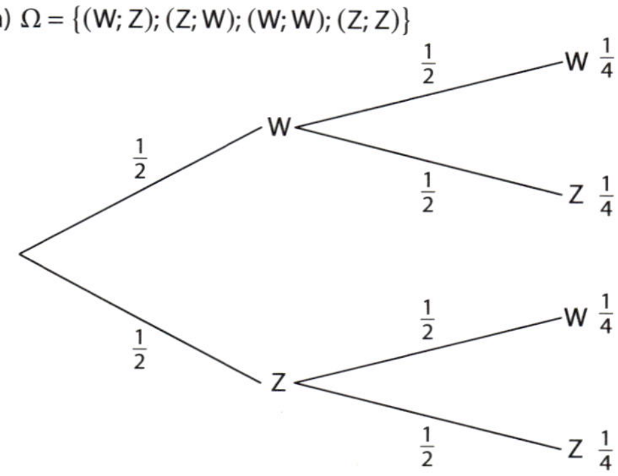

b) $\Omega = \{(ich; du); (du; ich); (ich; wir); (wir; ich);$
$(du; wir); (wir; du); (ich; ich); (du; du); (wir; wir)\}$

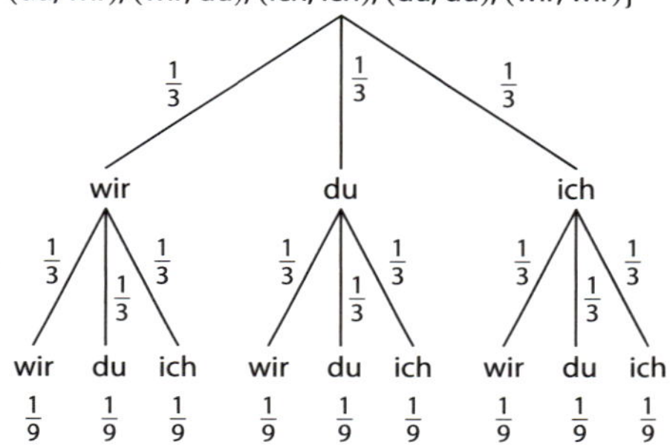

S. 212, 6.

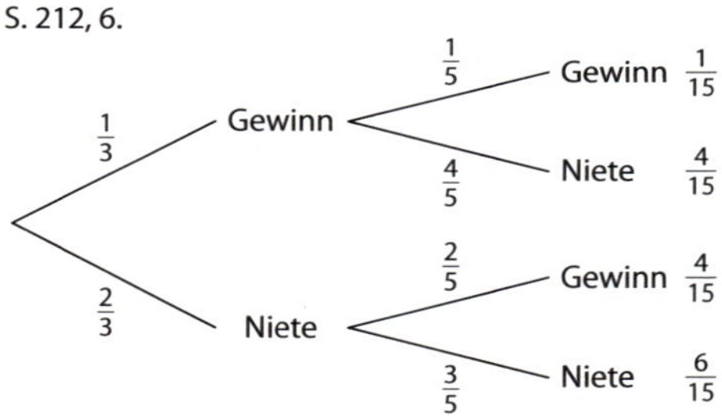

S. 212, 7.

a) $\frac{15}{216} = \frac{5}{72}$

b) $\frac{125}{216}$

c) $\frac{15}{216} + \frac{1}{216} = \frac{2}{27}$

d) $1 - \frac{125}{216} = \frac{91}{216}$

S. 212, 8.

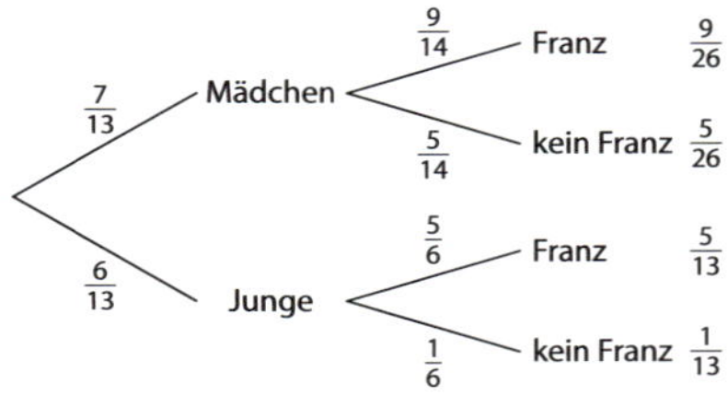

S. 213, 9.

a) 7,5 b) 5 m c) 99,5 d) 3,3

S. 213, 10.

Anzahl Kinder	Absolute Häufigkeit
0	3
1	11
2	8
3	2
4	1

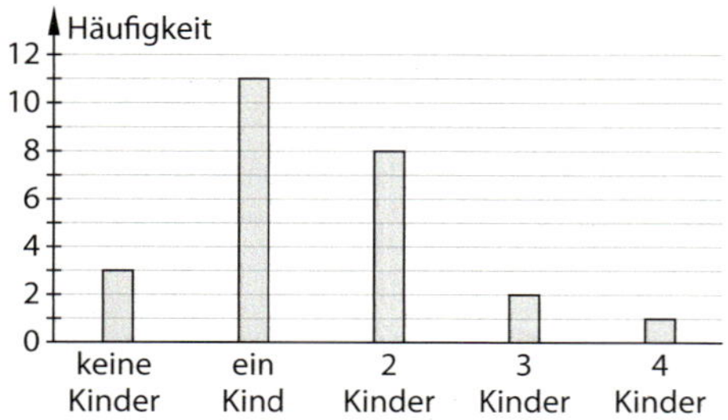

S. 213, 11.

a) Gesamtzahl Tore: 16
arithmetisches Mittel: $\frac{16}{16} = 1$ Tor pro Spiel

b) Sonjas Rechnung liefert das arithmetische Mittel:
$\frac{7}{16} \cdot 0 + \frac{5}{16} \cdot 1 + \frac{1}{16} \cdot 2 + \frac{3}{16} \cdot 3$
$= \frac{1}{16}(7 \cdot 0 + 5 \cdot 1 + 1 \cdot 2 + 3 \cdot 3) = \frac{1}{16} \cdot 16 = 1$

S. 213, 12.

a) $\overline{A}$: „Es wird eine 1 gewürfelt."
$\overline{B}$: „Es wird eine gerade Augenzahl gewürfelt."

b) $C = \{3; 5\}$

c) $P(A) = \frac{5}{6}$; $P(\overline{A}) = \frac{1}{6}$; $P(B) = \frac{1}{2}$; $P(\overline{B}) = \frac{1}{2}$; $P(C) = \frac{1}{3}$;
$P(\overline{C}) = \frac{2}{3}$

S. 213, 13.

a) 2 Gewinne

b) $\frac{6}{40} = \frac{3}{20} = 0{,}15$

S. 213, 14.

Die Wahrscheinlichkeit für einen Treffer beim nächsten Freiwurf beträgt (unabhängig von der zuvor erzielten Trefferanzahl) 85%.

S. 213, 15.

a) $E = \{(1;6); (6;1); (2;5); (5;2); (3;4); (4;3)\}$
Bei 6 Pfaden mit je $\frac{1}{6} \cdot \frac{1}{6} = \frac{1}{36}$ Wahrscheinlichkeit beträgt die Augensumme 7. $P(E) = 6 \cdot \frac{1}{36} = \frac{1}{6}$

b) Die Augensumme 7 bilden alle Felder, die diagonal von links unten nach rechts oben verlaufen. Die Wahrscheinlichkeit für ein Feld beträgt $\frac{1}{6} \cdot \frac{1}{6} = \frac{1}{36}$.
Da die Diagonale aus 6 Feldern besteht, beträgt die gesuchte Wahrscheinlichkeit: $6 \cdot \frac{1}{36} = \frac{1}{6}$

c) $F = \{(5;6); (6;5); (6;6)\}$; $P(F) = 3 \cdot \frac{1}{36} = \frac{1}{12}$

S. 213, 16.

a) 0,18 b) $\frac{5}{12}$ c) 0,8 d) $\frac{11}{14}$

Prüfen Sie Ihr neues Fundament (S. 258/259)

S. 258, 1.

a) $\frac{\binom{8}{5} \cdot \binom{42}{15}}{\binom{50}{20}} \approx 0{,}117$

b) $\frac{\binom{42}{20} + \binom{8}{1} \cdot \binom{42}{19}}{\binom{50}{20}} \approx 0{,}087$

c) $\frac{\binom{6}{2} \cdot \binom{2}{1} \cdot \binom{42}{17}}{\binom{50}{20}} \approx 0{,}162$

d) $\frac{\binom{42}{20} + \binom{6}{1} \cdot \binom{42}{19}}{\binom{50}{20}} \approx 0{,}068$

S. 258, 2.

Gymnasium 1

	B	$\overline{B}$	gesamt
A	100	230	330
$\overline{A}$	50	220	270
gesamt	150	450	600

Gymnasium 2

	B	$\overline{B}$	gesamt
A	12%	28%	40%
$\overline{A}$	18%	42%	60%
gesamt	30%	70%	100%

1. $P(A \cap B) = \frac{1}{6} \neq P(A) \cdot P(B) = \frac{11}{20} \cdot \frac{1}{4} = \frac{11}{80}$
2. $P(A \cap B) = 0{,}12 = P(A) \cdot P(B) = 0{,}4 \cdot 0{,}3 = 0{,}12$

Bei Gymnasium 1 sind die Ereignisse A und B abhängig, bei Gymnasium 2 sind sie unabhängig.

S. 258, 3.

a) $\frac{1}{3}$ b) $\frac{1}{6}$ c) $\frac{1}{5}$

S. 258, 4.

a)

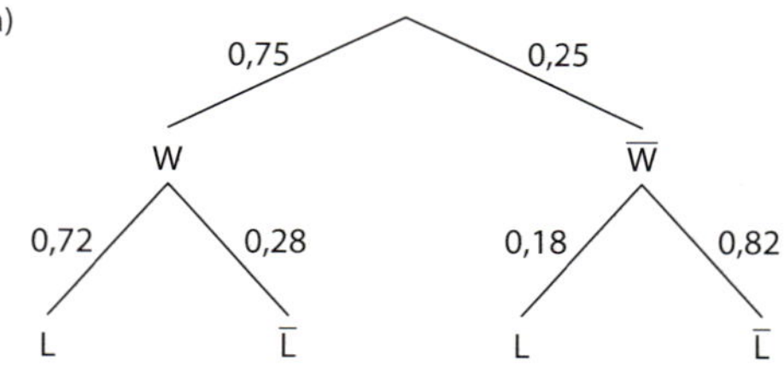

	L	$\overline{L}$	gesamt
W	0,54	0,21	0,75
$\overline{W}$	0,045	0,205	0,25
gesamt	0,585	0,415	1

b) $P(L) = 0{,}585$

c) $P_L(W) = \frac{0{,}54}{0{,}585} \approx 0{,}923$

d) $P(\overline{W} \cap \overline{L}) = 0{,}205$ ist die Wahrscheinlichkeit, dass eine Testperson ein Placebo erhielt und bei ihr keine Linderung eintrat.
$P_{\overline{L}}(\overline{W}) = \frac{0{,}205}{0{,}415} \approx 0{,}494$ ist die Wahrscheinlichkeit, dass eine Testperson, die keine Linderung angab, zuvor ein Placebo erhalten hatte.

S. 259, 5.
Da mit Zurücklegen gezogen wird, sind die Ereignisse A und B unabhängig. $P(A \cap B) = \frac{1}{16} = P(A) \cdot P(B)$
Die Ereignisse A und C sind abhängig, da beide den ersten Zug betreffen.
$P(A \cap C) = \frac{1}{4} \neq P(A) \cdot P(C) = \frac{1}{4} \cdot \frac{1}{2}$
Die Ereignisse A und D sind abhängig, denn obwohl mit Zurücklegen gezogen wird, hängt das Ereignis D auch vom ersten Ziehen ab.
$P(A \cap D) = \frac{1}{16} \neq P(A) \cdot P(D) = \frac{1}{4} \cdot \frac{3}{16}$

S. 259, 6.
a) $\frac{5}{18}$ b) $\frac{1}{2}$ c) $\frac{1}{2}$ d) $\frac{2}{9}$ e) $\frac{1}{2}$ f) $\frac{5}{9}$

S. 259, 7.
a) $\frac{71485}{100000} \approx 71{,}5\,\%$
b) 20-Jähr.: $\frac{54794}{99339} \approx 55{,}2\,\%$, 30-Jähriger: $\frac{54794}{98857} \approx 55{,}4\,\%$
c) Die Bedingung in b) ist jeweils, dass der Mann bereits 20 bzw. 30 Jahre alt geworden ist.

S. 259, 8.
a) $E = \{4\text{-}5; 5\text{-}4; 6\text{-}3; 3\text{-}6\}$; $P(E) = \frac{4}{36} = \frac{1}{9}$
Die Wahrscheinlichkeit beträgt $\frac{1}{9} \cdot \frac{1}{9} = \frac{1}{81}$
b) $P = \frac{2}{6} = \frac{1}{3}$
c) $P = \frac{1}{9} \cdot \frac{1}{6} \cdot \frac{13}{18} = \frac{13}{972} \approx 1{,}34\,\%$

Lösungen zu Kapitel 8: Binomialverteilung

Ihr Fundament (S. 262/263)

S. 262, 1.
a)
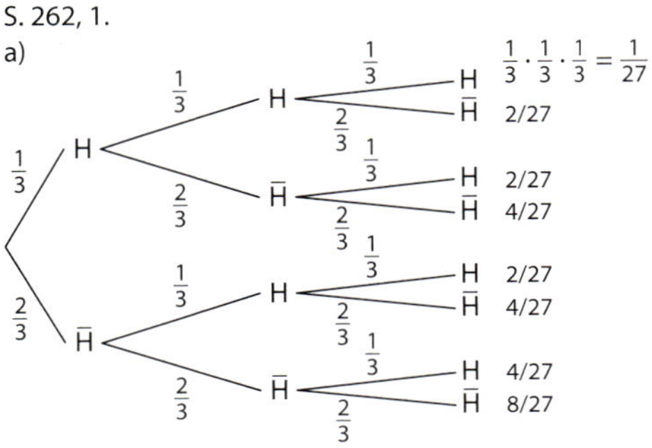

b) $3 \cdot \frac{2}{27} = \frac{6}{27} = \frac{2}{9} \approx 0{,}222$

S. 262, 2.
a)
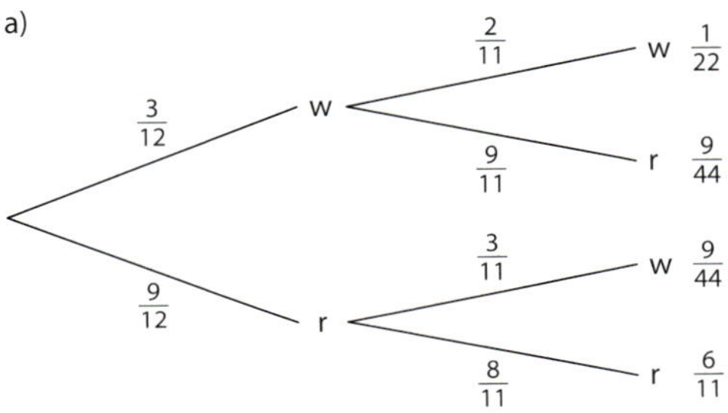

b) Die Summe der Pfadwahrscheinlichkeiten aller Pfade ergibt 1.
$\frac{1}{22} + \frac{9}{44} + \frac{9}{44} + \frac{6}{11} = \frac{2}{44} + \frac{9}{44} + \frac{9}{44} + \frac{24}{44} = \frac{44}{44} = 1$

S. 262, 3.
a)
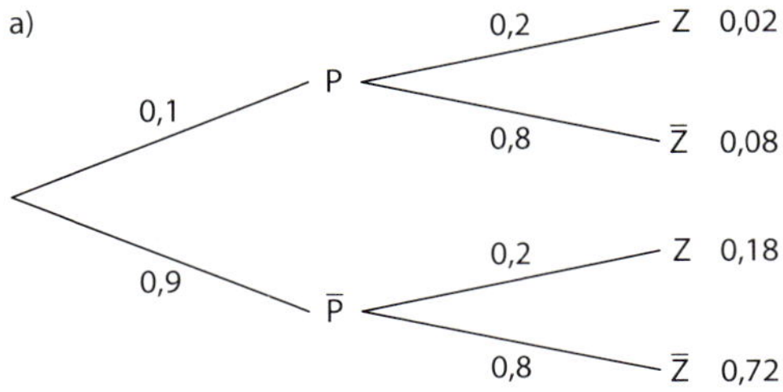

b) Die Wahrscheinlichkeit, dass ein Fluggast die Pass- und Zollkontrolle durchläuft, ist 0,02. Demzufolge sind bei 200 Fluggästen durchschnittlich $200 \cdot 0{,}02 = 4$ Fluggäste mit Pass- und Zollkontrolle zu erwarten.

S. 262, 4.

a) 6	b) 2	c) 120	d) 24
e) 10	f) $n \cdot (n-1)$	g) 6	h) 10
i) 45	j) 1	k) n	l) $\frac{2}{9}$

S. 262, 5.

a) 5040	b) 3628800	c) 56	d) 3003
e) 1	f) 15	g) 190	h) 100

S. 262, 6.
$\binom{27}{2} = 351$ Möglichkeiten

S. 262, 7.
a) $3! = 6$ b) $3^3 = 27$

S. 262, 8.
$\binom{4}{3} = 4$ Möglichkeiten

S. 263, 9.
a)

Note	1	2	3	4	5	6
h_i	$\frac{1}{8}$	$\frac{1}{4}$	$\frac{1}{3}$	$\frac{3}{16}$	$\frac{1}{16}$	0

b)
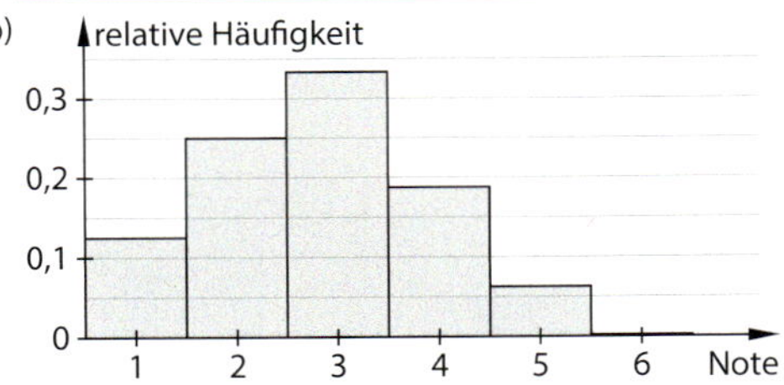

c)

Note	1	2	3	4	5	6
Anzahl	6	9	6	3	3	3

d) 9a: $\bar{x} = 2{,}8125$ 9b: $\bar{x} = 2{,}9$
Die 9a hat den besseren Notendurchschnitt, die Noten der 9b sind jedoch breiter gestreut.

S. 263, 10.
① $\bar{x} = 5{,}5$; $s = 2{,}89$ ② $\bar{x} = 6{,}71$; $s = 3{,}25$

S. 263, 11.

a) $7 \cdot 5 = 35$

b) $2 \cdot 9 \cdot 2 \cdot 7 = 4 \cdot 63 = 252$

c) $6^2 = 36$

d) $\frac{5 \cdot 2}{2} = 5$

S. 263, 12.

a) $\frac{81}{25}$

b) $\frac{33}{10}$

c) $\sqrt{0,24} \approx 0,49$

d) $\frac{899}{625} \approx 1,44$

S. 263, 13.

a) $-0,21$

b) $1,2$

c) $\approx -3,32$

d) 2

S. 263, 14.

a) $x \approx 2,33$

b) $x \approx 5,03$

c) $x = 5$

d) $x = 4$

e) $x = 4$

f) $x = 2,82$

g) $x = 10,32$

h) $x = 2z, z \in \mathbb{Z}$

S. 263, 15.

a) wahr

b) falsch: $0,5^4 = 0,0625$

c) falsch: $0,9^{21} = 0,11$

d) wahr

Prüfen Sie Ihr neues Fundament (S. 284/285)

S. 284, 1.

a) Es liegt eine Bernoulli-Kette vor, wenn die Befragten zufällig ausgewählt wurden (nicht zum Beispiel in einer auf Schlafprobleme spezialisierten Praxis) und jeder der Befragten unabhängig von den anderen antwortet.
Treffer: Antwort „Ja, ich habe Schlafprobleme".
Länge der Bernoulli-Kette: Anzahl der befragten Personen $n = 2100$

b) Die Trefferwahrscheinlichkeit ist $\frac{1}{3}$.

S. 284, 2.

a) Es wird nur zwischen zwei Ergebnissen unterschieden (schwarz oder nicht schwarz). Durch das Zurücklegen der gezogenen Kugeln sind die Ergebnisse der einzelnen Ziehungen unabhängig voneinander. Die Wahrscheinlichkeit, eine schwarze Kugel zu ziehen, ist konstant $p = 0,6$.

b) Baumdiagramm:

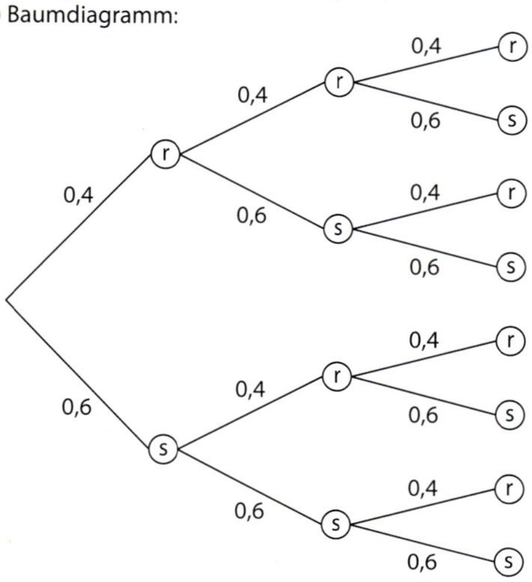

Verteilung:

k	P(X = k)
0	$\binom{3}{0} \cdot 0,6^0 \cdot 0,4^3 = 0,064$
1	$\binom{3}{1} \cdot 0,6^1 \cdot 0,4^2 = 0,288$
2	$\binom{3}{2} \cdot 0,6^2 \cdot 0,4^1 = 0,432$
3	$\binom{3}{3} \cdot 0,6^3 \cdot 0,4^0 = 0,216$

Histogramm:

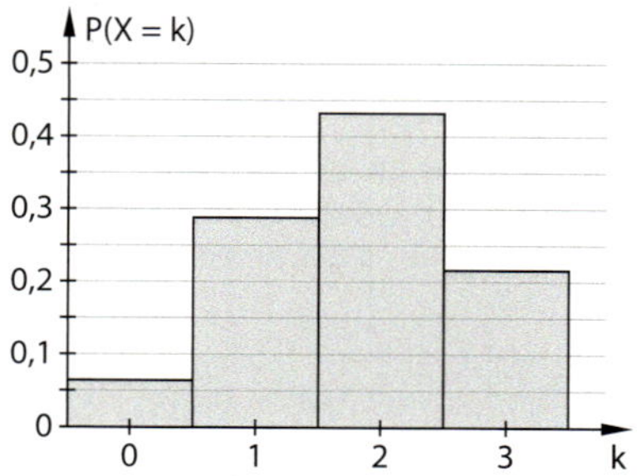

S. 284, 3.

a) $P(X = 0) \approx 0,66$

b) $P(X > 0) = 1 - P(X = 0) \approx 0,34$

c) $P(X < 2) = P(X \le 1) \approx 0,95$

d) $P(1 \le X \le 3) = P(X \le 3) - P(X = 0) \approx 0,34$

S. 284, 4.

a) z. B.: Der Tetraeder wird fünfmal geworfen.
Treffer: Es wird eine 3 geworfen.
Trefferwahrscheinlichkeit $p = \frac{1}{4}$

$P(X = 2) = \binom{5}{2} \cdot \left(\frac{1}{4}\right)^2 \cdot \left(\frac{3}{4}\right)^3$; $P(X \le 3) = 1 - P(X > 3)$;

$P(X > 3) = \binom{5}{4} \cdot \left(\frac{1}{4}\right)^4 \cdot \left(\frac{3}{4}\right)^1 + \left(\frac{1}{4}\right)^5$

b) z. B.: Die drei Münzen werden fünfmal gleichzeitig geworfen. Treffer: Es fällt dreimal Kopf.
Trefferwahrscheinlichkeit $p = \frac{1}{8}$

$P(X = 2) = \binom{5}{2} \cdot \left(\frac{1}{8}\right)^2 \cdot \left(\frac{7}{8}\right)^3$; $P(X \le 3) = 1 - P(X > 3)$;

$P(X > 3) = \binom{5}{4} \cdot \left(\frac{1}{8}\right)^4 \cdot \left(\frac{7}{8}\right)^1 + \left(\frac{1}{8}\right)^5$

c) z. B.: Es werden genau fünf Lose gezogen.
Treffer: Gewinnlos wird gezogen.
Trefferwahrscheinlichkeit $p = \frac{1}{5}$

$P(X = 2) = \binom{5}{2} \cdot \left(\frac{1}{5}\right)^2 \cdot \left(\frac{4}{5}\right)^3$; $P(X \le 3) = 1 - P(X > 3)$;

$P(X > 3) = \binom{5}{4} \cdot \left(\frac{1}{5}\right)^4 \cdot \left(\frac{4}{5}\right)^1 + \left(\frac{1}{5}\right)^5$

S. 284, 5.

a) $P(X = 3) \approx 0,26$

b) $P(X \ge 5) = 1 - P(X \le 4) \approx 0,21$

c) $P(X > 3) = 1 - P(X \le 3) \approx 0,44$

d) $P(X \le 5) \approx 0,92$

e) $P(X = 0) \approx 0,02$

f) $\left(\frac{2}{3}\right)^8 \cdot \left(\frac{1}{3}\right)^2 \approx 0,004$ (keine Binomialverteilung)

S. 284, 6.

a) ① $p = 0,2, \mu = 2, \sigma \approx 1,26$
② $p = 0,8, \mu = 8, \sigma \approx 1,26$
③ $p = 0,5, \mu = 5, \sigma \approx 1,58$

b) Beispiele:
① Aus einer Urne mit 1 roten und 4 blauen Kugeln werden 10 Kugeln mit Zurücklegen gezogen; X: Anzahl der roten Kugeln
② Jeder 5. Schüler einer Schule ist Einzelkind, es werden zufällig 10 Schüler befragt; X: Anzahl der Schüler mit Geschwistern
③ Eine Münze wird zehnmal geworfen; X: Anzahl der Würfe, bei denen die Zahl oben liegt

S. 284, 7.

Aus $\mu = n \cdot p = 4; \sigma = \sqrt{n \cdot p \cdot (1-p)} = \sqrt{3}$ folgt als Lösung $n = 16$ und $p = \frac{1}{4}$.

S. 285, 8.

a) X: Anzahl der fehlerhaften Gläser
$P(X < 5) = P(X \leq 4) = F_{60;\,0,05}(4) \approx 0,820$

b) Gesucht ist das kleinste n mit
$P(X \geq 2) = 1 - P(X \leq 1) \geq 0,95$, also mit
$P(X \leq 1) \leq 0,05$.
Probieren: $F_{92;\,0,05}(1) \approx 0,052 > 0,05$;
$F_{93;\,0,05}(1) \approx 0,04998 < 0,05$
Es folgt $n = 93$. Man müsste mindestens 93 Gläser entnehmen.

S. 285, 9.

a) Die Anzahl R der roten Treffer ist binomialverteilt mit $n = 5$ und $p = \frac{1}{3}$, ebenso wie die Anzahl G der gelben Treffer und die Anzahl B der blauen Treffer.
$P(A) = P(R = 3) \approx 0,165$
$P(B) = P(B \geq 1) = 1 - P(B = 0) \approx 1 - 0,132 = 0,868$
$P(C) = P(G \leq 1) \approx 0,461$
$P(D) = P(B = 0) \approx 0,132$

b) A – ①, B – ④, C – ⑤, D – ②

S. 285, 10.

a) X: Anzahl der an Politik interessierten Jugendlichen
$P(X = 130) = B_{300;\,0,41}(130) \approx 0,033$

b) Gesucht ist das kleinste n mit
$P(X \geq 1) = 1 - P(X = 0) \geq 0,95$, also mit
$P(X = 0) \leq 0,05$.
Es folgt $0,59^n \leq 0,05$ und $n \geq \frac{\ln(0,05)}{\ln(0,59)} \approx 5,7$.
Es müssen mindestens 6 Jugendliche befragt werden.

c) Gesucht ist das kleinste n mit
$P(X \geq 12) = 1 - P(X \leq 11) \geq 0,8$, also mit
$P(X \leq 11) \leq 0,2$.
Probieren: $F_{33;\,0,41}(11) \approx 0,24 > 0,2$,
$F_{34;\,0,41}(11) \approx 0,198 < 0,2$
Es folgt $n = 34$. Es müssen mindestens 34 Jugendliche befragt werden.

S. 285, 11.

a) ① 10 % von n = 20: 2 $\quad P(X > 2) = 1 - P(X \leq 1) \approx 0,26$
② 10 % von n = 50: 5 $\quad P(X > 5) = 1 - P(X \leq 4) \approx 0,1$

b) ① $\mu = 0,26 \cdot 1000 \cdot 0,3\,€ + 0,74 \cdot 1000 \cdot 0,5\,€ = 448\,€$
② $\mu = 0,1 \cdot 1000 \cdot 0,3\,€ + 0,9 \cdot 1000 \cdot 0,5\,€ = 480\,€$

S. 285, 12.

a) X ist binomialverteilt mit $p = 0,45$ und $n = 50$.
Y ist binomialverteilt mit $p = 0,3$ und $n = 50$.
$E(X) = 22,5; \sigma(X) \approx 3,52; E(Y) = 15; \sigma(Y) \approx 3,24$

b) Für $n = 60$ gilt $E(Y) = 18$.
$E(X) = E(Y) \Rightarrow n \cdot 0,45 = 18$, also $n = 40$
Timo muss 40-mal auf das untere Loch schießen, damit $E(X) = E(Y)$ gilt.

c) Für $n = 40$ gilt $\sigma(X) \approx 3,15$, für $n = 60$ gilt $\sigma(Y) \approx 3,55$.
Das Schießen auf das obere Loch mit 60 Schüssen streut etwas stärker als das Schießen auf das untere Loch mit 40 Schüssen.

Stichwortverzeichnis

Bildquellenverzeichnis

Abbildungen

Cover: Shutterstock.com/Makushin Alexey; **5** Shutterstock.com/Taras Kushnir; **8/o.r.** Shutterstock.com/Lano Lan; **10/o.l.** Shutterstock.com/Digital Storm, **11/12.** Shutterstock.com/Air Images; **13/18.** stock.adobe.com/ARochau; **18/6.** Shutterstock.com/Sanchai Khudpin, **/8.** Shutterstock.com/svetok30; **25/20.r.** Shutterstock.com/guruXOX; **26/3.l.** stock.adobe.com/photo 5000; **33/7.l.** Shutterstock.com/Maks Power; **37** stock.adobe.com/eyeQ; **48/21.** Shutterstock.com/sirtravelalot; **49/o.r.** stock.adobe.com/aldorado; **53/17.** Shutterstock.com/Dmitrijs Dmitrijevs, **/20.** Shutterstock.

com/milanzeremski; **55/5.r.** stock.adobe.com/AA+W; **58/13.** stock.adobe.com/M.E.A.; **59/o.r.** Shutterstock.com/wavebreakmedia; **64/26.** stock.adobe.com/Production Perig; **65/27.** Shutterstock.com/chartphoto, **/28.** Shutterstock.com/Adha Ghazali; **66/o.r.** stock.adobe.com/Heiner Witthake; **73/12.** stock.adobe.com/Visions-AD; **74/19.** stock.adobe.com/Wolfilser; **77/6.** stock.adobe.com/Andrey Armyagov; **78/11.** Shutterstock.com/StockLite, **/14.** stock.adobe.com/fotoyou; **79/15.l** stock.adobe.com/Pixelmixel, **/15.r.** imago stock&people GmbH/blickwinkel, **/17.** Shutterstock.com/YanLev; **83/14.** Shutterstock.com/Rudmer Zwerver; **85** Shutterstock.com/ABB Photo; **87/13.r.** stock.adobe.com/schlichteasy; **89/4.** stock.adobe.com/schlichteasy; **91/13.** Shutterstock.com/Asier Romero; **93/20.** Shutterstock.com/Pixel-Shot, **/22.** Shutterstock.com/W. Scott McGill; **100/1.** Shutterstock.com/Foto-Ruhrgebiet, **/5.** Shutterstock.com/ABC Vector Illustration; **101/7.** Cornelsen/Christian Böhning/shutterstock/bump23; **102/11.** Cornelsen/Christian Böhning/Shutterstock.com/Thorben Ecke; **103/12.** Shutterstock.com/Dudarev Mikhail; **106/m.r.** mauritius images/Cordelia Ewerth; **108/9.** Shutterstock.com/Jan Schneckenhaus; **109/12.** Shutterstock.com/Bojan Milinkov; **111/8.** Shutterstock.com/Funtap; **112/2.** stock.adobe.com/Èonore H; **113/u.r.** Shutterstock.com/ESB Professional; **115** Shutterstock.com/Pen_85; **134/4.** Shutterstock.com/effective stock photos; **137/15.** Shutterstock.com/a-image; **140/5.** Shutterstock.com/Scott E Read; **141/9.** Shutterstock.com/Digital Storm, **/10.** Shutterstock.com/Jacob Lund; **143/5.** Shutterstock.com/anatolypareev, **/6.** stock.adobe.com/Irina; **144/8.** Shutterstock.com/Rich Carey; **145/13.** Shutterstock.com/Cesare Andrea Ferrari; **147** Shutterstock.com/Darren J. Bradley; **149/7.** Shutterstock.com/FLUKY FLUKY; **152/7.** Shutterstock.com/Alaettin YILDIRIM; **159/22.** stock.adobe.com/animaflora; **160/o.** stock.adobe.com/jokatoons; **161/4.** Shutterstock.com/Antonio Guillem; **165/25.** Shutterstock.com/Evgeny Atamanenko; **171/4.** stock.adobe.com/storm, **/5.** Shutterstock.com/New Africa, **/7.** Shutterstock.com/Tappasan Phurisamrit; **172/o.l.** Shutterstock.com/Mark Medcalf, **/10.** Shutterstock.com/Dima Moroz; **173/14.** Shutterstock.com/TheBlackRhino, **/15.** Shutterstock.com/Thawornnurak; **178/18.** stock.adobe.com/dietwalther; **181/4.** Shutterstock.com/Kodda; **185/8.** Shutterstock.com/sruilk, **/11.** stock.adobe.com/euthymia; **187** Shutterstock.com/Satit Sorahong; **189/16.** Shutterstock.com/Lipskiy; **204/8.-9.** stock.adobe.com/Petra Steinkuehler-Nitschke/dispicture; **205/13.** stock.adobe.com/tauav, Rowan Gillespie: Famine Monument, Dublin; **207/5.** Shutterstock.com/UGREEN 3S; **208/5.** Shutterstock.com/Salov Evgeniy; **209/7.** Shutterstock.com/Dean Drobot, **/9.** Shutterstock.com/FrameStockFootages; **211** Shutterstock.com/FooTToo; **214/o.r.** Shutterstock.com/Brocreative; **215/o.r.** stock.adobe.com/Grum_l; **215/3.** Cornelsen/Stephanie Charlotte Benner, Berlin; **218/10.** Cornelsen/Jan Füller; **219/12.** Shutterstock.com/EpicStockMedia, **/13.** Shutterstock.com/Operation Shooting; **220/o.r.** Shutterstock.com/sportpoint; **223/11.** Shutterstock.com/Kzenon; **225/24.** stock.adobe.com/eyetronic, **/26.** Shutterstock.com/graja; **226/34.** stock.adobe.com/deagreez, **/35** Shutterstock.com/Phovoir; **228/7.** stock.adobe.com/barbol; **229/8.** Shutterstock.com/Phovoir, **/10.** stock.adobe.com/ril; **231/u.r.** Shutterstock.com/Stasique; **232/m.l.** stock.adobe.com/Xaver Klaussner; **234/14.** Shutterstock.com/Jacob Lund; **238/10.** stock.adobe.com/Garmon; **239/14.** Shutterstock.com/microstock3D, **/15.** stock.adobe.com/methaphum; **240/22.** Shutterstock.com/JethroT; **241/26.** stock.adobe.com/photofranz56; **244/6.** Shutterstock.com/tele52; **246/o.r.** Shutterstock.com/Ken Browning; **247/1.** Shutterstock.com/EFKS; **248/Spielwürfel** stock.adobe.com/tang90246, **/Tetraeder-Würfel** stock.adobe.com/Grum_l; **255/16.** Shutterstock.com/Oxy_gen; **257/6.** Shutterstock.com/Tero Vesalainen; **258/4.** Shutterstock.com/FrankHH; **259/8.** Shutterstock.com/3523studio; **261** Shutterstock.com/Standret; **262/3.** stock.adobe.com/markus_marb; **265/5.** stock.adobe.com/Dan Race; **266/u.l.** Shutterstock.com/MilanB; **267/10.** Shutterstock.com/Have a nice day Photo; **268/13.** stock.adobe.com/Mariusz Blach; **269/o.r.** Shutterstock.com/Studio Light and Shade; **271/7.** Shutterstock.com/Unkas Photo; **273/12.** Shutterstock.com/connel; **274/15.** stock.adobe.com/Daniel Lee; **275/22.** Shutterstock.com/virtu studio; **276/o.r.** stock.adobe.com/Kara; **277/4.** Shutterstock.com/Monkey Business Images; **279/11.** stock.adobe.com/Nordreisender; **280/15.** Shutterstock.com/Ivan Smuk; **281/20.** Shutterstock.com/Fotokostic; **285/8.** stock.adobe.com/karepa, **/12.** stock.adobe.com/©klaus rein.

Screenshots

Cornelsen/Felix Arndt/© Microsoft® Office. Nutzung mit Genehmigung von Microsoft: **246/mi. (beide), 247/Bsp. 1+u., 248/5.+6.**; Cornelsen/Felix Arndt/© Texas Instruments. Nutzung mit Genehmigung von Texas Instruments: **68/8., 109/11., 164/14., 167/4., 277/5., 280/17.**

Fundamente
der Mathematik

Autoren: Jan Block, Carola Buddensiek, Dr. Lothar Flade, Jan Füller, Alexander Heinz, Gerold Kiesslich, Roman Knost, Markus Krysmalski, Dr. Hubert Langlotz, Renatus Lütticken, Arne Mentzendorff, Thorsten Niemann, Reinhard Oselies, Dr. habil. Manfred Pruzina, Sabine Sand-Heidinger, Sebastian Schweitzer, Ugur Yasar, Dr. Wilfried Zappe

Berater: Robert Teichert
Redaktion: Felix Arndt, Torsten Gebauer, Martha Hubski
Illustration: Claudia Lieb
Grafik: Christian Böhning
Umschlaggestaltung: hawemannundmosch GbR
Layoutkonzept: klein & halm GbR
Bildrecherche: Kai Mehnert
Technische Umsetzung: Straive

Begleitmaterialien zum Lehrwerk

für Schülerinnen und Schüler	
Schulbuch als E-Book	978-3-06-040686-9
Arbeitsheft	978-3-06-040852-8
für Lehrerinnen und Lehrer	
Lösungen zum Schulbuch	978-3-06-040676-0
Unterrichtsmanager Plus online	978-3-06-040600-5

www.cornelsen.de

1. Auflage, 2. Druck 2023

Alle Drucke dieser Auflage sind inhaltlich unverändert und können im Unterricht verwendet werden.

Druck: Mohn Media Mohndruck, Gütersloh

ISBN 978-3-06-040674-6 (Schulbuch)
ISBN 978-3-06-040686-9 (E-Book)

PEFC
PEFC/04-31-1033

PEFC zertifiziert
Dieses Produkt stammt aus nachhaltig bewirtschafteten Wäldern und kontrollierten Quellen.

www.pefc.de